中国矿产地质志

建材非金属矿卷
普及版

章少华　陶维屏　主编

地质出版社
·北京·

内 容 提 要

《中国矿产地质志·建材非金属矿卷（普及版）》是中国地质调查局重大专项"中国矿产资源和区域成矿规律总结研究（中国矿产地质志）"的子项目"中国建材非金属矿产地质总结研究（中国建材非金属矿产地质志）"的成果之一。本志书收录了我国目前已经开发的136个矿种中较常见的76个非金属矿种。志书中对每个矿种的定义、用途、分类、物理化学性能、分布、开发、发展前景和趋势等内容进行了简要的记叙。志书以述为主，述论结合；文中根据矿种开发程度的不同以及掌握的资料的多寡，记述详略也有不同；但梗概反映我国非金属矿产全貌的精神不变。志书中仅简略介绍了中国非金属矿产资源的情况，其中省略了很多诸如非金属矿成矿的大地构造环境、成矿作用、含矿建造、成矿系列、形成模式等矿床专业方面的内容，如果读者需要更专业的资料，可以参考本志书的专业版。

本志书是关于中国建材非金属矿的一部普及型著作，适合于广大普通民众及相关科研人员了解建材非金属矿相关信息使用，对于普及建材非金属矿相关知识具有重要的理论和实用价值。

图书在版编目（CIP）数据

中国矿产地质志：普及版·建材非金属矿卷／章少华等主编．—北京：地质出版社，2015.10
ISBN 978-7-116-09468-0

Ⅰ．①中… Ⅱ．①章… Ⅲ．①矿产地质—概况—中国 ②非金属矿—概况—中国 Ⅳ．①P62

中国版本图书馆CIP数据核字（2015）第257926号

Zhongguo Kuangchan Dizhizhi · Jiancai Feijinshukuang Juan · Pujiban

责任编辑：白　铁　韩　博　吕　静　李　佳
责任校对：关风云
出版发行：地质出版社
社址邮编：北京市海淀区学院路31号，100083
电　　话：（010）66554528（邮购部）；（010）66554625（编辑室）
网　　址：http://www.gph.com.cn
传　　真：（010）66554623
印　　刷：北京地大天成印务有限公司
开　　本：889 mm × 1194 mm　1/16
印　　张：22.25
字　　数：660千字
版　　次：2015年10月北京第1版
印　　次：2015年10月北京第1次印刷
审图号：GS（2015）3260号
定　　价：100.00元
书　　号：ISBN 978-7-116-09468-0

（如对本书有建议或意见，敬请致电本社；如本书有印装问题，本社负责调换）

《中国矿产地质志》编委会

（第一届）

一、领导小组

组　　长：钟自然　　中国地质调查局局长、国土资源部总工程师
副组长：彭齐鸣　　国土资源部地质勘查司司长
　　　　李金发　　中国地质调查局副局长
　　　　王瑞江　　中国地质科学院副院长
成　　员：邢树文　　中国地质科学院矿产资源研究所副所长
　　　　李　剑　　国土资源部勘查司地质勘查处处长
　　　　薛迎喜　　原中国地质调查局资源评价部主任

二、专家委员会

主　　任：陈毓川
副主任：常印佛　　翟裕生　　叶天竺　　王登红（常务）
成　　员：（按姓氏笔画排序）

丁　俊　　王世称　　王安建　　王京彬　　王砚耕　　王保良
王炳铨　　王增护　　毛景文　　邓　军　　艾宪森　　石礼炎
卢欣祥　　付德明　　白万成　　白　鸽　　朱明玉　　朱裕生

伍广宇	任丰寿	任家琪	多 吉	刘秉光	刘德权
汤中立	杨明桂	李文渊	李均权	李宏骥	肖克炎
余中平	邹天人	沈保丰	宋小文	张永山	张华明
张忠伟	张金带	张翼飞	陆瑞宝	陈一笠	陈 平
陈尔臻	陈华山	陈建平	邵和明	周 详	周特先
於崇文	郑大瑜	郑绵平	赵一鸣	赵文津	赵鹏大
胡瑞忠	侯增谦	施中爽	姜树叶	袁忠信	莫宣学
钱大都	倪 斌	徐水师	徐志刚	陶维屏	黄香定
黄崇轲	黄懋鸿	梅友松	盛继福	章少华	阎凤增
琚宜太	韩振新	裴荣富	潘行适		

三、项目办公室

主　任：邢树文
副主任：李　剑　龙宝林　傅旭杰
成　员：朱明玉　黄　凡

《中国矿产地质志·建材非金属矿卷》（普及版）
编委会

主　　编：章少华　陶维屏

专家组

组　　长：陶维屏　蔡克勤
副组长：崔越昭　潘东晖
成　　员：陈从喜　林善园　葛文胜　黄　强　杨金明　刘小楼
　　　　　吴培水　卢　杰　刘海泉　徐宏峰　詹建华　周虹宇
　　　　　司九旭　谭建农　冯晓飞　万梅华

项目办公室

主　　任：吴先冰
副主任：杨　刚　汪先三　刘玉芹
成　　员：童　曦　卢杉杉　李潇云

编　　辑：万梅华　司九旭　吴先冰　刘玉芹　孟　凡
　　　　　郑玉琴　卢杉杉　李潇云

总 序

矿产资源是国家经济社会发展的物质基础，我国处于工业化中后期发展阶段，矿产资源需求量处于增长时期，需求的量大、矿种多。掌握全国的所有矿产的家底，是国家与人民十分需要的大事。新中国成立后60多年的历程中，地质工作者已为国家发现了172种矿产，其中159种矿产已获得资源储量，矿床、矿点等各类矿产地已达20多万处，积累了丰富的矿产地质资料，广大的矿产地质工作者为国家所需，迫切真诚地期望早日进行覆盖全国全部矿产信息的汇总，研编中国矿产地质志。今日终于得到国家的支持，得以实施，并且经过江西省的试点，在该省以杨明桂先生为首的研编组的共同努力下，中国矿产地质志省级第一卷《中国矿产地质志·江西卷》率先正式出版，供全国使用，这是中国矿产地质志研编工作史上的新起点。

新中国第一部《中国矿产地质志》，汇总广大地质矿产工作者为国为民找矿的成果，汇集全国查获的全部矿产资源及其开采利用的状况，分析资源前景，并对找矿过程中获得的丰富的找矿经验和成矿规律认识进行阶段性的总结。这将是我国迄今为止矿产资源文集大全，将为全国及各省、自治区、市政府矿产资源规划、部署、决策提供重要依据，为全国人民提供祖国矿产资源的现有家底及开发前景，为矿产资源勘查、开发、科学研究及地矿教育提供丰富的资料。

一百多年前，1906年满清皇朝光绪年间，顾琅、周树人（鲁迅）先生合著《中国矿产志》出版，附中国矿产一览表、地质时代一览表和中国矿产全国图。满清政府甚为重视，列为国民必读。这是我国第一本《中国矿产志》，由于历史条件所限，该书共列出10个金属矿产（金、银、铜、铁、锡、铅、水银、辰砂、锑、锰矿），20个非金属矿产，全国共列出1203个矿产地。当时著名的地理学家马良先生为之作序，序言中说："顾周两君学矿多年颇有心得慨祖国地大物博之无稽爱著中国矿产志一册罗列全国矿产之所在注之以图陈之以说使我国民深悉国产之所自有以为后日开采之计致富之源强国之本。"当时该志书是为国民知道国家的矿产，去开采致富，达到强国的目标。弹指一挥间，一百多年过去，天翻地覆，时代变了，祖国的盛世来临，现代化、和平民主的强大祖国就在面前。新中国第一部中国矿产地质志亦将面目一新，但研编的目标是一致的，都是为民、为国，为民所知，为民致富，为国所知，为国强大。我们是继承前人事业、继续往前走！

本次研编处于天时、地利、人和的大好时机，国家经济社会发展与日俱增，欣欣向荣，需要矿产资源，需要全国摸清矿产资源家底。新中国成立以来60多年矿产勘查与开发得到大发展，取得了丰硕的找矿成果和海量的矿产地质勘查、开发和科研资料。国土资源部近八年来组织完成了三大全国性矿情调查工作：矿业权核实、28个矿种资源现状利用调查和25个矿种资源潜力评价。开展中国矿产地质与区域成矿规律综合研究、研编中国矿产地质志得到了国土资源部、财政部、中国地质调查局等领导部门、各省（自治区、直辖市）政府部门及矿产地质领域专家、学者们的大力支持。社会需要，政府重视，研编条件具备，是本项工作得以进行的必要前提与重要保证。

研编工作的策划，充分吸取了历来志书编纂的精髓，广泛听取并吸纳矿产资源领域各部门专家、领导意见，并进行了重要研编内容的工作试点。确定本矿产地质专业性志书采用"以述为主，述论结合"的原则，实现叙实性与学术性结合，矿产叙述必实，规律论述有据，做到资料真实、全面、最新、可查，文字论述简练易懂、图文并茂，研编技术统一要求，研编工作统一部署，研编组织有编纂专家队伍，亦广邀各方专家共同参与，集思广益。论述部分广纳有据论点，广迎百花，力争创新亮点，并为后人创新搭建平台。通过共同努力，使研编工作有序进行。

本次研编内容由三部分组成：各省、区、市矿产地质志；全国矿产总志；全国区域成矿规律研究。每一部分都有书、图、数据库及普及本。各省、区、市矿产地质志包含本地区所有矿产资源。全国矿产总志包含各主要矿产的矿产志及全国矿产汇总。全国区域成矿规律研究包含各主要成矿区带成矿规律研究及全国区域成矿规律研究汇总。整个研编工作自2014年开始至2020年完成。研编期间，研编成果实施边完成、边出版、边使用，使研编成果及时向社会提供，逐步积累，最终完成。

本项研编工作，意义重大，但任务繁重，涉及矿产资源勘查、开发、科研、教育领域各个部门各方专家。我们认为，只有共同参与，同心合作、政府支持才能胜利完成此项工作。我们衷心希望并坚信，参与工作的全体同仁为实现此国家重大目标，在政府与矿产资源工作有关部门与广大同仁专家支持下，一定会坚定信心，同舟共济，共同奋斗，在2020年提交一份世纪性的矿产志书大成果。

2014年11月5日

前　言

词曰：

　　晶莹钻石美，玲珑翡翠花，玉砌雕栏古国梦，宝藏铸中华！

　　非矿蕴大地，资源贻子孙，神舟蛟龙高铁路，福泽润人寰！

　　这首《卜算子·赞非金属矿》从一个侧面反映了中国非金属矿产丰富多样，多姿多彩，开发历史悠久，从古至今在日常生活中发挥着不可或缺的作用。在科学技术高速发展的当今时代，非金属矿产扮演着越来越重要的角色，神舟飞船上天、蛟龙潜水器深海探秘，还有给生活带来异常方便、在世界人民心目中有重要位置的高速铁路，没有一样离得开这些神奇的非金属矿产，它们与人类生活息息相关，以至于有"人类正在进入新的石器时代"的说法。所以，总结过去的经验，详细记叙中国非金属矿的种类、规模、分布、物理化学性能、化学成分、地质找矿勘查和开发利用等情况，让国人了解非金属矿的重要性，激发国人对祖国的热爱和对非金属矿产的珍惜，以及在开发过程中懂得保护非金属矿资源和环境，变成十分急迫且重要的工作，这正是编纂本书的主要目的。政府批准设立编制中国矿产地质志的项目，是顺天时、合人愿之举。相信通过广大专家的努力，编纂志书的目的一定能达到。

　　《中国矿产地质志·建材非金属矿卷》是中国地质调查局重大专项"中国矿产资源和区域成矿规律总结研究（中国矿产地质志）"的子项目"中国建材非金属矿产地质总结研究（中国建材非金属矿产地质志）"的成果之一，有普及版和专业版之分。本书系普及版，简略介绍了中国非金属矿产资源的情况，其中省略了很多诸如非金属矿成矿的大地构造环境、成矿作用、含矿建造、成矿系列、形成模式等矿床专业方面的内容，如果读者需要更专业的资料，可以参考本书的专业版。本书收录了我国目前已经开发的136个矿种中较常见的76个非金属矿种。书中对每个矿种的定义、用途、分类、物理化学性能、分布、开发、发展前景和趋势等内容进行了简要的记叙。志书以述为主，述论结合；书中根据矿种开发程度的不同以及掌握的资料的多寡，记述详略也有不同；但梗概反映我国非金属矿产全貌的精神不变。

　　本书由中国非金属矿工业有限公司组织编写，中国建筑材料工业地质勘查中心、中国地质大学（北京）、国土资源部、中国建筑材料联合会、中国化工集团等方面的专家也参与了本书的编写和审稿。写作过程中，参阅和引用了前人大量的资料文献，如《中国非金属矿产资源及其利用与开发》、《中国非金属矿业》、《中国矿情（第三卷）》、《中国工业矿物和岩石》等专著，书后虽列出了参考文献目录，但可能是挂一漏万。在此谨对所有为本书出版做出贡献的专家、学者和工作人员表示衷心的感谢！

章少华　陶维屏

2014年12月31日　北京

目 录

总 序

前 言

第一章 绪论 …………………………………………………………… 章少华 陶维屏（1）
    第一节 非金属矿的概念 …………………………………………………………………（1）
    第二节 非金属矿的分类 …………………………………………………………………（1）
    第三节 非金属矿的用途 …………………………………………………………………（3）
    第四节 非金属矿的勘查 …………………………………………………………………（7）
    第五节 非金属矿的开发 …………………………………………………………………（14）
    第六节 非金属矿业的管理体制沿革 ……………………………………………………（19）
    第七节 中国非金属矿产业的发展前景 …………………………………………………（19）

第二章 金刚石 ………………………………………………………………………… 颜玲亚（21）
    第一节 概述 ………………………………………………………………………………（21）
    第二节 分类 ………………………………………………………………………………（22）
    第三节 物理化学性能 ……………………………………………………………………（22）
    第四节 分布 ………………………………………………………………………………（22）
    第五节 开发利用和发展趋势 ……………………………………………………………（24）

第三章 石墨 …………………………………………………………………………… 杨 刚（25）
    第一节 概述 ………………………………………………………………………………（25）
    第二节 分类 ………………………………………………………………………………（26）
    第三节 物理化学性能 ……………………………………………………………………（26）
    第四节 分布 ………………………………………………………………………………（27）
    第五节 开发利用和发展趋势 ……………………………………………………………（29）

第四章 水晶 …………………………………………………………………………… 丁 毅（31）
    第一节 概述 ………………………………………………………………………………（31）
    第二节 分类 ………………………………………………………………………………（32）
    第三节 物理化学性能 ……………………………………………………………………（32）
    第四节 分布 ………………………………………………………………………………（33）
    第五节 开发利用和发展趋势 ……………………………………………………………（36）

第五章 水镁石 ………………………………………………………………………… 卢 杰 张晓光（37）
    第一节 概述 ………………………………………………………………………………（37）
    第二节 分类 ………………………………………………………………………………（37）
    第三节 物理化学性能 ……………………………………………………………………（38）
    第四节 分布 ………………………………………………………………………………（38）
    第五节 开发利用和发展趋势 ……………………………………………………………（38）

第六章 金红石 ………………………………………………………………………… 杨 刚（40）
    第一节 概述 ………………………………………………………………………………（40）

第二节　分类 （41）
　　第三节　物理化学性能 （41）
　　第四节　分布 （42）
　　第五节　开发利用和发展趋势 （42）

第七章　红柱石、蓝晶石、矽线石　　　　　　　　　　　　　　　吴培水　张晓龙（44）
　　第一节　概述 （44）
　　第二节　分类 （44）
　　第三节　物理化学性能 （45）
　　第四节　分布 （46）
　　第五节　开发利用和发展趋势 （47）

第八章　锂辉石、锂云母　　　　　　　　　　　　　　　　　　　　　　　童　曦（49）
　　第一节　概述 （49）
　　第二节　分类 （50）
　　第三节　物理化学性能 （50）
　　第四节　分布 （50）
　　第五节　开发利用和发展趋势 （52）

第九章　刚玉　　　　　　　　　　　　　　　　　　　　　　　　　　　　袁军英（53）
　　第一节　概述 （53）
　　第二节　分类 （54）
　　第三节　物理化学性能 （54）
　　第四节　分布 （55）
　　第五节　开发利用和发展趋势 （56）

第十章　石榴子石　　　　　　　　　　　　　　　　　　　　　　　　　　付茂英（58）
　　第一节　概述 （58）
　　第二节　分类 （59）
　　第三节　物理化学性能 （59）
　　第四节　分布 （60）
　　第五节　开发利用和发展趋势 （62）

第十一章　滑石　　　　　　　　　　　　　　　　　　　　　　　　　　　韩常幸（63）
　　第一节　概述 （63）
　　第二节　分类 （64）
　　第三节　物理化学性能 （64）
　　第四节　分布 （65）
　　第五节　开发利用和发展趋势 （67）

第十二章　硅灰石　　　　　　　　　　　　　　　　　　　　　　　　　　邱素梅（68）
　　第一节　概述 （68）
　　第二节　分类 （68）
　　第三节　物理化学性能 （69）
　　第四节　分布 （70）
　　第五节　开发利用和发展趋势 （71）

第十三章　白云母　　　　　　　　　　　　　　　　　　　　　　　　　　郑玉琴（74）
　　第一节　概述 （74）

第二节 分类 …………………………………………………………………………………………… (75)
   第三节 物理化学性能 ……………………………………………………………………………… (75)
   第四节 分布 …………………………………………………………………………………………… (75)
   第五节 开发利用和发展趋势 ……………………………………………………………………… (78)

第十四章 金云母 ………………………………………………………………………… 郑玉琴 (79)
   第一节 概述 …………………………………………………………………………………………… (79)
   第二节 分类 …………………………………………………………………………………………… (80)
   第三节 物理化学性能 ……………………………………………………………………………… (80)
   第四节 分布 …………………………………………………………………………………………… (80)
   第五节 开发利用和发展趋势 ……………………………………………………………………… (81)

第十五章 碎云母 ………………………………………………………………………… 袁军英 (82)
   第一节 概述 …………………………………………………………………………………………… (82)
   第二节 分类 …………………………………………………………………………………………… (82)
   第三节 物理化学性能 ……………………………………………………………………………… (83)
   第四节 分布 …………………………………………………………………………………………… (83)
   第五节 开发利用和发展趋势 ……………………………………………………………………… (84)

第十六章 石棉 …………………………………………………………………… 尹小冬 王继生 (85)
   第一节 概述 …………………………………………………………………………………………… (85)
   第二节 分类 …………………………………………………………………………………………… (86)
   第三节 物理化学性能 ……………………………………………………………………………… (86)
   第四节 分布 …………………………………………………………………………………………… (87)
   第五节 开发利用和发展趋势 ……………………………………………………………………… (89)

第十七章 蓝石棉 ………………………………………………………………………… 王志强 (90)
   第一节 概述 …………………………………………………………………………………………… (90)
   第二节 分类 …………………………………………………………………………………………… (90)
   第三节 物理化学性能 ……………………………………………………………………………… (91)
   第四节 分布 …………………………………………………………………………………………… (91)
   第五节 开发利用和发展趋势 ……………………………………………………………………… (92)

第十八章 蛭石 …………………………………………………………………………… 舒 锋 (93)
   第一节 概述 …………………………………………………………………………………………… (93)
   第二节 分类 …………………………………………………………………………………………… (94)
   第三节 物理化学性能 ……………………………………………………………………………… (94)
   第四节 分布 …………………………………………………………………………………………… (95)
   第五节 开发利用和发展趋势 ……………………………………………………………………… (96)

第十九章 长石 …………………………………………………………………………… 黄逸磊 (97)
   第一节 概述 …………………………………………………………………………………………… (97)
   第二节 分类 …………………………………………………………………………………………… (98)
   第三节 物理化学性能 ……………………………………………………………………………… (99)
   第四节 分布 …………………………………………………………………………………………… (99)
   第五节 开发利用和发展趋势 ……………………………………………………………………… (100)

第二十章 锆石 …………………………………………………………………………… 杨 刚 (102)
   第一节 概述 …………………………………………………………………………………………… (102)

第二节　分类 …………………………………………………………………………（102）
　　第三节　物理化学性能 …………………………………………………………………（103）
　　第四节　分布 ……………………………………………………………………………（103）
　　第五节　开发利用和发展趋势 …………………………………………………………（104）

第二十一章　叶蜡石 ……………………………………………………… 邓　桦（105）
　　第一节　概述 ……………………………………………………………………………（105）
　　第二节　分类 ……………………………………………………………………………（106）
　　第三节　物理化学性能 …………………………………………………………………（106）
　　第四节　分布 ……………………………………………………………………………（107）
　　第五节　开发利用和发展趋势 …………………………………………………………（109）

第二十二章　透辉石 ……………………………………………… 朱刚强　常志强（110）
　　第一节　概述 ……………………………………………………………………………（110）
　　第二节　分类 ……………………………………………………………………………（111）
　　第三节　物理化学性能 …………………………………………………………………（111）
　　第四节　分布 ……………………………………………………………………………（112）
　　第五节　开发利用和发展趋势 …………………………………………………………（113）

第二十三章　透闪石 ……………………………………………… 谭建农　申锡坤（114）
　　第一节　概述 ……………………………………………………………………………（114）
　　第二节　分类 ……………………………………………………………………………（114）
　　第三节　物理化学性能 …………………………………………………………………（115）
　　第四节　分布 ……………………………………………………………………………（115）
　　第五节　开发利用和发展趋势 …………………………………………………………（116）

第二十四章　沸石 ………………………………………………………… 齐新国（118）
　　第一节　概述 ……………………………………………………………………………（118）
　　第二节　分类 ……………………………………………………………………………（118）
　　第三节　物理化学性能 …………………………………………………………………（119）
　　第四节　分布 ……………………………………………………………………………（120）
　　第五节　开发利用和发展趋势 …………………………………………………………（122）

第二十五章　方解石 ……………………………………………………… 司九旭（123）
　　第一节　概述 ……………………………………………………………………………（123）
　　第二节　分类 ……………………………………………………………………………（124）
　　第三节　物理化学性能 …………………………………………………………………（124）
　　第四节　分布 ……………………………………………………………………………（125）
　　第五节　开发利用和发展趋势 …………………………………………………………（127）

第二十六章　电气石 ……………………………………………… 林善园　葛文胜（129）
　　第一节　概述 ……………………………………………………………………………（129）
　　第二节　分类 ……………………………………………………………………………（130）
　　第三节　物理化学性能 …………………………………………………………………（130）
　　第四节　分布 ……………………………………………………………………………（132）
　　第五节　开发利用和发展趋势 …………………………………………………………（132）

第二十七章　菱镁矿 ……………………………………………… 卢　杰　张晓光（133）
　　第一节　概述 ……………………………………………………………………………（133）

第二节　分类 ·· (134)
　　第三节　物理化学性能 ·· (134)
　　第四节　分布 ·· (134)
　　第五节　开发利用和发展趋势 ·· (135)
第二十八章　石灰岩 ·· 章少华 (137)
　　第一节　概述 ·· (137)
　　第二节　分类 ·· (138)
　　第三节　物理化学性能 ·· (138)
　　第四节　分布 ·· (139)
　　第五节　开发利用和发展趋势 ·· (149)
第二十九章　泥灰岩 ·· 章少华 (150)
　　第一节　概述 ·· (150)
　　第二节　分类 ·· (151)
　　第三节　物理化学性能 ·· (151)
　　第四节　分布 ·· (152)
　　第五节　开发利用和发展趋势 ·· (153)
第三十章　白云岩 ·· 郭银祥 (154)
　　第一节　概述 ·· (154)
　　第二节　分类 ·· (155)
　　第三节　物理化学性能 ·· (155)
　　第四节　分布 ·· (155)
　　第五节　开发利用和发展趋势 ·· (158)
第三十一章　石膏 ·· 卢杉杉 (159)
　　第一节　概述 ·· (159)
　　第二节　分类 ·· (159)
　　第三节　物理化学性能 ·· (160)
　　第四节　分布 ·· (161)
　　第五节　开发利用和发展趋势 ·· (162)
第三十二章　杂卤石 ·· 章子牛 (164)
　　第一节　概述 ·· (164)
　　第二节　分类 ·· (164)
　　第三节　物化性能 ·· (164)
　　第四节　分布 ·· (165)
　　第五节　开发利用和发展趋势 ·· (165)
第三十三章　石英砂、石英砂岩和石英岩 ··· 吴先冰 (167)
　　第一节　概述 ·· (167)
　　第二节　分类 ·· (169)
　　第三节　物理化学性能 ·· (169)
　　第四节　分布 ·· (169)
　　第五节　开发利用和发展趋势 ·· (174)
第三十四章　脉石英 ·· 刘玉芹 (176)
　　第一节　概述 ·· (176)

     第二节　分类 … (176)
     第三节　物理化学性能 … (177)
     第四节　分布 … (177)
     第五节　开发利用和发展趋势 … (179)

  第三十五章　粉石英 … 刘玉芹（180）
     第一节　概述 … (180)
     第二节　分类 … (180)
     第三节　物理化学性能 … (180)
     第四节　分布 … (181)
     第五节　开发利用和发展趋势 … (183)

  第三十六章　硅藻土 … 刘小楼　伍江涛　李忠水（184）
     第一节　概述 … (184)
     第二节　分类 … (185)
     第三节　物理化学性能 … (185)
     第四节　分布 … (186)
     第五节　开发利用和发展趋势 … (187)

  第三十七章　高岭土 … 汪先三（188）
     第一节　概述 … (188)
     第二节　分类 … (189)
     第三节　物理化学性能 … (189)
     第四节　分布 … (190)
     第五节　开发利用和发展趋势 … (192)

  第三十八章　海泡石 … 万梅华（194）
     第一节　概述 … (194)
     第二节　分类 … (195)
     第三节　物理化学性能 … (195)
     第四节　分布 … (196)
     第五节　开发利用和发展趋势 … (197)

  第三十九章　伊利石 … 刘玉芹（199）
     第一节　概述 … (199)
     第二节　分类 … (200)
     第三节　物理化学性能 … (200)
     第四节　分布 … (201)
     第五节　开发利用和发展趋势 … (201)

  第四十章　累托石黏土 … 童曦（203）
     第一节　概述 … (203)
     第二节　分类 … (203)
     第三节　物理化学性能 … (204)
     第四节　分布 … (204)
     第五节　开发利用和发展趋势 … (205)

  第四十一章　膨润土 … 王志强（207）
     第一节　概述 … (207)

第二节　分类 ……………………………………………………………………………………（208）
　　第三节　物理化学性能 …………………………………………………………………………（209）
　　第四节　分布 ……………………………………………………………………………………（210）
　　第五节　开发利用和发展趋势 …………………………………………………………………（211）

第四十二章　凹凸棒石 ……………………………………………………………… 岳雪侠　谭　涌（213）
　　第一节　概述 ……………………………………………………………………………………（213）
　　第二节　分类 ……………………………………………………………………………………（214）
　　第三节　物理化学性能 …………………………………………………………………………（214）
　　第四节　分布 ……………………………………………………………………………………（215）
　　第五节　开发利用和发展趋势 …………………………………………………………………（216）

第四十三章　耐火黏土 …………………………………………………………………………… 刘　枫（217）
　　第一节　概述 ……………………………………………………………………………………（217）
　　第二节　分类 ……………………………………………………………………………………（218）
　　第三节　物理化学性能 …………………………………………………………………………（218）
　　第四节　分布 ……………………………………………………………………………………（219）
　　第五节　开发利用和发展趋势 …………………………………………………………………（221）

第四十四章　砖瓦用、陶粒用黏土 ……………………………………………………………… 刘　枫（222）
　　第一节　概述 ……………………………………………………………………………………（222）
　　第二节　分类 ……………………………………………………………………………………（223）
　　第三节　物理化学性能 …………………………………………………………………………（223）
　　第四节　分布 ……………………………………………………………………………………（224）
　　第五节　开发利用和发展趋势 …………………………………………………………………（226）

第四十五章　绢英岩和绢英片岩 ………………………………………………………………… 伍江涛（227）
　　第一节　概述 ……………………………………………………………………………………（227）
　　第二节　分类 ……………………………………………………………………………………（227）
　　第三节　物理化学性能 …………………………………………………………………………（228）
　　第四节　分布 ……………………………………………………………………………………（228）
　　第五节　开发利用和发展趋势 …………………………………………………………………（230）

第四十六章　玄武岩 ……………………………………………………………………………… 郑玉琴（231）
　　第一节　概述 ……………………………………………………………………………………（231）
　　第二节　分类 ……………………………………………………………………………………（232）
　　第三节　物理化学性能 …………………………………………………………………………（232）
　　第四节　分布 ……………………………………………………………………………………（233）
　　第五节　开发利用和发展趋势 …………………………………………………………………（235）

第四十七章　珍珠岩 ……………………………………………………………………………… 舒　锋（236）
　　第一节　概述 ……………………………………………………………………………………（236）
　　第二节　分类 ……………………………………………………………………………………（237）
　　第三节　物理化学性能 …………………………………………………………………………（237）
　　第四节　分布 ……………………………………………………………………………………（237）
　　第五节　开发利用和发展趋势 …………………………………………………………………（239）

第四十八章　麦饭石 ……………………………………………………………………………… 汪要武（240）
　　第一节　概述 ……………………………………………………………………………………（240）

第二节　分类 ·· (241)
  第三节　物理化学性能 ·· (241)
  第四节　分布 ·· (242)
  第五节　开发利用和发展趋势 ·· (242)

第四十九章　火山灰、火山渣、浮石 ·· 候经纬 (243)
  第一节　概述 ·· (243)
  第二节　分类 ·· (244)
  第三节　物理化学性能 ·· (244)
  第四节　分布 ·· (245)
  第五节　开发利用和发展趋势 ·· (246)

第五十章　霞石正长岩 ·· 韩　璐 (247)
  第一节　概述 ·· (247)
  第二节　分类 ·· (248)
  第三节　物理化学性能 ·· (249)
  第四节　分布 ·· (249)
  第五节　开发利用和发展趋势 ·· (250)

第五十一章　花岗岩 ·· 詹建华 (251)
  第一节　概述 ·· (251)
  第二节　分类 ·· (252)
  第三节　物理化学性能 ·· (252)
  第四节　分布 ·· (252)
  第五节　开发利用和发展趋势 ·· (253)

第五十二章　大理岩 ·· 曹承立 (255)
  第一节　概述 ·· (255)
  第二节　分类 ·· (256)
  第三节　物理化学性能 ·· (257)
  第四节　分布 ·· (258)
  第五节　开发利用和发展趋势 ·· (260)

第五十三章　板岩 ·· 王志琨 (261)
  第一节　概述 ·· (261)
  第二节　分类 ·· (261)
  第三节　物理化学性能 ·· (262)
  第四节　分布 ·· (263)
  第五节　开发利用和发展趋势 ·· (264)

第五十四章　白垩 ··· 章子牛　刘光辉 (267)
  第一节　概述 ·· (267)
  第二节　分类 ·· (267)
  第三节　物理化学性能 ·· (267)
  第四节　分布 ·· (268)
  第五节　开发利用和发展趋势 ·· (268)

第五十五章　页岩 ·· 杨　巍 (269)
  第一节　概述 ·· (269)

第二节　分类 …………………………………………………………………………………… （270）
　　第三节　物化性能 ………………………………………………………………………………（270）
　　第四节　分布 ……………………………………………………………………………………（270）
　　第五节　开发利用和发展趋势 ……………………………………………………………… （271）

第五十六章　橄榄岩 ………………………………………………………………………… 孟　凡（273）
　　第一节　概述 ……………………………………………………………………………………（273）
　　第二节　分类 ……………………………………………………………………………………（274）
　　第三节　物理化学性能 ………………………………………………………………………（274）
　　第四节　分布 ……………………………………………………………………………………（274）
　　第五节　开发利用和发展趋势 ……………………………………………………………… （275）

第五十七章　辉石岩 ………………………………………………………………………… 孟　凡（276）
　　第一节　概述 ……………………………………………………………………………………（276）
　　第二节　分类 ……………………………………………………………………………………（276）
　　第三节　物理化学性能 ………………………………………………………………………（276）
　　第四节　分布 ……………………………………………………………………………………（277）
　　第五节　开发利用和发展趋势 ……………………………………………………………… （278）

第五十八章　辉长岩 ……………………………………………………………………… 王志琨（279）
　　第一节　概述 ……………………………………………………………………………………（279）
　　第二节　分类 ……………………………………………………………………………………（280）
　　第三节　物理化学性能 ………………………………………………………………………（280）
　　第四节　分布 ……………………………………………………………………………………（281）
　　第五节　开发利用和发展趋势 ……………………………………………………………… （283）

第五十九章　安山岩、安山玢岩 ………………………………………………………… 周向科（284）
　　第一节　概述 ……………………………………………………………………………………（284）
　　第二节　分类 ……………………………………………………………………………………（284）
　　第三节　物理化学性能 ………………………………………………………………………（285）
　　第四节　分布 ……………………………………………………………………………………（285）
　　第五节　开发利用和发展趋势 ……………………………………………………………… （286）

第六十章　闪长岩、闪长玢岩 …………………………………………………………… 周向科（287）
　　第一节　概述 ……………………………………………………………………………………（287）
　　第二节　分类 ……………………………………………………………………………………（287）
　　第三节　物理化学性能 ………………………………………………………………………（288）
　　第四节　分布 ……………………………………………………………………………………（288）
　　第五节　开发利用和发展趋势 ……………………………………………………………… （289）

第六十一章　凝灰岩 ……………………………………………………………………… 汪要武（290）
　　第一节　概述 ……………………………………………………………………………………（290）
　　第二节　分类 ……………………………………………………………………………………（291）
　　第三节　物理化学性能 ………………………………………………………………………（291）
　　第四节　分布 ……………………………………………………………………………………（292）
　　第五节　开发利用和发展趋势 ……………………………………………………………… （292）

第六十二章　粗面岩 ……………………………………………………………………… 周向科（294）
　　第一节　概述 ……………………………………………………………………………………（294）

第二节　分类	（294）
第三节　物理化学性能	（294）
第四节　分布	（295）
第五节　开发利用和发展趋势	（296）

第六十三章　黄土 ·········· 周向科（297）

第一节　概述	（297）
第二节　分类	（297）
第三节　物理化学性能	（298）
第四节　分布	（298）
第五节　开发利用和发展趋势	（300）

第六十四章　片麻岩 ·········· 王志强（302）

第一节　概述	（302）
第二节　分类	（302）
第三节　物理化学性能	（303）
第四节　分布	（303）
第五节　开发利用和发展趋势	（303）

第六十五章　天然油石 ·········· 刘玉芹（305）

第一节　概述	（305）
第二节　分类	（305）
第三节　物理化学性能	（306）
第四节　分布	（306）
第五节　开发利用和发展趋势	（306）

第六十六章　其他非金属矿 ·········· 詹建华　邓　桦　杨　巍　刘玉芹（308）

第一节　颜料矿物	（308）
第二节　角闪岩	（309）
第三节　正长岩	（311）
第四节　砂石集料	（311）
第五节　蛇纹岩	（312）
第六节　红土	（313）
第七节　几种非金属矿简介	（314）

参考文献及资料 ·········· （315）

参考图片 ·········· （323）

第一章 绪 论

第一节 非金属矿的概念

非金属矿是指自然界除了金属矿产、燃料矿产和水汽矿产之外的，在当前技术经济条件下可供人类社会需求而提取非金属化学元素、化合物或可直接利用的天然矿物与岩石。在国外，常常把非金属矿叫作"工业矿物与岩石"。虽然"非金属矿"和"工业矿物与岩石"用词不同，但涵义基本一致。

非金属矿有其本身显著的特点：一是非金属矿种类很多，不像金属矿那样只有有限的几十种。目前世界上已经开采利用的非金属矿已达260余种，中国已经开采利用的非金属矿也有136种之多，而且有不断增多的趋势。二是非金属矿成矿地质条件复杂，同一个矿种不同矿床的形成条件的差别很大。各矿种的矿床成因远较金属和燃料矿产多样化，如高岭土矿床就可以划分出八、九种成因。三是非金属矿的用途很广，如很常见的石灰岩除了生产水泥、冶炼金属和生产电石外，还能用于装饰材料、制玻璃陶瓷的助熔剂和用作化妆品、造纸、橡胶、塑料、涂料、颜料、油漆、搪瓷、纺织品等填料；也可以用作食品和饲料添加剂、农肥农药载体、土壤改良剂。四是非金属矿之间常常可以相互替代，如滑石、高岭土等造纸填料可以被由方解石制成的重钙所替代，从而改变了造纸工艺，由原来的酸性工艺变成了碱性工艺，有利于环保，也有利于降低成本，一举两得。而高岭土则替代叶蜡石成为玻璃纤维的原料，补充了叶蜡石资源的不足。五是非金属矿用量大，与日常生活密切相关，不可或缺。在中国仅水泥、玻璃、陶瓷、混凝土集料几项每年就要消耗一百多亿吨的非金属矿产品。六是大部分非金属矿的价格较低，因而不宜长途运输；但也有价格较高的品种，如宝玉石；而且随着深加工技术的提升，有些非金属矿种的附加值也不断提高，有的甚至比金属矿还贵，如高纯石英砂可以卖到十几万元一吨。七是非金属矿开采比较简单，一般都是露天开采，开采规模大。但也有地下开采的，如苏州阳西高岭土矿就是地下开采的；又如某些水泥石灰岩矿山因地表资源被采空，也已采用地下开采的方式。八是深加工对于提高非金属矿的附加值至关重要，目前对非金属矿的深加工方法主要是提纯、超细、改性和复合。提纯就是根据矿物之间或矿物与脉石之间密度、粒度和形状、磁性、电性、颜色（光性）、表面湿润性以及化学反应特性的差异对非金属矿进行纯化的处理，选矿提纯技术可分为拣选（包括人工拣选和光电拣选）、重力分选、磁选、电选、浮选、化学选矿等。超细就是利用超细粉碎设备如气流磨、高速机械冲击磨、旋磨机、搅拌球磨机、研磨剥片机、砂磨机、振动球磨机、旋转筒式球磨机、行星式球磨机、辊磨机、匀浆机、胶体磨等将非金属矿粉磨至粒度为 $d_{97} \leqslant 10~\mu m$ 的产品。表面改性是指用物理、化学、机械等方法对矿物粉体表面进行处理，根据应用的需要有目的地改变粉体表面的物理化学性质或赋予其新的功能，以满足现代新材料、新工艺和新技术发展的需要。表面改性常用的方法有物理涂覆、化学包覆、沉淀反应包覆、机械力化学和插层等。表面改性工艺有干法、湿法、复合法等。复合是指根据产品功能要求实施原料配制技术，包括：无机/无机复合、有机/无机复合以及其他助剂的配合等。

第二节 非金属矿的分类

一、不同分类原则和分类方案简介

对于矿产资源，以前人们在矿物学、岩石学、矿床学以及矿产品应用等领域针对不同的应用目的，采用不同的分类方法。非金属矿产分类中，突出了以工业部门用途为主要原则，按工业部门用途分为："冶金辅助原料非金属矿""化工非金属矿""建筑材料及其他非金属矿"等；按用途分出的矿种，如：熔剂灰岩、化工灰岩、水泥灰岩等。随着改革开放，中国国民经济的迅速发展，大大促进了矿产资源的开发利用，"一矿多用"现象进一步突出，如：石灰岩的用途已经不是以往的3种，而是9种，这样以工业部门用途划分远不能适应新的形势要求。一般而言，科学、合理的分类应按照既要反映矿产资源客观存在的规律，又要充分考虑各种矿产的自身特点，符合矿产资源的自然属性和应用属性，使各矿产之间有比较明确的逻辑关系的原则来进行。

由于不同的研究者的分类方法和分类原则各异，划分出来的矿种种类也不一样。每一矿种又常有几种成因，其用途又五花八门，一种矿常具有多种用途，不同矿种间又可以相互代用，因此，要提出一个较为妥帖的非金属矿产的分类就显得比较困难。就分类原则而言，比较有代表性的主要有：

（1）以地质成因作为分类基础的（Bates R L, 1960）：

工业矿物：伟晶岩的、脉岩的、交代的、变质的、沉积的；

工业岩石：岩浆的、变质的、沉积的。

（2）以产品的价值作为分类基础的（Wright L A, 1962）：

低价大体积的，如建筑材料；

高价大体积的，如化工材料；

高价小体积的，如长石、滑石等。

（3）以部门用途作为分类基础的（国土资源部，1994）：

冶金辅助原料非金属矿；

化工非金属矿；

建筑材料及其他非金属矿。

（4）以矿物学和岩石学作为分类基础的（陶维屏，1994；《矿产资源工业要求手册》编委会2014）：

前者共列出119个矿种；

后者共列出工业矿物57种、工业岩石37种、宝玉石17种。

二、本书采用的非金属矿分类方案

本书采用陶维屏1994年提出的分类方案，但对该分类方案进行了修改完善。分类方案将非金属矿产分为元素类非金属矿产、矿物类非金属矿产、岩石类非金属矿产、宝玉石类非金属矿产、黏土类非金属矿产五大类。

1）元素类非金属矿产：自然硫、石墨、碘、溴、钾盐、磷、含锂卤水。

2）矿物类非金属矿产：雄黄、雌黄、毒砂、黄铁矿、萤石、石盐、刚玉、水晶、水镁石（纤维状水镁石）、橄榄石、石榴子石、锆石、红柱石、蓝晶石、矽线石、电气石、透辉石、透闪石、石棉、蓝石棉、硅灰石、滑石、叶蜡石、白云母、金云母、碎云母、锂云母、锂辉石、蛭石、长石、沸石、重晶石、天青石、石膏、硬石膏、杂卤石、芒硝、钙芒硝、明矾石、冰洲石、菱镁矿、毒重石、天然碱、天然油石、方解石、钠硝石、钾硝石。

3）岩石类非金属矿产：辉石岩、角闪岩、辉绿岩、玄武岩、安山岩、安山玢岩、橄榄岩、辉长岩、斜长岩、闪长岩、闪长玢岩、正长岩、花岗岩、白岗岩、磷霞岩、霞石正长岩、花岗闪长岩（麦饭石）、细晶岩、石英斑岩、珍珠岩、松脂岩、黑曜岩、浮岩（浮石）、火山灰、火山渣、流纹岩、凝灰岩、砂和卵石及碎石（集料）、铝土矿、砾岩、砂岩、长石石英砂、石英砂和石英砂岩及石英岩、脉石英、粉石英、磷块岩、硅藻土、泥炭、天然沥青、泥岩、页岩、油页岩、炭质页岩、粉砂岩、石灰岩、泥灰岩、白云岩、白垩、板岩、千枚岩、片岩、角岩、绢英岩、绢英片岩、大理岩、白云质大理岩、蛇纹石大理岩、蛇纹岩、镁橄榄石大理岩、变粒岩、浅粒岩、混合花岗岩。

4）宝玉石类非金属矿产：金刚石、萤石、刚玉（红宝石、蓝宝石）、金红石、水晶、玛瑙、橄榄石（贵橄榄石）、石榴子石（紫牙乌、翠榴石）、锆石（风信子石）、黄玉（黄晶、托帕石）、绿柱石（海蓝宝石、金绿宝石、祖母绿）、电气石（碧玺）、蓝石棉（虎睛石）、硅灰石（长白玉）、蔷薇辉石（桃花石）、叶蜡石（寿山石、青田石、田黄）、锂云母（紫丁香）、天河石、长石（独山玉）、孔雀石、绿松石、绿泥石岩（仁布玉）、透闪石阳起石岩（和田玉、昆仑墨玉、独山玉、龙溪玉、玛纳斯碧玉）、蛇纹岩（岫岩玉、蓝田玉、祁连玉、蛇纹玉、安绿玉、乐都玉、南方玉、鸳鸯玉）、次生石英岩（密玉、东陵玉、琅琊玉、京白玉）、琥珀、硅化木、煤精、砚石、工艺雕刻岩石及观赏石。

5）黏土类非金属矿产：高岭土（陶土、瓷土）、伊利石、膨润土、凹凸棒石、海泡石、累托石、黄土、红土、普通黏土、耐火黏土、镁质黏土。

第三节 非金属矿的用途

非金属矿是为人类最早利用的矿产，旧石器时代的石刀、石斧和刮削器以及新石器时代仰韶文化（公元前 5000～3000 年）的彩陶，都充分说明了这一点。社会发展到近代，非金属矿的开发利用速度明显加快，20 世纪初人类所利用的非金属矿产还不过 60 种而已，而目前已达 200 种以上。随着现代工业的发展，可供工业利用的矿物和岩石种类还将继续增多。

非金属矿床种类繁多，如石灰岩矿床、石棉矿床、石墨矿床、金刚石矿床、磷矿床、盐类矿床和宝玉石矿床等，并且分布广泛，使人们有可能大量地加以利用。构成非金属矿床的矿石矿物主要是含氧盐类，以硅酸盐、硫酸盐为主，磷酸盐、硼酸盐次之，氧化物，卤化物和某些自然元素也可以形成矿床。

非金属矿石的利用方式与金属矿石不同。在工业上，只有少数非金属矿石是用来提取和使用某些非金属元素或其化合物的，如硫、磷、钾、硼等，这些矿石的工业价值主要取决于有用元素的含量和矿石的加工性能。而大多数非金属矿石则是直接利用其中的有用矿物、矿物集合体或岩石的某些物理、化学性质和工艺技术特性。

目前，非金属矿产在中国利用得比较广泛，主要是在以下几方面：

1）国防工业和尖端技术方面。在电子电气、机械、飞机、雷达、导弹、原子能等方面需要品种繁多，有特殊工艺技术特点的非金属矿产。如石墨在火箭、导弹的装置中用作耐热材料，并在许多方面用作机械运转的润滑剂；云母曾是电气、无线电和航空技术中不可缺少的电气绝缘材料。

2）建筑材料工业方面。建筑材料用矿物原料占整个非金属矿产量的 90% 以上。据资料显示，我国砂石集料一年就要开采 120×10^8 t；用于水泥生产和烧石灰的石灰岩，一年的消耗量也要数十亿吨。随着现代化城市建筑向高层发展，人们已注意研究和寻找具有轻质、高强、隔热、隔音和防震等性质的非金属原料。

3）冶金工业方面。冶金工业需要大量的非金属矿产，用作耐火材料、熔剂的原料。

4）陶瓷工业方面。无论是在工业上还是人民生活上，几乎都离不开陶瓷制品，其应用数量极多，使用范围广，而制造陶瓷的原料就是诸如高岭土、叶蜡石和硅灰石等非金属矿物。

5）玻璃、化工、造纸、橡胶、食品、医药、光学、钻探等其他工业方面。如硅石和长石是制造玻璃的主要原料。高岭土是造纸和陶瓷原料。明矾可作炼铝、制造钾肥和硫酸的原料，也可用于印刷，造纸，油漆工业等。

6）农业方面。为了提高并保持农作物的产量，在农田中大量使用由磷、钾矿石生产的磷肥和钾肥以及农用轻稀土，为农业的丰收做出了贡献。

不同非金属矿的用途（表 1-1）。

表1-1 中国非金属矿用途

序号	矿种	主要用途
1	金刚石	研磨和切削材料、电气电子工业原料、宝石原料
2	石墨	橡胶填料、涂料填料、颜料填料、油漆填料、耐火材料、铸造用材料、抛光材料、润滑材料、摩擦材料、能源（石油、核、太阳能）工业辅助原料、化学工业原料、电气电子工业原料、火箭和宇航工业材料、观赏石原料
3	水晶	宝石原料、玉石原料、观赏石原料
4	水镁石	精细陶瓷原料、橡胶填料、塑料填料、颜料填料、人造纤维填料、耐火材料、摩擦材料、阻燃材料、土壤改良材料、饲料添加剂、环境保护材料、彩石原料
5	金红石	造纸填料、橡胶填料、塑料填料、涂料填料、颜料填料、油漆填料、医药（含中药）原料和填料、火箭和宇航工业材料、宝石原料
6	蓝晶石 红柱石 矽线石	耐火材料、铸造用材料、火箭和宇航工业材料、彩石原料、观赏石原料
7	锂辉石 锂云母	精细陶瓷原料、玻璃原料、玻璃钢填（原）料、化学工业原料、电气电子工业原料、宝石原料、玉石原料、观赏石原料
8	刚玉	耐火材料、研磨材料、抛光材料、宝石原料、观赏石原料
9	石榴子石	做助滤、澄清、沉淀、悬浮、稳定、吸附、催化剂和载体材料、光学工业原料、观赏石原料
10	滑石	水泥原料、陶瓷原料、食品和药用填（原）料、化妆品填料、造纸填料、橡胶填料、塑料填料、涂料填料、油漆填料、纺织品填料、肥皂和洗涤剂填料、高分子复合材料填料、耐火材料、铸造用材料、抛光材料、润滑材料、电气电子工业原料、农药和杀虫剂原料和载体、医药（含中药）原料和填料、彩石原料
11	硅灰石	建筑制品材料、陶瓷原料、造纸填料、橡胶填料、塑料填料、涂料填料、颜料填料、油漆填料、玻璃钢填（原）料、助熔剂原料、铸造用材料、轻质隔音保温节能材料、研磨材料、摩擦材料
12	白云母	电气电子工业原料、医药（含中药）原料和填料、火箭和宇航工业材料、观赏石原料
13	金云母	电气电子工业原料、火箭和宇航工业材料、观赏石原料
14	碎云母	建筑制品材料、精细陶瓷原料、化妆品填料、橡胶填料、塑料填料、颜料填料、油漆填料、电气电子工业原料、火箭和宇航工业材料
15	石棉	建筑制品材料、摩擦材料、阻燃材料、电气电子工业原料、火箭和宇航工业材料
16	蓝石棉	建筑制品材料、橡胶填料、塑料填料、涂料填料、轻质隔音保温节能材料、做助滤、澄清、沉淀、悬浮、稳定、吸附、催化剂和载体材料、电气电子工业原料、医药（含中药）原料和填料、火箭和宇航工业材料
17	蛭石	建筑制品材料、轻质隔音保温节能材料、做助滤、澄清、沉淀、悬浮、稳定、吸附、催化剂和载体材料、润滑材料、摩擦材料、阻燃材料、能源（石油、核、太阳能）工业辅助原料、电气电子工业原料、农肥原料和载体、土壤改良材料、饲料添加剂、环境保护材料
18	长石	陶瓷原料、陶瓷釉料、玻璃原料、化妆品填料、造纸填料、橡胶填料、塑料填料、涂料填料、油漆填料、搪瓷填（原）料、肥皂和洗涤剂填料、耐火材料、助熔剂原料、研磨材料、电气电子工业原料、观赏石原料
19	锆石	陶瓷釉料、精细陶瓷原料、油漆填料、搪瓷填（原）料、耐火材料、铸造用材料、研磨材料、能源（石油、核、太阳能）工业辅助原料、电气电子工业原料、光学工业原料、宝石原料
20	叶蜡石	水泥原料、陶瓷原料、食品和药用填（原）料、化妆品填料、造纸填料、橡胶填料、塑料填料、涂料填料、颜料填料、肥皂和洗涤剂填料、玻璃钢填（原）料、耐火材料、润滑材料、电气电子工业原料、农药和杀虫剂原料和载体、饲料添加剂、彩石原料

续表

序号	矿种	主要用途
21	透辉石	陶瓷原料、玻璃原料、造纸填料、橡胶填料、塑料填料、涂料填料、颜料填料、搪瓷填（原）料
22	透闪石	陶瓷原料、玻璃原料、造纸填料、橡胶填料、塑料填料、涂料填料、颜料填料、搪瓷填（原）料
23	沸石	水泥原料、砖瓦原料、集料和轻骨料、玻璃原料、橡胶填料、塑料填料、涂料填料、颜料填料、油漆填料、轻质隔音保温节能材料、做助滤、澄清、沉淀、悬浮、稳定、吸附、催化剂和载体材料、能源（石油、核、太阳能）工业辅助原料、农肥原料和载体、土壤改良材料、饲料添加剂、垫厩材料、环境保护材料
24	方解石	食品和药用填（原）料、化妆品填料、造纸填料、橡胶填料、塑料填料、涂料填料、颜料填料、油漆填料、搪瓷填（原）料、纺织品填料、农药和杀虫剂原料和载体、饲料添加剂、医药（含中药）原料和填料、观赏石原料
25	电气石	涂料填料、做助滤、澄清、沉淀、悬浮、稳定、吸附、催化剂和载体材料、环境保护材料、宝石原料、观赏石原料
26	菱镁矿	建筑制品材料、化妆品填料、橡胶填料、塑料填料、人造纤维填料、耐火材料、农肥原料和载体、饲料添加剂、医药（含中药）原料和填料
27	石灰石	水泥原料、石材和饰面石材、陶瓷助熔剂原料、玻璃原料、食品和药用填（原）料、化妆品填料、造纸填料、橡胶填料、塑料填料、涂料填料、颜料填料、油漆填料、搪瓷填（原）料、纺织品填料、助熔剂原料、做助滤、澄清、沉淀、悬浮、稳定、吸附、催化剂和载体材料、化学工业原料、农肥原料和载体、农药和杀虫剂原料和载体、土壤改良材料、饲料添加剂、医药（含中药）原料和填料、消毒灭菌原材料、观赏石原料
28	泥灰岩	水泥原料、石材和饰面石材、观赏石原料
29	白云岩	水泥原料、建筑制品材料、石材和饰面石材、陶瓷助熔剂原料、玻璃原料、耐火材料、助熔剂原料、轻质隔音保温节能材料、化学工业原料、农肥原料和载体、土壤改良材料、饲料添加剂、医药（含中药）原料和填料、环境保护材料、观赏石原料
30	石膏	水泥原料、建筑制品材料、食品和药用填（原）料、造纸填料、颜料填料、油漆填料、纺织品填料、轻质隔音保温节能材料、农肥原料和载体、土壤改良材料、医药（含中药）原料和填料、观赏石原料
31	杂卤石	农肥原料和载体、医药（含中药）原料和填料
32	石英砂 石英砂岩 石英岩	水泥原料、集料和轻骨料、陶瓷原料、玻璃原料、铸造用材料、玉石原料、观赏石原料
33	脉石英	玻璃原料、光学工业原料、火箭和宇航工业材料
34	粉石英	集料和轻骨料、陶瓷原料、涂料填料、耐火材料、做助滤、澄清、沉淀、悬浮、稳定、吸附、催化剂和载体材料、研磨材料、抛光材料
35	硅藻土	水泥原料、集料和轻骨料、陶瓷原料、造纸填料、橡胶填料、塑料填料、涂料填料、耐火材料、轻质隔音保温节能材料、做助滤、澄清、沉淀、悬浮、稳定、吸附、催化剂和载体材料、抛光材料、能源（石油、核、太阳能）工业辅助原料、农肥原料和载体、农药和杀虫剂原料和载体、土壤改良材料、饲料添加剂、环境保护材料
36	高岭土	水泥原料、陶瓷原料、食品和药用填（原）料、化妆品填料、造纸填料、橡胶填料、塑料填料、涂料填料、颜料填料、油漆填料、搪瓷填（原）料、纺织品填料、人造纤维填料、肥皂和洗涤剂填料、高分子复合材料填料、耐火材料、做助滤、澄清、沉淀、悬浮、稳定、吸附、催化剂和载体材料、切削材料、抛光材料、能源（石油、核、太阳能）工业辅助原料、钻探工业材料、农药和杀虫剂原料和载体、饲料添加剂、医药（含中药）原料和填料、火箭和宇航工业材料、彩石原料

续表

序号	矿种	主要用途
37	海泡石黏土	轻质隔音保温节能材料、做助滤、澄清、沉淀、悬浮、稳定、吸附、催化剂和载体材料、摩擦材料、能源（石油、核、太阳能）工业辅助原料、钻探工业材料、农药和杀虫剂原料和载体、土壤改良材料、饲料添加剂、环境保护材料
38	伊利石黏土	砖瓦原料、集料和轻骨料、玻璃原料、食品和药用填（原）料、化妆品填料、造纸填料、橡胶填料、涂料填料、油漆填料、耐火材料、农肥原料和载体
39	累托石黏土	陶瓷原料、涂料填料、油漆填料、耐火材料、做助滤、澄清、沉淀、悬浮、稳定、吸附、催化剂和载体材料、能源（石油、核、太阳能）工业辅助原料、钻探工业材料
40	膨润土	造纸填料、橡胶填料、塑料填料、涂料填料、纺织品填料、人造纤维填料、肥皂和洗涤剂填料、耐火材料、铸造用材料、轻质隔音保温节能材料、做助滤、澄清、沉淀、悬浮、稳定、吸附、催化剂和载体材料、能源（石油、核、太阳能）工业辅助原料、钻探工业材料、农肥原料和载体、农药和杀虫剂原料和载体、饲料添加剂、垫厩材料、医药（含中药）原料和填料、环境保护材料
41	凹凸棒石黏土	铸造用材料、做助滤、澄清、沉淀、悬浮、稳定、吸附、催化剂和载体材料、抛光材料、能源（石油、核、太阳能）工业辅助原料、钻探工业材料、农肥原料和载体、农药和杀虫剂原料和载体、土壤改良材料、饲料添加剂、垫厩材料、医药（含中药）原料和填料、环境保护材料
42	耐火黏土	耐火材料
43	绢英岩	陶瓷原料、橡胶填料、塑料填料、涂料填料、油漆填料、高分子复合材料填料、润滑材料、观赏石原料
44	玄武岩	水泥原料、石材和饰面石材、轻质隔音保温节能材料、观赏石原料
45	珍珠岩	建筑制品材料、集料和轻骨料、陶瓷原料、玻璃原料、橡胶填料、塑料填料、油漆填料、搪瓷填（原）料、轻质隔音保温节能材料、做助滤、澄清、沉淀、悬浮、稳定、吸附、催化剂和载体材料、能源（石油、核、太阳能）工业辅助原料、农肥原料和载体、土壤改良材料、环境保护材料、观赏石原料
46	蛇纹岩	石材和饰面石材、食品和药用填（原）料、造纸填料、橡胶填料、塑料填料、涂料填料、颜料填料、油漆填料、耐火材料、助熔剂原料、农肥原料和载体、环境保护材料、玉石原料、观赏石原料
47	火山灰火山渣浮石	水泥原料、集料和轻骨料、塑料填料、轻质隔音保温节能材料、做助滤、澄清、沉淀、悬浮、稳定、吸附、催化剂和载体材料、研磨材料、抛光材料、农药和杀虫剂原料和载体、医药（含中药）原料和填料、观赏石原料
48	霞石正长岩	石材和饰面石材、陶瓷原料、玻璃原料、橡胶填料、塑料填料、涂料填料、颜料填料、油漆填料、观赏石原料
49	花岗岩	石材和饰面石材、观赏石原料
50	大理岩	水泥原料、建筑制品材料、石材和饰面石材、陶瓷助熔剂原料、玻璃原料、食品和药用填（原）料、化妆品填料、造纸填料、橡胶填料、塑料填料、涂料填料、颜料填料、油漆填料、搪瓷填（原）料、纺织品填料、助熔剂原料、化学工业原料、农药和杀虫剂原料和载体、土壤改良材料、饲料添加剂、消毒灭菌原材料、观赏石原料
51	板岩	水泥原料、石材和饰面石材、砖瓦原料、耐火材料、观赏石原料
52	白垩	水泥原料、陶瓷助熔剂原料、食品和药用填（原）料、造纸填料、橡胶填料、塑料填料、涂料填料、颜料填料、油漆填料、饲料添加剂
53	页岩	水泥原料、石材和饰面石材、砖瓦原料、集料和轻骨料、耐火材料、观赏石原料
54	橄榄岩	石材和饰面石材、精细陶瓷原料、玻璃原料、耐火材料、助熔剂原料、铸造用材料、农肥原料和载体、土壤改良材料、环境保护材料、观赏石原料

续表

序号	矿种	主要用途
55	辉石岩	石材和饰面石材、观赏石原料
56	辉长岩	石材和饰面石材、观赏石原料
57	角闪岩	石材和饰面石材、观赏石原料
58	安山岩 安山玢岩	石材和饰面石材、观赏石原料
59	闪长岩 闪长玢岩	石材和饰面石材、观赏石原料
60	凝灰岩	石材和饰面石材、观赏石原料
61	片麻岩	水泥原料、砖瓦原料、耐火材料、观赏石原料
62	麦饭石	饲料添加剂
63	黄土	水泥原料、染料原料

第四节 非金属矿的勘查

一、勘查简史

中国非金属矿勘查工作可以1949年中华人民共和国成立为界分为两个阶段。新中国成立前，由于历史条件限制，地质工作十分薄弱，只有少数地质人员对磷、硫、矾矿等作过一些初步地质调查。20世纪20年代刘季辰、谢家荣等对江苏海州磷矿作过地质调查。20世纪30年代谭锡畴、李春昱、王竹泉等先后对四川省甘孜的自然硫、湖南常宁水口山的黄铁矿作过地质调查。30年代叶良辅、李璜、程裕淇等对浙江平阳矾矿作了地质调查等。1941~1946年张丽旭和姜文运等对辽宁和山东的菱镁矿矿床作了进一步的地质调查，并著有调查报告。日本在侵华时期，为了掠夺中国的矿产资源，对中国的非金属矿产资源也进行了部分地质调查工作。20世纪初至20世纪40年代，日本地质人员曾对辽宁海城、贾家堡和宋家堡三处滑石矿做过调查；对辽宁营口、海城、辽阳、丹东、岫岩、本溪、抚顺、山东掖县❶（今莱州市）等40余处菱镁矿矿床（点）作过地质调查。另外，对石棉、石膏、高岭土等矿产也进行过一些地质调查工作。

新中国成立后，1949~1957年间，非金属矿产资源地质工作的重点是为钢铁工业和化学工业服务，提供所需矿产储量。在此期间先后开展普查勘探的矿区和地区有：辽宁大石桥菱镁矿、浙江金华地区的萤石矿、山西、河北、河南等地的耐火黏土矿、云南昆阳、贵州开阳和湖北襄阳的磷矿、安徽向山硫铁矿和甘肃白银厂铜矿的伴生硫铁矿、辽宁凤城的硼矿、青海柴达木盆地的盐类矿等。此外，还对一系列大中型建材和其他非金属矿产进行了普查勘探，如四川石棉县和青海芒崖的石棉，四川丹巴、新疆阿勒泰和内蒙古土贝乌拉的白云母矿，辽宁海城滑石矿、广西龙胜地区的滑石矿，江苏苏州的高岭土矿，山东沂沭河流域和湖南沅水流域的金刚石矿等。通过地质工作，找到了一批规模大、质量优的非金属矿产地，提交了储量，为新中国非金属矿业的建立和发展打下了坚实的基础。

1958~1978年间，地质勘查工作的重点放在发展农业、钢铁工业和国防高技术工业所需的非金属矿产资源方面。广东云浮、安徽何家小岭、内蒙古炭窑口和东升庙的硫铁矿矿床；湖南浏阳、四川绵阳、云南海口、贵州瓮安和湖北宜昌等地的大型磷矿；青海察尔汗盐湖的钾盐矿床都是在这个时期发现和探明的。此外，金刚石、压电水晶、耐火黏土、石棉、石墨、滑石、菱镁矿、萤石、重晶石、

---
❶ 掖县已于1998年撤销，设立莱州市。

高岭土、石膏、石灰岩、玻璃硅质原料等矿产的探明储量有了较大增长，提供了一批重要的非金属矿产资源基地。

1978年以后的70年代末和整个80年代是非金属矿产资源地质勘查工作的鼎盛时期。非金属矿产资源地质工作取得了新的飞跃，不仅传统的非金属矿产资源不断发现和探明，而且还发现并探明了一系列新的非金属矿产资源，如蓝晶石、矽线石、红柱石、硅灰石、沸石、海泡石、累托石和凹凸棒石黏土，以及各类装饰用花岗石和大理石等。据统计，1980~1990年10年间，储量增长2~18倍的矿产有膨润土、大理石、硅灰石、水泥灰岩、沸石、高岭土、石膏、重晶石、花岗石、石墨、滑石、玻璃硅质原料和硅藻土13种矿产。特别在1985~1990年期间，发现了一批大型非金属矿床，如四川雷波磷矿田、湖南沅陵和河北宣化的硫铁矿床、广东茂名和广西合浦的优质高岭土矿床、广西、福建、海南的石英砂矿以及山东、福建、广东、北京、江苏、湖北、浙江等省（市）的花岗石和大理石矿等。由于地质勘查的累累硕果，使非金属矿产成为中国的一类优势矿产，使中国成为世界上非金属矿产资源探明储量较多的少数国家之一。

二、勘查成果

经过几代地质工作者的努力，中国非金属矿勘查取得了丰硕的成果，据不完全统计，截至2013年底，共探明非金属矿床16561处，其中，建材非金属矿床10864处，冶金辅助原料非金属矿床2340处，化工用非金属矿床3357处。详见（表1-2）。需要说明的是，上述非金属矿床数据是国土资源部统计的数字，实际探明的非金属矿床可能远远大于这个数字。

表1-2　中国非金属矿探明矿种及资源储量

序号	矿产名称	单位	矿区数/个	查明资源储量
1	自然硫	硫 10^4 t	83	34695.59
2	硫铁矿	矿石 10^4 t	687	569324.10
3	伴生硫	硫 10^4 t	550	45210.85
4	金刚石	矿物 kg	22	3396.45
5	晶质石墨	石墨矿物 10^4 t	127	22024.10
6	隐晶质石墨	矿石 10^4 t	30	3547.69
7	碘	碘 t	22	198639.38
8	溴	溴 10^4 t	13	427.87
9	砷	砷 10^4 t	108	250.12
10	普通萤石	折氟化钙 10^4 t	717	21142.06
11	光学萤石	矿物 kg	3	244.60
12	盐矿	折氯化钠 10^8 t	229	13343.42
13	钾盐	KCl 10^4 t	45	100534.51
14	镁盐	折镁总量 10^4 t	57	140275.19
15	刚玉	矿物 t	1	16898.00
16	玛瑙	矿石 t	2	166375.00
17	压电水晶	单晶 kg	97	179272.00
18	熔炼水晶	矿物 t	92	7140.00
19	光学水晶	矿物 kg	3	175.00
20	工艺水晶	矿物 kg	3	13010.54
21	石榴子石	折矿物 10^4 t	33	5414.85
22	蓝晶石	矿物 10^4 t	7	748.54
23	矽线石	矿物 10^4 t	10	1213.67
24	红柱石	矿物 10^4 t	16	3112.00

续表

序号	矿产名称	单位	矿区数/个	查明资源储量
25	黄玉	黄玉 t	1	6701.20
26	电气石	矿物 t	3	492760.00
27	透辉石	矿石 10^4 t	42	38365.74
28	透闪石	矿石 10^4 t	7	853.98
29	石棉	矿物 10^4 t	57	9072.41
30	蓝石棉	矿物 t	12	45551.35
31	硅灰石	矿石 10^4 t	97	16009.95
32	滑石	矿石 10^4 t	121	27706.54
33	叶蜡石	矿石 10^4 t	64	10167.09
34	云母	矿物 10^4 t	183	46.18
35	碎云母	矿物 10^4 t	18	211.46
36	蛭石	矿石 10^4 t	13	3465.96
37	长石	矿石 10^4 t	261	260747.61
38	含钾岩石	矿石 10^4 t	21	18767.00
39	沸石	矿石 10^4 t	65	242744.49
40	硼矿	B_2O_3 10^4 t	89	7613.64
41	磷矿	矿石 10^8 t	550	205.71
42	伴生磷	P_2O_5 10^4 t	19	1646.54
43	重晶石	矿石 10^4 t	225	31191.65
44	石膏	矿石 10^8 t	324	850.41
45	芒硝	折硫酸钠 10^4 t	165	1113.02
46	明矾石	矿物 10^4 t	34	25874.88
47	铁矾土	矿石 10^4 t	41	20745.70
48	冰洲石	矿物 kg	4	352.00
49	菱镁矿	矿石 10^4 t	90	289163.97
50	毒重石	矿石 10^4 t	8	2193.71
51	天然碱	$Na_2CO_3 + NaHCO_3$ 10^4 t	17	46624.09
52	钠硝石	矿石 10^4 t	6	49946.93
53	建筑用辉石岩	矿石 10^4 m^3	4	818.01
54	饰面用辉石岩	矿石 10^4 m^3	3	141.06
55	建筑用角闪岩	矿石 10^4 m^3	4	780.47
56	饰面用角闪岩	矿石 10^4 m^3	9	772.59
57	水泥用辉绿岩	矿石 10^4 t	3	290.45
58	建筑用辉绿岩	矿石 10^4 m^3	24	6342.69
59	饰面用辉绿岩	矿石 10^4 m^3	48	3441.34
60	铸石用辉绿岩	矿石 10^4 t	5	528.00
61	水泥混合材用玄武岩	矿石 10^4 t	1	6.14
62	建筑用玄武岩	矿石 10^4 m^3	44	9151.56
63	饰面用玄武岩	矿石 10^4 m^3	9	2494.30
64	铸石用玄武岩	矿石 10^4 t	9	13624.77
65	岩棉用玄武岩	矿石 10^4 t	5	9942.00

续表

序号	矿产名称	单位	矿区数/个	查明资源储量
66	水泥混合材用安山玢岩	矿石 10^4 t	2	2086.00
67	建筑用安山岩	矿石 10^4 m³	67	9464.70
68	饰面用安山岩	矿石 10^4 m³	1	3.89
69	建筑用橄榄岩	矿石 10^4 m³	1	285.57
70	耐火用橄榄岩	矿石 10^4 t	3	18755.03
71	化肥用橄榄岩	矿石 10^4 t	2	11366.88
72	建筑用辉长岩	矿石 10^4 m³	1	151.97
73	饰面用辉长岩	矿石 10^4 m³	28	5633.51
74	水泥混合材用闪长玢岩	矿石 10^4 t	1	22.00
75	建筑用闪长岩	矿石 10^4 m³	11	547.96
76	饰面用闪长岩	矿石 10^4 m³	14	2864.50
77	饰面用正长岩	矿石 10^4 m³	2	926.78
78	建筑用花岗岩	矿石 10^4 m³	318	123862.54
79	饰面用花岗岩	矿石 10^4 m³	591	258650.40
80	霞石正长岩	矿石 10^4 t	7	26655.47
81	麦饭石	矿石 10^4 t	4	275.00
82	珍珠岩	矿石 10^4 t	38	37972.87
83	浮石	矿石 10^4 m³	8	2484.33
84	火山灰	矿石 10^4 t	4	6996.00
85	火山渣	矿石 10^4 t	7	5140.98
86	玻璃用凝灰岩	矿石 10^4 t	2	18370.00
87	水泥用凝灰岩	矿石 10^4 t	16	14481.63
88	建筑用凝灰岩	矿石 10^4 m³	32	44181.78
89	玻璃用砂	矿石 10^4 t	115	303131.95
90	水泥配料用砂	矿石 10^4 t	13	12892.91
91	水泥标准砂	矿石 10^4 t	6	10305.44
92	砖瓦用砂	矿石 10^4 m³	5	1967.60
93	建筑用砂	矿石 10^4 m³	165	46768.38
94	铸型用砂	矿石 10^4 t	45	92394.72
95	高岭土	矿石 10^4 t	456	250299.63
96	伊利石黏土	矿石 10^4 t	7	16320.70
97	膨润土	矿石 10^4 t	211	279698.60
98	凹凸棒石黏土	矿石 10^4 t	27	40001.02
99	海泡石黏土	矿石 10^4 t	12	1672.43
100	累托石黏土	矿石 10^4 t	13	1421.04
101	陶瓷用砂岩	矿石 10^4 t	12	3186.37
102	玻璃用砂岩	矿石 10^4 t	142	94767.74
103	水泥配料用砂岩	矿石 10^4 t	260	221582.93
104	砖瓦用砂岩	矿石 10^4 m³	16	2245.49
105	建筑用砂岩	矿石 10^4 m³	115	4870.34
106	冶金用砂岩	矿石 10^4 t	34	30071.76

续表

序号	矿产名称	单位	矿区数/个	查明资源储量
107	铸型用砂岩	矿石 10^4 t	12	8232.86
108	化肥用砂岩	矿石 10^4 t	4	10916.50
109	玻璃用石英岩	矿石 10^4 t	188	328769.08
110	冶金用石英岩	矿石 10^4 t	131	157034.53
111	化肥用石英岩	矿石 10^4 t	1	20.38
112	天然油石	矿石 10^4 t	4	225.20
113	玻璃用脉石英	矿石 10^4 t	179	7280.78
114	水泥配料用脉石英	矿石 10^4 t	6	154.13
115	冶金用脉石英	矿石 10^4 t	136	6722.53
116	粉石英	矿石 10^4 t	26	5871.06
117	硅藻土	矿石 10^4 t	70	46533.85
118	泥炭	矿石 10^4 t	237	35767.86
119	陶瓷土	矿石 10^4 t	325	126480.20
120	水泥配料用黏土	矿石 10^4 t	481	232363.00
121	水泥配料用红土	矿石 10^4 t	17	12229.05
122	砖瓦用黏土	矿石 10^4 m³	192	19505.39
123	陶粒用黏土	矿石 10^4 t	23	25478.04
124	保温材料用黏土	矿石 10^4 t	3	433.34
125	耐火黏土	矿石 10^4 t	479	251013.70
126	铸型用黏土	矿石 10^4 t	1	1523.30
127	水泥配料用黄土	矿石 10^4 t	39	30609.48
128	颜料矿物黄土	矿石 10^4 t	2	192.00
129	水泥配料用泥岩	矿石 10^4 t	67	71510.96
130	水泥配料用页岩	矿石 10^4 m³	111	118934.33
131	砖瓦用页岩	矿石 10^4 m³	313	83962.40
132	建筑用页岩	矿石 10^4 m³	9	795.42
133	陶粒页岩	矿石 10^4 t	36	66508.03
134	含钾砂页岩	矿石 10^4 t	38	477878.11
135	泥灰岩	矿石 10^4 t	15	5659.64
136	玻璃用灰岩	矿石 10^4 t	2	678.10
137	水泥用灰岩	矿石 10^8 t	2316	1198.83
138	制灰用灰岩	矿石 10^4 t	212	132626.58
139	建筑用灰岩	矿石 10^4 m³	573	120945.74
140	饰面用灰岩	矿石 10^4 m³	54	15533.59
141	熔剂用灰岩	矿石 10^8 t	305	135.35
142	电石用灰岩	矿石 10^4 t	110	637126.95
143	制碱用灰岩	矿石 10^4 t	37	24921.12
144	化肥用灰岩	矿石 10^4 t	3	3839.26
145	方解石	矿石 10^4 t	183	96144.73
146	玻璃用白云岩	矿石 10^4 t	26	23688.51
147	建筑用白云岩	矿石 10^4 m³	107	61412.88
148	冶金用白云岩	矿石 10^8 t	306	122.69

续表

序号	矿产名称	单位	矿区数/个	查明资源储量
149	化工用白云岩	矿石 10^8 t	27	17921.49
150	白垩	矿石 10^4 t	1	3.50
151	水泥配料用板岩	矿石 10^4 t	6	11431.90
152	饰面用板岩	矿石 10^4 m^3	33	9071.12
153	砚石	矿石 10^4 t	4	5481.35
154	片麻岩	矿石 10^4 m^3	12	12109.72
155	玉石	矿石 10^4 t	54	603.60
156	玻璃用大理岩	矿石 10^4 t	7	6505.53
157	水泥用大理岩	矿石 10^4 t	199	406815.61
158	建筑用大理岩	矿石 10^4 m^3	81	10760.98
159	饰面用大理岩	矿石 10^4 m^3	258	150995.24
160	饰面用蛇纹岩	矿石 10^4 m^3	30	1739.42
161	熔剂用蛇纹岩	矿石 10^4 t	7	123319.68
162	化肥用蛇纹岩	矿石 10^8 t	59	120.67
163	水泥用粗面岩	矿石 10^4 t	2	1043.00

（据国土资源部，2013）

注：①芒硝：矿石按32.3%计；②盐矿：矿石量按82%计；③镁盐：氯化镁按20%，硫酸镁按25%折算；④砷：雄/雌黄矿物按65%折算。

三、勘查技术

在勘查理论上，《中国非金属矿资源形势分析》、《中国非金属矿成矿系列研究》、《中国非金属矿成矿地质图》等一系列成果，从非金属矿含矿建造入手，深入研究非金属矿的大地构造环境、大地构造演化历史、成矿温度、成矿压力、成矿物质来源、成矿后生作用等，阐明了同一类含矿建造中可能出现的矿床组合的规律，从而对提高非金属矿找矿、勘查效率有很好的指导作用。其中非金属矿成矿系列的研究，不仅有力地推动了非金属矿产资源的勘查工作向前发展，而且丰富了非金属矿床成矿理论。

勘查手段和勘查技术装备上，工程测量技术装备随着全站仪、GPS等设备仪器的使用，大大提高了测量工作精度和效率；地质填图采用手持GPS等设备定位，较以前人工填图定位有了很大进步；钻机、钻头、钻具的改进使钻探效率有了提高。但是，物探技术装备、快速采样机、快速化验仪器应用较少，导致了非金属矿快速评价难以实现，降低了勘查效率和勘查效益。

在标准规范上，随着市场经济的发展，原来计划经济中形成的标准规范不断地被修正，使之更具灵活性，更适应市场经济的需要。其中变化较大的是勘查阶段的划分和储量级别的划分。1999年之前，地质工作按可靠程度划分为普查、详查和勘探三个阶段；1999年之后，地质工作分为四个阶段：即预查、普查、详查和勘探。储量级别在1999年之前分为A、B、C、D、E等级别；1999年之后作了很大调整，取消了A、B、C、D、E的等级，采用了新的分类标准。

中国非金属矿测试技术也有一定进展。一是测试项目在不断增多，到目前为止，中国能够完成非金属矿测试项目200余项（表1-3）。二是据不完全统计，在测试方法、实验、仪器、科研等方面取得科技成果200余项。三是到目前为止，中国颁布了128个非金属矿和建筑材料测试标准和技术规范，其中膨润土、高岭土、海泡石、滑石、硅藻土、石墨、石材、石膏、石棉、云母、重晶石等矿种的测试方法已比较全面系统。四是中国非金属矿标准物质的研制取得了较大进展，国家已批准了79件标准物质。标准物质的研制促进了测试技术的发展，也有利于管理。但总体上看，中国非金属矿测试技术水平还不高，技术装备比较落后，某些测试方法还需要不断改进，标准物质还应不断增加。

表 1-3 中国非金属矿物测试项目

矿物性能	测试内容	应测试的矿物或岩石	矿物或岩石的用途
热学性能	导热系数、耐火度、孔隙分析、比热、相变热、相变温度、热膨胀、差热、热失重、烧结温度、干燥敏感性、核重软化温度、耐激冷激热、发热率、铣化、贮热	珍珠岩、蛭石、硅藻土、石棉、海泡石、坡缕石、高铝黏土、云母、锆英砂、叶蜡石、石墨、滑石、镁砂、蓝晶石、红柱石、矽线石、石英、堇青石、莫来石、沸石	保温材料、耐火材料、保健医疗、蓄热材料、煅烧和烘干工艺
力学性能	抗压强度、抗折强度、抗拉强度、筒压强度、坚固性、弹性模量、耐磨性、冻融强度、冻融损失、沥青黏附性、磨光值、吸水率、冲击韧性、软化系数，凝聚力、内摩擦角	饰面石材、建材制品、石棉、建筑骨料、公路集料、铁路道砟、各种岩石	建材、装饰、水利、道路、土木工程、机械、铸造、地基
流变性能（胶体性能）	黏度、塑性、液限、固限、触变性、分散性、膨胀容、胶质价、悬浮性、表面电位、胶体率、亢盐性、流平性、增稠性、饱和吸水率、动切力、崩解性	膨润土、海泡石、坡缕石、高岭土、地开石、水云母、伊利石	土木工程、钻井泥浆、防水毯、涂料、洗涤、医药、黏合剂、防沉剂、建材
生物或物理化学活性	负离子、红外、活性、离子交换、吸钙值、吸氨值、碱激发活性、碱活性、耐酸碱、有机物质吸附、吸湿性、硫酸吸附力、崩解性、分散性、成膜性、热稳定性、毒性、抗菌性、防爆性	麦饭石、膨润土、海泡石、坡缕石、高岭土、埃洛石、沸石、硅藻土、凝灰岩、火山灰、浮石	饲料、医药、防腐、玻纤、催化剂、分子筛、洗涤、可湿粉农药
光学性能	折光率、紫外和红外光吸收、透射、反射发射率、发热率、颜色饱和度、介电常数	萤石、方解石、磷灰石、独居石、长石、重晶石、石英、电气石、石膏、金红石、白云母、高岭石、滑石	化妆品、涂料、军工、服装、保健、交通标志
声学性能	吸音系数、密度、固有频率、空隙率、微孔形态分析	重晶石、石墨、石膏、硅藻土、海泡石、膨润土、石棉、蛭石、珍珠岩、沸石	音响、隔音降噪
电（磁）性能	抗静电、电容、电阻、击穿电压、快离子导电、压电、介电常数、屏蔽性、比磁化率	云母、压电石英、沸石、蛭石、石棉、石墨、海泡石、铁云母、膨润土、石材	化工、军工、环保、选矿、仪器、通讯
粉体性能	粒度分析、长径比、白度、硬度、水分、颗粒形态、亲泊性、极性、湿润性、安息角、分散性、沉降体积、吸油量、吸碘值、耐酸碱、表面电性、表面酸碱性、比表面积、热稳定性、耐酸碱、碱激发活性、磨耗值、水溶性、耐水性、胶体率、压缩度	方解石、滑石、云母、硅灰石、叶蜡石、白云石、高岭土、伊利石、石膏、石英、硅藻土、重晶石、大理石、水镁石、长石、金红石、沸石、石棉、石墨、绿泥石、浮石、海泡石、透闪石、矿渣、粉煤灰等	塑料、橡胶、涂料、造纸、油墨、纳米材料
环保性能	放射性、石棉含量、负氧离子浓度、防辐射、吸附性、离子交换性、pH、表面电性、偶极矩、化学活性、有害元素、渗透系数、过滤系数、空隙率、磁性、孔隙、脱硫率	膨润土、硅藻土、蛭石、重晶石、坡缕石、海泡石、沸石、电气石、浮石、石棉、火山灰、凝灰岩、过滤砂、脱硫灰岩	防辐射、过滤、除有害离子、净化水体、固沙

第五节 非金属矿的开发

一、开发简史

中国近代非金属矿产资源的开发利用大多始于19世纪80年代至20世纪初,当时帝国主义列强侵入中国,开洋行、办工厂、建矿山、修铁路,将西方国家的科学技术和工业传入中国。

清政府晚期,兴办洋务和北洋水师,进口了大量洋灰(水泥)、平板玻璃、卫生陶瓷、石棉制品和建筑材料等。1904年英商开办启新洋灰公司成为中国水泥工业的先导。

1922年中比合资创办秦皇岛耀华玻璃厂生产平板玻璃,成为首家能持久存在的中国玻璃企业。1931年上海开办了第一个加气混凝土厂。

20世纪20年代起,云母、滑石、石棉、石墨、石膏、菱镁矿、萤石等矿产的开发取得明显的进展。中国人先后开办了四川丹巴云母矿、辽宁海城滑石公司、湖北应城石膏公司、天津石棉制品公司,及绥远兴河、吉林磐石和湖南郴州的石墨矿等。在此时期,日本人曾开采山东诸城和察哈尔的云母矿,并在辽宁成立了满铁株式会社进行菱镁矿开采和烧结。"七·七"事变以后,日本侵占了中国水泥厂,开办了河北涞源石棉矿、山西太原灵石石膏矿、山东南墅石墨矿和辽宁大石桥一带的一批菱镁矿矿山,将大肆掠夺中国非金属矿产品运往日本。

1949年前,中国几乎没有正规的化工用矿山企业,当时只有江苏海州磷矿和四川川南、安徽马鞍山、山西阳泉、广东英德等几个硫铁矿,浙江平阳、安徽庐江的两个明矾石矿和湖南石门的雄黄矿等,为手工开采,产量很低。与化工非金属矿产资源有关的化工企业极少,主要有两个,一个是永和制碱公司,另一个是南京硫酸厂。

中国近代的非金属矿业和相关工业从19世纪末到20世纪40年代经历了半个多世纪艰难曲折而缓慢的发展历程,到1949年前夕,全国一些规模较大的矿业企业均奄奄一息,难以为继;为数不多的中小企业大多停产倒闭。1949年全国主要非金属矿产品及制品的产量仅为:水泥 66×10^4 t,平板玻璃91.2万重量箱,卫生陶瓷0.6万件,硫铁矿 6.4×10^4 t(1947年),石棉 550×10^4 t,石墨 943×10^4 t,石膏 9.98×10^4 t,硫酸铵 22.6×10^4 t。

1949~1957年时期,非金属矿业主要处于恢复和初步建设阶段。恢复、改建和扩建的主要矿山和企业有:江苏锦屏磷矿,安徽向山、广东英德、山西阳泉硫铁矿,本溪、华新和中国水泥厂,秦皇岛耀华玻璃厂,天津、北京、青岛等地的私营石棉工厂,黑龙江柳毛和湖南郴州石墨矿,湖北应城、山西太原石膏矿,辽宁大石桥菱镁矿,辽宁海城和山东掖县的滑石矿以及浙江武义萤石矿等。为适应钢铁工业发展的需要,当时新建了一批耐火黏土矿山,如山东淄博、山西太原和河北唐山等。为配合化工厂和建材工业的发展,新建了南京云台山硫铁矿,山西大同、甘肃永登等6个水泥厂,湖南株洲和河南洛阳的平板玻璃厂,山东南墅石墨矿,山西灵石石膏矿和山东栖霞滑石矿等。这一时期非金属矿业生产的特点,一是企业于1957~1958年前后陆续由私营转为国营,归口于钢铁、化工和建材等工业部门管理。二是老矿山和企业获得新生和扩建。三是新企业成批建立,初步建立起非金属矿业系统,生产得到很大发展。

1958~1978年时期,非金属矿业逐渐形成基地格局。相继建成了湖北襄阳、贵州开阳、云南昆阳、四川金河和湖南浏阳五大磷矿基地,广东云浮、内蒙古炭窑口硫铁矿山,四川、新疆、内蒙古三大云母矿生产基地,苏州阳山、湖南界牌高岭土矿和广东潮州飞天燕瓷土矿,辽宁黑山、浙江临安、山东潍坊、河北宣化、河南信阳等地的膨润土矿等。石棉、石墨、滑石、盐矿、硼矿、金刚石、石膏水晶等行业亦获得长足的发展。

1978年以后,受世界非金属矿业热的影响,中国的非金属矿业日益受到国家的重视和人们的关注,尤其是1986年国家发出加速发展我国非金属矿工业的号召以来,非金属矿业,特别是建材及新型非金属矿业进入高速发展时代。各种所有制的矿山企业如雨后春笋般地蓬勃而出,全国非金属矿山达到3.7万座（1996年），全民办矿，大大促进了非金属矿业的发展。当时扩建和兴建一批矿山和基地，化工行业的重点建设有广东云浮硫铁矿、湖北荆襄王集磷矿、内蒙古炭窑口硫铁矿、青海察尔汗钾盐矿和青海钾肥厂、山西运城芒硝矿和内蒙古查干诺尔天然碱矿等。冶金辅助原料、建材和其他非金属重点矿山遍布全国，主要有河北唐山、河南焦作的耐火原料基地，辽宁营口和山东掖县的菱镁矿基地，渤海湾、长江三角洲、珠江三角洲的石灰岩矿山和水泥生产基地，以及山东、福建、广东等沿海省份的石材基地等。非金属矿产深加工技术发展迅速，加工产品的品种和质量都提高到新的水平：如化肥向高浓度复合肥料发展，水泥新型干法工艺的应用，多功能混凝土、复合材料混凝土和各种水泥、混凝土制品的研制，浮法玻璃技术的引进，天然首饰用金刚石的琢磨加工，以及千姿百态的各类非金属矿产制品如石棉橡胶、石墨乳、合成云母纸、活性白土（膨润土）、异型石材等等。非金属矿业在中国矿业中的地位大大提高。

二、开发成果

据2012年国土资源部的统计资料，中国共有非金属矿开采矿山80480处，其中大型非金属矿山2400处，中型矿山2925处，小型矿山38082处，小矿37073处。这些矿山的年采矿量41.8×10^8t。需要说明的是，上述数据还未包括砂石集料的采矿量，据中国砂石协会的统计，2013年中国砂石采矿量已经超过120×10^8t。因此，中国非金属矿年采矿总量已经超过160×10^8t，已经成为世界上非金属矿生产量和使用量最大的国家。中国非金属矿开采情况（表1-4）。

表1-4 中国非金属矿开采情况（2013年）

序号	矿种	矿山数/个					矿石产量/10^4t
		合计	大型	中型	小型	小矿	
1	金刚石	5	5	—	—	—	
2	石墨	170	25	21	80	44	610.31
3	普通萤石	1255	9	33	652	561	565.59
4	光学萤石	11	—	—	5	6	0.50
5	玛瑙	4	—	—	—	4	0.06
6	压电水晶	1	—	—	1	—	
7	熔炼水晶	4	—	—	1	3	0.10
8	工艺水晶	2	—	—	1	1	
9	石榴子石	21	—	—	9	12	4.44
10	蓝晶石	6	—	1	4	1	2.42
11	矽线石	4	1	—	3	—	2.00
12	红柱石	10	2	3	5	—	13.8
13	电气石	3	—	—	1	2	—
14	透辉石	33	—	—	18	15	79.43
15	透闪石	11	—	—	5	6	0.44
16	石棉	38	10	4	22	2	407.83
17	硅灰石	242	3	6	137	96	151.81
18	滑石	166	7	9	91	59	214.42
19	叶蜡石	79	3	17	41	18	121.63
20	白云母黏土矿	9	—	—	2	7	2.12
21	云母	35	—	—	21	14	7.18
22	锂矿	15	2	1	6	6	250.73
23	蛭石	22	—	—	20	2	8.99

续表

序号	矿种	矿山数/个					矿石产量/10^4t
		合计	大型	中型	小型	小矿	
24	长石	410	1	7	199	203	317.67
25	含钾岩石	42	1	6	27	8	47.27
26	沸石	73		2	36	35	89.19
27	重晶石	515	14	14	313	174	303.05
28	石膏	623	32	78	318	195	2729.93
29	铁矾土	22	—	—	4	18	0.68
30	菱镁矿	124	5	14	74	31	912.00
31	毒重石	37	—	3	26	8	45.90
32	建筑用辉石岩	10	—	—	3	7	11.85
33	饰面用辉石岩	2			2	—	—
34	建筑用角闪岩	43	—	3	22	18	126.07
35	饰面用角闪岩	5		1	4	—	8.20
36	水泥用辉绿岩	2			2		5.86
37	建筑用辉绿岩	287	16	14	163	94	599.28
38	饰面用辉绿岩	203	6	1	93	103	147.34
39	铸石用辉绿岩	3	—		1	2	—
40	水泥混合材玄武岩	15	1	—	9	5	14.80
41	建筑用玄武岩	711	119	56	379	157	9490.26
42	饰面用玄武岩	83	3	2	39	39	27.39
43	铸石用玄武岩	10	2	—	5	3	14.05
44	岩棉用玄武岩	1	—		1	—	—
45	建筑用安山岩	708	196	38	320	154	9134.19
46	饰面用安山岩	3	—	1	1	1	
47	耐火用橄榄岩	6	1	—	5	—	11.36
48	化肥用橄榄岩	1	—		1	—	
49	建筑用橄榄岩	11	—	1	8	2	51.00
50	建筑用辉长岩	25	3	3	13	6	94.99
51	饰面用辉长岩	13		—	7	6	5.67
52	建筑用闪长岩	334	60	14	148	112	2197.61
53	饰面用闪长岩	44	1	1	27	15	11.10
54	建筑用正长岩	10	—		8	2	14.04
55	饰面用正长岩	2			2	—	0.32
56	建筑用二长岩	5	1		3	1	222.22
57	饰面用二长岩	1		1	—	—	—
58	建筑用花岗岩	4398	376	243	2770	1009	32682.28
59	饰面用花岗岩	1609	14	21	1007	567	2910.56
60	霞石正长岩	9	1	2	4	2	4.32
61	麦饭石	14	—	—	9	5	1.55
62	珍珠岩	58	3	2	43	10	58.15
63	黑曜岩	3	—	—	2	1	—

续表

序号	矿种	矿山数/个					矿石产量/10^4t
		合计	大型	中型	小型	小矿	
64	浮石	21	—	—	15	6	16.30
65	火山灰	9	—	—	7	2	10.90
66	火山渣	6	—	—	4	2	5.24
67	建筑用流纹岩	4	—	—	4	—	7.71
68	玻璃用凝灰岩	1	—	—	1	—	—
69	水泥用凝灰岩	26	3	2	13	8	43.92
70	建筑用凝灰岩	1443	755	42	417	229	43156.48
71	玻璃用砂	68	8	16	32	12	499.71
72	水泥配料用砂	23	1	1	6	15	289.45
73	水泥标准砂	7	—	—	3	4	9.87
74	砖瓦用砂	130	—	—	21	109	93.95
75	建筑用砂	5121	29	121	1675	3296	27061.21
76	铸型用砂	82	—	3	61	18	174.87
77	高岭土	535	19	28	341	147	1012.24
78	伊利石黏土	41	—	4	30	7	13.18
79	膨润土	276	6	27	189	54	332.35
80	凹凸棒石黏土	36	4	7	22	3	26.94
81	海泡石黏土	6	—	—	3	3	—
82	累托石黏土	24	—	—	10	14	9.92
83	陶瓷用砂岩	77	—	5	58	14	83.81
84	玻璃用砂岩	127	6	39	58	24	519.35
85	水泥配料用砂岩	273	5	31	141	96	213.48
86	砖瓦用砂岩	233	—	12	129	92	506.83
87	建筑用砂岩	2422	46	109	1487	780	11338.97
88	冶金用砂岩	45	—	1	37	7	25.11
89	铸型用砂岩	15	—	—	11	4	32.25
90	化肥用砂岩	11	—	—	8	3	1.51
91	玻璃用石英岩	500	19	35	284	162	1096.38
92	冶金用石英岩	572	2	13	314	243	490.96
93	化肥用石英岩	18	—	—	14	4	23.06
94	玻璃用脉石英	234	1	1	125	107	51.77
95	水泥配料用脉石英	24	—	2	10	12	38.51
96	冶金用脉石英	336	—	1	193	142	84.82
97	粉石英	45	—	4	27	14	15.80
98	硅藻土	36	—	7	26	3	18.69
99	泥炭	42	1	1	7	33	28.13
100	陶瓷土	621	12	28	446	135	965.73
101	水泥配料用黏土	175	2	5	79	89	879.11
102	水泥配料用红土	24	—	1	4	19	24.45
103	砖瓦用黏土	18019	5	462	6117	11435	37523.41
104	陶粒用黏土	299	2	6	168	123	250.34
105	保温材料用黏土	6	—	—	3	3	1.60

续表

序号	矿种	矿山数/个					矿石产量/10^4 t
		合计	大型	中型	小型	小矿	
106	耐火黏土	275	1	6	140	128	178.56
107	铸型用黏土	2	—	—	2	—	1.00
108	水泥配料用黄土	10	—	1	7	2	69.84
109	水泥配料用泥岩	32	2	1	13	16	172.38
110	水泥配料用页岩	183	7	18	96	62	1245.21
111	砖瓦用页岩	7164	13	458	4327	2366	14905.24
112	建筑用页岩	892	—	35	547	310	2147.59
113	陶粒页岩	31	1	6	21	3	29.59
114	含钾砂页岩	3	—	—	—	3	0.80
115	泥灰岩	25	—	—	14	11	48.62
116	玻璃用灰岩	5	—	—	3	2	11.06
117	水泥用灰岩	3473	273	301	1923	976	98608.57
118	制灰用石灰岩	1001	5	10	521	465	5576.28
119	建筑石料用灰岩	17239	91	244	7736	9168	78354.14
120	饰面用灰岩	136	1	4	51	80	197.94
121	溶剂用灰岩	300	15	24	137	124	5404.37
122	电石用灰岩	95	3	6	46	40	855.07
123	制碱用灰岩	69	4	3	43	19	672.99
124	化肥用灰岩	15	—	—	15	—	41.00
125	方解石	755	4	31	327	393	725.22
126	玻璃用白云岩	48	1	—	23	24	185.46
127	建筑用白云岩	1288	14	24	761	489	6465.62
128	冶金用白云岩	363	10	10	222	121	1799.69
129	化工用白云岩	26	—	—	17	9	27.74
130	白垩	2	—	—	1	1	0.20
131	水泥配料用板岩	21	—	1	11	9	87.69
132	饰面用板岩	232	8	15	137	72	241.14
133	千枚岩	1	—	—	1	—	1.16
134	砚石	4	—	—	2	2	0.59
135	片麻岩	381	3	17	230	131	1080.83
136	片石	253	—	5	89	159	682.62
137	玉石	114	—	—	40	74	25.00
138	玻璃用大理岩	33	1	—	30	2	30.99
139	水泥用大理岩	199	41	30	85	43	2735.03
140	建筑用大理岩	537	17	13	350	157	2128.81
141	饰面用大理岩	519	34	19	217	249	667.83
142	饰面用蛇纹岩	63	—	—	47	16	18.12
143	熔剂用蛇纹岩	10	2	5	2	1	80.59
144	化肥用蛇纹岩	21	—	1	12	8	4.74
145	水泥用粗面岩	2	—	—	1	1	—
146	铸石用粗面岩	14	—	—	9	5	12.08
	合计	80470	2400	2925	38079	37066	418341

第六节 非金属矿业的管理体制沿革

中国非金属矿业管理是 1949 年之后发展起来的，矿业管理大体可分五个阶段：

1) 1949~1956 年。非金属矿产资源找矿勘探工作主要由地质部负责，非金属矿山的开采生产则由当时的重工业部负责。重工业部下设有建材工业局、化学工业局等，并设有小规模的地质队伍，这些地质队伍仅负责重工业部系统内矿山地质及原材料基地的普查工作。

2) 1956~1966 年。1956 年国家机构进行重组调整，成立了建材工业部、化学工业部和冶金工业部，并在几个工业部门内成立了地质局或地质司，负责各部门有关矿产的勘查工作。1958 年，上述几个工业部门的地质勘探队伍大部分并入地质部。同年，建筑材料工业部与建筑工程部合并为建筑工程部。1960 年原属于各工业部门的地质队伍又从地质部重新划归各工业部门主管。建筑工程部分管水泥、玻璃、陶瓷建筑材料和石膏、高岭土、石棉、云母、滑石、金刚石、蓝石棉、水晶等九大非金属矿的地质勘查与开采加工。化学工业部负责硫、磷、钾盐、硼等的地质勘查与开采加工。冶金工业部负责萤石、菱镁矿、耐火黏土等的地质勘查与加工。轻工业部管理盐业的地质勘查与加工。同时地质部的地勘队伍也同时零星进行一些非金属矿的地质勘查。

3) 1966~1978 年。此阶段，国家机构经历了多次调整和变动。1970 年，国家撤销了化学工业部，将化学工业部与原煤炭工业部、石油工业部合并，组建燃料化学工业部，化工矿山企业全部下放给地方政府。建工部也经历了多次较大的组织变动。地质部撤销，改设国家计委地质局。

4) 1978~2000 年。党的十一届三中全会以后，中国非金属矿业的生产和管理工作开始得到加强。当时除地质部（后改为地质矿产部）所属的地勘队伍进行少量非金属矿产资源的地质勘查工作外，建材部和化工部相应加强了两部系统所属的专业地勘队伍，从事本行业急需的非金属矿资源勘查。

5) 2001~2014 年。矿业管理体制发生重大变革，撤销了国家冶金工业局、国家石油和化学工业局、国家轻工业局和国家建材局等工业管理机构，成立了工业与信息化部。国家只管政策制定，矿业进入市场。地质勘查队伍保留一部分完成公益性地质工作，一部分进入中央企业，一部分属地化管理。但以化工原料找矿勘查为主要任务的化工地质队和以建材非金属原料找矿勘查为主要任务的中国建筑材料工业地质勘查中心及其所属分布于各省市的建材地质勘查总队直至 2014 年底仍为由中央直拨事业费的事业单位。

第七节 中国非金属矿产业的发展前景

非金属矿开发已成为中国经济领域最活跃的产业之一，但是非金属矿业的高速发展，也带来许多问题。一是资源浪费严重。受经济利益驱动，采富弃贫、采易弃难、采优弃劣的情况比比皆是，回采率大幅度降低，造成资源储量急剧下降，矿山服务年限缩短，有效资源利用率降低等问题。二是环境污染严重。由于寻求高回报率，矿产开发没有利用方案，没有设计，不搞环境影响评价，乱采滥挖，造成严重的环境灾难，这种现象媒体多有报道。三是地质灾害频发。由于矿山不良开发，发生滑坡、泥石流、尾矿坝垮塌等严重危及人民生命财产安全的事故越来越频繁。四是低水平重复建设。由于科技投入少，新产品更新换代速度慢，低水平重复开发建设现象严重，以上因素制约了行业的健康发展。

尽管如此，中国的非金属矿业正在由原来为冶金、化工、轻工、石油、建材、农业、国防等工业提供原料、初级产品向产品深加工及开发高附加值的高技术功能材料方向发展，所以，非金属矿业也将由粗放式、粗加工型，向规模化、精加工型、产业有一定技术含量的方向发展，并将呈现如下趋势：

1) 非金属矿资源的重要性将进一步显现，资源勘查商业化程度将进一步提高。建材非金属矿产资源勘查除了国家对一些重点矿种投入预查资金外，其余均根据市场需要安排地质勘察项目。例如，进入 21 世纪后水泥工业的快速发展对水泥等原料的巨大需求，刺激了水泥灰岩的商业勘探的快速发展，仅 2000～2003 年间就探明新矿区 148 个，新探明储量 106×10^8t。其他矿种也有很大进展，如玻璃硅质原料探明新矿区 13 个，新探明储量 5×10^8t；高岭土探明新矿区 21 个，新探明储量 1.16×10^8t；石膏探明新矿区 39 个，新探明储量 7.9×10^8t；膨润土探明新矿区 34 个，新探明储量 3.48×10^8t；方解石探明新矿区 11 个，新探明储量 2.83×10^8t；饰面花岗石探明新矿区 23 个，新探明储量 $3.2\times10^8m^3$；饰面大理石探明新矿区 12 个，新探明储量 3.1×10^8t 等等。除此之外，电气石作为 21 世纪的健康环保材料受到重视，一些高价值、国家急需的某些非金属矿勘查，如金刚石、水晶等，目前虽没有取得重大突破，但也在抓紧工作之中。

2）非金属矿找矿难度越来越大，找矿成本将进一步加大。经过几十年的找矿勘探工作，以及世纪交替时期发生的乱采滥挖，地表或浅部发现大型非金属矿床的可能性越来越小；部分地区由于交通不便，山高路远等方面的原因制约了找矿工作的进程；非金属矿先进的找矿方法、手段的缺乏，使深部找非金属矿显得难度更大。可以预见，未来找矿成本将大幅上升。

3）国内优质资源日益紧缺，利用国外资源势在必行。中国有很多非金属矿的保有资源量，特别是优质资源已不能满足国民经济发展的需要，如优质滑石，历来是中国大宗出口的非金属矿，但近年来优质滑石的产量下降，优质滑石资源接近枯竭。金刚石和钾盐资源主要靠国外进口。优质隐晶质石墨资源由于乱采滥挖已经告急。由于石棉对环境的危害，已限制使用，需加强对替代资源坡缕石、海泡石、水镁石、硅灰石等纤维状、针状矿物的地质调查。高新技术领域用量很大的高纯硅材料，亟待寻找适用的资源。特别要指的是：近 60 年来，中国近地表的非金属矿资源的耗量比整个有史时期都高，因此，必须尽快尽力保护残存的近地表资源，注意各种可替代的方法。

4）节约资源，循环利用资源的要求越来越紧迫。非金属矿资源节约和循环利用最重要的是做好初级阶段的利用工作，特别是中低品位矿产的利用和共伴生矿产的综合利用，尽可能做好资源的二次回收工作。要发展固体废物的综合利用技术。例如，石墨电池材料等有一定回收利用价值，用于河流海洋油污吸附的膨胀石墨可以回收利用；硅藻土过滤酒液后经煅烧可作水泥熟料、掺和料，用于离子交换吸附的膨润土经处理可再生重新用于吸附。矿物尾矿利用可归纳为两大方向：一是从尾矿中选出部分有价值组分，制造高附加值产品，如利用石棉尾矿提取镁盐、镁金属、制备耐火材料等。二是将无再选价值的尾矿整体利用，开发某些特殊性能，以其为主料制造各种产品。国外尾矿的整体利用途径，除用来制作微晶玻璃、陶瓷、尾矿水泥、铸石及玻璃产品外，还被用作矿肥和土壤改良剂、尾矿砖、混凝土骨料和砂浆、铁路道砟和筑路碎石、井下回采充填或造地绿化等方面。

第二章 金 刚 石

第一节 概 述

定义 金刚石是碳元素在地壳深处高温高压条件下结晶形成的自然元素矿物,是自然界中最硬的矿物。金刚石颗粒一般不大,小者如小米粒,大者粒径可达数厘米,100 克拉[1]以上的金刚石极为罕见,中国的"常林钻石",重达 158.786 克拉,在世界二十颗特大宝石级金刚石中占第 14 位(图 2-1)。

用途 金刚石分宝石级和工业级。宝石级金刚石又称钻石,可加工成各种饰品,以"宝石之最"称誉世界。工业级金刚石可分为Ⅰ型和Ⅱ型:Ⅰ型金刚石因其高硬度、高耐磨、优良的导热性、热膨胀系数低、摩擦系数小等特性,可制成磨料、刀具、拉丝模、钻头,广泛应用于金属—非金属工业加工、地质钻探、石材切割,精密仪器加工等传统工业领域;Ⅱ型金刚石具有优异的光学、热学和电学性能,应用于光学仪器、电子工业、原子能工业、空间技术、高能物理及医学等国防尖端工业和高技术领域。

图 2-1 金刚石
(来源:维基百科)

地质工作简况 中国有计划地开展金刚石地质勘查工作始于 1952 年。到 1967 年,分别在山东、湖南探明了丁家港等 9 个金刚石砂矿床。1965 年贵州地质局一〇一队在黔东镇远发现含金刚石的金伯利岩脉和钾镁煌斑岩,同年 8 月山东地质局八〇九队在蒙阴县常马庄地区发现了中国第一个具有工业价值的金伯利岩型金刚石原生矿床——"红旗 1 号岩脉"。至 1980 年共探明山东蒙阴县常马庄、王村、西峪、头村和红喜庄 5 号金刚石原生矿床和辽宁 30 号、42 号、50 号、51 号、68 号和 74 号六个具工业价值金刚石原生矿床。20 世纪 80 年代中期至 90 年代,中国开始与国外公司进行合作勘查,取得了大量的成矿信息和找矿线索。金刚石成矿理论研究成果多形成于 20 世纪 60 年代末到 90 年代初。2010 年以来国家重点围绕华北陆块,兼顾鄂尔多斯古陆、塔里木陆块等其他有金刚石找矿线索的地区,统筹部署金刚石远景调查和重点评价工作,取得了一定进展。金刚石是世界上找矿难度极大的矿种之一,经过中国地质工作者多年来的找矿勘探工作,截至 2013 年,探明的金刚石矿床矿有 23 个,查明的资源储量也仅有 4773.9kg,保有资源储量 3396.5 kg。

矿床发现和开发简史 中国在晋朝以前称金刚石为昆吾石,《晋书》有金刚石产自天竺(即古印度)的记载;明代(公元 1596 年)李时珍《本草纲目》中对金刚石的描述是可钻玉、补瓷、谓之钻;明朝(公元 1625 年)有金刚石在山东出土的记载。据湖南省《桃源县志》记载,清朝道光年间(公元 1821~1850 年)湖南常德、桃源等地农民在沅水流域淘洗砂金时发现过金刚石。1902 年(光绪二十七年)才有金刚石开采记载,1937 年郯城农民罗振邦发现的"金鸡"钻石,重 218.65 克拉,后被日本侵略者掠走。1957 年在湖南常德建设中国第一个金刚石砂矿(建工六〇一矿),开采湖南常德丁家港金刚石砂矿,填补了中国天然金刚石生产的空白。1968 年"建材七〇一矿"组建,开采山东蒙阴常马庄"红旗 1 号"岩脉,是中国开采的第一个原生矿,1970 年投产,1980 年停采。1978 年

---

[1] 1 克拉(ct)= 0.2g。

至今开采蒙阴"胜利1号岩管",是中国目前唯一还在开采的金刚石矿山。1980年辽宁省地矿局第六地质队,开采辽宁瓦房店50号岩管,1998年矿山因资源枯竭停采。

第二节 分 类

根据杂质氮元素的含量及物理化学性质差异,金刚石分为Ⅰ、Ⅱ两型:Ⅰ型含氮量0.01%~0.25%,是绝缘体;Ⅱ型含氮量小于0.001%。又分为Ⅰa、Ⅰb、Ⅱa、Ⅱb四个亚型。98%的天然金刚石属Ⅰa型,含氮0.1%~0.2%;Ⅰb型含少量的氮,绝大部分是人造金刚石;Ⅱa型约占天然金刚石的2%,含微量氮,呈游离方式,并具有极好的透光性和导热性,其导热性在室温下为铜的3倍;Ⅱb型金刚石约占天然金刚石的千分之一,几乎不含氮,含微量的硼、铍、锆等杂质元素,呈天蓝色,除具有一定的导热性和良好的导光性之外,还是优良的P型半导体材料。

按照金刚石的成矿作用分类,金刚石矿床可分为岩浆型(原生矿)和沉积型(砂矿)两大类。岩浆岩型又分金伯利岩型和钾镁煌斑岩型。中国具有工业意义的原生矿只有金伯利岩型一种,此类金刚石矿占总资源储量的95%。岩浆岩型金刚石矿成脉状、岩管、岩床状成群成带分布,岩管产状一般很陡,倾角75°~85°。代表性矿床有辽宁瓦房店50号岩管、42号岩管,山东蒙阴胜利1号岩管。辽宁原生金刚石矿平均品位72~136 mg/m³,宝石级金刚石按地质品位统计占40%,金刚石质地较佳,以无色为主,黄色次之。晶体多呈八面体和十二面体,粒重为千分之几至数十克拉。山东省原生金刚石矿平均品位53.57~378.516 mg/m³,宝石级占15%~20%,蒙阴矿田金刚石的颜色以无色、微黄色、浅棕色为主,晶形大多为八面体、菱形十二面体,粒重自千分之几克拉至百余克拉,晶体完整度较差,原生碎块和次生碎块较多,常含包裹体等。金刚石砂矿赋存于河流两侧阶地的砂砾岩地层中,此类型矿床规模小,资源储量仅占总资源储量5%。代表性矿床为湖南丁家港金刚石砂矿、山东郯城陈家埠金刚石砂矿。

第三节 物理化学性能

物理性能 金刚石纯净者无色透明,在自然界中极为少见,含杂质的多呈黄、褐、灰、绿、蓝、乳白或紫色;摩氏硬度10,密度3.47~3.56 t/m³,是自然界最硬的矿物;金刚光泽,高折光率,一般为$N=2.4~2.48$,在可见光和红外光下具有高透明性,呈现天蓝、绿色、紫色等色的荧光;性脆,破碎时形成阶梯状或贝壳状断口;具有良好的导热性,热膨胀系数小(线膨胀系数$0.9\times10^{-6}/℃$~$1.45\times10^{-6}/℃$);摩擦系数小,其弹性模量为90000 kg/m²,超过自然界中所有矿物和主要摩擦材料;金刚石的电阻率很大,为5×10^{14} Ω·cm,是非常好的绝缘体,部分Ⅱ型天蓝色金刚石的电阻率较低,是良好的半导体材料,金刚石一般没有磁性,只有在含磁性矿物包裹体和铁染情况下具有弱磁性,化学性质稳定,可耐1000℃的酸液、碱液等侵蚀介质和高剂量的放射性辐射,但在225μm~1 mm波长的电磁辐射可以穿透金刚石;金刚石在生物学中还是一种惰性材料。

化学成分 金刚石的化学成分主要是碳,通常含C量为96%~99.9%,但大部分金刚石都有不同程度的杂质,计有H、B、N、O、Na、Ba、La等30多种元素。一般含金刚石的金伯利矿石中,$SiO_2<35\%$、$K_2O>Na_2O$、H_2O和CO_2含量较一般超基性岩高。原生金刚石矿中,金刚石含量较高,一般含金刚石53.57~378.516 mg/m³,砂矿中金刚石含量为4~8 mg/m³。

第四节 分 布

中国具有工业意义的金刚石原生矿分布于华北陆块和扬子陆块。原生矿分布在华北陆块,集中分布于山东蒙阴和辽宁瓦房店地区,其中山东蒙阴金刚石产区分布在郯庐断裂带以西70~100 km,形成时代为古生代奥陶纪;辽宁瓦房店地区金刚石产区分布在郯庐断裂带东侧约60 km,形成时代为奥陶纪—泥盆纪。金刚石砂矿主要分布在湖南常德、山东郯城以及辽宁瓦房店，赋存于现代河流两侧阶地的砂砾岩层中，形成时代为第四纪。中国著名金刚石矿床（表2-1）和金刚石矿床（点）分布（图2-2）。

表2-1 中国著名金刚石矿床（截至2013年）

序号	矿产地	矿床类型	探明资源量/kg	规模	金刚石含量（mg·m^{-3}）	开采利用情况
1	辽宁瓦房店金刚石矿（42号岩管）	原生矿	854.4	大型	29.9	未开采
2	辽宁瓦房店市涝田沟金刚石矿（30号岩管）	原生矿	557.8	大型	69.1	未开采
3	辽宁瓦房店头道沟金刚石矿（50号岩管）	原生矿	768.8	大型	72	露天开采已于1998年停采
4	山东蒙阴常马庄金刚石矿（红旗1号、30号岩管）	原生矿	40.8	小型	328.56	露天开采已于1980年停采
5	山东蒙阴县王村金刚石矿（胜利1号岩管、2号岩脉）	原生矿	932.2	大型	378.51	开采矿区
6	山东蒙阴西峪金刚石矿	原生矿	1144.2	大型	53.57	未开采
7	辽宁瓦房店头道沟金刚石矿	砂矿	31.7	中型	13.62~43.04	露天开采已于1998年停采
8	山东郯城陈家埠金刚石矿	砂矿	14.8	小型	4.5	露天开采已于1984年停采
9	湖南常德丁家港金刚石矿	砂矿	112.2	大型	5.1	露天开采已于1975年停采

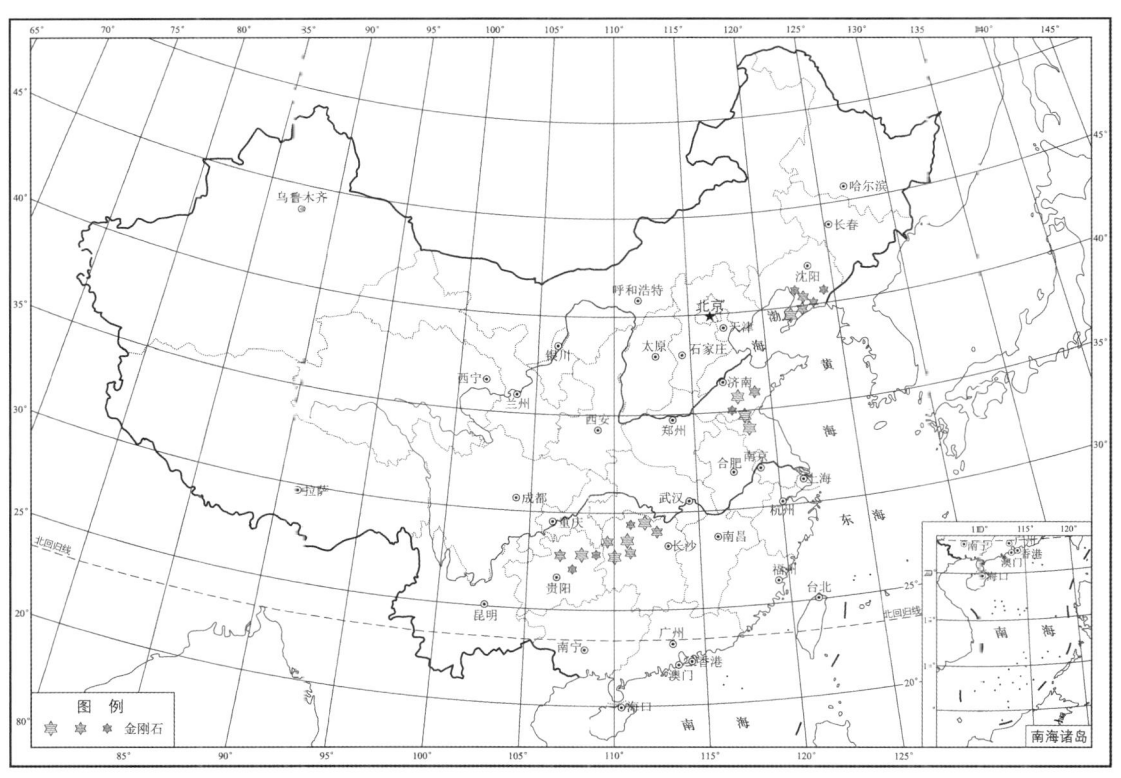

图2-2 中国金刚石矿床（点）分布

第五节 开发利用和发展趋势

稳定陆块深大断裂两侧的金伯利岩区是金刚石原生矿重要成矿地区，金伯利岩具有低电阻异常、低重力异常、Cr、Ni、Nb、La 化探组合异常，其中的镁铝榴石、铬尖晶石、铬透辉石是重要指示矿物，地表呈负地形或沟谷地貌，这些都是金刚石原生矿的重要找矿标志。

金刚石岩管开采一般上部为露天开采，至一定深度后转入地下开采，如世界著名的南非金伯利地区 10 多个岩管均是如此，如中国蒙阴胜利 1 号岩管亦如此。金刚石合理的工艺流程主要要考虑保护金刚石晶体不受破损或破损最小。

金刚石常用的选矿方法有：粗选－淘洗盘选矿、跳汰选矿、重介质选矿。金刚石砂矿的粗选流程比原生矿石简单，不需要多段破碎、磨碎和多段选别工艺流程，而只需进行洗矿、筛分、脱泥，便可进入选别流程。目前中国金刚石采用的选矿工艺主要为粗、精选两个阶段，用多段分级磨矿，分级精选金刚石的流程，选矿回收率一般为 80%。其中宝石级大颗粒金刚石主要靠人工在粗碎流程中手选。

开采的原生矿中，比较有名是山东蒙阴胜利 1 号金刚石矿，位于沂沭断裂带西约 70 km，大地构造位置属于鲁西隆起区中南部的蒙山凸起内，围岩为新太古代泰山岩群，矿体由大小两个岩管组成，大、小岩管二者地表最近距离 23 m，呈东西列布。在垂深 250 m 左右处大小岩管合并。矿石岩性为镁铝榴石粗晶金伯利岩、粗晶金伯利角砾岩、金云母细晶金伯利岩。粗晶金伯利岩具有粗晶结构、块状构造，粗晶矿物主要由蛇纹石组成，其次有金云母、镁铝榴石等，基质为蛇纹石、次为金云母，副矿物有磁铁矿、钙钛矿、磷灰石、镁铝榴石等。所含金刚石形态以十二面体为主，次为八面体，颜色大部分为淡黄色，其次为无色和浅黄棕色；金刚石品级以工业级为主，占 88.8%，宝石级占 11.2%。该矿查明资源储量 932.2 kg，目前资源利用率已达 45.73%。其中先后开采出 5 颗特大宝石级钻石，分别为："蒙山 1 号"（重 119.01 克拉）、"蒙山 2 号"（重 65.57 克拉）、"蒙山 3 号"（重 67.03 克拉）、"蒙山 4 号"（重 45.74 克拉）、"蒙山 5 号"（重 101.46 克拉），五颗特大金刚石，其中"蒙山 1 号"是目前国内原生矿颗粒最大的金刚石。

天然金刚石矿是国际上紧缺矿产品之一，原料一直处于供不应求状态。由于人工合成金刚石技术的快速发展，传统工业领域 99% 以上已被人造金刚石代替。中国已成为世界第二大钻石需求国和人造金刚石生产消费第一大国。金刚石具备诸多优异性能，应用面广，但现在 90% 以上的应用仅用到其硬度最高的特性，扩大金刚石应用的深度和广度空间较大。宝石级金刚石作为饰品用，经济意义巨大，但目前中国宝石级金刚石几乎全部依赖进口。工业用金刚石是现代技术发展的重要材料，应用于国民经济建设的各个领域，人工合成将是工业用金刚石资源的主流。但天然金刚石以其优异的性能，尤其是天然 II 型金刚石，应用于一些尖端工业和高技术领域，尚无法用人工合成代替。目前纳米金刚石在高级润滑技术、化工行业、复合镀层、材料抛光技术、生物医学工程等高新科技产业中正在逐步得到推广应用。未来重视金刚石大单晶、薄膜与纳米金刚石应用技术研究，是中国金刚石产业的发展方向。

第三章 石 墨

第一节 概 述

定义 石墨是碳元素在特定的高温还原条件下结晶的矿物，与金刚石同是碳的同质多象变体（图3-1）。石墨的每个碳原子的周边联结着另外三个碳原子（排列方式呈蜂巢式的多个六边形），以共价键结合，构成共价分子。由于每个碳原子均会放出一个电子，这些电子能够自由移动，因此石墨属于导电体（图3-1），石墨晶体结构示意图（图3-2）。

图3-1 石墨
（来源：维基百科）

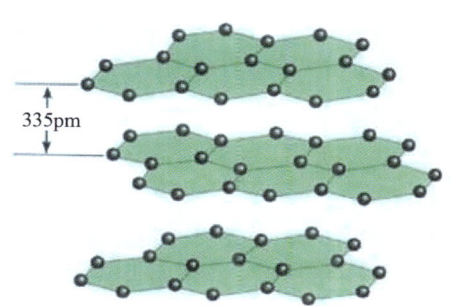

图3-2 层状石墨晶体结构示意图
（来源：维基百科）

用途 石墨是一种战略性非金属矿，在国防安全、尖端技术、核工业、新能源等领域具有十分重要的意义。石墨的工业用途取决于石墨的特性，目前广泛应用于冶金、机械、电气、轻工、化工以及国防工业等部门。在铸造工业中用石墨做铸模涂料，能使铸件表面光滑，能提高铸件的质量；在冶金工业中用作耐火材料制作坩埚和高温电炉的石墨砖；在机械工业中常用石墨作齿轮、轴承的润滑剂，并特别适用于高温重载场合；在电气工业中应用石墨生产电池、电刷、碳管、碳棒、焊接碳、水银整流器、电话零配件等；在电子工业中作导电材料、荧光屏涂料、抗静电底板涂料、制彩色电视机的石墨乳，具有图像清晰抗干扰等优点。在化学工业中可制成化工石墨设备，热交换器、反应槽、压缩器、燃烧塔，也可作催化剂等；在核工业等尖端工业中，高纯度的石墨可用作原子反应堆的中子减速剂和防原子辐射的外壳；在宇航工业中可用作火箭发动机尾喷管的喉衬，能耐高温3200℃；在卫星上可制作导电结构材料等；另外，石墨还是颜料、油漆、铅笔芯的原料，还可以用于环境治理。

地质工作简况 自20世纪始，一些学者对中国的石墨矿点进行过地质调查。比较早的是梁律1917年对福建南屏笔铅矿（即石墨矿）的调查。其后，侯德封、曹世录、南延宗、廖友仁、卢衍豪、高俊西、李均衡、王曰伦等人先后对四川、河南、福建、陕西、甘肃等地的一些矿点进行过调查。1937～1945年日本侵华时，出于掠夺资源的需要，日本人对山东、内蒙古、黑龙江、山西、辽宁等地的一些矿点进行了调查。但这些调查基本上是散点式的，工作是粗糙的，认识也较肤浅。

1949年后，中国石墨地质工作有计划有系统地开展，投入了大量的找矿勘探工作，查清并扩大了旧矿山的储量，还新发现了一大批矿产地，如内蒙古什报气、湖北三岔垭、江西金溪峡山、云南元阳棕皮寨、新疆苏吉泉等大、中型矿床，发现的矿产地占总数的70%以上。迄今为止已知的大、中型矿床大多已进行了勘探或详查，众多的矿点也作了不同程度的评价，探明了数量可观的工业储量，从而基本掌握了中国石墨资源的情况。在石墨找矿勘探技术方面，也有很大改善和提高。探矿技术、分析试验技术、物探技术等不断充实和改进。制定了石墨地质勘探规范，矿床地质、找矿勘探方法的研究不断深入，这些对提高石墨矿床工业评价水平发挥了良好的作用。特别是物探方法在石墨找矿勘探工作中日益广泛的应用，积累了丰富的经验。许多矿床运用物探来寻找隐蔽矿体、圈定矿体的分布和延伸范围等取得良好效果。在石墨矿床地质研究方面，也进行了涉题广泛的研究并已取得初步成果，例如对兴凯湖地区、胶东地区、大青山地区、黄陵背斜地区、武夷地区等几个石墨成矿区石墨含矿建造、成矿规律、石墨矿物特征，对南墅、鲁塘、苏吉泉等典型矿床的成因，对石墨碳源，对混合岩化作用在石墨成矿中的作用，对活动带区域变质石墨矿床的特征，对中国石墨矿床的分类等都进行了一定的研究。截至2014年底，共探明晶质鳞片石墨矿床127处，储量2.2×10^8 t，隐晶质石墨矿床30处，储量0.35×10^8 t。

开发利用简况 中国发现和利用石墨的历史悠久。古籍中曾有不少关于石墨的记载，如《水经注》载"洛水侧有石墨山。山石尽黑，可以书疏，故以石墨名山矣"。从考古挖掘出来的甲骨、玉片、陶片发现，早在3000多年前商代就有用石墨书写的文字，一直延续至东汉末年（公元220年），石墨作为书墨才被松烟制墨所取代。清朝道光年间（公元1821~1850年），湖南郴州农民开采石墨做燃料，称之为"油碳"。20世纪初期，用石墨制造电池和铅笔的技术传入中国，当时称为"电煤"和"笔铅"的石墨，开始用于近代工业，推动了中国石墨采掘业的发展。从20世纪20年代始，湖南鲁塘、山东南墅、黑龙江柳毛、吉林磐石等矿床已开发利用。不过，当时的规模都很小，采选水平很低，产量也很少。1949年后，石墨矿业蓬勃发展。50年代初期，原有矿山的生产得到恢复。1958~1960年，中国石墨产量猛增。60年代，中国石墨产量下降。70年代后又回升并有新发展。1985年中国石墨产量为1949年的250倍。石墨传统的应用领域主要用作电极材料、耐火材料、高温摩擦材料、高温密封材料、颜料等。随着石墨应用研究的深入，石墨烯在未来的电子和表面材料领域将发挥意想不到作用。截至2014年底，共计170个石墨矿山在开采，年开采量610×10^4 t。

第二节 分 类

根据结晶形态不同，将天然石墨分为晶质鳞片石墨和隐晶质石墨两类。鳞片石墨是在高强度的压力下变质而成的，有大鳞片和细鳞片之分。此类石墨矿石的特点是品位不高，一般在2%~25%之间，是自然界中可浮性最好的矿石之一，经过多磨多选可获得高品位石墨精矿。因此，它的工业价值最大。山东南墅石墨矿、黑龙江柳毛石墨矿、黑龙江萝北石墨矿、内蒙古兴和石墨矿等都是著名的晶质石墨矿床，在世界上占有非常重要的地位。隐晶质石墨又称非晶质石墨或土状石墨，这种石墨的晶体直径一般小于1 μm，是微晶石墨的集合体，只有在电子显微镜下才能见到晶形。此类石墨的特点是表面呈土状，缺乏光泽，润滑性也差。其品位较高，一般在60%~80%，少数高达90%以上，矿石可选性较差。湖南郴州鲁塘石墨矿、吉林磐石石墨矿是土状石墨矿的典型代表。

第三节 物理化学性能

石墨是碳元素的结晶矿物之一，具有润滑性、化学稳定性、耐酸、耐碱、耐有机溶剂的腐蚀、耐高温、导电、特殊的导热性和可塑性、涂敷性等优良性能，其应用领域十分广泛。

物理性能 石墨质软，黑灰色，不透明，半金属光泽；有油腻感，可污染纸张，硬度为1~2，沿垂直方向随杂质的增加其硬度可增至3~5，密度为$1.9~2.3 g/m^3$，比表面积为$1~20\ m^2/g$，在隔绝氧气条件下，其熔点在3000℃以上，是最耐温的矿物之一，能导电、导热。

化学成分 自然界中无纯净的石墨，其中往往含有SiO_2、Al_2O_3、FeO、CaO、P_2O_5、CuO等杂质。这些杂质常以石英、黄铁矿、碳酸盐等矿物形式出现。此外，还含有水、沥青以及CO_2、H_2、CH_4、N_2等气体。因此对石墨的分析，除测定固定碳含量外，还必须同时测定挥发分和灰分的含量。

第四节 分 布

中国石墨矿最主要的产区在黑龙江、内蒙古和山东三省区，其他省、直辖市、自治区也有产出。黑龙江晶质石墨矿床21处（大型矿8处、中型矿7处、小型矿6处），探明矿物储量11106×10^4t；除在呼玛县门都里有一中型矿床外，其余集中分布于东部的鸡西至萝北一带，包括林口、穆棱、密山、勃利和双鸭山等地。内蒙古已勘查的石墨矿床有13处（中型11处、小型2处），探明晶质石墨矿物储量548×10^4t。从西面的阿拉善左旗，往东经包头、呼和浩特至集宁、兴和一带长700~800km地段内，已发现矿产地数十处，探明晶质石墨矿物资源量在2000×10^4t以上。山东晶质石墨矿床13处（大型5处、中型5处、小型3处），探明晶质石墨矿物储量1311×10^4t，集中分布于胶东地区的平度、莱西、莱阳以及文登、牟平一带。湖南省和吉林省是中国隐晶质石墨矿最主要的蕴藏区，其中湖南省隐晶质石墨矿床6处（大型1处、中型3处、小型2处），隐晶质石墨矿石储量3375×10^4t。中国重要石墨矿床产地（表3-1），中国石墨矿床分布（图3-3）。

表3-1 中国重要石墨矿床产地

序号	矿产地名称	探明储量/10^4t	规模	矿床工业类型	开采利用情况
1	河北赤城县艾家沟石墨矿床	26.3	中型	晶质石墨	开采
2	山西大同市弘赐堡石墨矿床	170.3	大型	晶质石墨	开采
3	内蒙古土默特左旗什报气石墨矿床	90.8	中型	晶质石墨	停产
4	内蒙古乌拉特中旗哈日楚鲁石墨矿床	303.5	大型	晶质石墨	停采
5	内蒙古兴和县黄土窑石墨矿床	231.7	大型	晶质石墨	开采
6	黑龙江鸡西市柳毛石墨矿床	3218.9	大型	晶质石墨	开采
7	黑龙江鸡西市石场石墨矿床	121.8	大型	晶质石墨	开采
8	黑龙江密山市马来石墨矿床	227	大型	晶质石墨	未开采
9	黑龙江萝北县云山石墨矿床	4311.3	大型	晶质石墨	开采
10	黑龙江萝北县260高地石墨矿床	508.2	大型	晶质石墨	未开采
11	黑龙江双鸭山市羊鼻山石墨矿床	156.7	大型	晶质石墨	—
12	黑龙江勃利县佛岭石墨矿	2947.9	大型	晶质石墨	开采
13	黑龙江穆棱县（现为穆棱市）光义石墨矿	196.3	大型	晶质石墨	开采
14	黑龙江穆棱县（现为穆棱市）寨山石墨矿	103	大型	晶质石墨	未开采
15	吉林集安双兴晶质石墨矿	102.1	中型	晶质石墨	开采
16	山东莱西南墅石墨矿岳石矿区	397.2	大型	晶质石墨	闭坑
17	山东莱西北墅石墨矿	152.6	大型	晶质石墨	停产
18	山东平度刘戈庄石墨矿	216.6	大型	晶质石墨	开采
19	山东平度明村石墨矿	94.4	中型	晶质石墨	开采
20	山东平度刘家寨石墨矿	194.2	大型	晶质石墨	开采
21	山东平度黑鲤公司石墨矿	108.6	中型	晶质石墨	开采
22	山东平度刘河甲-前卧牛石墨矿	70.1	中型	晶质石墨	开采
23	山东平度腾飞石墨矿	112.9	中型	晶质石墨	开采
24	江西金溪县峡山石墨矿	207.8	中型	晶质石墨	未开采
25	河南鲁山县背孜石墨矿	153.5	大型	晶质石墨	未开采
26	河南西峡县横岭石墨矿	239.9	大型	晶质石墨	未开采
27	湖北宜昌市夷陵区三岔垭石墨矿	897.4	大型	晶质石墨	开采
28	云南牟定成街石墨矿	199.2	大型	晶质石墨	未开采

续表

序号	矿产地名称	探明储量/10⁴t	规模	矿床工业类型	开采利用情况
29	陕西西安市崇阳沟石墨矿	151.4	大型	晶质石墨	未开采
30	陕西洋县铁河大安沟石墨矿	153.4	大型	晶质石墨	—
31	甘肃民勤县唐家鄂博山石墨矿	101.1	大型	晶质石墨	未开采
32	新疆奇台县苏吉泉石墨矿	23.6	中型	晶质石墨	未开采
33	吉林磐石市烟筒山石墨矿	77.4	中型	隐晶质石墨	开采
34	山东莱西南墅岳石墨矿	187.6	中型	隐晶质石墨	停产
35	湖南郴州市北湖区鲁塘矿	3585	特大型	隐晶质石墨	开采
36	湖南新化县寒婆坳井田三围矿	90.8	中型	隐晶质石墨	开采
37	湖南连平县梅洞石墨矿	261.3	中型	隐晶质石墨	未开采

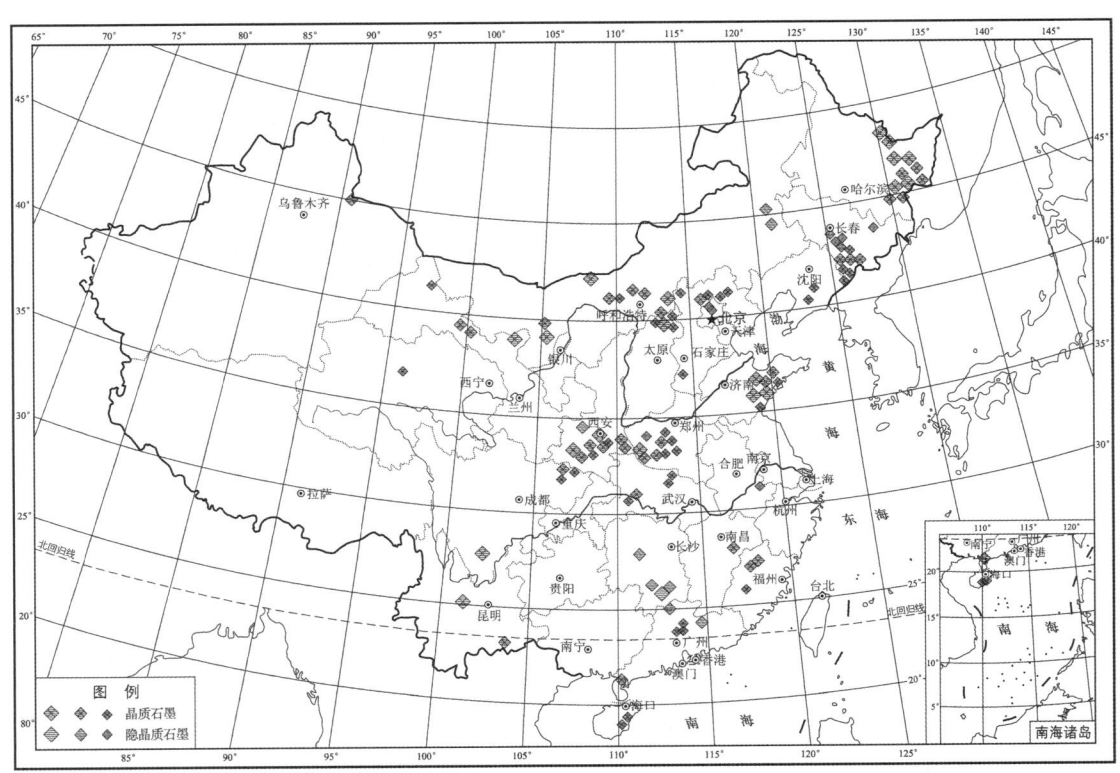

图 3-3 中国石墨矿床分布

中国石墨矿床的时空分布受大地构造发展规律控制。从整体分布上看，区域变质石墨矿床无例外地分布于隆起区。华北地台以整体面性分布为特点，古陆核乃其密集分布区域，扬子地台则以沿地台边缘环带状分布为特点。郯庐断裂以东的佳木斯隆起、武夷隆起、云开隆起以点多分散为特点。秦祁昆活动带中的中间隆起区和三江褶皱系的隆起区则以石墨带呈弧线状断续延伸数百千米，甚至数千千米为特点。中国区域变质石墨的优势在北方，一些规模巨大的产地均在北方，如黑、鲁、蒙、吉、辽、冀等。变质煤层石墨分布于中国东部环太平洋域及西部若干断裂岩浆带上。

中国区域变质石墨的成矿期，可从新太古代延续到早寒武世，其中古元古代是最重要的成矿期。北方以新太古代—古元古代为主，南方以古元古代—早寒武世居多，北方早于南方。煤层接触变质石墨相对年轻。就含矿建造的沉积时代而言，可从石炭纪延续到侏罗纪，其中最重要的是二叠纪及侏罗纪。南方以二叠纪为主，北方以侏罗纪居多。就变质时代（即岩浆热源体的侵入时代）而言，南方为印支-燕山期，北方除燕山期外，还有部分属华力西期。

第五节　开发利用和发展趋势

石墨资源的地质勘查至少要做到详查，其储量才能作为矿山开采的工业设计依据。开采一般采用露天开采，选矿常用浮选方法以提高石墨品位，深加工是采用物理化学方法把石墨加工成附加值更高的产品。

中国是世界上石墨开采量最大的国家，石墨矿众多，开采兴盛。黑龙江省是中国晶质鳞片石墨主要产区之一。鸡西市柳毛石墨矿储量规模大，已开采利用六七十年，是中国生产鳞片石墨著名矿山之一。目前规模居全国第一的萝北云山石墨矿、穆棱县（现为穆棱市）光义石墨矿、鸡西市石场石墨矿、鸡西市永台安山石墨矿等大中型石墨矿已经开发利用；勃利县佛岭、穆棱县寨山、双鸭山市羊鼻山、密山市马来山等5处大型矿床，鸡西市土顶山东山、鸡东县长山、勃利县双河、林口县碾子沟和八道沟、林口县曲沟6处小型石墨矿尚未开发利用。丰富的矿产资源形成了以鸡西柳毛为中心的中国鳞片石墨生产基地。吉林省是中国隐晶质石墨矿的重要产区。磐石市烟筒山隐晶质石墨矿规模属中型，已开采利用70余年，是中国生产隐晶质石墨的著名矿山之一。另外，敦化市东大崴子隐晶质石墨矿属于小型矿，矿石品位低，尚未开发利用。除隐晶质石墨外，吉林省通化县三半江和集安市双兴，有中型和小型矿各1处，探明晶质石墨矿物储量109×10^4t，尚未开发利用。辽宁省的岫岩丰富和桓仁县大恩堡各分布有1处中型石墨矿，共计探明晶质石墨矿物储量57×10^4t，尚未开发利用。内蒙古自治区也是中国晶质鳞片石墨主要产区之一。兴和县黄土夭石墨矿由1号矿、18号矿B段、C段和其他矿体4处中型矿和11处小型矿，加上附近的荣华背中型矿，构成一个大型矿区，各矿均已开发利用，矿山开发具有六七十年的历史，以产出优质大鳞片石墨而著称，是中国著名的鳞片石墨生产矿山之一。在兴和县以西，还有丰镇市南井、武川县庙沟、土默特左旗什报气和灯笼素4处中型矿也已开发利用，形成以兴和为中心的又一中国鳞片石墨生产基地。此外，固阳县五当召、阿拉善右旗挡巴井2个中型矿和包头市克尔马沟小型矿尚未开发利用。山西北部分布有晶质石墨矿4处（大型矿1处、中型矿2处、小型矿1处），探明晶质石墨矿物储量318×10^4t。其中大同市弘赐堡大型矿和六亩地、鸡窝涧中型矿可供选择利用，天镇县白羊口小型矿可供边采边探。河北省赤城县艾家沟中型晶质石墨矿于1988年开采，其附近新发现的水泉中型晶质石墨矿也可供选择利用，怀安县蔓青沟和阳原县谷端庄2处小型晶质石墨矿也已零星开采。河北省东部青龙县魏仗子和南部邢台市，还各分布小型晶质石墨矿1处，现已停采。河北省共计保有晶质石墨矿物储量38×10^4t。山东省也是中国晶质石墨矿的主要产区之一。莱西南墅石墨矿包括岳石和刘家庄2个矿段，已开采利用50余年，是中国著名的鳞片石墨生产矿山，邻近的北墅大型石墨矿也已开采30余年，均以产出优质大鳞片石墨而著称，目前都已经采完闭坑；平度刘戈庄、平度明村、牟平徐村、莱阳大梁口、山前奔等石墨矿均已开发利用，形成了以南墅为中心的中国鳞片石墨生产基地。此外，平度刘家寨、平度张舍、文登臧格庄、牟平区新添堡等石墨矿均未开发利用，江西省金溪县峡山大型晶质石墨矿（矿物储量218×10^4t）、福建省建阳市岭根墙中型晶质石墨矿（矿物储量54×10^4t）尚未开发利用；安徽省怀宁县横山小型晶质石墨矿（矿物储量17×10^4t）可供进一步勘查。河南省石墨矿集中分布于其西部的灵宝、卢氏、西峡、淅川、镇平一带，已勘查的3处大型石墨矿共计探明晶质石墨矿物储量746×10^4t，其中西峡县横岭石墨矿已开发利用，淅川县小陡岭及镇平县小岔沟两个石墨矿尚未开发利用；灵宝石墨矿也已开采多年，其规模可达中型。湖北省晶质石墨矿物储量156×10^4t，宜昌三岔垭石墨矿为中型规模，已开发利用。宜昌谭家河、宜昌二郎庙、兴山县东冲河、广水市芦花湾石墨矿尚未开发利用。湖南省是中国隐晶质石墨矿最主要的产区，位于湘南的郴州市鲁塘石墨矿已开采利用60余年，是中国生产隐晶质石墨最著名的矿山。桂阳荷叶矿、冷水江三尖隐等隐晶质石墨矿均已开始开发利用，形成以鲁塘为中心的中国隐晶质石墨生产基地。广东省吴川市梅蓬石墨矿晶质石墨矿物储量17×10^4t，现已停采。此外，广东省隐晶质石墨矿石储量351×10^4t，其中佛冈县铜溪水窿尾石墨矿已开发利用，附近的水头小型石墨矿已闭坑，连平县梅洞石墨矿规模达到中型，可供选择利用。海南省晶质石墨矿物储量 58×10^4 t，琼海市烟塘小型矿已利用，曾经开采的琼海市伍园中型矿及乐东县俄文岭小型矿可供选择利用。

石墨矿发展前景很好。在石墨新材料领域，石墨烯具有非同寻常的导电性能、超出钢铁数十倍的强度和极好的透光性，有望在现代电子科技领域引发一轮革命，在半导体产业、光伏产业、锂离子电池、航天、军工、新一代显示器等传统领域和新能源、新材料等新兴领域都带来革命性的技术进步。石墨烯是目前已知导电性能最出色的材料，尤其适合于高频电路，可生产未来的超级计算机。石墨烯光子传感器用于检测光纤中携带的信息。同时石墨烯的透明特性，使其制造的电板具有更优良的透光性，可用于太阳能电池盒液晶显示屏。石墨烯还可以应用于晶体管和基因测序等领域，用来制造出超薄超轻型飞机材料、超坚韧防弹衣。用石墨烯做得光电化学电池可以取代基于金属的有机发光二极管和传统金属石墨电极，使之更易于回收。作为硅的替代品，石墨烯可替代晶硅应用在芯片领域。全球每年半导体晶硅的需求量在 2500 t 左右，石墨烯如果替代十分之一的晶硅制成高端集成电路，市场容量至少在 5000 亿元以上。石墨烯制成的锂离子电池负极材料能够大幅提高电池性能。全球每年负极材料的需求量在 2.5×10^4 t 以上，并保持 20% 以上增长，石墨烯作为负极材料应用在十分之一的锂离子电池中，其需求量也在 250 t 以上。石墨烯可以制成的超级电容器，2010 年全球超级电容市场规模在 50 亿美元，并保持着 20% 的增长率。石墨烯可以替代作为导电材料制成显示器件。

在人造金刚石领域，石墨需求将进一步扩张。用相关技术通过石墨等碳质原料和某些金属反应可生成人造金刚石，广泛应用于国民经济各个领域。随着中国投资和基建规模持续扩大、传统加工领域的技术升级以及新兴产业的快速发展等因素拉动，中国人造金刚石市场需求将更加旺盛，已呈现出持续快速增长的态势。

第四章 水 晶

第一节 概 述

定义 水晶是透明的石英结晶体。主要化学成分是二氧化硅（SiO_2），跟普通砂子的化学成分一致。在一定条件下，二氧化硅胶化脱水后就是玛瑙，二氧化硅含水的胶体凝固后就成为蛋白石，二氧化硅结晶完美时就是水晶（图4-1）。

水晶是自然界中最常见的宝石矿物，可以加工成中低档工艺品、珠宝饰品和水晶眼镜片等。水晶虽然与石英砂、石英砂岩、石英岩的主要成分同为 SiO_2，但由于水晶具有特殊的电学、光学、热力学、工艺学特性及较高的 SiO_2 纯度，所以又被单独列为一类工业原料。在20世纪70年代前水晶曾被作为战略物资而严加控制。水晶矿床具有少、小而复杂的特点。由于天然水晶常含各种包裹体，其他矿物或有颜色变化而很难达到工业要求，因而资源量极少。20世纪60年代以后，天然水晶已被人造水晶替代。

图4-1 水晶
（来源：维基百科）

用途 根据特性和工业用途不同，水晶分为压电水晶、光学水晶、熔炼水晶和工艺水晶四种。压电水晶是指无任何缺点（无双晶、杂质、裂隙、节瘤等）并具一定规格的单晶块，把它切割成单晶片后可制成谐振器、滤波器。这种石英谐振器、滤波器具有最高的频率稳定性，频率误差可小至 10^{-9} 以上，是现代国防、电子工业中不可缺少的重要部件之一，广泛用于电子计算机、各种自动化武器、飞机、导弹、核武器、卫星等的遥控、遥测、电子、电动零件和电讯设备中，还可以制成超声波发生器、探伤仪、压电探针和压电压强计等。光学水晶用于制造石英折射计、红外线分析窗口、光谱仪、摄谱仪等，主要是利用其适于紫外线的透射和硬度比玻璃大的特点。对光学水晶原料的要求是不能带有包裹物、裂隙、双晶、节瘤、蓝针以及肉眼易见的各种颜色。工艺水晶是分选和加工光学、压电水晶工业原料时所剔出来的水晶，只要符合一定要求即可作为工艺水晶的原料，主要用作中低档宝石。

地质工作概况 中国水晶矿的正式勘探工作始于1954年12月，地质部派遣四个压电光学原料矿物普查队，在海南羊角岭及其外围进行了一个月的水晶地质踏勘工作。1955年，地质部将内蒙古陶林水晶普查队调进广西，勘查田阳新峒、赖贡、百色大楞等地水晶矿。1955～1957年，中南地质局四一九地质队探明广西厂田阳新峒、德保那甲、百色巴平、隆林德城、凌云下甲等大型优质水晶矿床，使广西水晶探明储量跃居中国各省区第一位。20世纪60年代末，人造水晶技术过关之后，天然水晶的供求矛盾才趋于缓和，地质勘查工作随之减弱。1975年3月，国家地质总局下发通知，鉴于人造水晶制造成功及压电原料尚有大量储备的情况下，停止水晶矿的勘探与开采。截至2013年底，中国探明压电水晶矿区97个，查明资源储量179 t；熔炼水晶矿区92个，资源储量为7140 t；光学水晶有三个矿区，资源储量0.175 t；工艺水晶矿区3个，查明资源储量13 t。

矿床发现和开发简史 中国是开发和利用水晶最早的国家之一。据考古发现，距今万年的北京周口店人，已采用水晶作为石器；距今二十万年的曲江马坝人，已用水晶作为饰品；河北战国遗址出土文物中就有水晶杯；山西周墓中则发掘出了水晶珠；吉林汉墓中也发现了紫晶；据史书记载："宋时有水晶场，设灵山之白云尖下……"，可见在宋代已有大规模开采水晶矿的活动；至清代，皇宫里已大量使用水晶朝珠和水晶如意。

江苏东海县水晶矿的发现相传有一百多年的历史。1906～1916年期间，乡民们利用冬春农闲季节进行采掘，最初在东海南榴镇西端挖到了水晶；1945年日寇亦曾在此采过水晶；东海县正式的水晶地质勘探始于1955年；1958年8月17日，东海县房山乡柘塘村乡民采到一颗重达3.5t的大"水晶王"，现存中国地质博物馆。多年来，东海县一直以"水晶之乡"载誉全国。在海南岛，日本人1942年在羊角岭西坡偶然发现了水晶矿，日本三菱矿业株式会社组织调查并开采；1955年9月，地质部中南地质局组成四一八地质队开展地质勘探工作。经过一年半的地质勘探工作，查明水晶矿主要产于石榴子石矽卡岩中的网脉状石英脉的晶洞中，除原生矿外尚有坡积砂矿和冲积砂矿，矿区面积3 km²，并探明压电水晶单晶块储量80余吨；熔炼水晶2000余吨，是中国规模最大的压电水晶矿床，也是世界上罕见的优质大型压电水晶矿床，该矿山共采出压电单晶块70余吨，已于1985年闭坑。在贵州，罗甸拱里水晶在清代即有发现与采掘，100年前被开采者埋于黄土之中，同时还残留有开采的房屋和一颗长4 cm之水晶图章，证明古代曾在此开采出较好的水晶。1958年，根据群众报矿，贵州省地质局于10月派人前往踏勘，11月黔南州地质队对矿区进行了勘查，证实了这一矿点水晶质量高，为大型水晶矿床，于1974年12月停采。

第二节 分 类

根据水晶的成因，将水晶矿床分为花岗伟晶岩型、黑钨矿－石英脉型、花岗热液型、硅质岩或碳酸盐岩热液型、砂矿五种类型。花岗伟晶岩型水晶矿床中，伟晶岩脉成群产于裂隙内，呈膨胀状、不规则状、透镜状，脉长几十米至上千米，宽几米至上百米；水晶赋存于花岗伟晶岩的石英核部，常为巨大石英晶体，晶体缺陷一般较多，符合工业要求者较少。共生矿物有萤石、黄玉、绿松石、长石、云母和稀有金属等。共生矿物的工业价值往往比水晶还大，内蒙古角里格太水晶矿床就是一例。黑钨矿－石英脉型水晶矿床，含黑钨矿的石英脉呈带状展布，在石英脉的分叉复合部位常常形成石英晶洞，晶洞中发育晶体巨大的水晶，其中有一些符合工业要求，湖南、江西钨矿矿区产有这类矿脉。花岗热液型水晶矿床产于花岗岩体中，张性断裂破坏岩体的完整性，被后期的富硅热液充填，在交叉复合或膨大处形成不规则晶洞，晶洞中产有水晶，并有石榴子石，海南羊角岭水晶矿就是一例。硅质岩或碳酸盐岩热液型水晶矿床产于硅质岩石中。有时在碳酸盐岩晶洞中也能形成水晶矿，成矿物质来源于附近围岩。矿体呈脉状、囊状、不规则状或似层状，水晶多呈梳状构造。此类矿床工业意义较大，江西庐山罗家山水晶矿床就是这种类型。上述各类水晶矿床在发生风化作用时，其他易风化的矿物被风化、碎解，而水晶不易风化残留原地或在附近形成水晶砂矿。矿床规模受风化作用的强度控制，有的可形成较大规模的矿床，如江苏东海、海南羊角岭水晶矿床等。

根据工业用途不同，水晶分为压电水晶、光学水晶、熔炼水晶和工艺水晶四种。

在宝石学中，根据不同的颜色，把水晶划分成许多种类。习惯上，人们把无色透明者称水晶、紫色者称紫晶、黄色者称黄晶、茶色者称茶晶、黑色者称墨晶、水晶中含大量针状或纤维状包裹体（包裹体通常为电气石和金红石）者称鬃晶或发晶，具有天然色彩的水晶主要用来制成工艺品和首饰。

第三节 物理化学性能

物理性能 水晶一般为无色透明，也常见紫色、粉色、茶色、黄色等。其晶面具有玻璃光泽，对光线有反射作用。摩氏硬度7，比一般玻璃硬，性脆，易破碎。水晶密度2.56～2.66 g/cm³，无解理，贝壳状断口。水晶耐温性好，遇高温升至573℃左右时会急剧地膨胀破裂转化成其他晶体变体，熔点为1713℃。水晶有受热易碎的特性，《博物要览》记录有："凡用水晶器物，不可用热汤滚水注之，即粉裂如击破者"。水晶耐酸、碱性好，仅溶解于氢氟酸。其导热性差，化学性能稳定，而且具良好的压电性能和旋光性能。水晶折射率：1.544～1.553。1880年法国人发现水晶的压电现象，20世纪20年代科学家又发现石英有振荡现象。

化学成分 石英化学式为SiO_2，含Si 46.7%，O 53.3%。纯净的无色透明的水晶是石英的变种。水晶由于含有不同的混入物而呈多种颜色。紫色和绿色是由铁（Fe^{2+}）离子致色，紫色也可由钛（Ti^{4+}）所致。在水晶中含有砂状、碎片状针铁矿、赤铁矿、金红石、电气石、阳起石、磁铁矿、石榴子石、绿泥石等包裹体，也常含有CO_2、H_2O、$NaCl$、$CaCO_3$等气态、液态、固态包裹体。

第四节 分 布

中国水晶矿床虽然在大部分省、自治区都有发现，矿床分布广泛，但资源并不丰富。根据国土资源部的资料，在广东、广西、海南、江西、江苏、黑龙江、山东、山西、陕西、河南、安徽、内蒙古、新疆、福建、四川、贵州、西藏、青海等地都有原生水晶矿和滨海水晶砂矿产出。能用于高技术领域的熔炼水晶等高纯硅材料奇缺，主要靠进口解决。中国重要水晶矿产地（表4-1），中国水晶矿床分布情况（图4-1）。

表4-1 中国重要水晶矿产地

序号	矿产地名称	探明资源量/kg	规模	矿床类型	开采利用情况
1	山西静乐县大地沟	732	中型	压电水晶	推荐近期利用
2	辽宁义县瓦子峪西山城子	1174	中型	压电水晶	已开采
3	吉林蛟河市西两家子	375	中型	压电水晶	近期难以利用
4	吉林通化县通化铜矿东矿区	1805	中型	压电水晶	闭坑矿区
5	吉林汪清县庙沟	491	中型	压电水晶	近期难以利用
6	黑龙江伊春市东风	8652	大型	压电水晶	已开采
7	湖南临武鸡脚山	1300	中型	压电水晶	未开出
8	广东廉江市高山	448	中型	压电水晶	近期难以利用
9	广东环集县白石洞	606	中型	压电水晶	近期难以利用
10	广东惠东县新田萦	3144	大型	压电水晶	停采矿区
11	广东惠东县高浪围	974	中型	压电水晶	近期难以利用
12	广东惠东县磜下	789	中型	压电水晶	近期难以利用
13	广东阳春市崩坑岭	1082	中型	压电水晶	近期难以利用
14	广东清远市大岭头	225	中型	压电水晶	近期难以利用
15	广东云浮市大岭顶	2359	大型	压电水晶	停采矿区
16	广西上林县镇圩	2615	大型	压电水晶	停采矿区
17	广西上林县笔架山	16074	大型	压电水晶	近期难以利用
18	广西马山县加芳	2660	大型	压电水晶	停采矿区
19	广西大新昌明	8636	大型	压电水晶	停采矿区
20	广西天等县汤达	268	中型	压电水晶	停采矿区
21	广西钟山县贵宝	794	中型	压电水晶	停采矿区
22	广西百色市巴平	38200	大型	压电水晶	停采矿区
23	广西百色市大楞	506	中型	压电水晶	闭坑矿区
24	广西田阳县新峒	41176	大型	压电水晶	停采矿区
25	广西田阳县赖贡	10952	大型	压电水晶	停采矿区
26	广西田阳县弄山	1362	中型	压电水晶	停采矿区
27	广西平果县榜圩	6306	大型	压电水晶	停采矿区
28	广西德保县那甲	3728	大型	压电水晶	停采矿区

续表

序号	矿产地名称	探明资源量/kg	规模	矿床类型	开采利用情况
29	广西德保县定录	868	中型	压电水晶	停采矿区
30	广西靖西县陇堆	440	中型	压电水晶	停采矿区
31	广西靖西县果乐	330	中型	压电水晶	停采矿区
32	广西凌云县下甲（砂矿）	10974	大型	压电水晶	停采矿区
33	广西凌云县下甲	27694	大型	压电水晶	近期难以利用
34	广西凌云县洞新	928	中型	压电水晶	近期难以利用
35	广西凌云县长洞	510	中型	压电水晶	停采矿区
36	广西乐业县甘田	2844	大型	压电水晶	停采矿区
37	广西隆林县德峨	10800	大型	压电水晶	停采矿区
38	广西隆林县岩茶	7138	大型	压电水晶	停采矿区
39	广西东兰县上峰	2368	大型	压电水晶	停采矿区
40	广西巴马县弄表	962	中型	压电水晶	停采矿区
41	广西都安县巴尖	1322	中型	压电水晶	闭坑矿区
42	海南屯昌县羊角岭	107950	大型	压电水晶	已开采
43	四川省汶川县广福寺	654	中型	压电水晶	已开采
44	四川道孚县哈若山	7353	大型	压电水晶	—
45	贵州罗甸县拱里二矿段	1273	中型	压电水晶	停采矿区
46	贵州罗甸县拱里一矿段	731	中型	压电水晶	可供进一步工作
47	云南广南云顶	1199	中型	压电水晶	不宜进一步工作
48	云南富宁白洋	9585	大型	压电水晶	—
49	云南富宁弄三盘	521	中型	压电水晶	停采矿区
50	陕西安康市大河口蔡坝	221	中型	压电水晶	停产矿区
51	青海唐古拉吴曼通洞	29382	大型	压电水晶	边探边采
52	新疆阿克陶县塔木	418	中型	压电水晶	已开采
53	山西静乐县大地沟	28	中型	熔炼水晶	未开采
54	辽宁义县瓦子峪西山城子	83	中型	熔炼水晶	已开采
55	吉林通化县通化铜矿东矿区	35	中型	熔炼水晶	闭坑矿区
56	黑龙江通河县自然屯	949	大型	熔炼水晶	已开采
57	黑龙江尚志市石头河子	16	中型	熔炼水晶	可供进一步工作
58	黑龙江五常县（现为五常市）高桥窝棚	11	中型	熔炼水晶	现已采空
59	黑龙江伊春市东风	435	大型	熔炼水晶	已开采
60	黑龙江海林县（现为海林市）长汀青云山	11	中型	熔炼水晶	可供进一步工作
61	安徽绩溪县大会山	34	中型	熔炼水晶	停采矿区
62	安徽歙县湖田山	27	中型	熔炼水晶	停采矿区
63	福建政和县螺岗	439	大型	熔炼水晶	已开采
64	江西星子县枭木山铍矿区	86	中型	熔炼水晶	停采矿区
65	江西高安市大族馒头山	13	中型	熔炼水晶	停采矿区
66	湖南临武鸡脚山	70	中型	熔炼水晶	未开出
67	广东惠东县新田崇	98	中型	熔炼水晶	停采矿区
68	广东云浮市大岭顶	99	中型	熔炼水晶	停采矿区
69	广西大新县昌明	10	中型	熔炼水晶	停产矿区
70	广西钟山县黄宝	273	大型	熔炼水晶	停产矿区
71	广西百色市巴平	174	大型	熔炼水晶	停产矿区
72	广西百色市大楞	16	中型	熔炼水晶	停产矿区

续表

序号	矿产地名称	探明资源量/kg	规模	矿床类型	开采利用情况
73	广西田阳县新峒	119	大型	熔炼水晶	停产矿区
74	广西田阳县赖贡	22	中型	熔炼水晶	停产矿区
75	广西平果县榜圩	11	中型	熔炼水晶	停产矿区
76	广西德保县那甲	10	中型	熔炼水晶	停产矿区
77	广西德保县定录	10	中型	熔炼水晶	停产矿区
78	广西隆林县德峨	54	中型	熔炼水晶	停产矿区
79	广西隆林县岩茶	12	中型	熔炼水晶	停产矿区
80	广西都安县巴尖	19	中型	熔炼水晶	闭坑矿区
81	海南屯昌县羊角岭	2243	超大型	熔炼水晶	已采完
82	四川道孚县哈若山	217	大型	熔炼水晶	—
83	四川康定县甲基卡	1534	大型	熔炼水晶	可供进一步工作
84	贵州贵定县摆城	120	大型	熔炼水晶	可供边探边采
85	贵州罗甸县拱里二矿段	482	大型	熔炼水晶	停建矿区
86	贵州罗甸县拱里一矿段	294	大型	熔炼水晶	可供进一步工作
87	云南富宁白洋	316	大型	熔炼水晶	—
88	青海唐古拉吴曼通洞	352	大型	熔炼水晶	边探边采
89	新疆轮台县野云沟	30	中型	熔炼水晶	已开采
90	新疆阿克陶县塔木	33	中型	熔炼水晶	已开采
91	贵州罗甸县拱旦二矿段	119	中型	工艺水晶	停建矿区
92	西藏班戈县银错紫	12818	大型	工艺水晶	已开采

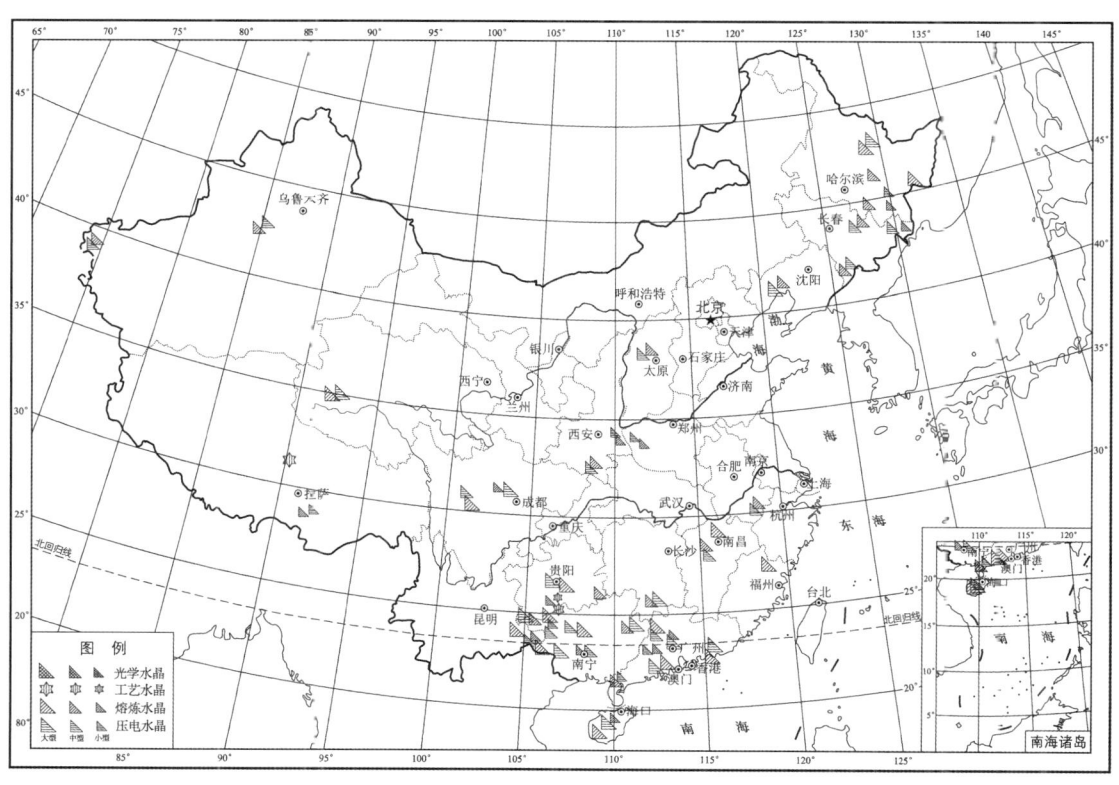

图 4-2 中国水晶矿床分布

第五节 开发利用和发展趋势

  现代水晶开采曾有过辉煌的历史，江苏东海水晶矿发现于 1906 年，从那时起民采至今没有停止过。海南省屯昌县羊角岭水晶矿作为中国最早的天然水晶矿，以规模大、品位高、质量好闻名于世，为中国尖端军工业做出了巨大贡献，其勘探和开采始终得到了国家的高度重视。该矿从 1955 年起，正式建矿开采生产，并命名为七〇一矿，此后的 20 年间，一直处于稳定的大规模开采当中。1970 年 4 月 24 日，中国第一个人造地球卫星发回的乐曲和无线电信号，就是依靠卫星通讯器材中装载的压电水晶元件。由于屯昌羊角岭水晶矿早已开采殆尽，如今海南市面上的水晶多是人造水晶或是江浙一带出产的，而真正的屯昌天然水晶都是停采之前的老水晶，具有较高的收藏价值。1975 年后由于人造水晶迅速发展等原因，中国基本停止了水晶矿的地质勘查工作。90 年代珠宝首饰的兴起，又激发对于天然色彩的水晶的极大兴趣，找矿开矿再次形成热潮，新的矿点也时有发现。

  水晶等高纯硅材料是航空、航天、军工等高新技术领域不可或缺的原材料。制备高纯硅材料的原料主要是高质量的天然水晶或经过高度提纯的天然石英矿物。中国探明的天然水晶储量不足千吨，而能制备高纯硅材料的天然石英矿物在中国尚未发现。中国一些机构也在研究此种原料，虽经多年探索，仍不能取得突破，因而制备高纯硅材料的原料主要依赖进口。随着高技术工业的发展，中国高纯硅材料的需求量越来越大，由 20 世纪 90 年代的数百吨，增加到 2004 年的约 1400 t，进口价格也由每吨 1 万～2 万元人民币上涨到 8 万～16 万元人民币。更重要的是，这些高纯硅材料主要控制在美国、法国等工业发达国家的手中，这对于中国发展高技术乃至经济安全是很不利的。据了解，美国高纯硅材料的原料主要采自天然石英矿物，经提纯后，纯度可达 99.9965%，年产 2×10^4 t 左右。美国利用其天然资源和先进的提纯技术控制着全球的高纯硅材料的原料市场。中国有着与美国类似的成矿地质条件，寻找类似美国的天然石英矿物是完全有可能的。因此，开展高纯硅材料新资源的找矿勘查和提纯研究，开发相应的提纯技术和装备，保证高纯硅材料的安全供应迫在眉睫。

第五章 水 镁 石

第一节 概 述

定义 水镁石又称氢氧镁石，化学式为 Mg(OH)$_2$，含 MgO 69.12%，是自然界含镁量最高的矿物。纤维状水镁石是指晶体细长呈纤维状集合体的水镁石，又称水镁石石棉或山树皮。

用途 水镁石用途很广。水镁石含金属镁 41.6%，可作为生产金属镁的原料；利用水镁石经电熔炼可制取致密的方镁石集合体（电工方镁石），可用作电绝缘材料、高温耐火制品及电焊条涂层（料）；可以用于制作无线电陶瓷零件、电热器的填料、生产镁黏合剂、黏胶、隔热材料等产品；同时还可用于玻璃制品、合成橡胶、人造纤维、墨水、颜料等方面。从水镁石中提取的苦土（氧化镁）可用作橡胶、塑料的填料。弱煅烧的特轻级的水镁石苦土具有较高化学活性。高纯度苦土（MgO 达 99% 以上）可用于医药制品中。水镁石作为煮熬纸浆的弱碱性试剂可代替石灰，在造纸厂生产亚硫酸盐纸浆时，其回水可多次循环利用，从而减少大量造纸废水排入河中，有利于保护环境。据报道，日本每年进口 $(4\sim5)\times10^4$ t 水镁石以满足工业需要，其中一部分用于造纸工业中。利用水镁石矿物含结构水，加热后脱水吸热的物理特性制取阻燃剂。这种阻燃剂在橡胶、塑料二业中都已得到一定程度的应用。水镁石还可用作雕刻工艺品、隔音材料以及镁制品水泥（氯氧镁水泥）和矿肥的配料添加剂。此外，水镁石还可以用作原子反应堆的防护材料。

地质工作简况 水镁石是比较稀有的矿产，以前在中国没有被大规模发现过，从 20 世纪 80 年代中期开始，中国陆续发现了一些水镁石矿产，规模较大质量较好的水镁石矿床主要分布于辽宁东部地区和陕西宁强大安黑木林。中国水镁石矿总计查明资源储量大于 100×10^4 t，潜在资源储量大于 500×10^4 t。

矿床发现和开发简史 20 世纪 80 年代末，块状水镁石矿床在中国辽宁凤城小西沟首次发现并勘查，当时曾引起国内外矿业界的关注。陕西宁强大安黑木林纤维状水镁石矿床原来作为石棉开采使用，后来研究发现，这种"石棉"实际上是纤维状水镁石。

第二节 分 类

水镁石按结构分为块状水镁石（图 5-1）和纤维状水镁石（图 5-2）。块状水镁石矿床成因类型有两种：①热液蚀变型水镁石矿床，矿体产于元古宙洋壳残片中，系高镁母岩在变质后叠加热液蚀变成矿。矿体产于白云质大理岩褶皱轴部及断裂附近，呈透镜状、似层状，长几十至上百米，宽几十米，厚几米至十几米，伴有蛇纹石化，并与菱镁矿矿体、滑石矿体共生。矿石呈块状、片状构造，粒状结构，以水镁石为主。如辽宁凤城小西沟、河南西峡宝王河水镁石矿床。②区域变质型水镁石矿床，产于元古宙海相沉积变质岩系中，系混合岩化而成矿，是层控矿床，与硼矿层紧密共生。矿体产在白云质大理岩所夹的作为硼矿层顶底板的金云母橄榄岩或硅镁石岩或菱镁矿中。长几十至数百米，厚 1~10 m。矿石分两种：一种是球状的水镁石，球径 1~15 cm，含少量方解石与蛇纹石，含矿率 70%~90%；另一种为蛇纹石（60%~50%）、水镁石（40%~30%）、硼镁石（10%~5%）、硼镁铁矿（0%~3%）等几种矿物的嵌布型矿石，品位虽较低，但规模大，可综合开发，如吉林集安硼水镁石矿床。纤维状水镁石矿床类型只有超基性岩（橄榄岩）热液交代型纤维状水镁石矿床一种，如陕西宁强大安黑木林纤维状水镁石矿床。

图 5-1　块状水镁石
（来源：维基百科）

图 5-2　纤维状水镁石
（来源：维基百科）

第三节　物理化学性能

物理性能　水镁石矿物多呈白色、灰白色，也有淡绿色、黄褐色或红褐色，其颜色的不同与混入物（杂质 Fe、Mn、Zn）的种类及含量有关，密度 2.30 g/cm³。水镁石矿物条痕为白色，新鲜面及断口呈玻璃光泽，解理面呈珍珠光泽，纤维状水镁石呈丝绢光泽，具 {001} 极完全解理，薄片具挠性及柔性（图 5-3）。水镁石属三方晶系，层状结构。水镁石的伴生矿物常有蛇纹石、方解石、白云石、菱镁矿、镁硅酸盐矿物、方镁石、透辉石和滑石等。江苏冶山发现的水镁石矿以水镁石为主，伴生方解石、硼矿物、粒硅镁石、磁铁矿等。

图 5-3　水镁石纤维
（来源：维基百科）

水镁石具有如下特性。一是水镁石除了有用组分含量高外，含有害杂质特别少。二是水镁石中 SiO_2、Al_2O_3、Na、K 含量很少，水的含量很高，且几乎全部以正水的形式存在，故在加工时无毒性。三是水镁石中不含碱性元素、氯及硫酸盐。四是因水镁石比菱镁矿的离解温度低，故在焙烧时水镁石消耗能量少。五是从水镁石中获取的氧化镁有较大的化学活动性。六是水镁石岩近单矿物岩性质，其成分稳定。

化学成分　水镁石 $Mg(OH)_2$ 的化学理论成分为 MgO 69.12%，H_2O 30.88%。天然产出的矿物常含有少量的 Fe、Mn、Zn 等，以类质同象状态存在（即代替 Mg^{2+} 的结构位置）。FeO 含量大于 10% 者称铁水镁石，MnO 达 18% 者称锰水镁石，ZnO 达 4% 者称锌水镁石。

第四节　分　　布

中国目前已在辽宁凤城、宽甸、岫岩、营口，黑龙江牡丹江，吉林集安，河南西峡，江苏六合，陕南黑木林等地找到一些水镁石矿床。中国水镁石矿床分布（图 5-4）。

第五节　开发利用和发展趋势

中国水镁石矿床开发起步较晚，19 世纪 90 年代才开始开发利用水镁石矿床。开采的水镁石矿床主要分布于辽宁省东部地区、吉林集安和陕西大安地区。

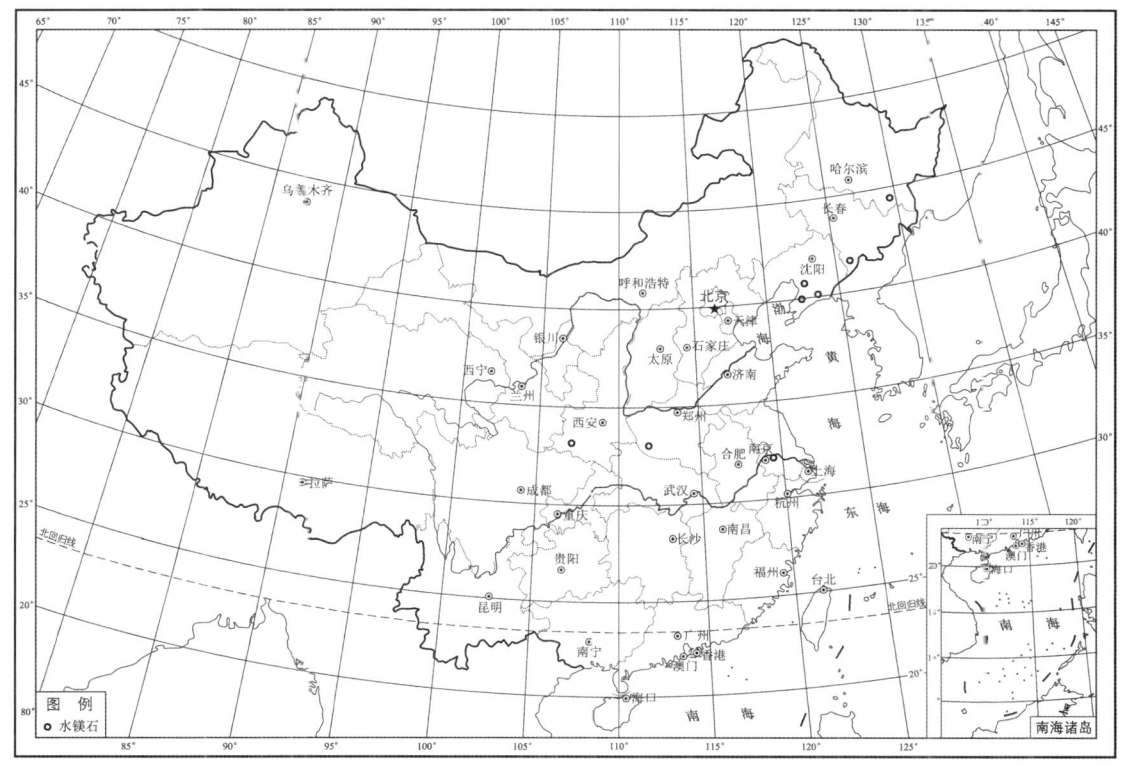

图 5-4 中国水镁石矿床分布

辽宁凤城小西沟、凤城刘家河徐家、宽甸毛甸子三个水镁石矿床均是块状水镁石矿床，规模为小型，以地下开采为主。矿石主要用于制高镁耐火材料、提取金属镁原料和阻燃剂。矿床类型为菱镁矿热液蚀变型水镁石矿床。水镁石矿床一般工业指标如（表5-1）。

表 5-1 水镁石矿床一般工业指标

矿石品级	$w(MgO)$ /%	$w(SiO_2, CaO, Fe_2O_3)$ /%	最低可采厚度/m	夹石剔除厚度/m
Ⅰ级品	≥64	作一般了解，不作圈矿依据	1	1
Ⅱ级品	≥60			
Ⅲ级品	≥55			

陕南黑木林纤维水镁石矿床产于自黑木林至峡口驿的条带状超基性岩变质的蛇纹岩体中。矿床类型为区域变质型水镁石矿床。纤维水镁石化学成分的质量百分比（w_B）：SiO_2 1%~3%，MgO 62%~65%，Fe_2O_3 0.6%~1.9%，FeO 2%~6%，K_2O 0.17%，Na_2O 0.06%，烧失量28.15%。

吉林集安县蛇纹石型水镁石矿床产于硼矿床的矿体底板或表外矿石中，矿床类型为区域变质水镁石矿床。矿体内水镁石与蛇纹石均匀分布，矿石中含30%~40%水镁石，50%~60%蛇纹石及少量硼镁石、方解石等。水镁石单晶多呈纤维状、鳞片状集合体出现。

水镁石有很大的经济价值，用途很广。未加工过的水镁石可直接作为煮纤维素时的弱碱性盐基。水镁石经加工生产的电解方镁石可作为难熔高传热性的绝缘材料和重要的高耐火制品。在生产硫酸纤维时以水镁石代替石灰石，使造纸厂废水能回收利用，不污染环境。用水镁石制成的方镁石砖比较坚固，质量比用菱镁矿制成的砖好得多。有50%以上的金属镁用于制镁铝合金。

第六章 金红石

第一节 概　　述

定义　金红石是一种含钛的矿物，主要成分为二氧化钛（TiO_2）（图6-1，图6-2），天然金红石矿物通常呈粒状（金红石砂矿（图6-3））、针状（水晶晶体中的针状毛发状包裹体）（图6-4）。金红石是自然界重要的钛矿物，也是提取钛最重要的两种（钛铁矿和金红石）原料之一。有的文献中，金红石矿被列入黑色金属矿产，实际上金红石不再是制作金属钛的原料，而是作为非金属矿产被利用。

图6-1　金红石晶体
（来源：维基百科）

图6-2　金红石晶体形态
（来源：维基百科）

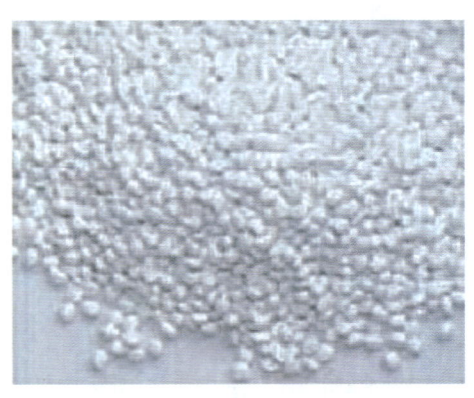

图6-3　金红石砂矿
（来源：维基百科）

图6-4　水晶中的毛发状金红石
（来源：维基百科）

用途　天然金红石是制取二氧化钛、海绵钛、四氯化钛等系列产品的优质原料。由于TiO_2在白度、不透明度、高折射率、高散射能力方面具有其他材料难以比拟的优越性能，所以用作白色颜料、涂料、油漆、纸张、橡胶、塑料等的填料和增白材料。钛金属具有耐高温、耐低温、耐腐蚀、高强度、低密度等优异性能，被广泛用于军工航空、航天、航海、机械、化工、海水淡化等方面。金红石矿经选矿后获得的金红石精矿，是高档电焊条必需的原料之一，也是生产金红石型钛白粉的最佳原料。含有金红石包裹体的水晶，一般作宝石材料使用，但可作天然宝石使用的金红石晶体很少见。用金红石中的二氧化钛添加镧系稀土元素、纳米氧化锌吸波材料、硅藻土、硅碳链纳米聚合物等纯天然矿物质，经科学配制和特殊加工工艺可制成光触媒材料，其内部孔隙的孔径在 0.27～0.98 nm 之间，呈晶体排列，带弱电性，同时具有较好的光氧化活性；而甲醛、氨、苯、甲苯、二甲苯等有机物分子直径都在 0.4～0.62 nm 之间，且都是极性分子，容易被金红石吸附并光氧化分解成 H_2O 和 CO_2。

地质工作简况 金红石找矿勘探工作始于 20 世纪 50 年代，在 20 世纪 60 年代初先后发现了广东湛江、海南等矿产地，70 年代发现了湖北、河南等地原生金红石矿。从 20 世纪 60 年代到 80 年代后期，随着地质勘探工作不断深入，发现一批大中型原生金红石矿产地，使中国金红石资源量位于世界前列，但可以利用的金红石资源较少。2006 年在内蒙古正蓝旗羊蹄山发现了新型的大型金红石原生矿，在金红石找矿方面也取得了新的突破。

矿床发现和开发简况 20 世纪 60 年代发现金红石砂矿后，就进行小规模开采。广东、广西、海南、福建滨海金红石砂矿主要作为锆石的伴生矿物开采，品位低，储量少，但由于易采、易选，是目前中国金红石的主要来源。原生金红石矿在 20 世纪 70 年代首先在湖北枣阳发现、勘查并开采，但由于原生金红石矿品位低、粒度细、矿物组成与嵌布关系复杂，选矿工艺流程长，建厂投资大，导致经济效益低下，在 20 世纪 90 年代初停产。到目前为止，原生矿床基本处于小规模开采的状态。

第二节　分　　类

根据矿床成因、成矿时代和成矿地质特征等因素，可将中国金红石矿床分为榴辉岩型、岩浆热液蚀变型、热液型、风化-沉积型、沉积变质型、变质蚀变岩型 6 种类型。①榴辉岩型金红石矿床主要分布于江苏沂县蒋马—东海县毛北地区、山东荣成和安徽岳西一带。金红石矿体主要由块状榴辉岩组成，矿物成分以铁铝榴石和绿辉石为主，矿石 TiO_2 平均品位为 2.0%～2.35%，最高 5%～6%。②岩浆热液蚀变型金红石矿床在河北丰宁、易县，陕西大河均有分布。矿体赋存于蚀变火山碎屑岩和蚀变闪长岩中。蚀变闪长岩岩体呈暗绿-浅绿色，主要岩体自中心至边缘分为三个相带：中心相主要为灰绿-暗绿色透闪石绿泥石闪长岩，富含钛铁矿及磷灰石，含微量金红石和榍石等，蚀变弱；过渡相主要为灰-灰绿色片理化闪长岩，金红石含量相对增高，蚀变增强；边缘相主要为灰白-褐黄色粒化闪长岩，石英和金红石含量高，蚀变强。由中心相至边缘相，矿物组合由铁镁矿物至硅铝矿物，钛铁矿由多减少，金红石由少增多，蚀变由弱增强。③热液型金红石矿床以热液石英脉形式出现为特点，金红石呈团块状、星散状赋存在石英脉内，目前发现有板桥、司各庄等小型矿床，规模一般较小，但金红石颗粒较粗，TiO_2 品位 2%～4%，最高达 12%。④风化-沉积型金红石矿床为含金红石的榴辉岩、角闪片岩、花岗岩风化后形成。矿床多分布在山前剥蚀丘陵地区，矿体一般长几米至几千米，面积几平方米至几平方千米，厚 3～5 m，最大厚度 41.14 m，埋深 0.5～8 m，金红石品位（3.5～4.5）kg/m³。⑤沉积变质型金红石矿床主要分布在河南方城-西峡、陕西凤凰尖-平利一带。矿体呈层状，一般厚 0.3～14 m。矿石 TiO_2 平均品位 1.72%～2.41%。⑥变质蚀变岩型金红石矿床主要分布在山西代县—河北涞水一带，以代县碾子沟金红石矿床为代表。矿体呈透镜状、似板状，厚数十米至百余米，延深一般 400～500 m。矿石具鳞片柱状变晶结构，金红石粒度较粗，一般 0.2～0.3 mm。矿石品位为 1.5%～3%，最高可达 13%。

第三节　物理化学性能

物理性能 金红石的颜色与其名相符，呈金黄色或红色，含铁高时呈黑褐色。条痕黄色至浅褐色。金刚光泽，铁金红石呈半金属光泽。性脆，金红石硬度为摩氏硬度 6，仅次于石英，比普通的钢制刀具还要硬。密度 4.2～4.3 g/cm³，富含铁、铌、钽者密度增大，高者可达 5.5 g/cm³ 以上。能溶于热磷酸，冷却稀释后加入过氧化钠可使溶液变成黄褐色。

化学成分 化学分子式为 TiO_2，含 Ti 60%，常含铁、铌、钽等杂质。

第四节 分　　布

中国已发现金红石矿床、矿化点88处，经过勘查的有50处，其中大型矿床9个，中型矿床10个，详见（表6-1）。从地理分布看，中国金红石原生矿床主要分布在湖北枣阳、山西代县、河南方城、新县等地。四川会东新山探明大型原生矿，矿石储量 $1740 \times 10^4 t$，TiO_2 含量 4.1%，矿体厚度巨大，出露地表，覆盖层薄，剥采比小，适合露天开采。江苏新沂、东海、安徽潜山、山东诸城、湖北罗田等地，陆续发现了大规模的变质榴辉岩型金红石矿床，TiO_2 含量 1.6%~6.9%。该地区金红石资源的蕴藏量十分丰富，且矿体埋藏较浅，矿石类型简单，交通方便，开采条件优越。据估计苏北地区金红石矿储量可达千万吨以上，可望成为中国重要的金红石资源基地。

金红石砂矿主要分布在河南省西峡县的八庙子沟，山东省莱西市的刘家庄和诸城市的上崔家沟，湖北省枣阳的大阜山，湖南省湘阴的望湘、岳阳的新墙河、华阳的三朗堰，安徽省潜山的黄埔古井，海南省万宁市的保定等地。其中河南省金红石砂矿储量 $218.45 \times 10^4 t$，占全国储量 $256.86 \times 10^4 t$ 的85%，山东省储量 $17.68 \times 10^4 t$，占6.9%，湖北省储量 $9.24 \times 10^4 t$，占3.60%，湖南省储量 $6.99 \times 10^4 t$，占2.70%，安徽省储量占1.15%，海南省储量占0.58%。中国重要金红石矿产（表6-1），中国金红石矿床分布（图6-5）。

表6-1　中国重要金红石矿产

序号	矿产地名称	探明资源量/$10^4 t$	规模	金红石含量（w_B/%）	开采利用情况
1	山西代县碾子沟金红石矿	133	大型	2.2	已开采
2	内蒙古正蓝旗羊蹄子山金红石矿	20	大型	4.29~10.2	未开采
3	江苏东海县毛北金红石矿	312	大型	2.13	未开采
4	安徽古井金红石砂矿	—	大型	9.6	已开采
5	河南方城柏树岗五间房金红石矿	60	大型	1.88	未开采
6	河南西峡八庙金红石矿	—	大型	2.06~2.34	曾开采
7	河南新县杨冲金红石矿	64	大型	2.14~2.36	曾开采
8	湖北枣阳市大阜山金红石矿	556.93	大型	2.3~2.6	曾开采
9	海南万宁金红石砂矿	—	大型	1~3	开采
10	海南文昌金红石砂矿	—	大型	1~3	开采
11	海南凌水金红石砂矿	—	大型	1~3	开采
12	四川汉源金红石砂矿	—	大型	3	开采
13	陕西商南县青山-新庙金红石矿	55.7	大型	1.87	未开采
14	陕西安康市大河金红石矿	7.32	中型	2~3	未开采

成矿时代主要是前震旦纪、奥陶纪和第四纪。前震旦纪主要是原生矿床，而奥陶纪和第四纪主要产出砂矿床。

第五节　开发利用和发展趋势

中国金红石资源以原生金红石矿为主，占金红石资源量的86%，金红石砂矿资源较少，储量仅占14%。原生金红石矿产开采利用技术条件复杂，成本高，目前不具经济价值。因此金红石原生矿尽管资源量巨大，但尚只是一种潜在的资源。河南、山西、陕西等省对当地原生金红石矿进行了采矿和选矿试验，终因采矿成本高，回收技术难，回收率低，产品成本高等原因，产品不具市场竞争力

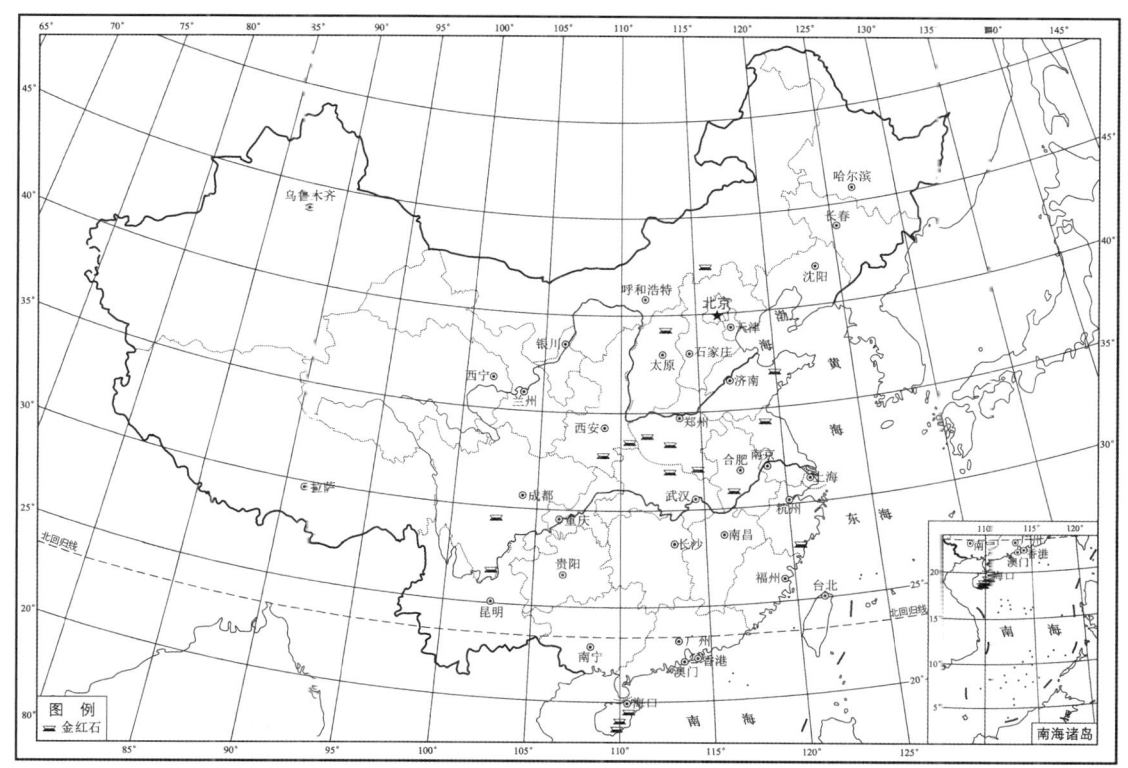

图 6-5 中国金红石矿床分布

而放弃。海南、广东湛江、广西北海沿海矿砂是金红石来源之一。金红石砂矿虽然规模小，品位低，但开采方便，选矿成本低而被广泛开采。广东、海南尤其是海南东部滨海砂矿，一般不独立开采金红石，都是在开采锆石砂矿时综合回收金红石，矿山企业的效益较佳。

钛的主要用途之一是用来制造钛白粉。传统的钛白粉生产工艺是由钛铁矿硫酸工艺生产得到的，到目前为止，中国有80%以上钛白粉是由这一途径生产出来的。硫酸法最大缺点是污染大，能耗大。国际上发达国家钛白粉生产多采用氯化法。氯化法生产钛白粉则需要使用金红石或高钛渣作原料。随着原生金红石矿生产加工技术的发展提高，生产规模的扩大，从原生金红石矿提取金红石效率不断提高，生产成本有望降低。

中国已经掌握了氯化法钛白粉生产工艺技术，在锦州成功建设氯化法生产线后，逐步在全国推广，近年四川、重庆等地纷纷建立氯化法生产线。在今后几年中，将有越来越多的氯化法生产线取代硫酸法生产线，金红石的需求量也会越来越大。

第七章 红柱石、蓝晶石、矽线石

第一节 概　　述

定义　红柱石、蓝晶石、矽线石统称蓝晶石族矿物，是同质多象变体。它们化学成分相同，晶体结构相异（图7-1～图7-3）。

图7-1　红柱石
（来源：维基百科）

图7-2　矽线石
（来源：维基百科）

图7-3　蓝晶石
（来源：维基百科）

用途　红柱石、蓝晶石、矽线石主要用途有以下几个方面：一是用作天然的优质高级耐火原料，可以制成各种耐火砖、耐火球等用于各种窑业。二是可以用来制作不定形耐火材料，如喷涂料、可塑料、捣打料及耐火胶泥等。三是作为冶金原料可以冶炼轻质合金，制成用于宇航服的陶瓷制件和宇宙飞船导向翼部件。四是可以制造坩埚、电火花塞及高温计套管。五是可以用来制造陶瓷器皿和面砖。六是可以用作焊接材料。七是由矽线石形成的菊花石可制成工艺品，色美透明的红柱石和蓝晶石可作低档宝石。另外，这三种矿物的尾矿可以综合利用，用于水泥的铝质校正原料和生产加气砖。

地质工作简况　中国蓝晶石族矿总储量比较大，尤其是红柱石。截至2013年底，中国查明红柱石、蓝晶石、矽线石资源量5074.21×10^4t。其中：红柱石查明资源储量3112×10^4t，蓝晶石查明资源储量748.54×10^4t，矽线石查明资源储量1213.67×10^4t。资源虽然丰富，但富矿很少，多为矿物含量10%～25%的中低品位矿石，需经选矿后方可利用。

矿床发现和开发简史　中国于1934年在吉林珲春地区发现红柱石矿，1936～1961年先后对山西蓝晶石、鸡西、宽甸、莆田矽线石，北京、本溪红柱石进行了地质调查和矿物工艺试验研究工作，其中北京周口店红柱石、莆田矽线石较早的用于耐火材料工业中。1978年为满足宝钢冶炼技术对耐火原材料的需要和优化中国耐火原材料产品结构，开始在全国范围内开展红柱石、蓝晶石、矽线石找矿和重点矿区勘探工作，到20世纪初在全国发现红柱石、蓝晶石、矽线石矿点180多个，其中蓝晶石40多个，矽线石50多个，红柱石90多个。中国红柱石、蓝晶石、矽线石矿床的地质勘探，起步较晚，但经过三十年的努力奋斗，至今已取得了许多成果。

第二节 分　　类

根据成矿作用，红柱石矿床可分为区域变质型、接触变质型、热液蚀变型、风化型四大类。①区域变质型红柱石矿床，为红柱石片岩型，主要产于元古宇绿片岩相的区域变质沉积－火山岩建造中，含矿岩石主要是二云片岩、黑云母片岩和石榴堇青炭质片岩等，矿层呈层状，单层厚十几米至数十米。红柱石含量10%～20%，高者可达30%，其矿物组成有红柱石、黑云母、白云母、绢云母和叶蜡石等。含红柱石矿层延续常达数千米。典型矿床有河南羊奶沟、辽宁老虎碰子、山东小庄、新疆拜城等。②接触变质型红柱石矿床，产于高铝的泥质岩与中酸性岩浆岩侵入体的接触变质带内。主要含矿岩石为红柱石堇青石角岩、红柱石十字石角岩等，矿体常呈似层状，透镜状沿侵入体呈环状展布，产状与围岩一致。此类矿床规模一般不大，但有厚几十米，延长一千多米的较大矿体。典型矿床有甘肃米家沟、北京太平口、江西长洛、吉林老虎东沟等。③热液蚀变型刚玉－红柱石矿床，产于中酸性火山岩经热液蚀变生成的次生石英岩中。矿体一般长几十米至300 m，宽几十米。红柱石呈细粒浸染状、团块状、品位较高，刚玉为主要回收矿物。典型矿床有福建赖店、江苏瑞安。④风化型红柱石砂矿床，红柱石来源于含红柱石片岩，经风化搬运富集成矿，红柱石含量达50%。

蓝晶石矿床可分为区域变质型，动力变质型和风化矿床三大类。①区域变质型蓝晶石矿床赋存于黑云石榴蓝晶石片麻岩、蓝晶石绿泥片岩、蓝晶石英岩、绢云石英片岩、黄玉蓝晶石石英片岩等太古宙、元古宙变质岩系中。蓝晶石矿体呈层状或大的扁豆体，单个矿体一般延长数百米，蓝晶石含量10%～25%。典型矿床有河南隐山、江苏韩山、河北卫鲁等。②动力变质型蓝晶石矿床产于蓝晶石石英岩中，位于动力变质中心，产状与动力变质带的糜棱纹理、片理一致。蓝晶石呈他形粒状或板粒状，粒径小于1 cm，蓝晶石含量约15%～30%。③上述矿床风化后就形成风化矿床，保存原地或被搬运沉积成矿。

矽线石矿床可分为区域变质型和风化型矿床两大类。①区域变质型矽线石矿床常见于岩浆岩（尤其是花岗岩）与富含铝质岩石的接触带及片岩、片麻岩发育的地区。在黑云母矽线石角页岩、矽线石堇青石片麻岩里的矽线石，通常是由于黑云母的分解或早期形成的红柱石转变而成。矽线石常与红柱石、蓝晶石、刚玉、堇青石等共生。②风化型矽线石矿床，矽线石来自含矽线石的片岩、片麻岩。矽线石含量6%～10%，含有丰富的钛铁矿、锆石、金红石。

第三节　物理化学性能

物理性能　红柱石、蓝晶石、矽线石是 Al_2SiO_5 的同质多象变体，他们物质成分相同，但由于成矿时经受的温度和压力不同，遂形成不同的矿物晶体。红柱石、蓝晶石、矽线石矿物特征（表7－1）。

表7－1　红柱石、蓝晶石、矽线石矿物特征

特征	红柱石	蓝晶石	矽线石
微观结构	岛状结构硅酸盐矿物，斜方晶系，斜方双锥晶类，晶体呈柱状，横断面近四边形。双晶少见，集合体呈粒状或放射状，放射状的形似菊花，俗称菊花石	岛状结构硅酸盐矿物，三斜晶系，平行双面晶类，晶体呈扁平的柱状。有时呈放射状集合体，形似菊花	链状结构硅酸盐矿物，斜方晶系，斜方双锥晶类。晶体呈无两端晶面的长柱状或针状。横断面呈近正方的菱形或长方形。集合体放射状或纤维状
颜色	常为灰色、黄色、褐色、玫瑰色、红色或深绿色（含锰的变种），而无色者少见	蓝色、青色或白色，亦呈灰色、绿色、黄色、粉红色和黑色	白色、灰色或为浅绿、浅褐、灰绿、浅蓝色等
光泽	玻璃光泽	玻璃光泽	玻璃光泽
硬度	6.5～7.5	晶体延长方向上为4.5，垂直晶体延长方向为6.5～7，故有二硬石之称，性脆	6.5～7.5
密度	3.13～3.6 g/cm³	3.56～3.68g/cm³	3.23～3.25 g/cm³

化学成分 三种矿物化学式为：红柱石，$Al_2[SiO_4]O$；蓝晶石，$Al_2[SiO_4]O$；矽线石，$Al[AlSiO_5]$。红柱石、蓝晶石和矽线石经高温煅烧，均不可逆地转变为莫来石和熔融 SiO_2。由于 Al^{3+} 在晶体结构中配位数有差异，这三种矿物转化为莫来石的温度、速度和伴随的体积膨胀各不相同。红柱石，蓝晶石，矽线石在高温下莫来石化的特点（表7-2）。

表7-2 红柱石，蓝晶石，矽线石在高温下莫来石化的特点

矿物	蓝晶石	红柱石	矽线石
莫来石化开试温度/℃	1100~1480	1350~1530	1560~1750
转化速度	快	中	慢
伴随体积膨胀	大，16%~18%	小，4%~5.4%	中，7%~8%
莫来石的结晶过程	由颗粒表面开始，逐步向内部深入	同左	在整个晶粒发生
莫来石的结晶方向	垂直于原蓝晶石c轴方向	平行于原红柱石c轴方向	平行于原矽线石c轴方向

第四节 分 布

目前在中国发现的红柱石、蓝晶石、矽线石矿床和矿点有180多个，主要分布在东北，河南、河北及新疆地区。其中红柱石主要分布在新疆、甘肃、内蒙古、辽宁、四川及河南；蓝晶石主要分布在河南、河北、江苏、新疆；矽线石主要分布在黑龙江、河南和河北的西部。

红柱石、蓝晶石、矽线石矿床成矿时代从太古代到中生代都有，蓝晶石，矽线石绝大部分矿床分布在太古宇到元古宇，红柱石矿床成矿时代多为古生代。中国红柱石矿床（表7-3），中国蓝晶石矿床（表7-4），中国矽线石矿床（表7-5）。中国红柱石、蓝晶石、矽线石矿床分布（图7-4）。

表7-3 中国红柱石矿床

序号	矿床名称	品位/%	勘查程度	矿床规模	开发利用
1	新疆库尔勒霍拉沟红柱石矿	13.41~17.66	详查	大型	正在开采
2	河南西峡羊乃沟红柱石矿	8.7	详查	大型	曾开采
3	新疆拜城库鲁克坤太红柱石矿	15.8	普查	大型	未开采
4	甘肃漳县马路里红柱石矿	20.34	详查	大型	曾开采
5	吉林珲春大湾沟红柱石矿	11.32~11.40	详查	大型	曾开采
6	辽宁凤城老虎砬子红柱石矿	12.16	详查	大型	曾开采
7	四川道孚容须卡红柱石矿床	20~25	—	特大型	未开采
8	内蒙古磴口县苏木挺高勒红柱石矿	9.23~9.35	详查	中型	曾开采
9	湖南安仁长江矿区长江矿段红柱石矿	13.75	勘探	中型	未开采
10	山东五莲小庄矿区红柱石矿	—	详查	中型	未开采
11	甘肃金塔营盘大墩北红柱石矿	17.02	详查	中型	未开采
12	江苏句容宝华乡铜山红柱石矿	9.01	普查	中型	未开采
13	海南儋州和庆龟岭红柱石矿	7.23	详查	中型	未开采
14	陕西太白四沟红柱石矿	27.9	普查	小型	未开采
15	陕西眉县营头红柱石矿	28.5	详查	小型	正在开采
16	青海乐都李家乡西马营红柱石矿	—	普查	小型	未开采
17	北京市房山羊耳峪红柱石矿	25	—	小型	未开采

表7-4 中国蓝晶石矿床

序号	矿床名称	品位/%	勘查程度	矿床规模	开发利用
1	河南南阳隐山蓝晶石矿	22.12	详查	大型	正在开采
2	江苏沭阳韩山蓝晶石矿	19.32	勘探	大型	曾开采
3	河南桐柏固县蓝晶石矿	20.04	详查	中型	未开采
4	内蒙古乌拉特前旗查什太蓝晶石矿	12	详查	中型	未开采
5	河北邢台卫鲁蓝晶石矿	13.13	详查	小型	正在开采
6	北京怀柔杨树底下矿	14.24	普查	小型	未开采
7	江苏沭阳万山蓝晶石矿	11~14	普查	小型	未开采
8	山东日照焦家巨子蓝晶石矿	8.50	普查	小型	未开采
9	云南元谋热水塘蓝晶石矿	12.92	普查	小型	未开采
10	辽宁省海城市碾盘沟蓝晶石矿	—	—	—	未开采

表7-5 中国矽线石矿床

序号	矿床名称	品位/%	勘查程度	矿床规模	开发利用
1	黑龙江西三道沟矽线石矿	17.34	勘探	大型	正在整顿
2	河南内乡七里坪矽线石矿	17.79	详查	大型	曾开采
3	黑龙江集贤石门矽线石矿	23.56	详查	大型	曾开采
4	黑龙江萝北十里河矽线石矿	10.56	普查	小型	未开采
5	黑龙江鸡西柳毛矽线石矿	13.93	普查	小型	未开采
6	黑龙江双鸭山羊鼻山矽线石矿	18.22	详查	小型	曾开采
7	黑龙江鸡西岭南矽线石矿	26.25	详查	小型	曾开采
8	黑龙江林口奎山石墨、矽线石矿	—	普查	小型	未开采
9	黑龙江林口龙爪山矽线石矿	15.84	勘探	中型	正在开采
10	甘肃清水别市沟矿点矽线石矿	品位低	详查	小型	未开采
11	浙江衢县（现为衢江区）前大龙矽线石矿	—	普查	小型	未开采
12	福建省莆田市山两矽线石矿	12.61	详查	小型	未开采
13	河北灵寿团泊口北仓杆矽线石矿	28.26	详查	小型	正在开采
14	福建东山冬古矽线石矿点	—	详查	小型	未开采
15	湖北浠水关口矽线石矿	5.84	评价	中型	未开采

第五节 开发利用和发展趋势

据统计，中国主要的红柱石、蓝晶石、矽线石41个矿床的开发利用情况，其中红柱石17个，蓝晶石10个，矽线石14个。从收集到的资料看，已开采的矿山有6个，占14.6%；未开采的矿山有35个，占85.4%。开采矿山不到五分之一，未开采矿山大部分为难选矿床，工业意义不大。随着采矿、选矿技术水平的提高，这类矿床的经济价值会体现出来。2013年生产红柱石、蓝晶石、矽线石

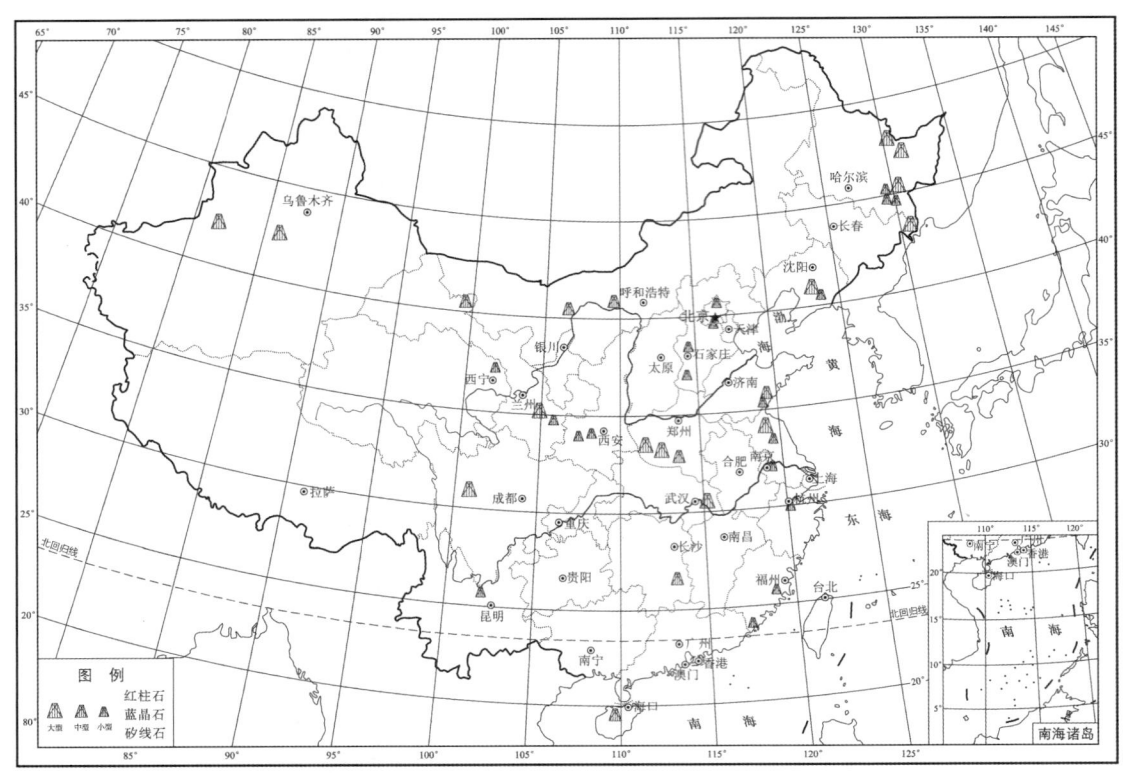

图 7-4 中国红柱石、蓝晶石、矽线石矿床分布

精矿约 9×10^4 t，其中红柱石 3×10^4 t，蓝晶石 5×10^4 t，矽线石 1×10^4 t。红柱石、蓝晶石、矽线石的产量预计每年以 1%~3% 的速度增长。

中国在未来的发展规划中提到要开发绿色新型耐火材料产品，红柱石、蓝晶石、矽线石作为高级耐火材料，随着国家对发展新材料产业的重视，红柱石、蓝晶石、矽线石发展前景广阔。

红柱石、蓝晶石、矽线石今后的发展方向：一是作纳米材料。二是代替合成莫来石原料制取莫来石纤维。三是作轻质隔热材料、纤维材料、复合材料、不定形耐火材料等较高档产品。四是用以冶炼高强度轻质硅铝合金，制作金属纤用于超音速飞机宇宙飞船的部件。五是用以制作雷达天线罩。

第八章　锂辉石、锂云母

第一节　概　　述

定义　锂辉石和锂云母都是含锂矿物（图8-1，图8-2）。锂是自然界中最轻的金属元素，属于稀有金属，具有独一无二的性质，几乎没有别的物质能够代替它，被誉为"推动世界进步的重要能源元素"。锂辉石和锂云母的主要成分是Li_2O，其中锂辉石含Li_2O 5.8%~8.1%，锂云母含Li_2O 3.2%~6.45%。

图8-1　锂辉石
（来源：维基百科）

图8-2　锂云母
（来源：维基百科）

用途　锂辉石、锂云母具有非常广泛的用途。一是作为提炼金属锂的主要原料：如采用碳酸法提取制成碳酸锂时，还可综合回收铷、铯等伴生元素。二是作为陶瓷原料或陶瓷原料的添加剂，可以制造耐高温、不膨胀的特种陶瓷，降低烧成温度，缩短烧成周期，节约能耗，提高强度，被誉为"工业味精"。三是作为玻纤的添加剂，可降低玻璃液的黏度。四是作为特种玻璃（显像管、工艺品）的添加剂，可以降低熔化温度，提高产品质量。五是可以用来制造含锂玻璃。锂玻璃的溶解性只是普通玻璃的1%，有"永不溶解"的特点，还可以抗酸腐蚀，可提高玻璃的密度、强度、韧性、表面光泽和耐蚀性，使玻璃具有特殊的性能。六是结晶良好的锂辉石可用作宝石材料，色泽艳丽的锂云母块状集合体被称为紫丁香，可以用于制作工艺雕刻品。

地质工作简况　中国锂辉石、锂云母的地质工作起步于20世纪50年代初，60年代末相继发现了几个超大型稀有金属矿床，取得了很大的突破和进展，在短短几十年内稀有金属找矿工作由一开始的空白阶段发展到较深入的程度。1958年在四川金川地区发现了锂辉石矿，第二年又在甲基卡地区发现了锂辉石矿床。这个矿床是中国同时也是亚洲最大的锂辉石矿。20世纪60年代末期，江西省先后发现了宜春414铌钽、锂云母矿和石城海罗岭、姜坑里铌钽、锂云母矿床。湖南道县湘源正冲铷、锂云母矿发现于1979年，通过光谱半定量全分析，发现样品中的锂含量较高，达到工业品位要求。

矿床发现和开发简况　新疆富蕴县可可托海铌钽锂辉石矿是在1940年二战期间由原苏联的地质工程师到新疆阿尔泰进行找矿工作时首次被发现，当时填制了$10\times10^4km^2$的1:10000地质图。四川省地质局甘孜地质队1959年在康定甲基卡地区开展找矿工作时，经多次送样鉴定分析，确认在甲基卡地区发现了锂辉石矿。康定甲基卡锂辉石矿床从发现到矿区详查结束历时10余年。由于矿区地处青藏高原，自然环境恶劣，有数名地质工作者因遭到雷击和患肺水肿以身殉职。江西宜春414铌钽锂云母矿是在1968年发现的，经多次考察鉴定后，确定为铌钽、锂云母矿。

第二节 分 类

按照成因分类，锂矿床可分为花岗伟晶岩型、花岗岩型和花岗细晶岩型三种类型。从储量、品位、工业应用价值来看，花岗伟晶岩型最重要，花岗岩型次之，花岗细晶岩型目前还不能在工业上使用。

第三节 物理化学性能

物理性能 锂辉石属单斜晶系，集合体呈粒状或板状，颜色为白色－灰白色，含锰时呈紫色，具有玻璃光泽，硬度6~7，密度3.1~3.2g/cm³。锂云母属单斜晶系，集合体呈鳞片状，颜色主要为紫色或玫瑰色，有时呈银白色，含锰时为桃红色，具有玻璃光泽，硬度2~3，密度2.8g/cm³。

化学成分 锂辉石的化学分子式为$LiAl[Si_2O_6]$，含Li_2O 8.1%，成分比较稳定；而锂云母的化学分子式为$KLi_{1.5}Al_{1.5}[AlSi_3O_{10}](F,OH)_2$，含$Li_2O$ 1.23%~8.1%，成分变化较大。中国部分锂辉石的化学成分（表8-1），中国部分锂云母的化学成分（表8-2）。

表8-1 中国部分锂辉石的化学成分（$w_B/\%$）

矿床名称	SiO_2	Al_2O_3	Li_2O	Fe_2O_3	K_2O	CaO	Na_2O	MnO	MgO
河南卢氏南阳山	63.14	26.64	8.05	0.72	0.35	0.33	0.15	0.13	0.13
新疆阿尔泰	63.86	28.25	7.06	0.12	0.05	0.04	0.43	0.07	—
四川甲基卡	63.28	27.34	7.46	0.55	0.12	0.27	0.30	0.26	0.16

表8-2 中国部分锂云母的化学成分（$w_B/\%$）

矿床名称	SiO_2	Al_2O_3	Li_2O	Fe_2O_3	Na_2O	K_2O	CaO	MnO	MgO	TiO_2
河南卢氏南阳山	55.80	17.38	6.49	0.07	0.15	9.50	0.07	0.02	0.03	0.01
宜春（玫瑰色）	49.48	23.15	4.47	0.17	0.35	9.68	0.13	0.25	0.01	0.03

第四节 分 布

中国锂辉石、锂云母矿床分布高度集中，主要分布在四川、江西、湖南、贵州、新疆五个省区，占全国锂储量的98%，少量分布在山西、河南、湖北、福建。在省区内又集中分布于几个大型、特大型矿床中，例如四川省锂资源主要集中在川西高原的康定和金川两个特大型花岗伟晶岩矿床中，占四川锂储量90%以上。新疆的锂辉石锂云母矿主要分布在北疆阿尔泰地区。中国绝大部分的锂云母矿集中在江西省。中国锂辉石、锂云母矿产分布情况（表8-3和图8-3）。

表8-3 中国锂辉石、锂云母矿产地

序号	矿产地名称	规模	开采利用情况
1	新疆富蕴可可托海铌钽、锂辉石矿	中型	已采完
2	新疆富蕴柯鲁木特铌钽、锂辉石矿	中型	已采完
3	新疆福海库卡拉盖锂辉石、铍矿	中型	已开采
4	新疆阿勒泰蒙库卡拉苏铌钽锂辉石锂云母矿	小型	已开采
5	新疆和田大红柳滩铌钽、锂辉石矿	中型	已开采
6	新疆哈密市镜儿泉锂辉石矿	小型	—
7	新疆青河库尔契米克锂辉石矿	小型	—

续表

序号	矿产地名称	规模	开采利用情况
8	新疆阿克陶木吉锂辉石矿	小型	—
9	青海乌兰沙柳泉锂云母矿	小型	—
10	贵州曰江磨槽沟铌钽、锂云母矿	—	—
11	湖南道县湘源正冲铷、锂云母矿	大型	—
12	湖南平江传梓源铌钽、锂辉石矿	—	未开采
13	湖南浏阳连云山锂辉石矿	小型	未开采
14	湖南临武香花铺尖峰山锂云母、锂铯云母矿	大型	—
15	江西宜春414铌钽、锂云母矿	大型	已开采
16	江西石城海罗岭铌钽、锂云母矿床	—	—
17	江西广昌头陂锂辉石矿	小型	—
18	江西奉新东溪锂云母矿	—	未开采
19	江西宜丰同安锂云母矿	—	未开采
20	四川康定甲基卡锂辉石矿	大型	已开采
21	四川金川马尔康党坝锂辉石矿	中型	已开采
22	四川金川可尔因锂辉石矿	中型	—
23	四川康定然登锂辉石矿床	—	—
24	四川道孚容须卡锂辉石矿	中型	未开采
25	四川石渠扎乌龙锂辉石矿	中型	—
26	四川道孚木绒锂辉石矿	小型	未开采
27	四川马尔康党坝503锂辉石矿	小型	未开采
28	四川九龙三岔河铌钽、锂辉石矿	小型	未开采
29	福建南平西坑铌钽、锂辉石矿	—	已开采
30	河南卢氏南阳山铌钽、锂辉石锂云母矿	中型	已开采
31	陕西商南凤凰寨锂云母（紫丁香）矿床	—	已开采

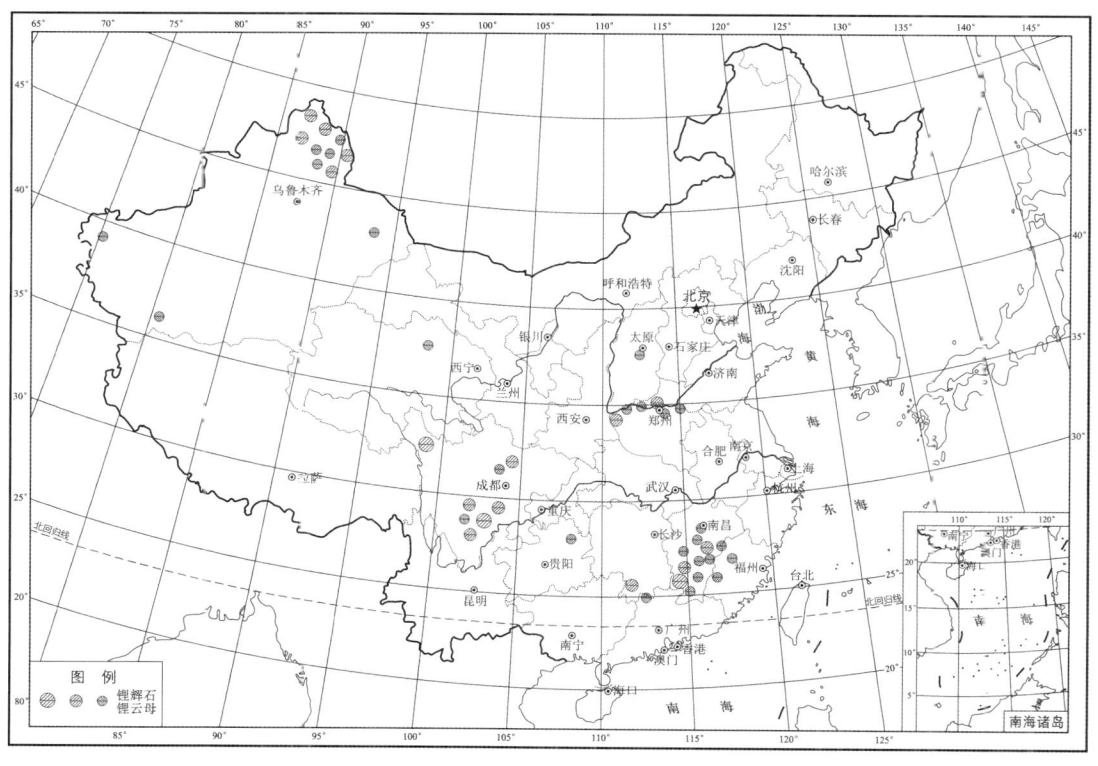

图8-3 中国锂辉石、锂云母矿床分布

第五节 开发利用和发展趋势

中国现已发现锂辉石、锂云母矿床 45 处,已开采的矿山数十余处,未开采的矿山主要集中在四川、新疆、湖南几个省区。少数矿山已被采空,如新疆富蕴县可可托海和柯鲁木特铌钽、锂辉石矿已大规模开采 50 多年,基本采完,现已停采。四川省甘孜州康定县甲基卡锂辉石矿区内已发现矿化伟晶岩脉 114 条,其中锂矿脉 78 条,详查地质报告提交的锂辉石矿石总储量 $8029 \times 10^4 t$,其中氧化锂(Li_2O)资源储量 $102 \times 10^4 t$。矿床规模大,矿体大面积出露地表,有非常好的露天开采条件。江西宜春 414 铌钽、锂云母矿探明储量为氧化锂(Li_2O)$75.22 \times 10^4 t$,矿区面积 $7\ km^2$,矿床规模大,矿化均匀,易采易选。2010 年宜春 414 铌钽、锂云母矿进行扩能改造,锂云母年产量由 $6 \times 10^4 t$ 增加到 $20 \times 10^4 t$ 以上。

中国锂资源丰富,锂储量位居世界第三(美国第一,扎伊尔第二),是用锂辉石生产碳酸锂较早的国家之一。中国每年碳酸锂消费量 $3 \times 10^4 t$ 左右,自给 8000t,主要是因为中国锂矿品位低,生产加工工艺落后于世界水平,从锂矿中提取锂工艺复杂,能耗大,成本高,每吨成本需要 2.5~3 万元,而国外仅需要 1~1.5 万元,所以每年中国要从国外进口锂约 $2 \times 10^4 t$。一旦中国卤水提锂技术取得重大突破,将大大改善这一状况。中国锂矿企业主要有西藏矿业、蓝科锂业、天齐锂业等。西藏矿业的扎布耶盐湖锂资源储量超过百万吨,并且镁锂比最低,具有极大的开发优势,目前正在建设年产 3000t 的碳酸锂厂。蓝科锂业主要依靠青海盐湖资源,卤水原料保障度高,天齐锂业负责四川甲基卡矿的开发,盈利前景良好。

目前世界上盐湖提锂已成为锂资源开采的趋势。中国含锂卤水储量丰富,约占锂资源总量的 70% 以上,盐湖主要分布在我国青海、新疆、西藏等省区。因为盐湖提锂优势大,成本低,将逐渐取代传统锂矿产业,但是中国目前盐湖提锂的技术还不够成熟,加之矿区环境恶劣,盐湖提锂工艺的改进和完善还有很长的路要走,目前矿石提锂法将占据长期优势,尤其是已掌握优质矿石资源的公司发展空间很大。

科技发展改变了锂矿资源的分布和格局。近年来国内外锂市场的需求呈稳步上升的态势。尤其是高能锂电池用金属锂,橡胶用的丁基锂、制冷用的溴化锂的用量增长很快,特别是各类电动车辆的发展、交能锂电池用量大增,加速了锂工业的发展,全球锂行业正迎来历史性的发展时期。

第九章 刚 玉

第一节 概 述

定义 刚玉是在高温富铝贫硅的地质条件下形成的一种结晶氧化铝（Al_2O_3）矿物。纯净的刚玉，晶体无色透明；因含不同的微量元素呈现不同的颜色（图9-1）。透明、颜色美丽、具有星光效应的刚玉称为宝石，红色者称红宝石，蓝色者称蓝宝石。在自然界刚玉矿物相对稀少，工业用刚玉大多是以铝矾土为主要原料经人工合成，称人造刚玉。

用途 刚玉广泛应用于冶金、机械、化工、电子、航空和国防等工业领域。一是利用其耐高温、耐腐蚀、高强度等性能，用做浇钢滑动水口，冶炼稀贵金属、特种合金、高纯金属、玻璃拉丝、制作激光玻璃的坩埚及器皿；制各种高温炉窑，如耐火材料、陶瓷、炼铁高炉的内衬（墙和管）；作理化器皿、火花塞、耐热抗氧化涂层；另外$SiO_2<0.5\%$的低硅烧结刚玉砖是炭黑、硼化工、化肥、合成氨反应炉和汽化炉的专用炉衬。二是利用其硬度大、耐磨性好、强度高的特点，在化工系统中，用作各种反应器皿和管道，化工泵的部件；作机械零部件、各种模具，如拔丝模、挤铅笔芯模嘴等；作刀具、磨具磨料、防弹材料、人体关节、密封磨环等；工业上主要作高级研磨材料，制成砂轮、研磨盘、砂纸及研磨粉，也可作为仪器轴承；用其制造的磨具适用磨削各种硬度较大和抗张强度较高的金属，如碳钢、合金钢、可煅铸铁、硬青铜等；刚玉粉可作高档抛光粉，还是激光及红外射线的窗口材料。三是刚玉属离子型晶体，结构很稳定。在高频、高压和较高的温度下使用，其绝缘性依旧优良，加之损耗不大，介电膏数也不大，在电子工业中被广泛用于固体合成电路基板管座、外壳、瓷架、微玻窗口、导弹雷达天线保护罩等。四是刚玉制品气密性好，即使在高温下也严密不透气，因此在电真空中得到广泛应用，如用刚玉制作各种大型电子管壳、固体微电路中的双列直插式封装外壳。五是作刚玉保温材料，如刚三轻质砖、刚玉空心球和纤维制品，广泛应用于各种高温炉窑的炉墙及炉顶，既耐高温又保温。六是透明刚玉制品可制作灯管、微波整流罩。七是透明色美的刚玉矿物可作宝石，根据颜色不同分为红宝石和蓝宝石。红、蓝宝石除用于首饰外，据医书记载，红宝石生干生热，祛寒补心，燥湿补脑，爽神悦志，解癫除郁，滋补神经，解毒明目，主治湿寒性或黏液质疾病，如寒性心悸、心慌、湿性脑虚、寒性神经衰弱、精神分裂、癫痫及各种中毒性疾病和眼疾等。

图 9-1 刚玉晶体
（来源：维基百科）

地质工作简况 刚玉矿床的地质工作开展的不多，工作程度普遍较低，因而记载的矿床也不多。2013年全国矿产资源储量表上只记载了1个矿床，即西藏曲水县娘规刚玉矿床，查明资源储量16898×10^4t。虽然河北灵寿刚玉矿床、安徽大别山刚玉矿床、福建泉州大磨山刚玉矿床、福建明溪刚玉矿、湖北英山甲河刚玉砂矿床、云南麻栗坡刚玉矿床、新疆阿克陶刚玉矿床也做过地质工作，但没有被收录到全国矿产储量表中。一些小的矿产地大多只有概略性地质评价，资料难于收集。

矿床发现和开发简史 1951年中国科学院西藏工作队地质组首先发现了曲水娘规工业级刚玉矿床。宝石级刚玉最先发现的是山东昌乐方山一带，当地农民用其作为火镰称之为蓝火石。20世纪80年代开采较盛，现在也有不少矿山在开采，但开采量不详。

第二节 分 类

刚玉按用途分为宝石级和工业级两类。宝石级刚玉中的红宝石和蓝宝石是名贵首饰饰品；工业用刚玉主要用作研磨材料、耐火材料和保温材料等。

按成因可把刚玉矿床分为岩浆型、变质型、沉积型三类。

岩浆型矿床又可细分为四种：①正长岩型刚玉矿床是在岩浆岩分异作用过程中形成的，刚玉集中于岩体的边缘部位，呈柱状晶体，长可达 5 cm。②去硅伟晶岩型刚玉矿床，围岩为太古宙杂岩，刚玉矿体位于伟晶岩中，矿石品位变化很大，低者仅含刚玉5%，而富集部位可达80%。③酸性凝灰岩热液蚀变型刚玉矿床系晶屑玻屑熔结凝灰岩经次火山热液蚀变成矿。矿体产于火山口附近，长几十至上百米，宽、厚几米至三十几米，多个群集。顶底板为次生石英岩，与红柱石矿体共生。矿石呈块状构造，柱状变晶结构，刚玉呈柱状、板状晶体，伴生红柱石，含矿率20%～80%。如福建泉州大磨山刚玉矿床。④碱性玄武岩型刚玉矿床。系玄武岩浆喷出地表之前在地壳深处形成的高压巨晶，蓝宝石巨晶寄主岩主要是强碱性的碱性橄榄玄武岩和碧玄岩。如山东昌乐蓝宝石、福建明溪刚玉矿床。

变质型刚玉矿床也可细分为两种：①区域变质岩型刚玉矿床比较常见。主要在区域变质作用过程中，在碱性热液作用下，由岩石中的高铝矿物如红柱石、蓝晶石、矽线石等矿物经过进一步变质作用形成。这种矿床的矿体多为扁豆状或透镜体状，长度可由数米至数百米，层控明显。如河北灵寿刚玉矿床，其赋矿岩石类型为刚玉黑云二长片麻岩，矿石具独特的眼圈状构造，刚玉被红色钾长石包围的俗称红眼圈石，刚玉被白钾长石包围的称白眼圈石，刚玉被黑云母包围的俗称乌鸦石。自清朝末年人们以此为特征对该矿开采数十年，留有多处采硐。其中刚玉矿物含量为8%～30%。另外，安徽的大别山刚玉矿床、新疆阿克陶刚玉矿床等均属于此类矿床。②接触交代变质型刚玉矿床多产于岩浆岩与大理石岩接触带，岩石为钙硅矽卡岩。如西藏曲水刚玉矿床，产于辉长岩与大理岩接触带中。

沉积型刚玉砂矿床为含刚玉矿床或岩石遭受风化破坏而后沉积富集而成。矿石中常伴生有磁铁矿、红柱石、蓝晶石、石英等矿物。如湖北英山甲第河刚玉砂矿床。当含有磁铁矿、赤铁矿、石英等杂质的富刚玉矿砂胶结并呈铁矿一样外观的粒状集合块时，则称其为刚玉砂或金刚砂。金刚砂一般含有60%的刚玉，多呈青灰色或黑色。

第三节 物理化学性能

物理性能 纯净的刚玉是无色的，通常呈白、灰、黄等色；透明－不透明，无解理，抛光表面具亮玻璃光泽或亚金刚光泽；晶体多呈腰鼓形的六方柱状，有的呈针状或板状，集合体呈块状、柱状或粒状；摩氏硬度为9，在天然矿物中硬度仅次于金刚石；密度 3.95～4.10g/cm^3；折射率：1.762～1.770（+0.009，-0.005）；双折率为0.008～0.010；具有二色性，一般表现为不同深浅的颜色，红宝石、蓝色蓝宝石二色性较强；长短波紫外线下红宝石均可发现红色荧光，且长波下的强度高于短波下，日光也可激发其红色荧光，但含 Fe 高者荧光较弱；蓝宝石一般无荧光；有的晶体中含有六次对称分布的针状金红石或其他包裹体，则可产生六射星芒，称星光红宝石或星光蓝宝石，都是名贵宝石。熔点 2000℃～2030℃，化学性质稳定，不易腐蚀。

化学成分 刚玉主要化学成分为三氧化二铝（Al_2O_3），含量一般为98%左右，还含少量的微量杂质，如 SiO_2、FeO、Fe_2O_3、Cr_2O_3、MnO、TiO_2、NiO 等物质。其中影响刚玉颜色的主要是 Cr^{3+}、Ti^{4+}、Fe^{3+}、Ni^{2+}、Mn^{4+} 等，它们以等价或异价形式替代 Al^{3+}，或以机械混入物的形式存于刚玉晶体中；红宝石是因含有微量元素的 Cr^{3+} 而呈颜色鲜红色的刚玉；蓝宝石因含少量 Ti^{4+} 和 Fe^{2+} 等离子而呈蓝色。

第四节 分 布

地壳中的 Al_2O_3 分布仅次于 SiO_2，是最广泛的氧化物，但自然界结晶的刚玉矿物却远不如结晶的石英矿物分布广泛，这是因为 Al_2O_3 对 SiO_2 的化学亲和力很大，容易结合形成硅酸盐和水化物，只有在高温、富铝与贫硅的特殊地质条件下才能形成刚玉矿物，当其含量达到一定的要求时才形成刚玉矿床，因此在自然界中刚玉资源分布较少，中国达到一定规模和品质的刚玉矿床分布也较少。岩浆型刚玉矿床主要分布于中国东部环太平洋构造带中，自北向南有：黑龙江穆棱、辽宁宽甸、山东昌乐、安徽嘉山－来安、江苏六合、浙江崇仁、福建明溪、海南蓬莱等刚玉矿床。它们都与区域性深大断裂相关，如黑龙江穆棱和辽宁宽甸的矿床分布于桦甸－穆棱深断裂带的附近；山东昌乐、江苏六合及安徽嘉山－来安的矿床分布于郯庐深断裂带的两侧；浙江东部和福建明溪的矿床分布于丽水－海丰深断裂的旁侧。变质型刚玉矿床分布较广，产地较多：产于华北地台基底区域变质岩系中的刚玉矿床分布在河北阜平、卢龙、内蒙古阿拉善左旗以及河南灵宝和登封；产于扬子地台基底区域变质岩系中的刚玉矿床分布在江西省南康、新干和四川九龙；产于昆仑山－阿尔金山－秦岭－大别山造山构造带区域变质系中的刚玉矿床分布在新疆阿克陶、青海阿尔金、陕西佛坪、河南西峡、湖北英山、安徽霍山和金寨；产于特提斯造山构造带即阿尔卑斯－喜马拉雅构造带南段的区域变质岩系中的刚玉矿床分布在云南哀牢山；接触变质岩型刚玉矿床分布在吉林双阳、西藏曲水、四川南江及巴塘等地。沉积型刚玉矿床受原生矿床构造背景及水系构造（河谷阶地、山坡等）控制，因此沉积型矿床的分布与原生矿床分布在空间上基本一致。中国刚玉（宝石）矿床分布见（表9－1和图9－2）。

表9－1 中国刚玉（蓝宝石、红宝石）矿床

序号	矿产地名称	成因类型	矿床（点）概况	开采利用情况
1	黑龙江穆棱干沟子红蓝宝石矿床	岩浆型、沉积型	C＋D级18.0万克拉。红宝石的粒度2～6 mm，最大10 mm	未开采
2	辽宁省宽甸县蓝宝石	岩浆型、沉积型	粒径为5～20mm，但晶体完整者较少	未开采
3	山东昌乐蓝宝石矿	岩浆型、沉积型	平均品位25～35克拉/m³，厚1～3 m	已开采
4	安徽省嘉山－来安刚玉	岩浆型、沉积型	产于第三纪玄武岩中	未开采
5	江苏省六合蓝宝石	岩浆型、沉积型	粒径4～8 mm，重在1～6克拉，最重有115.55克拉	未开采
6	浙江省崇仁蓝宝石	岩浆型、沉积型	赋存于碱性玄武岩中	未开采
7	福建省明溪县蓝宝石	岩浆型、沉积型	品位0.36～3.70克拉/m³，粒径3～8 mm，最大可达30 mm	已开采
8	海南岛蓬莱牛姆岭红蓝宝石矿床	岩浆型、沉积型	红宝石平均0.0022 g/m³。蓝宝石平均品位0.33 g/m³	已开采
9	河北省平山－灵寿一带刚玉矿	变质型	刚玉含量1%～4%，最高4.75%，晶体长度0.5～10 cm，最大可过20 cm	未开采
10	冀东卢龙刚玉矿	变质、沉积型	刚玉粒径3 mm×10 mm，含量为1%～5%	未开采
11	内蒙古阿拉善左旗刚玉	变质型	刚玉相对密度4.02，摩氏硬度9。粒径0.5～3 cm，可达宝石级	未开采
12	河南灵宝和登封刚玉	变质型	华北地台基底变质岩型刚玉矿	未开采
13	江西省赣州、南康、新干一带红宝石矿点	变质型	含刚玉单晶矿物为0.01%～10%	未开采
14	新疆阿克陶县红蓝宝石	变质型	大小多为（3～5）mm×（10～15）mm	未开采
15	新疆阿克苏地区拜城县刚玉	变质型	单晶粒径为0.3～3 mm，最大为5～8 mm	未开采

续表

序号	矿床名称	成因类型	矿床（点）概况	开采利用情况
16	新疆阿尔泰地区的蓝宝石	变质型	晶体长达 20～40 mm	未开采
17	陕西省佛坪县刚玉矿点	变质型	刚玉含量为 3%～10%	未开采
18	湖北英山刚玉矿	变质型、沉积型	粒径（5×6）cm～（10×15）cm 较多	开采
19	青海阿尔金山刚玉	变质型	粒径 5～10 mm，长 20～30 mm	未开采
20	安徽霍山－金寨红刚玉	变质型、沉积型	红刚玉含量 5%～10%，粒径约 2×7 mm	未开采
21	安徽省宿松－带蓝刚玉矿点	变质型	刚玉约点 5%～20%，柱体晶面对径大者见 3 cm	未开采
22	云南哀牢山大理岩型红宝石矿床	变质型	单晶粒度一般为 4～25 mm	已开采
23	西藏曲水娘规刚玉矿床	变质型	含矿率≥5%，平均品位≥35%，查明储量 16898×10^4 t	已开采

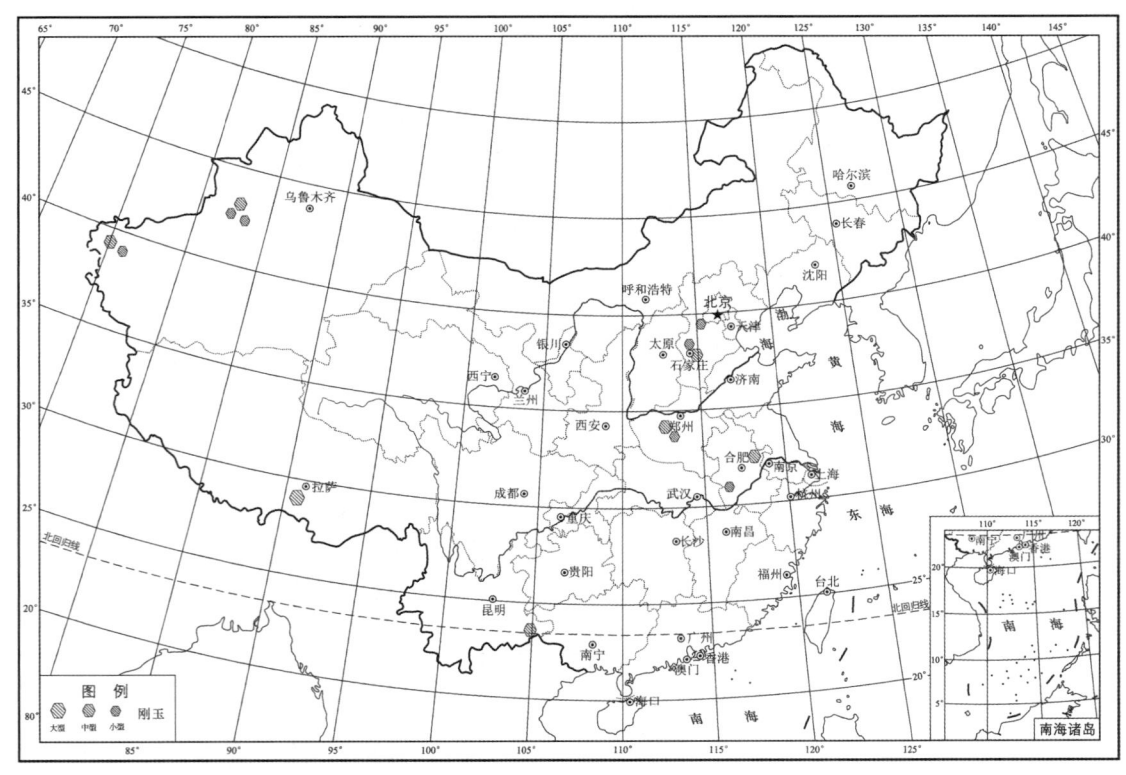

图 9-2　中国刚玉矿床分布

第五节　开发利用和发展趋势

无论是原生矿还是砂矿，刚玉矿床一般都是露天开采，采出的矿石视刚玉的品位高低决定是否选矿。原生矿中，当刚玉的 Al_2O_3 含量 >75%，矿石含刚玉达 55% 时，不需选矿；含刚玉 10%～15%，需选矿后才能利用，选矿性能好的，刚玉含量可降低到 5%。原生刚玉矿中常伴生有石英、红柱石等有用矿物，在选矿时要注意综合回收。开采砂矿时，因为砂矿中常同时产出宝石级刚玉和磨料级刚玉，注意选别。刚玉砂一般含刚玉 12%～15%，含刚玉 20% 以上为好矿。刚玉砂选矿成本高，投资决策要慎重。

工业上刚玉主要用来生产磨料，用于金属加工、机械制造、玻璃业研磨制品、冶金用的耐火制品。目前中国具有开采价值的刚玉资源储量较少，又因矿石的矿物含量较低，加工选矿成本较高等原因，所以开采的矿产地较少，开发利用程度也较低；目前仅知西藏曲水娘规刚玉矿床、湖北英山刚玉砂矿床等为数不多的刚玉矿床已经开采。

现今刚玉市场人造刚玉销售量远大于天然刚玉。人造刚玉需要大量的电能、焦炭及高品级铝土矿。从目前中国刚玉矿物资源分布、采选技术、工业应用及市场贸易几个方面综合分析，发展中国人造刚玉虽然是我国今后一段时间内的主导方向，但从科学发展布局考虑，还应重视对天然刚玉矿的储备，加强地质找矿工作和采选技术研究，走人造与天然刚玉并举之路。

第十章 石榴子石

第一节 概 述

定义 石榴子石是一类具有岛状结构的硅酸盐矿物的总称,包括镁铝榴石、锰铝榴石、铁铝榴石、钙铝榴石、钙铁榴石、钙铬榴石等,石榴子石晶体与水果石榴籽的形状、颜色十分相似,故名"石榴子石"(图10-1)。

用途 一是作为天然研磨材料,可以用来制造各种砂轮、砂布、砂纸等抛光和擦洗材料,用来抛光各种金属、木料、橡胶、涂料、塑料和修饰皮革,还可作为钢结构材料的抛磨料,并用于磨光玻璃、金属及木制用具的研磨抛光;二是可以用作机场跑道、高速公路、工厂车间防滑路面的敷面涂层填料,以使路面不积水、不结冰,且路面不滑;三是可以作为水的过滤介质,用于水厂的压力过滤,以提高过滤效率;四是含镓、钇的石榴子石可作激光材料;五是作为建筑饰面材料,用石榴子石加工成彩石米、彩砂或涂料填充料,其装饰物的色泽均匀,强度增大,抗风化能力强,且不易褪色;六是颜色鲜艳、透明的石榴子石可

图10-1 石榴子石
(来源:维基百科)

作为宝石,如镁铝榴石、贵榴石、翠榴石、黄榴石、钙铝榴石、钙铬榴石等。另外,石榴子石还有改善血液、促进循环、增进活力,改善生殖系统功能,加速伤口的愈合的功效。

地质工作简况 中国正式评价石榴子石矿床始于20世纪50年代,四川省阿坝州根据国家对研磨材料的急需,1959~1961年对汶川县龙溪石榴子石矿进行了普查地质工作。后经1971年、1973年两次工作,至1974年提交详查地质报告,提交工业储量550×10^4t,报告经原建材部地质总公司审批通过。

新疆布尔津县库库克钙铝榴石宝石矿是1955~1957年在地质调查中发现的,在其矿产说明书(1965年出版)中指出为矽卡岩型石榴子石矿,石榴子石有黄褐色和浅绿色两种。私人开采时曾把浅绿色石榴子石误认为绿柱石,后经新疆有色金属公司化验证实后才停止开采。这一矿点当时未被确认为宝石矿。1980年,新疆地质局第四地质队在搜集整理宝石资料和踏勘时,重新发现该矿,经1981~1983年普查评价,1984年提交了普查报告,该矿是中国首次发现的钙铝榴石宝石矿床,其中的绿榴石和桂榴石宝石品种也是首次发现。矿床有一定规模,宝石质量好,属中高档宝石,国内市场此类品种稀少,其加工的首饰品深受人们欢迎,并畅销国内外。

截至2013年,经过正式评价的石榴子石矿床22处,勘查程度达到普查或详查;其他已知的矿产地或矿点地质工作程度较低,只达到矿点检查程度,资源底数不清。

矿床发现和开发简史 石榴子石在自然界分布广泛。镁铝榴石主要产于基性岩和超基性岩中。铁铝榴石常见于片岩和片麻岩中。钙铝榴石和钙铁榴石是矽卡岩的主要矿物。钙铬榴石产于超基性岩中。石榴子石主要作研磨材料,色彩鲜艳透明者可做宝石,俗称子牙乌,是与碧玺、金水菩提、海蓝宝石和托帕齐名的彩色宝石品种。

石榴子石在铜器时代已经成为十分普遍的宝石,当时古埃及人以石榴子石美化他们的服饰。公元

前4世纪古希腊已经有以石榴子石装饰的手镯。1842年法国奥布省发现石榴子石与一个5世纪日耳曼人战士的骸骨一同埋葬。在英国莱斯特郡发现了一个5世纪的黄金石榴子石吊饰。在一个6世纪的法兰克人墓穴中，发现了一个以石榴子石装饰的夹发针。在16世纪，石榴子石被认为可以保护心脏免受毒素及瘟疫影响。在文艺复兴至维多利亚时代由波希米亚出产的红榴石为当时石榴子石主要来源，而在19世纪后期，以石榴子石装饰的手镯及胸针特别普遍。在《圣经》中有诺亚方舟用石榴子石照明的说法。希腊神话中，哈底斯在交还珀耳塞福涅时给她吃下石榴籽，令她必须在一定时间内回到冥界。因此石榴子石代表了忠诚、真实及坚贞。

第二节 分 类

按照用途分类，石榴子石分为宝石用石榴子石、磨料用石榴子石、介质用石榴子石和填料用石榴子石四大类。

按照成矿作用分类，石榴子石矿床分为岩浆矿床、变质矿床和沉积砂矿床三大类。其中：

岩浆矿床可分为榴辉岩型、伟晶岩型、金伯利岩型、喷发岩型矿床。①榴辉岩型矿床岩体大部产于前寒武系变质岩系中，是石榴子石矿床的主要矿床类型；其矿体形状一般不规则，多呈透镜状、囊状；其中的石榴子石为铁铝–镁铝榴石所组成的固溶体，一般含量10%~40%，高者可达50%~70%，蚀变较强；矿床规模中等，有时伴有砂矿产出；其中的共生矿物有绿辉石、角闪石、蓝晶石、金红石、磷灰石等，可综合利用；例如我国江苏的东海，湖北的大阜山金红石矿，为一重要矿床类型。②伟晶岩型矿床产在前寒武系变质岩中，多呈不规则脉，其规模变化大，脉体分带性明显，具特殊的结构和构造；矿物结晶度高，交代作用发育，矿物成分、化学成分较复杂，共生有用矿物有锰铝榴石、海蓝宝石、黄玉、碧玺、锂辉石等，矿物含量变化大，分布极不均匀，是含宝石级石榴子石矿床的主要类型。桂石榴石和锂榴石均与花岗伟晶岩有关，矿床规模多为小型，如我国新疆布尔津阿尤都矿床就属此类矿床。③金伯利岩型矿床产于超基性角砾岩中，形状极不规则，石榴子石呈斑晶产出，占岩石体积5%~8%，粒径1~8 mm，偶见>10 mm，主要有用矿物为镁铝榴石。喷出岩型矿床产于新生代玄武岩中，属镁铝榴石，呈不规则状分布。

变质型矿床可分为区域变质型矿床和热液变质型（包括接触交代型）矿床。①区域变质矿床广泛产于前寒武系变质岩系的片岩、片麻岩、变粒岩中，是当前世界开采石榴子石的主要对象。矿床呈层状、似层状、透镜状，常为大中型矿床，石榴石矿物含量一般在10%~30%，最高可达70%；主要矿物有铁铝榴石，锰铝榴石。在矿体上下层位中常见与石榴子石伴生的石墨、蓝晶石、矽线石、刚玉等矿物，故可形成伴生矿床。在其中的中高温变质相岩层中有铁铝榴石（含量可达20%）产出。该类型矿床是产出磨料、砂吹等工业用石榴子石的主要对象，但有时也有"紫牙乌"等宝石产出。世界著名大型石榴子石矿床均属此类，例如中国河北邢台一带石榴子石矿床。②热液变质型（包括接触交代型）矿床产于岩浆岩与碳酸盐岩、页岩、基性岩等围岩接触部位，是由后期岩浆热液交代围岩所形成的矿床。矿体呈不规则状，石榴子石矿物主要为钙铁榴石、钙铝榴石，含量变化大，一般为10%~30%，最高可达75%。

沉积砂矿型矿床产于第四系坡积、残积、冲积层中，呈层状和似层状产出。以含铁铝榴石、镁铝榴石为主，亦可产宝石级石榴子石，如江苏东海芝麻坊石榴子石矿床即是由东海群榴辉岩风化后堆积形成的砂矿床。

第三节 物理化学性能

物理性能 石榴子石受化学成分的影响，颜色各种各样，有血红、暗红、褐、黄、绿、黑等色，玻璃光泽，断口不平坦、呈油脂光泽，硬度6.5~7.5，密度3.1~4.3 g/cm^3（相对密度大小取决于二价和三价阳离子的原子量），熔点1313~1318℃。石榴子石族属于等轴晶系，常见结晶形态为菱形十二面体，晶面可见生长纹。

化学成分 石榴子石化学组分较为复杂，不同元素构成不同的组合，故而形成类质同象的系列石榴子石族。一般情况下，石榴子石的化学成分（w_B）：Al_2O_3 19.0%~21.0%，SiO_2 35.0%~57.0%，FeO 5.0%~8.0%，CaO 1.0%~6.0%。

第四节 分　　布

在许多岩石中均有石榴子石产出，片麻岩、麻粒岩、片岩以及大理岩、矽卡岩等是石榴子石赋存的主要岩石，其次在某些岩浆岩、伟晶岩中常作为伴生矿物产出。砂矿中也常有石榴子石产出。截至2012年底，中国石榴子石矿保有探明工业储量为 $2626×10^4t$，其中（112或332）储量 $23×10^4t$，查明储量产地22处，中国重要石榴子石矿床（表10-1）。但从已掌程的区调或矿产普查资料分析，中国的石榴子石分布范围相当广泛，中国石榴子石矿床分布（图10-2）所示。资源量也较为丰富，已估算有资源量的产地22处，储量达 $5700×10^4t$。并且近年来还陆续发现和评价了不少石榴子石矿床或其伴（共）生矿床，如河北邢台皇寺、江苏东海芝麻坊、内蒙古乌拉特后旗明星矿、山西中条山等矿床，总计拥有资源储量达 $7270×10^4t$ 以上。

表10-1 中国重要石榴子石矿床

序号	矿产地名称	探明资源量/10^4t	规模	开采利用情况
1	黑龙江集贤羊鼻山石榴子石矿床	—	小-中型	—
2	吉林省通化光华石榴子石矿床	80.2	小型	已开采
3	辽宁平溪张岭大栗子沟石榴子石矿床	—	小-中型	—
4	北京密云高岭石榴子石矿床	—	中型	—
5	河北内邱板口石榴子石矿床	2500	大型	已开采
6	河北邢台皇寺石榴子石矿床	1870	大型	已开采
7	河北邢台尧子沟石榴子石矿床	70	中型	已开采
8	内蒙古卓资东山坡石榴子石矿床	—	中-大型	—
9	内蒙古狼山沙门代庙石榴子石矿床	—	小-中型	—
10	内蒙古乌拉特后旗明星石榴子石矿床	近100	中型	—
11	山西闻喜上交石榴子石矿床	62.8	中型	已开采
12	山西和顺关家峪石榴子石矿床	47	小型	已开采
13	山东栖霞上马岭矿石榴子石矿床	66	中型	—
14	江苏东海芝麻坊石榴子石矿床	—	小型	已开采
15	安徽繁昌随山石榴子石矿床	—	小-中型	—
16	福建明溪城关石榴子石矿床	7358万克拉	小型	已开采
17	河南汝临牛头山北坡石榴子石矿床	—	中-大型	—
18	河南方城清河柏树岗石榴子石矿床	—	小-中型	—
19	河南桐柏银河沟石榴子石矿床	—	不清	—
20	河南商城石榴子石矿床	—	中型	—
21	河南新县红显边石榴子石矿床	—	小型	—
22	湖北枣阳大阜山石榴子石矿床	2493.1	大型	地方开采
23	湖北通城石榴子石矿床	—	小-中型	已开采
24	湖南华容三郎堰石榴子石矿床	11.93	小型	已开采
25	湖南岳阳篦口石榴子石矿床	13.88	小型	已开采
26	江西分宜长富石榴子石矿床	—	小-中型	—

续表

序号	矿产地名称	探明资源量/10^4t	规模	开采利用情况
27	广东韶关枫头塘马岭石榴子石矿床	—	小－中型	—
28	陕西商南汀河石榴子石矿床	—	中型	—
29	陕西长安下峪石榴子石矿床	0.9	小型	—
30	陕西安康恒口石榴子石矿床	36.7	中型	未回收
31	甘肃酒泉金塔西山石榴子石矿床	—	小－中型	—
32	甘肃安西北石榴井石榴子石矿床	—	中－大型	—
33	甘肃安西二道井石榴子石矿床	—	中型	—
34	甘肃肃北花海子红旗山石榴子石矿床	0.59	小型	停采
35	新疆哈密大南湖906高地石榴子石矿床	—	小－中型	—
36	新疆阿勒泰布尔津塔浪石榴子石矿床	—	不清	作宝石开
37	新疆托里萨尔乇海石榴子石矿床	—	不清	作宝石开
38	新疆布尔津县库库克钙铝榴石宝石矿	—	小型	作宝石开
39	新疆喀拉喀什河南沟口石榴子石矿床	0.0055	小型	未开采
40	青海乌兰南林陀乌里石榴子石矿床	—	小型	已开采
41	青海海南察汗乌苏河石榴子石矿床	—	中－大型	—
42	四川汶川龙溪沟石榴子石矿床	55.8	中型	已开采
43	四川平武阳乓石榴子石矿床	—	中型	—
44	四川石棉田湾石榴子石矿床	—	小－中型	—
45	西藏聂荣石榴子石矿床	—	小－中型	未开采
46	西藏聂拉木友谊桥石榴子石矿床	—	大型	—

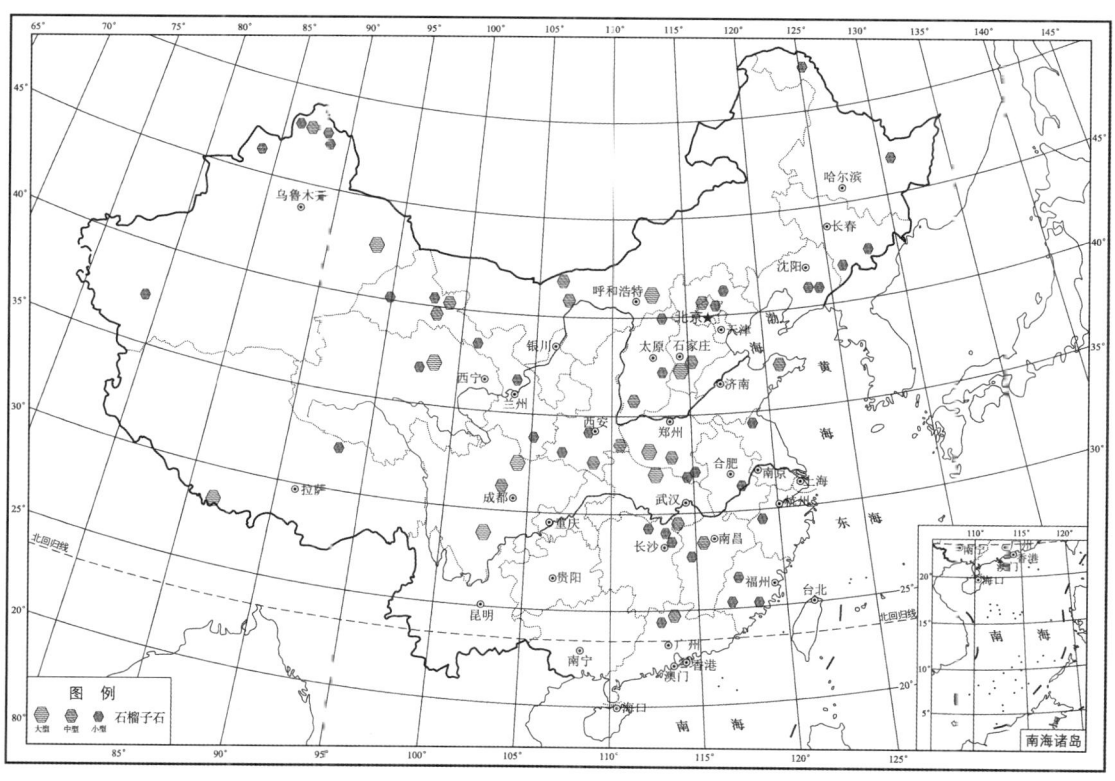

图 10－2 中国石榴子石矿床分布图

第五节 开发利用和发展趋势

中国生产石榴子石产品的企业个数虽然不少,但大部分属地方小规模采掘和加工业。其中四川乐山金刚砂厂和邢台矿砂总厂两家,以生产砂吹和水过滤介质为主,磨料仅占产量10%。主要生产企业每年约有$2\times10^4\sim5\times10^4$t出口,主要销往日本、中国香港、新加坡、美国等地。河北省生产石榴子石的矿山主要集中在邢台地区(图10-3,图10-4)。已有采点16处,年产量约15×10^4t。该地区无国营矿山,除邢台县矿砂厂为集体企业外,还有15个个体采选厂家,以销定产,主要生产8~320目矿砂。此外,还有湖南、福建、新疆等省区也有生产石榴子石磨料和宝石的企业。近十年来,石榴子石生产量或消费量上升均较迅速,但还有不少可开发和拓宽应用的领域,尤其砂矿和过滤介质方面尚缺乏定型的系列产品。

图10-3　邢台石榴子石矿石
(来源:维基百科)

图10-4　邢台石榴子石矿采场
(来源:维基百科)

随着中国国民经济和工业的迅速发展,石榴子石矿产利用领域越来越广泛,目前已知石榴子石制成的产品已有十大类。宝石级石榴子石已列为盈利最大产品之一,被称为九大宝石之一,红色(镁铝榴石)、绿色(钙铬榴石)深受消费者喜爱。石榴子石在研磨工业中应用广泛。中国已经把节能环保、新一代信息技术、生物、高端装备制造、新能源、新材料和新能源汽车七大产业列为战略性新兴产业。其中高端装备制造、新材料涉及石榴子石工业,必将为石榴子石的开发和利用提供新的发展机遇。

第十一章 滑 石

第一节 概 述

定义 滑石是一种具层状构造的含水镁质硅酸盐矿物，通常呈致密块状、片状或鳞片状集合体；质纯者为白色或微带浅黄、粉红、浅绿、浅褐等色；富有滑腻感，半透明，硬度为1，密度$2.58\sim2.83g/cm^3$（图11-1）。

用途 基于滑石的优良性能，在工业上用作造纸、塑料、油漆涂料、陶瓷、食品医药、化妆品、橡胶、塑料、纺织品和食品的填料和活化填料，用于作吸附剂、增白剂、润滑剂；制造用于无线电、电视、雷达、遥控等工程中的高频和超高频绝缘电瓷；在农业上作为隔离剂、脱膜剂、谷物打亮剂、饲料、农药杀虫剂及化肥的载体等；滑石还是一种传统的中药材；透明的滑石块可以作为工艺雕刻的彩石；在战略性新兴产业方面，在新一代信息技术、生物、高端装备制造、新材料等领域也广为利用。目前，滑石的主要消费领域是陶瓷、造纸、涂料和塑料，占消费量的70%~80%。

图11-1 滑石矿石
（来源：维基百科）

地质工作简况 中国最早的滑石矿产找矿始于1913年，日本出于侵华的需要，派员先后到辽宁海城的杨家甸、大岭、麻耳峪等七个滑石矿产地进行地质调查工作。20世纪的前五十年中国处于战乱状态，因此获得的地质勘查成果极为有限。20世纪50年代才开始进行地质工作，滑石矿产的找矿勘查在辽宁、山东、广西、江西等地区大力开展，并获得一大批勘查成果，如1966年辽宁省地质局第四勘探队完成的海城范家堡子大型滑石矿床勘查报告和山东地质局第三综合大队完成的栖霞李博士疃大型滑石矿床勘查报告。1970~2004年间中国建筑材料工业地质勘查中心广西总队先后探明了广西龙胜古坪滑石矿、龙胜上朗滑石矿、龙胜鸡爪等大型滑石矿床。1985年江西省地矿局赣东北地质大队于江西广丰溪滩发现了一大型黑滑石矿产地，1996年中国建筑材料工业地质勘查中心辽宁总队探明了桓仁县三道河滑石矿，2009年中国建筑材料工业地质勘查中心江西总队发现广丰萍塘大型黑滑石矿床。截至2013年底，探明滑石矿床121处，查明资源储量27706×10^4t。

矿床发现和开发简史 中国滑石开采和利用已有悠久的历史。早在原始社会时期就用来进行雕刻，辽宁东沟县（现为东港市）后洼屯发掘一件滑石块雕成的半身人像，属于新石器时代文化遗迹，距今五至六千年之久。1100多年前唐朝时期，除用滑石原料雕刻艺术品外，还制成锅釜等器皿。据《旧唐书·地理志》记载，"容州北流，其土少铁，以萤石（即滑石）烧为器，以烹鱼鲑"。明朝李时珍所著《本草纲目》记载了滑石的药用价值"……滑石上能发表，下剩水道，为荡热燥湿之剂"（刘杰等，1988）。

中国滑石工业的兴起，始于20世纪20年代。20世纪50年代起滑石工业体系逐步形成与发展，1949~1979年，滑石以人工开采为主，产量不大。1980~1999年，滑石工业得到快速发展，半人工半机械采矿，年产量突破100×10^4t大关，普通滑石粉加工设备初具规模，辽宁、山东和广西三大滑石生产基地形成，滑石作为中国优势非金属矿产品大量出口。2000年以后，产业结构发生变化，产能进一步扩大，工艺得到改进，主要生产企业大都形成采、选、加工、销售、运输等较为完备的体系，拥有各自相对稳定的国内外销售市场（戴修本，2011）。截至2013年底，中国有166个滑石矿山在开采，年开采矿石量214×10^4t。

第二节 分 类

根据成因，中国滑石矿床可以分为区域变质型、接触交代型、超基性岩自变质型、古岩溶热液交代型、沉积型和风化壳型6种类型，其中以区域变质型最重要，其次是沉积型。

区域变质型滑石矿床是中国滑石矿床主要成因类型，分布较广，资源储量占中国已发现总资源储量的55%。成矿时代主要集中于元古宙。根据含矿建造和岩石组合可细分为下列几个亚类型。①白云石大理岩型：含矿建造由白云石大理岩、云英片岩、变粒岩、透闪片岩、滑石岩等组合而成，以不含菱镁矿大理岩为特征。主要分布于山东胶北和东秦岭地区，如山东栖霞李博士夼和东秦岭一带的滑石矿床。②白云石大理岩-菱镁矿型：含矿建造由菱镁矿大理岩、白云石大理岩、绿泥绢云千枚岩、云英片岩、二云变粒岩组合而成，已出现大量菱镁矿大理岩，而且为滑石矿主要围岩为特征。多分布于辽东和胶北地区，如海城范家堡子、山东莱州等滑石矿床。③白云石大理岩-细碧角斑岩型：含矿建造由白云石大理岩、细碧角斑岩、石英绢云母千枚岩组合而成，已出现细碧角斑岩为特征。主要分布于广西龙胜地区，如广西龙胜上朗、鸡爪滑石矿床。④橄榄石大理岩-蛇纹石大理岩型：含矿建造由橄榄石大理岩、蛇纹石大理岩、钠长变粒岩、浅粒岩、斜长角闪岩组合而成，已出现大量蛇纹石大理岩、浅粒岩、变粒岩为特征。主要分布于辽东地区，如辽宁凤城翁泉沟、辽宁营口后仙峪、吉林集安等滑石矿床（章少华等，1992；陶维屏等，1994）。

接触交代型滑石矿床是镁质碳酸盐岩与基性或酸性侵入岩接触交代，在接触界面附近蚀变形成。矿床分布广，资源储量却不大，占已发现总资源储量的4%。成矿时代比较多，有加里东期、华力西期、印支期、燕山期等，大致与岩浆岩侵入的时代相当。典型矿床如印支期陕西宁陕东平沟滑石矿床。

超基性岩自变质型滑石矿床主要为超基性岩经自变质作用形成。矿床分布局限在个别地区，资源储量相对较多，占中国已发现资源总储量的13%，但矿石质量不好。成矿时代主要有加里东期和燕山期。前者如青海茫崖滑石矿床，后者如福建莆田长基滑石矿床。

古岩溶热液交代型滑石矿床系古岩溶加热液交代作用形成，矿床分布比较局限，资源储量相对较小，成矿时代为石炭纪，如广西上林马鞍山滑石矿床。

沉积型滑石矿床为沉积-成岩作用的产物。矿床分布比较广，资源储量相对较大，占中国已发现总资源储量的27%，主要是黑滑石，是中国滑石矿床重要的成因类型之一，成矿时代为震旦纪和二叠纪，如江西广丰溪滩、萍塘滑石矿床。

风化壳型滑石矿床由表生风化改造作用形成，矿床多分布于中国南方，资源储量相对较少，占中国已发现总资源储量的1%，成矿时代为第四纪，如重庆南桐滑石矿床。

第三节 物理化学性能

物理性能 滑石属于斜方柱晶类，微细晶体呈六方或菱形板状，但很少见，通常呈致密块状、叶片或鳞片状集合体。纯净的滑石呈白色或微带淡黄、粉红、淡绿、淡褐色调，带较深颜色的滑石乃是含有杂质元素所致；玻璃光泽、致密块状滑石呈贝壳状断口；硬度为1，是所有矿物中最软的；密度 2.58~2.83 g/cm³。滑石富有滑腻感，有较高的电绝缘性。

化学成分 滑石矿物的理论成分（w_B）：MgO 31.72%，SiO_2 63.12%，H_2O 4.76%。所含的硅有时被铝或钛替代（铝可达2%，钛可达0.1%），镁则经常被铁、锰、镍及铝替代。含FeO可达5%，含Fe_2O_3达4.2%，NiO达1%。有的含有少量钾、钠、钙。经类质同象替代可形成不同成分的滑石变种，如铁滑石、钙滑石、镍滑石等。中国重要滑石矿床化学成分见（表11-1）。

表 11-1 中国重要滑石矿床化学成分（$w_B/\%$）

序号	矿产地	SiO_2	MgO	CaO	Al_2O_3	Fe_2O_3	烧失量	白度
1	吉林浑江	59~61	31~32	0.6~1.8	0.3~0.4	0.2~0.5	5.3~6.4	80~86
2	辽宁海城	42~62	31~35	0.2~1.9	0.1~0.3	0.1~0.3	4.9~20	84~92
3	辽宁营口	46~61	29~32	0.7.8	0.2	0.3	5~15	91
4	辽宁本溪	44~62	31~32	0.2~2.9	0.4~9.1	0.3~1.9	4.8~10	74~85
5	辽宁岫岩	62	31	0.7~1.5	0.3	0.1	4.8	80~88
6	山东海阳	50~54	28~31	0.4~1.1	5~10	0.8~1.6	7.5~8.3	62~80
7	山东平度	53~56	30	0.7~1.3	3.4~5.4	1.2~2.9	6.7	69~80
8	江西广丰	53~55	26~28	5~7	0.1~0.3	0.1~0.2	—	—
9	广西龙胜	51~52	31	0.2	0.2~7	0.5~.5	4.8~7.5	83~87
10	四川冕宁	32~37	17.2	23~26	0.2	0.05	21~23	82~88
11	新疆库米什	55~58	28	0.1~1.7	2.2	5.5	6.5	65~75

第四节 分 布

中国滑石矿床空间分布的第一个特点是分布广泛。全国20个省（自治区、直辖市）都发现有不同规模的滑石矿床。第二个特点是呈东富西贫、南北均衡格局。矿床主要分布于中国东部，有辽宁、山东、江西3个矿集区；西部只有青海一个矿集区。第三个特点是主要分布在陆块区，造山带中分布比较少（如辽宁、山东、广西、江西、青海）。这与国外滑石矿床大量分布在如乌拉尔山、阿巴拉契亚山、阿尔卑斯山、喀尔巴阡山和比利牛斯山等造山带有明显不同。中国滑石矿床以古元古代和新元古代的最为重要。这两时期形成了中国规模最大质量最好的滑石矿床。其中，古元古代形成了辽宁海城范家堡子、本溪连山关、山东栖霞李博士夼等滑石矿床；新元古代形成了广西上朗、鸡爪、古坪等滑石矿床。其他成矿期矿床除了加里东成矿期的青海茫崖石棉伴生滑石矿床为大型外，规模一般不大，且矿床矿石质量比较差，不具重要地位。中国主要滑石矿床（表11-2），中国滑石矿床的分布（图11-2）。

表 11-2 中国主要滑石矿床

序号	矿床名称	规模	开采利用情况
1	吉林江源县（现为江源区）遥林滑石矿床	中型	已开采
2	辽宁海城市范家堡子滑石矿床	大型	已开采
3	辽宁海城市水泉滑石矿床	中型	已开采
4	辽宁海城市麻尔峪滑石矿床	中型	已开采
5	辽宁本溪县连山关滑石矿床	中型	已开采
6	辽宁本溪县小榆树沟滑石矿床	中型	已开采
7	辽宁桓仁县三道河滑石矿床	中型	已开采
8	辽宁大石桥市大岭滑石矿床	中型	已开采
9	山东平度市芝坊矿区滑石矿床	中型	已开采
10	山东栖霞市李博士夼矿区滑石矿床	大型	已开采
11	山东莱州市粉子山大原家滑石矿床	中型	已开采
12	山东莱州市上滑石矿床	中型	已开采
13	山东莱州市优游山滑石矿床	中型	已开采
14	山东海阳滑石矿床	中型	已开采

续表

序号	矿床名称	规模	开采利用情况
15	广西龙胜县鸡爪滑石矿床	大型	已开采
16	广西龙胜县古坪滑石矿床	大型	已开采
17	广西龙胜县上朗滑石矿床	—	已开采
18	广西龙胜县桐子山滑石矿床	中型	已开采
19	广西上林县镇圩马鞍山滑石矿床	大型	已开采
20	江西广丰县萍塘黑滑石矿床	大型	已开采
21	江西于都县岩前滑石矿床	大型	已开采
22	福建莆田市长基滑石矿床	中型	已开采
23	河南栾川县摩天岭滑石矿床	中型	已开采
24	湖南保靖卡棚滑石矿床	中型	已开采
25	湖南城步兰蓉滑石矿床	中型	已开采
26	广东阳山大莨滑石矿床	中型	已开采
27	四川冕宁县后山滑石矿床	中型	已开采
28	重庆秀山县川河滑石矿床	中型	已开采
29	陕西宁陕东平沟滑石矿床	中型	已开采

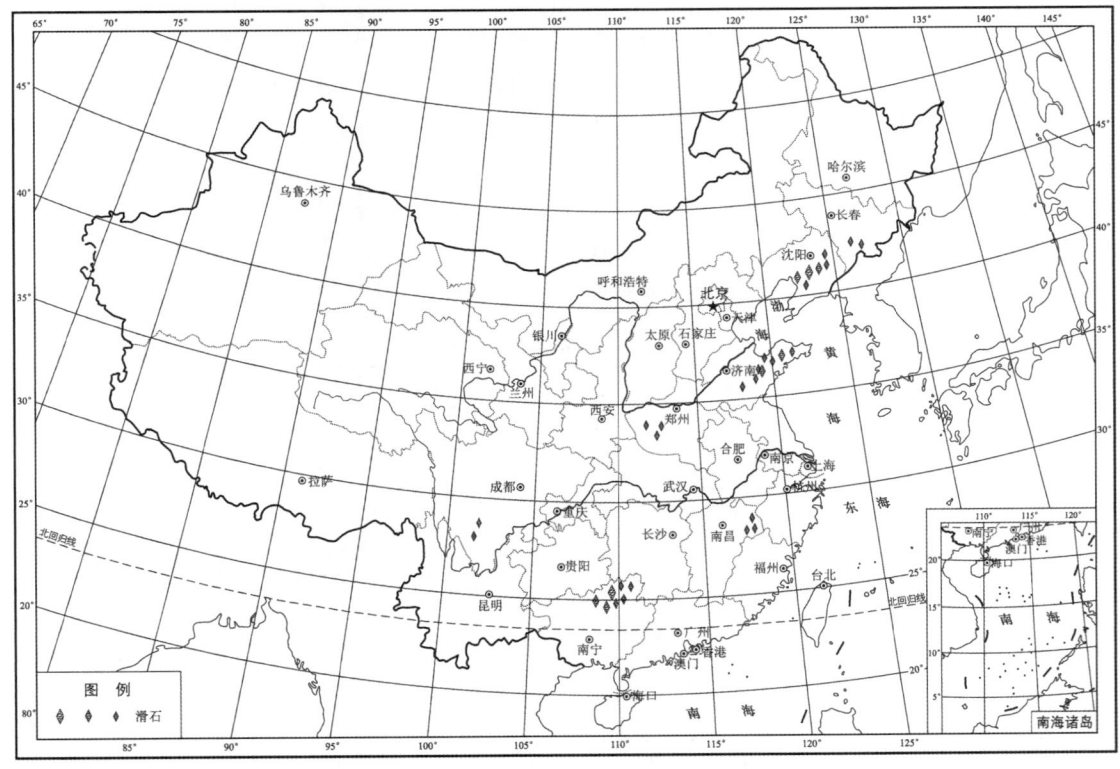

图 11-2 中国滑石矿床分布

中国滑石矿在成矿带内矿床数量多，规模大，常常出现大型、中型矿床。辽宁成矿带有以范家堡子为代表 2 个大型、5 个中型、54 个小型矿床。山东成矿带有以李博士夼为代表 1 个大型、4 个中型矿床。广西成矿带有以上朗为代表的 3 个大型、2 个中型、3 个小型矿床。江西成矿带有以萍塘为代表的 2 个大型、2 个中型、5 个小型矿床。青海成矿带有以茫崖为代表的 1 个大型和 1 个中型矿床。

第五节 开发利用和发展趋势

中国滑石矿的开采方法主要有地下开采和露天开采（图11-3）两种采矿方法，采用地下开采的矿山有：辽宁海城滑石矿、本溪滑石矿、营口滑石矿、宽甸滑石矿、山东海阳滑石矿、栖霞滑石矿、莱州滑石矿等矿山。矿床开拓一般采用平硐、竖井、斜井等方案，采矿方法主要是分段自然崩落法。采用露天开采的矿山有：山东平度滑石矿、广西龙胜滑石矿、辽宁海城范家堡子滑石矿、江西广丰黑滑石矿等。滑石矿的选矿方法包括手选、光电选、泡沫浮选、漂白、干、湿磁选、水力旋流器分选、离心分级、微粉工艺等，一般根据矿石类型、用户要求、综合回收等因素选择不同的选矿方法。

图11-3 滑石露天采矿场
（来源：维基百科）

1980~1999年，中国滑石矿山有三百余家。20世纪90年代，中国滑石曾大量出口，致使优质滑石资源逐步枯竭，2000年以后产量开始下降。目前，中国已发现并勘查完成的滑石矿产地有121处，已开采的有110处，有的矿床分几个采矿权开采，因此，统计生产矿山就比勘查地要多。2013年中国滑石的年开采规模约214×10^4t。最大的滑石产地集中在辽宁海城一带，辽宁地区的年开采量约为70×10^4t；广西地区主要集中在龙胜，年产量约为50×10^4t；山东地区滑石主要在平度、莱州、栖霞等地，年产量大约40×10^4t，其他地区的年产量约为50×10^4t。

滑石矿是中国的优势矿种，质量优良，产品畅销国内外，在20世纪90年代曾经是中国对外出口的主要非金属矿产之一，因而已导致滑石资源的急剧减少。2005年以来，中国大力推动矿山资源整合，发挥大企业在行业中的主导作用，使乱采滥挖得到遏制，滑石资源得到了相应保护。但是，优质滑石资源日益减少的趋势没有变，伴随着资源减少，环境压力增加等因素，矿山生产成本逐年增长。今后，用于涂料、造纸、橡胶、塑料、化妆品、医药等方面的超细滑石粉、改性滑石粉和无菌滑石粉的前景还是十分广阔的，需要更好地保存资源。

第十二章 硅 灰 石

第一节 概 述

定义 硅灰石是一种具有链状结构的偏硅酸钙矿物，化学式为 $CaSiO_3$，常有 Fe、Mn、Mg、Ti 等类质同象混入物，因此，自然界中纯净的硅灰石比较罕见（图 12-1）。

用途 硅灰石的用途比较广泛，应用于陶瓷、塑料、橡胶、造纸、油漆涂料、冶金以及石棉的代用品等行业。主要用途有以下几个方面：一是用作陶瓷原料，可实现低温快速烧成、降低能耗、降低产品收缩率、减少产品变形和开裂。二是作为颜料或充填料，用于油漆、涂料、橡胶、塑料、树脂等行业中。三是作为隔热材料和铸钢保护渣，直接用于钢铁的精炼。四是用作板坯连铸、模铸保护渣和无碳保护渣的基料。五是用作电焊条药皮，可起到助熔、造渣作用，减少渣飞溅。六是作为短纤维石棉替代品用于建筑材料、绝缘体材料、摩擦材料等领域。

图 12-1 硅灰石
（来源：维基百科）

地质工作简况 中国 1975 年在湖北大冶小箕铺发现第一个硅灰石矿，探明储量 $9.5 \times 10^4 t$。此后，相继在吉林磐石长崴子、吉林梨树大顶山等地发现并勘探了多处硅灰石矿床。截至 2013 年底，中国已探明硅灰石矿床 97 处，探明储量 $10.7 \times 10^8 t$，主要分布于吉林、辽宁、浙江、江西、云南、青海等地。

开发利用简史 1975 年湖北小箕铺的矿石采用低温快速烧成研制釉面砖取得了成功，并在唐山兴建了一条年产 $15 \times 10^4 m^2$ 的硅灰石釉面砖生产线，推动了硅灰石矿的找矿勘探和开发利用。小箕铺硅灰石矿于 1980 年正式开采利用。此后，吉林磐石、吉林梨树、吉林龙井、辽宁法库、浙江长兴等硅灰石矿相继投产，截至 2013 年底，中国共有 242 个矿山开采硅灰石，年产量 $151 \times 10^4 t$，成为世界上硅灰石产量最大的国家。

第二节 分 类

按照矿床成因，硅灰石分为接触热变质型、矽卡岩型和区域变质型三种类型。其中：

1）接触热变质型矿床分布在富含硅质的石灰岩与各类侵入岩体接触带附近。矿体形态主要取决于原岩产状和侵入体的形态，一般呈层状、似层状、透镜状。矿石矿物组成简单，主要由硅灰石矿物组成，有时含有一定量的石英、方解石。矿石中硅灰石矿物含量 20%~70%，一般多在 50% 以上，富矿可达 95% 以上。矿石中 SiO_2 和 CaO 含量高且稳定，Fe_2O_3 等有害杂质含量较少，矿石质量较好。矿床规模大、中、小型均有，矿体埋深一般较浅，适于露天开采。如吉林磐石市长崴子和梨树县大顶山、浙江长兴县李家巷、江西新余上高等硅灰石矿床就属于这类矿床。吉林省磐石县（现为磐石市）长崴子硅灰石矿床位于吉黑地槽褶皱系吉林复向斜的西南缘。出露地层主要为中上石炭统磨盘山组和石嘴子组，以海相碳酸盐沉积岩为主。岩性为页岩、粉砂岩、硅质灰岩、燧石条带灰岩及白云质灰岩等，常呈互层产出，总厚度达 1000 m 以上。燕山中期岩浆岩两次侵入穿切和分隔了中上石炭系以碳酸盐岩为主的地层，形成了接触热变质硅灰石矿床。主矿体埋深距地表不足 100 m。矿区从南至北有 5 个矿带，其中以 Ⅱ 矿带规模最大。矿体中硅灰石含量 50% ~90%，呈白色，纤维状、柱状产出，晶体细小，一般长度在 0.1 ~0.5 mm 左右，长径比约在 5∶1 ~10∶1 之间。矿石构造以块状为主，次为斑杂状含硅质团块和方解石团块，以及条带状构造等。

2）矽卡岩型矿床产于中酸性侵入体与碳酸盐类岩层接触带中。形态为层状、似层状、透镜状及不规则状。矿体厚度变化大、矿石的矿物组分由典型的矽卡岩矿物组成，除硅灰石外，有透辉石、石榴子石、符山石以及交代残余的石英、方解石。矿床规模大、中、小皆有。湖北大冶小箕铺（下马林）、江苏溧阳、湖南常宁、青海都兰等地的硅灰石矿床均属于此类型。湖北大冶小箕铺硅灰石矿区地层由下二叠统栖霞组中上部含燧石结核和条带灰岩与厚层灰岩呈互层组成。燕山期阳新侵入杂岩体的侵入，使呈捕虏体产出的石灰岩几乎都发生了矽卡岩化，在部分地段形成了硅灰石矿体。矿区从东到西有五个透镜状矿体，产于接触带矽卡岩中，矿体通常位于矽卡岩体中心。矿石矿物为硅灰石，含量 50% ~75%，脉石矿物主要有石榴子石、透辉石、少量方解石等。硅灰石呈白色，晶体为长柱状、放射状、纤维状及束状集合体，长 1~10 cm。矿石一般呈现粗粒纤柱状变晶结构、包含变晶结构，块状构造，部分为斑杂状或团块状构造；

3）区域变质型矿床主要赋存于古老的区域变质岩系中。硅灰石矿是由于原岩为硅镁质的白云岩、石灰岩，富含利于成矿的石英和方解石成分，在区域变质作用过程中，遇到由于某种原因压力相对降低的条件下，产生岩石再造作用而形成。矿体为同生变质作用所形成，具有明显的层控特点，呈层状、似层状、透镜状整合产于硅质大理岩和斑状大理岩中，有时也产于大理岩和石英岩界面上。矿层稳定，矿床规模一般较大。矿石矿物组分较简单，大部分为硅灰石 - 石英 - 方解石型矿物组合，当原岩成分较复杂时，可伴生少量石榴子石、透辉石和透闪石，铁、锰等有害杂质含量低。此类型矿床在美国、芬兰、印度等国家是重要的开采利用对象，而在中国目前只在吉林南部浑江一带发现矿点。

第三节　物理化学性能

物理性能　硅灰石的晶体结构式为 $Ca[Si_3O_9]$。晶体多呈针状、纤维状或粒状，集合体常呈束状（扇形）或放射状（菊花状）及块状（图 12 -2）。自然界中的硅灰石常呈白 - 灰白色，有时略带浅红色；透明 - 半透明，玻璃光泽，解理面呈珍珠光泽。自然界天然产出的硅灰石多呈放射状、纤维状和块状，以纤维状最为常见，纤维大小相差较大，长可达 60 ~70 cm，细小者仅为 0.1 ~1 mm，一般长径比为 7∶1，经过加工处理可达 20∶1 ~30∶1，长径比是硅灰石最重要的技术参数之一，加工过程中要保持较高的长径比很不容易。硅灰石密度 2.78 ~2.91 g/cm³；硬度 4.5 ~5，性脆，易研磨成极细的颗粒，但长径比可保持不变；膨胀系数较低，25 ~800℃时热膨胀系数 6.5×10^{-6}/℃，膨胀系数变化也较小，呈线性均匀膨胀，1125℃左右时转变为假硅灰石，熔点 1540℃。

图 12 -2　硅灰石电镜照片
（来源：维基百科）

化学成分　硅灰石的化学分子式为 $CaSiO_3$，理论化学成分（w_B）：CaO 48.3%，SiO_2 51.7%，自然界中纯的硅灰石少见，在其形成过程中，Ca^{2+} 有时被 Fe^{2+}、Mn^{2+}、Ti^{2+} 等离子部分转换而呈类质同象体，并混有少量的 Al 及 K、Na。中国主要硅灰石矿山矿石化学成分（表 12 -1）。

表 12-1 中国主要硅灰石矿山矿石化学成分（w_B/%）

产地	SiO$_2$	CaO	Al$_2$O$_3$	Fe$_2$O$_3$	FeO	MgO	TiO$_2$	MnO	K$_2$O	Na$_2$O	烧失量
吉林磐石	50.96	47.01	1.94	0.30	—	0.37	—	—	—	—	1.02
吉林梨树	49.99	46.19	—	0.16	—	0.25	0.02	—	0.05	0.17	2.75
吉林龙井	44.88	45.54	0.53	0.06	0.34	—	—	—	—	0.05	8.05
吉林两口线	49.54	45.19	0.18	0.05	0.24	0.74	0.25	0.01	0.05	0.04	3.44
湖北大冶	50.23	44.90	0.46	0.82	—	1.00	0.01	—	—	—	2.47
湖北阳新	49.01	42.16	0.99	2.23	—	1.49	—	—	—	—	2.29
江西上高	41.34	47.81	0.67	0.18	—	10.71	—	—	—	0.16	1.73
青海都兰	51.58	38.35	5.35	0.28	0.99	1.63	0.14	0.16	1.30	0.26	—
湖南常宁	59.00	39.00	4~5	1~3	—	1.60	<0.6	—	<0.2	<0.6	—
云南腾冲	51.07	45.36	0.48	0.03	0.24	1.10	0.02	0.03	0.17	0.57	0.32

第四节 分 布

硅灰石矿床大多赋存在寒武系以来的盖层建造中，主要产于石炭系和二叠系，其次为寒武系、泥盆系及志留系。与成矿作用有关的侵入岩主要是燕山期、印支期、华力西期的中、酸性岩浆岩。

中国已探明的硅灰石矿床主要分布于三个地槽褶皱系，一是吉黑褶皱系，是最重要的成矿构造单元，分布矿床多，规模大；二是华南褶皱系和三江褶皱系。另外，在扬子地台和华北地台边缘，也有小规模分布。在这些构造单元内，岩浆活动频繁，侵入岩分布广泛，与成矿有关的中、酸性侵入岩主要有：浅至中成花岗斑岩、斑状花岗岩、花岗闪长斑岩、正长闪长斑岩、石英斑岩等。成矿围岩一般为含燧石结核，燧石条带等具硅质成分的海相碳酸盐岩。

地理上，硅灰石集中分布在吉林、云南、江西、青海、辽宁5省，上述地区探明的硅灰石资源储量约占全国的90%。中国重要硅灰石矿分布（表12-2），中国硅灰石矿床分布（图12-3）。

表 12-2 中国重要硅灰石矿分布

序号	矿区名称	类型	规模	利用程度
1	内蒙古巴林左旗白音诺铅锌矿（共生）	硅灰石	中型	可利用
2	辽宁建平县富山	硅灰石	大型	已利用
3	辽宁法库县上炭窑	硅灰石	中型	已利用
4	辽宁法库县城子山	硅灰石	大型	已利用
5	吉林梨树县大顶山矿区大顶山矿段	硅灰石	大型	已利用
6	吉林梨树县大顶山矿区铁汞山矿段	硅灰石	特大型	已利用
7	吉林梨树县前马家油房	硅灰石	大型	可利用
8	吉林磐石市长崴子	硅灰石	特大型	已利用
9	吉林磐石市南错草	硅灰石	特大型	已利用
10	吉林磐石市孟家	硅灰石	特大型	可利用
11	吉林磐石市驿马乡西错草	硅灰石	中型	可利用
12	吉林龙井市细鳞河	硅灰石	中型	已利用
13	青海都兰县海寺	硅灰石	特大型	可利用
14	安徽广德县庙西	硅灰石	大型	已利用
15	江苏溧阳市小梅岭	硅灰石	中型	已利用
16	浙江长兴县李家巷	硅灰石	中型	已利用
17	浙江湖州市妙西	硅灰石	中型	可利用
18	云南腾冲县明光乡白石岩	硅灰石	特大型	可利用

续表

序号	矿区名称	类型	规模	利用程度
19	江西新余-上高县月光山	硅灰石	大型	可利用
20	江西新余-上高县月光山32~35线	硅灰石	大型	可利用
21	江西新余市仁和乡曹坊庙	硅灰石	大型	已利用
22	湖南萱宁县水底下	硅灰石	大型	可利用
23	广东连州市朝天	硅灰石	大型	已利用

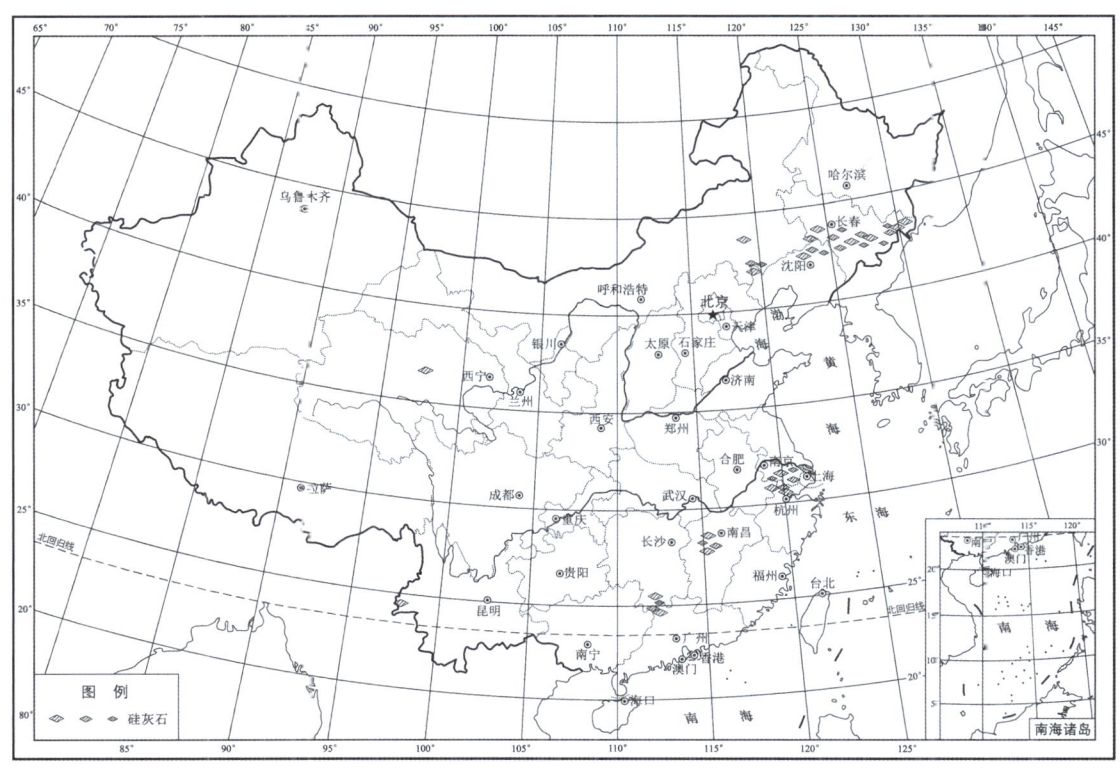

图 12-3 中国硅灰石矿床分布

第五节 开发利用和发展趋势

中国硅灰石矿床主要采用露天开采的方式，湖北大冶小箕铺、吉林磐石石嘴子、长崴子、梨树大顶山、浙江长兴李家巷等矿床都采用这种方式开采（图12-4）。硅灰石中方解石和三氧化二铁是有害成分，必须进行选矿。根据用户对精矿产品的不同要求，采用手选、磁选、浮选和电选等选矿方法除去有害杂质。硅灰石采用磁选可以除去含铁矿物，提高纯度。采用浮选和电选，可以从硅灰石中分选出方解石和长石。

已查明的硅灰石矿床分布在17个省区，主要分布于吉林（4946×10^4 t）、云南（2227×10^4 t）、辽宁（1871×10^4 t）、青海（1758×10^4 t）、江西（1267×10^4 t），上述地

图 12-4 硅灰石堆场
（来源：维基百科）

区查明资源储量合计占全国总量的80%。资源储量相对短缺的为黑龙江、内蒙古、江苏、新疆等省区。大型矿区主要有：辽宁法库县城子山硅灰石矿，辽宁建平县富山硅灰石矿，吉林梨树大顶山硅灰石矿，吉林龙井细鳞河硅灰石矿，吉林磐石市南错草硅灰石矿区，浙江长兴李家巷硅灰石矿区，河南鲁山东银洞沟硅灰石矿，青海都兰海寺硅灰石矿。

表12-3 中国硅灰石查明资源储量及利用情况

地区	已利用矿区		可规划利用矿区		合计	
	矿区数/个	查明资源储量 矿石/10^4t	矿区数/个	查明资源储量 矿石/10^4t	矿区数/个	查明资源储量 矿石/10^4t
吉林	32	2491	2	19	25	2510
云南	1	120	1	2306	2	2427
青海	1	1757	—	—	1	1757
江西	9	432	3	805	6	1237
河南	3	860	1	2	3	861
辽宁	23	758	—	—	2	758
浙江	3	277	—	—	5	277
湖北	5	259	—	—	3	259
湖南	—	—	1	223	1	223
安徽	2	107	1	37	3	145
新疆	1	131	—	—	1	131
广东	1	61	1	6	2	67
江苏	1	36	—	—	1	36
广西	—	—	1	4	1	4
合计	45	7294	11	3403	56	10697

2013年中国硅灰石产量151×10^4t，硅灰石矿山企业242个，分布在吉林、辽宁、浙江和江西等15个省区，原矿开采能力超过150×10^4t/a的矿山企业主要分布在吉林梨树县和磐石市、辽宁法库和建平、江西新余和上高、云南腾冲、浙江长兴。中国规模比较大的矿山和加工企业列于（表12-4）。

表12-4 中国硅灰石主要生产企业及生产能力

序号	矿山（企业）名称	产能/(10^4t·a^{-1})	产量/(10^4t·a^{-1})
1	吉林梨树大顶山硅灰石矿业公司	10	6
2	浙江长兴硅灰石矿业有限公司	5	4
3	江西新余南方硅灰石实业公司	10	6
4	辽宁沈阳金岗硅灰石矿业有限公司	3	2.4
5	辽宁建平富山硅灰石矿	10	5
6	吉林梨树铁乘山硅灰石矿	4	3.5
7	吉林硅灰石发展股份有限公司	6	6
8	吉林梨树硅灰石矿业公司	6	6
9	吉林磐石呼兰硅灰石矿业有限公司	4	4
10	湖北大冶硅灰石矿	2	2
11	江苏溧阳明华矿产有限公司	2	2

硅灰石是具有独特理化性能的矿物材料，具备超细化、纳米化、复合化、高长径比等特性的硅灰石产品将具有广阔的应用前景及市场发展空间。在今后一段时间内，硅灰石在塑料、摩擦材料、复合材料等领域将会获得更广泛的应用。中国拥有丰富的优质硅灰石资源，20世纪末和21世纪初，中国一方面低价出口硅灰石初级产品，另一方面下游产业用户却以数倍高价从美国、日本和芬兰等进口硅灰石。这种现象折射出中国硅灰石深加工水平太低。普通硅灰石产品生产过剩，而作工程塑料和橡胶用增强填料用的具有补强功能的表面改性硅灰石产品不能满足需要。中国硅灰石生产企业应与下游用户加强合作，开发生产系列硅灰石产品、精细化高端产品，从而满足国内各行业、各领域的特殊需要。

第十三章 白 云 母

第一节 概 述

定义 云母族矿物主要有白云母、黑云母、金云母、锂云母和碎云母。白云母又称钾云母或云母,是云母类矿物中的一种。其颜色有白色,较淡的褐、绿、红色及无色,具有玻璃光泽到丝绢光泽;为六方晶体,形态为板状或细粒的集合体(图13-1,图13-2)。

图 13-1 白云母
(来源:维基百科)

图 13-2 白云母
(来源:维基百科)

用途 云母具有较高的绝缘强度和较大的电阻,较低的电介质损耗,抗电弧,耐电晕,质地硬,机械强度高,耐高温和温度急变,耐酸碱,劈分性好,能沿解理面剥分成薄片,有很好的弹性和挠曲性,便于冲、切、黏、卷等加工,因而曾在工业上有广泛的用途。云母粉被广泛应用于电焊条、涂料、油漆、塑料、油毡、造纸、油田钻井、装饰化妆等行业;片云母是在原矿粗碎后经人工剥离而得,在电气、电子和光学工业中作绝缘和支撑元件;云母纸作绝缘材料,广泛应用于电气工业中。

地质工作简况 中国白云母地质勘查工作始于20世纪50年代,当时将其作为战略性矿产进行调查。到20世纪60年代,国家为了尽快搞清资源,保证云母立足国内,调集各方勘查队伍加强云母地质工作,在西自新疆布尔津、东至新疆清河长300余千米的成矿带上,全面展开了普查、勘探工作。截至2013年底,中国已发现云母矿产地183处,查明资源储量46.2×10^4t。

矿床发现和开发简史 中国最早发现的云母矿床是四川丹巴及内蒙古土贵乌拉的白云母矿床,1952年进行了正规的地质工作。1958年新疆阿勒泰云母矿床的发现,为中国云母资源的开发起了很大作用。随后,江苏东海镁硅白云母矿床的发现及利用,增加了新的工业云母种属。内蒙古乌拉山、大别山、秦岭、辽宁及云南等地云母矿床的相继发现,则扩大了云母资源。由于大片度的白云母矿山资源量少而难以大规模开发,且其产品逐步被价廉的人造云母所取代,所以中国的白云母矿山均在20世纪80年代中期先后关闭,找矿勘查工作也从此不再进行。在非金属矿地质勘查领域中大片度的白云母已是一个停采的矿种,但从20世纪末期开始,碎云母矿床开始被开发利用,有关碎云母矿床的详情见本书第十五章。

第二节 分 类

中国白云母矿床类型只有1种，即混合岩化伟晶岩型工业白云母矿床，产于地缝合带附近，矿脉中云母含量仅百分之几，优质工业云母可达1%左右。新疆阿勒泰、四川丹巴和内蒙古土贵乌拉曾经是中国著名三大工业白云母产地。

第三节 物理化学性能

物理性能 晶体呈斜方或假六方板状、叶片状，有时为柱状、锥状；结合体为叶片状、粒状、鳞片状；具极完全的解理，可剥离为具弹性的薄片，质柔可弯曲，无色透明，半透明带有灰、棕、淡绿、玫瑰红色，具玻璃至绢丝或珍珠光泽；硬度2.5~3，密度2.75~3.0 g/cm³。云母特殊的晶体结构使其具有许多特性，如垂直于云母片方向具有极高的电绝缘性；可剥成厚度为0.01~0.02 mm的均匀薄片，具有较高的抗压强度；是热的不良导体；在100~600℃范围内，白云母导热系数平均值为0.0067J/（cm²·s·℃）；耐热性较高，受热350~450℃时才开始膨胀；还具有良好的化学稳定性，碱对其几乎不起作用，冷盐酸也不能溶解云母，只有在长时间热酸作用下才能使云母分解。白云母的力学和光学性能分别（表13-1和13-2）。

表13-1 白云母的力学性能

项目	机械强度/kPa
抗拉强度	166700~353039
抗压强度	813951~1225831
抗剪强度	210843~296063

表13-2 白云母的光学性能

折射率	N_g	N_m	N_p	$2V$（—）
数值	1.580~1.599	1.582~-1.599	1.522~1.573	3°~43°

化学成分 白云母的化学式为$KAl_2(AlSi_3O_{10})(OH)_2$，其化学成分的理论值为$SiO_2$ 45.2%、Al_2O_3 38.5%、K_2O 11.8%、H_2O 4.5%，此外，含少量的Na、Ca、Mg、Ti、Cr、Mn、Fe、F等。中国部分白云母矿产地的化学成分（表13-3）。

表13-3 中国部分白云母矿产地的化学成分表（w_B/%）

矿产地名称	SiO_2	Al_2O_3	K_2O	Fe_2O_3	MgO	Na_2O	H_2O
新疆阿勒泰	46.16	33.45	10.65	3.09	1.08	0.64	5.12
四川丹巴	46.49	35.03	10.49	1.34	0.91	0.68	4.34
内蒙古土贵乌拉	46.90	33.80	10.53	2.11	0.93	0.64	3.66
河北曲阳	46.35	30.69	11.00	4.73	1.47	0.29	4.56

第四节 分 布

中国白云母矿产分布不均匀，全国20个省、直辖市、自治区虽都有分布，但绝大部分集中在新疆、四川和内蒙古。全国已发现产地183处，其中新疆88处，占全国储量的67%，四川27处，占全国储量的11.4%；内蒙古15处，占全国储量的8.6%；其余53处，占全国储量的13%，分布于河北、山西、辽宁、吉林、黑龙江、山东、河南、云南、西藏、青海及陕西等地。详见中国白云母矿产地一览表（表13-3），中国白云母矿产资源分布（图13-3）。

表 13-4 中国白云母矿产地一览表

序号	矿产地名称	探明资源量/t	规模	开采利用情况
1	新疆阿勒泰齐背岭哈拉晓白云母矿床	1014	大型	已开采
2	新疆阿勒泰齐背岭632号白云母矿床	2550	大型	已开采
3	新疆阿勒泰塔拉德布拉克拉尤阿拉干白云母矿床	1292	大型	已开采
4	新疆阿勒泰塔拉德布拉克1号白云母矿床	1860	大型	已开采
5	新疆阿勒泰塔尔郎矿白云母矿床	7121	大型	已开采
6	新疆布尔津切巴拉嘎斯白云母矿床	1404	大型	已开采
7	新疆布尔津冲湖博阿达白云母矿床	677	中型	已开采
8	新疆布尔津哈音德布拉克白云母矿床	498	中型	已停采
9	新疆布尔津上玉虚布拉克白云母矿床	318	中型	已停采
10	新疆布尔津阿玛拉奇台白云母矿床	373	中型	已停采
11	新疆富蕴卡克达克白云母矿床	284	中型	已开采
12	新疆富蕴大曲库1079号白云母矿床	1212	大型	已停采
13	新疆富蕴阿尤布拉克3号白云母矿床	1182	大型	已停采
14	新疆富蕴阿尤布拉克23号白云母矿床	1565	大型	已停采
15	新疆富蕴阿尤布拉克46号白云母矿床	306	中型	已停采
16	新疆富蕴阿尤布拉克172号白云母矿床	892	中型	已停采
17	新疆富蕴阿尤布拉202号白云母矿床	592	中型	未开采
18	新疆富蕴那森恰287号白云母矿床	1585	大型	已开采
19	新疆富蕴那森恰368号白云母矿床	2437	大型	已开采
20	新疆富蕴那森恰59号白云母矿床	1359	大型	已开采
21	新疆富蕴那森恰295号白云母矿床	750	中型	已开采
22	新疆富蕴那森恰155号白云母矿床	1190	大型	已停采
23	新疆富蕴那森恰380号白云母矿床	361	中型	未开采
24	新疆富蕴那森恰220号白云母矿床	882	中型	已停采
25	新疆富蕴阿克布拉克白云母矿床	580	中型	已开采
26	新疆富蕴391号白云母矿床	1938	大型	已开采
27	新疆富蕴吐玛尔布拉克176号白云母矿床	1415	大型	已开采
28	新疆福海吾光基1号白云母矿床	642	中型	已开采
29	新疆福海克里克卡53号白云母矿床	740	中型	已开采
30	新疆清河布鲁河云母矿床	1200	大型	已开采
31	四川丹巴甘地133脉组白云母矿床	3332	大型	已开采
32	四川丹巴高瓦白云母矿床	5341	大型	已开采
33	四川丹巴甘地白云母矿床	563	中型	已停采
34	四川丹巴科尔金白云母矿床	825	中型	已停采
35	四川丹巴新科苏脉群白云母矿床	309	中型	已停采
36	四川丹巴妥皮白云母矿床	1296	大型	已停采
37	四川丹巴阴山白云母矿床	1610	大型	已开采
38	四川丹巴羊儿岩-牛场白云母矿床	248	中型	未开采
39	四川丹巴喀喀白云母矿床	368	中型	已停采
40	四川丹巴分散矿脉组白云母矿床	251	中型	未开采
41	四川丹巴边古白云母矿床	1491	大型	已开采
42	四川丹巴雾雨沟白云母矿床	733	中型	未开采
43	四川丹巴双海子白云母矿床	879	中型	未开采
44	四川丹巴海子坪白云母矿床	409	中型	已停采
45	四川丹巴甲居白云母矿床	1174	大型	已开采

续表

序号	矿产地名称	探明资源量/t	规模	开采利用情况
46	四川茂汶山葱林白云母矿床	981	中型	未开采
47	内蒙古察右前旗土贵乌拉天皮山2号脉深部白云母矿床白云母矿床	774	中型	已开采
48	内蒙古察右前旗土贵乌拉天皮山6号脉深部白云母矿床白云母矿床	794	中型	已开采
49	内蒙古察右前旗土贵乌拉天皮山4号脉深部白云母矿床	333	中型	已开采
50	内蒙古察右前旗土贵乌拉白云母矿床	39432	大型	已停采
51	内蒙古乌拉特前旗乌拉山白云母矿床	5276	大型	已停采
52	内蒙古乌拉特前旗小东沟65号脉白云母矿床	300	中型	已停采
53	内蒙古乌前旗乌拉山小西沟146号脉白云母矿床	682	中型	已停采
54	内蒙古乌前旗乌拉山小西沟108号脉白云母矿床	445	中型	已停采
55	江苏东海白云母矿床	382	中型	已停采
56	云南贡山黑马云母矿床	893	中型	已停采
57	黑龙江萝北大马哈河白云母矿床	250	中型	已开采
58	吉林集安北屯云母矿床	309	中型	已停采
59	青海大柴旦六五沟白云母矿床	1054	大型	已停采
60	河北曲阳中佐云母矿床	264	中型	已停采
61	广西壮族自治区陆川石垌云母矿床	703	中型	已停采
62	山东诸城邵家沟白云母矿床	576	中型	已停采
63	山东诸城桃行云母矿床	419	中型	已停采
64	福建建宁中栋云母矿床	494	中型	已停采
65	河省卢氏龙泉坪云母矿床	214	中型	已开采
66	山西繁峙庄旺云母矿床	347	中型	已开采
67	广东化州良光云母矿床	514	中型	未开采
68	西藏乃东叶农港白云母矿床	1287	大型	已停采
69	西藏乃东六〇二白云母矿床	441	中型	已停采

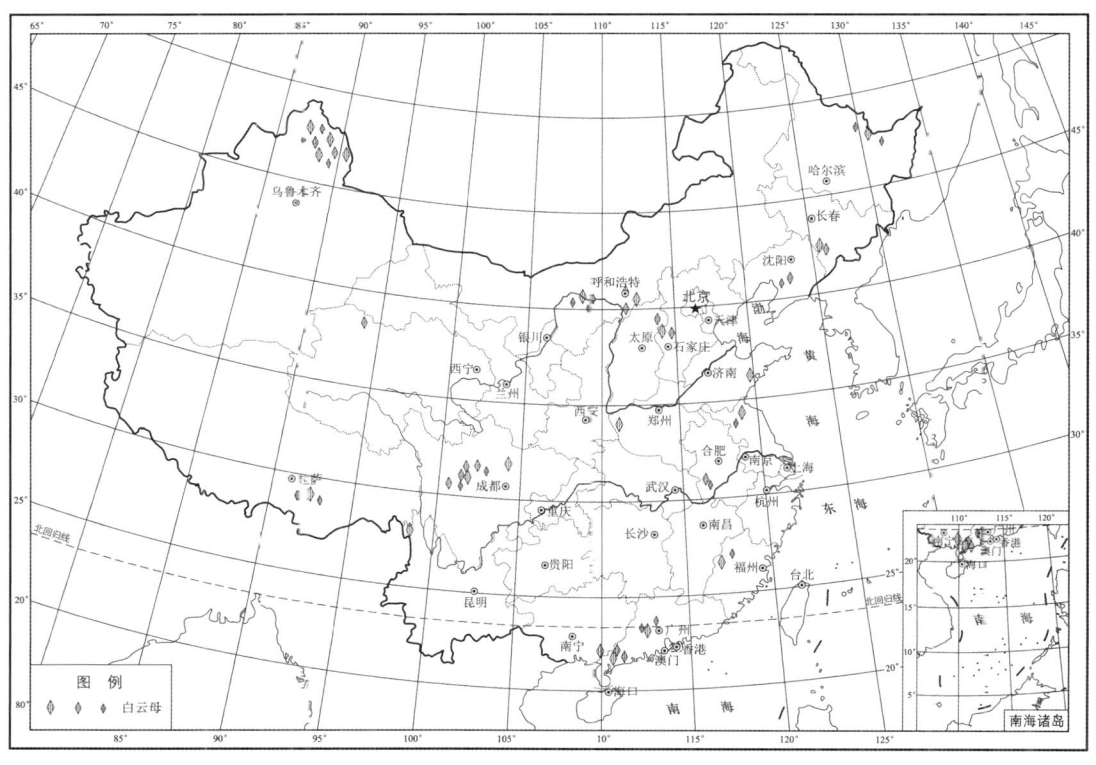

图13-3 中国白云母矿床分布示意图

第五节 开发利用和发展趋势

中国在20世纪50年代至70年代中期，曾将白云母、金云母列为战略资源，最早开采的是四川丹巴云母矿，以后新疆、内蒙古、山西、河北、山东、河南、陕西、云南等省、自治区的云母矿相继开采。主要有新疆阿勒泰、四川丹巴、内蒙古土贵乌拉等矿山，还有上百个县办、乡镇及个体矿山。

工业上主要是直接利用云母自然晶体加工成所需产品。没有缺陷的云母晶体愈大，其经济价值愈高，因此在云母矿石选矿过程中，要尽可能地保护云母自然晶体不受破坏。对于晶体轮廓面积大于4 cm^2 的片云母的选矿，主要根据云母晶体与脉石在形状和摩擦系数方面的差异来进行，常用的方法有手选、摩擦选、形状选。由于人工合成云母大晶体的成功，对天然大片云母的需求量将以每年4.6%的速度逐渐减少，开采量也将逐年降低，而对碎片云母的需求则将以平均每年1.5%的速度持续增长。

从21世开始，国内薄片云母需求量逐年减少，电子管投料片云母的需要量保持平衡，电容器芯片和等外厚片云母等基本饱和。天然片状云母一般为其他代用材料所取代，而云母纸、云母粉以及深加工产品如云母绝缘制品、云母纸电器等开始畅销。世界上现有优质云母还远远不能满足需要，合成云母的研制正在加快进行。

第十四章 金 云 母

第一节 概 述

定义 金云母是云母类族矿物中的一种。它是含铁、镁和钾的一种铝硅酸盐矿物,具有连续层状硅氧八面体构造(图14-1,图14-2)。

图14-1 金云母
(来源:维基百科)

图14-2 金云母
(来源:维基百科)

用途 金云母的用途基本上与白云母一样,曾被广泛地应用于建材行业、消防行业,以及作灭火剂、电焊条、塑料、电绝缘、造纸、沥青纸、橡胶、珠光颜料。片状金云母可作电气工业上的绝缘材料,如制造电动机、电熨斗和电炉的绝缘体。碎片金云母可作云母纸,制造云母板和耐火云母带,既绝缘且能耐600℃以上的高温;还可生产膨胀云母用于建筑工程和生产绝缘砖用于窑炉以及作为钻井泥浆材料及用作喷涂、绝缘材料,火箭、导弹的衬垫材料;此外,还可作为塑料填料使用。

地质工作简况 中国的金云母矿床不多,储量也不大,地质工作程度相对比较低。1959年,黑龙江牡丹江地质局第一地质勘探队对鸡西市柳毛大庆山白云山金云母矿做了初勘报告。1960年,吉林省地质局通化地质大队集安地质队完成了《集安县东岔金云母矿床普查-勘探报告》。1961年和1970年,吉林省地质局六一○队完成了《集安县云母矿1961年普查报告》和《集安北屯金云母矿储量报告》。1975~1976年间,根据国家地质总局下达的任务,对内蒙古中部地区17个旗、县、市的金云母、白云母矿产资源情况进行了调研。结果显示,区带内的金云母矿床为透辉岩脉型,属于岩浆期后气成高强热液矿床,矿石赋存于127条蛭石透辉石岩脉中,其中全脉矿化型蛭石金云母矿脉16条,这16条中有5条为工业矿脉。

矿床发现和开发简史 中国的金云母矿床主要产于古老的变质岩系中,产出时代主要是太古宙和元古宙。1945年以前,在日伪统治时期,曾在乌拉特前旗稍林沟蛭石-金云母矿区以掠夺方式开采过金云母,1949年后,由乌拉特前旗地方工业部门该地开采蛭石和金云母。1956年,内蒙古地质局大青山地质队在本区做矿点检查工作,1977~1978年,内蒙古地质局一○五地质队三队在稍林沟一带开展蛭石、金云母矿普查,发现了隐伏的蛭石、金云母矿脉66条。1962年以来,新疆地方采矿队对区内进行过金云母、透辉石和锆石开采。已采金云母数百吨,宝石级透辉石和锆石数十千克。

第二节 分 类

按照成矿作用分类，金云母矿床可分为镁质矽卡岩型和碱性超基性岩碳酸岩型两类。镁质矽卡岩型金云母矿床产于前寒武纪变质白云岩或白云质大理岩与花岗岩或混合岩接触处的透辉石-金云母岩中，矿体呈囊状、串珠状和脉状；矿石中金云母常呈板状或柱状晶体，此外还有透辉石、磷灰石和方解石；如河南镇坪金云母矿床。碱性超基性岩碳酸岩型金云母矿床，含矿岩系为沿太古宙与元古宙混合片麻岩侵入的碱性纯橄榄岩杂岩体，如新疆尉犁且干布拉克金云母-蛭石矿床产在巨大的碱性纯橄榄岩岩管中，金云母矿体与蛭石、磷灰石、透辉石矿体在碱性纯橄榄岩内共生。

第三节 物理化学性能

物理性能 金云母属黑云母亚类，具有完全解理，可以剥分成5Å[①]或10Å左右的薄片。金云母的颜色呈黄色、棕色、暗棕色或黑色，玻璃光泽，透明度为0~25.5%，比白云母的透明度（71.7%~87.5%）小得多。在耐热性方面，金云母要比白云母好，白云母加热到600℃前，弹性和表面性质均不变，到600℃后就发生脱水，机械性能、电气性能有所改变，弹性丧失，变脆，而金云母在700℃时，电气性能比白云母更好。在电学性质方面，金云母比白云母略差，同样是0.015 mm的云母片时，金云母的击穿电压为1.8 kV，击穿强度为120 kV/mm，而白云母击穿电压为2.2 kV，击穿强度为146.5 kV/mm。金云母抗拉强度为156906~205939 kPa，抗拉强度为294199~588399 kPa，抗剪强度为82768~135332 kPa。其他物理性能见（表14-1）。

表14-1 金云母的物理性能

密度/（g·cm^{-3}）	透明度/%	摩氏硬度	白度	折射率	弹性系数/10^6Pa
2.7~2.9	0~25.5	2.78~2.85	60~70	1.6~1.55	1394.5~1874.05

化学成分 金云母的化学式为$KMg_3[AlSi_3O_{10}](F,OH)_2$，主要含有$SiO_2$、$Al_2O_3$、$K_2O$、$MgO$、$H_2O$，也常含有少量的Al、Mg、Fe、F、Cr、V、Li等元素，类质同象代替广泛，所以不同岩石中产出的金云母，其化学组成成分差距很大。金云母能被浓硫酸所腐蚀，可在浓硫酸中分解，同时产生一种乳状的溶液。金云母的变种有锰云母、钛云母、铬金云母、氟金云母等。中国金云母部分矿产地的化学成分（表14-2）。

表14-2 中国金云母部分矿产地的化学成分（w_B/%）

矿产地名称	SiO_2	Al_2O_3	K_2O	MgO	H_2O
内蒙古矽卡岩（氟金云母）	40.36	9.52	8.34	20.98	0.61
四川钒钛磁铁矿矿体（铬金云母）	41.60	14.57	9.05	20.16	0.26

第四节 分 布

中国金云母矿床不多。从成矿时代看，矿床主要产于古老的变质岩系中，产出时代主要是太古宙。从地理分布上看，主要分布于新疆、内蒙古、河南、吉林等地，现在基本不开采。中国金云母矿产地见（表14-3，图14-3）。

[①] 1Å（埃）= 10^{-10} m

表 14-3 中国金云母矿产地一览表

序号	矿产地名称	探明资源量/t	规模	开采利用情况
1	内蒙古乌拉特前旗稍林沟金云母矿床	133.37	小型	未开采
2	内蒙古武川土坝子、天花沟金云母矿床	121	小型	—
3	黑龙江鸡西市柳毛大庆山金云母矿床	620	中型	—
4	广东怀集洽水旺洞云母矿床	135	小型	已停采
5	吉林集安北屯金云母矿床	206	中型	已开采
6	吉林集安东岔金云母矿床	62	小型	已停采
7	吉林集安曹家沟金云母矿床	112	小型	—
8	青海乌兰查汗诺包子山金云母矿床	489	中型	—
9	河南镇平二龙金云母矿床	—	小型	已停采
10	新疆尉犁且干布拉克金云母-蛭石矿床	—	中型	露天开采

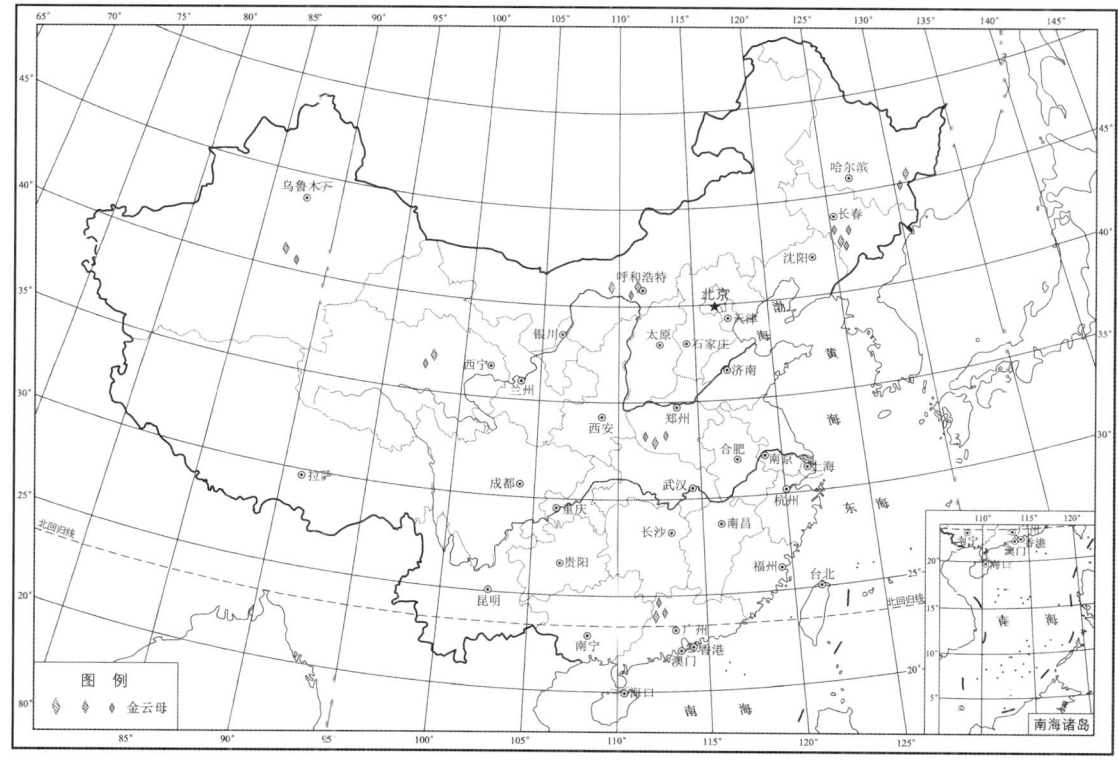

图 14-3 金云母矿床的分布

第五节 开发利用和发展趋势

金云母主要产于超基性岩如金伯利岩，以及白云质大理岩的接触变质带中。不纯的镁质石灰岩在遭受区域变质作用的过程中，也能形成金云母。

金云母的开发利用程度仅次于白云母，因为和白云母物理化学性能有所不同，故有很多特殊功能。金云母广泛应用于建材行业、消防行业，也可应用于制造灭火剂、电焊条、塑料、电绝缘、造纸、沥青纸、橡胶、珠光颜料等。

金云母由于资源量小、产地少，因而对金云母的开发利用十分有限，使金云母的工业利用达到规模化受到限制。

第十五章 碎 云 母

第一节 概 述

定义 碎云母是云母片岩、云母片麻岩中可采的小片白云母（小于 4 cm^2），是云母族白云母亚族的一个亚种，其矿物成分为含钾、铁等层状结构的含水铝硅酸盐族矿物。

用途 由于碎云母粒度细，分散性和附着性好，目前已超越过去工业白云母的应用范围，用途非常广泛。碎云母主要用途有下列十六个方面。一是主用来制成云母纸以代替工业白云母，用于电子工业作电绝缘材料，如作真空管、电容器、整流器、电动机等材料；还在冶金、机械和高科技领域作射线管窗、耐酸碱观察窗、飞机发动机垫圈、氧气呼吸器隔膜及用于电子计算机、雷达、导弹、人造卫星和激光器材料中。二是用于生产耐热云母板和耐火云母带，其产品不仅绝缘性好，而且能耐600℃的高温。三是用酸处理后使其体积膨胀而生产膨胀云母用于建筑工程。四是生产绝缘砖，用于窑炉和建筑上作绝缘材料。五是加水泥后生产用于屋面的瓦和板。六是云母粉和超细云母粉（小于 15 μm）可制云母陶瓷。七是碎云母用作各种涂料和填料，如造纸涂层材料，取代钛白粉作电焊条涂料；又如用作增白和防晒化妆品、珠光颜料，作为防污、防锈、耐腐蚀和防辐射涂料，以及航空器控热涂料的填料等。八是可做防震的阻尼材料。九是可作钻井泥浆材料、钻孔堵隙防漏、抗高温泥浆及抗磨损剂。十是用云母粉与热塑料树脂或热固性树脂制成复合材料－云母增强塑料，广泛用于汽车、管道、机械部件与门窗。十一是用作灭火剂材料。十二是冶金工业用作高炉炉口封堵的耐火材料、金属处理中的退火剂。十三是用作防止黏连的粉剂。十四是利用其反光特性，农业上用作防虫剂。十五是用作消毒剂与炸药的吸收剂。十六是用作喷涂材料、绝缘材料、屏蔽材料和军事工业上如火箭、导弹的衬垫材料。此外，碎云母还是一种传统的中药材，味甘，性平，主治肌肉僵硬失去感觉，以及伤于风邪发冷发热，头晕目眩等症状，具有除风邪，充实五脏，增强生育能力，明睛，久服能使身体轻便灵巧，延年益寿。

地质工作简况 20 世纪 70 年代末，白云母、金云母在工业上被碎云母制成的云母纸替代，随着碎云母需求量不断地增加，在 20 世纪 80 年代初大规模地展开了碎云母的地质找矿工作。现已探明矿区数 18 处，主要分布在河北（5 处）、安徽（10 处）、青海（1 处）和新疆（2 处），查明资源储量 211.47×10^4 t，其中河北和青海两省储量占总储量的99%。

矿床发现和开发简史 河北省灵寿县山门口是碎云母勘查最早、地质工作程度最高、储量也最集中的地区。1985 年，河北省地矿局第十三地质大队在山门口西部的鲁柏山进行了碎云母矿的普查评价工作，估算碎云母矿石储量 172×10^4 t。1990 年，中国建筑材料工业地质勘查中心河北总队对灵寿县的碎云母矿开展了地质调查工作，从王母观到大文山全长 16 km，共分为白草坪、鲁柏山及小文山 3 个矿段。其中小文山矿段最佳，矿体规模大、品位高。1993 年 6～10 月，河北总队在该区开展了碎云母矿的详细勘查地质工作，1994 年编写了《灵寿县山门口碎云母矿区详查地质报告》，通过储量委员会审批，共提交碎云母矿石储量 920×10^4 t，矿物量 471×10^4 t。灵寿县碎云母的开发利用最早始于 1958 年，自 80 年代初，山门口一带个体采矿及选矿加工厂发展迅速，至 1993 年，年开采量约 3.5×10^4 t。2013 年共有 35 个碎云母矿山在开采，其中小型矿山 21 个，小矿 14 个，年开采量 7.18×10^4 t。

第二节 分 类

按照碎云母的成矿作用分类，碎云母矿床可分为区域变质型矿床、热液伟晶岩型矿床和风化型矿床三种类型。中国已发现的碎云母矿床主要以区域变质混合岩化成因矿床为主，热液伟晶岩型矿床和风化型矿床较少。区域变质混合岩化成因矿床规模大,矿石质量好,是中国当前主要的开采对象。该类矿床主要分布在河北省境内的平山、灵寿、行唐、曲阳、唐县一带。如河北省灵寿县山门口碎云母矿区位于灵寿县谭庄乡山门口村东侧的小文山上。该矿床属于区域变质混合岩化成因类型。矿体呈层状、似层状或透镜体状产出。矿体赋存于太古宇阜平群湾子组第一段内。主要矿石类型有混合岩化伟晶岩型、片麻岩型及片岩型三种。矿区东西长1160 m,宽600 m,面积0.7 km²。矿床内共有36个矿体,其中主矿体9个。矿体最长1100 m,一般100~500 m;厚度最大10 m,一般2~6 m,最小1.3 m。

第三节 物理化学性能

物理性能 碎云母是小片白云母,片径一般小于10 mm,多为5 mm左右。它与白云母的物理化学性能相似,为含钾、镁等的层状结构的含水铝酸盐族矿物,属单斜晶系,晶体结构为典型的二八面体型;外形具假六方片状或菱形的片状,有时单体呈锥形柱状,柱面有明显的横纹,晶体细小者呈鳞片状;碎云母通常呈无色或浅色,但颜色随化学成分的变化而异,常呈现黄、褐、灰、浅绿、棕红色,如含Li^+则碎云母呈玫瑰色,含Cr^{3+}则呈鲜绿色,含少量锰Mn^{3+}现时呈茶色,若Mn^{3+}、Fe^{2+}等量存在时为无色,Fe^{2-}单独存在时呈浅绿色,而浅黄、褐色则是由Fe^{3+}引起,红色是Fe^{3+}和Ti同时存在所致;碎云母中有时因含磁铁矿、赤铁矿包裹体而呈现黑色、褐色的斑点。碎云母透明至半透明;玻璃光泽,解理面珍珠光泽,{001}解理极完全,{110}和{010}不完全;薄片具有弹性,硬度在(001)面为2~3,垂直(001)为4;密度2.76~3.10g/cm²;绝缘性能极好,难常溶于酸。

化学成分 化学式为$KAl_2[AlSi_3O_{10}](OH)_2$,其中含$SiO_2$ 45.2%,Al_2O_3 38.5%,K_2O 11.8%,H_2O 4.5%。

第四节 分 布

碎云母矿主要分布在河北、安徽、青海、新疆等地。其中河北为主要的矿产地,分布在太行山脉的平山、灵寿、行唐和曲阳县境内,含矿地层为太古界阜平群漫山组(平山一带原称宋家口组、灵寿、行唐和曲阳一带称湾子组)区域变质岩系,矿床位于阜平穹褶东部的岗南-口头复式向斜中部,含矿地层总体走向呈北东40°~70°,由南到北可分为三个含矿带,南矿带西起平山苏家庄、寺家庄,经灵寿白家沟、文山、行唐的二王寨、霍家庄、曲阳的东庄进入唐县的南伏城,全长80 km;中带西起平山冷泉经灵寿正峪、鲁柏山进入行唐苏家庄,九顶莲花山至口头村,全长32 km;北带分布于口头水库东西两侧,向西延入曲阳,全长10 km;矿体多呈似层状产出,总体产状为顷向约170°、倾角约45°,矿体平均厚度9.0 m,云母含矿率平均为58.55%;矿石有混合岩化伟晶岩型矿石、片麻岩型矿石、片岩型矿石三种自然类型;矿体的直接顶底板围岩主要为白云母钾长片麻岩、花岗质混合岩,其次有黑云斜长片麻岩,白云母石英片岩及斜长角闪岩。中国主要碎云母矿产地(表15-1)。

表15-1 中国主要碎云母矿产地

序号	矿产地名称	探明资源量/矿物量10⁴t			规模	开采利用情况
		332	333	334		
1	河北省灵寿县谭庄乡山门口碎云母矿	172.40	336.0	20	大型	已开采
2	河北省灵寿县大文山碎云母矿	—	243.99	17.54	大型	未开采
3	河北省灵寿县正裕碎云母矿	—	92.27	17.87	中型	未开采
4	河北省灵寿县万寿寺院碎云母矿		44.24	—	中型	已开采
5	河北省灵寿县鲁柏山碎云母矿			63	小型	已开采
6	河北省灵寿县白草子碎云母矿			303	小型	未开采
7	河北省曲阳东庄碎云母矿	264.20	144.30		大型	已开采
8	河北省曲阳县晓林-程东旺一带碎云母矿产地质	—	264.62	480.66	大型	已开采

续表

序号	矿产地名称	探明资源量/矿物量 10^4 t			规模	开采利用情况
		332	333	334		
9	河北省行唐县苏家庄碎云母矿区	447.37	427.76	—	大型	已开采
10	河北省行唐县霍家庄碎云母矿区	45.97	78.17	—	大型	已开采
11	河北省行唐县大汉子山碎云母矿	—	124.41	—	大型	已开采
12	河北省唐县西口底-南伏城碎云母矿	—	32.09	198.84	中型	未开采
13	河北省平山县偏梁-九口碎云母矿	—	6	—	小型	未开采

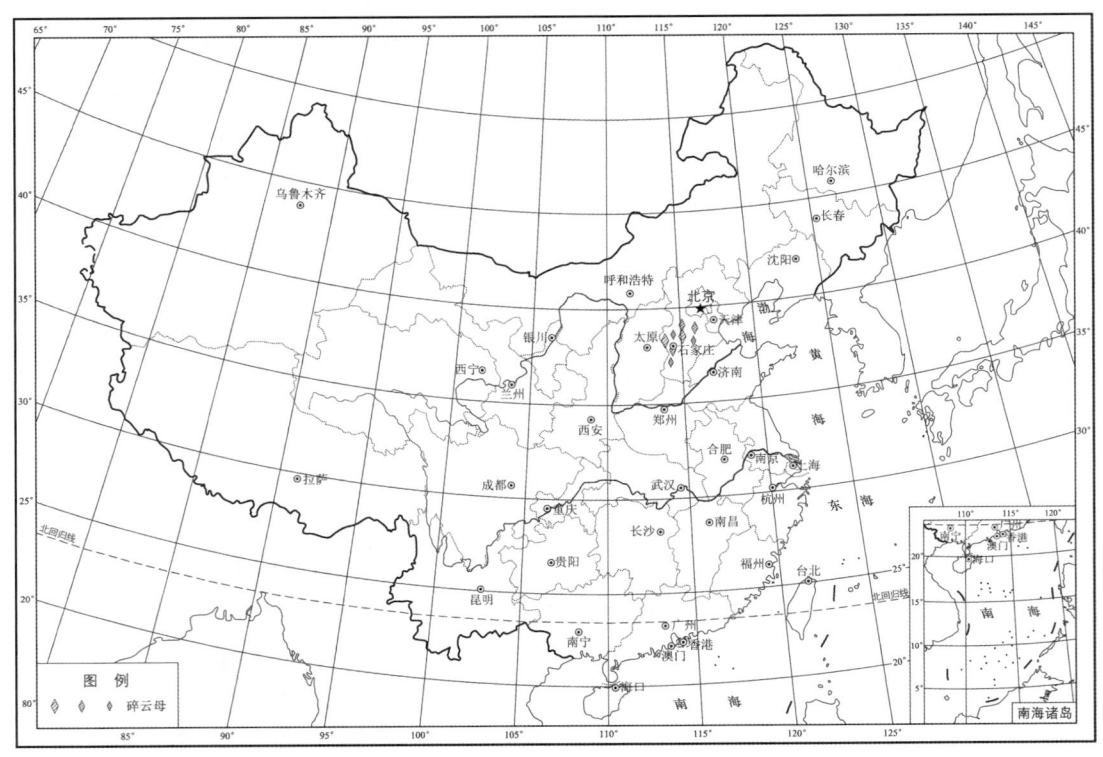

图 15-1 中国碎云母矿床分布

第五节 开发利用和发展趋势

20世纪70年代末期，随着碎云母替代工业云母制成云母纸后，碎云母在多个领域内进行了拓展应用，如作为填料广泛用于涂料、建材、油漆、塑料、橡胶、填充料和代石棉制品。随着碎云母需求量的不断增加，中国在地质勘查上加大了找矿力度，20世纪90年代先后在河北灵寿、行唐、曲阳等地进行了碎云母矿的地质找矿工作。碎云母的选矿工艺主要有风选和浮选，风选已广泛用于实际生产中，但浮选还没有应用于生产。

随着科学技术的发展，碎云母的应用领域日益扩大，除用于建材、石油、防震、润滑、电焊条及有机和无机复合材料等方面外，在化妆等行业中也不断地被开发利用。近年来，随着全球经济的回暖，国际市场对碎云母的需要求量正以每年2%的速度增长，1996年世界对碎云母的用量为 35×10^4 t，到2000年则达到 38×10^4 t，预测2020年需要达 55×10^4 t。中国碎云母产品在油毡、油漆、电焊条和石油钻井等领域的年耗用量为 $5 \times 10^4 \sim 7 \times 10^4$ t，根据市场预测，在近几年内中国碎云母年需求增长速度将达到6%。目前中国的碎云母一部分从已停采的废矿渣中回收，另一部分采自碎云母矿山。

第十六章 石　　棉

第一节　概　　述

定义　石棉是一种可剥分的细长纤维状硅酸盐矿物，因其纤维具有可纺性，故纼称为"石棉"。广义的石棉有两类：一类是蛇纹石族矿物的纤维状变种，称蛇纹石石棉或温石棉；另一类是角闪石族矿物中碱性角闪石矿物的纤维状变种，通常具有不同色调的青蓝色，故称蓝石棉（见第十七章）。由于工业上主要应用的是温石棉，它使用范围广，用量大，所以温石棉也简称为石棉。

用途　作为工业原料或材料的温石棉，其用途非常广泛。一是利用较高品级的石棉纤维织成纱、线、绳、布、盘根等，作为传动、保温、隔热、绝缘等部件的材料或衬。二是与酚醛树脂等材料制成摩擦材料，用在制动和动力传递等方面，如刹车片、闸瓦。三是制成石棉板、石棉纸防火板、保温管和窑垫以及保温、防热、绝缘、隔音等材料。四是温石棉纤维可与水泥混合制成石棉水泥瓦、板、屋顶板、石棉管等石棉水泥制品，代替大量钢材广泛用于各种建筑工程。五是石棉和沥青掺和可以制成石棉沥青制品，如石棉沥青板、布（油毡）、纸、砖以及液态的石棉漆、嵌填水泥路面及膨胀裂缝用的油灰等，用于高级建筑物的防水、保温、绝缘、耐酸碱的材料和交通运输工程的材料。六是将石棉与酚醛、聚丙烯等塑料黏合，可以制成火箭抗烧蚀材料、飞机机翼、油箱、火箭尾部喷嘴管以及鱼雷高速发射器，大小船舶、汽车车身以及飞机、坦克、舰舶中的隔音、隔热材料，石棉与各种橡胶混合压模后，还可做成液体火箭发动机连接件的密封材料。另外，石棉与酚醛树脂层压板，可做导弹头部的防热材料。

地质工作简况　中国很早就开始利用石棉，但正规的地质勘查工作始于1949年后。1952年西南地质调查所开始对石棉县的地质调查工作，开启了正规地质工作的先河。1953年提交了第一份石棉地质详查报告《西康省石棉县石棉地质报告》（注：西康省石棉县是指现在的四川省石棉县）。1957年在青海茫崖发现了中国最大的石棉矿床，此后，在辽宁、甘肃、陕西等地发现了一系列的石棉矿床，开展了以详查、勘探为主的地质工作，成为中国非金属矿地质勘查程度最高的矿种之一。据统计，占中国97.54%的石棉储量都是经过详查以上地质工作的。位于青海省柴达木盆地的茫崖石棉矿属于大型温石棉矿，已探明储量2073×10^4t（石棉量），含棉率高，纤维质量好，抗拉强度大，具有独特的纺织性能，可与世界的"石棉之王"——加拿大的魁北克石棉矿媲美。截至2013年底，探明石棉矿床57处，查明资源储量为9072.41×10^4t（石棉量），已探明储量仅次于加拿大和俄罗斯。

矿床发现和开发简史　中国是世界上发现和利用石棉最早的国家，比公元前极盛时期的古罗马人早六十年，比塞浦路斯岛发现石棉要早九个世纪。据《列子·汤问篇》记载，公元前976年，人们就已开始利用石棉织成布帛，周穆王元年到两汉时期，《洞冥记》一书中对石棉做出较为翔实的记载："石棉之纫以为绳缆。石脉出哺东国，细如丝，可缝万斤，生石里，破石得之，萦绪如麻纑，名曰石麻，亦可为布"。这是一本古代珍贵的"矿物志"，不但最早记录了古人已认识石棉为脉状纤维，同时也记录了古人的生产织作方法，并且指明了它是一种纤维状物质。到北宋时期，对石棉的认识、采集和利用，有了较科学的认识和记录。并指明了石棉是一种矿物纤维，与滑石有共生关系，并不受时令的限制，可以四季开采。经过漫长的历史演绎，到20世纪初中国的石棉矿藏，除辽宁的金州、河北的涞源被日本进行掠夺性开采外，其他几处如华北、西南的矿山，则由小型采矿企业进行手工开采。1949年后，石棉矿床开采有了新的发展。1951年，中国中央政府在盛产石棉的原属西康省越西县的区域上新设置了石棉县。20世纪50年代后陆续建成了年产棉能力在万吨以上的茫崖石棉矿、四川石棉矿、新康石棉矿、金州石棉矿、巴州石棉矿等大型石棉矿山。但是，20世纪70年代后期，西方国家发现石棉具有致癌的风险，石棉的应用一度受到影响。到90年代，一些欧美国家开始禁用石棉，中国在一些领域如刹车片也开始禁用，因而石棉产业受到抑制。截至2013年底，中国尚有38个矿山开采，年开采量 407×10^4 t。

第二节 分 类

按照含矿建造、成矿热液来源和大地构造环境的差异，温石棉矿床可分为镁质超基性岩蚀变型和镁质碳酸盐岩蚀变型两大类。

镁质超基性岩蚀变型又分成四个亚型。①镁质超基性岩大气水热液蚀变型，围岩为前震旦纪的地幔岩熔融残余体，大气水热液在扭性及压扭性裂隙中随构造扭动方向结晶生长石棉纤维。棉脉为纵纤维网状组合（图16-1），盛产长纤维，品位低，矿床规模可达大型，典型矿床如四川石棉县、陕西大安和略阳石棉矿床。②镁质超基性岩混合岩化热液蚀变型，围岩为早元古代胶东群绿岩带中的橄榄质岩，由混合岩化热液成矿；棉脉为横纤维平行脉组合，纤维短，品位高，矿床规模多为小型，典型矿床有山东日照石棉矿。③镁质超基性岩地下水混合热液蚀变型，控矿

图16-1 横纤维石棉
（来源：维基百科）

围岩为蛇绿岩套中的超镁铁质岩石，地下水混合热液在张扭性裂隙中充填成矿；棉脉以横纤维网状及单独脉为主，另有平行脉、环状脉，纤维中长、品位高，矿床规模可达大型，典型矿床有青海茫崖石棉矿。④岩浆期后热液蚀变型，围岩为蛇绿岩套中的超镁铁质岩石，超基性岩期后气液充填各种破裂生成细小棉脉，棉脉为横纤维不规则网状、枝状及帚状为主，另有平行脉、眼球状及环状矿体，石棉纤维短，品位高，矿床规模可达中型，典型矿床如青海祁连小八宝石棉矿。

镁质碳酸盐岩蚀变型又分为三个亚型。①镁质碳酸盐岩岩浆期后热液蚀变型，控矿围岩为震旦系厚层及条带状白云质石灰岩，晚侏罗世辉绿岩沿白云质石灰岩顺层侵入，岩浆期后热液沿层间裂隙活动，交代围岩生成石棉脉；棉脉为横纤维平行脉组合（图16-1），纤维中长，品位较高，矿床规模可达中型，典型矿床有辽宁金州、朝阳等石棉矿。②镁质碳酸盐岩接触交代矽卡岩化热液蚀变型，控矿围岩为震旦系含燧石条带白云岩，燕山期花岗岩与白云岩接触部位生成镁矽卡岩，热液沿层间裂隙充填交代生成石棉；棉脉为横纤维平行脉组合，少数环状脉，纤维中长，品位较高，矿床规模可达中型，典型矿床有河北涞源，四川南江石棉矿。③镁质碳酸盐岩混合岩化蚀变型，控矿围岩为前震旦系白云质大理岩，为混合岩化残余体，混合岩化热液沿层间裂隙及构造破碎带活动，热液中富含 Mg、Fe、SiO_2、$(OH)^-$，交代岩层形成蛇纹岩；在裂隙中形成石棉，棉脉为横纤维平行脉组合，亦有网状及分枝状，纤维中长，品位较高，矿床规模多为小型，典型矿床有吉林集安，山西吕梁，内蒙古武川、察右中旗等。

第三节 物理化学性能

物理性能 蛇纹石石棉是一种用途最广、最重要的石棉，颜色为白色、带绿的黄色，半透明，丝绢光泽，属单斜晶系，摩氏硬度为2~2.5（顺纤维方向为2，垂直纤维方向为2.5），解理极完全，可劈分为极细的纤维，具有极好的可纺性。其密度平均为 $2.5 g/cm^3$，没有磁性，是非导电体，具有耐火、耐碱等性能。

温石棉是由硅氧四面体片和"氢氧镁石"八面体片组成的结构层呈卷曲管状纤维矿物（图16-3），纤维外径平均在16~56 nm之间，以20~50 nm者为多；纤维内径平均在3.5~24 nm之间，多

数大于 11 nm。温石棉属于天然纳米丝材料，具有纳米晶体的尺寸效应和表面效应所产生的优良性质，纤维晶体中，沿石棉管轴一维方向上是共价键加离子键化学键健链，而在垂直于管轴的任意方向上仅有分子键相链，因而具有 1203.3~4237.5 MPa 的极好抗张强度（明显高于高强度的金属材料，与碳纤维、硼纤维和玻璃纤维的抗张强度相当），很好的柔性和密封性；温石棉纤维的尺寸效应和表面效应还表现为具有很大的比表面积和表面活性，比表面积可达 100 m^2/g（Whirraker，1971）。表面活性是因为温石棉纤维两端的端面上存在不饱和的 O-Si-O、Si-O-Si、Mg-O 键，特别是暴露的 O^{2-} 具有很强的活性。在纤维柱面上除存在活性较强的 $(OH)^-$ 活性基外，还有由于纳米材料表面的原子周围普遍缺少相邻原子而出现的其他类型的悬空键。悬空键使温石棉表面具有很高的活性，只有与其他原子（离子）结合才能稳定下来，这种表面活性使纤维复合材料具有一系列优良性能。同时，由于卷管构造而引起的晶格弯曲还会引进附加的内能和表面能，这是石棉纤维具有很高的化学活性的又一重要原因。此外，温石棉的晶体化学特性使这种纤维材料具有较好的热稳定性（一般要在 650~750℃ 左右才能使晶体结构完全破坏），热导率低，隔热效果好，电阻率高，绝缘性强。

图 16-2 纵纤维石棉
（来源：维基百科）

图 16-3 石棉纤维
（来源：维基百科）

化学成分 石棉分子式为 $3MgO \cdot 2SiO_2 \cdot 2H_2O$，理论化学成分为 MgO 43.64%、$SiO_2$ 43.36%，H_2O 13.00%。不同矿床，甚至同一矿床不同地段的石棉，其化学成分都会有出入，这是因为在实际矿床中，石棉还含有少量的铁、铝、钙、镍等元素的氧化物。中国重要石棉矿床化学成分（表 16-1）。

表 16-1 中国重要石棉矿床化学成分（$w_B/\%$）

序号	矿床名称	矿床类型	SiO_2	MgO	H_2O^+
1	辽宁金州	碳酸盐岩型	43.2	41.5	12.4
2	河北涞源	碳酸盐岩型	42.5	43.3	13.02
3	青海茫崖	超基性岩型	40.9	42.3	13.4
4	四川石棉	超基性岩型	42.5	41.8	13.1

第四节 分　　布

中国具有丰富的石棉资源，18 个省、直辖市、自治区都有石棉产出。中国石棉储量主要集中分布在西北和西南地区，其中以四川、青海、新疆、陕西为主，四省区石棉储量占总储量的 94.14%，西北地区占 62%，东北、华北地区石棉储量不大，中南、华南地区矿点很少。中国石棉矿床类型齐全，以蛇纹石石棉矿床为主，角闪石石棉矿床较少。在蛇纹石石棉矿床中，镁质超基性岩蚀变类石棉矿床主要分布在四川、青海、陕西、新疆、甘肃等地,矿床规模大,主要有四川石棉、新康,青海茫崖,甘肃阿克塞,陕西大安等,是中国石棉的主要产区。镁质碳酸盐岩蚀变类石棉矿床主要分布在辽宁、河北、山西、内蒙古等地,主要有辽宁金州和朝阳,河北涞源、山西方山等。在角闪石石棉矿床中具有较大工业意义的是蓝石棉矿床,主要分布在豫鄂陕地区、川滇地区和冀豫地区;另外还有透闪石石棉矿床,以产于四川西部的矿床规模较大。

超基性岩型温石棉矿床一般规模大,数量多,品位相对较富,纤维质量好,矿床多呈带状分布,成矿母岩为富镁质和镁铁质超基性岩,镁铁比一般大于10,多为斜方橄榄岩、橄榄岩。富镁碳酸盐岩型温石棉矿床的围岩多为白云岩、白云质灰岩,此类矿床规模小,品位较低,主要分布在华北、东北地区,其石棉质量好,矿床也有很好的经济价值。中国主要石棉矿产分布见(表16-2),中国石棉矿床分布(图16-4)。

表16-2 中国主要石棉矿产分布

序号	矿产地名称	矿床类型	探明资源量 矿石 10^4 t	规模	开采利用情况
1	北京延庆石窑石棉矿床	碳酸盐岩型	3.2	小型	停采
2	河北涞源烟煤洞石棉矿	碳酸盐岩型	58	中型	露天开采
3	山西灵丘青羊口	闪石类	4.1	小型	已开采
4	黑龙江依兰白塔沟	闪石类	35	中型	停采
5	吉林集安矿山村石棉矿	碳酸盐岩型	5	小型	小规模开采
6	辽宁金州	碳酸盐岩型	47	中型	已闭坑
7	辽宁朝阳董家沟	碳酸盐岩型	19	中型	地下开采
8	山东日照石棉矿	超基性岩型	15	小型	已转产
9	安徽宁国虹龙	闪石类	0.3	小型	已开采
10	江西弋阳狮子山	超基性岩型	1.7	小型	已开采
11	四川石棉县石棉矿床	超基性岩型	1695	大型	露天开采
12	四川彭县(现为彭州市)水晶坡石棉矿	超基性岩型	49	小型	已闭坑
13	四川康定五道牛棚	闪石类	67	大型	已停采
14	云南德钦贡坡石棉矿	超基性岩型	43	中型	小规模开采
15	云南墨江-元江石棉矿	超基性岩型	113	中型	停采
16	陕西宁强大安黑木林石棉矿	超基性岩型	985	大型	露天开采
17	陕西略阳煎茶岭石棉矿	超基性岩型	93	大型	停采
18	甘肃阿克塞南坝	超基性岩型	15	小型	已开采
19	青海茫崖石棉矿	超基性岩型	2073	大型	露天开采
20	青海祁连黑刺沟石棉矿	超基性岩型	1024	大型	已开采
21	青海祁连双岔沟石棉矿	超基性岩型	27	中型	露天开采
22	青海祁连小八宝石棉矿	超基性岩型	120	中型	露天开采
23	新疆若羌依吞布拉克石棉矿	超基性岩型	40	小型	露天开采
24	新疆且末阿帕石棉矿	超基性岩型	159	中型	露天开采

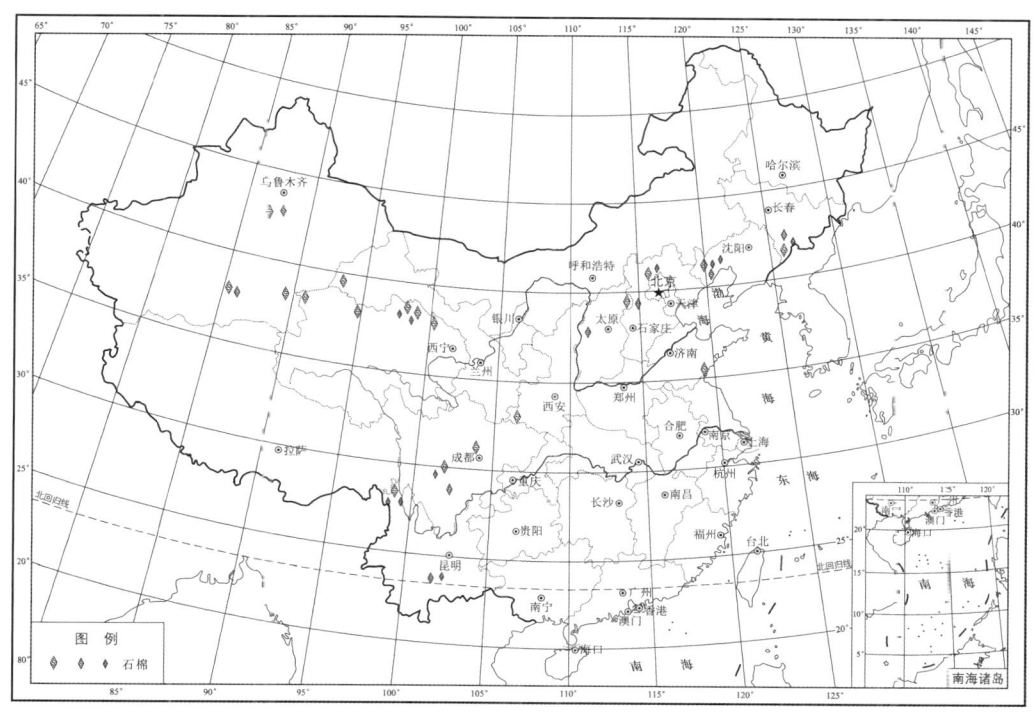

图 16-4 中国石棉矿床分布

第五节 开发利用和发展趋势

中国石棉矿床有露天开采和地下开采两种采矿方式。西北地区的石棉矿基本上采用露天开采，公路开拓运输，主要设备包括挖掘机、牙轮钻机、潜孔钻机、装药车、推土机、汽车等。四川，辽宁金州、朝阳、河北涞源、山西吕梁，山东日照等石棉矿采用地下开采方式，平硐或竖井开拓，采矿方法包括分段崩落法、干式尾砂充填法、全面采矿法、房柱法和留矿法等。据统计，中国石棉综合回采率在84%~94%。与其他非金属矿不同的是，石棉矿采出后必须经过选矿才能使用。石棉的选矿工序有破碎、筛分、干燥、冷却、预先富集、粗选、精选和分级。为了保护石棉纤维不受破坏，一般采用多段破碎、多段分选的工艺流程。中国石棉选矿采用干法选矿，破碎设备多采用反击式破碎机、旋回圆锥破碎机、轮碾机。筛分设备主要采用回旋筛、反流筛、高方筛和振动筛。干法选矿粉尘飞扬，对空气污染十分严重。分选出的石棉按纤维长短分为 8 个品级，特级和 1、2、3 级一般作纺织用，4、5、6、7 级作建筑材料用。如青海茫崖石棉矿，3 级以上石棉只占全矿区总储量的 5.4%，6~7 级占69.2%。值得注意的是祁连小八宝矿山所产石棉，几乎全为短纤维，6~7 级占全矿区总储量的94.25%，特级~2 级仅占 1.44%，但所有纤维都具有湿纺性能，纤维柔软，劈分性好，结晶度好，化学成分接近理论值，其中 Fe^{2+} 代替八面体的 Mg^{2+} 很少，杂质少，即或有杂质存在也易与纤维分开。而四川新康石棉，不仅杂质多，而且赋存形式复杂，与纤维交错黏结不易解离，使纤维成浆十分困难。茫崖石棉纤维虽外观和结晶度与祁连棉十分相似，但由于茫崖棉成分中有较多的 Fe^{3+} 代替八面体中的 Mg^{2+} 使石棉管壁增厚，纤维变硬、变脆，又被共生杂质黏结，导致分散困难，因此茫崖棉也不能为湿纺工业利用。不过茫崖石棉结晶好，强度高，是石棉水泥制品和石棉摩擦制品的优良原材料，应用也很广泛。涞源石棉呈针状，是水泥制品的良好矿物原料。

由于石棉粉尘对人体有害，所以代用品很多，包括硅酸钙、碳纤维、陶瓷纤维、玻璃纤维、钢纤维、硅灰石、纤维状海泡石、纤维状水镁石等。有些代用品使用比较成功，也有一些因为综合性能、制造工艺、生产成本、产品质量等方面，代用品材料不如石棉。可见，就目前技术水平而言，石棉完全被取代在短期内尚不可能实现。从近期看，石棉工业还在发展；从长远看，石棉市场前景暗淡。

第十七章 蓝石棉

第一节 概 述

定义 蓝石棉是碱性角闪石石棉的总称，属链状结构硅酸盐矿物，由于呈现不同色调的青蓝色而得名。

用途 蓝石棉是一种稀有的矿产资源，除有温石棉的一般性能之外，还有高抗酸碱性，是耐酸碱制品的主要原料。质量好的蓝石棉具有优良的过滤性能，具有防化学毒物及净化被放射性微粒污染空气的性能，用于军事和民用的防化和超净化方面，是国防和尖端工业一种极重要的矿物原料，是航空航天工业的重要材料，也是其他工业和军事装备的密封和抗震材料，故20世纪50~60年代作为一种战略性物资，保护性限制开采。蓝石棉作为增强填料的制品具有极好的强度、弹性、抗老化和抗温度剧变性。此外，蓝石棉还可以纺成纱、线、绳、布，作为保温、隔热、绝缘材料。同时，也可以做水泥预制件（包括输油气管道）的增强纤维。

地质工作简况 中国自1956年首次发现蓝石棉矿床以后，经过20多年的地质工作，在一百余处地方发现了蓝石棉矿床（点），其中矿化较好的数十处。对于这些矿化较好的矿床（点），进行了不同程度的普查和勘探工作，确定了一批具有工业价值的矿床。蓝石棉矿床类型虽多，但矿体都小，找矿勘查难度大，开采成本很高，加之其采矿加工及使用过程对人体健康有损害，中国从20世纪70年代末矿山停采，不再开展地质工作。

矿床发现和开发简史 中国对蓝石棉的认识有一个过程。在1930年以前，河南省当地群众尚不知道蓝石棉这一名称，而只因其纤维像羊毛称为"羊毛石"。1930年，由中央研究院地质调查所下美年同法国学者到淅川一带调查，发现了蓝石棉。1932~1937年间，英、美、德、日等国商人先后来到淅川、内乡，雇用民工开采，年开采量300 t左右，销往英、美、德、日、法、荷等国。1937年后，因日寇侵略，交通阻滞，石棉无法销出，仅开采少量供应当地群众糊灶、搪墙壁用。1939年，曹世禄调查了河南淅川、内乡石棉，定名为角闪石石棉。1949年后，蓝石棉生产日渐恢复，供应开封石棉厂等单位使用。1959年以后，因蓝石棉的高效空气过滤性能在军事防护方面有一定用途而得到重视。

陕西省商南县冯家岭蓝石棉矿在20世纪50年代曾经开采过，地质调查工作是以此线索开始的，1956~1959年先后进行过矿点踏勘与地表工程揭露，但对其工业价值未做评价。1959年，陕西省地质局商洛地质队采样外送苏联鉴定，因其中4个样不具特殊用途而未继续工作。1961~1964年，陕西省地质局在商南地区多处进行普查，结论认为"本区蓝石棉数量、质量不能满足工业需要，今后可不再工作"。1971年，陕西省地质局第十三地质队确定了大苇园与冯家岭蓝石棉矿的工业价值，探明了一个大型和一个中型蓝石棉矿。大苇园和冯家岭蓝石棉矿，曾于1972~1979年开采，部分加工成石棉线等制品。

第二节 分 类

按照蓝石棉的成分、结构和性质特征，蓝石棉分为镁钠闪石石棉、蓝透闪石石棉、含钙镁钠闪石石棉和富亚铁镁钠闪石石棉四种类型。

按照蓝石棉工业要求，曾将蓝石棉分为四个品级。其中：Ⅰ级品，纤维长度≥20 mm，手选；Ⅱ级品，纤维长度5.5~20 mm，手选为主，筛选为辅；Ⅲ级品，纤维长度2.5~5.5 mm，筛选；Ⅳ级品，纤维长度 0.7~2.5 mm，筛选。

蓝石棉矿床类型虽多，但矿体都小，曾按照蓝石棉成矿作用，将蓝石棉矿床类型分为变质火山岩系中的蓝石棉矿床、碳酸盐岩中的蓝石棉矿床、超基性岩-碱性超基性岩中的蓝石棉矿床、正长岩和闪长岩中的镁钠闪石石棉矿床、含盐建造中的镁钠闪石石棉矿床、含铁建造中的蓝石棉矿床六种类型。

第三节 物理化学性能

物理性能 蓝石棉多数具有较好的柔软性和纤维劈分性，密度 2.83~3.23 g/cm³，具有优良的耐酸碱腐蚀性，在热的浓酸碱浸煮下仍具有优良的耐腐蚀性；优良的劈分性，用机械的方法可将其劈分为极细的弹性纤维；纤维表面有较高的负电位；纤维具有高强度、高模量和变形小；优良的过滤性，可防毒雾、毒烟、放射性尘埃物及大气灰尘、气溶胶粒等；耐高温、隔热性。

化学成分 中国蓝石棉主要化学成分（表 17-1）。

表 17-1 中国蓝石棉主要化学成分（$w_B/\%$）

区域	矿物种属	SiO_2	Fe_2O_3	FeO	MgO	CaO	Na_2O	H_2O^+
四川、云南	镁钠闪石	54.19	13.37	4.10	10.89	0.36	6.41	2.78
		56.92	15.87	6.61	14.85	1.08	6.85	2.90
河南、陕西		54.75	14.19	3.69	10.41	0.34	5.62	1.88
		57.04	17.13	6.34	11.72	2.26	6.43	2.87
河南	富亚铁镁钠闪石	52.77	15.82	12.46	7.02	0.90	6.38	2.52
	蓝悉闪石	57.72	2.67	1.69	20.32	8.09	3.20	2.26
	含钙镁钠闪石	56.74	8.55	2.59	17.18	4.40	5.36	2.43

第四节 分 布

中国蓝石棉资源矿点 12 个，主要分布在云南、河南、陕西、四川等省。中国蓝石棉矿典型矿床一览表（表 17-2），中国蓝石棉分布（图 17-1）。

表 17-2 中国蓝石棉矿典型矿床一览表

地区	矿区数	典型矿床				开采利用情况
		矿产地名称	查明资源量/t	规模	主要类型	
全国	12	—	—	—	—	—
河南	7	河南内乡县三岔口蓝石棉矿	788.0	中型	镁钠闪石石棉（纤铁蓝闪石石棉）	已停采
		河南省内乡县竹园蓝石棉矿	749.0	中型		已停采
		河南内乡县鸡笼山蓝石棉矿	184.0	中型		已停采
		河南内乡县东川蓝石棉矿	194.0	中型		已停采
		淅川县唐家洼蓝石棉矿	833.0	中型		已停采
		河南省淅川县马头山蓝石棉矿	1481.0	大型		已停采
		河南省淅川县张营蓝石棉矿	167.0	中型		已停采
四川	1	盐源县东门水库塔尔山蓝石棉矿	860.0	中型	镁钠闪石石棉（纤铁蓝闪石石棉）	已停采
云南	2	云南省大姚高峰寺矿	37737.0	大型	镁钠闪石石棉（纤铁蓝闪石石棉）	已停采
		云南省牟定凤头甸蓝石棉矿	648.0	中型		已停采
陕西	2	陕西省商南县大苇园蓝石棉矿	1486.0	大型	镁钠闪石石棉（纤铁蓝闪石石棉）	已停采
		陕西省商南县冯家岭蓝石棉矿	462.0	中型		已停采

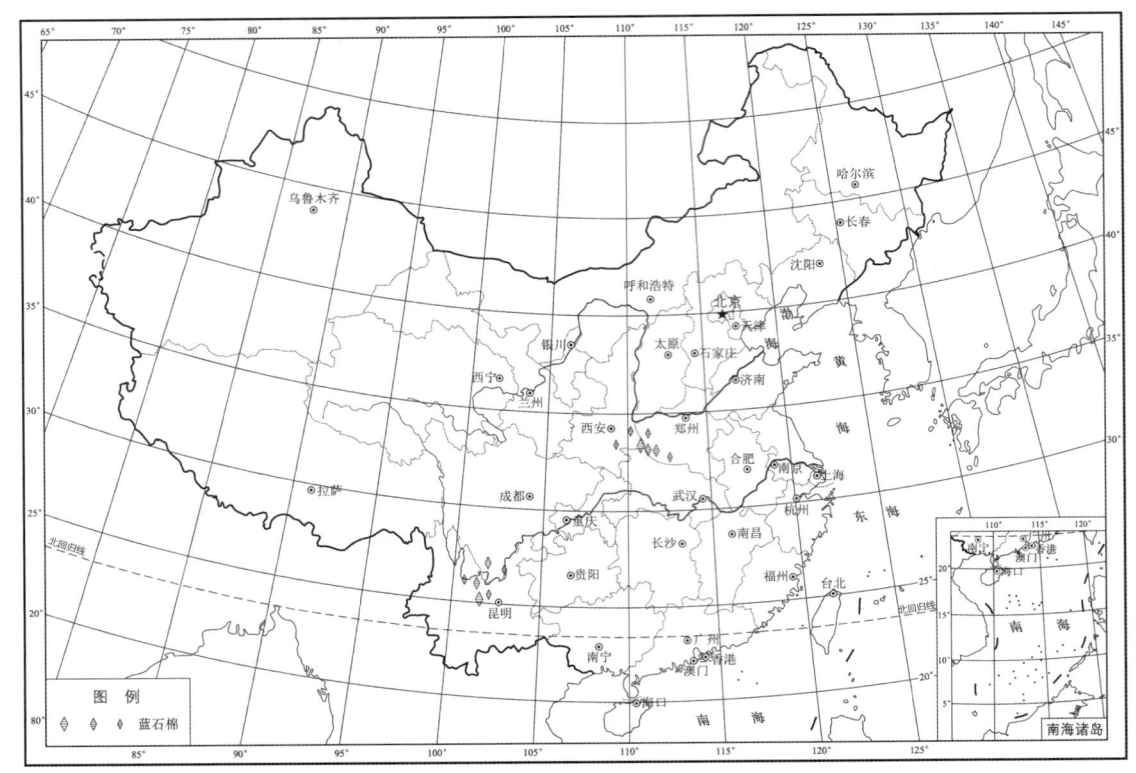

图 17-1 中国蓝石棉分布

变质火山岩系中的纤铁蓝闪石石棉矿床分布于陕西、河南；变质火山岩系中的镁钠闪石石棉矿床分布于河南；白云岩、白云质泥岩中的镁钠闪石石棉矿床主要分布于云南、四川。正长岩、闪长岩中的镁钠闪石石棉矿床分布于河南等地；含盐建造中的镁钠闪石石棉矿床主要分布于四川、云南等地；含铁建造中的蓝石棉矿床目前资料不明。

第五节 开发利用和发展趋势

中国曾开发的蓝石棉矿山不多，目前都已经停采。

蓝石棉尽管曾是一种用途广泛的战略性稀有矿种，但它也是一种致癌物质，并经世界卫生组织确认，是《鹿特丹公约》中受限制的46种化学品之一。医学证实，并非所有的石棉矿物都有同等的危害，不经常接触到应用最广泛的温石棉对健康并不构成威胁，而蓝石棉的危害性较大，致癌发病率最高。2002年国家经贸委重新制定石棉工业发展新方针，允许合理使用温石棉，仍然禁止蓝石棉的生产与使用。同时，由于蓝石棉找矿与开采都较困难，且很多用途已经被其他非金属矿产品代替，故在20世纪70年代起即已成为一个被淘汰的非金属矿种。

第十八章 蛭 石

第一节 概 述

定义 蛭石是一种成分复杂的层状结构的含镁水铝硅酸盐矿物，外形似云母，受热膨胀时呈挠屈状，形态酷似水蛭而得名。其原矿通常夹有大量脉石矿物，如辉石、方解石和云母等，矿石品位30%左右，脉石含量一般在50%以上。

用途 蛭石经焙烧后具有容重轻、耐冻、保温、隔热、吸音等性能，被广泛用于建筑、节能、环保、农牧业、园艺等领域。其主要用途有几个方面：一是在建筑行业中，主要使用膨胀蛭石制成松散填充料、膨胀蛭石制品、膨胀蛭石混凝土等，用作轻质、保温、隔热、吸音、防火等材料（图18-1）。二是由于蛭石粉具有良好的吸水、透气、吸附、松散、不板结等性能，在农业和园艺上，用作营养释放剂、土壤调节剂、化肥及杀虫剂载体和溶液培养作物的基床，用于花木、蔬菜、果树种植的营养土以及育苗、果蔬保鲜等（图18-2）。三是由于蛭石具有抗酸碱腐蚀的性能，对5%以下的硫酸、盐酸、醋酸，5%以上的氨水、碳酸钠有抗腐蚀作用，可用于化工涂料的制造；四是在环保上可用作去除有害物质的吸附剂和离子交换性处理剂、处理废水和净化空气。五是在畜牧业方面膨胀蛭石可用作饲料添加剂。六是在膨胀蛭石，可用于摩擦材料、制动材料，且性能优异、无毒无害，对环境无污染，是新型的环保材料；此外，蛭石还可作颜料、油漆、油墨、橡胶、合成玻璃、隔热陶瓷填充料、助滤剂等。

图18-1 膨胀蛭石
（来源：维基百科）

图18-2 蛭石粉
（来源：维基百科）

地质工作简况 中国蛭石矿床的地质工作起始于20世纪50年代，最早的是1956年内蒙古地质局大青山地质队对乌拉特前旗稍林沟蛭石矿的勘查工作，1970年在陕西潼关立峪口矿区发现了蛭石矿，以后年份陆续开展了较为深入的地质工作。截至2013年底，共探明蛭石矿床13个，探明蛭石资源储量3465.96×10^4t。

矿床发现和开发简史 1945年以前，在日伪统治时期，内蒙古巴彦淖尔盟（现为为蒙古巴彦淖尔市）乌拉特前旗沙德盖乡稍林沟一带的稍林沟蛭石矿床就曾以掠夺方式开采蛭石矿。1949年后由当地工业部门在此开采蛭石矿，开采工作经过几上几下的发展，直到1970年才形成了年采200～800t的规模，产品运销区内及广东、江苏、辽宁沈阳、甘肃兰州等地。1976年6月，在新疆尉犁县东南发现了且干布拉克蛭石矿床。该矿床是一个世界级特大型矿床，主要生产鳞片状蛭石和蛭石复合肥，产品除销售中国各省区外，大部分外销美国、日本、澳大利亚。其鳞片状蛭石获国家的"优质产品证书"和"优质产品金杯奖"。美国纽约科研机构鉴定认为，该矿的蛭石质量超过南非，是"王牌蛭石"。

第二节 分 类

按照蛭石的外形和热处理反应结果进行分类，蛭石可分为三级。一级，体积膨胀10～25倍，大叶片状，呈黄铜色或淡绿色，珍珠或油脂光泽，焙烧后变为金色；二级，体积膨胀5～10倍，呈暗绿铜色，玻璃光泽；三级，体积膨胀2～5倍，呈暗色或近似黑色，焙烧后呈银白色。

按照蛭石的晶体鳞片大小进行分类，蛭石可分为四级。一级，晶体鳞片>15 mm；二级，晶体鳞片4～5 mm；三级，晶体鳞片2～4 mm；四级，晶体鳞片<2 mm（图18-3）。

按照蛭石成矿作用分类，蛭石矿床可分为碱性-超基性岩型矿床、矽卡岩型矿床、伟晶岩型矿床、热液型矿床、片麻岩型矿床和脉型矿床六种类型。①以碱性-超基性岩型矿床为主，此种类型往往形成大型矿床。碱性-超基性岩型矿床的特点是矿体规模大小不等，蛭石片径大小不一，常以小片居多，典型矿床有四川南江坪河盘家坡蛭石矿床、甘肃红石山蛭石矿床和新疆且干布拉克蛭石矿床等。②矽卡岩型矿床的特点是矿体形态较为复杂，延伸比较大，蛭石片径2～10 cm，水化完全，质量好，线性膨胀率一般为20～22倍，典型矿床有内蒙古上岔沁蛭石矿、达茂联合旗哈达特蛭石矿和甘肃小孤山蛭石矿床。③伟晶岩型矿床的特点是蛭石呈窝子状产出，片径2～5 cm，线性膨胀率15～20倍，典型矿床有山西河北村和内蒙古乌拉特前旗的小奴气、前召沟蛭石矿床。④热液型矿床特点是矿体为不规则状，矿带长、宽度大，蛭石片径0.5～1 cm，典型矿床有内蒙古宁城县马家沟、河北家沟、河南大湖峪、青海亚马图和陕西朱家沟等矿床。⑤片麻岩型矿床特点是蛭石均匀分布于斜长片麻岩中，与脉石紧密共生，并呈风化壳式产出，片径较小，含矿率10%～30%，典型矿床有河南唐河地区蛭石矿床。⑥脉型矿床的特点是矿体呈脉状、似层状、透镜状、窝子状及不规则状，蛭石含量高，典型矿床有内蒙古乌拉特前旗的稍林沟矿床。

图18-3 大片蛭石

（来源：维基百科）

第三节 物理化学性能

物理性能 蛭石常呈鳞片状、片状或单斜晶系的假晶体，鳞片重叠，解理完整。颜色为褐黄色至黄色，有时带绿色色调，土状光泽、珍珠光泽或油脂光泽，摩氏硬度1～1.5，密度约2.3 g/cm³，含水率约7%，容重1100～1200g/cm³。蛭石加热后迅速膨胀15～20倍，最高达40倍，形成银灰色的水蛭状膨胀体，密度降至0.6～0.9 g/cm³。膨胀蛭石具有极高的绝热性和良好的隔音性能，并且具有耐火性（1000℃）和机械强度，化学稳定性，导热系数0.047～0.07W/（m·k），吸声系数0.53～0.63，熔点为1370～1400℃。矿石以脉石成分的不同，可分为蛇纹石型矿石和透辉石型矿石两种。不同脉石的蛭石的主要物理性能（表18-1）。

表18-1 不同脉石的蛭石的主要物理性能

编号	矿石类型	膨胀倍数	膨胀后干容重 (kg·m⁻³)	吸湿率/%	耐火度/℃	吸声性能	导热系数 (Kcal·m⁻¹·h⁻¹·℃⁻¹)
1	蛇纹石型（富矿）	33.67	139	1.17	1250～1280	0.16	0.05674
2	蛇纹石型（贫矿）	28.68	148	1.17	1300	0.17	0.05717
3	透辉石（富矿）	27.7	163	1.5	1250	0.31	0.05865
4	透辉石（贫矿）	21.07	182	1.5	1280	0.30	0.06117

化学成分 蛭石的分子式为$(Mg, Fe, Al)_3[(Si, Al)_4O_{10}(OH)_2]\cdot 4H_2O$，化学成分变化比较大，除$MgO$、$SiO_2$、$Al_2O_3$、$H_2O$外，常含有$Fe_2O_3$、$FeO$、$K_2O$、$CaO$、$NiO$、$TiO$、$Na_2O$。一般含

MgO 14%~18%，Fe_2O_3 5%~17%，FeO 1%~3%，SiO_2 37%~42%，Al_2O_3 10%~13%，H_2O 8%~18%，K_2O 6.5%。

第四节 分 布

蛭石资源分布与热液蚀变、接触交代、风化水解等多种因素有关，尤其与岩石的性质、构造及热液成矿地质条件有关。从岩性上看，蛭石多分布于基性、超基性及碱性岩中，主要产于前震旦系或热液蚀变的岩体内。从构造上看，蛭石多分布于构造破碎带、断裂带及褶皱发育地段。中国蛭石矿床分布不均匀，主要分布在新疆、河北、内蒙古、辽宁、山西、陕西等北部省区，在四川和湖北等也有少量分布。国内规模最大、最具代表性的是新疆尉犁县且干布拉克蛭石矿，储量达 $1650.31 \times 10^4 t$，远景储量为 $1 \times 10^8 t$，储量估计居世界第二。中国蛭石主要矿产地一览表（表18-2），中国蛭石矿床分布（图18-4）。

表18-2 中国蛭石主要矿产地一览表

序号	矿产地名称	探明资源量/10^4t	规模	开采利用情况
1	河北赤城县于家沟蛭石矿	34.9	中型	已利用
2	河北滦平县三道河蛭石矿	45.1	中型	已利用
3	山西夏县南师蛭石矿	571.8	大型	已利用
4	内蒙古固阳县文圪乞蛭石矿	437.1	大型	可利用
5	内蒙古乌拉特前旗稍林沟蛭石矿	0.1	小型	已利用
6	江苏新沂县（现为新沂市）阿湖镇蒋庄蛭石矿	154.9	大型	可利用
7	江苏东海县埠后村蛭石矿	32.7	中型	已利用
8	江苏东海县埠后蛭石矿	16.8	小型	已利用
9	陕西潼关县立峪口蛭石矿	521.50	大型	已利用
10	甘肃高台县小孤山蛭石矿	0.7	小型	可利用
11	新疆尉犁县且干布拉克蛭石矿	1650.31	大型	已利用

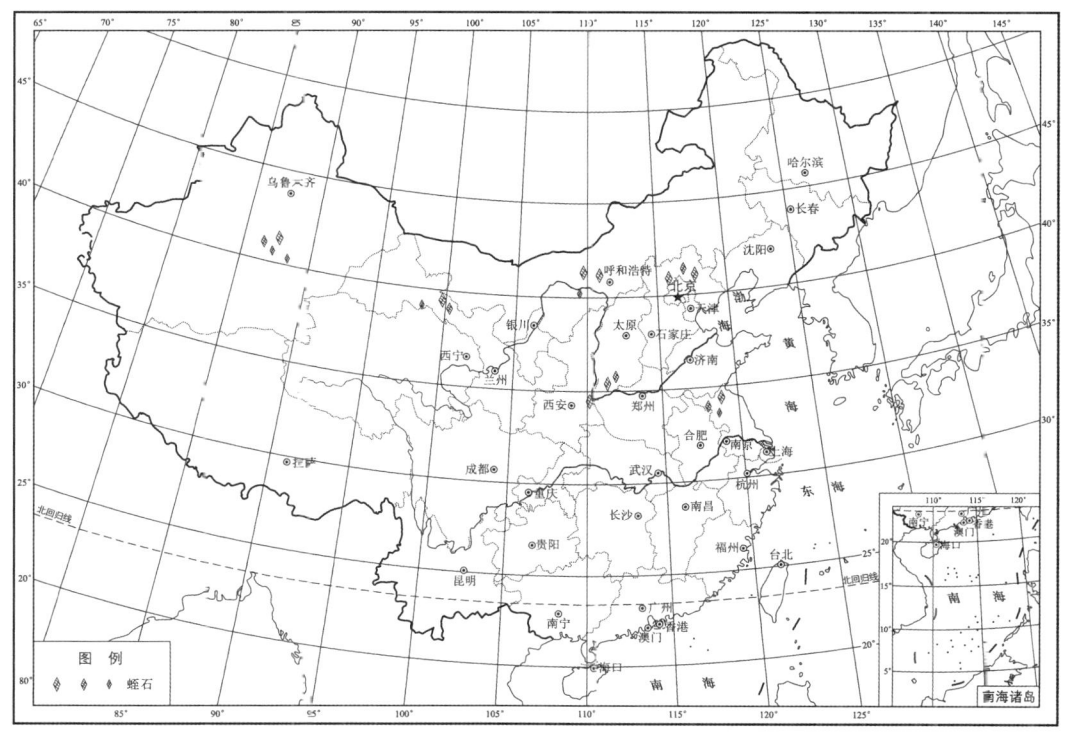

图18-4 中国蛭石矿床分布

第五节 开发利用和发展趋势

由于缺乏深加工技术,蛭石资源的产业链条一直未建立起来。目前中国蛭石精矿年总产能约 $30 \times 10^4 t$,生产企业主要集中在新疆和河北,其中新疆尉犁新隆蛭石有限公司是中国最大的蛭石生产企业。

蛭石产品的应用已经从传统的保温材料向防火、装饰、房间隔断等多种功能材料发展,其应用领域涉及建筑领域的多个方面。以蛭石为原材料的产品主要有膨胀蛭石、膨胀蛭石灰浆、蛭石混凝土、膨胀蛭石制品、沥青蛭石制品、防火蛭石板和蛭石装饰板。

蛭石是重要的非金属矿产资源,但还没有达到广泛应用的程度,蛭石应用以膨胀蛭石的应用为主。随着经济发展和工业化程度的提高,农业、园艺、养殖业和节能环保业的发展,对膨胀蛭石的需求将会更多,蛭石的应用将会在与其他轻质矿物及其加工产品的竞争中稳步发展。目前蛭石的开发处于发展阶段,有许多产品是空白,因此发展潜力很大。

第十九章 长 石

第一节 概 述

定义 长石矿物是指一族具有架状结构的铝硅酸盐矿物,主要有钾长石、钠长石、钙长石、锂长石等(图 19-1)。

用途 长石用于玻璃制造,作为玻璃原料的 Al_2O_3 来源,同时带入 K_2O、Na_2O、SiO_2 成分。Al_2O_3 能提高玻璃液的黏度,降低玻璃的结晶倾向,提高玻璃的化学稳定性、热稳定性、机械强度、硬度和折射率,减轻玻璃液对耐火材料的侵蚀,并有助于氟化物的乳浊。绝大多数玻璃都引入 1%~3.5% 的 Al_2O_3,一般不超过 10%;不过,在水表玻璃和高压玻璃中,Al_2O_3 的含量可达 20% 以上。长石用作陶瓷原料,是陶瓷三组分(脊性材料、塑性材料、熔剂材料)中不可缺少的助熔剂兼脊性材料,长石在坯内可加快坯件干燥,减少干燥收缩和变形,长石作为熔剂物质,能降低陶瓷产品的烧成温度。长石加热到 1100℃ 以上熔融后生成玻璃态物质具有熔解其他矿物的能力,能促使高岭土及其他瓷土颗粒成分互相扩散,相互渗透,因而加速坯体莫来石晶体的生成和发育,长石熔融成玻璃态后,填充于各结晶颗粒之间,气孔率显著下降,减少了空隙,使坯体致密,可提高制品的机械强度及电气性能,降低产品吸水率。长石用在

图 19-1 钾长石
(来源:维基百科)

瓷釉中,和石英等原料高温熔化后所形成的玻璃态物质是釉层的主要成分,熔点低,易玻化,在 1100℃ 就开始熔融,高温下生成的长石玻璃能溶解黏土及石英等原料,能使釉有较高的光泽度,透明光亮,其中钾长石熔融范围宽,熔融物黏度高,降低釉料的膨胀系数及高温流动性,耐侵蚀性能好,并可降低烧成温度,便于生产控制,提高成品率,因此釉料中主要使用钾长石。在搪瓷工业上可用长石和其他矿物原料相配,促进低温玻璃相生成,形成珐琅。长石还可用于磨料工业的磨具生产,由长石熔化的玻璃相黏结磨料成磨具。长石生产玻璃纤维,主要是中碱玻纤,作为 Al_2O_3 原料,较多使用钠长石。长石用作电焊条药皮的组分,起隔绝空气和聚渣除渣作用。我国农业严重缺钾肥,而钾长石资源丰富,利用钾长石制造钾肥已进行很多科学试验,并有工业规模探索性试验成果,但尚未工业化生产。

地质工作简况 中国是世界最早生产陶瓷的国家,先人烧制陶瓷使用了瓷石,瓷石也是含长石的矿物原料。长石地质工作是 20 世纪 50 年代开始发展的,80 年代后随着中国玻璃陶瓷行业迅速发展,产量跃居世界第一,从而催生了长石矿业的大开发。截至 2013 年底,中国探明长石矿床有 269 个,资源储量 $24×10^8 t$。实际上,还有大量矿床进行了民间商业性地质工作,但成果没有统计。因此,中国长石矿床的实际数量要比官方统计的要多得多。中国长石矿床分布的主要省份(表 19-1)。

表 19-1 中国长石矿床分布的主要省份

省份	矿床数/个	资源量/10^4t
辽宁	19	430
黑龙江	4	17560
河北	5	480
山东	45	3150
山西	7	7810
陕西	5	8920
湖北	3	3240
湖南	4	4620
浙江	1	770
安徽	13	175190
江西	80	490
福建	39	360
四川	2	360
云南	3	870
青海	2	6260
新疆	5	11330

开发利用简况 长石矿的开发工作与陶瓷和玻璃工业的布局相关,在中国的广东佛山、福建泉州、山东淄博、河北唐山、四川夹江和辽宁法库等陶瓷基地周边都形成了大量的长石矿山,这类矿山以用作坯体原料为主,矿石品质一般,开采量巨大,体现了就近供应,低成本的特点。优质的钾长石矿价格较高,销售半径较大,矿山分布在湖南临湘、平江、湖北随州、河南南阳、辽宁海城、江西上高等地区(图19-2),优质钠长石矿以湖南衡阳最著名(图19-3)。截至2013年底,中国有410个长石矿山在开采,其中大型矿山1个、中型7个、小型199个、小矿203个,年开采量320×10^4t。但据专业人士估计,中国长石年产量数亿吨,优质长石产量有2000×10^4t,数据相差巨大。

图 19-2 钾长石矿山
(来源:维基百科)

图 19-3 钠长石矿山
(来源:维基百科)

第二节 分 类

根据成因,长石矿床可分为伟晶岩型、岩浆岩型、沉积型和斑状花岗岩风化型四类。①伟晶岩型长石矿床主要赋存于伟晶岩区和强烈混合岩化的片麻岩区,长石分布在伟晶岩脉体或透镜体中,中国目前的大多数长石矿属于此类，例如湖南临湘、湖南衡阳、辽宁海城、山东临朐的长石矿床。②岩浆岩型长石矿床产于岩浆分异作用后期的正长岩、白岗岩和细晶岩中，例如山东莱州、广西贺州等长石矿床。③沉积型长石矿床是近年发现并开发利用的长石矿床，矿层为长石砂岩，它们层位稳定，分布面积大，储量巨大，便于探矿控制和工业化大规模采矿，此类矿石将会成为今后长石矿的主要来源之一，河南渑池、河南确山属此类矿床。④风化斑状花岗岩型长石矿床由含长石斑晶的酸性岩类风化形成，在岩石风化层中，含有长石斑晶残留，通过筛选得到长石矿石，湖南茶陵、河南四里店、湖北随州长石矿床属于此类。

第三节 物理化学性能

物理性能 长石具玻璃光泽，呈肉红、浅灰、灰白等色，相对密度在 2.56~2.76g/cm³ 之间；摩氏硬度 6~6.5；具有较低的折射率（1.514~1.588）和双折射率（0.005~0.013），熔点在 1100~1300℃。

化学成分 钾长石理论化学组成为：SiO_2 64.7%，Al_2O_3 18.4%，K_2O 16.9%；钠长石理论化学组成（w_B）：SiO_2 68.7%，Al_2O_3 19.5%，Na_2O 11.8%；钙长石理论化学组成为 SiO_2 43.2%，Al_2O_3 36.7%，CaO 20.1%。中国部分长石矿床化学成分（表19-2）。

表19-2 中国部分长石矿床化学成分

序号	矿产地	矿床类型	化学成分 $w_B/\%$					开发利用情况
			SiO_2	Al_2O_3	Fe_2O_3	K_2O	Na_2O	
1	辽宁兴城大杏山	伟晶岩型	—	—	0.1~0.82	8~12.4	2~5.01	已开采
2	山西闻喜文家坂	伟晶岩型	62~65	18~20	0.15~0.9	11~14	2~3.38	已开采
3	山西孟县上社	伟晶岩型	70.0	—	—	12.0	2.02	已开采
4	山西忻县馒首山	伟晶岩型	—	14~17	0.5	12.0	3.5	已开采
5	山西忻县彭四家	伟晶岩型	64.94	18.7	0.15	12.76	2.39	已开采
6	山东新泰石棚	伟晶岩型	72.5	18.7	0.03~0.5	12.5	—	已开采
7	安徽宿县乾山	热液蚀变型	75.52	13.24	0.27	7.84		已开采
8	安徽宿松凉亭河	花岗岩型	74.23	14.87	0.78	4.11	1.50	已开采
9	安徽祁门伊坑	风化黏土型	74.70	15.24	0.05	—	—	已开采
10	湖南临湘团湾	花岗伟晶岩	64~66	18~20	0.1	12~14	<3	已开采
11	湖南衡山石牌	钠化伟晶岩	—	—	—	0.70	10.65	已开采
12	云南个旧白马寨	花岗岩型	76.08	13.00	1.08	4.21	3.44	已开采
13	陕西长安大崖沟	伟晶岩型	72.5	<15.0	—	—	—	已开采
14	陕西商南曹营	伟晶岩型	—	19.3	0.11~0.2	10~12	2~3.6	已开采
15	陕西临潼碾子沟	伟晶岩型	67.13	17.53	0.31	11.85	2.41	已开采
16	甘肃张家川	伟晶岩型	64.77	17.50	0.17~0.2	10~12	1.8~2.1	已开采
17	甘肃陈家庙	伟晶岩型	64.61	—	0.17~0.2	10~11	2~2.08	已开采
18	新疆库米什	伟晶岩型	69.25	16.95	0.92	<11		已开采
19	新疆可可托海	伟晶岩型	—	—	—	13.2	2.3~2.4	已开采

第四节 分　　布

中国探明长石矿资源量 24×10^8t，共有269个矿床，分布在24个省区，其中江西省矿床数最多，达80个，安徽为资源第一大省，资源储量高达 17×10^8t，黑龙江和新疆两省区资源量也过亿吨，山西、陕西和青海资源量在五千万吨以上。长石资源分布面广，主要赋存地有：安徽安庆和岳西、辽宁海城、湖南平江、甘肃金塔、山东青岛、内蒙古大青山、山西闻喜、湖北通城、广东恩平、四川乐山等。中国长石以钾长石为主。在中国的陶瓷和玻璃产业密集区，周边探明并开发了许多长石矿，它们是一些含长石量高的岩体，例如细晶岩、白岗岩、正长岩和二长岩等，它们没有特定的地质年代规律，各个时期均有产出。

第五节 开发利用和发展趋势

中国目前开采的长石矿山以伟晶岩型为主，它的特点是矿山规模较小，但开采点很多。湖南平江和临湘是伟晶岩型钾长石密集区，高峰期有矿山企业数十家，目前资源已萎缩，矿石质量下降，K_2O含量从前期的12%降到9%左右，但矿石的白度大于60，在国内钾长石产品中仍是上品，在釉用钾长石市场享有盛誉，为广东、福建地区普遍使用。现在当地有企业转向用当年开采时废弃的矿石进行综合回收，建设选矿厂控制铁钛含量，加工成长石粉，资源利用率提高，矿山寿命延长，具有良好的经济和社会效益。

相对于伟晶岩型长石矿床，岩浆岩型长石矿床规模大，呈小岩体或岩脉状产出，适合规模化开采，但一般这类矿石属钾钠混合型长石，经济价值不高，销售半径小，只有紧邻用户时才能实现大规模开发。例如江西高安的含锂长石矿属此类型，在高安地区销售十分抢手。江西宜昌含钽铌的细晶岩，选取稀有金属后，尾矿在玻璃和陶瓷中使用效果很好，目前企业的尾矿收入已超过稀有金属。

风化斑状花岗岩风化型长石矿床，近年被人们发现认识，并快速成为长石市场的一种新矿石源，产品质量上乘，资源规模大，开采成本低，在安徽岳西、湖北随州、河南方城和湖南茶陵都有开采。河南方城长石矿床产于当地四里店花岗岩体中，岩石风化层深度达到当地侵蚀基准面，钾长石斑晶大于2 cm，斑晶含量在15%以上，矿石可通过挖掘机直接开采，松散的矿石过筛即可分离斑晶，斑晶$K_2O>12\%$，$Na_2O<3\%$，$Fe_2O_3<0.4\%$，选矿后精矿$K_2O>12\%$，$Na_2O<3\%$，$Fe_2O_3<0.1\%$，烧白度达到60以上，受到市场认可。

沉积型长石矿床也是新发现的，在河南的三门峡地区震旦系中出露，矿层稳定，厚度3~5 m，矿石$K_2O>9\%$，$Na_2O<0.5\%$，$Fe_2O_3<0.4\%$，选矿后精矿$K_2O>9\%$，$Na_2O<0.5\%$，$Fe_2O_3<0.1\%$，白度达到70以上，受到市场认可，近年来仅山东淄博一地年收购量就超过50×10^4t。

2013年，中国平板玻璃产量已达到9亿重量箱，瓷砖$100\times10^8 m^2$，卫生瓷2亿件，另外，日用玻璃、日用陶瓷等行业规模也已十分庞大。近年，一些地区的玻璃和陶瓷还以7%的速度增长。这些行业需要大量长石资源，推动了长石矿业的发展，矿石新类型不断发现。沉积型钾长石在河南震旦纪地层中有发现，开采量已经达到50×10^4t/a以上，成为我国中东部地区钾长石的原料基地；湖北随州和河南南阳地区风化斑状花岗岩型钾长石矿，通过与建筑用砂的联合开采，斑晶磁选加工成为优质钾长石，烧白度可达到60以上，$K_2O>10\%$，可达到釉用和高档陶瓷的要求，矿区已有加工企业数十家，成为又一个新型钾长石类型。

长石矿石加工技术快速进步，主要表现在矿石制粉技术上，实现了低能耗、无污染加工，产品粒度达到200目以下。由于现有矿山矿石质量普遍下降，需要降低铁钛后才能利用，所以长石矿山配套建有矿石选矿厂的越来越多，精矿的市场占比上升，加快了下游产品的升级。

坯体用长石以钾钠混合长石为主，一般使用原矿石，可以是伟晶岩、二长岩、细晶岩和白岗岩等岩石。一些高档陶瓷产品，例如抛光砖，使用的长石要求烧白度高，最好大于60°，Al_2O_3含量16%以上，这样的长石生产的抛光砖颜色高端，产品吸水率低，耐磨性好。抛光砖产品配方中长石矿石组分可高于50%，消耗量巨大。釉用的钾长石，当前已多数通过选矿和制粉后使用，随着优质钾长石资源的减少，使用企业被迫降低产品要求，目前钾长石产品的主流市场质量要求已降成烧白度≥60，$K_2O\geq9\%$，$Na_2O\leq2\%$，$Fe_2O_3+Ti_2O\leq0.1\%$，$Al_2O_3\geq16\%$。今后，国内高档钾长石市场将迎来大量进口产品，优质的印度和朝鲜钾长石已进国门。国产产品的K_2O将很快下降到8.5%。霞石正长岩等新型替代品市场也会进一步扩大。

长石制钾肥技术是在中国农业严重缺钾的背景下催生的,同国外相比,中国可溶性钾资源缺乏,而钾长石资源却极其丰富,遍及全国各地,探明的含钾岩石氧化钾储量近 4×10^8 t。中国从20世纪50年代就开始了利用钾长石制钾肥的研究,先后采用数十种工艺进行过试验。综合起来,大致可分为:烧结法、高温熔融法、水热法、高炉冶炼法和低温分解法。其中烧结法是以钾长石配石灰石和其他盐类,经粉碎、成球后焙烧,使其中的氧化钾转化成水溶性,可制得对应的钾盐,钾的转化率在 $65\% \sim 90\%$ 之间。随着试验研究工作的深入,钾肥工业有望实现以钾长石为原料进行生产。

第二十章 锆 石

第一节 概 述

定义 锆石又称锆英石。目前已发现的锆矿物有50种，其中常见的有20余种，具有工业价值的锆矿有锆石、含铪锆石、异性石等。锆石矿床形成于碱性岩浆岩、碱性伟晶岩和花岗伟晶岩中。工业开采的矿床主要以砂矿形式产出。锆石常与异性石、斜锆石和独居石等伴生（图20-1）。

图20-1 天然锆石
（来源：维基百科）

用途 基于锆石具极耐高温的性质，锆石产量的90%以上用于制造优质耐火材料和铸造型砂；在油漆、陶瓷工业中，锆石用作瓷釉、搪瓷珐琅的填料。若加少量氧化铝制成硅锆球微珠，可用作研磨和抛光介质。锆石用于制造透明光源陶瓷，用于可耐1500℃高温的光学精密仪器。从锆石中提炼的铪和锆，在化学工业和核工业中有很多用途；锆石还是生产遮光剂的好原料，同时还可用作低档宝石（图20-2，图20-3）。

图20-2 锆石制品
（来源：维基百科）

图20-3 锆石制品
（来源：维基百科）

第二节 分 类

锆石矿床主要有原生矿床、风化壳矿床和砂矿床三种。①由于原生锆石矿床中的锆石矿物稀疏分散于母岩中无法开采，没有工业意义，略去不述。②风化壳锆石矿床一般产于陆内裂谷附近，分布于河南、山东蓬莱、江苏六合一带，系玄武岩风化后其中的刚玉、锆石富集成矿。含矿砂质黏土层产于第四系中，长上千米，宽几百米。其中除锆石外，还伴生有宝石级刚玉。③砂矿床为锆石矿床的主要工业类型，世界上90%的锆石来源于砂矿床。实例如广东滨海锆石砂矿床，矿层产于滨海砂坝中，砂坝由泥炭、黏土层、粗砂层、中砂层、表土组成，总厚约20 m。矿体长5500 m，宽475～1400 m，砂矿层均厚3.4 m，与海岸线平行分布。砂矿中除锆石2kg/m³外，还含有钛（钛铁矿砂，30～40 kg/m³）、独居石（0.5kg/m³）、稀土金属。

第三节 物理化学性能

物理性能 锆石呈黄褐、灰色或无色，金刚光泽，硬度7～8，密度4.7g/cm³。锆石的熔点高达2750℃，热膨胀性低，导热性高，耐腐蚀。

化学成分 锆石的化学分子式为Zr[SiO$_4$]，含ZrO$_2$ 67.1%，SiO$_2$ 32.9%，常含铪、铌、钽、钍和铀等元素。当Hf取代Zr组成类质同象时，形成含铪锆石，ZrO$_2$含量48.18%～60.03%，HfO$_2$ 2%～16.7%。当HfO$_2$含量>4%时，称为富铪锆石。锆石的化学分子式为（Na，Ca）6ZrSiO$_6$O$_{17}$（OH，Cl）$_2$，含ZrO$_2$ 11.82%～12.82%。锆石化学性能稳定，极耐高温。当锆石纯度达到99.8%，粒度小于1 μm时称为高纯超细氧化锆，它是一种极有用的功能材料。

第四节 分　　布

中国锆石矿床分布比较广，沿海地区广泛发育，如辽东半岛、胶东半岛、福建、广东、海南等地均有分布，现已查明矿床（点）139处，其中海南64处，广东28处。查明资源储量锆石矿物401×10⁴t。内陆地区如安徽、江西、湖北、湖南、四川、云南等地亦有不等量的矿床分布。中国锆石矿床查明资源储量见（表20-1），中国锆石矿床分布（图20-4）。

表20-1　中国锆石矿床查明资源储量

省份	矿区数/个	查明资源储量/矿石10⁴t
辽宁	2	1.07
吉林	1	0.07
江苏	1	0.01
江西	4	2.74
安徽	5	1.41
福建	4	0.14
山东	7	31.41
湖北	2	0.07
湖南	8	3.38
广东	28	58.68
广西	7	10.03
海南	64	265.06
四川	1	0.59
云南	5	27.25
全国	139	401.49

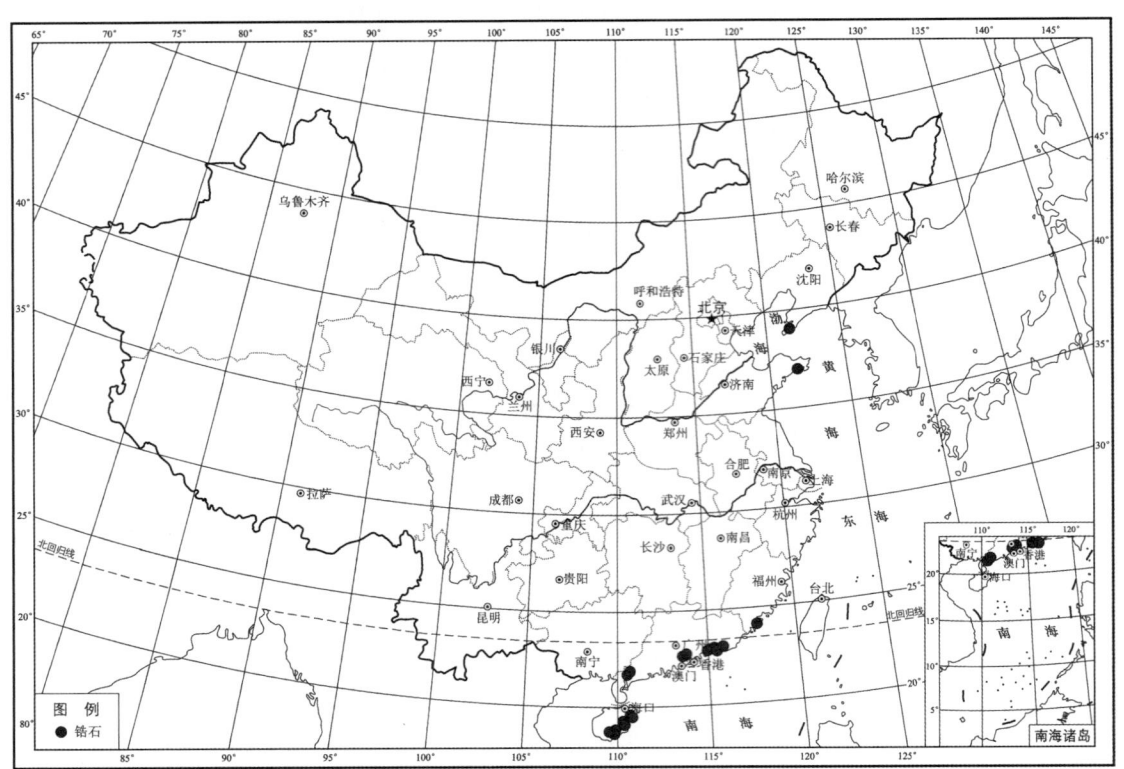

图 20-4 中国锆石矿床分布

第五节 开发利用和发展趋势

中国锆石矿床数量众多，现有 22 个矿山在开采，其中大型矿山 18 个，中型矿山 3 个，小型矿山 1 个，年采矿石量达 $2112 \times 10^4 t$，基本上能满足经济发展的需要。

第二十一章 叶 蜡 石

第一节 概 述

定义 叶蜡石属结晶结构为2∶1型的层状含水铝硅酸盐黏土矿物,由酸性火山玻璃水解改造或区域变质或低温热液蚀变而成。常与石英、高岭石、蒙脱石、地开石、绢云母以及蓝晶石、红柱石、刚玉等矿物共生(图21-1)。

用途 叶蜡石具有许多特殊的物理化学性能,因此用途广泛。主要用于耐火材料及陶瓷原料、填料、密封材料和雕刻工艺原料。在耐火材料工业中,用叶蜡石和耐火黏土混制成的材料,熔点高,具有在高温下不收缩以及在温度剧变之下不碎裂的性能。在陶瓷工业中,叶蜡石制成的瓷砖、釉面砖光滑且制品不易破碎。特别是含氧化铝高的叶蜡石,是剖釉的重要原料。叶蜡石还可用作橡胶制品、化妆用品、农药等的填料和载体。叶蜡石是涂料原料,也是制作壁板的良好原材料,还可用来制白水泥。颜色花纹美观、呈蜡状或珍珠光泽的半透明的叶蜡石,是雕刻工艺原料,如鸡血石、寿山石、青田石、冻石等(图21-2)。

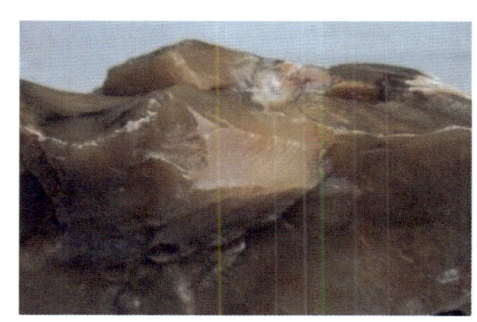

图21-1 叶蜡石原石
(来源:维基百科)

图21-2 叶蜡石工艺品
(来源:维基百科)

地质工作简况 叶蜡石的地质工作远比其应用史要晚。中国最早对叶蜡石的地质研究首推朱庭祜对浙江昌化鸡血石和叶良辅(1931)对浙江青田石(当时称印章石)的地质调查。但全面进行地质普查勘探工作,是在20世纪50年代以后,1956年浙江省工业厅地质队朱佩璋等,写有《青田山口叶蜡石矿踏勘报告》。1981年初,建工部华东地质公司浙江省地质勘探大队在进行详细找矿,于1983年11月提交《浙江省青田县山口叶蜡石矿区尧土矿段进行详细的地质报告》,1988年正式提交《浙江省青田县山口叶蜡石矿丰门—白垟矿段详查地质报告》。

1959年10月—1960年8月,福建省冶金工业厅地质队第三分队对峨眉叶蜡石矿进行详查地质工作,编写了《福建省闽侯县峨眉叶蜡石矿详查报告》。1972年8月—1975年12月,福建省地质五队二中队对峨眉叶蜡石矿区进行工作,提交了《福建省福州峨眉叶蜡石矿地质勘探报告》。

另外,还相继对福州寿山—峨眉高岭石叶蜡石矿床、浙江上虞梁岙叶蜡石高岭石矿床、江西上饶下高州－龙门高岭石叶蜡石矿床及浙江常山芳村叶蜡石矿床进行了矿床勘查工作。

矿床发现和开发简史 据《青田县志》记载：六朝（公元 221～589 年）时，青田石雕刻已经问世，浙江博物馆有六朝殉葬品青田石雕小猪多只。在浙江新昌十九号南齐墓中也有永明元年（公元 483 年）的青田石雕小猪 2 只。南宋开始，青田石雕生产有较快发展，相应地带动了叶蜡石的开采。清朝初期，青田石雕已闻名中外，远销海外。但古代这些石雕，仅取叶蜡石"精品"做原料，其余统称"烂岩"，被丢弃。直到 1923 年上海瑞和砖瓦厂、上海益丰碾粉厂、日本商人侨沪小村设点收购，从此叶蜡石开始用于工业上，需要量激增。从 1949 年后，青田方山乡、山口镇叶蜡石矿开采至今。

第二节 分 类

按照用途，可将叶蜡石分为工业叶蜡石、雕刻叶蜡石两类。其中工业叶蜡石又按含铝的多少，分为高铝叶蜡石、中铝叶蜡石、低铝叶蜡石。

按照成因，叶蜡石矿床主要分为热液型叶蜡石矿床和变质型叶蜡石矿床两大类。①热液型叶蜡石矿床产于中酸性火山岩中，受热液交代蚀变（充填）而成的。火山热液型叶蜡石矿床又可根据成矿作用的性质和方式、矿床赋存状态及矿石的矿物共生组合等特点，划分为热液交代型叶蜡石矿床和热液充填型叶蜡石矿床。火山热液交代型叶蜡石矿床为火山热液交代分解围岩中的长石类矿物，包括火山玻屑，淋滤出部分硅质和钾钠钙镁铁质后，在一定的物理化学条件下使铝相对富集重新结晶而成。矿体为似层状和透镜状，大小不一，长数十至数百米，最长者可达近千米，厚度一般仅数米至数十米，倾角一般较小，规模较大，矿体受岩层层面构造和层间破碎带控制，与围岩产状大致相似。围岩蚀变具有明显的分带现象。自上而下为次生石英岩、叶蜡石矿体或矿化带、硅化和高岭土化火山岩。次生石英岩化越强烈，矿体的规模越大，矿石的质量越好。这一类矿床规模较大，矿石类型多，是叶蜡石工业矿石的主要来源，如福建福州峨眉、浙江上虞梁岙和青田山口等矿床均属于此种类型。在热液蚀变型叶蜡石矿床中还有少部分热液充填叶蜡石矿脉，由岩石中熔滤出来的硅铝质溶胶体沿裂隙构造的空间沉淀结晶而成，为热液充填型矿床。矿体主要呈脉状、透镜状和串珠状，一般分布于断裂带的火山碎屑中。矿体与围岩界线较明显，矿体较平直，倾角较陡。矿体规模一般不大，但矿石质量较好，优质雕刻石多属此类，如福州寿山叶蜡石矿床。②变质型叶蜡石矿床产于变质岩中，经不同程度变质而成的。热液变质型叶蜡石矿床典型实例如浙江常山叶蜡石矿床，为酸性火山熔岩、火山碎屑岩（凝灰岩）经变质作用所致。受褶皱－断裂构造的控制叶蜡石矿体形态常以带状或条带状、似层状、板状、扁透镜状为特征。围岩无蚀变现象。含矿层岩性为石英叶蜡石片岩、叶蜡石石英片岩。工业矿体一般产于上部岩层中。

第三节 物理化学性能

物理性能 叶蜡石是低温热液蚀变形成的矿物，属单斜晶系，晶体结构为片状、放射状集合体。常呈淡黄、乳灰白、灰绿等颜色，若含铁的氧化物或汞，则呈现褐红或血红色。蜡状光泽，有滑感，常为致密块状、叶片状，变种后呈放射状。叶蜡石的特性和外观很像滑石，许多物理性能也与滑石十分相似，质地细腻，硬度低（1～2），密度 2.65～2.90g/cm^3，耐火度大于 1700℃，绝缘、绝热性好。矿石以块状为主，也有土状和纤维状的。自然界纯叶蜡石矿物集合体很少见，一般都伴生有石英、高岭石、水铝石、绢云母和黄铁矿。叶蜡石又与高岭土族矿物很相似，都是含水的铝硅酸盐，但叶蜡石在水中无膨胀性和可塑性，吸水性差，结构稳定，而高岭土族矿物吸水性强，具有膨胀性和可塑性。

化学成分 叶蜡石化学结构式为 $Al_2[Si_4O_{10}](OH)_2$，理论化学组成为 Al_2O_3 28.3%，SiO_2 66.7%，H_2O 5.0%，分子式为 $Al_2O_3 \cdot 4SiO_2 \cdot H_2O$。叶蜡石化学性能稳定，只有在高温下才能被硫酸分解。

第四节 分 布

中国是环太平洋西北部叶蜡石成矿带的重要组成部分，是世界上少数盛产叶蜡石的国家，目前已发现具有规模的叶蜡石矿产地33处，查明资源储量约为 $80563 \times 10^4 t$。主要产地有福建福州、闽侯，浙江温州、青田、昌化、上虞、嵊州市，广东台山，四川峨眉，北京门头沟，内蒙古赤峰等地。其中以青田叶蜡石、台山叶蜡石、峨眉叶蜡石较为著名。中国叶蜡石矿床资源储量（表21-1），中国主要叶蜡石矿产地（表21-2，图21-3）。

表21-1 中国叶蜡石矿床资源储量

省份	矿区数/个	矿石资源储量/$10^4 t$
北京	1	442.7
黑龙江	1	74.7
浙江	27	4118.2
安徽	1	17.3
福建	26	7060
江西	5	1301.2
广东	1	40.5
广西	1	31.7
甘肃	1	9.7
新疆	3	259.5
全国	67	13355.5

表21-2 中国主要叶蜡石矿产地

序号	矿产地名称	探明资源量/$10^4 t$	规模	开采利用情况
1	郎溪县岗南叶蜡石矿区	20.4	小型	露天开采
2	上饶县高州叶蜡石矿区	1037.7	大型	平硐开采
3	上饶县龙门叶蜡石矿区	148.7	大型	—
4	仙游县潺洋镇叶蜡石矿区	300	大型	—
5	玉山县八都叶蜡石矿区	32.5	小型	露天开采
6	南山金山金矿（共生矿产）	9.7	小型	露天开采
7	东宁县大肚川镇神东屯叶蜡石矿	74.7	中型	露天开采
8	防城港市垌中镇白赖岭叶蜡石矿	31.7	小型	地下开采
9	福州市峨眉叶蜡石矿区	607.8	大型	露天开采
10	福州市寿山叶蜡石矿区	499.1	大型	露天开采
11	罗源县湾里叶蜡石矿区	430.1	大型	露天开采
12	闽清县珠中高岭土矿区	73.9	中型	露天开采
13	福清市东仔叶蜡石矿区	1276.0	大型	露天开采
14	安溪县寨坂叶蜡石矿区	30.8	小型	露天开采
15	福鼎县（现为福鼎市）管阳叶蜡石矿区	42.0	小型	露天开采
16	古田县高原叶蜡石矿区	41.6	小型	露天开采
17	寿宁县护潭叶蜡石矿区	85.2	中型	露天开采

续表

序号	矿产地名称	探明资源量/10⁴t	规模	开采利用情况
18	寿宁县村头叶蜡石矿区	4.1	小型	露天开采
19	寿宁县南阳叶蜡石矿区	24.2	小型	露天地下开采
20	门头沟区阳坡元－赵家台叶蜡石矿区	209.2	大型	平硐开采
21	上虞市梁岙叶蜡石矿区	13.5	小型	地下开采
22	泰顺县龟湖叶蜡石矿区	463.0	大型	露天巷道开采
23	青田县山口叶蜡石矿区	122.0	中型	坑采
24	景宁县缪坑叶蜡石矿区	80.0	中型	露采硐采
25	常山县芳村叶蜡石矿区	19.0	小型	露天开采
26	丰顺县汤西叶蜡石矿区	45.0	小型	露天开采
27	东宁县神洞叶蜡石矿区	69	中型	—
28	常山县芳村邵家叶蜡石矿区	66	中型	露天开采
29	温州市瑞安东源叶蜡石矿区	104.10	大型	露天开采

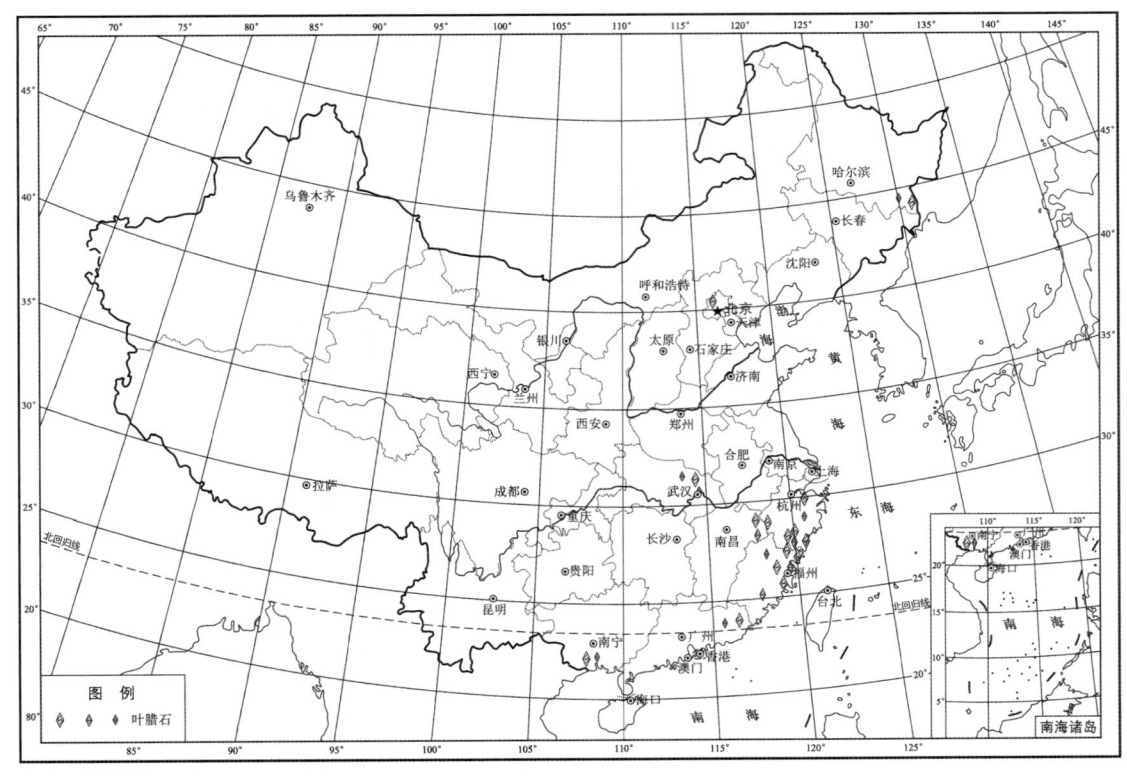

图 21-3 中国叶蜡石矿床分布

中国相继发现和探明了泰顺龟湖、青田岭头、古田大甲、福清东仔等大型、特大型矿床，并在贵州赫章、黑龙江东宁等地发现新的叶蜡石矿床。浙江省的叶蜡石矿产储量占全国第一，闽、浙两省是中国叶蜡石矿产最多的省份，分别占已探明储量的 56% 和 31%；其次是内蒙古、北京、江西和江苏等省（市、区）；另外，在广东、黑龙江、贵州、河北、新疆、陕西、四川、青海、山东等省（区）也有分布。

第五节 开发利用和发展趋势

虽然中国叶蜡石资源比较丰富，但利用程度较低，资源浪费严重。矿山由于缺乏管理和规划，普遍存在只顾生产、忽视整体规模、采剥失调、采富弃贫等现象。

叶蜡石的应用范围涉及陶瓷、耐火材料、建材、填料和载体以及其他许多领域。但主要利用领域是陶瓷和耐火材料，其用量占用量一半以上，分别为32%和27%。其他如杀虫剂、填料（包括涂料、橡胶、装饰材）、墙壁、顶棚等用量则不大。在陶瓷业中，叶蜡石用于生产瓷砖。另外，叶蜡石还用来制取三氧化二铝、生产绝缘材料和电热体等。

在耐火材料业方面，一般用叶蜡石生产炼钢黏土质隔热砖、浇桶内衬、融化坩埚炉衬、隧道窑配件以及玻璃加热池窑内壁等。近年来出现的专利有：用含三氧化二锑叶蜡石或氮化硼作聚合剂的聚氧化亚甲基铸模材料；用部分叶蜡石加耐火材料、石膏作黏合剂制铸模；用叶蜡石加氧化锌、水玻璃制浇铸铝镁合金用铸模涂层；用一定粒级的叶蜡石、锆石、用磷酸钠作黏合剂制锆石－叶蜡石耐火材料；用叶蜡石加滑石、磷酸铝、硼酸制浇铸铝镁合金用铸模涂层；用叶蜡石加气溶胶、安福粉制取可减少结块的灭火复合材料；用叶蜡石加火泥、黏土混合耐火材料作钢包衬里。

其他方面，叶蜡石可用作肥料的防结块剂；用叶蜡石、结晶石墨、氮化硼制取用于热轧钢或钛制品的润滑剂；用作潜水泵轴瓦和轮子内衬、电焊条包皮、化妆品和医药填料，以及生产瓷釉用铝粉，制取玻璃纤维产品，作工艺雕刻材料，用作涂层和涂膜、滤层等。

第二十二章 透 辉 石

第一节 概 述

定义 透辉石为一种含钙镁的链状结构硅酸盐矿物。在制陶过程中,增加这种矿物原料,可达到降低烧成温度、快速烧成、节省能源、降低成本的效果(图22-1)。

图22-1 透辉石矿标本

(来源:维基百科)

用途 透辉石矿用于塑料、橡胶、陶瓷、涂料和冶金等行业,高长径比的针状产品作为功能增强填料主要用于塑料和橡胶行业中。透辉石的用途(表22-1)。

表22-1 透辉石的用途

应用领域	具体用途
陶瓷工业	釉面砖、卫生瓷、日用瓷、电力瓷、化工陶瓷、釉料、色料
化工工业	油漆、涂料、颜料、橡胶、树脂的充填料
冶金工业	隔热材料和铸钢保护渣、耐火衬壁
建筑工业	替代石棉的辅助建筑材料、白水泥和耐酸、耐碱微晶玻璃的原料、玻璃原料的助熔剂
电子工业	电子绝缘材料、荧光灯、电视机显像管、X-射线管、光屏涂料、电路自动断路器的电弧分离版、集成电路、多层次化基底材料
机械工业	优质电焊条材料和磨具黏合材料以及铸造模具
造纸工业	纸的填料和涂层
汽车工业	离合器、制动器的填料
新材料工业	功能陶瓷、超高压陶瓷、高温硅酸钙绝热材料
三废处理	处理含砷废水、放射废水、猪圈废水及其他废水,还可处理含NO_x废气
装饰饰品	玉石原料

地质工作简况　中国透辉石矿床地质勘查工作始于20世纪80年代末90年代初。目前中国已勘查的透辉石矿床27个，保有资源储量为9304.05×10⁴t，分布在北京、河北、辽宁、吉林、浙江、安徽、福建、江西、山东、河南、湖北、陕西、甘肃和青海等地（图22-2）。

矿床发现和开发简史　透辉石玉俗称硬玉，名闻遐迩的蓝田美玉是由蛇纹石化的透辉石矿物所组成的，有关透辉石玉开发利用情况见《中国矿产地质志·宝玉石卷》，一般小规模开采。截至2013年底，探明的透辉石矿床41个，开发利用的12个，主要集中在福建和山东，其次是陕西和江西。据统计，年开采规模小于3×10^4t约占58.3%；年开采规模大于3×10^4t约占41.7%。

图22-2　透辉石矿山
（来源：维基百科）

第二节　分　　类

透辉石矿床根据其成因可分成沉积变质型、接触交代变质型、热接触变质型三种类型。①沉积变质型透辉石矿床主要为区域变质作用形成，是中国透辉石矿床的主要类型，透辉石赋存在镁质碳酸盐岩石中；矿体长可达数千米，厚数十米，呈层状产出，具有明显的层控特点；矿石矿物较简单，以透辉石、透闪石为主，其次为石英、方解石，矿石质量好；山东烟台福山、黑龙江鸡西中三阳硅灰石矿床是其典型代表。②接触交代变质型透辉石矿床产于中—酸性岩浆岩体外接触变质带中；矿体规模变化大，形态较复杂，多呈透镜状、似层状和不规则状。③热接触变质型透辉石矿床产于围岩与岩浆岩体外接触带的热变质带中，矿体产状与地层一致，呈层状、似层状、透镜状，且和围岩同步褶皱，常见矿体与大理岩呈互层产出；矿物共生组合较简单，矿石以透辉石为主，其次有硅灰石、透闪石、方解石、白云石、石英、滑石等；如吉林集安透辉石矿床。

第三节　物理化学性能

物理性能　透辉石常见颜色为蓝绿色至黄绿色、褐色、黄色、紫色、无色至白色，玻璃光泽；摩氏硬度5.5~6.0，密度3.22~3.56 g/cm³，熔点1391℃，具有良好的热膨胀性，集合体呈致密块状、柱状、棒状、粒状、放射状；透明到不透明；有时具有猫眼和星光效应（图22-3）。

图22-3　透辉石晶体
（来源：维基百科）

化学成分 透辉石化学式为 $Ca_2Mg_5[Si_4O_{11}]_2(OH)_2$，化学成分含量理论值为 SiO_2 55.6%，MgO 18.5%，CaO 5.9%，混入物有铁、锰等氧化物，随着铁的含量增多颜色由浅变深。典型透辉石矿床矿石化学成分（表22-2）。

表22-2 典型透辉石矿床矿石化学成分（$w_B/\%$）

矿床	成因类型	SiO_2	Al_2O_3	Fe_2O_3	MnO	CaO	MgO	K_2O	Na_2O	LOI
山东福山老官庄	区域变质型	62.27	2.36	1.03	0.03	17.44	13.4	0.70	0.62	2.13
山东平度长乐	区域变质型	54.50	1.04	0.31	0.02	24.24	18.72	0.06	0.41	0.62
陕西宝鸡	区域变质型	55.34	0.37	0.86	—	22.78	14.60	0.10	0.16	5.17
辽宁西榆	区域变质型	53.03	8.06	1.67	—	15.13	11.90	2.97	1.45	3.50
黑龙江鸡西龙山	区域变质型	55.07	1.16	0.89	0.03	23.40	18.23	0.39	0.31	1.57
浙江方山	接触交代型	49.05	1.70	0.94	—	22.52	17.76	0.33	0.12	6.71
江苏巢凤	接触交代型	55.00	1.59	0.78	—	27.21	13.53	—	—	1.71
甘肃天水后裕沟	接触交代型	55.58	—	0.34	0.13	23.09	10.52	—	—	—
湖北宜昌	接触热变质型	54.40	4.16	0.65	—	23.95	16.36	0.05	0.21	0.22

第四节 分 布

中国透辉石已探明资源储量的矿产地有42处，从矿区数量而言，主要集中在福建（14处）、山东（9处）和陕西（4处），合计27处，占矿区总数65.9%（图22-4）。透辉石全国保有资源储量为 9304.05×10^4t，其中保有最多的省份是陕西为 3409.90×10^4t，占全国总保有的36.6%；其次是山东和甘肃，合计 3583.21×10^4t，占全国总保有的38.5%；其余青海、福建、北京、浙江、湖北、河南、吉林、辽宁、江西、河北和安徽，合计 2310.94×10^4t，占全国总保有的24.9%。中国透辉石矿资源储量（表22-3）。

表22-3 中国透辉石矿资源储量

地区	矿区数/个	保有资源储量/10^4t
北京	3	307.30
河北	1	89.70
辽宁	2	114.54
吉林	1	185.10
浙江	1	258.60
安徽	1	9.10
福建	12	589.28
江西	3	93.15
山东	9	2046.57
河南	1	225.40
湖北	1	241.60
陕西	4	3409.90
甘肃	1	1500.60
青海	1	401.70
全国	42	9472.54

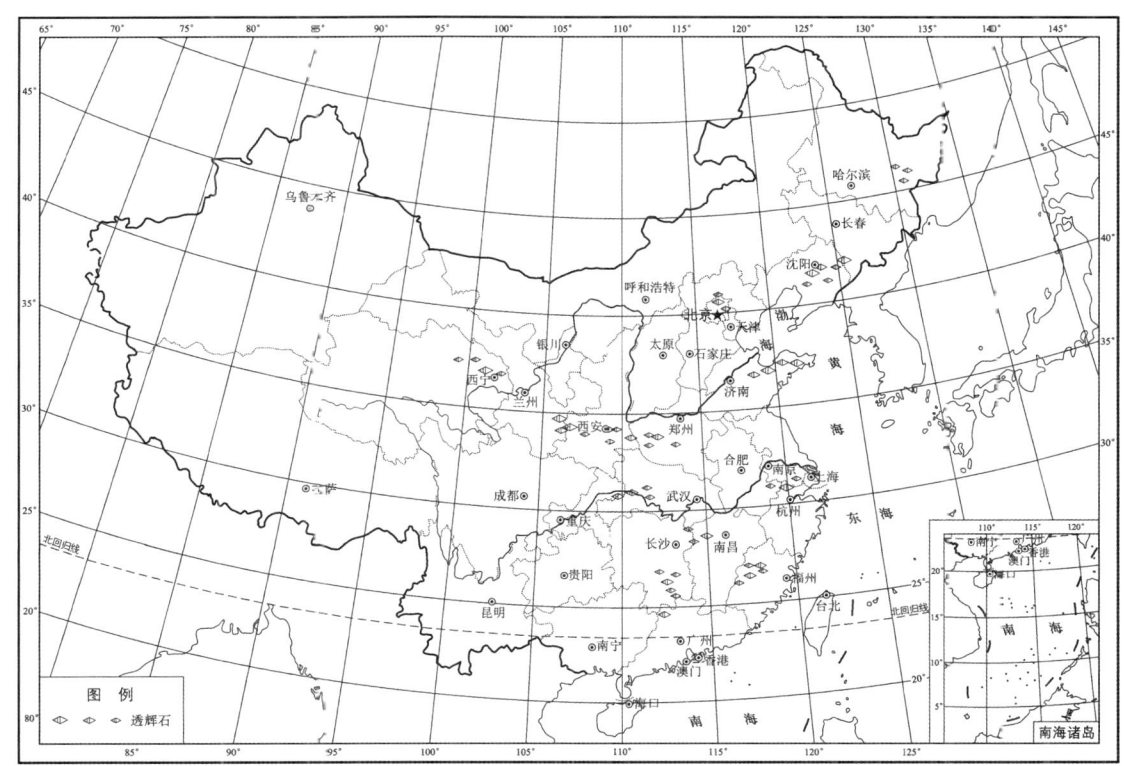

图 22-4 中国透辉石矿床分布

第五节 开发利用和发展趋势

透辉石目前用途单一,基本用于陶瓷工业中,开采主要集中在福建,其次是山东和江西,年开采量约 74×10^4 t。

根据相关行业发展走势与需求特点,采用部门需求预测法对透辉石产品分析预测,预计 2014~2020 年年均需求增长速度 1.32%,2021~2025 年年均需求增长速度 0.46%,2026~2030 年年均需求增长速度 0.21%,2014~2030 年透辉石市场需求量总体呈缓慢增长趋势。

第二十三章 透 闪 石

第一节 概 述

定义 透闪石为含钙镁链状结构硅酸盐矿物，是一种节能矿物。

用途 透闪石由于其绝缘性好，电导率低，耐碱，防腐，熔点、热膨胀系数低，易干燥，烧成温度与吸水率低，晶体呈纤维状等诸多独特的优异性能，广泛用于陶瓷、化工、冶金、电子、机械、核工业、造纸、汽车、复合材料以及宝玉石加工等行业。

透闪石可应用在精密陶瓷业、工艺陶瓷业。在陶瓷坯料中，加入适量的透闪石，可以大幅度地降低制品烧成温度，缩短烧成时间，节能降耗，降低产品成本。因制品不含碱金属，故具有良好的电绝缘性质，以及高抗冲击强度和外形稳定性并可以防止瓷器的破裂、微裂、破损和瓷釉缺陷。在冶金、耐火材料工业中是作冶金保护渣的理想材料，广泛应用在模铸、连铸（板坯、方坯）、合成渣及不锈钢连铸中在金属铸模涂料、喷吹精炼钢水、耐火砖、耐火绝缘器及陶瓷绝缘泡沫等行业都广泛应用。透闪石还用作焊条涂层，具有节能，增加焊缝强度，促使焊缝表面光滑，改善熔滴过渡，加速涂层熔化速度等优点。在油漆料工业中，取代立德粉及部分钛白粉、进口 P820 做充填剂，能改善涂层的流平性。还可做清洁型涂料的增强剂，可制成鲜艳的彩色涂料。做充填料，能改进钢涂层耐腐蚀能力，还可用于在底漆、中间涂层、油性涂料、路标涂料、隔音涂料及耐火涂料中。透闪石在沥青涂料中可以取代石棉。在橡胶、塑料行业中，透闪石应用于硫化橡胶，铺地沥青乙烯基砖、乙烯基树脂、聚乙醚环氧树脂乙烯塑板及苯酚模型。透闪石做填充剂，具有吸水率及介电指数低、热稳定性高、机械性能稳定和改进聚合物质性质的特点。与其他填料相比，透闪石具有优良的电学、机械和热力学的性质，常被应用在尼龙模压材料及胶鞋行业的鞋底中，并取代部分钛白粉、白炭黑、陶土，用于胶管、胶带中，产品质量提高，成本降低。透闪石还是一种新型造纸原料，在包装纸、文化用纸中，可以部分替代木浆、草浆和废纸浆。用透闪石造纸，最显著特点是能有效提高成纸物理强度，提高纸张白度、不透明度、挺度、平整度，改善纸张遮盖率及表面性能（吸墨性）、平滑度，减少湿变形，同时硅灰石矿物纤维留着率高达 80% 以上，大大提高了材料的利用率。透闪石在玻璃纤维生产中可部分替代原料中的石英砂，它具有较好的助熔效果，降低了窑炉熔成温度，减少了废气排放；同时增加纤维成型的硬化速度，改善了玻璃熔成率，提高玻璃纤维质量。透闪石形成不导电的结晶体时，具有很高的绝缘率，因而广泛用在无线电陶瓷、低介电损耗的绝缘体、日用绝缘器中的陶瓷绝缘泡沫和建筑绝缘陶瓷的生产中。

地质工作简况 1949 年前，中国没有对透闪石资源开展过地质勘探工作。2002 年起随着中国工业的发展，对透闪石节能材料开展了研究，对透闪石资源进行了普查找矿。目前中国已勘查的透闪石矿床 7 个，查明资源储量为 853.98×10^4 t，分布在辽宁、陕西、江西、湖北和福建等省。

开发利用简况 作为玉石的透闪石的开发利用已有悠久的历史，从古至今都有小规模开采。透闪石玉俗称软玉，由透闪石矿物组成。中国透闪石玉主要有新疆料、青海料及辽宁岫岩料三个产区，邻国有俄罗斯料和韩国春川料两个主产区。透闪石玉分为如下几个级别：羊脂白玉、青白玉、青玉、黄玉、墨玉、碧玉等，其中羊脂白玉价值极高，能制作器皿、花鸟人物以及配饰。评价透闪石玉（软玉）最关键的是白度和细腻温润的油性程度。

第二节 分 类

根据成因，透闪石矿床可分为沉积变质型、接触交代变质型和热接触变质型三种类型。①沉积变质型透闪石矿床为区域变质作用形成。矿床产于元古代区域变质岩系中。由一套富含硅、镁碳酸盐岩在区域变质作用下，原岩结构构造改变或改造而形成，主要分布在地缝合带及附近。该类型矿床是中国透闪石矿床的主要类型。矿体长达数千米，厚达数十米，呈层状产出，具有明显的层控特点。矿石矿物较简单，以透闪石为主，其次为石英、方解石。矿石质量好。实例如山东烟台福山、辽宁庄河市透闪石矿床。②接触交代变质型透闪石矿床，矿体产于中-酸性岩浆岩体外接触变质带中，由碳酸盐建造经双交代作用形成透闪石矽卡岩、硅灰石矽卡岩、透辉石矽卡岩，透闪石集中时即构成矿体。矿体规模变化大，形态较复杂，多呈透镜状、似层状和不规则状。③热接触变质型透闪石矿床产于围岩与岩浆岩体外接触带的热变质带中，矿体产状与地层一致，呈层状、似层状、透镜状，可和围岩同步褶皱，常见矿体与大理岩呈互层产出。矿物共生组合较简单。透闪石矿床以透闪石为主，其次有透辉石、硅灰石、方解石、白云石、石英及滑石等。实例如磐石扇车山透闪石矿床。

第三节 物理化学性能

物理性能 矿石致密块状，颜色呈无色、白色至浅灰色、粉红色、浅绿色、褐色、淡紫色；玻璃——丝绢光泽，参差状断口；条痕为无色；硬度 5.5~6.0，密度 2.9~3.0 g/cm³，不溶于酸；晶体长柱状或针状，集合体放射状、纤维状或隐晶质。

化学成分 透闪石的化学成分随着岩石中矿物成分的不同而变化较大。矿物的化学式为 $Ca_2Mg_5[Si_4O_{11}]_2(OH)_2$，理论值为 SiO_2 58.8%，MgO 24.6%，CaO 13.8%，H_2O 2.8%，有时有铁、锰及铝的氧化物等类质同象的混合物（FeO、MnO 及 Al_2O_3）。中国部分透闪石化学成分（表23-1）。

表23-1 中国部分透闪石化学成分（w_B/%）

矿床名称	成因类型	SiO_2	Fe_2O_3	Al_2O_3	MgO	CaO	TiO_2	H_2O^+
湖北蕲春吴家湾	区域变质型	54.71	0.34	0.51	22.75	15.61	0.04	1.18
陕西商县韩子坪	区域变质型	36.73	0.38	0.35	15.67	27.88	0.027	0.51
江苏溧阳小梅岭	接触交代型	57.68	0.58	0.80	24.72	12.29		
陕西东平沟	接触交代型	50.61	1.03	6.17	28.93	6.64		
福建将乐	热接触变质型	55.75	1.01	5.35	23.5	11.13		0.17

第四节 分 布

中国透闪石资源勘查工作起步较晚，勘查程度较低，均未开发利用。中国透闪石矿床基本情况（表23-2）。中国透闪石矿产地极少，已探明资源储量的矿产地仅7处。中国透闪石矿床分布（图23-1）。

表23-2 中国透闪石矿床基本情况

序号	矿床名称	资源储量/10^4t	规模	勘查程度	开采利用
1	山东省烟台市福山区老官庄透辉岩矿	1193.10	大型	勘探	未开采
2	湖北省大冶市小箕山矿区透辉石透闪石矿	241.60	大型	普查	未开采
3	辽宁省庄河市仙人洞透闪石矿	395.60	大型	详查	未开采
4	陕西省宝鸡市陈仓区天宝透辉石透闪石矿	13.90	小型	普查	未开采
5	陕西省商州区分水岭透闪石矿	244.07	大型	普查	未开采
6	湖北省蕲春县吴家湾矿区透闪石矿	60.40	中型	普查	未开采
7	江西省于都县洋河桥透闪石矿	105.90	大型	普查	未开采

图 23-1 透闪石手标本
（来源：维基百科）

第五节 开发利用和发展趋势

目前，除作为玉石外，中国其他透闪石均未开发利用（见图 23-2，图 23-3）。根据发展经验，在工业和社会发展到一定程度后，非金属矿和非金属矿物材料的消费和产值将超过金属矿和金属矿物。未来塑料、橡胶、涂料和造纸行业对各种填料的需求将突破 $2000×10^4 t$，而对透闪石针状粉等优质填料将会有迫切的需求。世界硅灰石类矿石消费最有发展前景的领域是塑料业填料和汽车工业（制动产品和汽车用塑料制品填料）；另外，由于塑料在工业制品中越来越多地替代金属部件，使用硅灰石类矿石作填料的塑料消费前景十分乐观；在冶金连铸、陶瓷及油漆涂料等方面，硅灰石也有稳定的市场需求。当前，许多国家已经限制或禁止石棉的使用，而硅灰石则可作为石棉代用品来生产保温建筑材料及其他辅助材料。因此，其消费前景看好。为了拓宽硅灰石在塑料、橡胶和造纸等领域的应用，今后硅灰石产业的发展方向将集中到以下几个方面：①提高长径比（>15∶1）硅灰石类矿石针状粉的加工工艺；②研发有关的成套加工专用设备和相应的分离设备；③开发粒度更细的矿石粉的生产工艺；④探索硅灰石粉体的优良改性方法和良好的改性剂；⑤透闪石矿是理想的节能减排原材料，也将推动硅灰石需求量的增长。

图 23-2 放射状透闪石晶体
（来源：维基百科）

图 23-3 透闪石玉
（来源：维基百科）

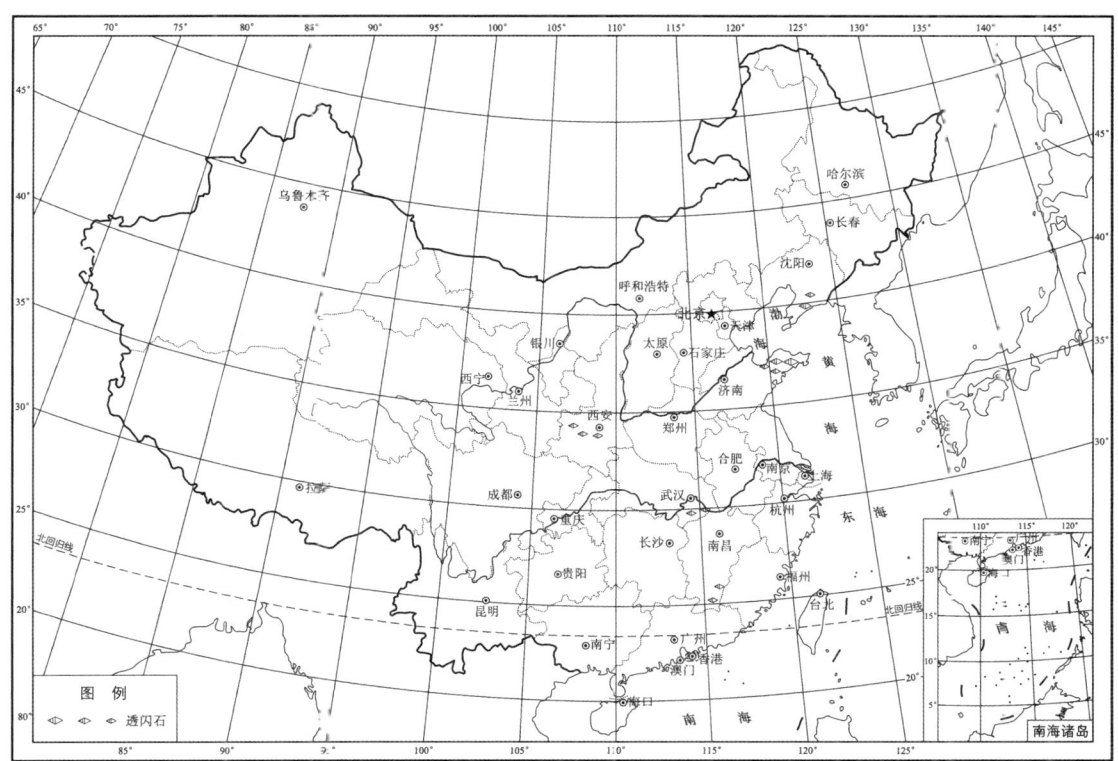

图 23-4 中国透闪石矿床分布

第二十四章 沸 石

第一节 概 述

定义 沸石是沸石族矿物的总称，是一族含水的碱或者碱土金属铝硅酸矿物。沸石具有不同的形态，如方沸石和菱沸石一般为轴状晶体，片沸石和辉沸石则呈板状，丝光沸石为针状或纤维状。纯净的沸石呈无色或白色，内部混入了其他杂质后颜色变浅。

用途 沸石被广泛应用于工业、农业及国防等部门。在石油、化学工业中被用作石油炼制的催化裂化剂，海水提钾、海水淡化剂、硬水软化剂，以及特殊的干燥剂。在轻工行业用于造纸、合成橡胶、塑料、树脂、涂料充填剂等。在建材工业中用作水泥水活性掺和料，烧制人工轻骨料，制作轻质高强度板材及轻质砖和轻质陶瓷制品，作无机发泡剂，配制多孔混凝土，作固结材料。在农业上用作土壤改良剂，能起保肥、保水和防止病虫害的作用，提高农作物产量。在禽畜业可作饲料（猪、鸡）的添加剂和除臭剂，肥料变性处理剂。在渔业上用在鱼池中，交换氨离子，净化水质。在环境保护方面，用来处理废气、废水，从废水中脱除或回收金属离子，脱除废水中放射性污染物。此外，天然沸石可应用于太阳能制冷方面，还可以生产远红外辐射元件。

地质工作简况 中国开展沸石矿床的地质勘查工作主要是在20世纪70~80年代。1972年中国第一个天然沸石矿在浙江缙云发现后，国家地质矿产部于1977年11月在缙云召开了第一次全国沸石地质工作会议，对全国沸石找矿起了推动作用。之后，在山东、河北、黑龙江、新疆、内蒙古、云南、广西壮族自治区等省（区），发现了150余个矿床点，估算资源量为 $70 \times 10^8 t$ 以上。但沸石矿的勘查多为普查，做到详查以上程度的矿床不多，已经探明的矿床多为大、中型，且多分布在东部地区。截至2013年底，探明沸石矿床65处，资源储量 $24.27 \times 10^8 t$。

矿床发现和开发简史 沸石由瑞典矿物学家克朗斯特德于1756年发现，因其在灼烧时会产生沸腾和发泡现象，于是以"沸石"命名。直到20世纪30年代，才对沸石的结构、性质进行了系统研究。1932年，提出了"分子筛"的概念，沸石是其典型代表。1972年，陈南奎在浙江缙云的火山岩区首次发现沸石矿层。1973~975年，中科院地质所在缙云开展地质工作，确定该区为一个规模较大的沸石成矿远景区。1975~1978年，浙江省地质部门对缙云一带的沸石矿进行了详查，探明了中国第一个大型沸石矿床。同时，中科院地质所1974年在缙云建立了实验室，经对当地农作物的沸石施用试验，农作物平均增产 $8\% \sim 25\%$。浙江大学的试验，则证明缙云沸石可用作分子筛，也可提取化纤原料苯。杭州大学将沸石用作石油化工工业的催化剂载体。浙江建材部门将沸石用于水泥混合材料。天津硅酸盐研究所等单位，利用缙云斜发沸石搞海水提钾试验获得成功。当时缙云全县从事沸石矿产开发的企业最多时达20余家，全年沸石开采量达40多万吨，加工沸石粉10万余吨，主要用于水泥厂制作水泥的活性混合材料。截至2013年底，全国有73个矿山开采沸石，年开采总量为 $89.19 \times 10^4 t$。

第二节 分 类

沸石矿床按地质成因可分为内生矿床和外生矿床两大类。内生成因的沸石与岩浆活动中产生的气化热液有关，常见于岩浆岩的裂隙中，规模小，暂无工业意义。外生沸石大多数是由火山碎屑与水反应，在碱性环境下沉积形成，规模大，能形成工业矿床。

根据沸石矿床的产状特征、矿物成分和地质成因，将沸石矿床分成三个类型。①盐碱湖沉积型沸石矿床产于干旱和半干旱地区的封闭盆地中，由碱性湖水与火山物质发生反应形成。矿体呈平缓的层状，厚度从几厘米至几米。在许多湖盆内，成岩矿物呈同心圆状分布，即从湖岸到湖心的分带为：新鲜的火山物质－初始沸石化带－由钙十字沸石、斜发沸石、毛沸石或菱沸石组成的完全沸石化带以方沸石为主的完全沸石化带－不含沸石的钾长石中心部分。这类沸石矿床是目前工业意义最大的矿床类型，中国通化市石棚沸石矿属该类型矿床。②淡水湖沉积或陆地火山物质蚀变型沸石矿床的形成是由降落到淡水湖中或陆地上的火山物质在与湖水或地下水发生反应的结果。该类矿床的矿层厚度变化很大，湖相沉积矿床的矿层厚度为几厘米至几米，而陆地火山灰蚀变形成的矿层厚度可达几百米。矿床以产斜发沸石和丝光沸石为主，分布比较广泛，工业意义较大。这类矿床在中国东部分布广泛，如黑龙江海林、吉林九台、辽宁彰武、河北围场、赤城、安徽宣城及浙江缙云等地的沸石矿。河北赤城县独石口沸石矿赋存于侏罗系张家口组酸性火山碎屑岩中，矿石矿物组分主要为斜发沸石，分布面积为 18 km²，含 8 层沸石矿。矿层为中厚－巨厚层，产状平缓、矿化均匀、埋藏浅，可以露天开采。单个矿层平均厚度为 10～45 m。矿石类型主要为致密块状沸石岩、含角砾沸石岩。浙江缙云沸石矿含沸石 3～4 层，呈似层状、透镜状产出，单层长 200～1500 m，厚 6～35 m。矿石矿物组分以斜发沸石和丝光沸石为主，其他为石英和蒙脱石。矿石类型可分为斜发沸石型、丝光沸石型和混合型 3 类。③埋藏变质型沸石矿床通常产于厚层的海相火山岩系中，由火山玻璃蚀变，或以前存在的硅酸盐矿物被交代而形成。矿物组合随埋藏深度的变化，温度、压力的增高而有明显的垂直分带现象。这类矿床大多数由于矿石质量不纯而工业价值较小。

第三节 物理化学性能

物理性能 沸石具有架状结构。在它们的晶体内，分子像搭架子似地连在一起，硅氧骨干中的空隙彼此相通，中间形成很多孔道，孔道中存在很多水分子，参加晶格的阳离子位于孔道中，在一定的外界条件下可以进行交换。在加热和干燥气候中，水分子又可沿孔道离开晶格，晶格并不因此而破坏。沸石晶体在遇到高温时，孔道中的水会急速气化，膨胀发泡，状似沸腾。天然沸石矿一般呈浅灰、浅红、浅黄及浅绿等色，致密细腻，贝壳状断口，硬度 4，密度 2.05～2.22，湿润时呈油脂光泽，干燥时呈土状光泽。沸石的显著特点是孔隙度高（天然分子筛性能）、具阳离子交换性、吸附性（可吸臭）、化学反应的催化裂化性、耐酸性、耐热性、耐辐射性、可脱水性和导电性能优异。阳离子交换性是指在天然沸石的硅酸盐架状晶格中，含有平衡骨架负电荷的 Na^+、K^+、Ca^{2+}、Mg^{2+} 等碱或碱土金属的阳离子，它们与沸石骨架结合得并不牢固，极易与周围水溶液中的阳离子发生交换作用，交换后的沸石晶格骨架结构不被破坏，从而使沸石具有离子交换的特性。评价沸石质量目前用阳离子交换量指标，一般要求 NH_4^+ 交换量（ml/100g）≥130、K^+ 交换量（mg/g）≥13，这时相当沸石含量约 55%。用作水泥混合材料时，要求矿石以斜发沸石及丝光沸石为主，沸石含量在 40% 以上。其他工业用途要求沸石含量在 50%～70%。吸附性是由于沸石架状晶格形成大量孔道和孔穴，而且有很大的比表面积，因而有很强的吸附性。不同种类的沸石对不同成分的粒子团吸附性有很大差别，即具有选择性吸附。分子筛性能系沸石内部充满细微的孔穴和通道所致，利用它可在工业废液中回收铜、铅、镉、镍及钼等金属微粒。

化学成分 沸石的一般化学式为 $A_mB_pO_{2p} \cdot nH_2O$，其中 A 为 Ca、Na、K、Ba 和 Sr 等碱或碱土金属阳离子，B 为 Al 和 Si，p 为 Al 和 Si 的数目，m 为阳离子数，n 为水分子数。沸石主要由 SiO_2、Al_2O_3、H_2O 和碱和碱土金属离子四部分组成。化学成分一般（w_B）：$w_B SiO_2$ 64.82%～73.64%、TiO_2 0.10%～0.73%、Al_2O_3 11.00%～14.53%、Fe_2O_3 0.81%～4.53%、FeO 0.13%～1.59%、MnO 0.01%～0.11%、MgO 0.16%～1.92%、CaO 1.33%～6.71%、Na_2O 0.35%～5.82%、K_2O 0.70%～2.66%、H_2O^+ 4.99%～14.98%、H_2O^- 3.95%～6.80%、CO_2 0.73%～14.09%、P_2O_5 0.01%～2.01%。

按硅铝比可将沸石分为高硅沸石（Si∶Al>4∶1）、中硅沸石（Si∶Al>2∶1～4∶1）和低硅沸石（Si∶Al<2∶1）。

第四节 分 布

中国沸石资源十分丰富,已在24个省(区)发现了沸石矿,主要集中在东北、华北、山东及东南沿海地区。成矿构造区主要为中新生代断陷盆地中火山岩发育地区,成矿时代主要集中在侏罗纪(约2亿年前到1.455亿年前)和白垩纪(约1.455亿年前至0.655亿年前)。中国比较著名的矿床有浙江省缙云县老虎头沸石矿、河北省赤城县独石口沸石矿、河北省围场鹿圈沸石矿、黑龙江省海林沸石矿、黑龙江省嫩江县大石粒子沸石矿、河南省信阳上天梯沸石矿、吉林省九台市银矿山沸石矿及内蒙古乌拉特前旗白庙子沸石矿等。中国主要沸石矿床(表24-1),中国沸石矿床分布(图24-1)。

图24-1 中国沸石矿床分布
(来源:维基百科)

表24-1 中国主要沸石矿床

序号	矿产地名称	探明资源量/10^4t	规模	开采利用情况
1	河北宣化水泉乡堰家沟混合材矿床	693.2	中型	已开采
2	河北蔚县榆涧沸石及水泥混合材用凝灰岩矿床	4396.6	中型	未开采
3	河北赤城独石口沸石矿床	51475.0	大型	已开采
4	河北隆化伊逊河沟沸石矿床	2223.9	中型	未开采
5	山西浑源抢风岭膨润土、沸石矿床	16336.0	大型	未开采
6	内蒙古乌阿鲁科尔沁旗查布干山沸石矿床	23.7	小型	已开采
7	内蒙古喀喇沁旗南台子珍珠岩、沸石矿床	282.4	小型	已开采
8	内蒙古乌审旗板户梁方沸石、黏土矿床	5938.9	大型	未开采
9	内蒙古乌拉特前旗白庙子 沸石矿床	14969.8	大型	未开采
10	辽宁北票天翊沸石矿床	133.9	小型	已开采
11	辽宁彰武后新秋镇羊山皋沸石矿床	23.2	小型	已开采
12	辽宁阜新太平沸石矿床	40	小型	已开采
13	辽宁彰武罗锅沟沸石矿床	9132	中型	未开采
14	辽宁彰武苇子沟乡沸石矿床	221.3	小型	已开采
15	辽宁法库包家屯乡沸石矿床	4023.1	中型	已开采
16	辽宁法库包家屯沸石四矿床	50.7	小型	已开采
17	辽宁法库包家屯鑫源沸石矿床	151.9	小型	已开采
18	吉林长春大顶山沸石、膨润土矿床	1242.9	中型	已开采
19	吉林九台羊草沟沸石、膨润土矿床	212.4	小型	已开采
20	吉林九台银矿山膨润土沸石矿床	9349.3	大型	已开采
21	吉林磐石碱场沸石膨润土矿床	20.6	小型	已开采
22	吉林和龙福洞沸石矿床	841.3	中型	已开采
23	吉林汪清闹枝沸石矿床	64.0	小型	已开采
24	黑龙江海林沸石矿床	5772.5	大型	已开采
25	黑龙江嫩江大碴子沸石矿床	6426.6	大型	已开采
26	江苏丹县圈山珍珠岩矿床	261.8	小型	未开采
27	浙江金华大陈坞沸石矿床	639	小型	已开采
28	浙江缙云东方镇胡塔地沸石矿床	60.1	小型	已开采

续表

序号	矿产地名称	探明资源量/10^4t	规模	开采利用情况
29	浙江缙云云井山沸石矿床	1562.2	中型	已开采
30	浙江缙云老虎头沸石矿床老虎头矿段	5991.3	大型	已开采
31	浙江缙云老虎头沸石矿床岱石矿段	3230.2	中型	已开采
32	浙江缙云老虎头沸石矿床保华山矿段	2672.9	中型	已停采
33	浙江天台白鹤殿沸石矿床	74.0	小型	未开采
34	安徽繁昌沙园沸石矿床	33.5	小型	已开采
35	安徽繁昌金玄沸石矿床	459.0	小型	已开采
36	安徽南陵团山沸石矿床	301.5	小型	已开采
37	安徽宁国太平膨润土、沸石矿床	1056.6	中型	已开采
38	安徽宣城水东珍珠岩、沸石矿床	943.6	中型	已开采
39	山东莱西福山沸石岩矿床	824.3	中型	未开采
40	山东莱阳白藤口膨润土、沸石矿床	60.5	小型	已开采
41	山东潍县涌泉庄膨润土沸石矿床	3760.7	中型	已开采
42	山东诸城青墩-芦山沸石岩矿床	1243.0	中型	已开采
43	河南信阳上天梯沸石矿床	5799.6	大型	未开采
44	广东和平三陵膨润土床	87.9	小型	未开采
45	甘肃白银红窖坨沸石岩矿床	197.5	小型	未开采
46	甘肃白银大岭沸石岩矿床	566.8	中型	未开采
47	甘肃白银范家窑沸石岩矿床	769.5	中型	未开采
48	甘肃白银矿鸳咀沸石岩矿床	244.0	中型	未开采
49	新疆富蕴五彩湾沸石矿床1号矿体	403.1	小型	已开采
50	新疆富蕴五彩湾沸石矿床2.3号矿体	154.5	小型	未开采

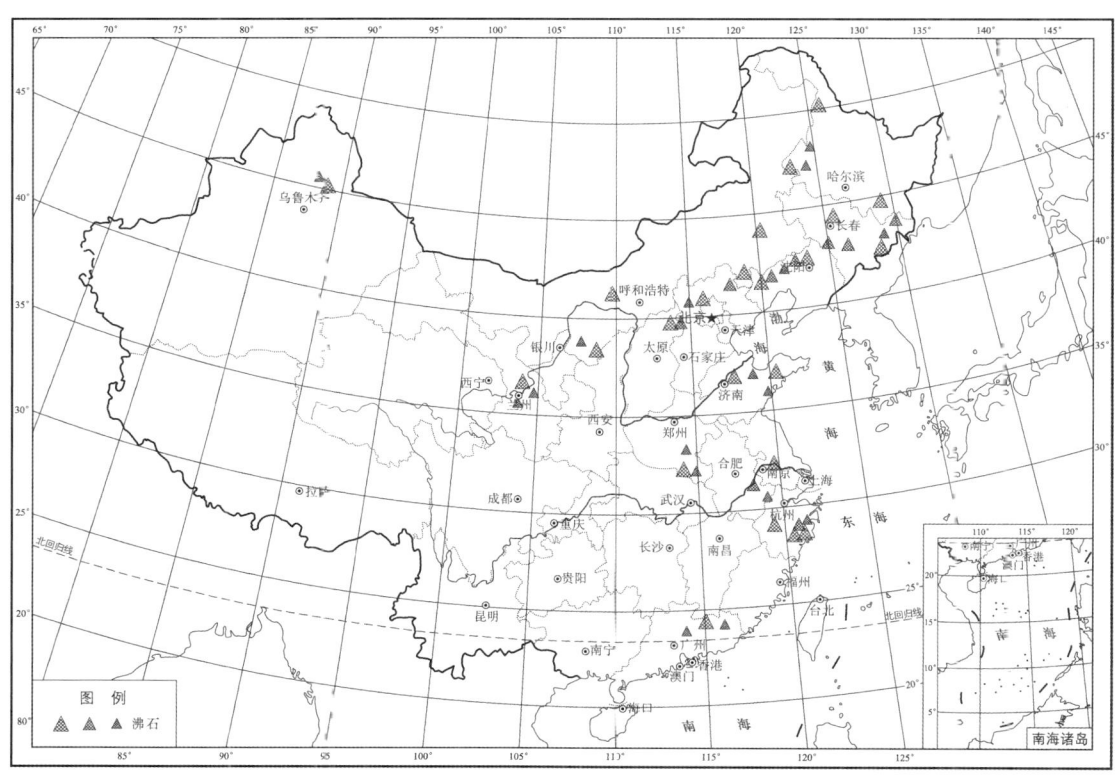

图 24-2 中国沸石矿床分布

第五节 开发利用和发展趋势

沸石主要是露天开采,少量的有地下开采(图24-3)。矿山规模不大,以销定产,年产量几千吨至数万吨者居多。开采量较大,生产相对稳定的矿产地主要有河北围场、黑龙江海林、吉林九台、辽宁北票和河南信阳等。

用于分子筛的沸石需要进行选矿,一是提高沸石品位,二是使质量更加均匀,性能更加稳定。但沸石选矿比较困难,国家建材局地质研究所等科研机构对沸石进行过浮选、絮凝、重选和磁选等方面的研究,经过选矿,一般沸石精矿含量可达80%左右。另外,由于天然沸石不纯,使它的吸附量和离子交换量都不如合成沸石效果好,但相较于合成沸石,天然沸石也有热稳定性、耐酸性、耐辐射性高以及成本低和储量大等优势,天然沸石的应用领域正在不断扩大。在农业、畜牧业领域,天然佛石主要用于土壤调节剂、杀虫剂、农药载体、动物尿粪除臭剂、水产养殖系列产品及动物饲料的添加剂;在环境保护领域,可以利用天然沸石对放射性废液、民用和工业污水进行处理。在空气净化、除臭抗菌等环境污染治理中天然沸石的应用也有广阔应用前景。

图24-3 沸石
(来源:维基百科)

第二十五章 方 解 石

第一节 概 述

定义 方解石是一种碳酸盐矿物,在自然界分布很广,因其受到敲击可裂成很多菱形碎块,故得名"方解石"。自然界中以方解石为主要成分的沉积岩,就是工业上极为有用的石灰岩。如果方解石呈一种晶形完整、无色透明、纯净的晶体产出时,就叫冰洲石。以方解石命名且作为一种独立的矿种来勘查、开发还是近二十年的事情。由于石灰岩矿床、方解石矿床和冰洲石矿床的主要化学成分都是 $CaCO_3$,所以一般都以用途和特殊的质量要求来区分矿床类型,如用于水泥、化工、冶金等工业时,就称为石灰岩矿床;而用于填料、涂料时就称为方解石矿床;当方解石作为光学材料时就称为冰洲石矿床。方解石脉是一种纯由方解石组成的脉状矿体,纯白色,是一种质量优良的方解石矿床。

用途 方解石主要用作制造碳酸钙原料,可用于生产人造石、地砖、玻璃、防火天花板、涂料、黏结剂、密封剂、沥青、天然橡胶、合成橡胶、油漆、油墨、塑料、复合新型钙塑料、电缆、纺织、造纸、牙膏、化妆品、食品以及饲料等,是一种很好的无机填充料。

1) 造纸工业是碳酸钙的应用大户。纸张中的充填量可达纸张重量的20%~40%。碳酸钙加入纸张涂覆料中,不仅降低了纸张成本,还可提高纸张的光泽、白度、不透明度,油吸收性,平滑度,大大改善了纸张的质量;特别是纸张中填充碳酸钙采用中性施胶法,清除了纸张变黄现象,便于永久保存。由于碳酸钙具有良好的吸收性能,以其作为填料的纸张可用于高速多色印刷,尤其是用在卷筒胶版的连续快速印刷中。由于碳酸钙填料白度较高,填充纸张后,可明显提高纸张白度和不透明度。

2) 在橡胶工业中,碳酸钙填料具有改善橡胶物理、化学性质的功能,还具有明显的补强性,使橡胶具有更高的抗拉强度,耐磨性,并可以降低生胶含量以降低成本。填充有碳酸钙的合成橡胶制品,其抗撕裂强度较一般橡胶制品可提高一倍以上,屈挠次数提高六倍以上。在众多的填料中,因使用碳酸钙成本较低,因而在橡胶行业中得到广泛应用。

3) 塑料工业是碳酸钙应用的重要领域。作为填充剂,在聚氯乙烯、聚丙烯、酚醛树脂等聚合物所制成的工业制品、建筑材料、包装材料、农用地膜以及生活日用品中的填充量一般为5%~30%。用作包装膜时,有益于对食品的保鲜作用,明显地延长保质期。用改性后的碳酸钙填充的塑料板材制品,具有膨胀系数低、吸油率小、化学性能稳定、抗老化、无毒、高电阻、阻燃性、成本低等特性。

4) 在涂料工业中,由于碳酸钙价廉、粒细、分散性好,因而是用量较多的填料之一;在油性涂料中,用量占总重量的50%~70%;在仿瓷涂料中,用量也高达48%;在防锈漆中可以起防锈作用。

5) 碳酸钙是制药工业微生物发酵的缓冲剂和某些片剂的填料。方解石还可用作中药,俗称"寒水石",主要用于治疗骨质疏松症,预防动脉硬化、记忆衰退、消除异味。牙膏中添加大量的碳酸钙作为摩擦剂,添加量高达48%。还可作为食品添加剂,用量一般为2%。作为牲畜、家禽饲料添加剂,可促进畜禽生长。

地质工作简况 从中国东北的吉林、辽宁到西南的广西,从东部的山东、江浙地区到西北的甘肃、新疆,计有16个省、市及自治区有方解石矿山,其中辽宁、浙江和安徽的矿山数位居中国前三位,数量均超过30个。冰洲石的主要产地在贵州,曾采得3.8 kg的特级冰洲石,其他省份如河北1984年曾采得尺寸为11 cm×10 cm×9.4 cm的优质冰洲石。截至2013年底,中国已探明矿区数183个,查明资源储量 96144.73×10^4 t。

矿床发现和开发简史 将方解石作为一种独立矿种勘查与开发有近二十年的历史，地质工作基本上可以分为1999年前、后两个阶段。1999年前对方解石的地质工作步伐还比较慢，发现的省份及矿点相对较少，但在1999年后由于中国经济快速发展，对方解石的需求加大，促使加速方解石地质工作，因而不断有新的方解石矿被发现，有些还属大型矿床，比如在山东沂源县发现的大型脉状方解石矿，资源量超过 2000×10^4 t，是山东省最大的方解石矿；又如甘肃临洮蒋家山方解石矿，矿石品位优良，储量在 100×10^4 t 以上。截至2013年底，中国已开发的方解石矿755处（其中大型矿4处、中型31处、小型327处、小矿393处），年开采量达 725.22×10^4 t。

第二节 分 类

按成因可将方解石矿床分为接触变质型矿床和低温热液型矿床两种。①接触变质型矿床，是碳酸盐岩石受岩浆岩体高温热液影响，使其产生重结晶作用而成，矿体仍保留原岩的形态、产状和空间位置。如浙江长兴青莩坞方解石矿床，该矿床与硅灰石共生，方解石矿层是硅灰石矿层的顶底板。矿层系黄龙灰岩重结晶而成的大理岩，纯白色，粗晶结构，块状构造，长大于500 m，厚100多米。矿石（w_B）：CaO 55.4%、MgO 0.2%、SiO_2 0.25%、Al_2O_3 0.2%、Fe_2O_3 0.02%、SO_3 0.003%、$K_2O + Na_2O$ 0.15%，游离硅为0.2%，白度 90~93；为一中型方解石矿床。②低温热液型矿床，是碳酸盐岩因断裂构造作用，产生巨大热能同时因热液的运移、溶蚀、沉淀、再结晶而形成。矿体的形状、规模受断裂构造控制明显，多呈脉状，少数呈透镜状。

第三节 物理化学性能

物理性能 方解石的颜色因其所含杂质不同而变化，如含铁锰时为浅黄、浅红、褐黑等，但一般多为白色或无色。无色透明的方解石称冰洲石，透过它可以看到物体呈双重影像。冰洲石是重要的光学材料。方解石结构致密、难溶于水、溶于酸、杂质少、粒度均匀、吸油值低等特点。分解温度为898.6℃，硬度3，密度 $2.6 \text{ g/cm}^3 \sim 2.94 \text{ g/cm}^3$。

化学成分 方解石化学分子式 $CaCO_3$，分子量100.09，其中CaO占56.03%、CO_2占43.97%。中国部分方解石矿石化学成分（表25-1）。

表25-1 中国部分方解石矿石化学成分

矿区名称	矿床成因	矿体特征/m			化学成分（w_B/%）			白度
		长	宽	厚	CaO	MgO	Fe_2O_3	—
内蒙古包头	低温热液	315	0.5~30	7.58	50.48	1.19	—	
河北易县	低温热液	40~392	38	44	53.5	1.33	0.11	81.92
浙江长兴青莩坞	接触变质	500	—	100	55.4	0.20	0.02	90~93
江苏溧阳小梅岭	接触变质	280	170~260	76.39	54.77	0.16	0.19	90.2
江苏丹徒石马	接触变质	600	120	60	55.70	0.05	0.01	87.0
江西瑞昌洪岭	接触变质	650	30	—	54.0	—	1.0	—
贵州独山麻尾	接触变质	—	—	—	55.75	0.29		
甘肃临洮蒋家山	低温热液	476	19~142	3~110	54.91	0.81	0.094	
新疆哈密石燕	低温热液	570		12	54.0	—	—	—

第四节 分 布

方解石属造岩矿物，占地壳总量的40%以上。目前认为，脉状方解石是含Ca^{2+}的流体沿着地层和岩体中的裂隙迁移过程中，遇有CO_2存在时发生反应形成$CaCO_3$沉淀，最后充填整个裂隙，形成方解石脉（图25-1）。中国从太古宙、元古宙、寒武纪、奥陶纪、石炭纪、二叠纪及三叠纪都有方解石矿床产出。中国方解石矿床主要分布在江苏、浙江、安徽、山东、江西、福建、云南、贵州、四川、甘肃、新疆、内蒙古和河北等地，其中广西、安徽两省（区）探明资源储量占全国总量的82%。目前储量最多、品质最好的方解石矿分布在广西河池、百色等地区。在华北、东北一带也有方解石，但常伴有白云石，白度一般在94以下，酸不溶物过高。中国主要方解石矿山分布（表25-2），中国方解石矿床分布（图25-2）。

图25-1 方解石
（来源：维基百科）

表25-2 中国主要方解石矿山分布

序号	矿产地名称	探明资源量/10^4t	规模	开采利用情况
1	吉林和龙青龙村冰洲石原生矿	206	中型	—
2	内蒙古包头城塔汉方解石矿	68.26	小型	1992年提交
3	内蒙古阿拉善葫芦山冰洲石矿	440	中型	1993年闭坑
4	河北易县文明方解石矿	36.05	小型	—
5	浙江淳安黄智山方解石矿	19.45	小型	地下开采
6	浙江建德薛村方解石矿	6.64	小型	露天开采
7	江苏溧阳小梅岭方解石矿	2724	大型	已开采
8	江苏丹徒巢凤山方解石矿	273	中型	已开采
9	江苏句容双顶山方解石矿	128	小型	—
10	安徽泾县家兴方解石矿	90.87	小型	—
11	安徽泾县北贡矿区建干方解石矿	115.53	小型	地采
12	安徽泾县北贡方解石矿	137.15	小型	地采
13	安徽贵池万担山方解石矿	78.83	小型	2014年采矿权
14	安徽泾县石灰窑方解石矿	56.61	小型	2012年2月
15	安徽贵池天湖方解石矿	181.96	小型	地采
16	安徽泾县北贡方解石矿	127.23	小型	地采
17	安徽泾县裕陈方解石矿	185.69	小型	先露采后地采
18	安徽泾县中村矿区方解石矿	79.96	小型	地采
19	安徽青阳县方解石矿	1614.22	大型	平硐和斜坡道
20	安徽泾县包合苏岭方解石矿	77.27	小型	地采
21	安徽泾县郭山方解石矿	139.21	小型	露采
22	安徽泾县中村矿区方解石矿	174.52	小型	露采
23	安徽泾县沙湾方解石矿	137.88	小型	地采

续表

序号	矿产地名称	探明资源量/10^4t	规模	开采利用情况
24	安徽泾县鸭嘴岭方解石矿	632.59	中型	露采+地采
25	安徽泾县青泾方解石矿	137.88	小型	地采
26	安徽泾县学林方解石矿	126.00	小型	地采
27	安徽泾县石丽山方解石矿	107.3	小型	露采+地采
28	安徽青阳县光明方解石矿	112.06	小型	地采
29	安徽贵池铜锣山方解石矿	465.41	中型	地采
30	安徽定远方解石矿	100.79	小型	—
31	安徽贵池鸡头山方解石矿	221.59	中型	地采
32	安徽泾县轿子顶方解石矿	约200	中型	—
33	安徽贵池天洋方解石矿	64.78	小型	—
34	安徽泾县陈园山方解石矿	795.79	中型	—
35	安徽广德大梅岭大理岩矿	746.6	中型	—
36	安徽泾县凤凰山大理石矿	23.7	小型	—
37	安徽泾县方解石矿	93.49	小型	地采
38	安徽贵池区源溪方解石矿	80.45	小型	地采+露采
39	安徽青阳姚湾方解石矿	46.83	小型	—
40	江西上饶铁山方解石矿	100	小型	—
41	福建将乐铜岭方解石矿	2952.43	大型	—
42	湖南张家界尹家溪黄坡方解石矿	11.97	小型	已开采
43	湖南慈利县金坪乡卢家坡方解石矿	15.8	小型	2010年采矿
44	广东阳春百富冰洲石	84 kg	—	1975年普查报告
45	广东连山410冰洲石	64	—	1973年普查报告
46	广东英德蓝路周冰洲石	66	—	已采完
47	广西隆林龙拱方解石矿	23.89	小型	—
48	广西隆林龙岗方解石矿	41.31	小型	露采
49	广西靖西马洪方解石矿	20.04	小型	—
50	广西乐业通曹村方解石矿	77.83	小型	—
51	广西德保下信方解石矿	24.45	小型	—
52	广西德保陇香方解石矿	33.98	小型	采矿权评估报告
53	广西田东龙贵方解石矿	—	—	—
54	广西田东江岩山方解石矿	34.26	小型	—
55	广西平果新发方解石矿	24.55	小型	—
56	广西平果高乐更瑶方解石矿	12.92	小型	—
57	广西平果皮孟山方解石矿	23.84	小型	—
58	贵州独山麻尾余家湾方解石矿	156	小型	边探边采
59	贵州普定梅子关方解石矿	10.51	小型	—
60	甘肃临洮蒋家山方解石矿	77	小型	—
61	新疆哈密石燕车站方解石矿	83	小型	1994年开采

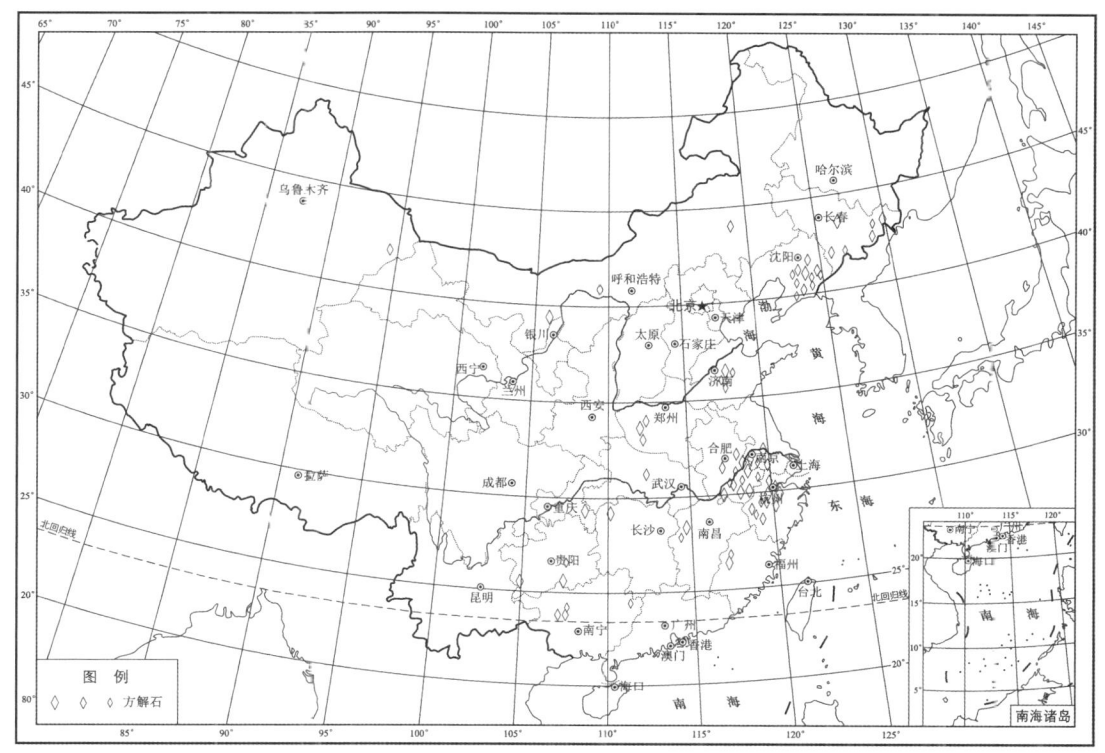

图 25-2 中国方解石矿床分布

第五节 开发利用和发展趋势

方解石矿石开采出来后，经过磨粉机加工得到的白色碳酸钙粉，称作重钙（图 25-3）。因它具有白度高、纯度好、色相柔和以及化学成分稳定等特点，为工业上常用的优质填料。

采用超细方解石磨粉机加工的方解石石粉称作超细方解石微粉。其工艺流程（图 25-4）。

图 25-3 方解石
（来源：维基百科）

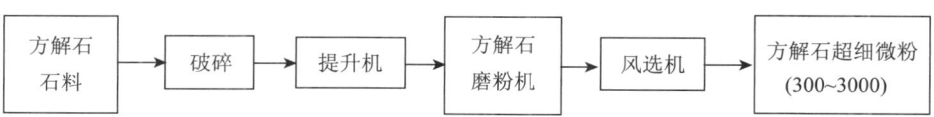

图 25-4 超细方解石微粉生产工艺流程

现已开采的方解石矿山中著名的矿山有安徽青阳来龙山方解石矿、安徽定远县方解石矿。

安徽青阳来龙山方解石矿床勘查于20世纪90年代，是中国首个作为重质碳酸钙勘查的矿床，保有储量 1048.18×10^4 t。安徽青阳来龙山方解石工业指标（表25-3）。

表25-3 安徽青阳来龙山方解石工业指标

化学成分（w_B/%）			可采厚度/m	夹石剔除厚度/m
CaO	SiO_2	Fe_2O_3		
≥54.0	≤1.0	≤0.3	4	2

安徽定远县方解石矿位于安徽定远北部，凤阳山南麓，矿区东起方山，西至真龙山，断续延伸长达18.5 km，南北宽2 km，范围37 km²，已查明矿体16个，一般海拔为110~150 m。该矿为脉状纯方解石矿，含少量的菱铁矿、菱锰矿及菱镁矿，次生矿物主要为褐铁矿，偶见软锰矿。矿体严格受构造控制，走向主要有四个方向：①NE65°~70°，②NWW280°~290°，③NE50°，④近EW265°~275°。倾向为高角度北倾倾角<56°~88°。矿体宽3~5 m，延伸长150~260 m。矿石质地优良，贫铁少硫，CaO平均含量>55%，CaCO3平均含量>98%，平均自然白度>88%，已达到和超过橡胶、造纸、陶瓷及颜料等工业部门的工业指标要求。矿区交通方便，矿区方解石脉分布在低山与坡地，矿床埋藏浅，出露标高均超出当地潜水面，围岩稳定性强，矿山开采条件优越，宜于露天开采，方解石（D+E）总储量 100.79×10^4 t。

中国方解石矿床分布十分广泛，如果将白度75以上、纯度在90%以上的石灰岩矿床、大理岩矿床视为方解石矿床，则方解石矿床的分布更为广阔，资源更为丰富。由于方解石具有吸水、隔音、导热、坚固、白度高、无毒无味、硬度低、易加工和易粉碎等特性，其应用领域日益扩大，需求量逐年上升，尤其是品质好的矿石往往供不应求。

涂料产业中，方解石的加工产品——重质碳酸钙具有涂料"第一填料"的称号。随着水性涂料产量的不断扩大，未来重质碳酸钙的用量将会随之增加。造纸行业中，中国重点发展的技术与产品是中性施胶和涂布纸，方解石的加工产品——超细碳酸钙（平均粒径 $0.02~\mu m < d \leq 0.1~\mu m$ 的碳酸钙粉）则是其重要的无机填料。橡胶产业中，重质碳酸钙或超细碳酸钙表面改性产品——活性碳酸钙，被称作"白艳华"，用作橡胶制品的填料，可以改善制品的加工性能，提高制品的机械性能，如增强扯断或撕裂强度，耐挠屈性，达到补强或半补强的效果。塑料行业中，随塑料改性技术的发展，以塑代钢、以塑代木的趋势日益显著，而重质碳酸钙在塑料制品填料中占据首要地位。

第二十六章 电 气 石

第一节 概 述

定义 电气石是电气石族矿物的总称，是以含硼为特征的铝、钠、铁、镁及锂的环状结构硅酸盐矿物。（如图26-1）在伟晶岩和气成高温热液矿床中与绿柱石、黄玉、锂云母和独居石等共生，也见于变质岩和砂矿中。有时出现几乎是100%由电气石矿物组成的电气石岩。

用途 电气石是自然界为数不多的兼具压电效应和热电效应的晶体。目前，电气石的应用主要在以下几个方面。

1）环境保护。由于电气石具有热电性能，能与带电粒子发生反应，吸附空气中的细小粉尘，可处理工厂废气，净化水质，处理污水，中和水中的酸碱，可用于酸雨和土壤酸化治理，医药以及海水淡化等领域。

2）医疗保健。电气石可以增强饮用水活性或使空气中负离子增加，应用于饮用水活化、农作物喷施和净化空气等领域，促进植物生长和人体健康。电气石能发出波长为4~14 μm的远红外区域的电磁波辐射，影响人体的白细胞

图26-1 镁电气石
（来源：维基百科）

活动，抑制不饱和脂肪酸的过氧化，改善血液循环，应用于美容、医疗行业，具有巨大潜能。含有电气石等天然矿物的人造纤维具有远红外射线发射、抗菌、除臭、防霉、防蛀和抗静电性能，用该纤维制成的内衣产品可增加血液循环、提高体表温度，对人类健康起到医疗保健作用。

3）去污洗涤。电气石能增强水的活性，吸附水中杂质，除去水中油污，可作为洗衣粉、洗涤剂的替代品，如含有电气石颗粒的无磷远红外陶瓷洗衣球，在洗衣过程中，电气石辐射的远红外线作用于水分子，达成共振使水分子获得能量，会产生大量活性氧及负离子，利用界面活性化原理，与衣物上的污垢发生强烈作用，从而完成衣物的洗涤，避免化学物质对环境的污染。该产品具有很强的杀菌、除臭、防静电、柔化衣物等作用。洗涤球不溶于水，无残留洗涤剂，因而对人类身体无害，是一种集节水、节能、环保、保健于一体的全新概念洗涤用品。

4）电磁屏蔽。人体周围许多物体，如手机、电话、微波炉、电脑都会发出电磁波，对人体造成不同程度的负面影响。电气石可与空气中的水分子发生反应，形成阴离子，中和辐射发出的阳离子，以阻止电磁波的传播。用含电气石微粉的物质做成外壳，能有效地起到电磁屏蔽的作用。

5）利用电气石的硬度可用于研磨材料。

6）利用电气石极性晶体的天然电场、远红外辐射、产生负离子的性能，制备电气石-PE塑料复合薄膜，用于种子发芽、水果保鲜、活化水等。

7）以电气石为载体，与二氧化钛制成薄膜型的新型复合催化材料。

8）透明或半透明的电气石是中档宝石，称为"碧玺"。

地质工作简况 20世纪90年代开展正规的地质工作。截至2013年底，共探明电气石矿床3处，查明资源储量 49×10^4 t。但据资料分析，实际上发现的矿床远远不止3处，查明资源储量也要大得多。

矿床发现和开发简史 由于电气石对人体具有保健作用，因而也被称为"健康矿物材料"，一经发现就引起了关注，开发工作也迅速展开，新用途、新产品也不断被开发出来，对电气石的需求量也不断地增加。截至 2013 年底，全国有 3 个矿山在开采，开采量不详。

第二节 分 类

电气石是近期发现的一个矿种，尚无明确的技术经济指标，也未见有成熟的矿床实例可供参考。21 世纪初，蔡克勤、林善园、葛文胜等通过对内蒙古电气石矿床地质调查工作，以电气石百分含量作为矿石划分的主要依据，确定电气石矿床的工业指标。矿体边界品位为电气石矿物含量 >15%，最低工业品位为电气石矿物含量 >20%，最低可采厚度大于 1 m，夹石剔除厚度大于 0.5 m。

地质上一般将含电气石含量大于 20% 并主要由石英与电气石组成的岩石称为电气石岩或电英岩，否则称为含电气石岩。根据成因，电气石矿床可以分为三种类型：①伟晶岩型电气石矿床。电气石是各类伟晶岩里比较常见的矿物，花岗岩浆作用后期的伟晶岩有结晶粗大的电气石晶体，主要是黑电气石 - 锂电气石系列。简单伟晶岩中以黑电气石为主，锂电气石、钙锂电气石产于复杂伟晶岩里（这类伟晶岩往往富碱质），如钾长伟晶岩的中央带，与绿柱石、锂云母、铯榴石、铌钽类矿物共生。镁电气石 - 黑电气石系列产于夹有镁质大理岩的富 Mg 沉积变质岩系的伟晶岩体里。中国辽宁变质硼矿床中，电气石产于电气石变粒岩中，主要是黑电气石，与长石、石英、黑云母、石榴子石等共生；由含硼流体交代富镁大理岩形成的镁质矽卡岩中，产出富镁的镁电气石，与金云母、透闪石、斜硅镁石、遂安石、板状硼镁石共生，分布在硼矿体的外部，有时构成矿体顶板。这类含电气石的岩石往往结晶粗大，类似伟晶岩脉。②热液型电气石矿床。电气石出现于金属矿体的脉石中，主要与以下两类矿床有关：一类是气成热液矿床，大多产于中 - 高温的钨锡矿脉边部的云英岩化带里，与白云母、石英、黄玉、锡石等共生，主要是黑电气石，我国江西、湖南一带的钨锡矿脉属此类型；另一类是产于层控型块状硫化物矿床里，为黑电气石 - 镁电气石系列，与石英共生（形成电英岩），被认为是海底火山喷气活动的标志物。电气石矿体主要呈层状、似层状、透镜状、脉状、细脉状等形态产出。其长度一般为 10 余米至几百米，有时可达上千米，如辽东地区的电气石岩带断续延长达 30 km，矿体厚度 0.50 m 至 50 m；而黑龙江林口 42 号伟晶岩脉长 2500 m、宽 450~600 m。电气石矿石主要有层纹状、条带状、块状、团块状、斑杂状及浸染状等构造。电气石含量一般大于 20%，高者达 95%，几乎全为电气石组成。电气石种类主要为黑电气石及镁电气石，或为铁镁电气石，锂电气石较少。电气石结晶形态较差，以他形及隐晶质为主，粒度较细。③沉积变质板岩型电气石矿床。如内蒙古四子王旗电气石矿床，该矿床产于下二叠统江岸群新乌苏组、伊勃格勒图组中，岩性以浅灰 - 黑灰色炭泥岩、粉砂质板岩为主，夹砂岩、石灰岩透镜体。矿区圈出 38 个电气石矿体，长 80~453 m，厚 0.5~17 m，电气石矿物含量 40%~70%，查明电气石矿物量 133×10^4 t。

第三节 物理化学性能

物理性能 电气石是一种典型的高温气成矿物，晶体常呈短柱状、长柱状或针状，有时呈粒状或隐晶质块状，颜色随成分而异，有黑色（含 Fe）、红色（富含 Mn、Li、Cs）、褐黄色（含 Cr），无色透明的少见；玻璃光泽，硬度 7.0~7.5，无解理，密度 2.8~3.4 g/cm³，熔点 1050~1150℃，有偏光和多色性特点，并具有显著的热电性与压电性，在外加物理作业下，如加热、施压等，柱状晶体两端会产生不同的感应电荷（图 26-2，图 26-3）。

化学成分 电气石分子式为：$NaR_5Al_6B_3Si_6O_{27}(OH)_4$，R 为 Mg、Mn、Fe、Li、Al，R 以 Fe^{2+} 为主的为黑电气石，亦称为铁电气石；以镁为的褐色镁电气石，呈玫瑰红、红、蓝绿色、黄色和无色；以铝、锂为主的称锂电气石；以锰为主称锰电气石。电气石的化学成分见（表 26-1）。

图26-2 黑电气石
（来源：维基百科）

图26-3 电气石
（来源：维基百科）

表26-1 电气石的化学成分（$w_B/\%$）

序号	岩石矿物名称	B_2O_3	SiO_2	Al_2O_3	Fe_2O_3	MgO	CaO	MnO	Na_2O	Li_2O
1	黑电气石	6.70	35.93	38.7	6.82	1.83	1.89	0.35	3.30	—
2	黑电气石岩	4.17	60.81	18.09	5.75	4.58	2.57	0.14	1.34	—
3	铁电气石	9.24	33.72	26.17	10.29	0.27	0.67	0.13	3.33	—
4	镁电气石	11.20	36.46	25.87	5.36	11.56	3.70	0.02	2.65	—
5	锂电气石	10.95	32.68	33.21	9.87	0.41	0.45	0.88	4.72	1.35

第四节 分 布

从地理分布上看，中国电气石矿床相对集中在黑龙江东部林口－萝北地区、辽宁营口－吉林集安、内蒙古四子王旗－镶黄旗－苏尼特右旗、晋南中条山地区、新疆阿勒泰地区、秦岭东段

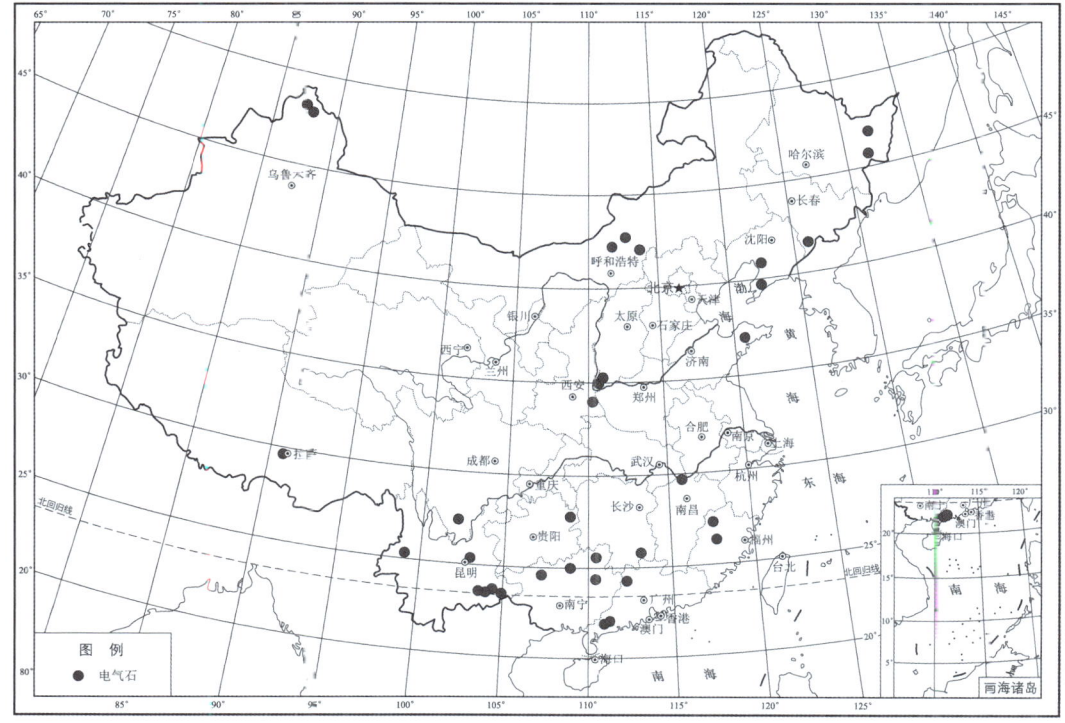

图26-4 中国电气石矿床分布

陕-豫毗邻地区、藏东-滇西地区、川南会理-滇中安宁地区、滇东南地区（石屏-个旧-文山-麻栗坡）、贵州梵净山地区、桂北-湘西南地区、桂东南贵港地区、江西德安地区、湘-赣-粤毗邻地区、粤西信宜-罗定地区、粤东地区、闽北南平-邵武等地区。中国电气石矿床分布（图26-4）。

第五节 开发利用和发展趋势

20世纪90年代前，电气石只作为中低档宝石类开采，没有正规的地质工作和开采矿山。20世纪90年代后期，由于电气石的用途有了突破性发展，国家才开展了一些找矿勘探工作。但在国家储量表上只显示3个矿床，不到$50 \times 10^4 t$的矿物量，与实际发现的矿床和探明的储量差距很大。据估计，中国电气石矿物储量应在$2000 \times 10^4 t$以上。

目前，电气石矿床的开采没有大规模的展开，只有小规模的沿脉开采，国家也没有正式的开采量统计。全国大约有不到20家矿山开采加工电气石，供给有关厂家制成超细粉、陶瓷球、净水球、装饰板、彩砂等产品和以电气石和竹炭为原料的保健用品。

随着科学技术的发展和人民生活水平的提高，环保和健康意识的增强，电气石类环保产品如电气石用于空气净化材料、水净化材料、纺织品保健材料和抗电磁波干扰材料方面将有很好的市场前景。

第二十七章 菱 镁 矿

第一节 概 述

定义 菱镁矿是一种含镁的碳酸盐矿物，其化学分子式为 $MgCO_3$，通常菱镁矿含钙和锰的类质同象混入物。Fe^{2+} 可替代 Mg^{2+}，组成菱镁矿—菱铁矿完全类质同象系列。菱镁矿呈菱形六面体、柱状、板状、粒状、致密状、土状和纤维状。

用途 一是制成轻烧镁，用于制造胶凝材料，如含镁水泥、绝热和隔音的建筑材料，也可做陶瓷原料。将轻烧镁进行化学处理后，可以制成多种镁盐，用作医药、橡胶、人造纤维、造纸等方面的原料。二是制成重烧镁，90%用作冶金耐火材料，用于制造镁砖、铬镁砖、镁砂、冶金粉。电熔氧化镁主要用作冶炼特殊合金钢、有色金属和贵金属的中高频感应电炉炉衬、镁坩埚，它还可作高温电气绝缘材料。三是制氧化镁单晶，作仪器用的激冷激热材料，温度高至2800℃到低至 -203℃均不会发生变化。四是制金属镁，用电解法、还原法等从菱镁矿中可提取金属镁。镁具有质量轻（重量仅为铝的2/3）、化学性能活泼、导电传热性能好等特点，与其他金属熔合可形成相对密度小、强度高、机械性能好的多种合金。镁是航空、航天、核工业的重要战略物资，广泛用于军事工业和国防尖端工业，铝镁合金是良好的软包装材料。五是制钾镁复合肥。

地质工作简况 菱镁矿的大规模地质调查和勘探始于1949年。其中比较重要的是1949年对山东省掖县粉子山菱镁矿和山东省蓬莱菱镁矿的调查。1952年鞍钢镁矿勘查队对青山怀、小圣水寺、平二房、官马山、牛心山等矿区进行概查，并对青山怀作了详细勘探，编写了中国第一份菱镁矿勘探报告——《1952年至1953年青山怀菱镁矿床地质勘查工程总结报告》。

除了辽宁和山东以外，20世纪60年代还勘查了河北省邢台大河菱镁矿床、新疆和静县哈勒哈特菱镁矿矿床及内蒙古达尔罕茂明安联合旗和乌拉特中后联合旗超基性岩风化壳淋滤型菱镁矿矿床。20世纪70年代发现并勘查了四川省甘洛汉源地区菱镁矿矿床，以及西藏昌都地区类乌齐县巴夏菱镁矿矿床。20世纪80年代继续对辽宁省营口至辽阳一带的菱镁矿进行了勘探和研究，对海城菱镁矿矿床（包括王家堡子、金家堡子、下房身）进行了补充勘探，证实该矿床是中国质量最好的超大型菱镁矿矿床。

矿床发现和开发简史 中国菱镁矿矿床于1913年首先发现于辽宁省盖县（现为盖州市）转山子。当地农民采石烧石灰，发现一种"不良的石灰岩"，经当时的满铁地质调查所鉴定确认是菱镁矿。1949年后，在辽东半岛一带由鞍山冶金地质勘探公司和地质部的地质队进行了大规模的菱镁矿勘查工作，先后勘探了青山怀、小圣水寺、杨家甸、金家堡-下房身、铧子峪等大型矿床。1959年建成辽宁大石桥菱镁矿采矿—烧制镁砖的大型镁质耐火材料联合企业。下属小圣水寺、青山怀、铧子峪3个菱镁矿，到1968年陆续投产。

20世纪80年代冶金工业部成立了辽宁镁矿公司，下属海城—大石桥7个菱镁矿，是中国最大的采掘、加工及销售一条龙的生产菱镁矿产品的企业，为中国菱镁矿业高速持续发展提供了保证。截至2013年底，中国共有开采矿山124个，年开采量 912×10^4 t。

第二节 分 类

根据成因，可把菱镁矿矿床分为镁质碳酸盐岩区域变质型和蛇纹岩风化型两种类型。①镁质碳酸盐岩区域变质型菱镁矿矿床，以辽宁海城一带的菱镁矿矿床最为典型。辽宁海城菱镁矿矿床是中国最大的矿床，累计探明储量 8.84×10^8 t。矿床产于古元古界辽河群大石桥组中，自下而上分为 3 个矿层，下部矿层为主矿层，长 3625 m，平均厚度 205 m；中部矿层长 769 m，厚度 6~55 m；上部矿层长 3625 m，均厚 137 m。矿石构造以致密块状为主，也有条带状、放射状构造。矿石粒度以中粒和粗粒为主。菱镁矿呈白色、灰白色，矿石矿物以菱镁矿为主，含有少量滑石、透闪石、白云石和绿泥石等。②蛇纹岩风化型菱镁矿矿床，如内蒙古扎赉特旗索伦山察汉奴鲁菱镁矿矿床。该矿床规模不大，与超基性岩面型风化壳有关。菱镁矿矿体呈巢状、透镜状或不规则状，含矿带面积大，但厚度不大，一般 10~40 m，矿石以隐晶质菱镁矿为主，含有蛋白石、玉髓、石英、方解石和褐铁矿等，矿石质量一般。

第三节 物理化学性能

物理性能 菱镁矿白色到略带黄色、蓝色、红色、灰色以至棕黑色，可分为晶质菱镁矿和非晶质菱镁矿两种。晶质菱镁矿为菱面体结晶，三方晶系，有完全的菱面体解理，莫氏硬度为 4，密度为 3.1g/cm^3，抗压强度：平行层面 136.7 MPa，垂直层面 121.1 MPa；抗拉强度：平行层面 4.5 MPa，垂直层面 5.1 MPa；抗剪强度：平行层面 12.3 MPa，垂直层面 15.1 MPa；菱镁矿一般分解温度为 700℃，并伴有很大的体积收缩，至 1000℃ 时分解完全，生成轻烧 MgO，质地疏松，化学活性很大；继续升温，MgO 的体积收缩，化学活性减小，密度增加，同时菱镁矿中 CaO、SiO_2、Fe_2O_3 等杂质与 MgO 逐步生成低熔点化合物；至 1550~1650℃ 时，MgO 的晶格缺陷得到校正，晶粒逐渐发育长大，组织结构致密，生成以菱镁矿为主要矿物的烧结镁砂。非晶质菱镁矿呈致密、坚硬的块状体，无解理，无光泽，断口呈贝壳状，莫氏硬度为 3~5，常伴有蛇纹石、蛋白石、玉髓等硅质矿物，故其中 SiO_2 含量较晶质菱镁矿多。

化学成分 菱镁矿化学式为 $MgCO_3$，理论含量 MgO 47.81%，CO_2 52.19%。自然界菱镁矿的化学组成（w_B）：MgO 35%~47.81%；CaO 0.2%~0.4%；SiO_2 0.2%~8%；Fe_2O_3 和 Al_2O_3 含量一般在 1% 以下。菱镁矿难溶于水，在酸中溶解缓慢。

第四节 分 布

截至 2013 年底，查明菱镁矿资源储量 28.91×10^8 t，主要分布在辽宁、山东、西藏、甘肃、新疆、河北、四川、安徽、青海 9 个省（区），生产矿山主要集中在辽宁和山东。辽宁查明资源储量 24.7×10^8 t（占全国 87.6%）、山东查明资源储量 2.4×10^8 t（占全国 8.5%）、西藏查明资源储量 0.62×10^8 t（占全国 2.1%）。菱镁矿含矿岩系主要有太古宇（山东、河北）、元古宇（辽宁、甘肃）、震旦系（四川）、泥盆系（新疆）和三叠系（西藏），其中以元古宇的菱镁矿资源最为重要。菱镁矿矿床在区域上的分布主要受白云岩、区域地质构造、区域变质作用和岩浆作用等综合因素控制。白云岩是层控菱镁矿矿床形成的矿源层，对矿层定位起着重要作用。辽宁省营口大石桥至海城一带，含镁碳酸盐岩建造东西向延长 50 km，厚度稳定，最厚约 3000 m，形成了辽宁海城、大石桥超大型菱镁矿矿床。中国菱镁矿床分布（图 27-1）。

从大地构造位置上看，中国菱镁矿矿床主要分布于中朝准地台的胶辽台隆（辽宁省营口大石桥至海城一带、山东省掖县一带），其中元古宇巨厚的镁质碳酸盐岩建造是中国菱镁矿的主要成矿建造。

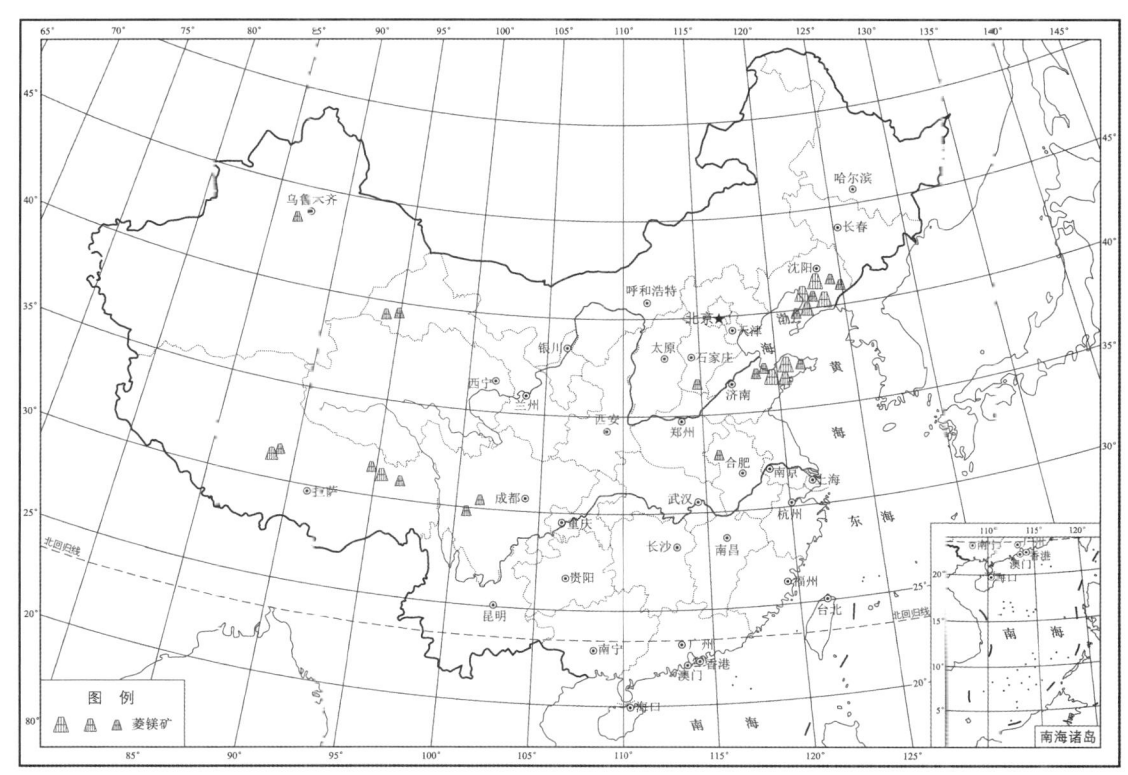

图 27-1 中国菱镁矿床分布

第五节 开发利用和发展趋势

中国菱镁矿储量大，开采条件好，适合露天机械化作业和规模经营。中国菱镁矿含 MgO≥43% 的一二级品占总储量的53%，其中一级品以上（含特级品）菱镁矿储量占总储量的37.58%，二级品储量占总储量的15.42%。辽宁镁矿公司是集采掘、加工及销售一条龙的最大菱镁矿企业。其中最大的矿山是海城镁矿，年生产能力达到 $250×10^4 t$。此外，辽宁省还有一些地方开采的中、小型矿山。如大石桥市的高庄-平二房菱镁矿，1980年以前由地方国营营口县（现为营口市）电熔镁砖厂进行露天开采，1981年改由百寨乡开采，以后转由高庄村、平二房村及个体承包开采，年生产能力曾达到 $20×10^4 t$。岫岩县王家堡子菱镁矿，由岫岩县镁矿、偏岭镇镁矿、岫岩县第一镁砂厂、联营东风镁矿等10余个企业开采，年生产能力达 $20×10^4 t$。山东掖县镁矿建于1958年，露天开采，年生产能力 $17×10^4 t$。有露天采场、选矿厂、煅烧工业场、产品主要是镁砂、轻烧和合成砂，年产普通镁砂 $5×10^4 t$、合成砂 $1.8×10^4 t$，是中国第二大镁质耐火原料基地。除了辽宁和山东两省外，河北省邢台县前补透镁矿年生产能力为 $8×10^4 t$、四川汉源县桂贤镁矿年生产能力为 $5×10^4 t$、甘肃省金塔县四道红山镁矿年生产能力为 $6×10^4 t$。20世纪70年代，以上海宝山钢铁厂的建设为契机，围绕其对耐火材料的大量需求，辽宁、山东建立了三座菱镁矿浮选厂，使产品质量大为提高，填补了中国过去不能生产高档镁砂的空白。辽宁镁矿公司从1980年起，已经采用二步煅烧工艺生产高纯优质重烧镁，MgO 含量已达到98%以上，以供中国钢铁工业对高档原料的需求。

海城菱镁矿是世界著名的菱镁矿产地，由王家堡子、金家堡子和下房身三个矿段组成。该矿床发现于1913年，累计探明菱镁矿矿石 $8.84×10^8 t$，其中王家堡子矿段 $2.42×10^8 t$、金家堡子矿段 $3.56×10^8 t$、下房身矿段 $2.86×10^8 t$；矿石化学成分 MgO 41%~47%，CaO 0.6%~6%，SiO_2 0.6% ~3.5%。矿床含矿地层为古元古界辽河群大石桥组二段和三段。菱镁矿矿层分为下部菱镁矿层、中部白云石大理岩中的菱镁矿层、上部菱镁矿层。下部菱镁矿矿层为主矿层，呈似层状，走向长3625 m，厚度一般为100~300 m，平均205 m。上部矿层走向长也为36~25 m，厚度13~200 m，平均为137 m。中部白云石大理岩中的菱镁矿层长110~769 m，厚6~55 m。下部菱镁矿矿层中有可煅烧高纯镁矿的特级品矿石。矿石构造以致密块状为主，条带状、放射状较少。矿石粒度以中粒和粗粒为主。矿石矿物主要为菱镁矿，含少量滑石、透闪石、白云石和斜绿泥石。菱镁矿呈白色、灰白色，个别浅肉红色。

菱镁矿是中国的优势矿产资源，除了现在已有的生产矿山，如辽宁的海城镁矿、青山怀镁矿、铧子峪镁矿、山东的粉子山镁矿等等外，像辽宁的祝家菱镁矿、圣水寺菱镁矿、山东省莱州市优游山菱镁矿、甘肃肃北别盖菱镁矿、西藏自治区的巴夏菱镁矿等都是可供开发的矿区。

第二十八章 石 灰 岩

第一节 概 述

定义 石灰岩是一种以方解石（$CaCO_3$）为主，有时含有各种混入物的沉积岩（图28-1）。

用途 一是用作制造水泥的主要原料，石灰岩与黏土质原料、硅质原料、铁粉等配合，可煅烧成水泥熟料，其用量一般为水泥原料的80%左右；每生产1t水泥熟料约需1.5~2t的石灰岩（图28-2）。二是在冶炼生铁、钢和有色金属中作熔剂。三是在化工工业中用于制碱、制造电石及制造氮肥与磷肥。四是用于烧制生石灰。五是用于制糖、玻璃、陶瓷、印刷等工业领域，在水源浑浊的地区，用石灰岩来澄清水质。六是在新兴的环境保护工业中，石灰岩还是一种良好的环保材料。七是在农业上用来改良土壤。八是纯净的石灰岩经粉碎后，可作为填料广泛用于油漆、塑料、造纸、涂料、橡胶、建筑密封剂的生产。

图28-1 石灰岩矿石
（来源：维基百科）

图28-2 水泥石灰岩矿山
（来源：维基百科）

地质工作简况 石灰岩矿床的地质工作可以划分为三个阶段：第一个阶段为古代~1949年，这个阶段中国基本上没有对石灰岩开展过正规的地质勘探工作；第二个阶段为1949~1978年，这30年间，随着钢铁工业、水泥工业、化学工业的发展，对石灰岩的需求量与日俱增，对石灰岩资源进行了广泛的普查找矿和勘探；第三个阶段为1979~2013年，这个阶段是中国石灰岩矿床地质勘探工作大发展时期。截至2013年底，共探明石灰岩矿床3182个，探明石灰岩资源储量1479.7×10^8t。其中，水泥石灰岩矿床2316个、资源储量1198.83×10^8t，水泥用大理岩矿床199个、资源储量40.7×10^8t；制石灰用石灰岩矿床212个、资源储量19.26×10^8t；熔剂石灰岩矿床305个、资源储量135.35×10^8t；化工石灰岩矿床150个、资源储量85.6×10^8t。

开发利用简况 中国石灰岩的开发利用已有很悠久的历史。一千多年前就有利用石灰岩烧石灰和建筑石料的记载。但在生产力落后的封建社会，石灰岩的用途和用量都很有限。直到1842年，英国人发明了"波特兰水泥"以后，石灰岩的开发利用才开启了广阔的前景。中国第一个以石灰岩做原料的水泥厂是建于1889年的唐山启新细绵厂（即水泥厂）。1949年全国水泥产量只有66×10^4t。到1976年，全国水泥产量已增加到4670×10^4t，比新中国成立前增加了70倍。改革开放后，中国水泥工业飞速发展，截至2013年底，已开发利用石灰岩矿山共计22328座，其中水泥石灰岩矿山3473座、建筑石料用石灰岩17239座、饰面用石灰岩136座、制灰用石灰岩1001座、溶剂石灰岩矿山300座、化工石灰岩179座。据国家统计局统计，2013年中国水泥产量达到23×10^8t，按生产1t水泥需

1.5t 石灰岩计，仅水泥石灰岩一项开采量已达 35×10^8 t。

第二节 分 类

在计划经济时代，国家对非金属矿分块管理，所以非金属矿也被分为冶金用非金属矿、化工用非金属矿、建材及其他非金属矿。虽然这个分类的科学意义值得商榷，但是这么多年来人们已经习惯，约定俗成，被沿用至今。对石灰岩而言，也就有了冶金用石灰岩、化工用石灰岩、水泥用石灰岩的分类。本文以记述水泥石灰岩为主。

在地质意义上，根据不同成因石灰岩矿床可分成化学或生物化学作用生成的石灰岩矿床、机械碎屑沉积作用生成的石灰岩矿床、生物成因的石灰岩矿床、重结晶作用成因的石灰岩矿床等四种类型。①化学或生物化学作用生成的石灰岩矿床的特点是形成于较深的海中，石灰岩颗粒细小，但矿床规模大，质量纯，CaO 含量可高达 55%，MgO 含量较低，是我国分布极为广泛，也是最重要、最具工业价值的石灰岩矿床类型之一。②机械碎屑沉积作用生成的石灰岩矿床的特点是石灰岩形成于海洋的浅滩中，由于经过搬运，杂质常掺杂其中，其质量不如第一种类型的那么好。但也是中

图 28-3 石灰岩形成的喀斯特地貌
（来源：维基百科）

国特别是北方地区的重要矿床类型。③生物成因的石灰岩矿床最典型的是现代还在沉积的澳大利亚大堡礁石灰岩，古代纯生物堆积形成的石灰岩不多见，但生物占大多数的石灰岩还是很常见的。如分布于浙江、江苏、安徽、江西等地以蜓科化石和海百合为主的石炭系黄龙组石灰岩、分布于北方的叠层石石灰岩等等。这种石灰岩质量较好，CaO 含量一般在 50% 以上。④重结晶作用成因的石灰岩矿床就是上述三种石灰岩经过变质，颗粒较粗，形成了大理岩。大理岩是很好的装饰材料，经济价值很高。

第三节 物理化学性能

物理性能 石灰岩的颜色以灰色为主，灰褐色、灰黑色也比较常见。石灰岩遇酸分解起泡，因此在野外常用稀盐酸来鉴定石灰岩。石灰岩相对密度 2.5~2.8，一般为 2.6~2.7，它随着石灰岩的孔隙度、杂质含量多少和结构构造不同而异；孔隙度一般小于 1%；垂直层理方向的抗压强度一般在 600~1400 kg/cm^2，平行层理方向的抗压强度一般为 500~1200 kg/cm^2；松散系数一般为 1.5~1.6。

化学成分 石灰岩的化学成分随着岩石中矿物成分的不同而变化较大。在生产水泥时，一般要求石灰岩中含 CaO≥48%，MgO≤3.0%，SiO$_2$≤4.0%，K$_2$O+Na$_2$O≤0.6%，SO$_3$≤1%，Cl$^-$≤0.005%。当冶炼黑色金属和有色金属时，石灰岩作为炉料组分直接参与熔炼过程，其中的钙、镁、硅、铝的氧化物形成硅酸盐、铝酸盐和铝硅酸镁，从而生成炉渣，使得矿石中的有益成分炼成金属，并清除掉有害杂质。氧化镁含量较高的石灰岩是高炉中最好的溶剂，因为氧化镁可使炉渣变成液态，并可降低其融化温度。在制造电石、苏打、苛性碱、纯碱、漂白粉等化工产品时，要求石灰岩的纯度很高，一般要求 CaO 含量在 55% 以上。中国各地质时代工业石灰岩的化学成分见（表 28-1）。

表 28-1 中国各地质时代工业石灰岩的厚度和化学成分（$w_B/\%$）

矿床名称	层位	主要岩性	厚度/m	CaO	MgO	SiO$_2$	Al$_2$O$_3$	Fe$_2$O$_3$
广西腾县马山	寒武系	鲕粒石灰岩	145	51.47	2.25	1.73	0.58	0.45
陕西耀州县（现为耀州区）宝鉴山	奥陶系	泥晶石灰岩	204	48	2.2	3.0	1.33	0.32
湖南新化天马山	泥盆系	泥晶石灰岩	130	55.21	0.32	0.31	0.06	
浙江杭州石龙山	石炭系	生物石灰岩	109	52	0.7	2.3		
峨眉黄山	二叠系	生物石灰岩	189	51	0.96	4.1	1.6	1.2
安徽芜湖白马山	三叠系	泥晶石灰岩	300	54.65	0.74	2.77	0.59	0.50

第四节 分 布

中国石灰岩资源丰富，几乎各省、自治区、直辖市都有石灰岩矿床分布。中国水泥石灰岩大型矿床（表 28-8），中国大型石灰岩矿床分布（图 28-4）。需要说明的是，由于探明的石灰岩矿床太多，在图中无法反映中小型石灰岩矿床的分布情况。

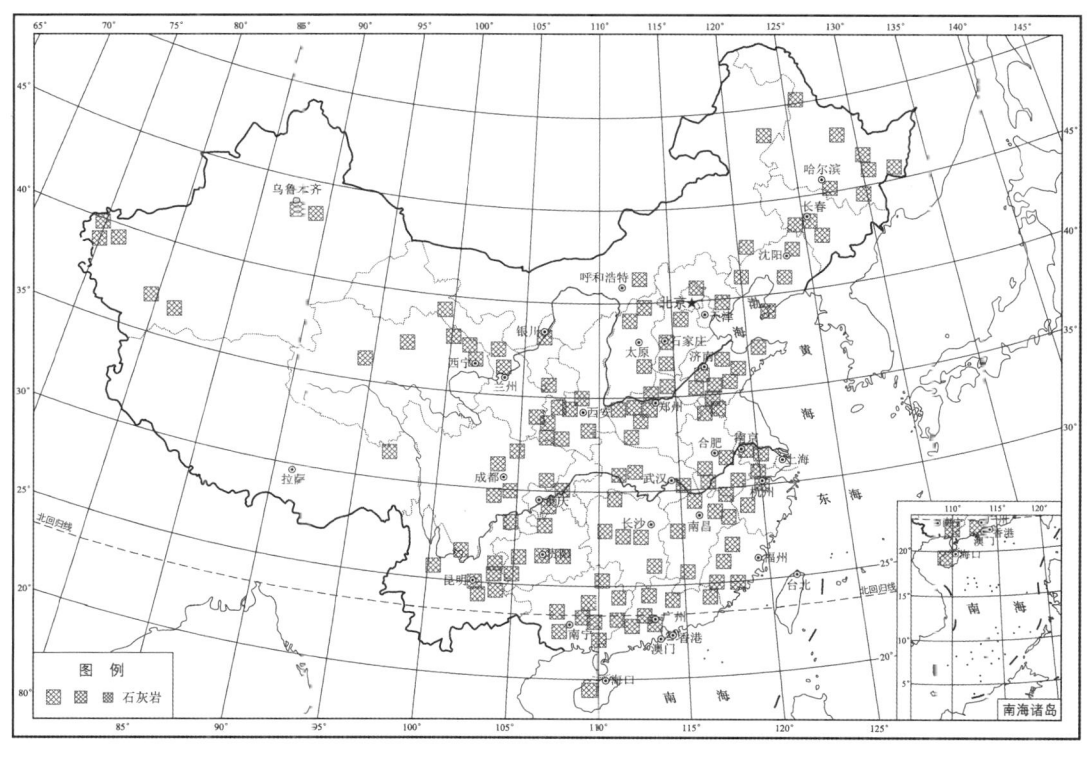

图 28-4 中国大型石灰岩矿床分布

东北地区 东北地区探明石灰岩矿床和资源储量情况（表 28-2）。黑龙江省石灰岩集中于东部和东南部，突出特点是石灰岩经不同程度的变质，已发现的矿床几乎都是由大理岩和结晶石灰岩组成。具有工业意义的石灰岩层主要是下元古界麻山群柳毛组，西麻山组，中奥陶统关鸟河组，下泥盆统下黑龙宫组和下二叠统玉泉组。石灰岩主要分布于浑江、鸭绿江、柳江、样子哨等拗陷盆地中以及磐石、双阳等地区。浑江、鸭绿江、柳河-样子哨等地以中奥陶统马家沟组，下奥陶统冶里组为主要含矿层位。磐石、双阳地区以石炭系为最佳含矿层位，矿体规模大、质量好、远景可观。辽宁水泥石灰岩主要分布于太子河流域、辽东半岛和辽西。太子河流域大面积出露寒武系、奥陶系石灰岩、矿点密集，矿层厚度较大，质量尚好，是成矿远景较好的地区。辽东半岛主要开采层位是质优量大的营城子组石灰岩，辽西以奥陶系为主要含矿层位。

表28-2 东北地区探明石灰岩矿床和资源储量/矿石 10^8 t

省份	水泥石灰岩		制灰石灰岩		熔剂石灰岩		化工石灰岩	
	矿床数	储量	矿床数	储量	矿床数	储量	矿床数	储量
黑龙江	40	11.97	5	0.1	5	0.26	—	—
吉林	94	22.29	16	0.18	11	4.14	2	1.37
辽宁	155	33.56	58	5.97	13	20.82	—	—

华北地区 华北地区探明石灰岩矿床和资源储量情况（表28-3）。北京市石灰岩分布于西山，主要产于马家沟组，冶里组和张夏组，资源丰富，但因环境问题，北京已限制水泥工业的发展。天津市石灰岩资源贫乏，仅在北部的蓟县有少量上元古界铁岭组石灰岩出露。河北省水泥石灰岩全部产于寒武系和奥陶系中，出露于燕山和太行山东翼。中寒武统张夏组在张家口、阳原、获鹿一带远景较好。奥陶系冶里组，亮甲山组石灰岩主要分布于灵山盆地和井陉盆地，尤以唐山一带石灰岩质优量大。马家沟组分布广泛，厚度较大，质量很好。峰峰组是河北的优质水泥石灰岩，分布于曲阳以南，厚度大，质量好。山西省石灰岩主要分布于太行山、洪涛山、霍山、吕梁山及中条山。主要含矿层位有中寒武统张夏组、中奥陶统上、下马家沟组和峰峰组。上、下马家沟组和峰峰组是山西最重要的层位，76%的矿床（点）和83.20%的石灰岩储量均产于本统中。上下马家沟石灰岩厚达150~200 m，CaO 51%~53%，MgO 1.0%~2.5%。峰峰组厚数十米，质量极佳。内蒙古石灰岩在北部和西部呈星散状，工作程度低，开采利用很少。大兴安岭地区中下寒武统和中泥盆统石灰岩可构成大中型矿床，开采、运输条件较好，是较好的远景地区。南部大青山、桌子山、清水河等地均具良好的成矿条件和找矿远景，寒武系和奥陶系是南部地区的主要找矿目标。

表28-3 华北地区探明石灰岩矿床和资源储量/矿石 10^8 t

省份	水泥石灰岩		制灰石灰岩		熔剂石灰岩		化工石灰岩	
	矿床数	储量	矿床数	储量	矿床数	储量	矿床数	储量
北京	23	8.39	9	3.26	12	3.07	9	1.69
天津	9	2.03	—	—	—	—	—	—
河北	79	65.74	11	0.27	19	9.48	11	4.66
山西	41	23.15	—	—	13	6.82	5	1.19
内蒙古	75	64.98	2	0.01	5	4.34	11	8.47

华东地区 华东地区探明石灰岩矿床和资源储量情况（表28-4）。山东省最有工业价值的石灰岩主要分布于鲁西地区，产于中寒武统张夏组、上寒武统凤山组和中奥陶统马家沟组之中。胶东地区零星分布有工业价值的石灰岩。江苏水泥石灰岩主要分布于徐州、宁镇和芭山地区。石炭系石灰岩是江苏储量最大、质量最佳的层位，分布于宁镇、芭山和宜兴地区。二叠系栖霞灰岩分布于宁镇、芭山等地、厚度、成分均较稳定，因燧石含量较高，影响利用。三叠系石灰岩分布于宁镇，芭山和宜兴等地，石灰岩厚度较大，质量一般。浙江水泥石灰岩分布浙赣线以西地区，浙东无石灰岩出露，但沿海地区的蚌壳、牡蛎等海滩堆积可作小水泥的原料。浙江省含矿层位以石炭系中上统、二叠系下统和三叠系下统为主，分布于长兴、吴兴、杭州、桐庐、江山、开化一带，以石炭系石灰岩为最好。福建石灰岩主要分布于鹰厦铁路线以西。石灰岩主要有上石炭统船山组，下二叠统栖霞组、上统长兴组和下三叠统溪口组。船山灰岩受岩浆岩影响出露零散，但厚度较大、质纯、是福建最重要的石灰岩层位，栖霞组石灰岩富含有机质和燧石，使矿石质量受到影响，但仍不失为福建的一个较好的石灰岩层位。闽东地区无石灰岩可资利用，但沿海海蚌壳、牡蛎等可作为水泥原料。安徽水泥石灰岩分布于淮北、淮南、长江两岸的巢湖-安庆一带和繁昌-铜陵-贵池一带。淮北地区中上寒武统石灰岩量大，集中，但MgO过高，中上奥陶统层位稳定，可构成中小型矿山，长江北岸石炭系、二叠系、三叠系石

灰岩质量好厚度大，可构成大中型水泥石灰岩矿床。长江两岸含矿层位以三叠系石灰岩质量大，是很理想的水泥原料。江西有不同的石灰岩层位分布于不同地区的特点较明显。三叠系分布于赣北、二叠系主要出露于赣西，石炭系主要产于赣南、奥陶系主要赋存于赣东北。三叠系大冶组石灰岩矿层厚300 m，延伸10余千米，是今后赣北找矿的主要目标。二叠系石灰岩分布广泛，但因岩性变化大，厚度薄，质量不稳定，难以形成大型矿床。石炭系石灰岩质优量大，是很有远景的层位。分布于上饶、玉山一带的上奥陶统具有质纯、层厚、质量稳定的特点，具有良好的找矿远景。

表28-4 华东地区探明石灰岩矿床和资源储量/矿石 10^8 t

省份	水泥石灰岩		制灰石灰岩		熔剂石灰岩		化工石灰岩	
	矿床数	储量	矿床数	储量	矿床数	储量	矿床数	储量
山东	122	101.13	1	0.01	13	7.10	3	0.46
江苏	69	30.64	-	-	7	4.02	4	3.32
浙江	121	32.71	14	0.53	7	1.35	1	0.19
福建	167	30.69	-	-	7	2.27	6	0.42
安徽	152	125.43	8	0.52	40	6.61	14	5.9
江西	161	36.81	56	1.02	17	5.08	3	0.89

中南地区 中南地区探明石灰岩矿床和资源储量情况（表28-5）。河南省石灰岩分布于太行山南麓、中条山南侧、密县-确山一线、淅川-邓州市一带，层位主要为寒武系和奥陶系。太行山南端以中奥陶统石灰岩为主，储量大、质量好，淅川-邓州市、平顶山一带石灰岩规模大，质量好，是发展水泥工业的良好地区。湖北省石灰岩主要分布于鄂东南、鄂西南。以奥陶系、石炭系、二叠系、三叠系为主。下奥陶统南津关组、红花园组石灰岩分布广泛，厚度100余米，质量一般。石炭系黄龙灰岩分布于鄂西南、鄂东南及钟祥、京山一线，岩性比较稳定，但厚度变化大，仅局部可形成大中型矿床，二叠系石灰岩中燧石含量高，局部可形成中小型矿床，三叠系大冶灰岩是湖北最好的层位，主要出露于鄂东南，规模大，夹层少，探明储量占全省的90%，是极有工业价值的石灰岩层位。湖南省水泥石灰岩主要分布于湘南、湘中和湘西北。石灰岩层位主要有泥盆系、石炭系。中泥盆系棋梓桥石灰岩厚度大，质量好，化学成分变化不大，规模大，是很好的石灰岩。石炭系石磴子段，黄龙组和船山组石灰岩厚300~500 m，具有相当的远景。广东省石灰岩总的特点是北多南少，层位以下石炭统石磴子段，中上石炭统，上泥盆统天子岭组为主。韶关地区石灰岩大片出露，大中型矿床分布于京广铁路两侧者较多，石灰岩厚大，质佳量大，是水泥工业的重点地区之一。广西水泥石灰岩主要层位为泥盆系中上统，石炭系中上统，下二叠统。泥盆系中统东岗岭组、上统融县组分布于桂东北和桂西南，厚度巨大，质量优良，岩性稳定单一，是极好的水泥原料。中、上石炭统黄龙组，马平组石灰岩远景较好，也是今后找矿的良好层位。下二叠统芭口组石灰岩岩性变化较大。柳州-来宾-黎塘一线以西的石灰岩较好，厚度大于350 m，局部地区因硅高不能用。海南省石灰岩层位主要有石炭系和二叠系，零星出露有奥陶系石灰岩，主要分布于海南岛的西部。

表28-5 中南地区探明石灰岩矿床和资源储量/矿石 10^8 t

省份	水泥石灰岩		制灰石灰岩		熔剂石灰岩		化工石灰岩	
	矿床数	储量	矿床数	储量	矿床数	储量	矿床数	储量
河南	107	76.32	-	-	31	9.77	5	1.95
湖北	88	37.87	1	0.08	18	6.42	5	1.14
湖南	66	50.69	-	-	9	5.37	4	1.43
广东	80	57.39	-	-	16	5.96	-	-
广西	88	50.86	-	-	4	6.72	5	1.19
海南	36	11.44	-	-	-	-	-	-

西南地区 西南地区探明石灰岩矿床和资源储量情况（表28-6）。四川省龙门山区石炭系灰岩质佳量大，但分布零星，下二叠统、中三叠统均有较好的石灰岩出露，川南二叠系石灰岩也有较好的找矿远景。重庆大巴山-米仓山应以下三叠统为主要找矿对象，华蓥山以东地区出露三叠系中下统，灰岩质量好，规模大，交通便利，颇具远景。贵州石灰岩层位主要有下三叠统，石炭系上统，二叠系下统奥陶系下统和寒武系下统。桐梓-遵义一带三叠系下统永宁镇组、诊夜郎组石灰岩质好，夹层少，百度200 m以上，沿铁路线展布，找矿远景良好。贵阳-清镇一带，下三叠统大冶组和安顺组石灰岩、水城-六枝一带马平组石灰岩，出露好，规模大。凯里-施秉一带红花园组灰岩厚约1500 m。盘县-兴仁一带，永宁镇组和马平组石灰岩质纯，厚度大，但目前交通不便。云南丽江-大理一带石灰岩资源丰富，滇东、滇东北矿床点甚多，中上石炭统，下二叠统，中泥盆统，均有厚大的石灰岩产出，是云南最重要的水泥石灰岩分布和找矿远景区。

表28-6 西南地区探明石灰岩矿床和资源储量/矿石 10^8 t

省份	水泥石灰岩		制灰石灰岩		熔剂石灰岩		化工石灰岩	
	矿床数	储量	矿床数	储量	矿床数	储量	矿床数	储量
四川	100	73.70	4	0.09	15	10.71	2	0.16
重庆	82	57.10	1	0.001	5	1.32	3	0.1
贵州	101	19.02	5	0.48	15	2.31	9	0.83
云南	88	29.02	2	2.81	3	1.88	4	1.97
西藏	3	0.56	—	—	—	—	—	—

西北地区 西北地区探明石灰岩矿床和资源储量情况（表28-7）。陕西石灰岩主要分布于韩城-铜川—宝鸡一带和陕南。前者以中奥陶统石灰岩为主，耀州区、铜川附近质量最好，矿层厚100～300 m。后者石灰岩层位较多，从震旦系到三叠系均有石灰岩出露。但由于大地构造复杂，岩性变化大，化学成分变化复杂，地貌上多为高山陡崖，交通不便，技术经济条件差，不便于利用。甘肃省玉门-酒泉，武威-清远一带，石灰岩以奥陶系中统妖魔山组为主，石灰岩质量好，规模较大，是很有希望的远景地段。合作-天水、岷县-徽县一带，泥盆系、石炭系、二叠系中均有石灰岩产出，远景良好。青海省石灰岩主要分布于格尔木，德令哈，西宁一带，有工业意义的层位主要是上元古界花石山群、石炭系、三叠系。另外，寒武系、奥陶系、二叠系中也有石灰岩产出，具有一定的远景。新疆石灰岩丰富，层位较多，其中以泥盆系、石炭系、上寒武—下奥陶统石灰岩为主。泥盆系石灰岩主要分布于天山南坡，以中上统较为重要。石炭系石灰岩分布较广，是新疆最重要的石灰岩层位，具有很好的远景，也是今后新疆找矿的主要目标层位。

表28-7 西北地区探明石灰岩矿床和资源储量/矿石 10^8 t

省份	水泥石灰岩		制灰石灰岩		熔剂石灰岩		化工石灰岩	
	矿床数	储量	矿床数	储量	矿床数	储量	矿床数	储量
陕西	89	77.45	—	—	4	3.37	7	8.98
甘肃	63	32.97	1	0.41	6	4.47	4	0.34
青海	24	17.52	—	—	2	0.32	9	27.21
宁夏	22	12.57	—	—	1	0.24	12	2.0
新疆	169	41.22	18	3.54	7	1.12	8	6.49

表 28-8 中国水泥石灰岩大型矿床

序号	矿产地名称	规模	开采利用情况
1	黑龙江嫩江县关鸟河	大型	可利用
2	黑龙江伊春市浩良河	大型	已利用
3	黑龙江阿城市（现为阿城区）山河新明	大型	已利用
4	黑龙江牡丹江市拉古	大型	已利用
5	黑龙江桦南县老秃顶子	大型	可利用
6	黑龙江勃利县白石砬子	大型	可利用
7	黑龙江林口县大盘道	大型	已利用
8	黑龙江密山市金银库	大型	已利用
9	吉林梨树县颜家粉房	大型	已利用
10	吉林梨树县程家屯	大型	可利用
11	吉林双阳区羊圈顶子	大型	已利用
12	吉林永吉县石灰厂	大型	已利用
13	吉林辉南县三合顶子	大型	可利用
14	吉林磐石市明城杨木顶子	大型	已利用
15	辽宁凌源市三家子	大型	已利用
16	辽宁喀喇沁左旗丛元	大型	已利用
17	辽宁铁岭县三道沟	大型	可利用
18	辽宁开原市八棵树	大型	可利用
19	辽宁辽阳县小屯	大型	已利用
20	辽宁本溪市高台子	大型	已利用
21	辽宁本溪市欢喜岭	大型	可利用
22	辽宁灯塔县（现为灯塔市）宝镜山	大型	可利用
23	辽宁大连市周水子玉山	大型	已利用
24	辽宁大连市大辛寨子鞍子山	大型	可利用
25	辽宁大连市榆树山	大型	可利用
26	辽宁大连市大黑石	大型	可利用
27	北京昌平区文殊峪	大型	已利用
28	北京海淀区寨口	大型	已利用
29	北京昌平县（现为昌平区）下庄西山	大型	可利用
30	北京房山区晓幼营	大型	可利用
31	河北易县八里庄	大型	可利用
32	河北顺平县寨子	大型	可利用
33	河北顺平县司仓	大型	可利用
34	河北丰润县（现为丰润区）王官荣	大型	已利用
35	河北唐山市东矿区域山	大型	已利用
36	河北卢龙县武山	大型	已利用
37	河北抚宁县石门寨	大型	已利用
38	河北抚宁县查庄	大型	可利用
39	河北井陉矿区贾庄	大型	可利用
40	河北井陉县马村	大型	可利用
41	河北龙泉市王屋	大型	已利用

续表

序号	矿产地名称	规模	开采利用情况
42	河北鹿泉市东焦	大型	可利用
43	河北赞皇县王家洞	大型	可利用
44	河北峰峰矿区街八庄	大型	已利用
45	河北武安市孟家场	大型	可利用
46	河北邢台县尹郭	大型	可利用
47	山西潞城县猪头山	大型	已利用
48	山西潞城县上黄家凹	大型	可利用
49	山西大同市七峰山	大型	已利用
50	山西大同市七峰山（12－22线）	大型	已利用
51	山西大同市七峰山玉龙庙	大型	可利用
52	山西大同市西万庄乡塔儿山	大型	可利用
53	山西朔州市神头	大型	可利用
54	内蒙古察哈尔右翼后旗二道沟	大型	已利用
55	内蒙古阿荣旗富贵屯大白山	大型	可利用
56	内蒙古奈曼旗石碑	大型	可利用
57	山东肥城市桃园	大型	可利用
58	山东青州市明祖	大型	可利用
59	山东潍坊市刘坤东山	大型	可利用
60	山东泗水县踞龙山	大型	可利用
61	山东泗水县金庄戈山	大型	可利用
62	山东新泰市寨子	大型	可利用
63	山东平邑县黑泉庄	大型	可利用
64	山东费县许家崖	大型	可利用
65	山东嘉祥县磨山	大型	可利用
66	山东滕州市马山	大型	已利用
67	山东枣庄市薛城东古山－袁寨山	大型	可利用
68	山东栖霞县油家泊燕山	大型	可利用
69	山东福山区张格庄西水夼	大型	可利用
70	江苏江宁县茨山	大型	可利用
71	江苏江宁县黄龙山	大型	可利用
72	江苏南京市龙潭青龙山	大型	可利用
73	江苏南京市栖霞区龙王山东段	大型	可利用
74	江苏句容县矽锅顶	大型	可利用
75	江苏句容县大南山	大型	可利用
76	江苏金坛县（现为金坛市）金牛洞	大型	已利用
77	江苏宜兴市老虎山	大型	可利用
78	江苏铜山县焦山	大型	可利用
79	浙江长兴县桂阳山东段	大型	已利用
80	浙江长兴县桂阳山西段	大型	可利用
81	浙江长兴县杨家山	大型	已利用
82	浙江长兴县大煤山	大型	已利用

续表

序号	矿产地名称	规模	开采利用情况
83	浙江杭州市石龙山	大型	已利用
84	浙江富阳县（现为富阳市）岘口	大型	已利用
85	浙江富阳县（现为富阳市）大山顶子	大型	可利用
86	浙江常山县灰埠	大型	已利用
87	浙江衢州市仙洞	大型	已利用
88	浙江建德县（现为建德市）码头	大型	已利用
89	福建顺昌县洋姑山	大型	已利用
90	福建永安市坑边大湖	大型	已利用
91	福建永安市曹田	大型	已利用
92	福建永定县西坑	大型	可利用
93	福建漳平市岭囟	大型	可利用
94	福建安溪县潘田	大型	可利用
95	福建龙岩市中甲	大型	已利用
96	福建龙岩市东宝	大型	已利用
97	福建南靖县下岭	大型	已利用
98	安徽淮北市黄山	大型	可利用
99	安徽淮北市黄山外围	大型	可利用
100	安徽含山县东关	大型	已利用
101	安徽巢湖市钱家山	大型	可利用
102	安徽怀宁县马子山	大型	可利用
103	安徽芜湖市白马山	大型	已利用
104	安徽繁昌县荻港小岭山	大型	可利用
105	安徽铜陵市虎形山	大型	可利用
106	安徽铜陵市青山	大型	已利用
107	安徽铜陵市敕山	大型	可利用
108	安徽铜陵市伞形山	大型	已利用
109	安徽枞阳县耦山	大型	可利用
110	安徽贵池市北山	大型	可利用
111	安徽宁国县（现为宁国市）海螺山	大型	已利用
112	江西瑞昌市码头	大型	已利用
113	江西宜春市柏木	大型	可利用
114	江西上高县墨山	大型	可利用
115	江西万年县大河山	大型	已利用
116	江西玉山县陈发山	大型	可利用
117	江西于都县金鸡山	大型	已利用
118	江西信丰县丫叉桥	大型	可利用
119	江西瑞金市猫子寨	大型	可利用
120	河南安阳李珍	大型	可利用
121	河南鹤壁市鹿楼	大型	可利用
122	河南焦作市回头山	大型	可利用
123	河南卫辉市豆义沟	大型	可利用

续表

序号	矿产地名称	规模	开采利用情况
124	河南陕县磨云山	大型	可利用
125	河南陕县黑羊山	大型	可利用
126	河南洛阳市敖子沟	大型	已利用
127	河南宜阳县锦屏山	大型	已利用
128	河南宜阳县鹿角岭	大型	可利用
129	河南荥阳市崔庙	大型	可利用
130	河南新密市七里岗战鼓山	大型	可利用
131	河南禹州市角子山	大型	可利用
132	河南禹州市大鸡山	大型	可利用
133	河南鲁山县鹁鸽吴	大型	可利用
134	河南平顶山市青草岭	大型	可利用
135	河南南召县青山	大型	可利用
136	河南邓州市禹山	大型	已利用
137	湖北荆门市苏畈北段	大型	已利用
138	湖北荆门市黄土坡	大型	已利用
139	湖北宜昌市黄花场	大型	已利用
140	湖北枝城市（现为宜都市）杨树坪东段	大型	已利用
141	湖北枝城市九道河	大型	可利用
142	湖北黄石市黄金山	大型	已利用
143	湖北大冶市曹家湾	大型	可利用
144	湖北武穴市关山	大型	可利用
145	湖南石门县新关	大型	已利用
146	湖南辰溪县大元山	大型	可利用
147	湖南新化县柘木岭	大型	已利用
148	湖南湘乡县（现为湘乡市）万罗山	大型	已利用
149	湖南新邵县巨口铺	大型	已利用
150	湖南新邵县严塘	大型	可利用
151	湖南资兴县西阳岭	大型	可利用
152	广东阳山县青莲庵螺角	大型	可利用
153	广东英德市打石排	大型	可利用
154	广东英德市英红区白石山	大型	可利用
155	广东英德市龙尾山	大型	可利用
156	广东英德市龙头山中山	大型	已利用
157	广东龙门县仙人娘	大型	可利用
158	广东蕉岭县文福储村	大型	已利用
159	广东花都市（现为花都区）赤坭	大型	可利用
160	广东广州市珠江水泥厂南门矿区	大型	可利用
161	广东罗定市石梯	大型	可利用
162	广东云浮市南乡小雾山	大型	可利用
163	广东高明市（现为高明区）洞心	大型	已利用
164	广西柳江县水枯山	大型	已利用

续表

序号	矿产地名称	规模	开采利用情况
165	广西柳江县劳稿山	大型	可利用
166	广西平果县雷感	大型	可利用
167	广西平果县果化	大型	可利用
168	广西平果县叫何	大型	可利用
169	广西来宾县（现为来宾市）上里	大型	可利用
170	广西宾阳县黎塘凤凰山	大型	已利用
171	广西扶绥县昌平	大型	可利用
172	广西扶绥县渠多	大型	可利用
173	广西贵港市黄练	大型	可利用
174	广西贵港市旺华	大型	可利用
175	广西藤县谢圩猫山	大型	可利用
176	广西桂林市绿坊	大型	可利用
177	广西桂林市田心	大型	可利用
178	广西桂林市大头山	大型	可利用
179	广西临桂县寨口	大型	可利用
180	广西兴安县羊角山	大型	已利用
181	广西钟山县长市洞	大型	已利用
182	广西苍梧县石腰岭	大型	可利用
183	广西阳川县荔枝寨	大型	可利用
184	海南昌江县芸红岭	大型	已利用
185	海南昌江县昆雅岭	大型	已利用
186	海南儋州市和盛	大型	可利用
187	四川江油市马角坝张坝沟	大型	已利用
188	四川都江堰市龙洞子	大型	已利用
189	四川华蓥市天池王家垭口	大型	可利用
190	四川峨眉山市黄山	大型	已利用
191	四川资中县（现为资中市）葫芦寺	大型	可利用
192	四川乐山市沙湾尖顶顶	大型	可利用
193	四川筠连县老虎洞	大型	可利用
194	四川珙县巡场七个山	大型	可利用
195	四川珙县巡场坟湾头	大型	可利用
196	四川攀枝花市龙洞	大型	已利用
197	重庆忠县石板水	大型	可利用
198	重庆丰都县大梁湾	大型	可利用
199	重庆涪陵市（现为涪陵区）白岩口	大型	可利用
200	重庆涪陵市（现为涪陵区）靖黔大堡山Ⅱ段	大型	可利用
201	重庆涪陵市（现为涪陵区）大堡山北段	大型	可利用
202	重庆南泉	大型	可利用
203	重庆南泉乡半坡	大型	可利用
204	重庆巴县雷家山	大型	可利用
205	贵州桐梓县东山岗	大型	可利用

续表

序号	矿产地名称	规模	开采利用情况
206	贵州水城特区响水河北西矿区	大型	已利用
207	贵州贵阳市陶家山	大型	可利用
208	贵州贵阳市青龙山	大型	可利用
209	贵州凯里市崖脚寨	大型	可利用
210	贵州盘县特区战马	大型	可利用
211	云南大理市青山中段	大型	已利用
212	云南宣威县（宣威市）东山寺	大型	可利用
213	云南昆明市小康朗	大型	已利用
214	云南曲靖市花山	大型	已利用
215	云南师宗县白马山	大型	已利用
216	云南华宁县珠山	大型	可利用
217	陕西铜川市崖窑沟	大型	已利用
218	陕西耀州县（现为耀州区）宝鉴山	大型	已利用
219	陕西耀州县（现为耀州区）桃曲坡	大型	可利用
220	陕西千阳县雪山	大型	可利用
221	陕西千阳县王家庄	大型	可利用
222	陕西乾县五峰山	大型	已利用
223	陕西礼泉县任池	大型	可利用
224	陕西泾阳县蔡家沟	大型	可利用
225	陕西凤县河口黄牛沟	大型	可利用
226	陕西留坝县庙台子	大型	可利用
227	陕西镇安县褚家山	大型	可利用
228	陕西镇安县海棠山	大型	已利用
229	陕西山阳县馒头山	大型	已利用
230	陕西汉中市石堰寺	大型	已利用
231	陕西南郑县上梁山	大型	已利用
232	陕西洋县大岭梁	大型	已利用
233	陕西洋县大岭梁东段	大型	可利用
234	陕西西乡县茶镇七家山	大型	可利用
235	陕西西乡县盖仙寺	大型	可利用
236	宁夏银川市干沟	大型	已利用
237	宁夏银川市套门沟	大型	已利用
238	宁夏青铜峡市	大型	已利用
239	甘肃肃南县西沟	大型	已利用
240	甘肃徽县淡家庄	大型	可利用
241	甘肃古浪县铁柜山	大型	可利用
242	甘肃天祝县白塔山	大型	可利用
243	甘肃永登县大匣子	大型	已利用
244	甘肃平凉市三道沟	大型	已利用
245	青海格尔木市雪水河	大型	可利用
246	青海德令哈市旺尕秀	大型	可利用

续表

序号	矿产地名称	规模	开采利用情况
247	青海祁连县阿力克	大型	可利用
248	青海刚察县达拉沟	大型	可利用
249	青海湟中县门旦峡	大型	已利用
250	青海互助县柏木峡光山	大型	已利用
251	青海门源县黄草坡	大型	已利用
252	新疆乌鲁木齐市艾维尔沟	大型	可利用
253	新疆和静县热呼	大型	可利用
254	新疆吐鲁番市桃树园子	大型	已利用
255	新疆乌恰县黑孜韦	大型	已利用
256	新疆洛浦县阿其克	大型	可利用
257	西藏昌都县俄洛桥	大型	已利用

第五节 开发利用和发展趋势

石灰岩的开发利用要经过地质勘探、矿山开采、选矿与加工三个阶段。在地质勘探阶段，应选择有资质的地质勘探单位按照行业标准 DZ/T0213-2002 进行地质工作。在选择投资开发石灰岩矿山时，要注意矿山应位于铁路或通航河流与海港码头 20~50 km 的范围之内，矿山近旁要有适于建厂的工业场地，并需是距城市、风景区、古迹和大型居民区较远的地方。在矿山开采阶段，要选择确定开采方案，由于石灰岩开采量很大，开采方法一般是山坡露天开采，而凹陷露天开采和地下开采不多。开拓运输方法用得最多的是公路开拓，箕斗-汽车联合运输开拓及平硐溜井开拓用得较少。开采工艺的主要环节包括穿孔、爆破、采装及工作面运输。采出来的石灰岩一般块度较大，都需要经过破碎。在选矿与加工阶段，大型水泥石灰岩矿山一般不用选矿，只有含黏土或泥团的石灰岩，破碎前需引入洗矿工序。重质碳酸钙的加工工艺是先将优质石灰岩破碎后，经干磨成粉，再经超细粉碎等工序制成。

随着科技的发展，石灰岩的用途不断拓宽。如近年来发明的"石头纸"的生产，就是利用 80% 的石灰岩或大理岩粉末代替 60% 的木浆和草浆，与 15% 的聚乙烯和 5% 的胶合剂混合，制成可降解、可回收利用、不易燃、防水防潮、书写与印刷性能好、清晰度高的"石头纸"。另外，还有一个成功商业化利用的是，石灰岩用于水泥生产和发电过程中的除硫剂，生成工业石膏，为保护环境起到了很好的作用。

截至 2013 年底，已开发利用石灰岩矿山共计 22328 座，其中建材用石灰岩矿山 21849 座、熔剂石灰岩矿山 300 座、化工石灰岩 179 座。石灰岩的总开采量在 40×10^8 t 以上，是名副其实的世界第一。

20 世纪 80 年代以来，中国经济的快速发展使石灰岩工业突飞猛进，石灰岩的开采量位于世界第一位，达到了前所未有的水平。但是，近年来，一方面由于石灰岩传统使用领域-钢铁、水泥的刚性过剩，导致地质工作量下降，东部地区石灰岩的探矿权和采矿权价格节节攀升，石灰岩的开发利用速度也开始下降。另一方面，石灰岩的新用途如环境材料的开发，使石灰岩用量增长。在可以预见的时间内，石灰岩的大量开采利用还将继续。

第二十九章 泥 灰 岩

第一节 概 述

定义 泥灰岩是一种沉积岩。在石灰岩中混入黏土矿物达25%~50%，方解石只占50%~75%时就称为泥灰岩，因此，泥灰岩是一种界于碳酸盐岩和黏土岩之间的过渡类型岩石。泥灰岩常呈微粒结构，矿物颗粒很细，一般小于0.01 mm（图29-1，图29-2）。泥灰岩常呈夹层产于石灰岩中，与石灰岩一起开采作为水泥原料。当单层厚度大时，形成单独的泥灰岩矿床。

图29-1　泥灰岩标本
（来源：维基百科）

图29-2　泥灰岩野外产状
（来源：维基百科）

用途 泥灰岩的用途主要有两种：一是作水泥原料。由于泥灰岩既含有石灰质又含有黏土质，所以是天然的水泥原料，并可以简化水泥生产工艺和降低生产成本。二是做砚石材料。质地细腻的泥灰岩是一种优质的砚石材料，如吉林白山库仓沟泥灰岩即是一例。当地泥灰岩呈黄绿色、紫色等，硬度为4，粒度0.006~0.015 mm，石英<0.1 mm，细腻，是优质的砚石材料。

地质工作简况 由于泥灰岩常常作为石灰岩的夹层与石灰岩共生，因此，泥灰岩的地质工作几乎和石灰岩的地质找矿勘探工作是同步的，工作方法程序也与水泥石灰岩类似。截至2013年底，中国共对15个泥灰岩矿床进行过地质工作，探明了泥灰岩储量 6659×10^4 t。中国泥灰岩矿区查明资源储量分布情况（表29-1）。

表29-1　中国泥灰岩矿区查明资源储量分布情况

省份	矿区数/个	查明资源储量/矿石 10^4 t
北京	1	503
辽宁	2	255
吉林	4	240
江苏	1	945
安徽	1	610
福建	1	2.5
江西	1	50
山东	1	256

续表

省份	矿区数/个	查明资源储量/矿石 10^4 t
湖北	1	2879
云南	1	879
新疆	1	41
全国合计	15	6659

矿床发现和开发简史 泥灰岩矿床的发现过程是和水泥石灰岩矿床找矿勘探过程紧密相连的。在找矿过程中，发现泥灰岩的化学成分接近于由石灰质原料和黏土质原料搭配而成的水泥生料成分，很自然的就把泥灰岩作为天然的水泥原料来看待了。矿床开发中把泥灰岩作为水泥原料开发的最多，截至 2012 年底，共计开发了 25 个小型泥灰岩矿床，年产量约 50×10^4 t。一些泥灰岩是优质的砚石材料矿床，如江西婺源溪头乡龙尾泥灰岩矿床就是一个著名的砚石矿床，其砚台产品被称为"龙尾砚"。实际上"龙尾砚"是歙砚的一种，而歙砚是中国四大名砚之一。歙砚名称的由来，是由于唐代开元间歙砚已成为贡品，闻名于世，因产于歙州故名歙砚，当时婺源归歙州管辖，宋代徽宗年间改歙州为徽州，歙砚出名在徽州之前，故有徽墨之称没有徽砚之名。歙砚产于古歙州（安徽省歙县、黟县、休宁，江西婺源等地），其中以婺源的龙尾砚为优。尤以龙尾山西麓溪头乡产的砚石料为精绝。龙尾山高二百仞周三十里，幽谷谋潭，草木葱贫，溪流湍湍，怪石兀立，素"砚山之誉"。从《婺源县志》上看，产石之佳者，不尽在龙尾山，尚有驴济、洗泥坑、洞灵岩等处，统称歙石，或婺源石。歙砚石质坚韧、润密，纹理美丽，敲击时有清越金属声，贮水不耗，历寒不冰，呵气可研，发墨如油，不伤毫，雕刻精细，浑朴大方。目前，歙砚砚石原料奇缺，传统工艺后继乏人，急需加大保护力度。

第二节 分 类

根据成因分类，可将泥灰岩分为海相沉积泥灰岩矿床和湖相沉积泥灰岩矿床。我国泥灰岩矿床一般是海相沉积形成的，一般夹于石灰岩中产出，可以做水泥原料。而陆相沉积的泥灰岩往往会因氧化镁含量过高难以做水泥原料。

第三节 物理化学性能

物理性质 泥灰岩相对密度为 2.5~2.8，容重一般为 2.6~2.7 t/m³，它随泥灰岩的孔隙度，泥质含量多少的不同而异。吸湿率一般小于 1%，垂直层理方向的抗压强度一般为 700~1600 kg/cm³，松散系数一般为 1.6。

化学性质 化学成分随泥质含量的多少变化较大，泥灰岩矿床化学成分（表 29-2）。

表 29-2 泥灰岩矿床化学成分（w_B/%）

矿区名称	CaO	MgO	Al_2O_3	SiO_2	烧失量
北京怀柔河防口	43.43	1.37	2.68	13.24	35.46
江苏南京青龙山	42.14	0.97	4.01	14.36	34.44
安徽巢湖马家山	43.81	1.34	3.61	11.35	
山东潍县长山	35.18	1.5	5.88	21.88	38.58
湖北黄石金盘山	42.88	1.19	4.42	13.23	34.8
新疆伊宁卡崎	43.99	1.57	2.43	12.04	
广东英德龙头山	42.40	1.12	5.29	14.00	34.56
云南开远平坝山	40.09	0.8	5.97	15.45	32.74

第四节 分 布

从地理分布看，泥灰岩矿床分布于北京、吉林、江苏、安徽、山东、湖北、新疆、河南、山西、辽宁、广东、云南等地，资源比较丰富。中国泥灰岩矿产分布情况（表29-3），中国泥灰岩矿床分布（图29-3）。

表29-3 中国泥灰岩矿产分布

序号	矿床名称	探明储量 10^4t	规模	主要化学成分（w_B/%）			开发利用情况
				CaO	MgO	SiO_2	
1	北京怀柔河防口	503	小型	43.43	1.37	—	停采
2	辽宁瓦房店老虎青河	282	小型	43.00	—	—	已开采
3	辽宁瓦房店小四川	9.4	小矿	—	—	—	已开采
4	吉林伊通莫里	1.0	小矿	20.0	—	—	已开采
5	吉林通化大安	51.6	小型	32.0	—	—	已开采
6	吉林白山库仓沟	175.0	小型	—	—	—	已开采
7	吉林白山长艺	18.0	小矿	31.45	—	20.0	已开采
8	江苏南京青龙山	1717	中型	42.14	—	4.01	已开采
9	安徽巢湖马家山	1167	中型	41.78	—	—	已开采
10	福建永安吃水亭	2.5	小矿	42.1	—	—	已开采
11	江西德安小溪山	49.8	小矿	52.0	0.8	—	已开采
12	山东潍县长山	256	小型	43.12	—	5.88	已开采
13	湖北黄石金盘山	2879	中型	42.88	—	13.23	已开采
14	云南开远平坝山	1134	中型	30.33	—	—	已开采
15	新疆伊宁卡崎	41.2	小矿	43.99	—	—	已开采
16	河南辉县上八里泥灰岩矿床	36.4	小型	44.84	—	—	已开采
17	广东英德龙头山	—	—	—	—	—	已开采

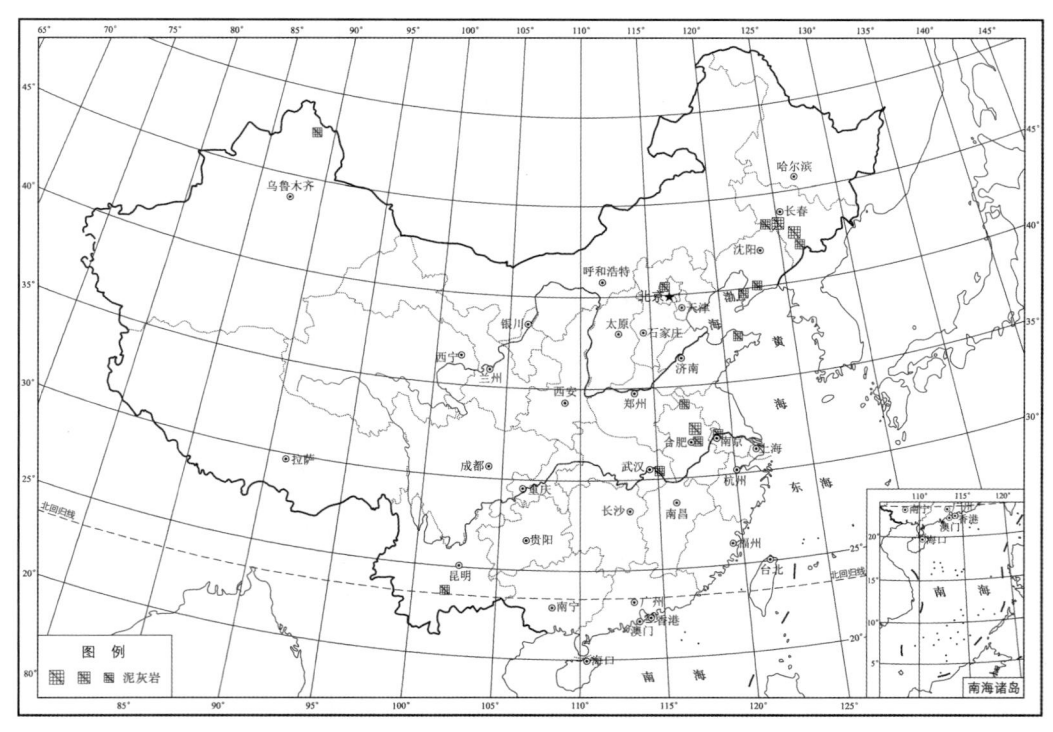

图29-3 中国泥灰岩矿床分布

从成矿时代看，泥灰岩矿床在中国北方主要分布于中寒武统和奥陶系马家沟组中，山西、河南、北京等地已有开采用作水泥原料；南方主要产于下石炭统和中、下三叠统中。矿石一般为低镁、高硅泥灰岩或泥质条带灰岩。化学成分（w_B）：为 CaO 41%～44%，MgO 1%～2%，SiO_2 10%～15%，Al_2O_3 1%～4%。矿体长 400～1500 m，厚数米至百余米。有时规模很大。

第五节 开发利用和发展趋势

泥灰岩是一种宝贵的水泥原料，这是因为使用泥灰岩烧制水泥熟料时，不需再加入其他原料即可满足熟料的饱和系数（KH）、硅酸率（n）、铝氧率（P）的指标。一般的工业指标是：饱和系数（KH）0.8～1.0；硅酸率（n）1.75～4.5、铝氧率（P）1.0～3.5，氧化镁含量要小于2.75%。中国泥灰岩与石灰岩矿床共生的比较多，不单独勘探，也不单独记录储量。只有当泥灰岩矿床达到一定规模时才单独做地质工作和单独做储量统计。单独产出以及与石灰岩互层产出的泥灰岩矿床的地质工作程序和方法基本上按照勘探水泥石灰岩矿床的方法进行。开采时也与石灰岩一起开采，一般都是露天开采。

湖北黄石金盆山是一个典型的泥灰岩矿床。矿床产于下三叠统大冶组，有两层矿，一层是泥灰岩，厚120 m，一层是石灰岩与页岩互层，厚11 m。矿层呈层状，产状厚度都很稳定。矿石质量也很稳定，CaO 36.62%～45.40%，MgO、Na_2O、K_2O 等有害成分都符合工业要求，探明储量 $2500×10^4$ t，是一个良好的水泥原料矿山。

泥灰岩作为一种天然的水泥原料，其利用价值是不言而喻的，但由于矿床规模偏小，不十分适合现代化的大水泥生产，其利用价值有所降低。如果泥灰岩能作为砚石材料的话，其价值远大于做水泥原料，因此，应适当的注意可以作砚石材料的泥灰岩矿床的找矿和勘探。

第三十章 白 云 岩

第一节 概 述

定义 白云岩是一种以白云石$CaMg(CO_3)_2$为主要组分的碳酸盐岩。白云岩含白云石约95%，另外含有少量的方解石、黏土矿物、石膏等杂质，外貌似石灰岩，当滴稀盐酸时缓慢微弱发泡或者不发泡，风化表面糖粒状并有刀砍状溶沟，可与石灰岩相区别（图30-1）。

图30-1 白云岩
（来源：维基百科）

用途 白云岩广泛用于冶金、建材、陶瓷、焊接、橡胶、造纸、塑料等工业中，在农业、环保、节能、药用及保健等领域也得到了应用。具体用途如下：一是在冶金工业中用做熔剂、耐火材料。白云岩作为炼铁和炼钢的熔剂，可起中和酸性炉渣的作用，提高炉渣的碱度，降低炉渣中FeO的活度，以减轻炉渣对炉衬的侵蚀。二是用作提炼金属镁和镁化物的原料。三是在化学工业中用来生产硫酸镁、轻质碳酸镁等化工原料。四是在建材工业上用于生产高镁水泥，作为铸石生产的原料，加工成苦土粉加树脂制成各种建筑材料，还可以用作生产玻璃和陶瓷的配料。五是在医药方面用于生产泻利盐。六是在农业、化工方面生产氧化镁、轻质碳酸镁和制造镁钙磷肥和土壤酸度中和剂。七是在畜牧业中用作饲料添加剂。八是在环保工业中作水的过滤和处理材料，矿井降粉尘的防爆材料，通过在燃煤中添加白云石粉可解决烟气脱硫问题。九是用作饰面石材，其碎石可用作水磨石的原料。十是用作橡胶和涂料等的填料。

地质工作简况 中国白云岩矿床的地质调查早在1949年前就已经开展，当时主要是日本人在中国开展了部分工作。20世纪50年代后，为了配合国家冶金工业、玻璃工业的需求，针对白云岩矿床开展了大量的找矿工作，并先后在辽宁大石桥、江苏南京幕府山、江苏丹徒青龙山等地发现并探明一批白云岩矿床；到20世纪70~90年代中国白云岩的地质工作达到鼎盛时期，不仅发现了大量的矿床，而且对矿床的勘查程度较为详尽，为资源的合理利用提供了依据；随后，中国对白云岩的地质调查工作进入了稳步发展期。截至2013年底，中国已探明白云岩矿区466个，查明资源储量约$133\times10^8 t$。其中，冶金用白云岩矿区306个，查明资源储量$122.69\times10^8 t$；建筑用白云岩矿区107个，查明资源储量$61412.88\times10^4 m^3$；玻璃用白云岩矿区26个，查明资源储量$23688.51\times10^4 t$；化工用白云岩矿区27个，查明资源储量$17921.49\times10^4 t$。

开发利用简况 中国白云岩的开发和利用是伴随着冶金工业、玻璃工业以及建筑工业的需求而逐渐发展起来的。如大石桥一带发现的白云岩矿床主要是配合鞍山钢铁公司和本溪钢铁公司的生产需求，后来由鞍山钢铁公司大石桥镁矿开采，也有部分乡镇企业和个体零星开采。南京幕府山发现的白云岩也是为了满足钢铁企业的需求，宝钢、马钢、武钢等大型钢铁企业的需求，并发展成为大型冶金辅助原料基地。截至2013年底，已开发利用冶金用白云岩矿山共计363处，其中大型矿山10处，中型矿山10处，小型矿山222处，小矿121处，矿石产量$1799.69\times10^4 t$。已开发利用化工用白云岩矿山共计26处，其中小型矿山17处，小矿9处，矿石产量$27.74\times10^4 t$。已开发利用玻璃用白云岩矿山共计48处，其中大型矿山1处，23小型矿山222处，小矿24处，矿石产量184.46×10⁴t。已开发利用建筑用白云岩矿山共计1288处，其中大型矿山14处，中型矿山24处，小型矿山761处，小矿489处，矿石产量6465.62×10⁴t。

第二节 分 类

按照成因，白云岩矿床系沉积矿床可分为海相沉积型白云岩矿床和湖湘沉积型白云岩矿床两种类型，其中以海相沉积型白云岩矿床最具工业价值。①海相沉积型白云岩矿床一般产于石灰岩系的顶部，与石灰岩、石膏互层产出，矿体呈层状或透镜状，厚几米至几十米，长几十米至几百米。矿石致密块状，质量较好，这类矿床在湖北、湖南、广西、贵州等地分布较广，以石炭系中产出较多，三叠系中也有产出。典型矿床如：江苏南京幕府山、贵州水城堰塘、台湾花莲清昌山白云岩矿床。②湖湘沉积型矿床在中国尚未发现。

按照用途，白云岩可分为冶金用白云岩、化工用白云岩、建材工业用白云岩、农业用白云岩等四类，其中冶金用白云岩需求量为最大。需要指出的是，近年来随着技术进步白云岩的用途不断拓展，其用途已不限于此，但对白云岩根据用途的分类方法仍然沿用至今。

第三节 物理化学性能

物理性能 白云石的晶体呈菱面体，颜色以灰白色为主，或略带浅黄、浅红、浅褐色，玻璃光泽，白色条痕，密度为$2.8\sim2.9$ g/cm³，硬度为$3.5\sim4.0$。

化学性能 白云岩是钙和镁碳酸盐的化合物，其化学式为$CaCO_3 \cdot MgCO_3$。从理论上讲，纯白云岩含CaO 30.4%、MgO 21.7%。几个典型矿床的化学成分（表30-1）。

表30-1 典型白云岩矿床的化学成分（w_B/%）

产地	MgO	CaO	SiO₂	Al₂O₃	Fe₂O₃	LOI
辽宁大连	21.11	31.30	1.07	0.08	0.49	45.74
河北邢台	20.97	28.70	—	2.33	2.33	45.88
青海民和	20.40	31.70	0.84	0.25	0.35	46.75
湖北东安	21.32	30.47	0.18	0.15	0.09	46.72

第四节 分 布

从地理分布上来看，中国白云岩资源丰富，产地遍布各省，其中尤以河北、山西、内蒙古、辽宁、江苏、安徽、江西、湖北、湖南、广西、贵州和陕西等省市资源丰富。

从成矿时代来看，中国白云岩主要分布在碳酸盐岩系中，时代愈老的地层赋存的矿床愈多，且多集中在前震旦系中，如东北的辽河群、内蒙古的桑干群、福建的建瓯群中都有白云岩矿床产出。其次，震旦系、寒武系中白云岩矿床也比较常见，如辽宁半岛、冀东、内蒙古、山西、江苏等地也有大型矿床产出。石炭系、二叠系中的白云岩矿床多分布在湖北、湖南、广西、贵州等地。中国白云岩重要矿产地（表30-2），中国白云岩矿床分布（图30-1）。

表30-2 中国白云岩重要矿产地

用途	序号	矿产地名称	探明资源量/10^4 t	规模	开采利用情况
冶金用白云岩	1	辽宁大石桥市陈家堡子白云岩矿床东山区	5301.4	大型	已开采
	2	辽宁大石桥市陈家堡子白云岩矿床北山区	37496.3	大型	未开采
	3	辽宁大石桥市陈家堡子白云岩矿床西山区	42004.7	大型	已停采
	4	北京房山鳌头寨-八大块白云岩矿床	7623.9	大型	已开采
	5	北京房山大青山白云岩矿床	6443.5	大型	未开采
	6	北京昌平上口村白云岩矿床	11264.4	大型	已开采
	7	河北凌源白云岩矿床	5438.0	大型	已开采
	8	河北遵化范家岭白云岩矿床	11087.8	大型	已开采
	9	河北遵化魏家井白云岩矿床	34260.8	大型	已开采
	10	河北满城神星白云岩矿床	9314.3	大型	已开采
	11	河北三河尚庄子白云岩矿床	40432.0	大型	已开采
	12	河北三河段甲岭白云岩矿床	12158.9	大型	已开采
	13	山西大同口泉白云岩矿床	5352.8	大型	未开采
	14	山西灵丘史庄乡西口头白云岩矿床	5686.8	大型	未开采
	15	山西盂县泉子-香草梁白云岩矿床	23288.9	大型	未开采
	16	山西盂县西潘乡郑家岭白云岩矿床	14903.8	大型	未开采
	17	山西垣曲历山镇白云岩矿床	19128.4	大型	未开采
	18	山西兴县恶虎滩白云岩矿床	10007.5	大型	未开采
	19	山西芮城前坪白云岩矿床	34396.8	大型	未开采
	20	内蒙古包钢集团固阳矿山公司白云石矿床	10280.4	大型	已开采
	21	内蒙古固阳桃儿湾白云石矿床	8541.5	大型	未开采
	22	内蒙古阿拉善左旗巴彦希别白云岩矿床	37621.8	大型	已开采
	23	山东莱芜庙岭口白云岩矿床	8144.0	大型	未开采
	24	山东莱芜市圣井白云岩矿床	15516.4	大型	未开采
	25	山东沂水宝山坡白云岩矿床	7314.7	大型	未开采
	26	山东沂水炉山白云岩矿床	11316.6	大型	未开采
	27	山东费县常胜庄白云岩矿床	5186.8	大型	未开采
	28	江苏丹徒青龙山白云石矿床	11085.8	大型	已采完
	29	浙江杭州闲林埠白云岩矿床胡家岭矿段	7690.0	大型	未开采
	30	安徽无为乌龙山白云岩矿床	4868.6	大型	未开采
	31	安徽池州市来龙山白云岩矿床	13553.1	大型	未开采
	32	安徽池州市双桥白云岩矿床	20732.0	大型	已开采
	33	安徽青阳县大桃园白云岩矿床	8570.4	大型	已开采
	34	安徽巢湖市汤山白云岩矿床	37553.2	大型	已停采
	35	安徽和县大山白云岩矿床	5584.6	大型	已停采
	36	安徽青阳县长龙岗白云岩矿床	17252.4	大型	已开采
	37	江西上高县太阳脑白云岩矿床	28461.0	大型	未开采
	38	江西万年县大源白云岩矿床	45209.5	大型	未开采

续表

用途	序号	矿产地名称	探明资源量/10^4 t	规模	开采利用情况
冶金用白云岩	39	江西万年县大河山白云岩矿床	6634.4	大型	未开采
	40	河南林州市上坡白云岩矿床	8939.9	大型	未开采
	41	湖北武汉黄之山白云石矿床	10378.3	大型	已开采
	42	湖北咸宁大屋邵-张家铺白云岩矿床	5157.3	大型	未开采
	43	湖北宜昌夷陵区石牌白云岩矿床	12429.5	大型	未开采
	44	湖北宜都毛家沱白云岩矿床	5966.0	大型	未开采
	45	湖北长阳马鞍山石灰岩白云岩矿床	6545.9	大型	未开采
	46	湖南娄底三圭桥白云石矿床	5876.6	大型	未开采
	47	湖南涟源仙洞白云石矿床	8443.0	大型	已开采
	48	湖南湘乡棋梓桥白云石矿床	13132.5	大型	已开采
	49	广东翁源将军屯白云岩矿床（将军屯区段）	11883.0	大型	已停采
	50	广东恩平横板白云岩矿床	12064.7	大型	未开采
	51	广西柳州九头山白云岩矿床	15032.6	大型	已开采
	52	广西柳城东泉白云岩矿床	5137.3	大型	未开采
	53	广西昌江县石碌鸡心坳白云岩矿床	16463.2	大型	已开采
	54	四川喜德喜眉窝白云岩矿床	10788.8	大型	已开采
	55	重庆万盛景星白云石矿床	5376.5	大型	未开采
	56	重庆秀山隘口白云岩矿床	20680.0	大型	未开采
	57	贵州水城堰塘白云岩矿床	6053.8	大型	已开采
	58	陕西勉县阜川唐家湾白云岩矿床	10673.0	大型	未开采
	59	陕西留坝青桥铺大理岩矿床	5304.9	大型	已停采
	60	陕西宁陕平河梁白云岩矿床	8264.2	大型	未开采
	61	甘肃天水北道区（现为麦积区）余家峡白云岩矿床	8625.9	大型	未开采
	62	甘肃瓜州大泉白云岩矿床	6783.0	大型	未开采
	63	甘肃肃南裕固族自治县镜铁山夹皮沟白云岩矿床	6138.5	大型	已开采
	64	甘肃迭部县九龙峡白云岩矿床	7598.2	大型	未开采
	65	甘肃银川西夏区紫花沟白云岩矿床	13576.4	大型	未开采
建筑用白云岩	66	吉林江源松树镇石灰石、白云岩矿床	1853.0	中型	未开采
	67	辽宁营口大石桥市圣水寺镁白云石矿床	3253.3	中型	未开采
	68	天津蓟县巴涧镇董家沟矿床建筑碎石用白云岩矿床	8543.5	大型	已停采
	69	天津蓟县峪关镇东大屯北建筑碎石用白云岩矿床	2771.7	中型	已停采
	70	天津蓟县白涧镇庄果峪砖瓦用页岩矿床	1276.7	大型	未开采
	71	河南荥阳市王宗店白云岩矿床	8513.8	大型	未开采
	72	湖北咸宁狮子山白云岩矿床	10503.6	大型	已开采
玻璃用白云岩	73	河北遵化娘娘庄玻璃用白云岩矿床	4590.5	中型	已开采
	74	湖南临湘灌山白云石矿床	14357.6	大型	已开采
	75	陕西汉中天台山石英岩矿床哑姑山-西沟矿床	10288.0	大型	未开采
化工用白云岩	76	内蒙古准格尔旗柳青梁白云岩矿	474.1	小型	已开采

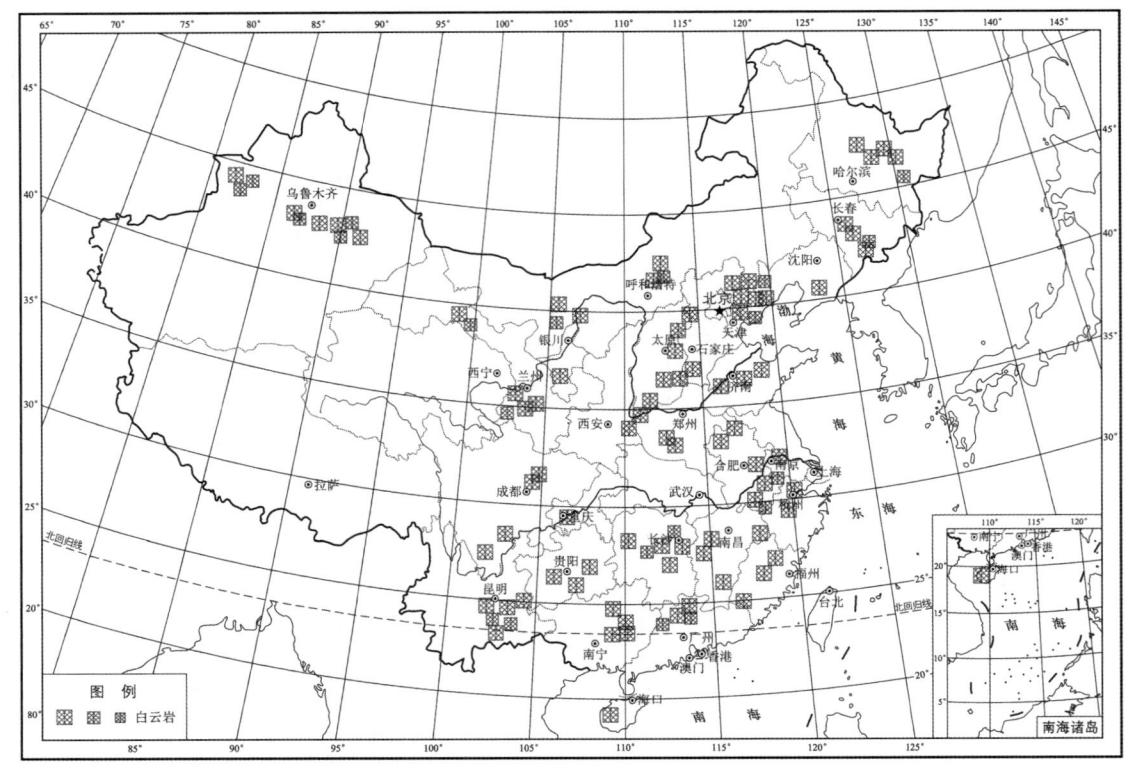

图 30-2 中国白云岩矿床分布

第五节 开发利用和发展趋势

  白云岩矿床一般裸露地表，也有部分矿体赋存于地下，因此其开采方法多数为露天开采和少部分为地下开采。

  白云岩除了用于冶金、玻璃和建筑行业外，近年来也逐渐兴起一些新的用途。冶炼金属镁已经成为白云岩的重要用途之一，随着镁金属及其合金在国防工业、航天工业上的应用，其生产和消费呈现快速上升的趋势。此外，将白云岩用作橡胶、塑料和涂料等的填料既能改善性能，又能降低成本，是一种非常有价值的填料。随着现代科学技术的发展，白云岩的开发应用越来越深入到各个工业领域，成为一种重要的矿产。

第三十一章 石 膏

第一节 概 述

定义 石膏是盐类矿物，通常所说的石膏包括石膏和硬石膏两种天然硫酸钙产物。石膏是二水硫酸钙，硬石膏是无水硫酸钙。矿石中一般多少都含有石膏和硬石膏两种成分，只是其中一种为主，另一种含量较少而已。石膏可以脱水而形成硬石膏，硬石膏也可以水化成石膏。在自然界中，它们都是一种亚稳定状态，在一定条件下可以相互转化。

用途 石膏广泛用于建材、化工、医药等领域，其主要用途如下。一是在水泥工业中的应用，可作硅酸盐水泥缓凝剂，在水泥熟料中加入适量石膏能解除水泥快凝、提高水泥强度，抗冻性、抗化学性和安定性。二是以石膏为主要原料制成的石膏板作为一种建筑材料，是当前着重发展的新型轻质板材之一，具有防火、隔音、隔热、轻质、高强、收缩率小等特点且稳定性好、不老化、防虫蛀，可用钉、锯、刨、黏等方法施工。已广泛用于各种建筑物的内隔墙、墙体覆面板、天花板、吸音板、地面基层板和各种装饰板。中国目前生产的石膏板主要有为纸面石膏板、纤维石膏板、石膏装饰板。三是在建筑及建材工业中的质地纯净的雪花石膏，用于建筑物装饰材料和雕塑材料。也可作为石膏建筑制品，包括轻质墙体材料石膏砌块、石膏墙体物件，它们具有质轻、抗震、导热率低、不燃、隔音、吸湿、收缩率低，可钉可锯的特点。四是在化学工业中可生产硫酸和硫酸铵化肥。五是在农业中用作农业肥料，可以改良碱性土壤，可以改善中性或酸性土壤的结构。六是可用于油漆、橡胶、塑料、纺织、造纸、粉笔、牙膏、化妆品中作填料；在铸造、陶瓷、医疗、文教、工艺美术等行业中作模具；在制作豆花、豆腐的过程中作添加物。

地质工作概况 中国石膏矿床地质工作开展较早。自 1925 年起，谢家荣等中国第一代地质学家便在其各著作中对 20 多处石膏矿床均已有记述，对中国石膏矿的成因也有所研究。但是，1949 年前的开采矿山均未进行过正规的地质勘探工作，且全靠手工开采，生产水平低下，矿产资源不明。1949 年后，中国对石膏矿床投入大量地质勘查工作。建材和地矿等系统的地质队，经过 40 多年的努力，掌握了中国石膏资源的分布和成矿规律，探明了丰富储量，截至 2013 年底，查明资源储量 $850.41 \times 10^8 t$，为中国石膏矿业高速持续发展提供了保证。

矿床发现和开发简史 中国是世界上较早利用石膏的国家之一。古籍《神农本草经》就有关于石膏的发现与利用的记载。唐代（公元 618～907 年）以后开采石膏，用作药物和制豆腐的凝固剂等。20 世纪以来，随着中国近代工业的兴起，石膏在工农业生产中的利用日益广泛。1937 年后，日本侵略者曾在山西太原与灵石等地掠夺开采石膏，抗日战争胜利后，因中国经济不景气，大多数石膏矿井关闭，至 1949 年只剩湖北应城、四川达县、山西太原和晋城等几家石膏生产矿山。中国石膏年产量仅 1.6 万。1949 年后，石膏矿山的开发利用才迅速发展起来。中国通过投资恢复实现半机械化至机械化生产，建设新矿山，扩大老矿生产，调整矿山产业布局等措施，于 20 世纪 70 年代后期实现了产量产地基本趋于合理的布局，产量达 $185 \times 10^4 t$。以后伴随着中国水泥产量的大幅度增长，促进了石膏的生产，截至 2013 年底，全国石膏开采矿山 623 个，年开采量 $2780 \times 10^4 t$。

第二节 分 类

按照矿床成因，可将石膏矿床分为沉积型石膏矿床、热液交代型石膏矿床两种类型（图 31-1）。

①沉积型石膏矿床是中国目前可利用矿床的绝对种类，占查明储量的99%，且矿体形态呈层状、似层状，常多层产出，厚度可达几十米至几百米。按其沉积环境又可分为海相沉积石膏矿床、湖相沉积石膏矿床两个亚类。海相沉积石膏矿床的含矿岩系主要为碳酸盐岩，也有碎屑岩。矿石矿物组分为石膏、硬石膏、碳酸盐和黏土矿物，有的含天青石、黄铁矿，个别含杂卤石。矿床规模以大、中型为主。属于此亚类的矿床有江苏南京、四川渠县、山西太原和灵石、江西永新等地赋存于碳酸盐岩建造中的石膏、硬石膏矿床，还有甘肃天祝和景泰、宁夏中卫、辽宁辽阳、吉林通化等地赋存于碎屑岩－碳酸盐岩建造中的石膏、硬石膏矿床，以及新疆和田等地赋存于碎屑岩建造中的石膏、硬石膏矿床。湖相沉积石膏矿床沉积于陆内裂谷附近的湖盆中，含矿岩系为碎屑岩－碳酸盐岩，矿层由含一定数量石膏和纤维石膏细层的碎屑岩组成，矿石矿物组分为石膏、硬石膏、碳酸盐和黏土矿物、石英、长石。属于此亚类的矿床有湖北应城云梦、内蒙古鄂托克、宁夏同心等地赋存于碎屑岩建造中的石膏、硬石膏矿床；有湖南邵东、山东泰安、湖北荆门等地赋存于碎屑岩－碳酸盐建造中的石膏、硬石膏矿床；还有云南红河等地赋存于碳酸盐建造中的石膏、硬石膏矿床。②热液交代型石膏矿床系热液蚀变火山岩成矿，存在于安山岩、安山质凝灰岩中，矿石块状构造，等粒变晶结构，由硬石膏组成，含少量磁铁矿和黄铁矿。可分为与中性侵入岩有关的石膏矿床、与中性喷出岩有关的石膏矿床2个亚类。与中性侵入岩有关的有湖北鄂城、大冶、黄石等地的硬石膏矿床。与中性喷出岩有关的有安徽马鞍山与庐江等地的硬石膏矿床。此类型矿床占已有探明储量矿产地的7%，查明储量占总查明矿石储量的0.4%。

图31-1 石膏矿
（来源：维基百科）

天然石膏按其产出的形状和构造不同，可分为纤维石膏、透明石膏、雪花石膏和普通石膏（图31-2，图31-3）。

图31-2 纤维石膏
（来源：维基百科）

图31-3 透明石膏
（来源：维基百科）

第三节 物理化学性能

物理性能 石膏属单斜晶系，晶体呈板状或柱状，常见燕尾双晶，集合体致密块状或纤维状，白色，因杂质而呈灰、红、褐色，一般不透明，但个别晶体透明度极高，玻璃光泽，硬度2，密度2.3 g/cm³。石膏加热至128℃，失去大部分结晶水，转变为熟石膏（$CaSO_4 \cdot H_2O$）。加热到163℃以上，失去全部结晶水，变成无水硫酸钙（$CaSO_4$），被称为硬石膏。硬石膏呈斜方晶系，晶体厚板状，集合体致密块状或粒状，白、灰白色，有时微带浅蓝或浅红色，玻璃光泽，硬度 3.0~3.5，密度 2.8 g/cm³~3.0 g/cm³，不溶于水，能溶于盐酸，具良好的隔音、隔热性能。

化学成分 天然石膏按其化学成分分为石膏（$CaSO_4 \cdot 2H_2O$）和硬石膏（$CaSO_4$）两种。石膏理论化学成分（w_B）：CaO 32.6%，SO_3 46.5%，H_2O 20.9%，有时混有 SiO_2，Al_2O_3，Fe_2O_3，MgO，NaCl 等杂质，并常有黏土有机质等机械混入物。硬石膏化学组成为 CaO 41.2%，SO_3 53.8%。

第四节 分 布

中国石膏资源丰富，各地区石膏矿产资源的分布情况叙述如下。

华北地区 有石膏矿产地 24 处（大型矿 10 处、中型矿 9 处、小型矿 5 处），共计保有石膏矿石储量 49×10^8 t，除近期难以利用的以外，保有储量 45×10^8 t。已利用矿产地 9 处（大型矿 3 处、中型矿 4 处、小型矿 2 处），共计保有石膏矿石储量 9×10^8 t，主要分布于山西与河北。山西是中国石膏矿的主要产区之一，太原、灵石等大、中型矿已开采五六十年。河北邢台，隆尧和内蒙古杭锦等矿也已利用。可供近期利用的矿产地 9 处（大型矿 3 处、中型矿 4 处、小型矿 2 处），共计保有石膏矿石储量 36×10^8 t，主要分布于内蒙古鄂托克旗，保有储量 32×10^8 t，其次分布于山西襄汾、临汾及潞城等地的大、中型矿中。

东北地区 有石膏矿产地 6 处（大型矿 2 处、中型矿 3 处、小型矿 1 处），共计保有石膏矿石储量 2×10^8 t，除近期难以利用的以外，保有储量 1.6×10^8 t，分布于吉林通化至辽宁灯塔一带。吉林江源大阳岔大型矿和通化东热及辽宁灯塔荣官中型矿均已利用，共计保有石膏矿石储量 1.3×10^8 t。可供近期利用的有吉林通化下四平的中、小型矿各 1 处，共计保有石膏矿石储量 0.3×10^8 t。

华东地区 有石膏矿产地 26 处（大型矿 20 处、中型矿 3 处、小型矿 3 处），共计保有石膏矿石储量 397×10^8 t，除近期难以利用的以外，保有储量只有 27×10^8 t。山东和江苏都是中国石膏矿的主要产区之一，安徽石膏矿产量也日益增长。山东泰安大汶口北西遥及平邑卡桥、江苏南京周村及邳州县（现为邳州市）四户董家、安徽定远 5 处大型矿已利用，共计保有石膏矿石储量 18×10^8 t，其中：北西遥、卡桥及周村 3 处矿规模特大，保有储量 2.7×10^8~6.5×10^8 t。可供近期利用的矿产地 13 处（大型矿 10 处、中型矿 3 处），共计保有石膏矿石储量 9×10^8 t。分布于山东枣庄、江苏邳州市、安徽定远及江西永新等地。

中南地区 石膏矿产地 48 处（大型矿 24 处、中型矿 9 处、小型矿 15 处），共计保有石膏矿石储量 2×10^8 t，除近期难以利用的以外，保有储量 48×10^8 t。已利用矿产地 24 处（大型矿 10 处、中型矿 2 处、小型矿 12 处），共计保有石膏矿石储量 13×10^8 t，主要分布于湖北、湖南及广东。湖北、湖南都是中国石膏矿的主要产区之一，广东石膏矿产量正在增长。湖北应城石膏矿是中国石膏企业中历史悠久的老矿，早在 400 年前明代嘉庆年间就已开采，至今仍是中国纤维石膏优质产品的主要产地，湖南邵东、双峰、临澧、石门，广东四会、兴宁等地一批大、中型矿均已利用，其口湖北荆门 2 个规模特大的石膏矿，保有储量 3×10^8~5×10^8 t。可供近期利用的矿产地 19 处（大型矿 11 处、中型矿 6 处、小型矿 2 处），共计保有石膏矿石储量 35×10^8 t。主要分布于湖南临澧合口（保有储量 18×10^8 t）及湖南邵东常乐和广西合浦大岭头（保有储量 3×10^8~2×10^8 t）3 处规模特大型矿中，其余分布于湖南澧县、石门、湘潭、湘乡、邵东、衡阳，广东三水及河南鲁山、桐柏等地的矿厂中。

西南地区 石膏矿产地 36 处（大型矿 15 处、中型矿 3 处、小型矿 18 处），共计保有石膏矿石储量 30×10^8 t，除近期难以利用的以外，只保有储量 5.3×10^8 t。已利用矿产地 10 处（大型矿 4 处、中型矿 1 处、小型矿 5 处），共计保有石膏矿石储量 2.3×10^8 t。四川是中国石膏矿主要产区之一，渠县龙门峡和农乐石膏矿已开采五六十年，峨眉大为矿也已采四五十年，云南武定、红河等矿也已利用。可供近期利用的矿产地 12 处（大型矿 2 处、中型矿 1 处、小型矿 9 处），共计保有石膏矿石储量 3×10^8 t，主要分布于云南弥渡（保有储量 2×10^8 t）及贵州普定、盘县等地。

西北地区 石膏矿产地29处（大型矿9处、中型矿6处、小型矿1处），共计保有石膏矿石46×10⁸t，除近期难以利用的以外，保有储量42×10⁸t。已利用矿产地16处（大型矿4处、中型矿6处、小型矿6处），共计保有石膏矿石储量28×10⁸t，主要分布于青海西宁（保有储量22×10⁸t）及陕西西乡（保有储量4.5×10⁸t）两处规模特大的石膏矿中，甘肃与宁夏是中国石膏矿主要产区之一，甘肃天祝与宁夏中卫石膏矿均已开采四五十年。可供近期利用的矿产地12处（大型矿4处、小型矿8处），共计保有石膏矿石储量14×10⁸t。主要分布于规模特大的宁夏同心贺家口子矿（保有储量12.3×10⁸t），以及甘肃临泽、青海西宁及民和等地的矿床中。

中国石膏矿床分布（图31-4）。

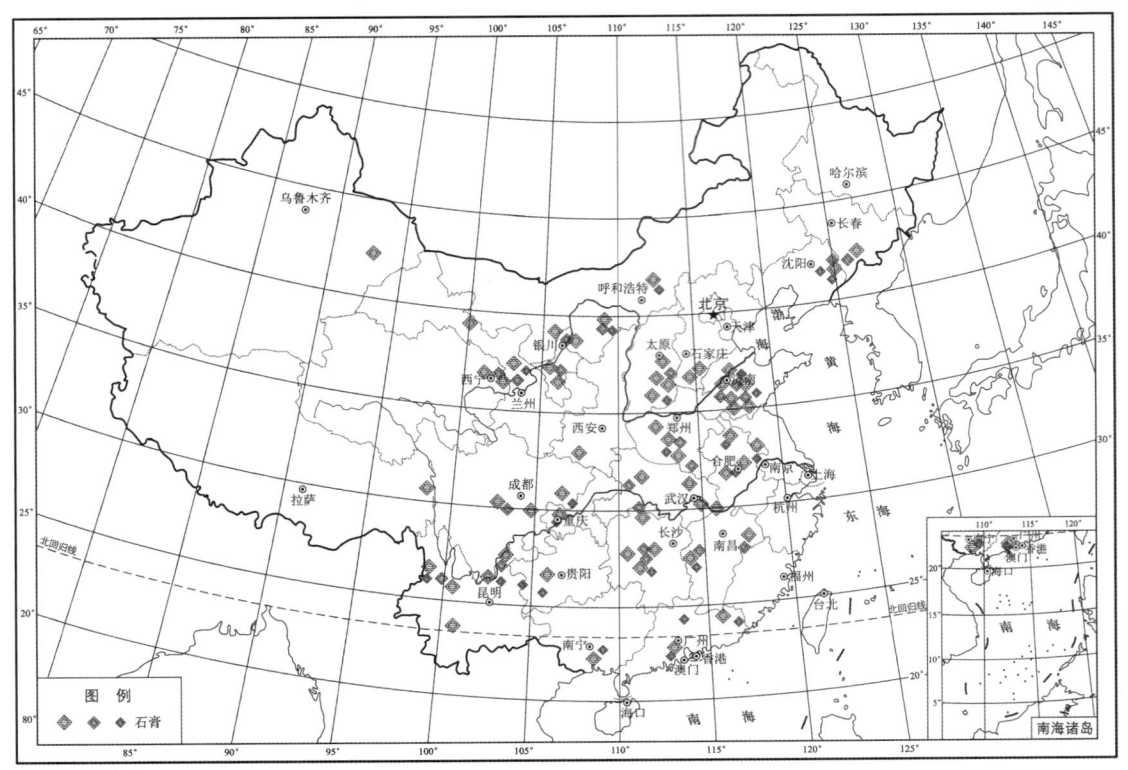

图31-4 中国石膏矿床分布

第五节 开发利用和发展趋势

石膏及硬石膏，广泛用于建筑、建材、工业模具和艺术模型、化学工业及农业、食品加工和医药等众多应用领域，是一种重要的工业原材料。

天然石膏及硬石膏，主要作为水泥生产配料，其次作为生产建材用石膏产品的原料。目前石膏、硬石膏矿开采方式普遍为地下房柱法开采，露天开采较少。中国石膏资源丰富、开发利用率低，已采矿床储采比高，整体经济效益一般，导致石膏矿山的发展水平较落后。同时，石膏矿的回采率也不高，浪费现象严重，由于水文地质条件差，运输不便，未开发深加工产品、市场竞争及机制等原因，矿山效益不好。

中国现有石膏大型开采矿山27家、中型矿山122个，石膏矿山生产企业671家。主要集中在山东、湖南、湖北、江苏和河北等省。2010年这几个省的石膏产量占中国总产量65%左右，其中：山东和湖南的石膏产量居中国前两位，分别占石膏总产量的21%和18%。中国石膏矿产查明储量地理分布不均衡，辽宁、吉林、江西、贵州、新疆等省区可供近期利用的储量少，浙江、福建、海南、黑龙江等省尚无查明储量。上述缺膏、少膏地区需要积极开展找矿，以满足各地水泥和石膏建筑材料生产发展的需求。

中国已利用资源储量为 $200.3 \times 10^8 t$，其中华北地区 $44.28 \times 10^8 t$，东北地区 $1.53 \times 10^8 t$，华东地区 $91.5 \times 10^8 t$，中南地区 $34.83 \times 10^8 t$，西南地区 $3.73 \times 10^8 t$，西北地区 $25.4 \times 10^8 t$。已利用大型矿产地为 41 个，中型矿产地有 15 个，主要分布于山东、内蒙古、江苏、河北、陕西、青海等省。

未利用的石膏矿产地大型有 32 个，中型有 22 个，未利用的石膏矿产资源全国总计 $567.79 \times 10^8 t$。主要分布于山东省大汶口盆地、平邑盆地及泰安市朱家庄石膏矿区，这 3 处规模特大型的石膏矿区查明近期难以利用的石膏矿石储量 360×10^8 多吨。其次分布于湖南、宁夏、四川、安徽、广西、内蒙古、云南、河北等省、自治区。这些矿产地难以利用是由于或矿体埋藏深，或矿石品位低，或矿区地质与水文地质条件复杂，或矿区交通运输条件差，或矿山采选难度大等原因所致。

中国石膏生产量在 2000 年后一直处于世界第一位，并且每年均以较快速度增长，目前正在开发国外十分普及的石膏墙板材料，石膏的消费结构也将不断发生变化。2011 年中国石膏消费结构情况见（表 31-1）。

表 31-1 2011 年中国石膏消费结构情况

消费结构	消费量/$10^4 t$	石膏消费构成/%
水泥	7220	71
石膏板	1646	13
其他	1986	16

由于石膏具有很多优良性能，因而与水泥、石灰并列为当今三大胶凝材料，在建筑业得到广泛应用。石膏与传统的建筑材料相比，无论在节约能源、土地、木材、人力资源方面，还是在环境保护、防火、防震方面均首屈一指，被国际上公认为绿色建材节能型材料。随着中国经济的发展和人民生活居住等条件的逐步改善，中国的石膏工业无疑将进入一个迅速发展的新阶段，其发展前景十分广阔。

第三十二章 杂 卤 石

第一节 概 述

定义 杂卤石是一种含钾的硫酸盐矿物，可以形成与石膏共生的固体矿床（图32-1）。

用途 与钾盐一样，杂卤石主要用于制造钾肥，用于农业。有关部门曾使用杂卤石矿石对粮食、油料、经济作物三大类十二个品种连续五年进行盆栽、小区对比、大田示范三个不同层次的试验，成果表明对缺钾的土壤的肥效良好，一般可使农作物增产10%~20%。另外，还可用于医药、染料、玻璃、陶瓷、冶金等工业部门。

地质工作简况 1982年，中国建筑材料工业地质勘查中心四川总队在四川渠县农乐勘查石膏矿床过程中发现了中国目前唯一的杂卤石矿床。这是多年来中国找钾工作的一个突破。中国是一个钾资源极为缺乏的国家，进入21世纪后，虽然中国在新疆罗布泊地区发现了大型钾盐矿床，但到目前为止，缺乏钾盐资源的状况还没有得到根本的缓解，还需从国外大量进口钾肥。

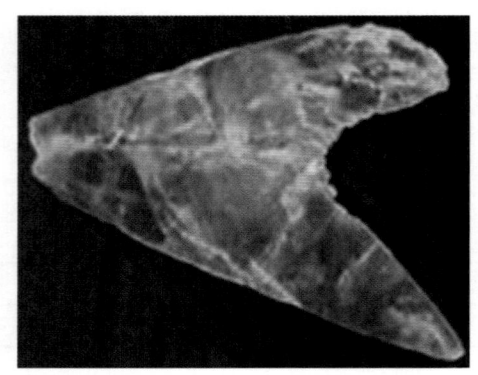

图32-1 杂卤石
（来源：维基百科）

矿床发现和开发简史 四川渠县农乐杂卤石矿床的发现过程很有启迪意义。四川总队的地质工作者在对钻孔矿心石膏样品的石膏含量进行检查计算时，发现用常规的方法计算，H_2O^+、SO_3、CaO之间不平衡，从而怀疑有"异常组分"存在，后按杂卤石计算，H_2O^+、SO_3、CaO之间平衡了，"异常组分"消失，再经差热分析、薄片鉴定及钾盐专家的鉴定，终于证实了杂卤石矿的存在，实现了杂卤石找矿的突破。

第二节 分 类

四川渠县农乐杂卤石矿是中国目前发现的唯一的一个具有开采价值的杂卤石矿床。这个矿床属于海相碳酸盐岩硫酸盐岩沉积岩型矿床。

第三节 物化性能

物理性能 杂卤石呈深灰色-灰色、暗红色，半透明，细腻，呈微晶-细晶结构。结晶形态多种多样，其中双晶状、条板状和放射状杂卤石最为常见。晶体呈细小板状，集合体呈粒状、块状、纤维状，玻璃-蜡状光泽，部分溶于水而无味。外观极似硬石膏，唯断面常见黑色斑晶，晶面比较特征。矿石中杂卤石含量为45%~80%，最高可达90%。硬度为3.5，密度为2.7 g/cm³。与杂卤石伴生的矿物有硬石膏、菱镁矿、锶钾石、多钙钾石膏、钙芒硝、自生石英、黄铁矿、天青石、沸石和水化石膏等。

化学成分 杂卤石的化学式为$K_2Ca_2Mg[SO_4]\cdot 2H_2O$，理论成分（$w_B$）：$K_2O$ 15.62%，CaO 18.6%，MgO 6.68%，SO_3 53.11%，H_2O^+ 5.97%。四川渠县农乐杂卤石化学成分（表32-1）。

表32-1 四川渠县农乐杂卤石化学成分（$w_B/\%$）

矿产地	K_2O	CaO	MgO	SO_3	H_2O^+	Cl^-	BrO
四川渠县农乐杂卤石	7~12	22~28	3~6	49~53	5~5.4	0~0.01	0.1~0.15

第四节 分　　布

到目前为止，仅在四川渠县地区发现了具有开采价值的杂卤石矿床。由于杂卤石遇水溶解，因而它的保存条件很苛刻，不易作为矿床保存下来。渠县杂卤石矿层包裹于巨厚石膏层中与石膏共生产出，石膏层起了隔水保护作用，矿石的硫酸钾含量为16%~28%（K_2O 6%~10%）。矿床赋存于下、中三叠统中，含矿建造、矿床组合（表32-2）。下部以石灰岩为主，向上白云岩比例增多，中部以硬石膏为主，杂卤石矿体产于石膏矿层中。产于雷口坡组底部的"绿豆岩"实际上是沉凝灰岩，层薄而分布范围广，区域上一般为1~2层，而矿区则因构造重复，一般多于2层，有的多达5~6层。杂卤石与"绿豆岩"关系密切，有的杂卤石就产于"绿豆岩"中（潘忠华，1988）。

表32-2 四川渠县农乐石灰岩+白云岩+石膏+杂卤石矿床组合特征

系	统	组	段	岩石组合	厚度/m	矿床
三叠系	中统	雷口坡组	三	石灰岩、泥质石灰岩	—	石灰岩
			二	石灰岩	—	石灰岩
				灰质泥岩、泥灰岩、白云质泥岩、泥质白云岩	—	—
				白云岩、泥质白云岩	—	白云岩
			一	条带石灰岩	—	—
				硬石膏岩、杂卤石岩、底部为"绿豆岩"	—	硬石膏、杂卤石
	下统	嘉陵江组	五	硬石膏、杂卤石岩、膏溶角砾岩	18~160	硬石膏、杂卤石
				白云岩、白云质灰岩、石灰岩	27~53	—
			四	硬石膏岩、白云岩	45~265	硬石膏
				白云岩	53	白云岩
			三	石灰岩	130	石灰岩
			二	白云岩、膏溶角砾岩	—	—
			一	石灰岩	130	石灰岩

杂卤石矿体赋存于石膏、硬石膏矿层组成的复背斜的核部，杂卤石矿层垂厚30~50 m，向南东有增厚趋势，埋深为103~189 m，矿体沿倾向延长约300 m以上。

地质资料显示，四川盆地是中国三叠纪膏盐矿的重要产区，在成都、南充、自贡、垫江、渠县、宣汉和万县等盐盆中都有杂卤石的产出和分布，但一般埋深都在地下数千米，目前还不具开发价值。例如，成都含杂卤石地层埋深3700~4600 m，厚度67 m，分布面积约5000 km²；垫江含杂卤石地层埋深1700~3000 m，厚度32 m，分布面积约1000 km²；万县含杂卤石地层埋深1800~3500 m，厚度16 m，分布面积约1000 km²。

第五节 开发利用和发展趋势

杂卤石能否用作农肥对杂卤石矿床的开发至关重要。为此，四川总队从1985年起在四川省内委托十多个市、地、县的农业部门，使用K_2O含量为8%~10%的杂卤石矿粉，对水稻、小麦、油菜、花生、烟草、西瓜、甘蔗、红橘、棉花等农作物连续五年进行盆栽、小区对比、大田示范三个不同层次的试验，取得了大量的试验数据。结果表明，水稻比对照组增产10%～19%、烟叶比对照组增产12.73%～35%，棉花增产1.5%～2.8%，杂卤石可以作为一种新型钾肥资源加以利用，它的肥效显著，特别是对缺钾土壤的农作物有十分明显的增产作用。因此，四川省已经开发农乐杂卤石矿床，其生产的杂卤石矿粉定名为"农乐牌"天然钾镁复合肥，这种肥料含水溶性 K_2O 7%～10%，水溶性 MgO 3%～4.5%。

中国是极度缺钾的国家，虽然在云南思茅地区、青海柴达木地区、新疆罗布泊地区发现并开采钾盐矿资源，加上农乐杂卤石矿床仅数百万吨的储量，也远远不能满足中国农业对钾盐资源的需求，钾盐矿床仍是急需寻找的一个矿种。

第三十三章 石英砂、石英砂岩和石英岩

第一节 概　　述

定义　石英砂是富含石英的母岩经过自然界长期风化而形成的一种以石英为主要矿物成分的砂（粒）状矿物，其伴生矿物多为长石、云母、黏土矿物以及锆英石、电气石、钛铁矿、角闪石等重矿物和岩屑（图 33-1）。石英砂岩是富含石英的母岩遭受强烈风化后，石英碎屑经过长距离搬运沉积固结而成（图 33-2）。石英岩是石英砂岩或硅质岩经变质作用形成的变质岩（图 33-3）。石英砂、石英砂岩和石英岩的主要成分都是二氧化硅（SiO_2）。

图 33-1　石英砂
（来源：维基百科）

图 33-2　石英砂岩
（来源：维基百科）

图 33-3　石英岩
（来源：维基百科）

用途　石英砂是用于生产玻璃、玻璃制品、玻璃纤维、玻璃布及特种玻璃等的主要原料；还可以用作瓷器的胚料和釉料，窑炉用高硅砖、普通硅砖以及碳化硅等的原料；冶金上用作制取硅金属、硅铁合金和硅铝合金等的原料或添加剂、熔剂；混凝土、胶凝材料、筑路材料、人造大理石的骨料；作水泥物理性能检验材料（即水泥标准砂）；作铸造型砂的主要原料，研磨材料（喷砂、硬研磨纸、砂纸、砂布等）；还用作橡胶、塑料的填料。

石英砂岩用于玻璃、陶瓷、冶金、铸造工业领域，还被用于工艺摆设、园林雕塑、喷泉雕塑、浮雕壁画、壁炉、罗马柱、砂岩花盆、砂岩线条、艺术砖饰等。还可以形成峰林地貌，如中国湖南的武陵源（张家界）。

石英岩是制造玻璃、陶瓷、冶金、化工、机械、电子、橡胶、塑料、涂料等行业的重要原料，还可以作为建筑材料、工艺品雕刻用石，部分优质石英岩还可以作玉石材料，如京白玉、密玉、东陵石、天山白玉等。

地质工作简况　中国的石英砂、石英砂岩和石英岩矿地质工作基本上可以分四个阶段。1949 年之前，基本没有对石英砂矿进行过系统的地质勘探工作，目前有记载的仅有 1924 年刘季辰、赵汝钧对江苏宿迁白马涧玻璃砂矿进行过调查。1949~1965 年期间，随着新中国经济建设的全面开启，钢铁、水泥、玻璃工业兴起，石英砂、石英砂岩和石英岩矿受到重视。中国石英砂矿地质工作始于 20 世纪 50 年代后期，主要是玻璃用砂，如：1957 年在福建东山及漳浦、1958 年在江苏泗洪梅花山、1959 年在海南儋州市新隆、1957~1958 年在广东惠东碧甲、珠海下栅、新会等地开展的地质踏勘、

普查等地质勘探评价工作。20世纪60年代后，随着钢铁、机械工业在中国的兴起，主要寻找铸型用砂，如1960年开始的福建东山县山只石英砂矿，1963年第一机械工业部、广东省机械厅对新会、中山、珠海、惠阳、花都区等地的石英砂资源进行调研，发现新会天亭石英砂既可作型砂又可作玻璃砂原料；1964~1969年对内蒙通辽地区大林、木里图、巴胡塔、门达白市等石英砂开展普查、勘探地质工作。1966~1978年，石英砂矿地质工作几乎停顿。1979年至今，随着中国国民经济建设进入新的发展阶段，机械、玻璃、水泥工业迅速发展，作为玻璃用、铸型用、水泥配料用、水泥标准砂用、建筑用的石英砂、石英砂岩和石英岩需求急增，地质勘探工作进展迅速。

截至2013年底，中国有玻璃用砂、铸型用砂、水泥配料用砂、水泥标准砂矿区共179处，查明资源储量 418725.02×10^4 t。建筑用砂、砖瓦用砂矿区共170处，查明资源储量 48735.98×10^4 m^3。水泥配料用砂岩、玻璃用砂岩、冶金用砂岩、铸型用砂岩、化肥用砂岩矿区共452处，查明资源储量 365571.79×10^4 t。建筑用砂岩、砖瓦用砂岩矿区共131处，查明资源储量 7115.83×10^4 m^3。玻璃用石英岩、冶金用石英岩、化肥用石英岩矿区共320处，查明资源储量 485823.99×10^4 t。石英砂、石英砂岩和石英岩查明资源储量（表33-1）。

表33-1 石英砂、石英砂岩和石英岩查明资源储量

矿产名称	矿区数/个	单位	查明资源储量/10^4 t
砖瓦用砂	5	m^3	1967.6
建筑用砂	165	m^3	46768.38
水泥标准砂	6	10^4 t	10305.44
铸型用砂	45	10^4 t	92394.72
水泥配料用砂	13	10^4 t	12892.91
玻璃用砂	115	10^4 t	303131.95
砖瓦用砂岩	16	m^3	2245.49
陶瓷用砂岩	12	10^4 t	3186.37
化肥用砂岩	4	10^4 t	10916.5
铸型用砂岩	12	10^4 t	8232.76
冶金用砂岩	34	10^4 t	30071.76
玻璃用石英砂岩	142	10^4 t	94767.74
水泥配料用砂岩	260	10^4 t	221582.93
化肥用石英岩	1	10^4 t	20.38
冶金用石英岩	131	10^4 t	157034.53
玻璃用石英岩	188	10^4 t	328769.08

矿床发现和开发简史 中国对石英砂、石英砂岩和石英岩的认识和利用有悠久的历史，距今19000年的北京周口店的"山顶洞人"已能制作比较精致的石器，当时制作石器的原料就有石英岩和石英砂岩。在新石器时代，人们不仅利用石英质岩石，而且还利用色彩美丽、透明光润的玛瑙、玉髓等制作石器和箭头，用于狩猎。古代人用石英质岩石修建房屋、宫殿、陵墓、园林和桥梁。直到清朝晚期，随着西方科学技术传入中国，水泥和玻璃在国内小规模生产，石英砂、石英砂岩和石英岩才得到相对重视，1904年林松唐、许鼎霖、顾恩远等人分别在湖北武昌、江苏宿迁、山东博山等地用石英砂为原料建设的平板玻璃厂，到1949年，平板玻璃产量仅91.2万重量箱。

1949年后，秦皇岛耀华、沈阳、大连平板玻璃厂就近对秦皇岛鸡冠山、本溪小平顶山等（石英岩）矿通过简单的地质工作后开采；50~60年代中期，对河南渑池方山石英岩矿，本溪小平顶山等石英岩矿，福建东山县山只、梧龙石英砂矿，海南文昌县（现为文昌市）龙马、儋州新隆石英砂矿，广东新会县天亭、珠海下栅、惠东县碧甲、阳西县溪头石英砂矿，广西邕宁区伶俐石英砂岩矿、田东县龙须河泥砂岩矿（水泥配料用砂岩），江西湖口县柘机石英砂矿、永修县松门岛石英砂矿，内蒙古

通辽地区石英砂矿（型砂、玻璃砂）、乌拉特前旗增隆昌石英岩矿、达拉特旗小木花沟石英砂矿（型砂），青海大通县斜沟、卧牛掌石英岩矿等开展地质工作。1978年后，先后对海南东方县（现为东方市）八所、广东潮阳县（现为潮阳市）田心、海康县（现为雷州市）企水石英砂矿，青海互助县扎坂山石英岩矿，山东昌邑市山阳石英岩、沂南县孙祖石英砂岩、临沂市李官石英砂岩矿，广西北海白虎头、北海电白寮石英砂、贵港朱村砂岩矿，内蒙古鄂托克旗四道泉石英砂矿，福建平潭芦洋浦石英砂矿（水泥标准砂）、晋江市深沪石英砂矿、长乐县（现为长乐市）江田－文武沙型砂矿、福州闽江下游厚美－马江建筑用砂矿，四川珙县沐滩犀牛坪、青川县小水沟石英砂岩矿，安徽凤阳灵山－木屐山一带石英岩矿等开展了地质工作。

第二节 分 类

石英砂矿床的分类 按照成因，石英砂矿床可分为海相沉积型、湖相沉积型和河流相沉积型三种类型。①海相沉积型石英砂矿床一般沿海岸分布，属滨海潮下－潮间带沉积砂矿，成矿物质大部分是陆源的，系中国最优质的平板玻璃硅质原料。②湖相沉积型石英砂矿床主要为近代滨湖相沉积石英砂矿床，砂质纯净，分选较好，但有时夹湖滨砾石，矿床规模小到大型。③河相沉积型石英砂矿床属滨河相河漫滩沉积，矿层交错层理发育，结构复杂，厚度变化大，矿石质量差，黏土质弱胶结，夹层多为含有机质黑、灰色黏土砂层，矿床规模小到大型。

石英砂岩矿床的分类 按照成因，石英砂岩矿床可分为海相硅质沉积型和湖相碎屑沉积型两种类型。①海相石英砂岩矿床一般生成于古陆或古隆起边缘的陆缘海边部，多属滨海潮浦相的潮间—潮上带沉积，矿层中具有楔状层理和交错层理，层面见有龟裂、虫痕和波纹痕，规模以大型为主，矿石质量一般较次于石英岩矿石。不同矿床的矿石质量差别也大，但矿石可选性能一般较好，经选矿后可获得优质精矿，如江苏苏州清明山、湖南湘潭雷子排、贵州凯里万潮等石英砂岩矿床。②湖相石英砂岩矿床一般属内陆湖相沉积矿床。多产于侏罗、白垩纪碎屑岩系中，矿物成分较复杂，泥质胶结，有害成分含量高，矿石质量较差，但矿石结构较松软，利于采选。如湖北当阳岩屋庙石英砂岩矿床、重庆永川柏村石英砂岩矿床等。

石英岩矿床的分类 目前，达到成矿规模的石英岩基本属区域变质型，多系元古宙陆缘海中石英砂沉积成岩后经轻微区域变质作用而成矿。矿体厚度大，形态规整，夹层少，矿石结构致密，矿石矿物成分更加净化。如安徽凤阳老青山、辽宁本溪小平顶山石英岩矿床。

第三节 物理化学性能

物理性能 石英砂一般为乳白色或无色半透明状，莫氏硬度为7，性脆、无解理，油脂光泽，密度为 2.65 g/cm^3，其化学、热学和机械性能具有明显的异向性，不溶于酸，微溶于KOH溶液，熔点1750℃。

石英砂岩一般为灰白色或乳白色，有些略带浅红、浅黄、浅绿色，硅质胶结，粒状结构，块状构造，密度 2.55～2.65 g/cm^3，莫氏硬度为7，吸水率1.01%～2.55%，熔点1716℃～1750℃。

石英岩常见颜色有白色、灰色、黄色、褐色、蓝色、紫色、红色，粒状变晶结构，块状构造，玻璃光泽至油脂光泽，莫氏硬度为7，密度为2.64～2.71 g/cm^3。

化学成分 石英砂、石英砂岩和石英岩的化学成分随着矿石矿物成分的不同而变化很大。石英砂岩、石英岩矿石化学成分较稳定，一般（w_B）：SiO_2 > 97%，Al_2O_3 0.4%～1.3%，Fe_2O_3 0.04%～0.39%。石英砂化学成分变化较大，SiO_2 80.0%～99.0%，Al_2O_3 0.2%～6.0%，Fe_2O_3 0.07%～1.38%；铁化合物是石英砂、石英砂岩和石英岩的有害成分。

第四节 分 布

石英砂主要分布于海南、福建、广东、广西、江西、江苏、山东、辽宁、甘肃、黑龙江、新疆和宁夏等省区。海砂质量较好，海相沉积石英砂矿床多分布于中国东部及胶东半岛沿海第四系近代滨海沉积中，主要成矿带为南海岸石英砂矿分布带，北起闽南，包括广东惠东、阳西、雷州和海南北部，直至广西北海，是中国海砂矿主要开发利用对象。河湖相沉积石英砂矿床主要分布于内蒙古、吉林、辽宁接合部通辽盆地第四系中，通辽石英砂矿分布区范围包括西辽河—柳河地区，矿床主要集中于大郑铁路沿线一带，是中国北方玻璃硅质原料的主要供应基地之一。湖相沉积石英砂矿床见于江西湖口至永修一带，产于鄱阳湖东岸一级或二级阶地的第四系中，部分矿床已为其附近的玻璃厂所利用。河流冲积相石英砂（岩）矿床主要分布于黄河中游沿岸及安徽宿迁一带上第三系中。海南文昌县（现为文昌市）龙马石英砂矿床是石英砂的典型例子，属滨海沉积矿床，赋存于中更新统北海组上部和上更新统全新统中，矿层呈水平产出，长 5580～6400 m，宽 980～2500 m，厚度 11.70～24.00 m，平均厚度 20.73 m，埋深 0～0.9 m，剥采比 0.067。矿石矿物以石英为主，约占 90%～98%，石英呈浑圆粒状，偶见六方双锥状晶体。矿石化学成分（w_B）：SiO_2 97.64%，Al_2O_3 0.796%，Fe_2O_3 0.12%，TiO_2 0.115%，Cr_2O_3 0.0006%；矿石质量达玻璃原料 I、II 级品要求，矿床规模为大型，已开采利用多年。

石英砂岩主要产于扬子地台沉积盖层中，产出层位以泥盆系为主，其次有震旦系、寒武系、侏罗系、三叠系及第三系，矿层往往赋存在浅海相或海陆交互相沉积中。主要成矿区，东起江苏、浙江，西至湖北，往北扩至陕西汉中，往南扩至湖南、贵州，分布矿床多，规模较大，质量较好，是中国南方玻璃工业的主要开采利用对象。此外，山东沂南、临沂、苍山等地的寒武系中，已发现数个大型石英砂岩矿床，形成又一石英砂岩成矿区。从矿石质量上说，南方石英砂岩好于北方。江苏苏州胥口清明山石英砂岩矿床属海相沉积矿床，是一个典型例子，矿区濒临太湖。含矿地层为泥盆系上统五通组，矿层为青灰色中厚层状中粗粒石英砂岩和灰白色厚层状中粒石英砂岩，呈层状，出露长度 1200 m，宽度 190～320 m，平均厚度 10.29 m 和 20.70 m，单斜产出，倾角 15°～30°。矿体中含较多页岩夹层，呈透镜状无规律分布。矿石矿物成分中石英占 95%～98%，含微量锆石、金红石、磷灰石。矿石粒级成分中 0.74～0.1 mm 的占 70%～80%。硅质胶结，少数绢云母、铁质胶结。矿石化学成分 w_B：SiO_2 98.30%～97.34%，Al_2O_3 0.86%～1.4%，Fe_2O_3 0.160%～0.147%。矿床规模为大型，已开采利用多年。

石英岩主要产于华北地台次级沉降带和祁连褶皱带，在扬子地台也有分布，含矿层位多为前寒武系，部分为志留系、泥盆系。主要成矿区为辽、冀、豫石英岩（石英砂岩）分布区，从吉林白山经辽宁、河北、北京、山西止于河南，大致呈北东向展布并严格地受震旦系含矿地层控制。此成矿区内分布矿床多，规模大、质量好，且其位置适中，是当前玻璃工业重要的开发利用对象。另一成矿区为西宁-渤海湾石英岩（石英砂岩）分布带，矿带围绕中朝地台西部边缘分布，矿床规模与质量不如前者，但为中国西北地区的主要开采利用对象。沉积变质石英岩主要成矿带为辽南—凤阳石英岩分布带，矿床见于辽宁庄河、江苏邳州县（现为邳州市）、安徽凤阳等地，大致呈南北向断续分布。从矿石质量上说，北方好于南方。辽宁本溪小平顶山石英岩矿床属海相沉积变质矿床，是石英岩的典型矿床，位于中朝地台太子河沉降带。矿层为震旦系细河统钓鱼台组石英岩，呈规则的薄层-巨厚层状，单层厚度 13～17 m 以上，总厚度 110 m 以上。矿体呈单向缓倾斜产出，形态规整，变化稳定，有三层水云母泥质砂岩和页岩夹层，厚 1.3～5.6 m。矿石呈灰白、洁白色，致密块状构造，中粗粒状结构，石英含量一般为 98%～99%，含微量电气石、锆石、磁铁矿、磷灰石、黑云母和楣石。硅质胶结，胶结物已重结晶。各矿层矿石化学成分基本一致：SiO_2 含量一般为 98%～99%，Al_2O_3 0.2%～0.7%，Fe_2O_3 0.03%～0.07%。矿石质量很好，变化极其平稳，夹层易于区别剔除。矿区断裂发育，较大断层附近铁染较重，致使矿石质量降为 II 级品。矿床规模为大型，已开采利用 30 余年，是东北地区玻璃硅质原料主要产地。

中国主要石英砂矿床（表 33-2），中国主要石英砂岩矿床（表 33-3），中国主要石英岩矿床（表 33-4），中国石英砂、石英砂岩和石英岩矿床分布（图 33-4）。

表 33-2 中国主要石英砂矿床

序号	矿产地	序号	矿产地
1	福建东山县山只	42	海南文昌市龙马
2	福建东山县梧龙	43	海南文昌市铺前
3	福建晋江市华峰	44	黑龙江黑河市上马厂
4	福建晋江市深沪	45	黑龙江讷河县（现为讷河市）全胜
5	福建平潭县芦洋浦	46	黑龙江讷河县（现为讷河市）双合屯
6	福建漳浦县北坂	47	黑龙江依安县上游乡建明
7	福建漳浦县赤湖	48	吉林白山市板石沟
8	福建漳浦县六鳌	49	吉林双辽市白市
9	福建漳浦县沙荒	50	吉林双辽市堡石图
10	福建漳浦县下蔡	51	吉林双辽市巨三
11	福建漳浦县杏仔	52	吉林双辽市七棵树
12	福建长乐县（现为长乐市）江田	53	吉林双辽市郑家屯
13	福建福州厚美马江	54	吉林通辽市吐尔基山
14	甘肃皋兰县毛刺砚	55	吉林通辽市亿棵树
15	甘肃皋兰县咸水沟	56	江苏泗洪县海花山坡
16	甘肃皋兰县彦家坪	57	江苏宿迁市白马涧
17	甘肃安宁虎脖子嘴	58	江苏宿迁市马陵山
18	甘肃安宁区仁寿山	59	江苏新沂市城岗
19	广东新会县天亭	60	江苏新沂市小湖
20	广东潮阳市田心	61	江西都昌县老爷庙
21	广东惠东县碧甲	62	江西湖口县柘矶
22	广东雷州市企水	63	江西永修县松峰
23	广东台山市广海甫草	64	江西永修县松门岛
24	广东台山市上川岛	65	辽宁彰武县阿尔乡（二矿）
25	广东阳东县大沟	66	辽宁彰武县阿尔乡（一矿）
26	广东阳西县溪头	67	辽宁彰武县章古台
27	广东珠海市下栅	68	内蒙古鄂托克旗四道泉
28	广西北海市郊区白虎头	69	内蒙古科左后旗甘蘑卡
29	广西北海市郊区大冠沙	70	内蒙古科左后旗衙门营
30	广西北海市郊区电白寮	71	内蒙古科左中旗白市
31	广西防城港市山心	72	内蒙古科左中旗门达
32	广西合浦县青山头	73	内蒙古通辽大林、木里图
33	广西南宁市郊区茅桥-屯里	74	宁夏原州区高圪陵
34	海南昌江县海尾	75	山东高密县（现为高密市）姚哥庄
35	海南昌江县南罗	76	山东黄县岠嵎矿
36	海南儋州市排浦镇沙沟村矿区	77	山东牟平邹家矿
37	海南儋州市松鸣矿区	78	山东荣成仙人矿
38	海南儋州市新隆	79	山东荣成俎矿
39	海南东方市八所	80	山东威海汉矿
40	海南陵水县英洲镇龙岭	81	新疆昌吉市青草岭子
41	海南文昌市龙马矿区堆富村	82	新疆昌吉市新城子

表33-3 中国主要石英砂岩矿床

序号	矿产地	序号	矿产地
1	北京昌平区水沟	48	宁夏惠农县（现为惠农区）红果子沟
2	北京房山区高庄	49	宁夏惠农县（现为惠农区）柳条沟东段
3	甘肃兰州市阿干镇煤山	50	宁夏惠农县（现为惠农区）正义关鄂博梁
4	甘肃华亭安口镇	51	宁夏银川市（现为西厦区）区大口子
5	甘肃庆阳市环县七里墩	52	山东苍山县鲁城矿区打磨山
6	广西灵川县北山	53	山东苍山县新兴矿区尖顶山
7	广西邕宁县（现为邕宁区）伶俐	54	山东临沂市李官
8	广西贵港市朱村	55	山东沂南孙祖
9	广东英德县（现为英德市）肩岭	56	山东沂南县蛮山
10	贵州都匀市桐州	57	山东沂水县崔家峪
11	贵州贵阳市半坡	58	山西井陉县水流沟
12	贵州凯里市万潮营盘坡	59	山西灵石县尽林头
13	贵州六盘水六枝特区浪风台	60	山西神木县三塘（朱家园子）
14	贵州六盘水水城特区长海子	61	山西昔阳县北庄
15	贵州铜仁市水晶阁	62	山西垣曲县虎狼山
16	贵州印江新业	63	山西中阳县柏洼坪
17	贵州遵义道真县牛星山	64	四川珙县沐滩犀牛山
18	河北抚宁县鸡冠山	65	四川广元市青川小水沟
19	河北滦县雷庄	66	四川广元市上寺马鞍山
20	河北邢台县北会	67	四川犍为县大坪
21	河北元氏县郭北	68	四川江油市白阳洞
22	河北赞皇县五马山	69	四川江油市二郎庙松树梁
23	河北武安市胡峪	70	四川江油市龙潭
24	河南密县坡景山	71	四川威远县苟公寺
25	湖北当阳市百步梯砂岩矿狮子岗	72	四川永川市（现为永川区）柏林
26	湖北当阳市岩屋庙	73	湖南湘潭县雷子排
27	湖北武汉江夏区八分山北段	74	新疆库车县阿艾
28	湖北武汉江夏区长山	75	云南红河州安宁花红寺
29	湖北武汉市蔡甸大军山	76	云南昆明西山白眉村
30	湖北宜昌市官庄	77	云南昆明西山锅盖山
31	湖北枝城市（现为宜都市）马王山	78	云南昆明市西山棋台
32	湖南怀化市岩冲	79	云南龙陵畜牧场
33	湖南临澧县太浮山	80	云南禄丰县泽润里
34	湖南桑植县小溪	81	云南大理市下苍甸
35	湖南石门县水浸垭	82	浙江安吉县吟诗
36	湖南湘潭-宁乡谭家坳	83	浙江长兴县范湾
37	湖南溆浦县谭家湾	84	浙江湖州市城隍山
38	吉林白山市八道江区板石沟	85	浙江湖州市郊龙溪照山

续表

序号	矿产地	序号	矿产地
39	吉林白山市八道江区吊水湖	86	浙江湖州市六山坞
40	江苏邳州市巨山	87	浙江萧山县（现为萧山区）石岩山
41	江苏苏州市胥口清明山	88	浙江余杭县（现为余杭区）护持山
42	江苏睢宁县半山	89	重庆江津市小南垭
43	江苏吴县❶尧峰山	90	重庆南川（区）神童
44	江苏句容县高骊山	91	重庆彭水县高谷
45	江西贵溪县（现为贵溪市）硬石岭	92	重庆黔江区冯家坝
46	内蒙古达拉特旗小木花沟	93	重庆沙坪坝区童家溪
47	内蒙古乌海市凤凰岭	94	重庆沙坪坝区土主

表33-4 中国主要石英岩矿床

序号	矿产地	序号	矿产地
1	安徽凤阳县黄瓜山	30	辽宁庄河市蓉花山
2	安徽凤阳县老青山	31	内蒙古乌拉特前旗普隆
3	安徽凤阳县灵山	32	内蒙古乌前旗额尔登布拉格苏木
4	安徽凤阳县小溪河	33	内蒙古正蓝旗马牙子山
5	北京昌平县（现为昌平区）南口	34	青海大通县柏木沟
6	北京昌平县（现为昌平区）锥石口	35	青海大通县广洞滩矿区
7	北京怀柔孙胡沟	36	青海大通县卧牛掌
8	北京延庆佛峪口-营门	37	青海大通县斜沟
9	福建南平市折竹	38	青海互助县扎坂山
10	甘肃陇南市武都县（武都区）三流水	39	青海化隆县尕磨滩
11	甘肃永昌县高石嘴	40	青海乐都县李家昂
12	甘肃永登记连城石砬沟	41	青海乐都县湾堤
13	甘肃永登县将军岭	42	山东昌邑市山阴
14	广东韶关曲江县（现为曲江区）大旺山	43	山东平度长乐
15	海南澄迈县南蛇岭	44	山西岚县冀家掌
16	河南林州市轿顶山	45	山西忻州市白马口
17	河南渑池县方山	46	山西忻州市石人崖
18	河南舞钢市金枝崖	47	山西垣曲县西峰山
19	河南新安方山头	48	陕西安康市早阳
20	河南新安县甲子	49	陕西汉中市老鹰崖
21	江苏浦口县（现为浦口区）汤泉斗篷山	50	陕西汉中市利水沟
22	江苏浦口县（现为浦口区）汤泉小黄栗山	51	陕西汉中市哑姑山-西沟
23	辽宁本溪市帽石山	52	陕西汉中市夏家沟
24	辽宁本溪市小平顶山（东矿）	53	陕西汉中市亚姑山
25	辽宁本溪市小平顶山（西矿）	54	陕西眉县矿坡寺
26	辽宁朝阳县大兴隆沟	55	新疆哈密市天湖玻璃用
27	辽宁辽阳县石门	56	浙江宁波市龙皇堂
28	辽宁凌源市干沟	57	浙江平阳县渔塘
29	辽宁凌源市魏杖子		

❶ 吴县，1995年撤销，并入今江苏苏州市。

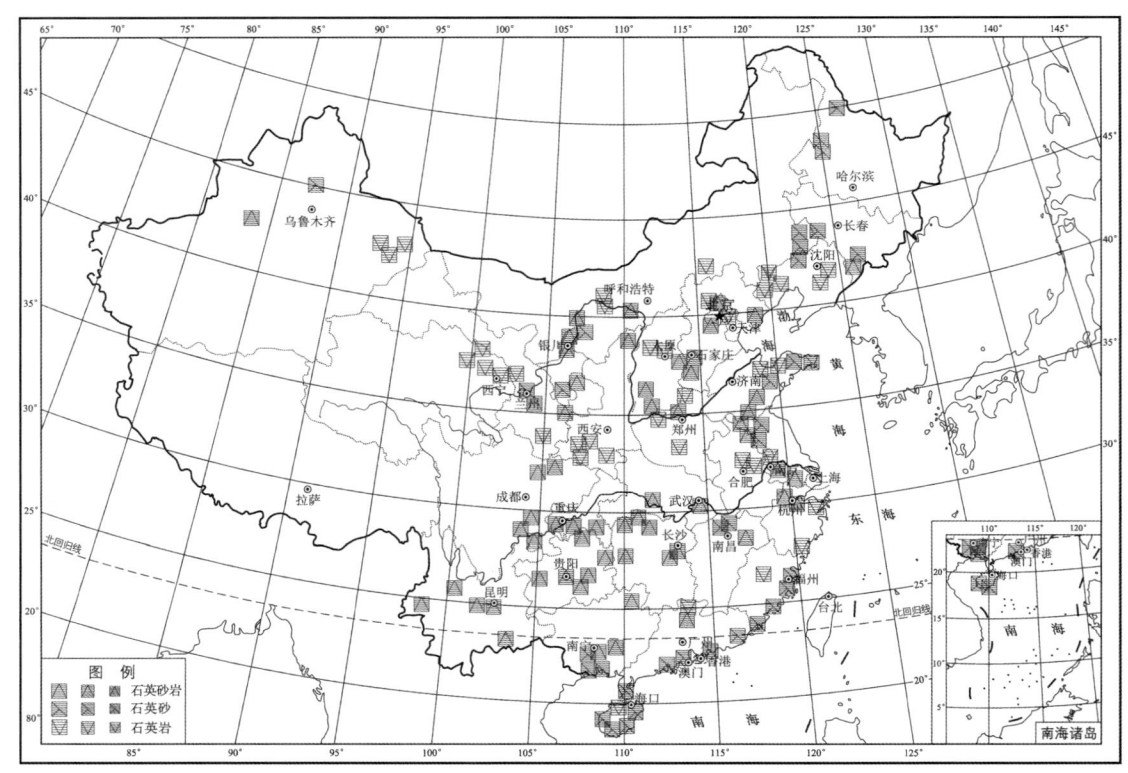

图 33-4 中国石英砂、石英砂岩、石英岩矿床分布

第五节 开发利用和发展趋势

矿山开采时，石英砂和石英砂岩、石英岩有所不同。石英砂一般是露天开采，可细分为①水枪冲采，水力自流运输或用砂泵压力运输的方式；②采掘船开采：即采砂船开采；③一般露天开采，人工或机械采装，铁路或公路运输等3种。石英砂岩、石英岩矿山一般都是露天开采，开拓运输方式为公路开拓、汽车运输；开采工艺主要包括凿岩（湿式）-爆破-采装-工作面运输。

海相沉积石英砂的选矿加工流程一般是：原矿-筛分-擦洗（分级）-磁选（重选）-精矿。筛分主要是除去矿石中的粗砂及杂草等，擦洗主要是除去矿石表面的泥质，磁选主要是除去矿石中的磁性矿物，重选主要是除去矿石中的重矿物。河湖相沉积石英砂的选矿一般采用无氟浮选法，具体选矿流程是：原矿-脱泥-擦洗-浮选-脱药-精矿。浮选要根据原矿中的矿物成分来确定浮选的具体工艺，一般通过调浆按照含铁矿物-云母-长石的顺序依次浮选。目前中国石英砂岩、石英岩选矿主要有直接粉碎工艺、煅烧粉碎工艺、自磨粉碎工艺、湿法棒磨磁选工艺等几种；由于高纯石英的选矿、加工工艺复杂，不再赘述。

石英砂、石英砂岩的开发利用始于清代末期，但在1949年前一直处于零星开发状态。1949年以后随着玻璃工业、冶金工业、铸造业的兴起，开始小规模开发利用石英矿资源。对石英资源的大规模开发利用是在1981年至今，应用领域也由开始的铸造业、玻璃工业、建筑业、冶金、化工、水泥工业发展到陶瓷、塑料、橡胶、电子、涂料、光纤和航空等领域。截至2013年底，中国开发的石英砂矿山有5431座、年开采量 2.8×10^8 t；石英砂岩矿山3203座、年开采量 1.38×10^8 t；石英岩矿山1090座，年开采量 1609×10^4 t。

随着中国电子信息产业、电光源产业的迅速发展，特别是光伏产业的爆发式增长，石英制品行业的工业总产值保持了较快发展。目前石英供求的总态势是：普通石英供求基本平衡，优质石英略有缺口，高纯、超纯石英货紧价高。生产的普通石英、优质乃至准高纯石英可以自给，但高纯、超高纯石英尚需进口，主要是由于高纯石英砂的提纯工艺技术复杂及国内相关研究滞后，目前多被国外少数企业所垄断。而高纯石英是屏显基板玻璃、光伏光热玻璃及镀膜玻璃、防火基板玻璃、高强基板玻璃、太阳能与建筑一体化玻璃制品、低辐射及多功能复合镀膜节能玻璃与制品、飞机与高速列车风挡玻璃、纳米及微晶基板玻璃等高性能新型玻璃产品的主要原料，所以石英提纯技术、提纯设备和技术研究人员是中国石英行业发展的制约因素。

石英行业的未来发展趋势主要体现在对石英砂的需求增幅将会有所降低，采矿、选矿及石英深加工技术水平将会迅速提高，对大型优质矿床实行统一规划，科学开采，按资源品位不同实现资源的分级合理应用，在矿山开采过程中应注重做好土地复垦、生态重建、植被恢复等环境保护等工作。

第三十四章 脉 石 英

第一节 概　　述

定义 脉石英是由致密石英块体呈脉状产出而形成的岩脉，矿物成分主要为隐晶质石英（图34-1）。

用途 脉石英通常矿体较小，但纯度较高，因此一般不宜作为普通硅质原料使用，是制作高纯石英粉的较好原料。高纯石英可用于生产硅微粉、石英玻璃、人造压电石英，以及生产光学玻璃与艺术玻璃；高纯石英粉制成单晶硅、多晶硅可应用于生产太阳能电池、半导体材料，也是生产微电子技术器件、特种电光源、宇航、卫星、光纤通信等产品的原料；高纯石英粉还可以用于生产碳化硅，用做磨料和耐高温材料的制备。

图34-1　脉石英
（来源：维基百科）

地质工作简况 中国脉石英矿床的地质调查工作始于20世纪50年代，为满足玻璃和冶金工业的需要，地质工作者们先后在湖北、湖南、黑龙江、浙江、内蒙古等地找矿，于1965年发现湖北蕲春灵虬山脉石英矿，成为国内较早发现并进行过地质勘探工作的脉石英矿床。1970年以来，随着玻璃工业对硅质原料的需求不断增加，脉石英的探矿工作逐渐开展起来，先后在新疆、安徽、江西、山东等地发现了一批脉石英矿床。2000年以来，在海南、新疆、江西、四川等地发现了大量的脉石英资源。截至2013年底，中国共探明脉石英矿床321处，查明资源储量14156×10^4t。

矿床发现和开发简史 20世纪60年代后，中国开始开发脉石英资源，主要作为冶金、玻璃和水泥配料使用。21世纪以来，随着光伏产业和非金属材料产业的发展，脉石英的用途逐渐有了新变化，脉石英由于纯度较高，可生产高纯石英粉，进一步用于单晶硅、多晶硅、光纤通讯、耐高温材料等材料的生产。截至2013年底，已开发利用脉石英矿山共计594处，总开采量275×10^4t。其中冶金用脉石英矿山336处，年开采量84.82×10^4t；玻璃用（或高纯石英用）脉石英矿山234处，年开采量151.77×10^4t；水泥配料用脉石英矿山24处，年开采量38.51×10^4t。

第二节 分　　类

按照成因，脉石英矿床可以分为花岗岩浆热液型和混合岩化热液型两种类型。其中花岗岩浆热液型矿床为中国主要成矿类型，典型矿床如湖北蕲春灵虬山。该矿床由吕梁期花岗岩浆分异出富含SiO_2的热液，顺层理贯入于太古宇大别山群红安组黑云母斜长片麻岩、花岗片麻岩和角闪岩中，形成脉状石英矿体。共见石英脉矿体6条，产状与围岩一致，以简单型脉为主，脉体大小差别较大，主矿脉长度150~280 m，厚度20~39 m。矿石几乎全为石英组成，含微量黄铁矿、白云母、绢云母、绿泥石、辉钼矿及铁锰质等，矿石硬度大，性脆，节理裂隙发育。矿石化学成分（w_B）：SiO_2 99%左右，Al_2O_3小于0.5%，Fe_2O_3 0.02%。矿石化学成分稳定，质量优良。

按照用途，脉石英矿床可以分为玻璃用、冶金用、水泥配料用和高技术用等类型，其中高技术用脉石英也叫高纯石英，要求SiO_2含量达99.5%以上。

第三节 物理化学性能

物理性能 脉石英与石英物化性质基本相同。一般呈现无色、乳白色，油脂或玻璃光泽，不透明、透明或者半透明，硬度为7，密度为2.65 g/cm³。

化学成分 脉石英的化学成分主要为SiO_2，含量常高达99%以上，其他含少量的Al_2O_3、Fe_2O_3、SO_3、Cl^-等。脉石英化学性质稳定，除氢氟酸外，不溶于任何酸，但能溶于碱性溶液中。中国部分脉石英原矿化学成分（表34-1）。

表34-1 中国部分脉石英原矿化学成分（$w_B/\%$）

序号	矿产地名称	SiO_2	Fe_2O_3	Al_2O_3
1	黑龙江萝北尖山子	95.46	0.19	2.04
2	北京平谷玻璃台	99.2	—	0.33
3	内蒙古固阳公义明	97~98.3	0.3~1.15	0.5~1.15
4	浙江安吉章村	98.58	0.13	0.25
5	安徽旌德版书龙川	99	0.09	0.19
6	安徽青阳南阳箐冲	97.89	0.23	0.97
8	湖北蕲春灵虬山	99.32	0.04	0.21
9	海南澄迈南蛇岭	97.96	—	0.82
10	海南屯昌银岭	97.95	0.33	0.76
11	四川乐山金口河白沙槽	98.06	0.11	0.14

第四节 分 布

从地理位置上来看，中国脉石英资源分布较广，在中国东部、中部、西部均有分布。其中，海南、江西、四川、安徽、黑龙江、辽宁、内蒙古、湖北、福建、浙江、新疆等地脉石英资源储量丰富。截至2013年底，冶金用脉石英矿区探明136处，查明资源储量6722×10^4t；探明玻璃用脉石英矿床179处，查明资源储量7280×10^4t；探明水泥配料用脉石英6处，查明资源储量154×10^4t。

从成矿时代看，脉石英矿床可以形成于各个地质时代，与岩浆活动和混合岩化作用有关，属后期成矿矿物。由于仅专注于开发利用，而对脉石英矿床的形成年代缺乏精确定年研究，因此脉石英矿床的成矿时代只能根据岩浆活动期和混合岩化期简略确定。

中国脉石英主要矿产地（表34-2），中国脉石英矿床分布（图34-2）。

表34-2 脉石英主要矿产地

序号	矿产地名称	探明资源量/10^4t	规模	开采利用情况
1	黑龙江萝北尖山子玻璃用脉石英矿床	617.5	中型	未开采
2	辽宁岫城辽南矽砂矿床	373.2	中型	已开采
3	辽宁海城市毛祁矽砂矿床	221.3	中型	已开采
4	北京平谷玻璃台冶金用脉石英矿床	227.8	中型	已停采
5	山西五台张家峪脉石英矿床	173.8	小型	已停采
6	山西五台尧岩山矿床	130.2	小型	未开采
7	内蒙古固阳河南五分子脉石英矿床	152.2	小型	未开采
8	内蒙古固阳公义明脉石英矿床	205.0	中型	未开采

续表

序号	矿产地名称	探明资源量/10^4t	规模	开采利用情况
9	浙江余杭超山脉石英矿床	123.0	小型	未开采
10	浙江安吉章村脉石英矿床	424.9	中型	已开采
11	福建闽侯石燕冶金用脉石英矿床	107.0	小型	未开采
12	安徽旌德版书龙川脉石英矿床	336.4	中型	已开采
13	安徽青阳南阳管冲脉石英矿床	398	中型	已开采
14	江西峡江金江南坑硅石矿床	409.9	中型	已开采
15	江西新干大峰山玻璃硅质原料矿床	443.7	中型	未开采
16	河南唐河玻璃用脉石英矿床	148.4	小型	未开采
17	河南卢氏玻璃用脉石英矿床	155.7	小型	未开采
18	湖北蕲春灵虬山脉石英矿床	269.4	中型	已开采
19	广东广州黄陂冶金用脉石英矿床	554.0	中型	已停采
20	海南澄迈南蛇岭硅石矿床	2220.8	大型	未开采
21	海南屯昌银岭硅石矿床	262.0	中型	未开采
22	四川乐山金口河白沙槽脉石英矿床	1415.7	大型	未开采
23	陕西宝鸡凤阁岭大岭山硅石矿床	204.4	中型	未开采
24	新疆哈密尾亚白山玻璃用脉石英矿床	179.3	小型	已停采
25	新疆木垒老风口脉石英矿床	115.9	小型	未开采
26	新疆和静巴仑措尔奥脉石英矿床	380.5	中型	已开采
27	新疆哈巴河齐巴尔铁列克脉石英矿床	184.69	小型	已开采
28	新疆富蕴可可托海冶金用脉石英矿床	427.3	中型	已开采

注：全国脉石英矿产地共计300多处，表中仅列出了探明资源量$100×10^4$t以上矿床。

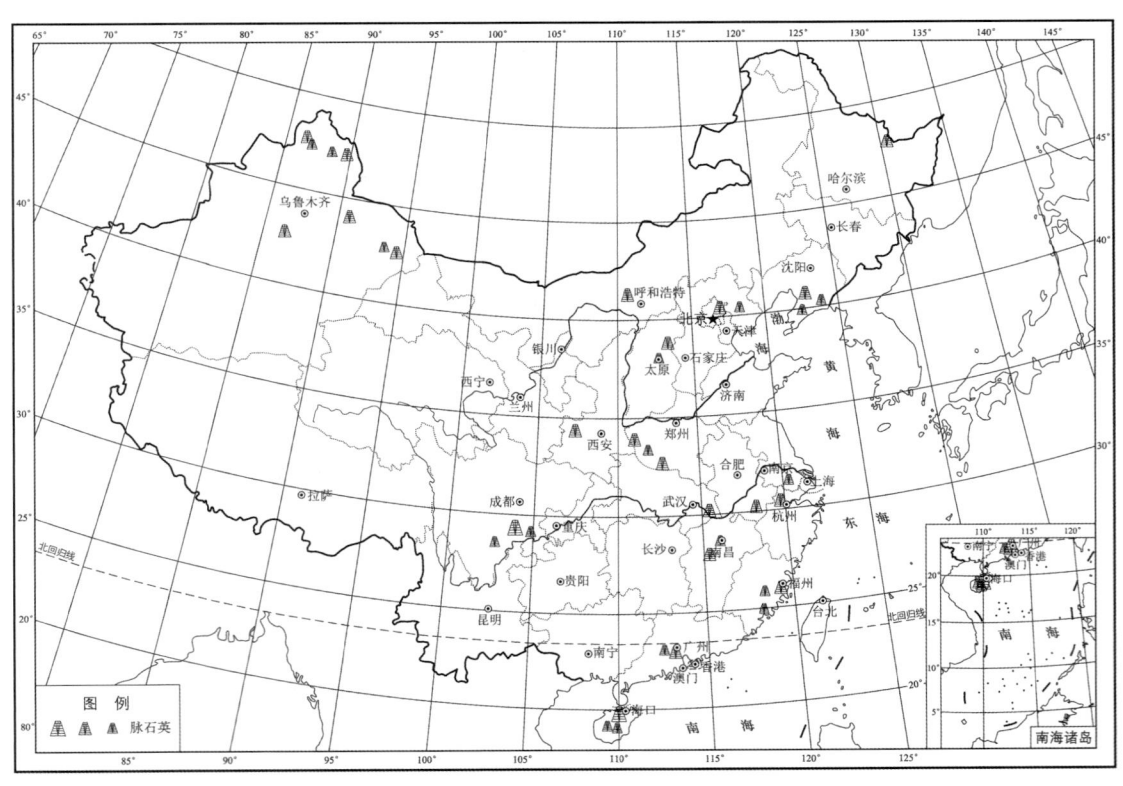

图34-2 中国脉石英矿床分布

第五节 开发利用和发展趋势

脉石英矿床一般采用露天开采的方法，也有部分矿山采用地下开采的方法。脉石英开采一般采用剥离－穿孔－爆破－采装－运输－深加工的工艺。

脉石英虽天然产出时纯度较高，但在应用过程中仍需要进行深加工，常用的深加工方法包括：①提纯加工。高纯石英（SiO_2 含量 99.92%~99.99%）是宇航、电子工业、光纤通信等高科技产品的重要原料，脉石英的杂质中铁质化合物最为常见，可以通过水洗分级、擦洗、酸浸、磁选、浮选、微生物浸出等几种方法结合起来去除。②超细粉碎。经过超细粉碎可以改善产品的性能，扩大应用范围。超细粉碎过程中应避免产品受到污染，当前一般采用气流粉碎机进行粉碎，同时和超细分级组成闭路，控制粒度防止过磨颗粒出现。③表面改性。为获得优良的性能和可加工性，必须对脉石英进行表面改性。常用的改性剂为偶联剂，偶联剂改性后可以提高石英与高分子材料的相容性。

脉石英作为一种优质的硅质原料，由于其 SiO_2 含量较高，杂质含量相对较小，已经成为一种重要的战略性工业矿物资源。近年来，随着科技的进步和学科的交叉发展，其应用范围不断拓宽，前景也越来越光明。进一步提升脉石英的选矿提纯技术，使脉石英实现超纯化、超细化，将极大地拓宽脉石英的应用领域。

第三十五章 粉 石 英

第一节 概 述

定义 粉石英又称风化硅土、高硅土，是一种硅质石灰岩或泥质硅质岩的风化残积物（图35-1）。它是一种天然产出的、几乎全部由5~50 μm的石英微粒组成的粉末状物质，肉眼观察无颗粒感。以不含硅藻残骸而与硅藻土相区别。

用途 粉石英由于其独特的物化性能被广泛利用，主要用于：一是以天然粉石英为原料，采用压块熔制直接拉丝新工艺生产玻纤。二是在玻璃工业中，特别是制作特种玻璃如光学玻璃、特种器皿玻璃中有较好的应用，但在生产平板玻璃中，由于粒度太细，熔融困难而受限制。三是作为陶瓷、电瓷和釉面砖原料，在电瓷生产中粉石英用量可达20%，且能使瓷坯烧成温度降低、瓷质强度和绝缘性能增高。四是用作软性研磨料和盛钢桶的捣打料。五是制作高密度硅砖与耐火泥，其硅砖的荷重软化点高达1700℃。六是粉石英

图35-1 粉石英
（来源：维基百科）

是性能很好的填料，可用在油漆、橡胶、塑料和沥青涂层中。七是粉石英具有高纯、超细的特性，是合成微孔硅酸钙的理想原料。八是用盐酸或硫酸改性后做吸附剂和脱色剂以及酒类的助滤剂。九是粉石英还可以用于结晶硅生产。十是放入窑炉内做控制窑炉温度的硅质球团，这种球团烧后可磨成瓷泥。

地质工作简况 中国粉石英矿的地质调查工作始于20世纪80年代。1981年，江西省地质矿产局赣西地质调查大队发现江西宜春市麦田粉石英矿，命名为"硅质岩风化壳型石英粉矿"，后改名为粉石英矿。1984年地质矿产部、国家统计局将"粉石英"正式列为一个非金属矿新矿种，至此拉开了中国粉石英矿床地质找矿工作的序幕。随后，在赣西铁路沿线陆续发现了多处粉石英矿床，开辟了这种新资源的潜在前景。此后，在湘东南、赣南、黔北等地也发现了众多的粉石英矿床。截至2013年底，全国共发现粉石英矿产地26处，查明资源储量5871.06×10^4t。

矿床发现和开发简史 江西宜春市麦田粉石英矿是中国最早发现的粉石英矿，该矿早在1949年前就被当地居民当作"滑石矿"和陶瓷原料开采。1981年经勘查证实为粉石英矿床。该矿的发现，填补了国内非金属矿种上的一项空白。粉石英矿首先被电瓷行业广泛应用，并逐渐应用于玻璃、橡胶、塑料、涂料、合成材料等领域，而且在复合材料、电子绝缘材料等领域也展示了良好的应用前景。截至2013年底，中国有45个矿山在开采，其中有4个中型矿山、27个小型矿山、14个小矿，年开采量15.8×10^4t。

第二节 分 类

按照成因，中国已发现的粉石英矿矿床类型均为风化残积型矿床。矿体呈面状分布于下二叠统、石炭统和上泥盆统等的出露部位，如江西宜春樟树、湖南浏阳金刚镇凤形坡粉石英矿床。

第三节 物理化学性能

物理性能 粉石英一般为灰白、白色，受铁泥质污染后呈黄色、淡黄褐色，矿石质地柔软，细腻，

外观似黏土,手捻有滑感,但无砂感,不具黏性;天然粒度一般在 5~50 μm 之间,将其置于水中或者干燥后能自然崩解成天然细度;其天然湿度一般为 8%,饱和吸水率 37%,密度 2.64~2.66g/cm³,视密度 1.00 g/cm³,比表面积为 3600 cm²/g,折射率 1.55,透明纯净的粉石英精矿白度可达 70 以上。粉石英具有很强的热稳定性和化学稳定性,熔点可达 1770~1790℃。

化学成分 粉石英的化学成分主要是 SiO_2,含量一般为 95%~98%,其次含少量的 Fe_2O_3、Al_2O_3 等杂质。中国部分粉石英原矿化学成分(表 35-1)。

表 35-1 中国部分粉石英原矿化学成分($w_B/\%$)

序号	矿产地名称	SiO_2	Al_2O_3	Fe_2O_3
1	福建龙岩黄庄粉石英矿床	97~99	—	—
2	江西萍乡荷家塘粉石英矿床	97.51	0.96	0.42
3	江西宜春麦田粉石英矿床	96.27	1.75	0.62
4	江西安福材家岭粉石英矿床	96.32	1.83	0.22
5	湖南浏阳金刚凤形坡粉石英矿床	96.32	—	—
6	重庆云阳云峰山-开县水粉石英矿床	98.5	0.34	0.19

第四节 分 布

从地理分布上看,已发现的粉石英矿床主要分布在南方,集中在江西、四川、湖南、福建、广西、贵州、云南、重庆、青海等地。根据其成矿条件分析,南方的其他省份也会有粉石英矿床产出,如广东、湖北、四川等省市具有产出粉石英矿床的地质条件。截至 2013 年底,全国共发现粉石英矿产地 26 处,查明资源储量 5871.06×10⁴t。

从成矿时代看,粉石英矿床主要产于泥盆系、石炭系、二叠系等层位中。江西萍乡宣风粉石英矿床产于二叠系下统栖霞组,湖南醴陵粉石英矿床产于石炭系,河北遵化雾迷山组的粉石英则比较特殊,成层夹于含燧石白云岩中。粉石英矿体多呈面型或者带状产于硅质岩的风化壳中,矿体延伸长度可达数百米至上千米,宽度达数十米至二百米以上,厚可达数十米。通常矿体中部厚,向边部渐变薄。平面上因受地形切割形成不连续的矿体。

粉石英矿床常与石灰岩、白云岩、海泡石黏土等构成成矿系列,而以粉石英+石灰岩+白云岩组合最为常见,江西萍乡宣风粉石英矿床属于此类型。含矿建造由二叠系下统栖霞组的灰黑色中厚层含炭质石灰岩夹少量微薄层石灰岩、硅质岩与角砾状硅质岩组成。含矿建造的底板为碳酸盐岩和砂页岩,顶板为上二叠统龙潭组煤系。粉石英矿体一般位于含矿建造的上部,特别是与煤系地层比较接近的部位。粉石英矿体及其母岩(硅质岩)的直接底板为深红色泥页岩或者石灰岩,顶板为煤系地层。粉石英矿体露头呈两个条带分布,一个从横村到布湾,总长度约 800 m,平均出露宽度约 40 m;另一个从桐村至茶山脚下,出露总长度约 1000 m,平均出露宽度 70 m,矿层的浮土覆盖层厚度 0~3 m。粉石英的矿石类型按其母岩特征可分为两种,即风化硅质岩型和风化角砾硅质岩型。母岩硅质岩呈灰、灰黄、灰白等颜色,细微粒状结构,薄层至中厚层状构造,有的具水平层理,主要矿物成分为石英(97%~99%),其他为黏土矿物、碳酸盐矿物、褐铁矿及微量的钛铁矿。其中石英颗粒微细,一般为 4~30μm,等轴粒状,大小不均匀,颗粒间呈镶嵌状,波状消光。粉石英呈白-灰白色,疏松土状,随着深度的增加,未风化的硅质团块增加,在底部与硅质岩呈逐渐过渡关系。粉石英的 SiO_2 含量一般为 97%~99%,Fe_2O_3 含量低于 0.4%,深部低于 0.2%。

湖南醴陵粉石英矿床产于石炭系,矿床组合的其他特征和萍乡一带相似。粉石英矿体宽数十米至二百余米,延伸数百米,厚 10 余米。

中国主要粉石英矿产地(表 35-2),中国粉石英矿床分布(图 35-2)。

表 35-2 中国主要粉石英矿产地

序号	矿产地名称	探明资源量/10^4t	规模	开采利用情况
1	福建仙游东湖粉石英矿床	15.1	小矿	已开采
2	福建三明白岩粉石英矿床	11.3	小矿	已开采
3	福建永安安前粉石英矿床	11.3	小矿	已开采
4	福建永安甲头天然粉石英矿床	22.8	小矿	已开采
5	福建延平南山龙湾村长坑硐林庆银粉石英矿床	20.0	小矿	已停采
6	福建延平区南山十里林亿磊粉石英矿床	24.0	小矿	已停采
7	福建延平南山镇芹山粉石英矿	34.5	小矿	已停采
8	福建连城赖源丰华石英厂矿床	40.6	小矿	已开采
9	福建龙岩黄庄粉石英矿床	14.6	小矿	已开采
10	江西萍乡荷家塘粉石英矿床	759.4	中型	未开采
11	江西宜春麦田粉石英矿床	612.3	中型	已停采
12	江西安福材家岭粉石英矿床	493.3	中型	未开采
13	江西安福七星坛粉石英矿床	56.9	小型	已开采
14	江西婺源江湾西坑粉石英矿床	30.7	小矿	已开采
15	河南确山三里河乡董国庆采石厂矿床	21.4	小型	已开采
16	湖南浏阳金刚凤形坡粉石英矿床	193.7	小型	
17	广西上林万古粉石英矿床	1303.1	大型	未开采
18	重庆云阳云峰山-开县水粉石英矿床	1569.6	特大型	未开采
19	重庆云阳云峰山-开县岩水粉石英矿床	205.4	中型	未开采
20	青海大通县大三岔长石矿床	634.2	大型	已开采

注：全国粉石英矿产地共计 26 处，表中只列出探明资源量 10×10^4t 以上矿床。

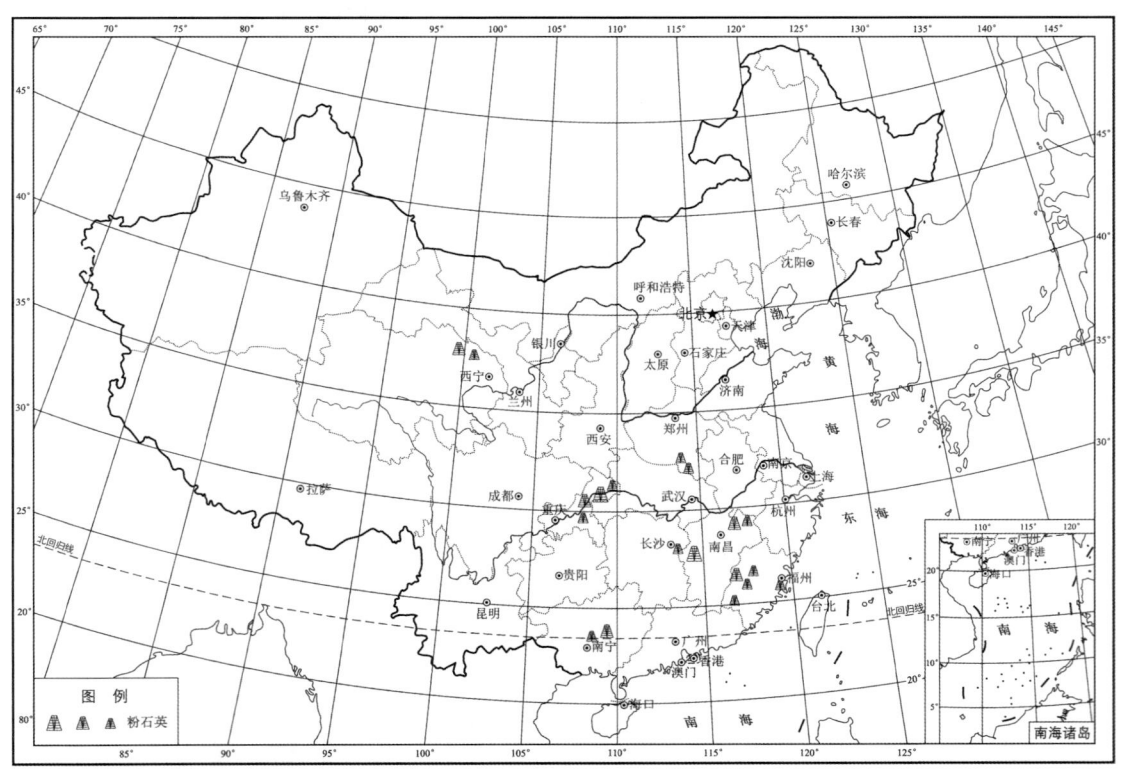

图 35-2 中国粉石英矿床分布

第五节 开发利用和发展趋势

　　由于粉石英矿面积大、埋藏浅，矿体经风化后一般裸露于地表，所以粉石英矿床的开采方法一般采用露天开采。采出的矿石有的需要用雷蒙磨进一步粉碎，但这种加工厂规模一般都很小。为了除去铁质，提高白度，有的还需进行水洗和简单的磁选或酸洗，使产品满足耐高压电瓷、日用细瓷、中高档玻璃、涂料、填料等行业的需求。粉石英经硅烷偶联剂表面改性加工后与有机高分子材料混合时易分散、混料均匀，可明显增加材料的流动性、极大改善施工性能，从而满足现代新材料、新技术要求，可提高粉石英矿的附加价值。粉石英与传统的硅质岩相比，不仅具有颗粒细、纯度高、易加工等特点，经过超细粉碎、提纯、表面改性后广泛应用于耐火材料、陶瓷、玻纤、橡胶、塑料、树脂等领域。粉石英经超细粉碎后，比表面积增大，表面活性增强，可应用于高压电瓷、高档陶瓷釉料、加气混凝土、耐火材料等行业。

　　经过三十多年的努力，中国勘探发现的粉石英矿床并不多，粉石英的储量仍有限。今后在粉石英的普查方面，还需要投入更多的地质工作，以找到更多的粉石英矿床。但目前中国多数应用研究仍停留在中小型实验上，处于初加工产品应用阶段，所以必须加大应用技术的研究工作，不断拓宽粉石英的应用领域。

第三十六章 硅 藻 土

第一节 概 述

定义 硅藻土是一种生物成因的硅质沉积岩,主要由硅藻和其他微生物的硅质遗骸所组成。硅藻土的矿物组成主要为硅藻,其次为水云母、高岭石、蒙脱石等黏土矿物,常混入石英、长石、黑云母等碎屑矿物(图36–1)。

用途 硅藻土具有特殊的结构和化学稳定性,用途十分广泛。一是用于生产助滤剂,硅藻土具有独特的微孔结构和颗粒分布特征,可形成高度渗透性过滤层,从而能够截留各种杂质微粒,滤除最细小的悬浮固体,甚至可以滤除 $1\sim0.1\mu m$ 大小的微粒杂质,使滤液达到高度洁净。二是用于生产功能填料,硅藻土的独特硅藻结构、低密度、高吸附能力、大的比表面积等性能,使其可用于涂料、橡胶、塑料、造纸等制品的填充剂。三是用于生产隔热保温材料,硅藻土隔热制品中氧化硅含量高,可耐1000℃左右的高温,能满足工业窑炉中隔热材料的耐高温要求,因而

图36–1 硅藻土
(来源:维基百科)

被广泛用于冶金、化工、建材、电力、石油化工等部门。四是用于制备催化剂载体,天然硅藻土的多孔结构,使其具有较好的比表面积、孔隙体积、孔径分布等特性,从而成为生产硫酸用的钒催化剂优良载体,使活性加大、热稳定性好,能提高强度和延长使用寿命。五是硅藻土还是一种不可缺少的水泥混合材料,将硅藻土粉在800~1000℃温度下煅烧,与硅酸盐水泥按重量以4∶1混合,即成耐热混合材料。六是可用作吸附剂,硅藻土可以吸附相当于自身重量2.5倍的水。七是硅藻土作为改性材料,加入到沥青路面混合料中,可改善沥青路面混合料的强度、黏性、热压缩等性能。

地质工作简况 中国对硅藻土的地质工作经历了三个阶段。第一个阶段大致为1949年初,对硅藻土矿床进行过少量、零散的地质工作。已知的地质勘探工作始于20世纪20年代末,最先勘探的矿床为浙江嵊县(现为嵊州市)硅藻土矿,并于1929年确定了该矿床的地层层位,这是中国较早发现的硅藻土矿床。此后,经历过多次的地质勘查工作,但1965年以前地质工作者一直认为该矿为高岭土,直到1965年经浙江省地质局认定为硅藻土,并开始了对该矿的普查详查工作。第二个阶段大致为20世纪60~90年代,该阶段对硅藻土进行了大量的地质找矿工作,工作程度比较深入,一些大型矿床如浙江嵊州、吉林长白、四川米易等地的硅藻土矿床都是在这一时期发现并进行了初步勘探。第三个阶段为20世纪90年代至今,这一阶段主要是对早前发现的矿床进行了详细勘查,并陆续发现了一批新的硅藻土矿床。截至2013年底,中国共有硅藻土矿产地70处,查明资源储量 $4.65\times10^8 t$。

矿床发现和开发简史 据古书记载,浙江嵊州硅藻土在唐宋时期便有少量开采,当时称之为"白泥",用作造纸填料,出产的剡藤纸、玉版纸等,晶润如玉而闻名于世。同时还可用于洗衣,荒年饥民则赖以果腹。但直到20世纪60年,中国地质工作者才对硅藻土有了正确的认识,并有少量的开采用于生产保温砖或者原矿出口。到20世纪90年代,随着对硅藻土的研究不断深入,硅藻土除应用于常规的保温、隔热材料外,开始大规模的用于助滤剂的生产。截至到2013年底,已开发利用硅藻土矿山共计26处,其中中型矿山7处,小型矿山26处,小矿3处,矿石产量 $18.69\times10^4 t$。

第二节 分　　类

按照成因，中国硅藻土均为陆相湖泊沉积型，又可细分为：①为火山盆地型成因，典型矿床如吉林长白、山东临朐、浙江嵊州硅藻土矿床。②为断陷盆地型，典型矿床如云南昆明硅藻土矿床。③为山间盆地型，典型矿床如四川米易硅藻土矿床。

按照 SiO_2 来源，硅藻土可分为火山物源硅藻土矿床和陆源沉积硅藻土矿床两种类型。①火山物源硅藻土矿床的 SiO_2 主要来自火山，硅藻形成于玄武质火山喷发间歇期的湖盆中，以含矿岩系中夹有玄武岩层为特征，典型矿床如吉林长白、敦化，山东临朐，浙江嵊州等中国东部的一系列矿床。②陆源沉积硅藻土矿床的 SiO_2 主要是由岩石风化分解、搬运提供的，早期的玄武岩层是 SiO_2 的物源岩石，典型矿床如云南寻甸、四川米易等地的硅藻土矿床。

按照矿物组分含量，硅藻土可分为如下三种类型：①硅藻土：硅藻含量大于90%，黏土矿物含量小于5%，矿物碎屑1%左右，属于优质矿石。②含黏土硅藻土：硅藻含量75%~90%，黏土矿物5%~25%，矿物碎屑2%左右，矿石质量较差。③硅藻黏土：硅藻含量30%~40%，黏土矿物量大于50%，矿物碎屑3%~10%，这种类型为硅藻土与黏土的过渡类型产物，经选矿后方能为工业利用。

第三节　物理化学性能

物理性能　硅藻土一般呈白色土状，含杂质时常被铁的氧化物或有机质污染而呈灰、白、黄、绿至黑色。大多数硅藻土质轻，易破碎，硬度1~1.5（硅藻骨骼微粒为4.5~5 mm）。硅藻土孔隙度和表面积大，密度很小，仅0.4~0.9 g/cm^3，能浮于水面。折射率1.40~1.46，熔融煅烧后可达1.49。质纯硅藻土熔点一般1400~1650℃。硅藻土对液体吸附能力强，摩擦性能适中，对声、热、电的传导性极低。硅藻土具有颗粒孔结构。硅藻个体很小，一般1~100μm。硅藻壳种类繁多，形态各异，有圆盘状、椭圆状、筛管状、舟状、针状、棒状等。由于壳体上微孔发达，堆密度小，比表面积大，硅藻土具有较强的吸附力和过滤性能，能大量吸附微细的胶体颗粒，滤除0.1μm以上的粒子和细菌。不同地区硅藻土的孔结构特征见（表36-1）。

表36-1　中国硅藻土孔结构的特征

孔结构	吉林长白	山东临朐	浙江嵊州	云南先锋	四川米易
堆密度（g/cm^3）	0.32	0.43	0.57	0.46	0.64
孔体积（cm^3/g）	0.45	0.87	0.60	—	0.60
表面积（cm^2/g）	19.10	64.90	64.40	21.60	33.0
主要孔半径（0.1 nm）	1000~3000	500~5000	500~8000	—	500~4000

化学成分　硅藻土化学成分主要由无定形的 SiO_2 组成，并含有少量 Al_2O_3、Fe_2O_3、CaO、MgO 及其他有机杂质。其化学稳定性高，除溶于氢氟酸以外，不溶于任何强酸，但能溶于强碱溶液中。中国主要硅藻土矿床化学成分（表36-2）。

表36-2　中国主要硅藻土矿床化学成分（w_B/%）

产地	SiO_2	Al_2O_3	Fe_2O_3	CaO	MgO	LOI
吉林长白	92.75	2.57	0.54	0.29	0.19	2.89
山东临朐	74.56	9.04	3.94	1.37	0.83	5.66
四川米易	70.80	13.45	2.35	—	—	5.98
云南先锋	49.00	7.00	10.00	2.00	1.25	23.00

第四节 分 布

从地理分布上来看,中国硅藻土矿分布较广,目前有 11 个省区拥有已查明的硅藻土资源,吉林、云南、四川一带资源储量最丰富,其次是浙江、河北、广东、四川、内蒙古、福建、黑龙江、江西、山东,在辽宁、陕西、山西、河南、海南、湖南和贵州(图 36-2)。中国主要硅藻土矿床见(表 36-3)。

从成矿时代上来看,硅藻土矿成矿时间分布很局限,中国硅藻土矿主要形成于中新世至更新世,其中中新世为主导,云南寻甸和吉林长白大型硅藻土矿床皆属于中新世矿床,矿床的分布受断陷盆地的控制。

表 36-3 中国主要硅藻土矿床

序号	矿床名称	探明资源量/10^4t	规模	开采利用情况
1	吉林长白县马鞍山硅藻土矿Ⅱ号矿段	223.4	中型	已开采
2	吉林长白县马鞍山硅藻土矿西大坡矿段	274	中型	已开采
3	吉林长白朝鲜族自治县马鞍山至西大坡硅藻土矿床	3990.3	大型	未开采
4	吉林长白县西大坡硅藻土矿床外围普查区	14210.9	大型	未开采
5	吉林长白县新北岗南坡硅藻土矿床	310.1	中型	已开采
6	吉林长白朝鲜族自治县虎洞沟硅藻土矿床	745.1	中型	已开采
7	吉林长白县老人沟北坡硅藻土矿床	659.8	中型	已开采
8	吉林长白县新房子镇大金厂硅藻土矿床	1089.1	大型	未开采
9	吉林长白县八道沟镇干沟子硅藻土矿床	554.5	中型	未开采
10	吉林临江市西小山硅藻土矿床(勘探区)	372.4	中型	已开采
11	吉林临江市六道沟硅藻土矿床(西矿段)	535.8	中型	已开采
12	吉林临江市六道沟硅藻土矿床(东矿段)	409.9	中型	未开采
13	吉林临江市错草顶子南岗硅藻土矿床	743	中型	已开采
14	吉林临江市五道沟硅藻土矿床	566.1	中型	未开采
15	吉林敦化市新生硅藻土矿床	500	中型	已停采
16	吉林敦化市高松树参厂硅藻土矿床	745.2	中型	已停采
17	河北张北县阳坡硅藻土矿床	1519.6	大型	已停采
18	河北尚义县石门沟硅藻土矿床	1281	大型	未开采
19	内蒙古克什克腾旗浩来呼热硅藻土矿床	629.4	中型	已开采
20	内蒙古商都县谢家坊硅藻土矿床	651	中型	已停采
21	浙江嵊州普桥硅藻土矿床	726.9	中型	已开采
22	浙江嵊州浦义硅藻土矿床	3579.8	大型	已开采
23	广东雷州市九斗洋硅藻土矿床	1917	大型	已开采
24	四川米易县回汉沟硅藻土矿床	329	中型	未开采
25	四川米易县新民村硅藻土矿床	255	中型	未开采
26	四川米易县中梁子硅藻土矿床	332.7	中型	未开采
27	四川米易县梁子田硅藻土矿床	438.9	中型	未开采
28	云南腾冲蛮帕硅藻土矿床	467	中型	已开采

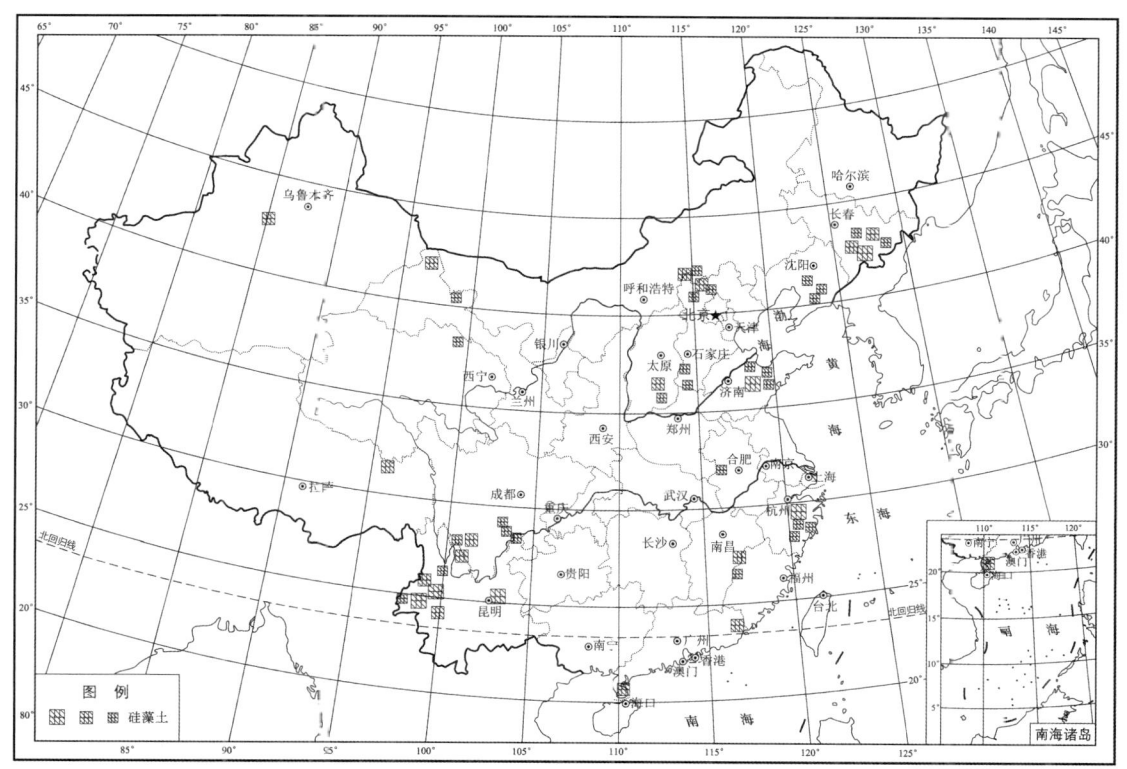

图 36-2 中国硅藻土矿床分布

第五节 开发利用和发展趋势

硅藻土的开采方法有露天开采和地下开采两种。露天开采的矿山主要有吉林敦化高松树矿、吉林梅河口曲家街矿、吉林桦甸硅藻土矿。浙江嵊州、云南寻甸先锋矿区硅藻土与优质褐煤共生。当地的硅藻土储量大、品位低、埋藏不深，露天开采时需要与下部的优质褐煤综合开发考虑。采用地下开采的矿山主要有吉林长白马鞍山矿、吉林临江六道沟矿、临江西小山矿等。中国硅藻土多是大中型矿床，但长期以来多数矿山的开采量过小，生产能力低，在开采、运输、加工等过程中资源浪费严重，近几年开采矿山主要集中在吉林省白山市，已形成规模较大的硅藻土产业开发集群，为建设中国最大最强的硅藻土产品生产基地奠定了坚实的基础。

中国硅藻土优质资源较少，其开发利用还处于发展阶段，与发达国家有相当大的差距。国内硅藻土的应用以轻质保温材料为主。而国际上则在助滤剂、环境治理、新型瓷砖、陶瓷、涂料、吸附材料、高档填料等方面取得了日新月异的成绩。随着工业发展、人民生活水平提高和硅藻土产业的技术进步，中国硅藻土的产品结构也将发生变化。

第三十七章 高 岭 土

第一节 概 述

定义 高岭土是一种以高岭石族黏土矿物为主的黏土或黏土岩。"高岭土"一词因中国江西省景德镇高岭村出产的制瓷白色黏土而得名（图37-1）。瓷土、瓷石、陶土、球土、木节土等也是高岭土在历史上和在不同行业中使用的术语或商业名称。

用途 质纯的高岭土具有白度高、质软、良好的可塑性和黏结性、优良的电绝缘性、良好的抗酸溶性、很低的阳离子交换量、较好的耐火性等理化性质，是一种非常重要的矿物原料，其用途广泛。主要用于：一是用作陶瓷原料，主要用于制作日用陶瓷、建筑及卫生陶瓷、电瓷、化工耐腐蚀陶瓷、工艺美术陶瓷及特种陶瓷。二是用于造纸工业，主要用作纸张的填料和涂料，提高纸张的密度、白度和平滑度，改善印刷性能，降低造纸成本。三是应用于耐火材料及水泥工业，耐火度高于或等于1770℃的纯净高

图37-1 高岭土
（来源：维基百科）

岭土可制熔炼光学玻璃和玻璃纤维用的坩埚及实验室用坩埚，低品位高岭土可制耐火砖、匣钵、耐火泥、出铁泥塞及烧制白水泥等。四是用于橡胶工业，主要用作补强剂和填充剂，可提高橡胶的机械强度及耐酸性能，改善制品质量，降低成本。五是用于石油化工工业，制成高效能吸附剂，代替人工合成化工用分子筛，还可用作石油裂解催化剂。六是应用于医药、轻纺工业，作医药的涂层、吸附层、添加剂、漂白剂、去垢剂、化妆品、铅笔、颜料等。七是用于国防尖端技术领域，原子反应堆、喷气式飞机、火箭燃料室及喷嘴等都需要优质高岭土。

地质工作简况 虽然中国高岭土资源的开发利用历史悠久，但其正规矿山地质工作开展较晚，1949年前也只仅限于地质调查，例如1931年侯德封对河北彭城镇黏土的调查，1940年郁国城、1941年李悦言分别对四川叙永黏土的调查等。高岭土地质工作得以发展是在1949年以后，尤其是20世纪70年代后，地质勘探工作得以迅速发展，截至2013年底，探明高岭土矿床456处，资源储量25×10^8t。

矿床发现和开发简史 中国是最早开发利用高岭土的国家。早在殷商时代，在安阳出土的印纹白陶就是由高岭土烧制的，到了元代，景德镇地区开始在坯料中掺入一定量的高岭土，用高岭石、瓷石二元配方烧制瓷器，使瓷器质量有很大改善，景德镇瓷器也因此驰名中外。在其悠久的开发利用历史中，从古代首次发现高岭土到20世纪70年代，主要以开采原矿为主。20世纪70~90年代初期，是中国高岭土工业快速发展期，在此期间，完成了一批科技攻关项目，初步改变了中国高岭土加工技术落后的状况。与此同时，广东茂名高岭土、福建龙岩高岭土的发现及选矿研究成果的完成，也改变了中国高岭土工业的结构。随着中国造纸工业的发展，茂名高岭土被确认为高档造纸用高岭土的重要生产基地。截至2013年，中国高岭土矿山535处，其中大型矿山19处，中型28处，小型341处，小矿147处，年开采量1012×10^4t。

第二节 分　　类

按照成因，高岭土矿床可分为风化型（包括风化残积型和风化淋积型两类）、沉积型和热液蚀变型三种类型。①风化残积型高岭土矿床与中国南方大面积中生代（燕山期）花岗岩及有关脉岩分布有关，中国南方湿热气候为母岩的风化淋滤创造了良好的条件。从地形上看，风化残积矿床往往保存在丘陵、台地或山间盆地的残丘上，风化深度一般为50 m左右，深者可达100 m以上。风化淋积型高岭土矿床产在川、黔、滇交界处的俗称"叙永石"，产于二叠系乐平统龙潭煤系和早二叠世阳新统茅口灰岩的岩溶侵蚀面间；山西阳泉高岭土矿则产于上石炭统本溪组和中奥陶统马家沟灰岩的岩溶发育面之间；苏州阳东淋滤型高岭土矿则产于下二叠统栖霞组大理岩化灰岩的岩溶溶洞内。②沉积型高岭土矿床多属第三纪或第四纪河、湖、海湾沉积，它们多沉积于断陷盆地、河谷洼地或邻近海湾。时代较老的如第三系吉林水曲柳矿床，沉积于松辽拗陷中部舒兰盆地。时代较新的如广东清远高岭土矿床，沉积于北江下游。福建同安、莆田等地的高岭土，沉积于现代河口、海湾地区。中国北方石炭纪—二叠纪煤系中夹有许多层高岭石黏土岩，形成含煤地层中的高岭土矿床，也属沉积型高岭土矿床。在山西雁北地区一般厚30~45 cm，在内蒙古准格尔旗煤田中厚者可达数米。在山西大同、浑源、怀仁、山阴、朔县；内蒙古乌达、海勃湾；山东新汶；陕西铜川等地石炭纪—二叠纪煤系中都发现了可供工业利用的高岭土岩。该类高岭土是熔制光学玻璃坩埚的高级耐火材料和人工合成莫来石的主要原料，在熔模精密铸造工业中可逐步代替电熔刚玉等昂贵的壳型材料。③热液蚀变型高岭土矿床在中国东部主要与中生代中—晚期火山活动有关。大多数矿床赋存于侏罗系上统的火山岩中。该类型矿床在中国分布较广，主要沿中国东部环太平洋西带和华北地台北缘侏罗纪—白垩纪火山岩带分布。较著名的矿床有江苏苏州观山、浙江瑞安仙岩和松阳峰洞岩、福建德化金竹坑、吉林长白马鹿沟、河北宣化沙岭子等高岭土矿床。与第四纪火山活动及地热活动有关的热液蚀变高岭土矿床多沿断裂带分布，典型矿床有云南腾冲和西藏羊八井高岭土矿。

按照矿石质量、可塑性和含砂量，高岭土可分为硬质高岭土、软质高岭土和砂质高岭土三种类型（表37-1）。

表37-1　高岭土矿石分类及其特征

类型	矿石特征
硬质高岭土	质硬（硬度3~4），无可塑性，粉碎、磨细后具可塑性
软质高岭土	质软，可塑性一般较强，砂质含量<50%
砂质高岭土	质松软，可塑性一般较弱，除砂后较强，砂质含量>50%

第三节　物理化学性能

物理性能　高岭土颜色为白色或近于白色，最高白度能达到95%以上，当高岭土含有一定量的金属氧化物或有机质时就具有不同的颜色，如一般含Fe_2O_3时呈玫瑰红色、褐黄色，含Fe^{2+}呈淡蓝色、淡绿色，含MnO_2呈淡褐色，含有机质则呈淡黄色、灰色、青色、黑色等（图37-2，图37-3）。高岭土的硬度一般为1~2，有时可达3~4，密度2.6g/cm³。可塑性是高岭土在陶瓷坯体中成型工艺的基础，也是主要的工艺技术指标。可塑性指标越高，其成型性能越好。高岭土的可塑性可分为4级（表37-2）。

图 37 – 2　高岭土
（来源：维基百科）

图 37 – 3　高岭土
（来源：维基百科）

表 37 – 2　高岭土可塑性等级

可塑性强度	可塑性指数	可塑性指标
强可塑性	>15	3.6
中可塑性	7 ~ 15	2.5 ~ 3.6
弱可塑性	1 ~ 7	<2.5
非可塑性	<1	—

高岭土的耐火度一般在1700℃左右，并具有优良的电绝缘性能，200℃时电阻率大于1010 Ω·cm，频率50Hz时击穿电压大于25kV·mm^{-1}。高岭土具有较好的抗酸溶性，但其耐碱机能差。高岭土具有较弱的离子交换性质，一般阳离子交换容量3 ~ 15 mmol，阴离子交换容量7 ~ 20 mmol。

化学成分　高岭土的化学式为 $Al_4[Si_4O_{10}](OH)_8$，理论化学成分（w_B）为：Al_2O_3 39.5%，SiO_2 46.54%，H_2O 13.96%。中国典型高岭土矿床化学成分（表37 – 3）。

表 37 – 3　中国典型高岭土矿床化学成分（$w_B/\%$）

矿产地	SiO_2	Al_2O_3	Fe_2O_3	CaO	MgO	K_2O	Na_2O	灼烧量
湖南衡阳界牌	69.96	20.95	0.49	0.64	0.11	0.48	0.12	7.75
福建龙岩东宫下	71.26	20.35	0.11	—	—	1.64	0.1	—
四川叙永埃洛石	40.8	34.7	—	—	—	—	—	—
江苏苏州观山	45.78	38.75	0.77	—	—	0.3		13.76
广东茂名	77.62	15.78	0.5	0.2	0.08	0.64	0.17	5.41
山西大同高岭岩	40.38	38.47	1.43	—	—	—	—	17.21

第四节　分　布

中国高岭土资源丰富，分布非常广泛，遍布21个省（市、区），但也相对集中，主要分布在中国东南沿海一带，广东省是探明高岭土储量最多的省，其次为陕西、福建、江西、广西、湖南和江苏，其他有高岭土储量的省区有河北、山西、内蒙古、辽宁、吉林、浙江、安徽、山东、河南、湖北、海南、四川、贵州和云南。主要矿床分布情况（图37 – 4 和表37 – 4）。

风化残积型高岭土矿床在中国南方广泛分布。成矿年代较新，主要形成于新近纪上新世—第四纪，风化淋积型高岭土矿床产于二叠系乐平统龙潭煤系和早二叠世阳新统茅口灰岩的岩溶侵蚀面之间。热液蚀变型高岭土矿床在东部主要与中生代中—晚期火山活动有关。大多数矿床赋存于侏罗系上统的火山岩中。碎屑建造沉积型高岭土矿床多属古近纪、新近纪或第四纪河、湖、海湾沉积，它们多沉积于断陷盆地、河谷洼地或邻近的海湾。含煤建造沉积型高岭土矿床分布在石炭纪—二叠纪煤系中。

截至2013年底，中国高岭土查明资源储量 $25.03 \times 10^8 t$，主要分布在广东、广西、陕西、福建、湖南、江西等省，其中基础储量 $4.96 \times 10^8 t$；其次，分布在安徽、内蒙古、江苏、海南、甘肃和浙江等省。另外，中国从晚古生代到新生代的煤系中蕴藏有一定数量可综合利用的煤系高岭土。

表37-4 中国各省高岭土资源储量

地区	矿区数/个	查明资源储量/$10^4 t$
全国	456	250299.63
河北	2	229.90
山西	2	629.80
内蒙古	11	8634.13
辽宁	3	1229.29
吉林	3	514.55
江苏	10	2232.60
浙江	33	3643.64
安徽	20	9576.42
福建	73	16976.50
江西	145	11894.39
山东	8	530.86
河南	6	1195.25
湖北	8	4734.34
湖南	23	12331.77
广东	23	57370.64
广西	20	68831.00
海南	9	4775.90
重庆	1	1.32
四川	10	212.61
贵州	21	664.33
云南	12	262.58
西藏	1	104.28
陕西	6	38251.20
甘肃	1	2937.00
新疆	5	85.33

（据全国矿产资源储量通报，2013）

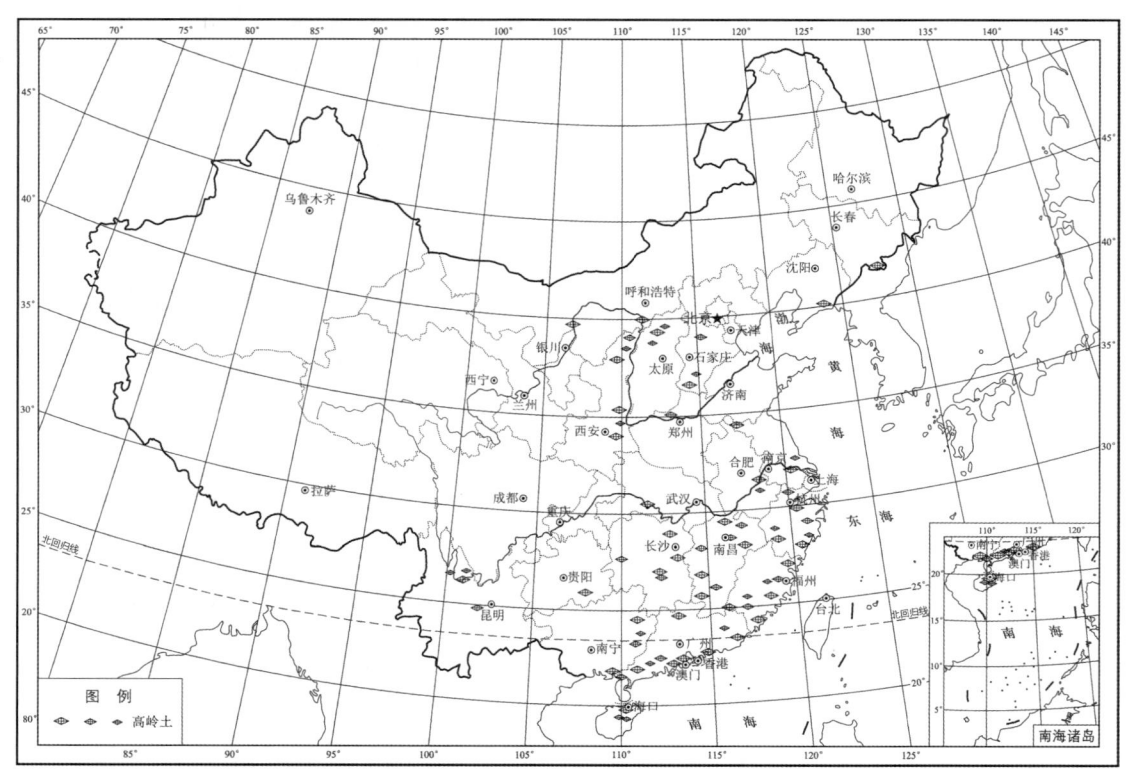

图 37-4 中国主要高岭土矿床分布

第五节 开发利用和发展趋势

高岭土的开采方法包括露天开采和地下开采，开采工艺主要由矿山特点和开采规模所决定。高岭土露天开采矿山，规模小的多用手镐或风镐挖掘，工作面运输用窄轨铁路，由于矿车车帮低，可用人工装车，剥离仍用凿岩爆破进行，而露天大型矿山矿石直接用挖掘机挖掘，挖后装入自卸汽车送至选矿厂。硬质高岭土岩剥离采用凿岩爆破，然后用挖掘机装上自卸汽车外运至排土场。地下开采矿山，针对其松软的特点，一般采用分层崩落法进行开采，例如江苏苏州阳山高岭土矿，其地下采矿就采用了分层崩落法，该方法的主要优点是采场布置灵活，采矿回采率高，有利于资源的充分采出，同时对各类品级的原矿，有利于分采分运，提高资源的利用率。一般使用分层崩落法的矿山，地表容易形成陷坑，因此矿山必须对地表的塌陷坑采取综合性的防水措施，同时还要注意崩落放顶问题。

高岭土原矿的加工工艺取决于原矿的性质及产品的最终用途。在工业生产中应用的选矿工艺有干法和湿法两种，通常硬质高岭土采用干法生产，软质高岭土采用湿法生产。干法工艺是一种简单经济的加工工艺，采出的原矿经过锤式破碎机初次破碎，再送入笼式破碎机（使粒度减小到 6.35 mm），碎后的矿石则经配有离心分离机和旋风除尘器的吹气式雷蒙磨进一步磨细。该工艺可将大部分砂石除去，产品通常用于橡胶、塑料及造纸工业的低价填料。干法工艺的优点是可省掉产品脱水和干燥过程，减少灰粉流失，工艺流程短，生产成本低，适宜于干旱和缺水地区。但要得到高纯优质高岭土还得靠湿法工艺。湿法工艺包括矿石准备、选矿加工和产品处理三个阶段。准备阶段包括配料、破碎和捣浆等作业。捣浆是将高岭土原矿与水、分散剂混合在捣浆机内制浆，捣浆作业可使原矿分散，制备适当细度的高岭土矿浆，并同时去掉大粒的砂石。选矿阶段可能包括水力分级、浮选、选择性絮凝、磁选、化学处理（漂白）等作业，以除去不同的杂质。这些独立的作业均具有各自的优势与缺陷，因而工业上通常采用 2 至 3 种上述工艺的联合流程以便综合利用。

目前高岭土深加工技术主要有提纯、超细、改性等3类，如何采用主要由高岭土深加工产品的用途所决定。高岭土在用作陶瓷、造纸和化工原料和填料时，要求具有很高的白度和亮度，但是产出的天然矿物中，其自然白度往往因含有一些着色杂质而受到影响，因此，要对矿石进行提纯处理。高温煅烧提纯高岭土是由高岭土煅烧脱水和除去挥发性物质而获得，温度一般在500~1200℃，煅烧去除有机污染，提高其纯度和白度。高温煅烧后的高岭土产品性质稳定，具有高亮度、低磨耗度和不透明性。高岭土矿物中有害的着色杂质主要是有机质和含Fe、Ti、Mn等矿物，有机质可通过煅烧等方法除去，金属氧化物就成为提高矿物白度的主要处理对象。采用强酸溶解的方法，有可能破坏高岭土等黏土类矿物的晶格结构，因此，氧化还原漂白法在黏土矿漂白提纯中占有重要的地位，目前常用的漂白法包括氧化法、还原法、氧化还原联合法等。在高岭土的精细加工方面，目前国内已经有许多专门从事微粉碎和超粉碎技术设备的研究机构和生产厂家，这类设备主要包括机械和气流冲击式粉碎机两大类。机械式超细粉碎设备是依靠高速旋转的各种粉碎体，因离心力而使高岭土分散到粉碎室内壁处成为粗矿粒，给这些矿粒以线速度，使颗粒之间发生冲击碰撞，而最终达到粉碎的目的。气流式超细粉碎设备是利用高压气流使物料互相受到冲击（碰撞）、摩擦及剪切作用而达到粉碎目的，是一种应用广泛、高效的超微粉碎方法。

据统计，2013年中国高岭土生产企业有500多家，原矿年生产能力超过1000×10^4 t，选矿能力超过180×10^4 t。主要集中在江苏苏州、广东茂名和湛江、福建龙岩和漳州、广西北海、湖南醴陵和衡阳、江西景德镇和宜春等地，煅烧高岭土主要集中在山西和内蒙古等地。

近年来，中国陶瓷级高岭土产品能够满足国内需求，出口量也有所增加，而造纸涂料级高岭土尚不能满足国内需求，目前仍需依靠进口解决。随着工农业和科学技术的发展，高岭土应用领域也日益广泛，在陶瓷、耐火材料、建筑、涂料、橡胶、塑料、农业和化工等领域的应用将进一步拓展。虽然目前国内高岭土加工技术取得了较大进展，但发展空间仍然很大，距下游产业发展的要求仍有一定距离，与国际水平相比还存在差距。国内高岭土各大企业都较为注重技术进步，今后一段时期内将涌现出更多的高岭土加工技术，煅烧高岭土工艺的改进、高岭土表面改性技术、超细浮选技术、增白降黏技术、有害杂质（钛、铁、硫）去除工艺、硬质高岭土剥片技术、高岭土纳米应用技术、抗菌材料技术等方面，将是今后高岭土加工技术的重要发展方向。

第三十八章 海 泡 石

第一节 概 述

定义 海泡石是一种黏土矿物。由于其色白质轻,能浮于水,因此被称为海泡石。海泡石在自然界主要以土状或纤维状的形态产出,故被称为土状海泡石或纤维状海泡石(图38-1,图38-2)。海泡石的共生矿物有白云石、方解石、菱镁矿等,伴生矿物有凹凸棒石、石英、高岭石、蒙脱石和滑石。

图38-1 土状海泡石
(来源:维基百科)

图38-2 纤维状海泡石
(来源:维基百科)

用途 海泡石用途十分广泛,根据目前掌握的资料,主要用于以下方面:一是利用海泡石优良的抗盐性和耐热性能,作为地热钻井、海上石油钻井和盐矿钻井的高级泥浆材料,是目前配制地热钻井和超深钻井最理想的泥浆原料。二是在化工石油精炼、油脂工业中作为离子交换剂、净化剂、发亮剂使用;三是在陶瓷工业中,海泡石是很好的玻璃珐琅原料。四是在建材方面,利用海泡石良好的耐火性、吸附性、隔音性(吸音性)和调湿性,将海泡石制作成建筑物天棚、墙壁表面装饰材料、隔音材料、进排气过滤器和空调设备用配管、隔板、钢制门窗、屋顶材料、钢骨部的保温材料、防湿材料以及覆盖材料等使用。五是在塑料橡胶工业中,海泡石在浅色橡胶制品中用做补强剂。六是在农业方面用作杀虫剂、土壤消毒剂的载体原料、配制特殊饲料、配制动物药剂、家畜垫圈等,并可制作长效节能氮肥。七是在轻工、造纸业中作洗涤剂,有较强的去垢能力,能改善最终的白度,并能降低衣服上和洗涤水中的细菌含量。八是用作化妆品的增稠剂,可使油脂和软膏具有适宜的黏度,提高化妆品的品质。九是可作为颜料的悬浮剂,有利于颜料的均匀分散。十是在冶金工业中,主要在铸造型砂中作黏结剂使用,同时可作铸造涂料中用的悬浮剂。十一是在环保工业中作为絮凝剂和吸附剂,广泛用于污水、工业废弃物和核废料的处理、垃圾场和核废料填埋场的隔离衬垫,用于吸附废气中的硫化氢、氨、二氧化硫等有害物质。十二是在原子能、火箭、卫星等生产领域用作特殊陶瓷部件;十三是利用海泡石的高效吸附性能做香烟滤嘴原料,可以将烟气中致癌物质三-四苯并芘降低三分之一,还可以降低焦油含量。十四是还可用于雕刻工艺品、装饰物。

地质工作简况 海泡石属于特种稀有非金属矿,在自然界不易大量聚积而成为工业矿床。中国虽然于1947年在江西乐平就发现了海泡石黏土矿,但没有进行更多的地质找矿工作。纤维状海泡石矿床是20世纪80年代初才被发现的，中国建筑材料地质勘查中心陶维屏、孙祁、章少华等首先对我国秦岭地区的纤维状海泡石矿床地质进行了研究。章少华撰写的《中国东秦岭纤维状海泡石矿床地质初步研究》一文入选1989年在美国华盛顿召开的第28届国际地质大会。同期，土状海泡石矿床的找矿勘探也进入高峰期，纤维状和土状海泡石的找矿工作成为地矿和建材地勘部门的热点，在此期间，取得了很多找矿成果。由于海泡石矿床的规模都比较小，能上国家储量表的矿床不多，因此，经过我国地质工作者多年来的找矿勘探工作，现已探明的在全国储量表上有记载的海泡石矿区数也不过12个，资源储量也仅有 1672×10^4 t。实际上，未上国家储量表的海泡石矿床（点）要比这个数量多得多。

矿床发现和开发简史 1947年地质学家章人骏在江西乐平县（现为乐平市）牯牛岭一带对"耐火白土"进行调查时，首次发现了海泡石。当时人们一直将海泡石作为"耐火白土"开采，供景德镇瓷业制作匣钵。章人骏依据化学成分及脱色效果，将"耐火白土"定名为海泡石黏土。此后很长一段时间，海泡石矿床的开发处于停顿状态。进入20世纪80年代，由于海上石油钻探事业的兴起，对于优质钻井泥浆的需要日益迫切，所以海泡石黏土引起了地质界和矿业界的普遍重视。在江西乐平和湖南醴陵、浏阳一带相继探明了具有工业意义的沉积-风化型海泡石矿床，为中国填补了缺门矿种。江西、湖南地矿局所属的研究开发部门对海泡石进行了大量的产品研发，取得了丰富的科研成果，大大推动了中国海泡石矿床的开发工作。截至2013年底，中国有6个海泡石矿山开采，但开采量不详。

第二节　分　类

按照海泡石的晶体形态分类，海泡石分为 α 海泡石和 β 海泡石两种。α 海泡石一般呈大束的纤维状晶体产出，故又称纤维状海泡石；β 海泡石一般呈土状产出，是世界上罕见的古老（中元古代）的沉积海泡石。

按照海泡石的成矿作用分类，海泡石黏土矿床可分为热液型和沉积型两大类。热液型海泡石黏土矿床的特点是多为白色或灰色纤维集合体，呈脉状产出。海泡石纤维与海泡石脉体垂直生长时称为横纤维，其长度一般都不大于10 cm；当海泡石纤维与脉体平行生长时称为纵纤维，其长度最长可达85 cm。矿石一般呈致密块状，颜色较浅，含有用组分较高，矿石质量好。但此类型的矿床规模往往不大，海泡石也常是局部富集，一般不能形成工业矿床，可供地方小规模民采。沉积型海泡石黏土矿床是海泡石黏土矿的主要工业类型，其特点是矿石一般为致密块状、土状；黏土矿物颗粒较细，肉眼难以识别；海泡石矿化分散，含量变化较大，一般20%～50%，富集部位可达50%～80%。往往与碳酸盐矿物、镁蒙脱石、凹凸棒石、滑石、硫酸盐矿物和卤化物等共生或伴生，矿床规模较大。沉积型海泡石矿床还可分为陆相沉积矿床和海相沉积矿床两个亚型。陆相沉积型海泡石矿床的形成时代一般较新，矿石共生组合也较复杂；海泡石含量有高有低，化学成分变化较大，如苏皖接壤地区的海泡石矿床。海相沉积型矿床的含矿层多赋存于石灰岩、泥灰岩、硅质岩等海相地层中。矿石中海泡石含量也较高，其矿床规模较大，是目前我国工业经济意义最大的海泡石矿床类型。如湖南浏阳海泡石矿床。

第三节　物理化学性能

物理性能 土状海泡石颜色一般呈白色、浅灰色、暗灰、黄褐色、玫瑰红色、浅蓝绿色。新鲜面为珍珠光泽，风化后为土状光泽。条痕呈白色，不透明，触感光滑且黏舌。干燥状态下生脆，断口为贝壳状、参差状。硬度一般在2～2.5之间，体质较轻，密度为1～2.2g/cm³。干燥时能溶于水，收缩率低，可塑性好，溶于盐酸。由于海泡石的特殊晶体结构，使得海泡石具有许多的特殊工艺性能，如具有大的比表面积和孔容积，热稳定性能好，具有一定的膨胀性、阳离子交换性、良好的抗盐性、流变性、催化性、耐腐蚀性等，所以海泡石被广泛用于石油精炼、油脂、食品、制药、化工、环保、国防、铸造、建材等工业部门。

化学成分 海泡石的化学成分较为简单，主要为硅（Si）和镁（Mg）。其晶体化学式为：$Mg_8(H_2O)_4(Si_6O_{15})_2(OH)_4 \cdot 8H_2O$，理论上，纯海泡石的$SiO_2$含量为55.65%，MgO含量为24.9%，$H_2O^+$ 8.34%，H_2O^- 11.12%。一般土状海泡石矿石中，SiO_2含量为54%~60%，MgO含量为21%~25%。热液型纤维状海泡石矿石中，海泡石含量较高，一般大于80%；沉积型海泡石黏土矿石中海泡石含量20%~95%。中国部分海泡石矿点海泡石矿石的化学成分（表38-1）。

表38-1 中国部分海泡石原矿化学成分表（w_B/%）

矿床（点）名称	SiO_2	MgO	Al_2O_3	Fe_2O_3	H_2O^-	H_2O^+
安徽全椒马厂	58.71	25.06	0.90	1.07	—	9.75
江苏盱眙	44.96	23.04	—	2.94	14.39	14.43
江西乐平	52.70	17.75	5.16	2.20	13.25	8.10
湖南湘潭	52.31	15.48	6.96	2.66	12.50	8.8
湖南浏阳	28.93	9.92	0.64	0.27	—	—
湖北武穴赵俊	49.30	25.41	0.30	0.24	9.45	11.17
河南西峡桑坪	58.86	26.04	0.24	1.50	—	—
河南内乡七里坪	52.18	22.53	0.32	0.62		

第四节 分　布

中国海泡石资源不是很丰富，已有储量的海泡石矿床为数不多，即使把一些矿点统计在内，产地也不过三四十处，资源储量也不是很大。沉积型土状海泡石矿床主要产于二叠纪，赋存在二叠系碳酸盐地层中，少量赋存于下白垩统地层中，主要分布于湖南浏阳永和、湖南湘潭杨家桥、湖南湘乡龙洞、湖南石门陈家湾、湖南慈利、湖南桑植、江西乐平牯牛岭、河北唐山等地。热液型海泡石矿床大多赋存于下元古界中，矿产分布比较广泛，矿产地多，主要集中分布在东秦岭地区，如河南镇平、河南内乡、河南西峡、河南卢氏、河南栾川、陕西商南、陕西商县等地。此外，安徽全椒、四川石棉、云南武定、河北张家口、湖北广济、贵州等地也有发现。中国海泡石矿产分布情况（表38-2和图38-3）。

表38-2 中国海泡石矿产分布

序号	矿产地名称	矿床类型	探明资源量/10^4t	规模	开采利用情况
1	湖南浏阳永和海泡石矿床	土状	479.4	中型	露天开采
2	湖南湘潭石潭海泡石矿床	土状	219.1	中型	露天开采
3	湖南石门陈家湾海泡石矿床	土状	316.2	中型	露天开采
4	湖南湘乡龙洞海泡石矿床	土状	123.6	中型	露天开采
5	陕西宁强关口坝海泡石矿床	土状	74	小型	地下开采
6	四川广元马家坝海泡石矿床	土状	40	小型	地下开采
7	江西乐平市牯牛岭海泡石矿床	土状	100.4	中型	停采
8	湖北武穴赵俊海泡石矿床	纤维状	未求储量	矿点	硐采
9	河南南阳云阳海泡石矿床	纤维状	未求储量	矿点	硐采
10	河南西峡桑坪海泡石矿床	纤维状	未求储量	矿点	硐采
11	河南内乡七里坪海泡石矿床	纤维状	未求储量	矿点	硐采
12	河南桐柏刘老庄海泡石矿床	纤维状	未求储量	矿点	硐采

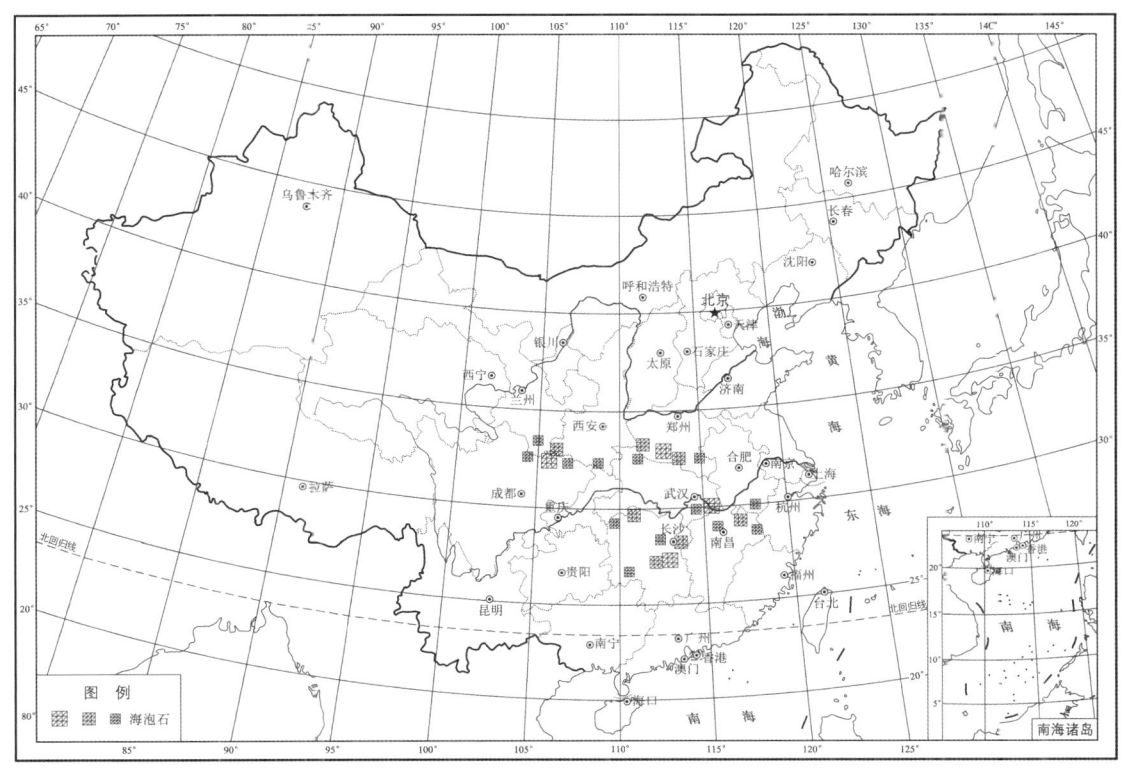

图 38-3 中国海泡石矿床（点）分布

第五节 开发利用和发展趋势

由于海泡石赋存状态不同，开采技术条件和方法也不相同。对热液型海泡石矿床来说，开采方法及技术条件要求一般与石棉矿山地下开采方法基本一致。但由于都是民间开采，没有经过正规的开采设计，开采过程中只是根据脉体的走向挖掘平硐采出纤维状海泡石矿石。沉积型海泡石矿床，绝大多数都为露天开采，少数矿山为半露采辅以地下开采的方式。全露采矿山采矿方法及技术条件要求与膨润土或高岭土矿床相同，一般是：采挖-晾干-（晒干或烘干）-破碎-成品，流程比较简单。已开采的海泡石矿床中，比较有名的土状海泡石矿床包括湖南浏阳永和海泡石矿床、江西乐平牯牛岭海泡石矿床等。纤维状海泡石矿床以安徽全椒马厂、河南内乡七里坪为代表。湖南浏阳永和土状海泡石矿床呈层状透镜状产于下二叠统栖霞组中，与层状、瘤状石灰岩和硅质岩共生。矿层有多达10层，单层厚一般1.0~3.0 m，最厚可达几十米。矿石呈块状、粉状，灰白色为主，海泡石含量一般为10%~30%，最高可达40%~50%，经过风化后海泡石含量会更高。安徽全椒马厂纤维状海泡石矿床主要产于震旦系灯影组大理岩、白云质大理岩及陡山沱组千枚状页岩、白云质大理岩的裂隙中。海泡石断续矿化，长达4 km，宽数十米到数米。海泡石矿化以裂隙充填为主，交代大理岩为辅，无明显的围岩蚀变现象。海泡石呈细脉状产出，脉长2~5 m，宽0.3~2 cm，个别达20 cm。海泡石为长纤维或纤维束，平行、垂直或斜交脉壁产出。海泡石呈白色、土黄色和黄褐色，丝绢光泽，硬度2左右，具挠曲性，质柔软，易粉碎，吸水性强，水介质中分散程度高。

海泡石选矿方法有湿法和干法两种，目前多数采用湿法选矿，采用以物理方法为主，辅以利于分离的化学药剂的综合选矿工艺。海泡石的深加工，主要是通过挤压、研磨、加热和酸活化处理，以及加入添加剂和表面活性剂等措施进行。海泡石矿产品目前是国际上紧缺矿产品之一，原料在市面上极为畅销，一直处于供不应求状态。但中国海泡石黏土矿品质高、规模大的比较少，且主要由乡镇企业生产。因此加大技术投入，提高海泡石产品档次，增加产品附加值，积极占领国际、国内市场是海泡石开发利用的关键。

随着科技的发展，海泡石的用途不断拓宽。如在功能环保型吸附剂上已取得较好的实验结果，正向实用化阶段迈进。通过对海泡石的热处理和酸活化处理可制成粒状吸湿剂，其吸湿性可与硅胶相媲美。若将海泡石与活性炭混合，制成复合吸附剂，它既可以吸附极性分子，又可以吸附一定量的非极性分子，而具有多种用途。可利用海泡石制备防霉抗菌涂料。利用海泡石、具有的纳米级通道结构，可以作为"微型的纳米反应器"在海泡石的纳米级通道结构中进行组装 CaAs 半导体和发光体量子线，使其成为为量子纳米器件。

节能降耗是实现 21 世纪可持续发展战略的重要措施之一，利用海泡石独特节能效应，符合这一目标。特别是在建筑墙体节能方面，海泡石具有其不可忽视的作用。由于外墙墙体面积约占总建筑面积的 45%，外墙保温材料的选用对节能降耗起着极为重要的作用。目前墙体节能保温材料包括有机类、无机类（如珍珠岩水泥板、泡沫水泥板、复合硅酸盐等）和复合材料类（如金属夹芯板、芯材为聚苯等）。主要保温形式有外墙外保温和外墙内保温，而外墙内保温中具有重要作用的原材料就是海泡石黏土。

总之，海泡石产品使用范围广泛，随着对海泡石晶体结构的深入研究，矿产品深加工技术的不断改进，特别是纳米级海泡石产品的成功研制，会为海泡石应用技术的发展创造条件，其应用领域会不断扩大，海泡石的市场前景会更加广阔。

第三十九章 伊 利 石

第一节 概 述

定义 伊利石是一种富钾的2∶1型二八面体层状铝硅酸盐云母类黏土矿物，因最早发现于美国的伊利岛而得名。伊利石也称水白云母。伊利石常同耐火黏土、高岭石黏土、累托石黏土共生，也可以单独产出构成工业矿床（图39-1，图39-2）。

图39-1 伊利石
（来源：维基百科）

图39-2 伊利石
（来源：维基百科）

用途 由于伊利石良好的物化性能，在工农业方面得到了广泛的应用，主要的应用如下：第一，用于陶瓷业中。伊利石是用于生产蒸煮罐、盘子、瓷砖等传统陶瓷的主要黏土原料，伊利石可以提高陶瓷制品的强度、化学稳定性及热稳定性，伊利石流变剂可以调整釉料的成熟温度及流动性能，增加釉浆的悬浮性。第二，用做橡胶、塑料工业填料。伊利石经选矿、粉碎、表面改性后可以用于橡胶和塑料工业中，赋予材料耐低温、热稳定性高、阻燃、机械强度好的特性。第三，用于水处理和核废料的处置。伊利石层间有一价阳离子K^+，可使废水中的重金属阳离子通过离子交换被除去。伊利石可以很好地吸附核裂变中产生的具有长期辐射危害的放射性废弃物锶和铯，可以作为核废料储存中的缓冲剂。第四，用于建筑业中。伊利石矿物有较高的铝含量能够提高制品强度，较高的钾含量可以降低烧成温度，因此可作为生产墙地砖的原料及石膏板的配料。第五，用于制备分子筛。天然伊利石可以作为廉价矿物原料合成沸石分子筛。第六，用于化妆品和药物中。伊利石具有较高的阳离子交换能力和极细小的粒径，用于化妆品可以吸收皮肤分泌物、毒素、油脂等，同时起到吸附重金属和抗紫外线的作用；伊利石可以作为药物、DNA、蛋白质的载体，在制药和基因治疗方面得以应用。第七，用于化肥工业钾肥和新型颗粒肥的生产。伊利石含钾高，通过不同的工艺流程，可制得钾氮肥、钾钙肥、氯化钾等钾复合肥。除用于制作钾肥外，伊利石还能用来做成一种新型颗粒肥，该新型颗粒肥主要由微量元素和黏土组成，这种新型颗粒肥中的黏土可以吸附颗粒肥中的微量营养元素，防止其滤去或反应，使植物可以更有效的吸收。第八，用于制备吸水保水复合材料。伊利石与丙烯酸钠、丙烯酰胺，采用溶液聚合法合成高吸水性复合材料。高吸水保水复合材料作为一种质优价廉的抗旱节水材料和土壤改良剂，在无土栽培、农田抗旱保水、改良土壤、防风固沙等方面有着广阔的应用前景。

地质工作简况 中国从20世纪70年代末才开始对伊利石进行研究，起步较晚。80年代后开始伊利石地质找矿工作，最早发现的伊利石矿床为浙江省瓯海渡船头伊利石矿，随后在浙江瓯海、平阳、永嘉、青田等地先后发现多处矿点。进入90年代，随着地质工作的深入，发现了河南平顶山市叶营大型伊利石黏土矿床。近年来，随着对伊利石资源应用和性能的了解不断深入，地质工作也加快了找矿的步伐，21世纪以来在吉林省发现3处矿床，包括特大型的安图县万宝镇特大型伊利石黏土矿，储量达到14077×10^4t。截至2013年底，中国共发现伊利石矿区9个，分布在浙江、吉林和河南等省，探明储量16320.70×10^4t。

矿床发现和开发简史 浙江省瓯海渡船头是中国最早发现的伊利石矿，该矿早在20世纪30年代被当地村民发现，并作为"蜡石"开采，采采停停。1949年后，该矿曾进行过多次勘探，但一直被误认为其他矿种。1960年，浙江省温州地质大队在普查中发现该矿，认为是叶蜡石矿。1976年，再次的地质踏勘认为该矿为橄沸石。1978年，经中国科学院地质研究所鉴定为含钾伊利石。1979年，浙江省化工地质大队通过普查认定该矿为伊利石，属黏土矿物中层状钾铝硅酸盐矿，1985年编写了"浙江省瓯海县（现为瓯海区）渡船头伊利石矿区初步勘探地质报告"批准储量316×10^4t。从80年代初至今，该矿先后由温州陶瓷矿务处和瓯海县矿业工业公司开采，所采矿石全部出口日本。截至2013年，有41个矿山开采，其中中型矿山4个、小型矿山30个、小矿7个，年开采量13.18×10^4t。

第二节 分 类

根据成因，可以把伊利石矿床分为热液蚀变型、沉积型、风化残积型三种类型。

热液蚀变型伊利石矿床是中国目前主要的矿床类型，是岩石受热液作用而形成的伊利石矿床，较常见的是火山热液交代酸性、中酸性火山碎屑岩后蚀变而成。岩石中长石类矿物，在蚀变过程中经脱硅，去杂作用，使有关组分相应的迁移，集中呈带状分布，在有利部位形成伊利石矿床。该类矿床矿体层位稳定，分带现象明显，垂直变化由上而下为：次生石英岩带，伊利石矿体，黄铁矿化带，蚀变凝灰岩，凝灰岩。该类矿床主要矿物组成为伊利石（通常含量大于90%），其次为石英、绢云母，少量地开石、高岭石，偶见橄沸石。矿石化学成分比较简单，矿石中K_2O含量较高。

沉积型伊利石矿床主要形成于沼泽、滨海的沉积环境，矿体呈层状或透镜体产出。矿床产在震旦系罗圈组中，埋藏浅，储量大。矿石中黏土矿物只有伊利石一种，含量占75%，其他成分为石英、长石。沉积型伊利石的典型矿床如河南平顶山伊利石矿床，这类矿床在中国辽、冀、蒙、鲁、晋、豫、陕及华南等省区均有分布。

风化残积型矿床主要是富含长石的岩石在温湿的气候条件下原地风化形成的，矿体一般位于地表浅部，矿床水平产出厚度相对稳定，向下过渡到原岩。该类矿床成矿规模不大。典型矿床为吉林宴平伊利石矿床，矿体产在浅成流纹斑岩中，近水平产出，似层状，厚度相对稳定，在横向上与纵向上具明显分带性，横向上由硬质矿石向软质矿石及原岩过渡，纵向上由软质矿石向硬质矿石向伊利石化流纹斑岩过渡。矿石中主要黏土矿物为伊利石，含量60%~70%，另含2%~5%高岭石，次要矿物有石英、长石及磁铁矿、黄铁矿等。

第三节 物理化学性能

物理性能 伊利石为单斜晶系，常呈鳞片状块体，一般为黄绿色、灰黄色、灰白色等，不具膨胀性和可塑性，硬度2~3，密度2.5~2.8g/cm^3，油脂光泽，贝壳状断口。伊利石的熔点高，比表面积较大。矿石结构构造为显微鳞片变晶结构、变余凝灰结构和块状构造、条带构造。

化学成分 伊利石矿石化学成分以SiO_2、Al_2O_3、K_2O为主。此外，由于伴生矿物和杂质的存在以及伊利石矿层间离子的交换特性，因此常含有少量的Fe_2O_3、TiO_2、CaO、MgO和Na_2O。中国部分伊利石原矿化学成分（表39-1）。

表39-1 中国部分伊利石原矿化学成分（w_B/%）

序号	矿产地名称	SiO_2	Al_2O_3	$Fe_2O_3 + TiO_2$	$Na_2O + K_2O$
1	吉林九台放牛沟	—	13.84	1.36	—
2	吉林安图万宝	64.28~67.51	14.39	2.62	—
3	吉林蛟河富强	—	13.58	—	5.88
4	浙江瓯海渡船头	45.68	28.28	1.09	7.69
5	浙江平阳渔塘	53.63	31.74	6.36	8.27
6	浙江诸暨大悟	—	20.9	1.48	3.0
7	河南平顶山叶营	60.60	17.03	6.73	5.79

第四节 分　　布

从地理分布上看，中国伊利石黏土矿的产地主要分布在浙江瓯海、开化，甘肃天水、西和，河南平顶山，陕西洛南，河北邯郸，内蒙古宁城，贵州贵阳阳关，吉林九台等地，其中吉林安图万宝伊利石黏土矿查明资源储量$14077.7 \times 10^4 t$，属特大型矿床。

从成矿时代看，伊利石矿从中新元古代到新生代均有形成，但具有工业价值的伊利石矿床主要形成于中生代晚期（晚侏罗世—早白垩世）与火山岩有关的地层中。中国东南沿海是伊利石矿床的主要成矿区。伊利石矿床的矿体一般呈脉状和似层状，而且多产于次生石英岩之下。

中国伊利石重要矿产地（表39-2），分布情况（图39-3）。

表39-2 中国伊利石重要矿产地

序号	矿产地名称	探明资源量/$10^4 t$	规模	开采利用情况
1	吉林九台放牛沟伊利石矿床	125.4	中型	未开采
2	吉林蛟河富强伊利石矿床	120.3	中型	未开采
3	吉林安图万宝伊利石黏土矿床	14077.7	特大型	已开采
4	浙江瓯海渡船头伊利石矿床	316.1	中型	已开采
5	浙江平阳渔塘伊利石英岩矿床	83.8	小型	已停采
6	浙江诸暨大悟地开石矿床	482.4	中型	已开采
7	浙江永嘉岩头苍岙伊利石矿床	5.7	零星矿点	未开采
8	河南嵩县西岭伊利石-绢云母矿床	29.6	小型	已开采
9	河南平顶山叶营伊利石黏土矿床	1140	大型	未开采

第五节 开发利用和发展趋势

伊利石的开发要经过地质勘探、矿山开采、选矿与加工3个阶段。在地质勘探方面，到目前为止中国发现伊利石矿床较少，主要矿床类型为热液蚀变型，大部分集中于东南沿海成矿带的浙东南地区。伊利石矿床的分布与火山活动及相关的沉积岩系密切相关，今后要围绕环太平洋成矿带的3个成矿亚带，即东南沿海成矿亚带、东北东部-鲁东成矿亚带和大兴安岭-燕山成矿亚带，开展更多的地质找矿工作。在矿山开采阶段，由于矿床赋存状态不同，开采技术条件和方法也不相同。对热液蚀变型伊利石矿床来说，一般采用地下开采。对沉积型和风化残积型矿床，矿床一般为裸露矿床或埋藏不

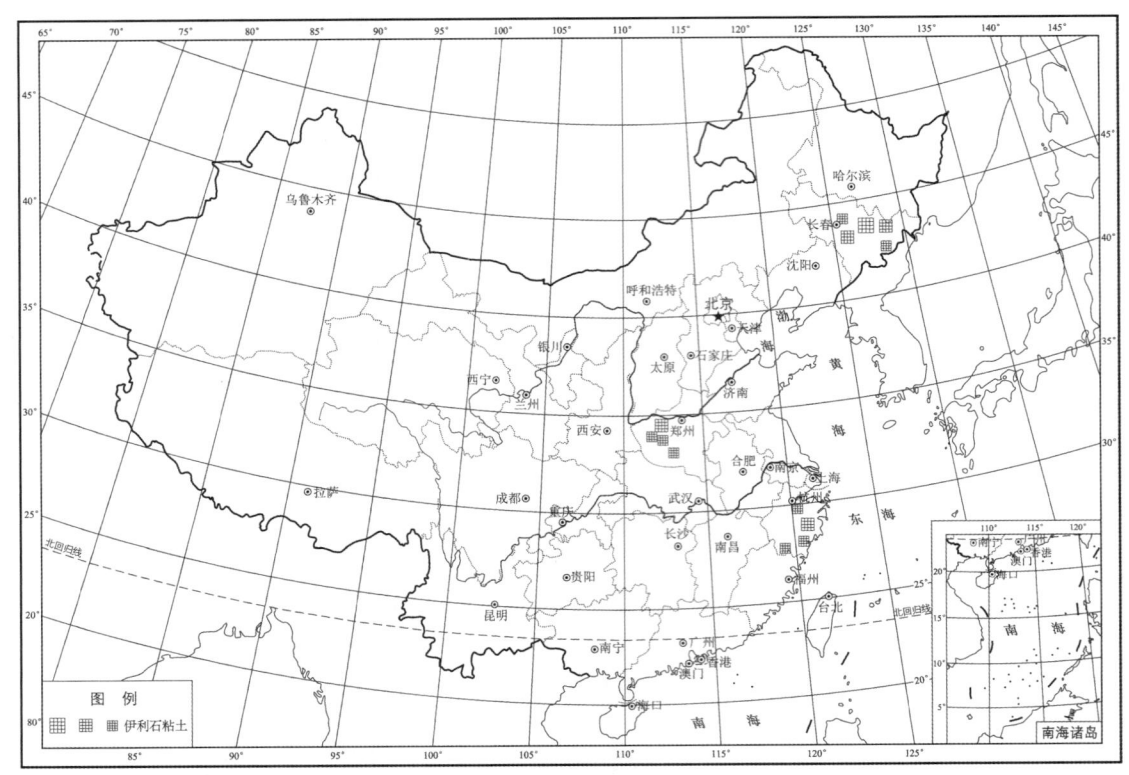

图 39-3 中国伊利石矿床（点）分布

深，因此多采用露天开采，少数矿山为半露采辅以地采的方式。

中国伊利石资源只有少部分优质矿能直接利用，大部分原矿因组成复杂、白度低，需要通过漂白提高白度，提纯后进行超细粉碎加以利用。此外，在应用于橡胶、塑料等高分子材料中时，通常需要对伊利石微粉进行表面改性以改善其表面的物理化学特性，提高其在有机基质中的分散性，从而提高材料的机械强度及综合性能。在化学处理方面，伊利石可以用来提取钾元素，用加压酸浸取处理伊利石可以生产出硫酸铝、钾明矾、活性氧化铝、活性硅粉等产品。目前，矿物加工正朝着综合利用、产品的精细化方向发展，伊利石的综合利用为中国钾资源的开发利用开辟了一条新途径。

伊利石在中国工业、农业和精细化工各个方面具有良好的应用前景，但目前中国伊利石矿产资源的开发利用仍处在初始阶段，产品多为附加值较低的初级产品，应进一步加强对伊利石资源的开发和综合利用。

第四十章　累托石黏土

第一节　概　述

定义　累托石是一种晶体结构特殊的铝硅酸盐矿物，是二八面体云母和二八面体累托石组成的1:1规则间层矿物，主要成分是含水铝硅酸盐，常与黏土矿伴生（图40-1）。

用途　累托石广泛应用于环保、化工、建筑等领域，用于制造特种高温石油钻井液、石油裂解催化剂、特种涂料悬浮剂、陶瓷黏结剂、榻榻米草席染土保鲜剂、废水处理剂、农药颗粒载体、防水堵漏材料等产品。一是用作石油催化材料，累托石黏土稳定性好，在800℃高温下仍可以保持结构和活性，比表面积大，具有分子筛的活性特征，而且可以大大简化催化剂产品的制备工艺。二是用作石油钻井液，由于累托石遇水极易分散，很容易在井壁形成一层薄薄的泥膜，达到护孔的功效，并且热稳定性好。三是用作环保材料，可用于吸附废水中的重金属离子及有害物质，处理废气，用作汽车尾气处理三元催化剂载体、臭氧抑制催化剂载体。四是用作过滤材料，累托石具有特殊的矿物结构和优良的流变性、可塑性、结合性，过滤过程中阻力小，分离率高，不容易堵塞。五是用作涂料悬浮剂，涂层附着牢固，稳定性强，不易起泡脱落。还可用于制作农药颗粒剂、药物片剂载体。六是代替日本染土用作"榻榻米"席草保鲜剂，具有颜色均匀、保持清香、干燥时间短的优点。还可用作黏结剂、摩擦填料。

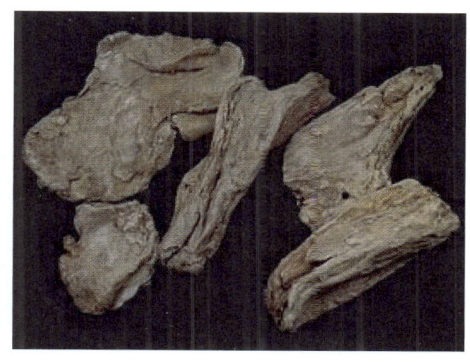

图40-1　累托石黏土

（来源：维基百科）

地质工作简况　中国累托石矿床地质工作起步较晚，到目前为止发现了10个矿床（矿化点），除湖北钟祥杨榨累托石矿床外，其余矿床规模不大。1981年在湖南耒阳上堡黄铁矿矿床蚀变带中发现了累托石，1982年在广西德保巴头二叠纪含煤岩系中发现累托石和累托石黏土岩。20世纪80年代末相继在贵州、湖北、湖南、北京等地发现了累托石，但储量都很小。

矿床发现和开发简史　累托石矿物比较罕见，全球已确定的累托石产地仅40余处。累托石的工艺性能、开发利用长期以来都没有受到重视，仅将其用作陶瓷、耐火材料工业中低级别的矿物原料。直到在湖北钟祥杨榨矿区的黄铁矿样品里发现了累托石黏土矿物后，累托石的开发利用才有了较大进展，在石油、涂料、造纸、橡胶等领域凭借其优异的性能得到了广泛的使用。

第二节　分　类

中国累托石黏土矿床主要是沉积型，火山热液型和岩浆热液型矿床仅发现于国外。湖北钟祥杨榨是滨海相含煤碎屑岩沉积型的典型例子，矿体呈层状，类型为钠累托石，是玄武岩质火山灰落到湖沼中水解成矿的。这类矿床规模大小不一，少量为钾累托石，含量大于20%，其他矿物成分包括伊利石、云母、蒙脱石、高岭石、黄铁矿等。

矿石类型根据矿物含量可分为三类：累托石黏土、含硬累托石黏土和含累托石黏土。累托石的分类（表40-1）。

表40-1 累托石的分类

名称	累托石含量/%	颜色	构造	成分
累托石黏土	≥40	灰色-深灰色	层状	累托石、水云母、黄铁矿、碳酸盐矿物、绿泥石、叶蜡石、蒙脱石
含硬累托石黏土	20~40	灰色	层状	以累托石、水云母为主,其次为高岭石、黄铁矿、绿泥石、蒙脱石
含累托石黏土	15~20	浅灰、紫红色	薄层状	累托石、高岭石、水云母

第三节 物理化学性能

物理性能 纯净的累托石为白色,由于含碳一般呈深灰-灰黑色,粒度细小,一般小于5μm。累托石多为细鳞片状,有时也呈板条状、纤维状,珍珠、油脂光泽,有滑感,密度2.8g/cm³,硬度小于1。累托石有很好的分散性,在水中极易分散成小于1μm的微粒;造浆性能良好,无须水化,原矿造浆率5~8 m³/t(相应累托石含量25%~45%),最高可达到27 m³/t;精矿造浆率为10~13 m³/t。累托石黏土还具有热稳定性、阳离子交换能力和较大的比表面积及吸附性,耐高温达1650~1730℃,塑性指数30~40,湿压强度大于4903Pa,干压强度大于5 kg/cm²,干燥收缩6.84%,1250℃下烧成收缩5.77%,还具有可塑性、耐酸碱性和电绝缘性。

化学成分 湖北钟祥累托石矿床的化学组成为(w_B):SiO_2 44.96%、Al_2O_3 35.69%、Na_2O 1.52%、K_2O 1.33%、CaO 2.73%、H_2O 13.05%。阳离子交换容量为44.91 mmol/100g,中国部分累托石矿床的化学成分(表40-2)。

表40-2 中国部分累托石矿床的化学成分

化学组成/% \ 矿产地	湖北钟祥	贵州大方	广西德堡	湖南耒阳
SiO_2	44.96	43.21	47.79	48.21
Al_2O_3	35.69	28.94	33.40	22.29
TiO_2	—	5.75	—	0.03
Fe_2O_3	—	5.32	0.034	0.54
FeO	0.40	—		
MgO	0.23	0.54	0.10	4.80
CaO	2.73	0.98	1.98	2.38
Na_2O	1.52	1.52	2.97	0.19
K_2O	1.13	3.28	0.09	4.13

第四节 分 布

累托石是一种罕见的矿物,全世界的累托石矿床仅有40余个,中国累托石矿床(矿化点)有10个,分布在湖北、湖南、广西、贵州四个省,其中湖北和湖南两地矿床(矿化点)较多。从大地构造环境看,主要分布在陆缘地区。从地质时代看,主要产于二叠系和三叠系中。中国累托石主要矿产地(表40-3),中国累托石矿床分布(图40-2)。

表 40-3 中国累托石主要矿产地

序号	矿产地名称	探明资源量/10⁴t	规模	开采利用情况
1	湖北省钟祥县（现为钟祥市）杨榨累托石黏土矿床	601.66	大型	已开采
2	湖北省南漳县大坪累托石黏土矿床	101.7	中型	已开采
3	广西德保多燕屯累托石黏土矿床	—	—	未开采
4	湖北襄阳累托石黏土矿床	—	—	未开采
5	湖北随县（现为随州）累托石黏土矿床	—	—	未开采
6	湖北枣阳累托石黏土矿床	—	—	未开采
7	湖南耒阳上堡累托石黏土矿	—	—	未开采
8	湖南辰溪累托石黏土矿床	—	—	未开采
9	湖南澧县累托石黏土矿床	—	—	未开采
10	贵州大方县猫场累托石黏土矿	—	—	—

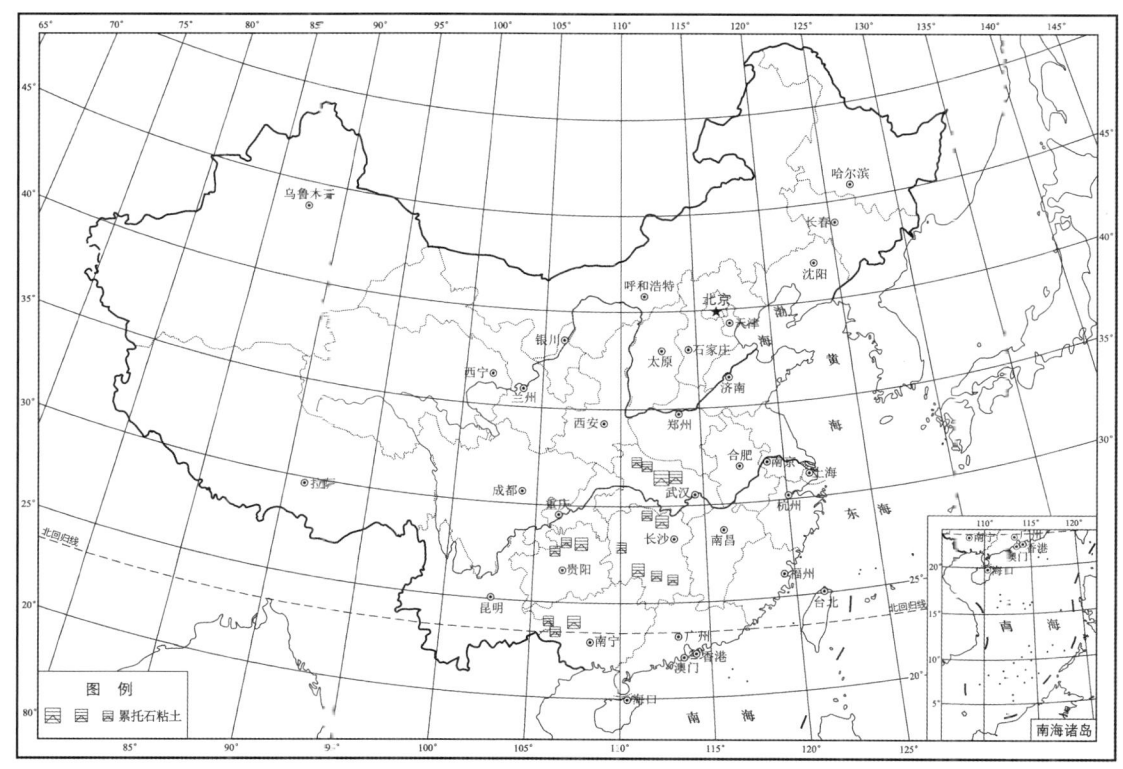

图 40-2 中国累托石矿床分布

第五节 开发利用和发展趋势

累托石矿床由于常常与其他黏土矿伴生，品位较低，难以形成可以开发利用的工业矿床。目前世界上可供工业开采的矿床仅有 5 处，中国有湖北省钟祥杨榨和贵州省大方猫场 2 处。

累托石的加工方法是首先将累托石粉碎后进行研磨，在低浓度矿浆中加入分散剂，用高速离心机提纯后可得到纯度达 70% 的精矿。对累托石进行有机改性、铁交联化反应、羟基锆交联反应可形成附加值高的产品，进一步开发其利用价值。

湖北省钟祥县（现为钟祥市）杨榨拥有中国乃至世界罕见的累托石矿床，储量大、质量好，现已开采利用。矿区位于湖北省钟祥县以西约 40 km 处，分为尚家冲和杨家台两个矿段，矿石可选性好，通过加工后可得到累托石精矿，精矿产率为 64%，累托石含量达 71%。矿石呈土状，质地松软，银灰色，湖北钟祥县杨榨累托石矿床特征（表 40-4）。

表 40-4　湖北钟祥县杨榨累托石矿床特征

矿区名称	矿体特征			累托石含量/%	说明
	长/m	宽/m	厚/m		
湖北南漳大坪	1300	22~180	0.86~5.89	48	与硫铁矿共生，造浆用
湖北钟祥杨榨	1400	—	3.19	44	与硫铁矿共生，造浆用
湖北钟祥杨家台	1015	26~153	4.98	43	造浆用

钟祥累托石矿发现后，紧接着在南漳县大坪又发现了一处中型累托石黏土矿。矿区位于南漳县以南约 46 km 处，矿区长 5200 m，宽 1500 m，面积 7.8 km^2。矿体呈藕节状、透镜状，主矿体长度大于 1600 m，厚 0.52~5.89 m，其中工业矿体长 1300 m，厚 0.86~5.89 m，平均厚度为 2.24 m，累托石平均含量为 48%，储量 73.82×10^4 t。主要矿物为累托石，其次是水云母、叶蜡石、黄铁矿、炭质。累托石精矿产率 80.9%，含量为 54%。

累托石黏土因其优良的物化性能具有广泛的用途和广阔的开发前景，用累托石制造的聚合物纳米复合材料，与比蒙脱石相比更具有优势，易于分散、插层和剥离，有更强的聚合物增强效果和阻隔性，不易破碎，强度更高，比蒙脱石具有更好的耐高温性和热稳定性。累托石还将广泛应用于环境保护方面，如污水处理、大气吸附、过滤脱色，还可用于生态建材（保温隔热吸音调光等功能的建材）、美容保健等方面。

由于累托石目前仅在湖北开采，产量不能满足市场需要，供不应求，应加大对累托石的找矿勘探的力度，提高开发利用研究程度，提高产品附加值。

第四十一章 膨 润 土

第一节 概 述

定义 膨润土又名膨土岩或斑脱岩,是以蒙脱石为主要成分的黏土矿物(图41-1)。蒙脱石(也称微晶高岭石、胶岭石),是一种层状含水铝硅酸盐矿物,每个晶层由两层硅氧四面体夹一层铝氧八面体组成,属2∶1层型,形成"三明治"结构,蒙脱石层间含有可交换阳离子。

用途 膨润土享有"万能黏土"的美誉,不同工艺下的膨润土产品可广泛应用于冶金、铸造、钻探、石油化工、轻工、农牧林、建筑工程等领域。一是用作铸造型砂黏结剂。利用钠基膨润土具有的黏结性和可塑性、透气性,用于湿模铸造,铸件表面光洁度好,落砂性强。二是用作冶金球团黏结剂。利用膨润土的黏结性和高温稳定性,混合铁精粉造球,可以大幅提高钢铁生产能力。三是用作钻井(建筑、盾构)泥浆。利用钠基膨

图41-1 膨润土矿床
(来源:维基百科)

润土的悬浮、润滑、触变性,将其与水和其他辅料配成浆液,可以起到冷却钻头、携带岩屑、护壁等重要作用,是钻井等工作中必不可少的原料。四是用作吸附剂。活性白土是由膨润土无机酸化(主要是硫酸)处理后制成的吸附剂,产品可以广泛用于工业、食用油脱色。五是用作膨润土猫砂。利用天然膨润土的吸附性和吸水结团性,可以迅速将宠物大小便包裹为团状物,清除后余下膨润土颗粒不会被污染,可以继续使用。六是用作牙膏工业。高纯膨润土经改性,能够在水溶液中形成触变性凝胶,使牙膏具有较佳的凝胶性能,可将酵解、腐化的食物残渣包裹覆盖并强力吸附口腔细菌、异味,起到遮盖、抑制与除臭的作用。

地质工作简况 中国的膨润土地质工作在1949以前几乎为零;1949年至20世纪70年代,地勘工作仅仅是满足地方小矿山的需要,探求了浅部少许储量。1951年10月,吉林九台营城煤矿找煤钻孔发现厚近20 m的膨润土矿,1958年3月开始初步调查;1953年11月,建工部地质队在河北宣化堰家沟区预查发现膨润土矿分布广泛,次年4月开展普查工作;1958年,江苏句容甲山膨润土矿作为瓷土矿进行踏勘;1960年8月,安徽省地质队对休宁大山、占川两个膨润土矿点进行普查。1958~1974年对浙江平山膨润土矿勘查,这是中国首次发现并探明的大型钠基膨润土矿床,意义重大。

浙江平山钠基膨润土的发现和在铁矿球团领域卓有成效的应用,引起了地矿部等部门的高度重视,加上中国膨润土资源丰富、露头矿多、埋藏浅、易发现等因素,在以后短短的十多年里(20世纪七八十年代),在全国21个省(自治区、直辖市),很快找到和评价了一大批矿床,储量达到20多亿吨,全国储量最大的广西宁明膨润土矿也是在这个时期(1980~1986年)进行详勘的。20世纪末,国内膨润土开采、加工呈现过饱和状态,同时存在出口创汇难等原因,迫使地勘工作的"退潮"。

近十年来,随着钢铁工业、石油工业的迅猛发展,膨润土的需求量快速增长,勘查工作随之加强,大部分省、自治区均发现新矿区。截至2013年底,共发现膨润土矿区211处,查明资源储量

$279698.6 \times 10^4 t$。其中广西、新疆、内蒙古、江苏、安徽、黑龙江、浙江、山东、辽宁查明储量过亿吨。

矿床发现和开发简史 据《余杭县志》记载，1930年，良渚荀山发现膨润土，乡人开采后运送至上海，委托加工成酸性白土销售，这是中国最早开发的膨润土产地。1945年以前，河北宣化堰家沟膨润土曾有少量开采，1954年4月开展普查工作；九台市膨润土在日伪时期就有少量开采，1951年找煤钻孔时发现厚近20 m的膨润土矿，1958年开始初步调查；江苏句容甲山膨润土矿，在1958年前就为当地群众发现，当时称为"观音土"，1958年，作为瓷土矿进行踏勘；辽宁黑山十里膨润土矿，日伪时期民间发现，1955年建矿由地方国营黑山膨润土矿开采。

20世纪70年代以来，随着技术的提升以及工业实际需求，大部分膨润土矿被发现、勘查和开采利用。浙江平山膨润土矿是中国首次发现并探明的大型钠基膨润土矿床，上层为钙基膨润土，深层为钠基膨润土。初期主要供应国内铸造企业，使用时加碱活化处理。1974年随着开采深度加大，各铸造厂家仍按常规加碱，铸件却达不到要求，用户反映很大。同时，上海某铸造厂偶然发现，不用碱活化的平山膨润土却铸出了优良产品，1974年矿山邀请专家通过近两年的研究，提出平山膨润土属于钠基膨润土，这是钠基膨润土在铸造工业中应用的开始。

第二节 分 类

属性分类 按蒙脱石中可交换阳离子的种类，膨润土可以分为钠基、钙基、镁基、铝（氢）基膨润土四种类型，自然界中主要出现的是前两种。钠基膨润土是指可交换性钠离子的含量为可交换阳离子总量50%以上的膨润土；钙基膨润土是指可交换性钙离子的含量为可交换阳离子总量50%以上的膨润土。

一般来说，钠基膨润土吸水膨胀性好，阳离子交换容量大，在水介质中的分散性强，热稳定性高，工业技术性能优于钙基、镁基膨润土。铝（氢）基膨润土也称漂白土。它具有较好的吸附能力，能吸附大量色素、黏液、胶状物及其他杂质。中国不同属型膨润土典型矿床（表41-1）。

表41-1 中国不同属型膨润土典型矿床

序号	矿床名称	属型	开采方式
1	新疆乌兰林格膨润土矿	钠基	地表开采
2	浙江省临安县（现为临安市）平山膨润土矿	钠基	地表开采
3	吉林刘房子膨润土矿	钠基	地下开采
4	陕西洋县膨润土矿	钙基	地表开采
5	广西宁明膨润土矿	钙基	地下开采
6	河南信阳上天梯膨润土矿	钙基	地表开采
7	福建连城吴坑膨润土矿	氢基	地表开采

矿床分类 根据成矿地质作用，可把中国膨润土矿床划分为沉积型、风化残积型、热液型三种类型，5个亚型，中国膨润土矿床成因类型（表41-2）。①沉积型膨润土矿床层位稳定，产状较平缓，呈层状、似层状、透镜状产出，具韵律结构。矿体长可达数千米，厚度几米至十几米，多层产出。陆相火山沉积矿床最为重要，约占中国膨润土矿床的60%~70%。②风化残积型膨润土矿床的特点是就地残积，矿层呈似层状、透镜状产出，有一定规模，质量尚可。由于火山玻璃物质脱玻过程中析出的SiO_2并没有全部迁移出去，而成为结晶的胶态硅均匀分散于矿石之中，一般难以与蒙脱石分离。这种矿床上部是钙基膨润土，深部是钠基膨润土。③热液型膨润土矿床规模不大，质量一般。

表 41-2　中国膨润土矿床成因类型

成因类型	亚型	矿床实例
沉积型	陆相火山沉积亚型	浙江临安平山、甘肃金昌红泉
	海相火山沉积亚型	新疆托克逊柯尔碱
风化残积型	火山玻璃和熔岩的风化残积亚型	浙江余杭仇山
	中酸性斑岩风化残积亚型	浙江鄞州县（现为鄞州区）石山弄
热液型	热液蚀变亚型	江苏溧阳奈亭

第三节　物理化学性能

物理性能　膨润土一般为白色、淡黄色，因含铁量变化又呈浅灰、浅绿、粉红、褐红、砖红、灰黑等色；通常呈土状块体，硬度 1~2，密度 2~3 g/cm³，常含少量伊利石、高岭石、埃洛石、绿泥石、沸石、石英、长石、方解石等（图 41-2，图 41-3）。主要性能：强吸湿性和膨胀性，在水介质中能分散成胶凝状和悬浮状。具有一定的黏滞性、触能变性和润滑性，有较强的阳离子交换能力，对各种气体、液体、有机物质有一定的吸附能力。

化学成分　膨润土的主要化学成分（w_B）：SiO_2、Al_2O_3、Fe_2O_3、CaO、MgO 和 H_2O，此外还含有 K_2O、Na_2O 等。中国典型膨润土矿化学成分见（表 41-3）。

图 41-2　肉红色的膨润土
（来源：维基百科）

图 41-3　灰白色的膨润土
（来源：维基百科）

表 41-3　中国典型膨润土矿化学成分（w_B/%）

产地	SiO_2	Al_2O_3	Fe_2O_3	TiO_2	MgO	CaO	K_2O	Na_2O	烧失量
辽宁黑山十里岗	73.06	16.17	1.63	0.16	2.72	2.01	0.40	0.39	4.81
浙江临安平山	70.94	15.26	1.38	0.05	2.26	1.65	1.51	2.00	4.57
四川三合	57.64	16.24	1.60	0.02	1.99	1.99	0.51	0.40	17.76
吉林双阳五家子	71.58	14.56	2.95	0.37	2.72	2.30	0.25	0.37	4.58
福建连城朋口	65.92	20.72	1.70	0.31	2.66	0.14	1.14	0.32	6.70
山东潍县涌泉	71.34	15.14	1.97	0.19	3.42	2.43	0.43	0.31	5.05
吉林刘房子	72.00	17.80	2.30	0.16	1.77	0.96	1.09	1.90	5.50
新疆乌兰林格	62.58	16.34	6.40	0.73	2.23	0.48	1.43	2.12	6.46
广西宁明	62.27	17.23	—	—	2.91	1.07	1.23	1.07	—
河南信阳上天梯	71.40	14.56	2.05	—	3.40	2.1	0.30	0.37	—
内蒙古兴和高庙子	71.08	14.65	2.03	—	2.94	0.89	1.08	—	—
新疆托克逊柯尔碱	63.35	14.11	3.81	0.26	3.86	2.92	1.41	2.66	—

第四节 分 布

根据矿床（矿点）成群、成带分布特点，中国膨润土矿床主要集中在东部和西北部。中国膨润土主要矿产地（表41-4），中国膨润土矿床分布（图41-4）。

膨润土主要成矿于1.3~2亿年前，其次是距今2.3~6.1亿年的古生代及6500万年的新生代。例如，新疆托克逊县柯尔碱膨润土矿成矿于2.8~3.5亿年前，甘肃金昌市红泉膨润土矿成矿于2.3~2.8亿年前，贵州贵阳市二戈寨-黔陶矿床成矿于2.3~2.8亿年前。新生代矿床如陕西省洋县膨润土矿成矿于200万年前，广西如宁明和田东矿床膨润土矿则成矿于200~6500万年前。膨润土矿的属型分布也具有一定的规律性，受控于区域气候、地理地貌、水文和水化学条件等因素影响。南方低纬度地区（广东、广西、海南、福建）气候炎热，雨量充沛，膨润土长期受到淋蚀，碱和碱土元素大量流失，土壤呈酸性，浅部膨润土被自然改型为铝（氢）基膨润土。西北部纬度高干旱地区（甘肃、新疆）气候干燥，雨量稀少，在强度蒸发作用下，钙呈方解石、石膏而析出，因此增高了介质中的钠、镁离子含量，使部分膨润土自然改型为钠基、镁基膨润土。其他地区则多为钙基膨润土。

表41-4 中国膨润土主要矿产地

序号	矿产地名称	查明资源量/10^4t	规模	主要类型	开采利用情况
1	河北宣化堰家沟膨润土矿	13612.0	大型	钙基、钠基	已开采
2	山西浑源县抢风岭膨润土矿	5930.7	大型	钙基	已开采
3	内蒙古兴和县高庙子膨润土矿	17481.7	大型	钠基、钙基	已开采
4	内蒙古乌拉特前旗白庙子膨润土矿	2516.4	中型	钙基	未采出
5	辽宁建平膨润土矿	—	中型	钙基	已开采
6	辽宁黑山县孙屯膨润土矿	5258.3	大型	钙基	已开采
7	吉林公主岭刘房子膨润土矿	2045.0	中型	钠基	已开采
8	吉林九台市银矿山膨润土	1824.3	中型	钠基、钙基	已开采
9	黑龙江拜泉县新生膨润土矿	1101.8	中型	钙基膨润土	已开采
10	黑龙江海林县（现为海林市）膨润土矿	3522.8	中型	钙基	未采出
11	江苏句容甲山膨润土矿	15105.7	大型	钙基、钠钙基	已开采
12	江苏盱眙县龙王山-穆店膨润土矿	1951.5	中型	钙基	
13	浙江临安平山膨润土矿	8801.0	大型	钠基、钙基	已开采
14	浙江余杭仇山膨润土矿	1275.3	中型	钙基、钠基	已开采
15	安徽黄山屯溪新潭膨润土矿	11226.6	大型	钠基、钙基	已开采
16	安徽休宁县大山膨润土矿	547.4	中型	钙基、钠钙基	已开采
17	福建武平县中山膨润土矿	1289.0	中型	钙基、铝基	未采出
18	福建连城县朋口膨润土矿	196.5	小型	钙基、铝基	已开采
19	江西乐平市浯口膨润土矿	1322.8	中型	钙基	未采出
20	江西广丰县李家膨润土矿	2836.8	中型	钙基、钠基	已开采
21	山东潍县涌泉庄膨润土矿	8839.7	大型	钠基、钙基	已开采
22	山东潍坊市于家庄膨润土矿	2396.7	中型	钙基	已开采
23	河南信阳上天梯膨润土矿	1110.0	中型	钙基	已开采
24	河南禹州市北部膨润土矿	536.7	中型	钠基、钙基	已开采
25	湖北武昌上熊膨润土矿	2582.7	中型	钙基、钠基	已开采
26	湖北荆州区八岭山膨润土矿	1802.8	中型	钙基	已开采
27	湖南澧县膨润土矿	9222.3	大型	钙基	已开采

续表

序号	矿产地名称	查明资源量/10^4t	规模	主要类型	开采利用情况
28	广东南海市（现为南海区）罗村膨润土矿	790.3	中型	钙基	已开采
29	广东梅县踏沙坝膨润土矿	874.1	中型	钙基	未采出
30	广西田东膨润土矿	4813.5	中型	钙基、钠基	已开采
31	广西宁明膨润土矿	64018.5	大型	钙基、过渡类型、钠基	已开采
32	海南海口市金牛岭膨润土矿	157.7	小型	钙基	未采出
33	四川盐亭县弥江长山咀膨润土矿	59.1	小型	钙基	已开采
34	云南宣威羊场大硕德膨润土矿	1614.8	中型	钙基	未采出
35	陕西洋县膨润土矿	5683.6	大型	钙基	已开采
36	甘肃金昌红泉膨润土矿	2761.2	中型	镁钠钙基	已开采
37	新疆夏子街乌兰林格-日月雷膨润土矿	21860.8	大型	钠基、钙基、过渡类型	已开采
38	新疆托克逊县柯尔碱膨润土矿	11757.8	大型	钠基、钙基	已开采

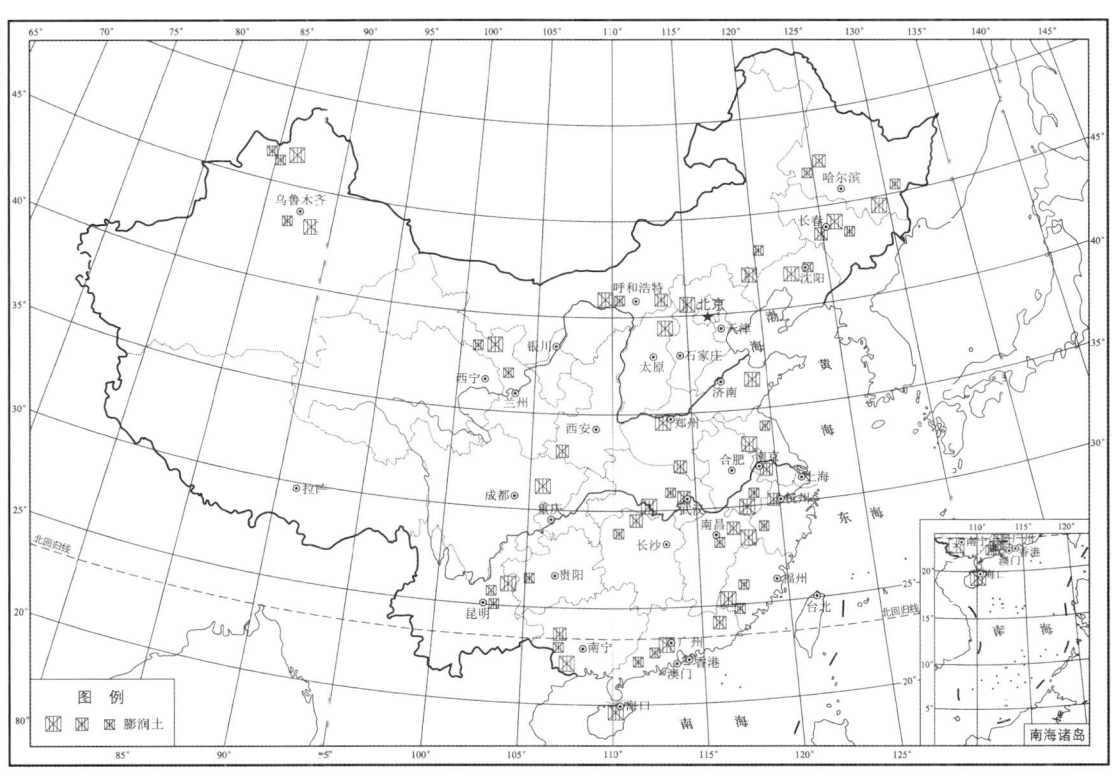

图41-4 中国膨润土矿床分布

第五节 开发利用和发展趋势

中国开发使用膨润土的历史悠久，早在唐代医学名著《本草拾遗》中就记载了膨润土的吸附与去污能力。20世纪60年代，膨润土用作铅笔芯黏结剂，70年代至今膨润土得到了进一步的开发，广泛应用于冶金、铸造、钻探、石油化工、轻工、农牧林、建筑工程等领域。截至2013年底，中国膨润土矿区有211处，其中大多数已经不同程度的开发，年生产600余万吨，以球团、铸造、泥浆、活性白土、饲料、复合肥用膨润土等中低端产品为主。

膨润土最常见的开采方法为地表开采，如新疆夏子街膨润土矿、辽宁建平膨润土矿。一般采用装载机等工程机械挖采，用自卸车运至原矿堆场处。广西宁明膨润土矿、吉林刘房子膨润土矿则采用人工地下开采方式，膨润土由矿车运出。

原矿根据需要进行除杂、晾晒、破碎等工序。要使膨润土的用途更广、附加值更高，则需要进行精加工，常用的工艺包括提纯、钠化、酸化、有机化等。膨润土的选矿提纯方法可分为 3 种：手选、风选（干法）和水选（湿法）。钠化的一般方法是在钙基膨润土中加入钠盐（常用碳酸钠），自然堆放或者采用设备使其发生离子交换反应。酸化也叫活化，通常用盐酸或硫酸，也可使用有机酸，在膨润土浆料中加入一定量的酸，加温搅拌一定时间，用来生产活性白土。有机化是指用有机铵阳离子置换蒙脱石中的可交换阳离子，这种置换反应后的膨润土在有机溶剂中能显示出优良的分散、膨胀、吸附、黏结和触变等特性。

膨润土是一种潜在的优势矿种，中国膨润土资源储量大，品种多，可充分满足国内近期和长期需求，但是作为一种不可再生资源，尽管其保有量非常大，为保证资源的可持续发展战略，还需要按照科学的方式进行开采和应用。目前，中国膨润土开发利用的程度很低，累计开采量不足探明储量的 1%。产品以中低端为主，在国际市场上是一种"低出高进"的局面，即出口低级产品（原矿、铸造土、钻井泥浆土、低档活性白土等），进口高级产品。

随着中国国民经济水平的提升，未来膨润土将不仅仅局限在铸造、铁矿球团和钻井泥浆等几大传统领域，在医药、环保、农业、化工等领域也都将迎来新的发展契机。

第四十二章 凹凸棒石

第一节 概　　述

定义　凹凸棒石是一种层状含水富镁硅酸盐矿物，又名坡缕缟石、坡缕石（图42-1）。1982年，世界黏土矿物命名委员会认为Palygorskite与Attapulgite两者晶体结构一致、化学成分相同，属同一矿物种，规定统一命名为坡缕缟石，但凹凸棒石的名字一直沿用至今。凹凸棒石属单斜晶系，晶体为棒状、纤维状，内部多孔道，阳离子、水分子和一定大小的有机分子可以进入。凹凸棒石集合体有黏土状和纤维状两种，前者构成凹凸棒石黏土（图42-2），后者构成纤维状凹凸棒石，两者的矿床成因和岩石学特征完全不同，因而所形成的矿床用途和价值也不相同。此外，凹凸棒石黏土常与海泡石、膨润土等黏土矿物共伴生。

图42-1　纤维状凹凸棒石
（来源：维基百科）

图42-2　凹凸棒石黏土
（来源：维基百科）

用途　凹凸棒石黏土用途广泛，被称为"千土之王"，因其具有较高的吸附脱色性能和耐高温、耐盐碱等性能，使其使用价值高于一般黏土。其主要用途包括以下方面。第一，生产抗盐碱和耐高温的钻探泥浆材料，大量用于深海钻井、内陆含盐地层钻井、石油钻井和地热钻井。第二，在冶金铸造上用作铸造用砂的黏结剂，冶金球团的黏结和吸湿剂。第三，在农业上用做农肥、杀虫剂的添加剂和载体，并作为种子包衣剂使用。第四，在石油、化工、环保、油脂、制糖、酿酒、饮料业用作脱色剂、吸附剂、净化机、除臭剂和消毒剂。第五，在建材和陶瓷领域，用于制造玻璃、涂料、新型墙体，并作为混凝土增塑剂、稳定剂。第六，用作橡胶和塑料的充填剂、研磨剂、改良剂，用作化工催化剂、洗涤剂助剂。第七，在印染纺织行业代替淀粉上浆、做印花糊料；在造纸领域作为复写纸的染色剂、活性染料印刷基板，成色影像复合材料、油墨、纸张填料。第八，做化妆品、医药和农药等乳化液的稳定剂为药物吸着剂。第九，在环保工业，用作废水废液处理剂、防沙治沙以及放射性废料的处理吸附剂、屏蔽材料。第十，作航空、航天工业作吸收微波的纳米材料，以起屏蔽、隐形等作用。第十一，纤维状凹凸棒石主要用作石棉的代用材料，制作食品干燥剂和宠物垫圈材料。

地质工作简况　1976年中国学者许冀泉根据Attapulgite之词读音并兼顾该矿的晶体结构特征将其译成"凹凸棒石"，该名字随后在国内广泛使用。1979年在中国第一届沉积学和有机地球化学会议上许冀泉、方邺森宣读的论文《江苏六合小盘山凹凸棒石黏土的发现及其意义》标志着首次发现具有工业规模的凹凸棒石黏土矿床。此后苏皖地区通过多年地质工作，发现了20多处凹凸棒石黏土矿床，苏皖交界处的盱眙、明光、天长、六合地区成为中国目前唯一的凹凸棒石黏土矿工业产地。此外，在甘肃、内蒙古、贵州、重庆等地也陆续发现了凹凸棒石矿床。截至2013年底，中国共探明凹凸棒石黏土矿床27处，查明资源储量40001×10^4t。

矿床发现和开发简史 中国凹凸棒石黏土开发利用分三个阶段：20世纪80年代为初步开发应用期，由少数乡镇企业进行开采，但由于开发利用水平低，主要用于抗盐泥浆、填料、涂料、脱色等一般低附加值应用，年产量5000 t左右；90年代为市场成长期，各地开始兴办凹凸棒石黏土加工厂，中国约100家企业年产量约$3\times10^4\sim4\times10^4$t，企业规模小、技术水平较低。此后科研院所开始参与到凹凸棒石的研发，一批高附加值产品出现。2000年至今规范矿产开采，产品档次有所提升，与国际逐步接轨。截至2013年底，已开发利用凹凸棒石黏土矿山共计36处，其中大型矿山4处，中型矿山7处，小型矿山22处，小矿3处，矿石产量26.94×10^4t。

第二节 分 类

根据成因，凹凸棒石矿床分为沉积型凹凸棒石黏土矿床和热液型纤维状凹凸棒石矿床两类。①沉积型凹凸棒石黏土矿床目前所发现的均为玄武质火山沉积型，矿床一般产于构造稳定地区干旱或半旱气候带的内陆碱湖、盐湖盆地、碱性玄武岩盆地、浅海碳酸盐岩台地、潮汐带等地区。矿体呈层状、似层状、透镜状，矿石为土状、致密块状、碎屑状、结核状，凹凸棒石矿物含量40%~60%，个别达90%以上，伴生矿物有蒙脱石、方解石、石英、蛋白石、燧石、高岭石和海泡石。此类矿床区域性矿化面积达数平方公里至数百平方公里，矿床规模大小都有。在中国已发现的均为陆相沉积型矿床，海相沉积型矿床尚未见报道。典型矿床如江苏六合小盘山、江苏盱眙、安徽嘉山、甘肃会宁、甘肃临泽等。②热液型矿床目前所发现的均为镁质碳酸盐岩热液充填型，纤维状凹凸棒石矿床。矿床产于白云质大理岩、白云岩、蛇纹岩或正长岩、花岗岩的裂隙中。矿体呈厚度不大的脉状、细脉状、网脉状。凹凸棒石结晶度高，纤维长、柔软、有弹性、能剥分但难破碎。矿石具有吸水性能，但在水介质中难分散，不能造浆，所以不能用作泥浆原料，但可作为吸附、填充剂用。这类矿床矿化范围有的达数十平方公里，但矿床的规模很小，体积含矿率也不高，工业开采价值不大。典型矿床如安徽全椒纤维状凹凸棒石矿床、贵州大方县马场纤维状坡缕石矿床。

第三节 物理化学性能

物理性能 凹凸棒石黏土颜色呈白、灰白、青灰、浅绿或浅褐色，土状或致密块状构造，油脂光泽，具有独特的层链状结构特征，密度小（一般为$2.0\sim2.3$g/cm^3），莫氏硬度2~3级。凹凸棒石黏土吸蓝量（在水溶液中吸附亚甲基蓝的量）一般小于24g/100g，胶质价一般为40 cm^3/15g~50 cm^3/15g，膨胀容一般为$4\sim6$ cm^3/g，pH值8~9，比表面积146~400 cm^2/g。凹凸棒石黏土遇水后基本不膨胀，具有吸附、脱色和阳离子交换能力，还具有良好的热稳定性、抗盐和造浆等性能，吸水性、黏合性强，潮湿时呈黏性和可塑性，干后收缩小，不显裂纹，水中形成的悬浮液对电解质不敏感，不絮凝沉淀。大部分的阳离子、水分子和一定大小的有机分子均可直接被吸附进其孔道中。

纤维状凹凸棒石形态通常呈毛发状或纤维状，呈皮革状外貌，质地柔软。除具有遇水基本不膨胀，具吸附、脱色和阳离子交换能力的特性外，还具有一定的比表面积和保温隔热性能。

化学成分 凹凸棒石的化学式为$Mg_5(H_2O)_4[Si_4O_{10}]_2(OH)_2\cdot4H_2O$，化学成分理论值（$w_B$）：MgO 23.83%，SiO$_2$ 56.96%，H$_2$O 19.21%。但自然界中的凹凸棒石常有Al^{3+}、Fe^{3+}等类质同象置换，因此不同产地凹凸棒石黏土的化学成分不同。中国部分凹凸棒石原矿化学成分（表42-1）。

表 42-1　中国部分凹凸棒石原矿化学成分（$w_B/\%$）

矿床名称	SiO_2	MgO	Al_2O_3	CaO	TiO_2	MnO	Fe_2O_3+FeO	Na_2O	K_2O
江苏盱眙龙王山	58.38	12.10	9.50	0.40	0.56	0.05	5.26	1.10	1.24
江苏盱眙雍小山	57.01	11.35	9.62	0.42	0.55	0.01	5.54	0.08	1.32
江苏南京小盘山	52.53	8.80	13.25	7.09	0.64	0.08	7.30	0.06	0.97
安徽全椒	57.12	10.63	10.07	0.13	0.07	0.03	0.5	0.07	0.02

第四节　分　　布

从地理分布上看，中国目前已发现的凹凸棒石矿床主要分布在江苏六合和盱眙、安徽明光、甘肃会宁和临泽等地区。此外，四川、贵州、云南也有零星分布。

从成矿时代上看，中国凹凸棒石黏土主要产于新第三纪火山岩系、白垩纪陆相地层、奥陶纪、二叠纪石灰岩地层以及寒武纪、震旦纪白云质灰岩中，其中以第三纪、白垩纪火山岩喷发期形成的矿床最多。如江苏六合、盱眙等地的凹凸棒石黏土就产于新第三纪的玄武岩中，安徽来安和安徽明光等地产于老第三系中，贵州大方马场纤维状坡缕石矿床产于下三叠系中，甘肃临泽杨台洼滩凹凸棒石黏土矿床产于奥陶系中。中国凹凸棒石重要矿产地（表42-2），中国凹凸棒石矿床分布（图42-3）。

表 42-2　中国凹凸棒石重要矿产地

序号	矿产地名称	探明资源量/10^4t	规模	开采利用情况
1	江苏南京六合骡子山凹凸棒石黏土矿床	2104.8	大型	未利用
2	江苏南京六合小盘山凹凸棒石黏土矿床	125.3	中型	已停采
3	江苏金坛东窑凹凸棒石黏土矿床	182.6	中型	已停采
4	江苏盱眙雍小山凹凸棒石黏土矿床	49.4	小型	已开采
5	江苏盱眙龙王山凹凸棒石黏土矿床	50.9	小型	已开采
6	江苏盱眙龙三山-穆店凹凸棒石黏土矿床	2269.4	大型	未利用
7	江苏盱眙仇集龙山凹凸棒石黏土矿床	114.5	中型	已停采
8	江苏盱眙黄泥山凹凸棒石黏土矿床	605.9	大型	已停采
9	江苏盱眙高家洼-梁家洼凹凸棒石黏土矿床	2436.1	大型	未利用
10	江苏盱眙仇集猪咀山-龙山凹凸棒石黏土矿床	1299.9	大型	未利用
11	江苏盱眙龙头山凹凸棒石黏土矿床	16.8	小型	已利用
12	江苏盱眙白虎山凹凸棒石黏土矿床	35.6	小型	未利用
13	江苏盱眙牛头山矿区东矿段凹凸棒石黏土矿床	123.2	中型	未利用
14	江苏盱眙猪咀山矿区东矿段凹凸棒石黏土矿床	28.6	小型	未利用
15	安徽来安县磨盘山凹凸棒石黏土矿床	116.0	中型	已开采
16	安徽明光青明山凹凸棒石黏土矿床	315.9	中型	已开采
17	安徽明光官山凹凸棒石黏土矿床	1280.8	大型	已开采
18	安徽明光官山凹凸棒石黏土矿床（界内小矿9个）	868.3	小型	已开采
19	重庆江北铁山坪林场凹凸棒石黏土矿床	47.9	小型	未利用
20	重庆南岸文峰新房子龙井湾黏土矿床	25.9	小型	未利用
21	贵州大方马场纤维状坡缕石矿床	9.9	小矿	未利用
22	甘肃会宁上沟地区凹凸棒石矿床	575.4	大型	未利用
23	甘肃临泽板桥正北山凹凸棒石黏土矿床	671.8	大型	未利用
24	甘肃临泽杨台洼滩凹凸棒石黏土矿床	25950.0	特大型	未利用
25	甘肃会宁上沟地区凹凸棒石矿床	1039.2	大型	未利用

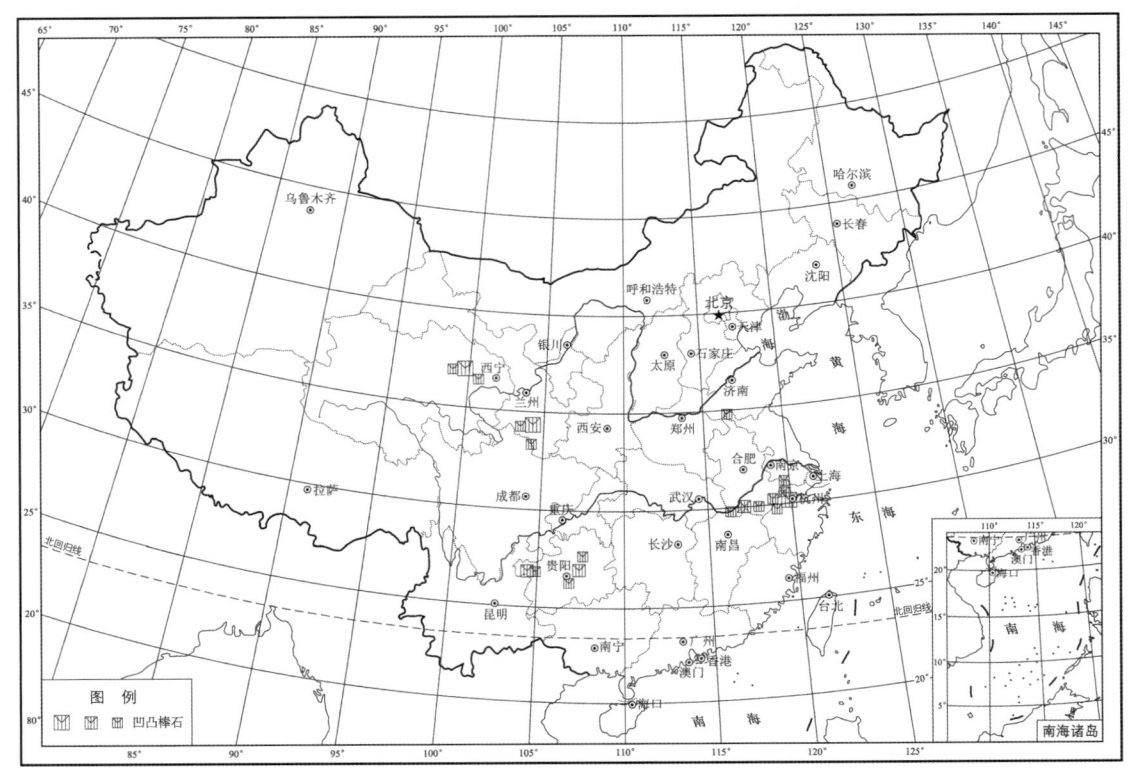

图 42-3 中国凹凸棒石矿床分布

第五节 开发利用和发展趋势

由于凹凸棒石黏土矿一般出露于地表，多采用露天法采矿，矿床或开采地段覆盖层不厚，一般采用人工剥离或用推土机剥离，矿山开采机械化程度较低。中国目前开采的凹凸棒石矿床不多，开采规模及产量不大。现已开采的矿山有江苏盱眙的龙王山、雍小山，六合的小盘山以及安徽嘉山等矿山。开采规模最大的是盱眙龙王山矿山，年产矿石量为几十万吨。由于凹凸棒石黏土矿富矿有限，中低品位矿床居多，因此在应用前需经过选矿加以提纯。一般的凹凸棒石选矿方法分有干法和湿法两种。干法主要通过手选从原矿中拣出非矿夹石或其他杂质，再通过磨矿分级分离出石英、方解石等不易磨碎的颗粒。但干选效果非常有限，一般用于填料生产。对凹凸棒石纯度要求较高的领域一般采用湿法提纯，并通过挤压和胶磨将凹凸棒石束状纤维撕开分离，增强其触变性和胶体性能。此外，表面改性、热活化和酸活化也可以改善或增强凹凸棒石黏土的特性，拓宽凹凸棒石黏土的应用领域。

由于中国凹凸棒石黏土发现比国外晚得多，再加上国家非金属矿加工业基础相对薄弱，因此凹凸棒石黏土研发、生产和加工水平远远落后于发达国家。世界凹凸棒石资源主要分布在中国苏皖和甘肃一带，据不完全统计，已探明凹凸棒石储量 $4 \times 10^8 t$，而国外探明总储量仅为 $4000 \times 10^4 t$，中国已经成为凹凸棒石资源储量第一大国。因此，通过加大科研投入，结合国内外市场需求开发高附加值产品，将可推动中国凹凸棒石产业跻身于世界先进之列。

第四十三章 耐火黏土

第一节 概 述

定义 耐火黏土是指化学成分符合技术指标，耐火度大于1580℃，由0.005 mm以下的高岭石族矿物、铝的氢氧化物及少量水云母组成的黏土（图43-1）。它们除具有较高的耐火度外，在高温条件下也能保持体积的稳定性，并具有对急冷急热的抵抗性，以及一定的机械强度，经煅烧后异常坚硬的特性。

图43-1 耐火黏土
（来源：维基百科）

用途 中国耐火黏土资源丰富，有传统的使用经验，由于工艺较简单，生产成本低等特点，所以应用范围较广，品种较多，用量较大，除了冶金工业部门以外，还广泛应用于建材、化工、机械、电子、石油、航空及军工等部门。一是在冶金工业中，作为生产定型耐火材料和不定型耐火材料的原料，用量约占全部耐火材料的70%。耐火黏土中的硬质黏土用于制作高炉耐火材料，炼铁炉、热风炉、盛钢桶的衬砖、塞头砖。高铝黏土用于制作电炉、高炉用的铝砖、高铝衬砖及高铝耐火泥。二是在建材工业中，耐火黏土用以制作水泥窑和玻璃熔窑用的高铝砖、磷酸盐高铝耐火砖、高铝质熔铸砖。高铝黏土经过煅烧，然后与石灰石混合制成含铝水泥，这种水泥具有速凝能力及抗腐蚀性和耐热力强的特点。三是在研磨工业、化工工业和陶瓷工业方面也有重要的用途。高铝黏土经过在电弧炉中熔融，制造研磨材料，其中电熔刚玉磨料是目前应用最广泛的一种磨料，占全部磨料产品的2/3。在陶瓷工业中，硬质黏土和半硬质黏土可以作为制造日用陶瓷、建筑瓷和工业瓷的原材料。此外，高铝黏土还用于油井中，作为净化石油用的支撑剂；在农业上作为促肥剂；以及用作抗滑、抗磨的铺路材料等等。硬质黏土还用于制造新型耐火绝热材料——耐火纤维。

地质工作简况 20世纪前期，相继在河北开滦、山东淄博、山西阳泉等多处进行煤田地质调查，对耐火黏土做过相应的调查研究，并著有各种调查报告。真正独立进行耐火黏土的勘探是在新中国成立之后，随着我国冶金工业及其他工业的加速建设，开始有计划地对重点区域，如太子河流域、复州、古冶、淄博，以及内蒙古、山西、四川等地的耐火黏土矿床，进行了系统的找矿评价和勘探工作。到20世纪80年代初期耐火黏土矿床已遍布全国各省区。同时在研究耐火黏土的成矿地质条件，各类型矿石的性能和特点，以及工业利用价值评价、勘探方法研究等方面取得较大成就。在深入开展地质工作中相继发现了一些特殊成分和产出状态的黏土，如四川的高钛黏土、河南西部及四川的高钾黏土，以及在新疆钱水河发现由于煤自然燃烧而造成的天然熟料黏土。

矿床发现和开发简史 中国耐火黏土的发现和利用历史较为悠久，远在原始社会就已经出现了陶器；到了奴隶社会时期，随着制陶工艺的发展，开始出现冶铸青铜的技术，所用的模子都是陶制的，称为陶范。在封建社会前期，出现了冶铁技术。从汉代遗址的发掘中，西汉的坩埚是用耐火泥制成的，有些炼铁炉的炉身是用耐火砖砌筑的。封建社会后期，随着炼铁技术的不断发展，冶炼温度的不断提高，对于黏土质耐火材料又有了更高的要求。明、清末，逐渐形成了中国式熔炉，炉衬材料多半是用耐火黏土、炭屑、盐、稻芒制成。清朝末年直到1949年矿业得不到发展。1949年后耐火黏土生产逐渐得到了发展，逐步提高了黏土质耐火材料的制作和使用技术。

第二节 分　　类

耐火黏土按可塑性、矿石特征和工业用途分为软质黏土、半软质黏土、硬质黏土和高铝黏土4种。每一类黏土都不是单一矿物组成，而是由多种铝氧化合物与硅酸盐矿物组成。

硬质黏土，如山东章丘王伯庄耐火黏土矿床，呈致密块状，质地坚硬，断口贝壳状，表面光滑，较易风化，没有可塑性，主要组成矿物为高岭石及硬水铝石、伊利石，具有较好的耐火性，耐火度达到1630～1770℃，高温下热稳定性好。耐火黏土的分类及其主要矿物与副矿物组成（表43-1）。

表43-1　耐火黏土的分类及其主要矿物与副矿物组成

耐火黏土分类	主要矿物	副矿物
软质黏土	高岭石，三水铝石，一般以前者为主	水云母，水白云母，埃洛石
半软质黏土	高岭石，有时有水云母	绢云母，炭质
硬质黏土	高岭石、硬铝石、一水铝石	伊利石、水云母、绢云母、地开石、叶蜡石、埃洛石
高铝黏土	一水硬铝石、胶铝石、水铝石、三水铝石	水云母，有时有高岭石

软质黏土，如吉林舒兰水曲柳耐火黏土矿床，一般呈土状，质地松软易风化，颗粒细微，在水中易浸散，加水拌和能形成可塑性泥料，黏合性好，主要矿物组成为高岭石、伊利石、蒙脱石，Al_2O_3含量低，具有一定的耐火性，耐火度大于1580℃。

半软质黏土，如辽宁复县复州湾耐火黏土矿床，其特性介于软质和硬质黏土之间，可塑性较低，具有一定的结合性，主要组成矿物为高岭石，耐火度一般大于1630℃。

高铝黏土，如山西阳泉太湖石耐火黏土矿床，呈致密块状，表面粗糙，硬度大，难风化，没有可塑性，主要组成矿物为一水硬铝石，Al_2O_3的含量较高，硬度和相对密度较大，耐火度高，常用以制造高级黏土制品（图43-2）。

图43-2　高铝黏土
（来源：维基百科）

第三节　物理化学性能

物理性能　耐火黏土无论是作为制品的骨料或是结合剂，都要有各种相应的物理性质，最基本的耐火性、烧结性及可塑性和结合性。

耐火性是指在一定的高温下抗熔化的性能。就耐火材料而言，其中所含Al_2O_3的熔点很高，因此具有相应的耐火性。耐火度的高低取决于Al_2O_3含量，一般Al_2O_3含量高的耐火度高，反之则低。耐火性的高低直接影响制品在高温下的抗压强度及荷重软化点等技术指标，是确定制品及其应用范围的重要因素。

烧结性是指耐火黏土经过煅烧，能获得一定的密度和强度的性能，是制品在工艺过程中用到的一个重要的热工指标，用来确定原料的煅烧温度和制品的烧成温度。

可塑性和结合性是耐火黏土在外力的作用下形成任意形状而不破裂，当停止外力时仍能保持原型不变的性能，这一性能可以确定成型工艺和结合剂的配比，以制作各种耐火制品。

化学成分　耐火材料的化学成分是影响其质量的重要因素，研究清楚有益有害成分十分重要。Al_2O_3是有益成分，一般来说，软质和半软质黏土含Al_2O_3 30%～45%，硬质黏土为35%～50%，高铝黏土为55%～70%。Fe_2O_3是耐火黏土的主要有害成分，主要以赤铁矿、磁铁矿、针铁矿、菱铁矿形式产出。K_2O、Na_2O、CaO、MgO也是有害成分，一般含量不高。

耐火黏土的化学成分，除了黏土矿物中不同比例的 Al_2O_3、SiO_2、H_2O 之外，还有少量的其他氧化物如 TiO_2、Fe_2O_3、K_2O、Na_2O、CaO、MgO 等存在。此外，尚有碳质物及硫化物。中国部分耐火黏土的化学成分（表43-2）。

表43-2 中国部分耐火黏土的化学成分（$w_B/\%$）

产地名称	矿石类型	主要矿物	Al_2O_3	SiO_2	Fe_2O_3
山西阳泉太湖石	高铝黏土	一水硬铝石	50~80	63.00	0.5~3.5
河北古冶赵各庄	硬质黏土	高岭土	30~50	43~66	0.5~2.5
河南巩义县（现为巩义市）涉村	高铝黏土	一水硬铝石	64.82	—	2.74
四川二滩	高铝黏土	一水硬铝石	61.20	—	1.59
山东章丘王伯庄	硬质黏土	高岭土	38.1	43.5	5.30

第四节 分 布

中国耐火黏土资源丰富，矿石类型和品种齐全，矿床分布广泛，各省区均有产出。其中山东、山西、河北、河南、辽宁、内蒙古、吉林及湖北等地资源比较集中，这八个省区已探明的矿产量占全国的76%。高铝黏土的主要产地在山西、河南和贵州。硬质黏土则多产于辽宁、内蒙古、河北、山东、河南、湖北、安徽、四川。软质黏土主要分布于黑龙江、吉林、内蒙古、山西、湖南及广东。中国重要耐火黏土矿产地（表44-3），中国耐火黏土矿床分布（图44-3）。

表44-3 中国重要耐火黏土矿产地

序号	矿产地名称	探明资源量/10^4t	规模	开采情况
1	北京门头沟耐火黏土矿床	1149.1	中型	已开采
2	河北古冶鼓楼庄硬质黏土矿床	781.2	大型	已开采
3	河北唐山半壁店耐火黏土矿床	4072.0	中型	已开采
4	河北磁县六河沟矿床	2105.1	大型	—
5	河北沙河县（现为沙河市）马庄矿床	1514.0	大型	—
6	山西阳泉太湖石高铝黏土矿床	5290	大型	已开采
7	山西孝义下堡高铝黏土矿床	1396	中型	已开采
8	山西阳泉侯家沟矿床	2041.9	大型	已开采
9	山西阳泉千亩坪矿床	3370.6	大型	已开采
10	山西阳泉百泉矿床	1293.2	中型	—
11	内蒙古准格尔旗耐火黏土矿床	18671.4	大型	已开采
12	内蒙古包头杂怀沟耐火黏土矿床	1452.4	中型	已开采
13	辽宁红阳耐火黏土矿床	2071.5	大型	未开采
14	辽宁灯塔烟台耐火黏土矿床	1147.8	中型	已开采
15	吉林舒兰水曲柳耐火黏土矿床	1104	中型	已开采
16	吉林舒兰刘家炉耐火黏土矿床	8795.1	大型	未开采
17	吉林大口钦前窑耐火黏土矿床	1147.9	中型	已开采
18	黑龙江牡丹江黄花北山耐火黏土矿床	1587.4	大型	已开采
19	江苏宜兴杨店耐火黏土矿床	137.3	小型	停采
20	浙江江山西青弄耐火黏土矿床	46.5	小型	停采
21	安徽淮北朔里硬质黏土矿床	182.4	小型	已开采
22	福建龙岩永定塘边耐火黏土矿床	171.9	小型	停采
23	江西铅山新安耐火黏土矿床	725.8	中型	未开采
24	山东淄博黏土矿洪山西段矿床	2061.5	大型	已开采

续表

序号	矿产地名称	探明资源量/10^4t	规模	开采情况
25	山东章丘白云院矿床	1657.0	大型	已开采
26	山东章丘王伯庄矿床	1339.6	中型	停采
27	河南巩义县（现为巩义市）涉村铝土矿床	7957.8	中型	已开采
28	河南焦作上刘庄耐火黏土矿床	785.0	中型	已开采
29	河南新安竹园－狂口高铝黏土矿床	3544.0	中型	未采
30	河南鲁山矿床	1258.8	中型	—
31	湖北恩施铁厂坝矿床	5213.3	大型	已开采
32	湖北麻城西山矿床	2351.7	中型	已开采
33	湖南湘潭马家桥耐火黏土矿床	347.4	中型	—
34	广东清远郭塘耐火黏土矿床	593	中型	已开采
35	广西来宾县（现为来宾市）迁江耐火黏土矿床	896	中型	已开采
36	海南琼山长昌耐火黏土矿床	530	中型	已开采
37	重庆南川区大佛岩－川洞湾矿床	7051.4	大型	未开采
38	四川广元凤台山耐火黏土矿床	1046.6	中型	停采
39	云南元江耐火黏土矿床	593.3	中型	未开采
40	云南修文小山坝耐火黏土矿床	1865	大型	未开采
41	陕西铜川上店耐火黏土矿床	3243.2	大型	已开采
42	宁夏石嘴山耐火黏土矿床	205	中型	未开采
43	甘肃山丹东水泉耐火黏土矿床	808	中型	已开采
44	新疆乌鲁木齐钱水河耐火黏土矿床	487.0	中型	已开采
45	新疆伊宁劳艾依图耐火黏土矿床	197.7	中型	已开采

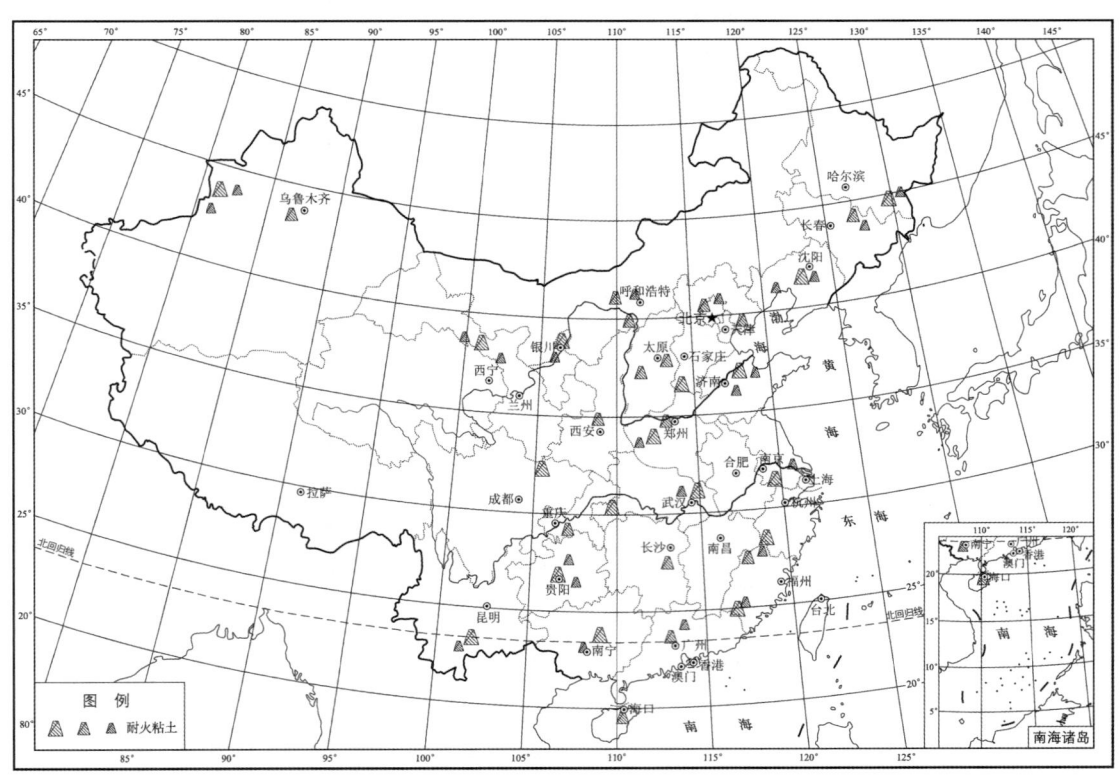

图43－3 中国耐火黏土矿床分布

中国耐火黏土形成于较古老的晚古生代地质时期。中、晚石炭纪成矿期是耐火黏土主要成矿期。矿层产于上石炭统底部或中石炭统本溪组内，位于奥陶系或寒武系碳酸盐岩侵蚀面上，分布广泛，层位稳定，规模巨大。矿石类型以高铝黏土为主，以硬质黏土为重要，并有一定量的软质黏土。该成矿期高铝黏土储量占总储量的87.4%，硬质黏土占总储量的39.7%，软质黏土占总储量的37.4%。主要分布于山西、河南、河北、内蒙古及贵州和陕西等省区。

第五节　开发利用和发展趋势

随着冶金及其他工业的发展，对耐火黏土的需求量逐渐增加，促使耐火黏土的产量也在不断增长。目前中国拥有几十个耐火黏土重点矿山，耐火材料厂遍布各省区，重点钢铁企业也都建有自己的耐火材料厂，保证了中国钢铁工业生产水平和有色金属及其他工业的需求。

耐火黏土的开采方法有露天开采、地下开采和先露天后地下的混合开采。采出的矿石，经过人工拣选，按规定办法进行取样化验，确定矿石等级，筛分呈一定块度后入窑煅烧。煅烧高铝或硬质黏土熟料一般采用竖炉、回转窑及土窑3种煅烧窑。

随着近代钢铁工业及其他穹炉工业的发展，对高性能的黏土质及高铝质耐火制品的需求量增大，为此就需要高纯度、多品级、性能稳定的耐火黏土原料。有关研究学者对太湖石高铝黏土进行系列选矿试验研究，经浮选－磁选，可以使原矿Ⅱ级品达到特级品标准。研究结果分析显示，该研究技术可行、经济核算，可使矿山扭亏为盈，提高资源利用率，延长矿山服务年限。

耐火制品的主要用户是钢铁工业，随着这几年中国钢铁工业的发展，各项经济技术指标逐渐达到世界先进水平，每吨钢所消耗的耐火材料也逐渐下降，预计中国耐火黏土的产量不会有大幅度的提升。但由于冶金连铸比逐步提高，浇钢用的普通黏土将减少，而高铝质、莫来石质高级耐火材料和不定性耐火材料的比例进一步提高。为了适应冶炼技术进步要求，耐火材料和原料必须向着高质量、性能强、多品种、节能、高效方面发展。

第四十四章 砖瓦用、陶粒用黏土

第一节 概 述

定义 黏土矿可依其用途不同分为耐火用黏土、砖瓦用黏土、陶粒用黏土、铸型用黏土、水泥配料用黏土等。砖瓦用黏土是各种矿物岩石碎屑组成的细粒混合物,耐火度在1350℃以下,依所含杂质的不同,可分为普通黏土、砂质黏土、铁质黏土、泥灰黏土及黄土,都可以用于制造砖瓦。陶粒用黏土是指用于制造一种人造轻质骨料的黏土,将黏土颗粒原料在回转窑中经1050~1300℃高温快速焙烧、膨胀制成陶粒的黏土。

用途 砖瓦黏土主要用于烧制砖瓦(图44-1)。砖瓦是一种传统、用量大、用途广的工业和民用建筑材料。此外,黏土也可作生产水泥的主要配料。细颗粒多的肥黏土和黏土,适于制瓦和薄壁空心制品;砂质黏土和黏土,适于制作普通砖。

陶粒广泛应用于建筑业做轻质骨料,可替代砂、卵石做为高层建筑混凝土的集料,使建筑物自重减少30%~35%,节约钢材10%,并能提高建筑物的整体性和抗震性。(图44-2) 陶粒也是管道保温、炉体保温以及隔音、绝热的建筑材料。陶粒还用作净化水厂的过滤材料和园林中的无土基床材料。此外,陶粒在化学工业、冶金工业以及农业领域也有应用。

图44-1 砖瓦黏土
(来源:维基百科)

图44-2 人造陶粒
(来源:维基百科)

地质工作简况 砖瓦用黏土的发现据考古推测至少始于2000多年前的秦汉。1949年后,随着建材工业的高速发展,砖瓦用黏土才正式列为一种矿产,进行找矿勘探评价。

中国自1956年开始开发黏土和页岩陶粒。1981年国家颁布了GB2839-81黏土陶粒标准。近几十年,随着墙材革新与建筑节能政策的贯彻落实,陶粒人造轻骨粒的应用和生产得以迅速发展。

开发利用简况 中国黏土资源丰富,分布广泛,遍及全国。从分布特点看,东北、华北地区以黄壤土为主,西北及华北部分地区以黄土为主,南方以红壤土为主。主要层位是第四系松散黏土矿层,厚度变化较大。

黏土砖瓦制品是中国当前大规模生产的建筑材料。砖瓦用黏土需求量极大,本着就地取材,就近销售的原则,生产普通砖瓦的厂家遍布全国各地,主要开采第四系松散黏土层。随着科学的发展和中国对耕地保护的要求,新的墙体材料正在推广,将逐步替代松散黏土的开发。

黏土陶粒在欧美等地广泛应用于普通建筑的屋顶、保温隔热层;别墅、高档住宅楼盘的楼面;非承重墙体的隔音隔热，还用于书房，卫生间、娱乐场所等室内装潢装饰和园林绿化。

第二节 分 类

根据成因，砖瓦用和陶粒用黏土可以分为残留黏土矿床和漂积黏土矿床。①残留黏土矿床主要是长石经风化而留在母岩区的产物，岩石风化后生成高岭土、石英及可溶性盐类，可溶性盐类由于雨水冲洗溶解而去，残留下来的仅为高岭土和石英砂。由于石英砂的存在，可塑性较差。②漂积黏土矿床是由残留黏土经雨水河流漂流而转移到其他地方再次沉积的黏土矿，它的主要特点：一是在漂流过程中，由于粗颗粒石英砂较重而先行沉积除去，而黏土本身亦经摩擦而变细，故可塑性较好；二是在漂流过程中，有其他矿物或有机物混入，因而降低了黏土矿物的纯度。

第三节 物理化学性能

物理性能 黏土是一种含水铝硅酸盐，由地壳中含长石类岩石经过长期风化和地质作用而形成。黏土矿物总量大于40%，并以伊利石、水云母、蒙脱石为主，高岭土次之。黏土结构需分布均匀，无碎石等杂质，颗粒越细越好。黏土具有颗粒细、可塑性强、结合性好、触变性过度，收缩适宜，耐火度高等工艺性能。可塑性是黏土的基本性能，黏土可按照可塑性大小分类，一般制砖用黏土和砂质黏土的塑性指数应大于7。干缩性是指黏土坯风干后发生收缩性能，黏土的干缩性和塑性指数成正比。一般黏土的长度收缩率在1.5%~15%，砖瓦用黏土，要求缩率为3%~12%。完全干燥的黏土制品在焙烧时，黏土中易熔物质熔化而成的玻璃相物质充填于颗粒间隙，从而引起制品体积收缩，称为烧成收缩。

化学成分 中国主要砖瓦黏土和陶粒黏土的化学成分（表44-1）和（表44-2）。

表44-1 中国主要砖瓦黏土化学成分（$w_B/\%$）

产地	SiO_2	Al_2O_3	Fe_2O_3	CaO	MgO	烧失量
辽宁丹东	67.20	14.30	7.8	1.6	0.40	4.2
北京土桥	62.63	15.59	5.25	4.17	2.34	8.2
上海	64.15	15.41	6.6	2.38	2.67	5.22
湖北武汉	68.53	17.2	2.87	3.79	0.93	6.35
陕西西安	59.70	16.4	3.6	7.7	2.30	10.3
四川成都	63.96	16.75	8.15	2.64	0.88	6.5

表44-2 中国主要陶粒黏土化学成分（$w_B/\%$）

产地	SiO_2	Al_2O_3	Fe_2O_3	CaO	MgO	K_2O	Na_2O	烧失量
大庆	67.24	13.76	5.99	7.29	—	0.7	—	—
北京	48.28~70.28	15.50~20.50	4.81~6.92	1.26~12.86	0.13~2.80	1.64~2.01	0.64~1.38	5.28~5.59
天津	55.26~61.52	13.00~14.38	4.75~5.90	5.66~7.53	2.03~2.62	2.32	1.79	—
南京	54.19~69.30	11.20~16.88	5.50~10.61	0.53~2.88	1.01~2.32	0.86~2.43	—	5.25~8.60
昆明	63.32	18.44	4.98	0.60	1.87	3.65	0 15	5.45

第四节 分 布

砖瓦用黏土分布情况 中国黏土资源分布广泛。至2008年底，中国砖瓦用黏土岩类的查明基础储量 $10.3 \times 10^8 m^3$。其中，砖瓦用页岩 $2676 \times 10^4 m^3$，主要分布在新疆、天津、贵州、北京、河北、广西、辽宁等省或自治区；砖瓦用黏土 $9779 \times 10^4 m^3$，主要分布在内蒙古、广西、青海、贵州、山西、辽宁、云南、陕西、安徽、北京、浙江等省或自治区。第四系是富含巨大的松散黏土矿层位，是砖瓦用黏土的主要层位。中国砖瓦黏土资源充足、分布广泛、遍及全国，从分布特点上看，松散状黏土矿床以东北、华北、西北、西南地区最为集中，形成了西南的红土高原、西北的黄土高原。东北、华北地区则以黄壤土为主。中国主要砖瓦黏土矿床见（表44-3）。

表44-3 中国主要砖瓦黏土矿床

序号	矿产地名称	探明资源储量/$10^4 m^3$	规模	开采情况
1	北京海淀西六里屯砖瓦用黏土矿床	150	中型	未开采
2	北京房山窦店砖瓦用黏土矿床	178	中型	停采
3	河北围场满族蒙古族自治县清泉砖瓦用页岩矿床	129.7	中型	未开采
4	山西大同北宋庄黏土矿床	468.0	中型	未开采
5	山西大同古店黏土矿床	226	中型	未开采
6	内蒙古乌海老石旦砖瓦用黏土矿床	874.0	中型	已开采
7	内蒙古伊金霍洛旗松定霍洛砖瓦用黏土矿床	1154	大型	未开采
8	内蒙古扎鲁特旗四合台砖瓦黏土矿床	1310.1	大型	已开采
9	辽宁沈阳砖瓦用黏土矿床	940.8	中型	已开采
10	辽宁朝阳市砖瓦黏土矿床	458.5	中型	已开采
11	黑龙江鹤岗峻德陶粒黏土岩矿床	342	大型	已开采
12	黑龙江望奎陶粒用泥岩矿床	281.9	中型	已开采
13	浙江萧山湘湖砖瓦黏土矿床	371	中型	停采
14	福建永安坑边黏土矿床	1216.1	大型	已开采
15	福建福安县樟港砖瓦用黏土矿床	177.8	中型	—
16	福建建阳破石砖瓦用黏土矿床	238.0	中型	—
17	江西安福江边陶瓷土矿	91.2	小型	已开采
18	河南遂平嵖岈山乡矿床	162.5	中型	已开采
19	湖南湘潭易家湾矿床	134.0	中型	已开采
20	广东阳山龙脊砖瓦用黏土矿床	15.0	小型	停采
21	广西南宁郊区北湖黏土矿床	1541.0	大型	未开采
22	广西桂林田心黏土矿床	1187.0	大型	已开采
23	广西武鸣渌琴陶粒黏土矿床	87.0	小型	未开采
24	海南儋州东成砖瓦用黏土矿床	435.7	中型	未开采
25	海南白沙邦溪农场十二队砖瓦用黏土矿床	131.7	中型	未开采
26	重庆江津油溪区黄沙坡黏土矿床	267.0	中型	未开采
27	四川盐源下海机砖瓦黏土矿床	33.6	小型	已开采
28	贵州贵阳王武黏土矿床	284.0	中型	未开采
29	贵州贵阳市小罗街黏土矿床	217.0	中型	未开采
30	贵州贵阳市龙泉矿床	235.0	中型	未开采
31	陕西西山普吉黏土矿床	221.0	中型	已开采

续表

序号	矿产地名称	探明资源储量/$10^4 m^3$	规模	开采情况
32	陕西易门青龙树陶瓷黏土矿床	161.0	中型	未开采
33	陕西神木上寨峁砖瓦黏土矿床	242.0	中型	未开采
34	陕西宝鸡虢镇老王沱砖瓦黏土矿床	239.0	中型	未开采
35	甘肃民勤野芨里黏土矿床	—	—	—
36	甘肃西宁沈家寨砖瓦黏土矿床	981.2	中型	未开采
37	青海大柴旦泉吉河矿区砖瓦黏土矿床	732.0	中型	未开采
38	宁夏灵武倒坡子沟砖瓦黏土矿床	677.1	中型	已开采
39	新疆库尔勒塔什店砖瓦用黏土矿床	478.0	中型	已开采
40	新疆富蕴县喀拉通克黏土矿床	351.0	中型	已开采
41	新疆福海县砖瓦黏土矿床	917.0	大型	已开采
42	新疆哈巴河县柳树沟黏土矿床	400.0	中型	已开采
43	新疆吉木乃县建筑公司砖瓦用黏土矿床	950.0	中型	已开采
44	新疆吉木乃县恒发砖瓦黏土矿床	820.0	中型	已开采

陶粒黏土分布情况 按矿层的成岩固结程度，陶粒矿床可分为黏土、黏土岩、泥岩、页岩、泥板岩等类型。按照矿床成因陶粒黏土可分为残积型和沉积型两种。中国陶粒黏土分布十分广泛，截至2013年底，中国陶粒用黏土查明资源量达到$2.54 \times 10^8 t$，主要分布于山西、陕西、青海、新疆、黑龙江等省或自治区。

中国砖瓦和陶粒用黏土矿床分布（图44-3）。

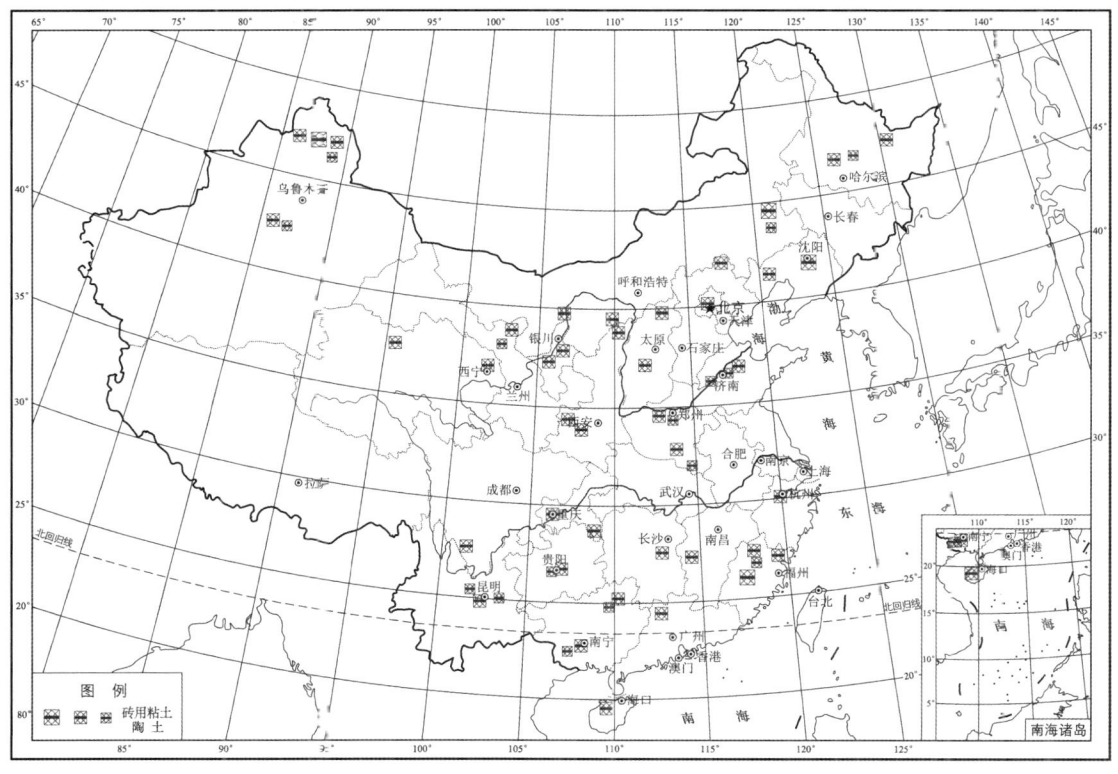

图44-3 中国砖瓦和陶粒用黏土矿床分布

第五节 开发利用和发展趋势

黏土的开发和利用要经过地质勘探、矿山开采和加工三个阶段。在地质工作初期要做好选点工作，一般选择黏土质量均匀、植被层薄、具有一定规模、交通运输方便、便于露天开采、具有有利地形条件的矿点进行地质勘探工作。黏土矿一般采用露天开采，利用推土机自上而下分段、分层开采；原矿需进行选矿，除去伴生矿物，再进行生产加工。

黏土砖瓦制品是中国当前大规模生产的墙体材料，砖瓦用黏土需求量极大，全国各厂家就地取材开采松散黏土层。本着节约土地、不占良田的原则，各地都在大力推广页岩类原料的开采利用，尽量缩小黏土的开采量。

陶粒黏土用以制造陶粒。陶粒是以黏土为主要原料经加工成粒、焙烧而成的一种新型人造轻骨料，具有容重小、强度高、保温隔音效果好、耐火、耐酸碱，抗震及施工适应性强等多种特性，目前国内外已广泛用于建筑、石油、化工、冶金、交通及保温等方面。城市建设的快速发展，伴随墙体材料革新与建筑节能政策的贯彻落实，陶粒必将在建筑业中大量使用。

中国是农业大国，农业在国民经济中占有十分重要的位置。然而，随着经济和社会的不断发展，建设用地和农业生产用地之间的矛盾变得日益突出。中国因取土烧砖毁掉的耕地则多达数10万亩，耕地破坏速度相当惊人。经济建设与耕地保护的矛盾越来越尖锐。为此，中国提出2005年底关停全部黏土砖瓦窑厂，以减少因烧砖取土对耕地造成的破坏。

随着建筑技术的日益发展，建筑正朝着高层大跨度的方向发展，而普通混凝土自身的缺点也逐步凸显。解决途径之一是发展和生产轻骨料混凝土，除了其轻质的特性以外，其保温隔热、耐火、隔音及抗震等性能也是普通混凝土所无法比拟的，在对建筑节能环保要求不断增加的21世纪，轻骨料混凝土有着广阔的发展前景。

第四十五章　绢英岩和绢英片岩

第一节　概　　述

定义　绢英岩是一种由酸性岩浆岩或流纹晶屑凝灰岩经热液蚀变形成的交代蚀变岩，如石英斑岩、花岗斑岩经热液蚀变作用就形成绢英岩。绢英片岩是一种与绢英岩成分相似但成因产状不同的岩石，是由泥岩经区域变质而成。只是绢英片岩具明显的片状构造，绢英岩无片状构造。绢英岩和绢英片岩均由绢云母、石英、长石、叶蜡石、高岭土、蒙脱石等矿物组成，外观似滑石片岩（图45-1）。

图45-1　绢英岩
（来源：维基百科）

用途　绢英岩和绢英片岩都是釉面砖及卫生陶瓷原料，是一种节能非金属矿。用作陶瓷原料时，可进行低温快烧，与黏土质相比，其素烧温度可降低150~170℃。因其岩粉具有电绝缘性、防腐性、润滑性、分散性、悬浮性和抗老化性，还可用作低级滑石的代用品，可作油毛毡、橡胶、塑料、涂料、油漆和高分子复合材料的填料及制品脱模的滑润剂，可降低成本。绢英岩粉的价格仅为云母粉的几分之一。

从绢英片岩中精选出的绢云母具有很多用途，将绢云母添加在生橡胶里可做橡胶的增强剂；将其添加在橡胶原料中能增加橡胶的耐磨性、抗拉强度和抗扯裂性，其耐热性也较炭黑为优；将绢云母粉撒在橡胶表面，能有效防止橡胶相互黏着。此外，还可用作涂料、颜料、油漆、医药、化妆品的配合料、焊条的焊剂等。20世纪90年代初，浙江地质矿产研究所以浙江某地伊利石绢云母为原料，经粗碎、中碎、细磨、风力分级的干磨流程，获得可以用于造纸涂布用的伊利石绢云母瓷土，具有一定经济价值。

地质工作简况　绢英岩矿床和绢英片岩矿床是20世纪80年代发现并勘探开发的矿种。经过几十年的找矿勘探，发现了不少绢英岩和绢英片岩矿床。但至今在国家储量表中没有记载绢英岩和绢英片岩矿床的储量。

矿床发现及开发简史　绢英岩是一种新型节能非金属矿产，是由中国建筑材料地质勘查中心陕西总队1980年首次在陕西洛南小文峪发现。郭奕清等以"一种新的釉面砖陶瓷原料——绢英岩"为题在1981年第一届中国黏土学术交流会及《建材地质》杂志1982年第1期上做了首次报道。绢英片岩则是20世纪80年代中晚期在湖北发现、勘查并开发的。中国建筑材料地质勘查中心湖北总队卢东明、刘鸿恩在《建材地质》杂志1990年第5期以"节能陶瓷新原料——绢云石英片岩矿石特征及其应用效益"为题进行报道，之后相继在吉林、浙江、安徽、福建等地也发现了此类矿床。

第二节　分　　类

按照绢英岩和绢英片岩矿床成因进行分类，可以分为热液蚀变型和区域变质型两种类型。绢英岩矿床，根据蚀变母岩又可以分为花岗斑岩（正长斑岩）热液蚀变绢英岩矿床（如陕西洛南小文峪绢英岩矿床）和流纹晶屑凝灰岩热液蚀变型绢英岩矿床（如福建南安绢英岩矿床）两个亚类；区域变质型绢英片岩矿床，如湖北孝感黄家松林绢英片岩矿床。

绢英岩和绢英片岩矿体一般不大。矿石的主要矿物组成为绢云母、石英和少量长石，外观似滑石片岩，呈白、绿白或黄绿色，丝绢－蜡状光泽，微具滑感；其有用成分除少量石英与长石外主要是绢云母。在一些绢英片岩中，绢云母含量很大，储量也较大，如内蒙古乌拉特后旗明星矿区产出的绢云母石榴子石石英片岩中，绢云母含量达45%~50%。

第三节　物理化学性能

物理性能　绢英岩和绢英片岩的颜色为白、绿白或黄绿色，丝绢－蜡状光泽，微具滑感。绢英岩的矿物组成有石英（含量45%~50%）、绢云母（含量25%~35%）及钾长石、白云母、叶蜡石等。绢英岩的粒级组成：大于60 μm 的占14.8%，60~20 μm 占23.3%，20~10 μm 占19.3%，10.5 μm 占20.5%，5~2 μm 占11.76%，小于4 μm 占10.3%。技术物理性能，干燥线收缩率0.79%，烧结温度1350℃，烧成线收缩率16.7%，总线收缩率17.6%。绢英岩制釉面砖工艺性能，吸水率12%~18%，白度83~86，凹凸度0.1~0.7，热稳定性合格。绢英片岩的矿物组成有石英40%~55%，绢云母20%~35%，长石5%~10%，高岭石5%~10%，蒙脱石5%~8%。技术物理性能：干燥线收缩率3.03%，烧成线收缩0.38%，总收缩率12.12%，烧成温度1050~1090℃，吸水率18%，白度83，热稳定性合格。

化学成分　绢英岩和绢英片岩的化学成分（表45－1）。

表45－1　绢英岩和绢英片岩的化学成分（w_B/%）

产地	矿石名称	SiO_2	Al_2O_3	Fe_2O_3	TiO_2	CaO	MgO	K_2O	Na_2O	烧失量
陕西洛南	绢英岩	76.34	14.51	0.82	0.20	0.03	0.71	4.65	0.23	1.83
湖北孝感	绢英片岩	79.34	12.45	0.84	0.11	0.40	0.77	3.84	0.55	1.85
湖北黄梅	绢英片岩	64.22	14.96	0.30	0.15	8.24	0.35	3.78	0.20	4.26
湖北随州	绢英片岩	74.82	12.96	1.63	0.25	1.87	0.99	1.05	5.05	1.13
湖北黄陂	绢英岩	73.00	14.87	2.62	—	0.26	0.27	3.05	2.32	2.00
安徽庐江	绢英片岩	74.38	17.34	0.78	1.13	0.07	0.20	4.15	0.09	—

第四节　分　　布

绢英岩、绢英片岩作为一种新型矿种，自1980年发现并在咸阳陶瓷厂试制釉面砖成功后受到重视，发现的矿床不断增多，除陕西洛南绢英岩矿床外，陆续发现了湖北孝感、黄梅、随州、黄陂绢英片岩、吉林梨树哈福瓷石矿床、浙江平阳、瑞安、瓯海、萧山、福建闽清、南安、寿宁绢英岩矿床等。

绢英岩和绢英片岩是两种不同成因的矿床。陕西洛南小文峪绢英岩矿床是世界上首次发现的绢英岩矿床。矿床母岩为晚华力西期花岗斑岩，地表出露长1.4 km，宽5~60 m。矿床围岩为中生界蓟县系，主要由含燧石条带石灰岩、硅质灰岩及板岩组成。矿体呈脉状、透镜状、不规则状产出，赋存在花岗斑岩脉体中（图45－2）。矿石呈白、灰白或淡绿色，变余斑状结构，块状和片状构造，丝绢光泽，硬度1~3，略具滑感。矿物成分有石英、绢云母、钾长石、白云母、叶蜡石等。绢云母含量为25%~35%，石英占45%~50%。

图45－2　绢英岩的野外产状
（来源：维基百科）

湖北孝感绢英片岩矿床也是一个典型矿床。该矿床位于江汉盆地北缘与淮阳山字型构造前弧西翼，含矿地层为元古界变质岩层，分布长6000多米，宽为数百米至近千米。矿体为层状，由绢英片岩组成，其顶板为石英岩、石英长石片岩、底板为长石石英片岩。矿体控制长约为1000 m，厚70余米，属中-大型矿山，矿石灰白、灰白、灰绿色及灰黄色，鳞片花岗变晶结构，片状构造，丝绢光泽，具滑感。矿物成分主要有石英、绢云母、长石、高岭土、蒙脱石及少量白云母、水云母、褐铁矿，矿物颗粒微细（粒度0.01~0.03 mm）。

中国绢英岩和绢英片岩矿床分布（表45-2），中国绢英岩和绢英片岩矿床分布（图45-3）。

表45-2 中国绢英岩和绢英片岩矿床分布

序号	矿产地名称	矿床类型	规模	开采利用情况
1	陕西洛南绢英岩矿床	热液蚀变	小型	露天开采
2	湖北孝感绢英岩矿床	区域变质	小型	露天开采
3	湖北黄梅绢英片岩矿床	区域变质	小型	露天开采
4	湖北随州绢英片岩矿床	区域变质	小型	露天开采
5	湖北黄陂绢英片岩矿床	区域变质	小型	露天开采
6	内蒙古乌拉特后旗绢英片岩	热液蚀变	小型	露天开采
7	浙江瑞安伊利石绢云母矿床	热液蚀变	小型	露天开采
8	浙江萧山伊利石绢云母矿床	热液蚀变	小型	露天开采
9	浙江平阳伊利石绢云母矿床	热液蚀变	小型	露天开采
10	安徽庐江绢云母片岩矿床	热液蚀变	矿点	露天开采
11	吉林哈福	热液蚀变	小型	—
12	福建闽清	热液蚀变	小型	—
13	福建寿宁	热液蚀变	小型	—

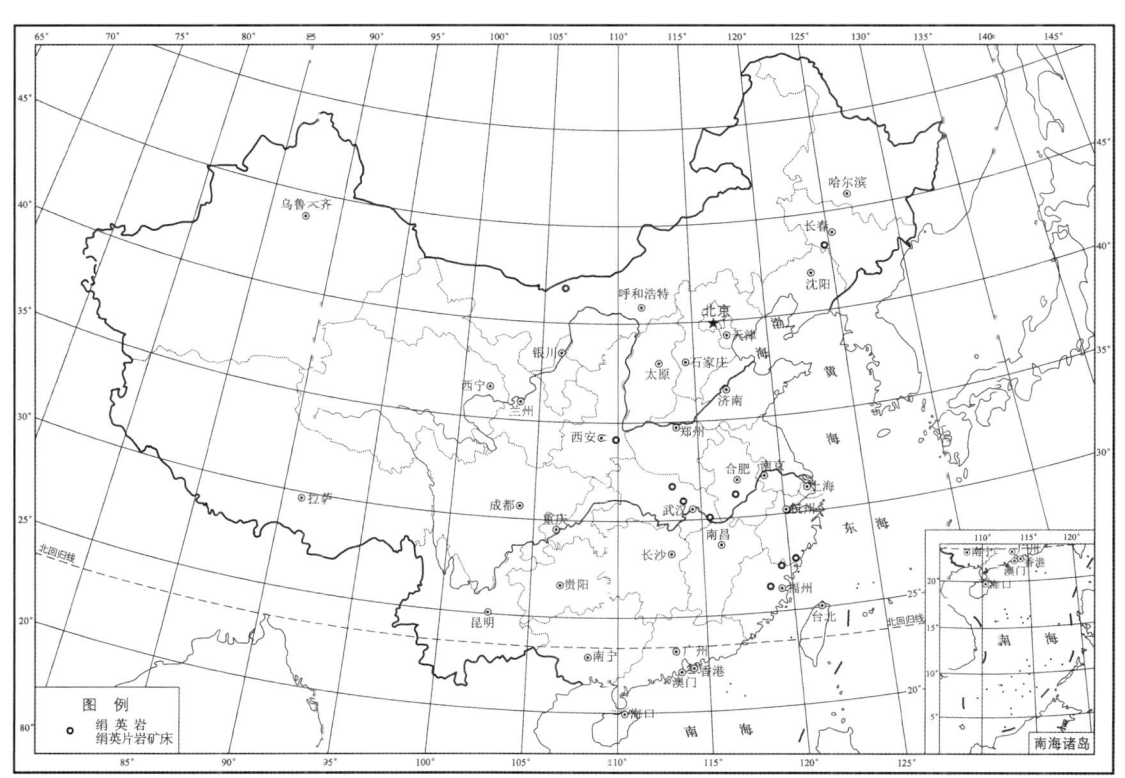

图45-3 中国绢英岩和绢英片岩矿床分布

第五节 开发利用和发展趋势

绢英岩和绢英片岩用作陶瓷原料,一是可以降低烧成温度达 150~170℃;二是可以缩短原料加工周期;三是可以减少配料种类,从而降低生产成本。在以硅灰石、滑石或黏土质为主要原料生产陶瓷的地方若以绢英岩、绢英片岩替代,不但可以降低生产成本,而且还可以节能降耗。除此之外,把绢英岩、绢英片岩加工成 $52\mu m$ 的矿粉可以做填料生产汽车制动器衬片。在油毡、油膏制品中,将绢英岩、绢英片岩替代滑石作填充剂和撒布材料,其用量占整个原材料的 40%。因此,这两种矿产已被陕西、湖北、吉林、福建、浙江、安徽等地的陶瓷厂家和相关厂矿所利用。

绢英岩、绢云片岩在中国分布比较广泛,但总的来看,绢英岩矿床规模不大,在缺乏陶瓷原料、滑石及云母资源的地区可作为代用资源开发。由于这两种矿产具有节能作用,因而这两种矿产具有良好的发展前景。

第四十六章 玄 武 岩

第一节 概 述

定义 玄武岩是一种基性喷出岩，是由火山喷发出的岩浆在地表冷却后凝固而成的一种致密状或泡沫状结构的岩石。玄武岩属岩浆岩，其岩石结构常具气孔状、杏仁状构造和斑状结构。有时带有大的矿物晶体，未风化的玄武岩主要呈黑色和灰色，也有黑褐色、暗紫色和灰绿色（图46-1，图46-2）。

图46-1 气孔状玄武岩
（来源：维基百科）

图46-2 杏仁状玄武岩
（来源：维基百科）

用途 玄武岩用途十分广泛。第一，玄武岩是生产铸石的主要原料。将其破碎后与铬铁矿（钛铁矿）、白云岩、角闪岩以及萤石配料，一起经过制模、熔化铸造、结晶处理、退火等工序制成铸石，该制品具有很强的耐蚀性、耐磨性、硬度高、绝缘，可代替金属管道和容器，用于石油、化工、冶金、电力、煤炭、轻纺等工业。第二，玄武岩是制作岩棉的原料，岩棉是以玄武岩为原料加入白云岩矿渣经破碎、熔融、喷丝可制成一种絮状人造纤维保温材料。其导热系数低，是轻质保温、吸音、耐热、不燃、化学稳定的材料，广泛用于建筑、石油、化工、电力、冶金、纺织、交通、国防等工业。第三，玄武岩是修筑公路、铁路、港口码头、机场跑道等工程中最好的建筑基石材料之一，具有抗压强度大、压碎值低、耐磨、吸水率低、导电性弱、抗腐蚀性强、沥青黏附性强等特点。第四，玄武岩是非常好的建筑装饰材料，其花色自然，具有出色的抗压抗折性、耐磨性好、吸水率低，能很好地和周边景观协调，非常适合用于户外景观建设，特别是地铺石材的最佳选择。第五，玄武岩可以在一种铸钢先进工艺中，起到"润滑剂"的作用，可以延长铸膜寿命。第六，多气孔状的玄武岩，也称为浮石，可以作为轻集料、磨料、过滤材料使用。

地质工作简况 中国的玄武岩地质调查工作始于1936年，当时日本人为寻找石材曾先后两次调查过黑龙江二克山火山岩，并著有地质调查报告。1969年北京市地质局为配合冶金等行业对铸石制品的需求开展，对九龙山向斜的南北两翼侏罗系下统南大岭组玄武岩的初步普查，从中优选大峪矿区进行普查评价，1969年9月提交《门头沟区大峪草帽山铸石辉绿岩（玄武岩）矿区评价报告》，批准工业储量320×10^4 t。20世纪70~80年代，黑龙江二克山玄武岩矿床为生产岩棉制品进行了详细的踏勘，并估算了该矿床储量。中国玄武岩矿产资源比较丰富，但所做得地质工作较少，做过详细地质工作的矿床不多，且多根据工业生产的需要才进行的。已有过地质工作的有：黑龙江省克东县二克山、黑龙江牡丹江黄花、湖南耒阳春江铺、北京门头沟区大峪草帽山、德都五大连池、安徽嘉山韩山、云南昆明普吉大象山及江苏六和塔等玄武岩矿床。截至2013年底，中国共探明建筑用玄武岩矿区数44个，查明资源储量$9151.56\times10^4m^3$；探明饰面用玄武岩矿区数9个，查明资源储量$2494.30\times10^4m^3$；探明铸石用玄武岩矿区数9个，查明资源储量13624.77×10^4t。探明水泥混合材用玄武岩矿区数1个，查明资源储量6.14×10^4t。

开发利用简况 玄武岩的开发利用大致经历了以下两个阶段。第一个阶段，20世纪60年代到20世纪90年代，玄武岩最早主要用作生产铸石的主要原料，当时用作生产铸石原料的10余个矿床星散分布于黑龙江、安徽、江苏、湖南、北京、云南及新疆等地，矿床规模一般不大。此外，也用于生产岩棉，1985年在黑龙江克东县利用二克山火山岩建成年产16300 t岩棉制品厂。第二个阶段，20世纪末以来，玄武岩开始作为建筑石料用于高速公路的抗滑石料应用，并成为玄武岩的主要用途；其次，利用玄武岩由于其独特的物理性能和结构构造特征，作功能性装饰材料。此外，采用玄武岩制作玄武岩纤维具有综合性能好、性价比好且优于其他纤维理化性能。截至2013年底，已开发利用建筑用玄武岩矿山共计711处，其中大型矿山119处，中型矿山56处，小型矿山379处，小矿157处，矿石产量9490.26×10^4t；饰面用玄武岩矿山共计83处，其中大型矿山3处，中型矿山2处，小型矿山39处，小矿39处，矿石产量27.39×10^4t；铸石用玄武岩矿山共计10处，其中大型矿山2处，小型矿山5处，小矿3处，矿石产量14.05×10^4t；水泥混合材用玄武岩矿山共计15处，其中大型矿山1处，小型矿山9处，小矿5处，矿石产量6.14×10^4t。

第二节 分 类

按用途可以把玄武岩分为建筑用玄武岩、饰面用玄武岩、铸石用玄武岩和水泥混合材用玄武岩四类。

地质上玄武岩分类比较复杂，分类方法比较多。如按照化学成分和矿物成分的不同，玄武岩可分为拉斑玄武岩、碱性玄武岩、高铝玄武岩；按照结构构造的不同可分为气孔状玄武岩、杏仁状玄武岩、玄武玻璃；按照充填矿物的不同可分为橄榄玄武岩、紫苏辉石玄武岩等；按照SiO_2饱和程度和碱性强弱可分为拉斑玄武岩（即亚碱性玄武岩）和碱性玄武岩两大类，拉斑玄武岩是SiO_2过饱和或饱和的岩石，以含斜方辉石、易变辉石为特征；碱性玄武岩是SiO_2不饱和富碱，含橄榄石和副长石（如霞石）、沸石等。按照产出的构造环境不同可分为：一是发育于深海洋脊的玄武岩，属拉斑玄武岩类，故又名深海拉斑玄武岩，由于海底扩张来自洋脊的深海拉斑玄武岩成为洋壳的主要组成；二是发育于洋盆内群岛和海山的玄武岩，一般由拉斑玄武岩和碱性玄武岩复合构成，其成因可能与上地幔热柱活动有关；三是发育于岛弧和活动大陆边缘的玄武岩，一般近深海沟一侧和早期发育的是拉斑玄武岩，向大陆方向为碱性玄武岩，但也可以有拉斑玄武岩与之共生；四是发育于大陆内部的玄武岩。它包括由裂隙喷发的大规模泛流拉斑玄武岩和少量的碱性玄武岩。

第三节 物理化学性能

物理性能 玄武岩的颜色一般为灰黑色、黑褐或暗绿色，结构上呈辉绿结构，有的呈斑状结构，但基质仍为辉绿结构；块状构造，节理多；矿物成分主要为辉石和基性斜长石，还可有少量橄榄石、黑云母、石英、磷灰石、磁铁矿和钛铁矿等，基性斜长石明显比辉石自形、结晶好，常构成辉绿结构。容重$2.53\sim13.1g/cm^3$，孔隙度$0.35\%\sim3.0\%$，吸水率$0.39\%\sim0.80\%$，密度为$2.8\sim3.1g/cm^3$。致密者抗压强度可高达300 MPa，有时甚至更高，存在玻璃质及气孔时则强度有所降低。

化学性能 玄武岩是一种基性喷出岩，其化学成分与辉长岩相似，主要成分（w_B）：是SiO_2、Al_2O_3、Fe_2O_3、CaO、MgO（还有少量的K_2O、Na_2O、TiO_2），其中SiO_2含量最多，约占$45\%\sim50\%$。中国主要矿产地玄武岩的化学成分（表46-1）。

表46-1 中国主要矿产地玄武岩的化学成分（$w_B/\%$）

矿产地名称	SiO_2	Al_2O_3	Fe_2O_3	CaO	MgO	K_2O	Na_2O	TiO_2
黑龙江牡丹江黄花玄武岩矿床（铸石用）	43~49	11~20	5~7	5~13	5~11	1.5~5.5		—
黑龙江克东二克玄武岩矿床（岩棉用）	47~52	11~16	7~13	5~10	4~8	<10		<3.5
湖南耒阳春江铺玄武岩矿床（铸石用）	45~54	10~15	—	9~11	4~7	—	—	0.5

第四节 分 布

中国的玄武岩分布范围广泛，在全国多数省市均有分布。中国玄武岩基本为陆相，分别沿内陆裂谷和地缝合带分布。在中国东部，北起黑龙江、南至海南岛的广大地区，是一个以碱性玄武岩为主，兼有拉斑玄武岩的复合岩区，岩浆喷发于新生代，以中心式喷发为主，有数百座火山锥，尤以黑龙江-吉林、内蒙古高原、集宁-大同、南京、云南腾冲、广东雷州、海南岛和台湾最为丰富。其中黑龙江玄武岩分布最广，保有储量居全国首位，已探明牡丹江市黄花玄武岩为一处特大型铸石用玄武岩矿床，岩棉用玄武岩矿床位于五大连池山群的中部。中国西南地区广泛出露的玄武岩，覆盖面积大，以喷溢相玄武岩为主，但在其中探明的铸石用、岩棉用和饰面用的玄武岩矿床并不多。另外，在江苏、浙江、安徽、湖南、福建、云南、甘肃、青海、内蒙古等地均产有铸石用、岩棉用和饰面用的玄武岩矿床。

从成矿时代上来看，中国玄武岩矿床主要形成于新生代的第三纪和第四纪，由火山喷溢的岩浆形成。这一时期形成的矿床主要包括：黑龙江牡丹江市黄花铸石玄武岩矿床、黑龙江克东县二克山玄武岩矿床、黑龙江德都县五大连池玄武岩矿床、江苏六合县（现为六合区）八百桥塔山玄武岩矿床、江苏盱眙县龙王山岩棉用玄武岩矿床、安徽明光韩山玄武岩矿床；在中生代的白垩纪、三叠纪和古生代石炭纪、寒武纪也有一部分矿床形成，如浙江江山市白石山玄武岩矿床、安徽南陵县工山镇蝌蚪山玄武岩矿床、福鼎县（现为福鼎市）大嶂山玄武岩矿床等，河南汝州和青海大通地区的玄武岩则主要成矿于寒武纪；此外，在吉林蛟河和和龙地区的玄武岩则主要成矿于太古宙。

中国玄武岩主要矿产地（表46-2），分布情况（图46-3）。

表46-2 中国玄武岩主要矿产地

序号	矿产地名称	用途	探明资源量	规模	开采利用情况
1	辽宁丹东宽甸四平街二阳沟矿段钼铁矿玄武岩矿床	建筑用玄武岩	$487.2×10^4 m^3$	小型	未开采
2	辽宁丹东宽甸川头镇天顺采石场玄武岩矿床	建筑用玄武岩	$191.7×10^4 m^3$	小型	已开采
3	辽宁铁岭金脉玄武岩矿床	建筑用玄武岩	$116.2×10^4 m^3$	小型	已开采
4	江苏金坛花山矿玄武岩矿床	建筑用玄武岩	$1880.8×10^4 m^3$	中型	已开采
5	安徽南陵工山镇蝌蚪山玄武岩矿床	建筑用玄武岩	$204.2×10^4 m^3$	小型	已开采
6	安徽明光韩山玄武岩矿床	建筑用玄武岩	$110×10^4 m^3$	小型	已停采
7	河南省汝州市白云山水泥灰岩矿床	建筑用玄武岩	$278×10^4 m^3$	小型	已开采
8	河南确山三里河乡董国庆采石厂玄武岩矿床	建筑用玄武岩	$135.5×10^4 m^3$	小型	已开采
9	海南省琼山市（现为琼州区）三江镇龙潭村建筑用玄武岩矿	建筑用玄武岩	$172×10^4 m^3$	小型	未开采
10	海南海口东北部三江镇乐群村玄武岩矿床	建筑用玄武岩	$202.3×10^4 m^3$	小型	未开采
11	海南海口东北部三江镇谭关西村玄武岩矿床	建筑用玄武岩	$275.7×10^4 m^3$	小型	未开采
12	海南省海口市东北部大致坡镇谭门村玄武岩矿床	建筑用玄武岩	$190×10^4 m^3$	小型	未开采
13	海南省海口市东北部云龙镇玄武岩矿床	建筑用玄武岩	$302.1×10^4 m^3$	小型	未开采
14	海南海口市东北部大致坡镇西贯村玄武岩矿床	建筑用玄武岩	$275.3×10^4 m^3$	小型	未开采
15	海南省海口市东北部永兴镇扬参村玄武岩矿床	建筑用玄武岩	$2363.5×10^4 m^3$	中型	未开采
16	海南省儋州市三都镇山建筑用玄武岩矿	建筑用玄武岩	$609.6×10^4 m^3$	小型	未开采
17	四川省洪雅县大河坪道砟用玄武岩矿床	建筑用玄武岩	$256.9×10^4 m^3$	小型	未开采
18	四川省成都西南铁路物资有限公司玄武岩矿床	建筑用玄武岩	$329.8×10^4 m^3$	小型	已开采

续表

序号	矿产地名称	用途	探明资源量	规模	开采利用情况
19	新疆乌鲁木齐铁路工程采石爆破有限责任公司新疆乌拉泊建筑用砂岩矿床	建筑用玄武岩	$288.1 \times 10^4 m^3$	小型	占用
20	吉林省蛟河市琵河城墙砬子寒葱顶子玄武岩矿床	饰面用玄武岩	$864.0 \times 10^4 m^3$	中型	未开采
21	吉林省和龙市青山玄武岩矿床	饰面用玄武岩	$140.0 \times 10^4 m^3$	小型	未开采
22	内蒙古兴和县七十二号村玄武岩矿床	饰面用玄武岩	$277.1 \times 10^4 m^3$	小型	未开采
23	山东省邹平县任家峪玄武岩矿床	饰面用玄武岩	$590 \times 10^4 m^3$	中型	已开采
24	福建福鼎县（现为福鼎市）大嶂山玄武岩矿床	饰面用玄武岩	$506.2 \times 10^4 m^3$	大型	已开采
25	河南省鲁山县双头湾石材矿区	饰面用玄武岩	$120 \times 10^4 m^3$	小型	—
26	黑龙江牡丹江市黄花铸石玄武岩	铸石用玄武岩	$11131 \times 10^4 m^3$	大型	已开采
27	江苏省六合县（现为六合区）八百桥塔山玄武岩矿	铸石用玄武岩	$286 \times 10^4 t$	中型	已停采
28	安徽省明光市韩山玄武岩矿床	铸石用玄武岩	$110 \times 10^4 t$	小型	已停采
29	湖南省耒阳市春江铺玄武岩矿床	铸石用玄武岩	$170 \times 10^4 t$	小型	未开采
30	青海大通县毛家寨黑沟屏玄武岩矿床	铸石用玄武岩	$122 \times 10^4 t$	小型	未开采
31	青海大通县水泉湾玄武岩矿床	铸石用玄武岩	$1959 \times 10^4 t$	大型	未开采
32	黑龙江克东二克山玄武岩矿床	岩棉用玄武岩	$245 \times 10^4 t$	大型	已开采
33	黑龙江德都五大连池玄武岩矿床	岩棉用玄武岩	$7071 \times 10^4 t$	大型	未开采
34	江苏省盱眙县龙王山玄武岩矿床	岩棉用玄武岩	$2074 \times 10^4 t$	大型	未开采
35	河南鹤壁黑山头玄武岩矿床	岩棉用玄武岩	$529 \times 10^4 t$	大型	已开采
36	甘肃永靖牌路沟玄武岩矿床	岩棉用玄武岩	$484 \times 10^4 t$	大型	未开采
37	青海省化隆县庄子湾玄武岩矿床	岩棉用玄武岩	$116 \times 10^4 t$	小型	已停采

注：全国玄武岩矿产地共计44处，表中仅列出了探明资源量$100 \times 10^4 t$以上矿床。

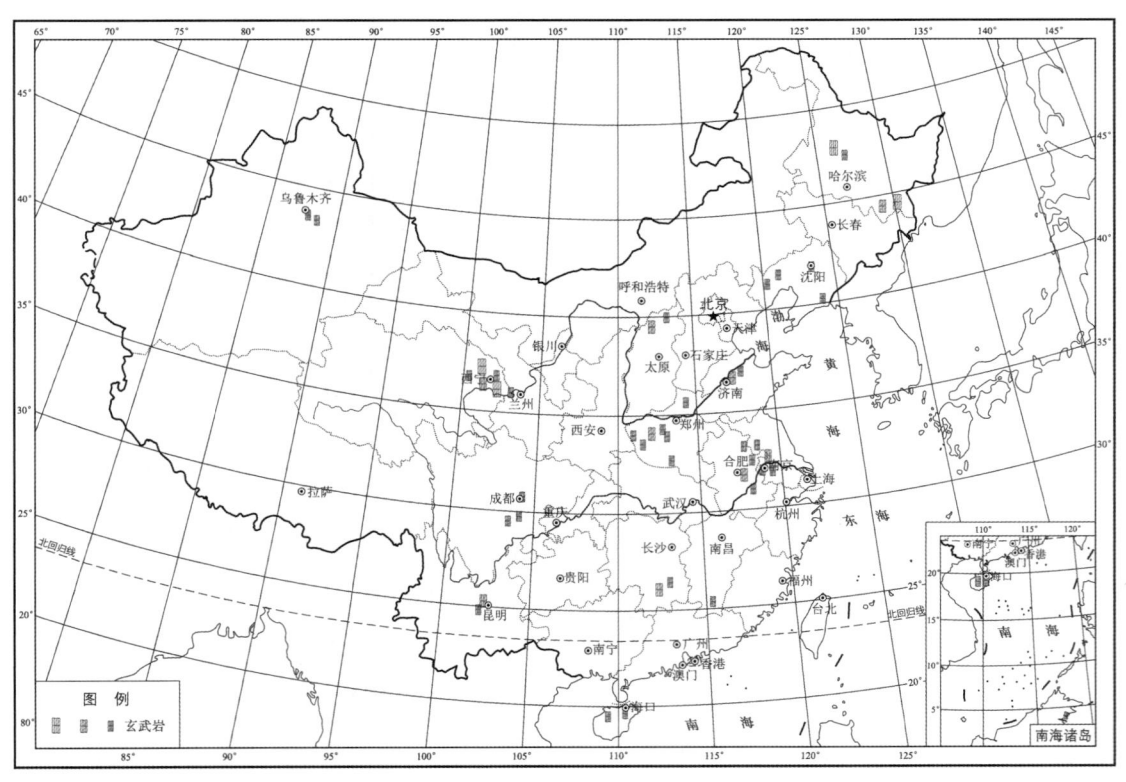

图46-3 中国玄武岩矿床分布

第五节 开发利用和发展趋势

玄武岩矿床一般裸露于地表，多为露天开采，所采矿石根据用途不同开采方法也不同。建筑用玄武岩一般需根据岩体的节理裂隙发育情况决定采用挖掘机挖掘法、人工胀楔法、液压劈裂法和黑火药爆破法等，然后进行荒料移位、吊装与运输。中国玄武岩分布比较广泛，进行过详细地质勘探工作的矿床不多，在过去对它在工业上的利用、研究的研究很少，近年来随着对其开发利用和研究的不断深入，玄武岩成为一种重要的非金属矿产。玄武岩可以作建筑材料、石材、岩棉、铸石、水泥原料等，不同产地的玄武岩因矿石的质量不同，可用于生产和开发出不同的产品。

近年来，随着玄武岩纤维生产技术的提高及对玄武岩纤维产品性能研究的不断进步，对玄武岩纤维的需求量不断增加，玄武岩纤维在防水隔热领域、过滤环保领域、电子技术领域将得到很好的应用。此外，玄武岩也是非常好的建筑装饰材料，能广泛用于室内外装饰，而且主要用作户外石材，福建省福鼎市白琳大嶂山的玄武岩被称为"福鼎黑"，是一种罕见的高级建筑板材。

第四十七章 珍 珠 岩

第一节 概 述

定义 珍珠岩为火山喷发的酸性熔岩流经急剧冷却而成的玻璃质岩石，因其具有珍珠裂隙结构而得名（图47-1）。珍珠岩与松脂岩、黑曜岩成分与产出条件极其类似，但含水量不同。松脂岩含水量6%~10%，黑曜岩含水量一般小于2%，珍珠岩含水量2%~6%，具有在1100~1300℃的高温下瞬时灼烧而体积膨胀数倍至30余倍的特性而区别于松脂岩和黑曜岩。珍珠岩属富含二氧化硅的酸性岩类，多呈块状、多孔状、浮石状，其物质组分除酸性火山玻璃质外，还有少量透长石斑晶、石英斑晶和雏晶、角闪石、黑云母、磷灰石等。

图47-1 珍珠岩原矿
（来源：维基百科）

图47-2 膨胀珍珠岩
（来源：维基百科）

用途 珍珠岩可以制成膨胀珍珠岩，膨胀珍珠岩是一种多孔结构的粒状松散材料，具有容重轻、导热系数小，吸音、防火等性能（图47-2）。其主要用途：一是用于建筑行业，利用其质轻、隔音、绝热的性能作为混凝土和灰浆的集料以达到提高建筑品质、降低建筑物自重和建设成本的目的；二是用作水泥、水玻璃等胶结剂，将膨胀珍珠岩胶结以生产各种形状与规格的制品，作为轻质、保温、隔热吸音板，各种工业设备、管道绝热层，各种冷库工程的内壁，低沸点液体、气体的贮藏内壁和运输工具的内壁等；三是用于助滤剂和填料，加工成品可以用于制作分子筛、过滤剂、去污剂，用于酿酒、制作果汁、饮料、糖浆、糖、醋等食品加工制造业，过滤微细颗粒、藻类、细菌等，净化各种液体，净化水可达到对人畜无害的程度；四是作为颜料、搪瓷、釉、塑料、树脂和橡胶业的充填剂，化学反应中的催化剂，以及油井灌浆混合剂；五是用于土壤改造，调节土壤板结，防止农作物倒伏，控制肥效和肥度，以及作为杀虫剂和除草剂的稀释剂和载体。

其他用途：一是以珍珠岩为主料，以碳酸钙为发泡剂可制气孔封闭、不吸水、绝热、小容重、高强度、耐高温的泡沫玻璃；二是作为水泥熟料的助磨剂，可以提高粉磨效率，降低能耗，还能提高水泥的早期强度和后期强度；三是生产过程中产生的废料珍珠岩用来制瓶罐玻璃，可节约碱50%，其玻璃液还可以吹成珍珠岩纤维，作为保温材料；四是用珍珠岩在低温下烧成玻璃马赛克和卫生陶瓷原料，可节能20%。

地质工作简况 中国珍珠岩矿床的地质工作始于20世纪60年代，1966年山西省地质局二一七队在进行综合普查时发现了灵丘县塔地珍珠岩矿床,于 1971 年对该矿进行了普查评价。1971 年河南地质十队在信阳一带普查膨润土矿床时发现了一种酸性火山玻璃岩石,并在随后经过北京窦店砖瓦厂的测试,确认为珍珠岩,而且膨胀性能极佳,经过十几年的普查和详查工作上天梯珍珠岩矿到目前为止仍为中国最大的珍珠岩矿床。以后还发现了辽宁法库县孤树子珍珠岩矿床、内蒙古太仆寺旗二洞沟珍珠岩矿床、浙江象山高塘珍珠岩矿床等一大批矿床。截至 2013 年底,中国共探明珍珠岩矿区数 38 个,查明资源储量 $37972.87 \times 10^4 t$。

开发利用简况 中国珍珠岩的小规模开发利用始于 1965 年山西灵丘塔地珍珠岩矿床的发现。随着信阳上天梯珍珠岩矿床的发现和研究,到 20 世纪 80 年代形成了较大的开采规模,其开发利用价值逐渐受到地矿、建材等部门的重视。1985 年捷克专家拉登克先生在考察时给予信阳上天梯珍珠岩矿区极高的评价,信阳上天梯珍珠岩的质量优良在国际上也是罕见的。到 1998 年珍珠岩矿砂产量约为 $60 \times 10^4 t$,其中河南信阳地区大约年产 $30 \times 10^4 t$,占中国生产总量的一半,销往全国十几个省市,并出口日本和东南亚。21 世纪以来,随着中国对发展循环经济和建设节约型社会的重视,珍珠岩作为一种新兴材料在建筑行业广泛应用,用作混凝土骨材,用于制造轻质、保温隔热吸音板,防火屋面和轻质防冻、防震、防辐射等高层建筑工程墙体的填料、灰浆等建筑材料,占据中国珍珠岩消费的 90% 以上。截至 2013 年底,已开发利用珍珠岩矿山共计 58 处,其中大型矿山 3 处,中型矿山 2 处,小型矿山 43 处,小矿 10 处,矿石产量 $58.15 \times 10^4 t$。

第二节 分 类

珍珠岩形成于火山弧及弧后地区,矿床类型只有一种,为酸性火山熔岩流型矿床,如河南信阳上天梯珍珠岩矿床、浙江缙云天井山珍珠岩矿床。由于后期水化作用由浅入深,所以珍珠岩逐渐演变成为沸石和膨润土,因此三种矿床常共生产出,如内蒙古巴彦淖尔市乌拉特前旗白庙子珍珠岩、沸石、膨润土矿床。

根据熔岩溢流时火山作用类型,珍珠岩矿床可分为喷溢型、爆发型、侵入侵出型三类。喷溢型珍珠岩矿床主要呈环形、扇形或岩流平缓层状,分布在火山口外侧夹在流纹岩层之中,典型矿床如浙江缙云老虎头、天井珍珠岩矿床。爆发型珍珠岩矿床分布在火山穹窿及其外围地区,夹于熔结凝灰岩、角砾凝灰岩和流纹岩中,典型矿床如福建政和香炉山珍珠岩矿床。侵入浸出型珍珠岩矿床,矿体分布于火山口附近,受构造裂隙的控制,呈脉状、岩墙状产出,典型矿床如江苏溧阳珍珠岩矿。

第三节 物理化学性能

物理性能 珍珠岩的颜色主要以灰白－浅灰为主,也有黄白、肉红、暗绿、灰、黑灰等,外观断口呈参差状、贝壳状,条痕呈白色,莫氏硬度为 5.5~7,属中等硬度,密度为 $2.2~2.4 g/cm^3$,耐火度 1300~1380℃,折光率为 1.483~1.506。珍珠岩最突出的物理特性是膨胀性能,即一定粒度的珍珠岩在骤然高温 1000~1300℃条件下,其体积可迅速膨胀 4~30 倍,成为一种轻质多孔材料。

化学成分 珍珠岩一般化学成分为 (w_B):SiO_2 68%~74%、Al_2O_3 12%、Fe_2O_3 0.5%~3.6%、CaO 0.7%~1.0%、K_2O 2%~3%、Na_2O 4%~5%、MgO 0.3% 和 H_2O 2.3%~6.4%。其化学性质属惰性,水中 pH 值大致为 7。

需要特别指出的是,膨胀珍珠岩的膨胀倍数主要由其岩石中结合水的含量决定,一般以 2%~4% 为宜,结合水过多或者过少都不好,矿石的化学成分与膨胀倍数无直接关联,不该用化学成分作为评价矿石的工业指标。

第四节 分 布

从地理位置来看,已在山西、辽宁、内蒙古、河南、吉林、黑龙江、江苏、浙江、山东、江西、湖北、河北等十多个省或自治区发现膨胀珍珠岩矿床，其中河南省的储量最大。已开发的较大的矿床有：河南信阳上天梯、河南罗山、辽宁建平、浙江缙云、吉林九台、山西灵丘等处。

从成矿区带上来看，中国珍珠岩矿床主要分布在太平洋板块、印度洋板块和欧亚板块的中生代火山岩带上。中生代火山岩形成了北起黑龙江，南达海南岛，长3000 km、宽300～800 km的火山岩带。此岩带可进一步划分为三个亚带：第一个亚带为大兴安岭－燕山亚带，主要珍珠岩矿床有河北的宽城、平泉、张家口、围场、沽源，辽宁的凌源、法库、建平、锦州、黑山，山西的灵丘，河南的信阳，内蒙古的多伦、太仆寺旗等；第二个亚带为东北北部－山东亚带，主要珍珠岩矿床有吉林九台、黑龙江嫩江等；第三个亚带为东南沿海亚带，主要矿床有浙江宁海松脂岩矿床等。已开发的较大的矿床有河南信阳上天梯、河南罗山、黑龙江嫩江、辽宁建平、浙江缙云、吉林九台、山西灵丘等处。

从成矿时代上来看，中国珍珠岩矿床主要产于大陆地壳活动频繁的中生代。中生代以来由于太平洋板块、印度洋板块和欧亚板块的拉张、挤压，地壳活动频繁，各类岩浆大量喷发，故在侏罗系、白垩系、第三系、第四系内均有珍珠岩矿床发现。中国目前发现的大都属于巨大的喷溢熔岩流，它们沿断裂喷出地表，大致按火山灰、安山岩、玻璃质流纹岩、流纹岩的顺序喷出，矿体主要产在玻璃质流纹岩中。中国珍珠岩主要矿产地（表47-1），中国珍珠岩矿床分布（图47-1）。

表47-1 中国珍珠岩主要矿产地

序号	矿产地名称	探明资源量/10^4t	规模	开采利用情况
1	黑龙江穆棱幸福屯珍珠岩矿床	451.0	小型	已开采
2	黑龙江穆棱太平屯Ⅳ号珍珠岩矿床	176.0	小型	已开采
3	黑龙江嫩江门鲁河珍珠岩矿床	1320.0	中型	已开采
4	黑龙江逊克石麻子大岗珍珠岩矿床	1004.0	中型	已开采
5	吉林九台市三台珍珠岩矿床	62.1	小型	已开采
6	辽宁法库孤树子珍珠岩矿床	305.0	小型	已开采
7	辽宁彰武苇子沟珍珠岩矿床	422.0	小型	已开采
8	辽宁建平双庙珍珠岩矿床	1345.0	中型	已开采
9	河北围场县桃山-燕格柏一带珍珠岩矿床	4808.4	大型	未开采
10	山西灵丘塔地珍珠岩矿床	5852.0	大型	已开采
11	内蒙古喀喇沁旗南台子喇嘛沟珍珠岩矿床	338.0	小型	已开采
12	内蒙古太仆寺旗二洞沟珍珠岩矿床	990.0	中型	已开采
13	内蒙古巴林左旗查干哈达珍珠岩矿床	495.0	小型	未开采
14	内蒙古固阳红泥井膨润土、珍珠岩矿床	1372.1	中型	未开采
15	山东潍坊涌泉庄珍珠岩矿床	1639.5	中型	已开采
16	山东莱阳白藤口珍珠岩矿床	570.5	中型	已开采
17	江苏丹徒垂山珍珠岩矿床	994.0	中型	已开采
18	浙江象山高塘珍珠岩矿床	503.0	中型	已开采
19	浙江缙云天井山珍珠岩矿床	149.0	小型	已开采
20	浙江天台紫宁珍珠岩矿床	439.0	小型	已开采
21	福建政和香炉山珍珠岩矿床	199.0	小型	已停采
22	安徽宣州水东珍珠岩矿床	298.1	小型	已开采
23	江西广丰李家珍珠岩矿床	1152.0	中型	已开采
24	江西金溪县浒湾珍珠岩矿床	748.4	中型	未开采
25	江西广丰李家膨润土矿区南矿段3-15线共生珍珠岩矿床	242.3	小型	未开采
26	河南信阳上天梯珍珠岩矿床	11298.8	特大型	已开采
27	广西岑溪大隆珍珠岩矿床	307.0	小型	未开出

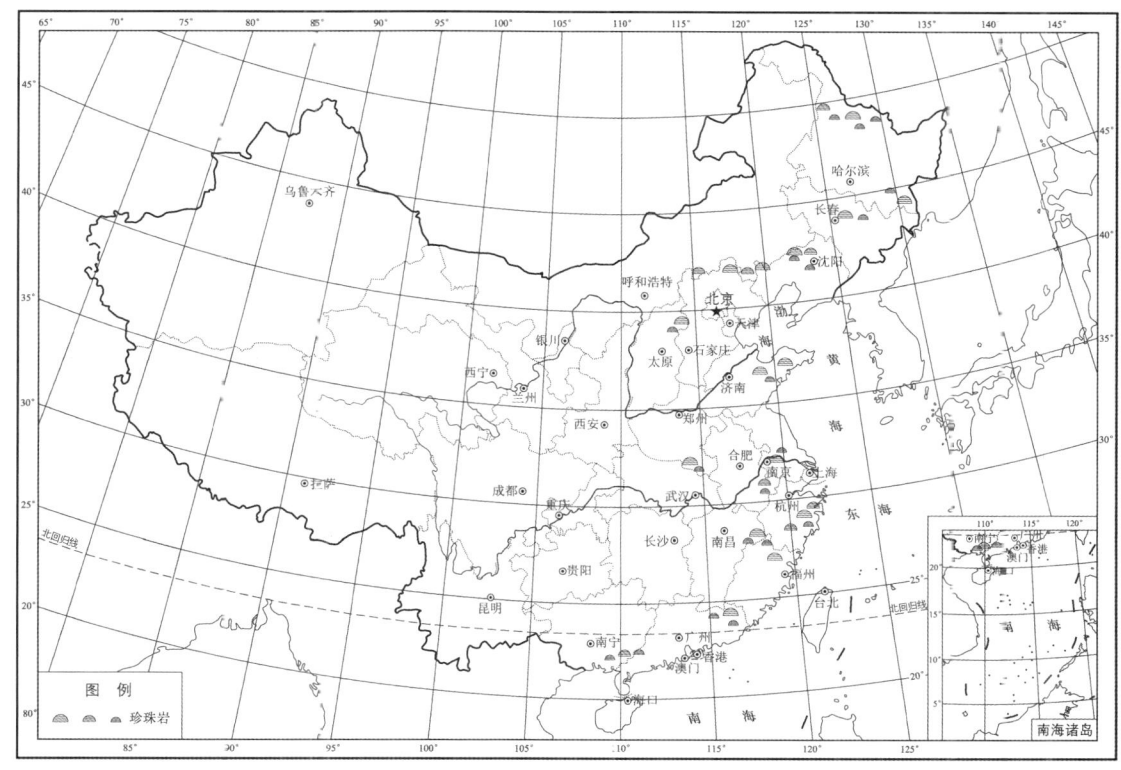

图 47-3　中国珍珠岩矿床分布

第五节　开发利用和发展趋势

中国珍珠岩矿床一般出露于地表或埋藏很浅，适合露天开采。珍珠岩的加工方法主要包括将珍珠岩原矿加工成为珍珠岩矿砂、膨胀珍珠岩及表面处理的膨胀珍珠岩三类。由于珍珠岩矿石的选矿目的是将入选原矿加工成粒度、水分等指标均达到工业要求的产品，即珍珠岩矿砂，因而决定了珍珠岩的选矿工艺非常简单，通常为破碎—分级—干燥。膨胀珍珠岩是珍珠岩原矿经破碎干燥后在850℃～1100℃下焙烧而得到的产品。表面处理膨胀珍珠岩主要包括憎水处理和复合处理，憎水处理主要是通过将憎水剂加入到原料中或者进行喷涂、浸渍等处理技术使其由亲水性变为憎水性。通过溶胶-凝胶表面生成莫来石的方法可以提高膨胀珍珠岩的热力学性能，将膨胀珍珠岩的热稳定性提高到1400℃。目前，中国珍珠岩矿山开采已经打破了过去一地垄断的局面。除了中原地区，东北、华北、西北地区十几个省区都陆续发现了珍珠岩矿藏，形成了四大采矿基地，即河南信阳、朝阳赤峰、山西灵丘和黑龙江嫩江基地，并形成了四大膨胀加工基地，即河南信阳基地、河南濮阳基地、河北廊坊基地、成都重庆基地。

近年来，随着建筑节能事业的不断发展，利用珍珠岩的膨化特性所生产的膨胀珍珠岩和膨胀玻化微珠已被广泛应用于建筑领域。但中国的闭孔膨胀珍珠岩技术、复合技术还有待进一步提高，此外加强珍珠岩在滤纸、助滤剂、园艺和填料的进一步利用，将使珍珠岩开发利用跃上一个新的台阶。膨胀珍珠岩新产品及品种的不断开发，其应用范围将日益广泛。今后，随着经济建设的发展，对珍珠岩的需求也会更大，发展前景非常乐观。

第四十八章 麦 饭 石

第一节 概 述

定义 麦饭石,中药名,原岩是石英二长斑岩(产于内蒙古自治区奈曼旗)或石英二长岩(产于河南伊川),因其外观似一团麦饭而得名(图48-1)。麦饭石具有良好的吸附净化作用、含有可溶性微量元素组合,是一种有益于人体和生物的矿产品。麦饭石是中国应用最早的天然药石,李时珍《本草纲目》中对其药用价值进行了记载。麦饭石在台湾称为"长寿石",日本称为"神石"、"健康石",韩国称为"矿泉药石"。

图48-1 麦饭石
(来源:维基百科)

用途 麦饭石所具有的固有特性决定了它的用途,多孔性和巨大的表面积使其具有很强的吸附作用和交换作用,同时它所含矿物质不仅丰富而且易于释放决定了它拥有很好的保健价值。麦饭石的具体用途:一是作为一种中药使用,由于麦饭石多孔表面大,吸附能力很强,古代用麦饭石配制医治皮肤病的药膏,故又称"药石",对皮肤病特别是拔脓效果很好。二是作为保健品使用,麦饭石被认为含有人体所需的可溶性微量元素组合,具有一定的保健作用。因此,现代经常把麦饭石作为食品添加剂、保鲜剂、水的矿化剂、净化剂。但需要指出的是,麦饭石的药用和保健价值尚未进行过系统的动物和人体科学实验,尚不能作为科学定论。三是将其应用于养殖业,可改善动物肠胃功能,提高肉、奶、蛋的产量及质量。四是将其应用于农业作为土壤改良剂,发挥了其独特的吸附作用,减少了农药带来的各种污染。五是近些年来一些新的研究将麦饭石应用到纺织业,麦饭石纤维通过直接与人体接触实现对人体微量元素的补充和对皮肤代谢产物的吸收,达到调节体内微循环,预防癌变,止痒消炎除臭等功能。麦饭石纤维还可用于服装、床品、装潢、医疗及军事航天防护等领域。

地质工作简况 1978年,日本矿物医学家对麦饭石的研究引起了国际上的广泛关注。1983年开始,中国地质学家开始对麦饭石开展了一定的地质工作,并于1986年发现内蒙古自治区奈曼旗花岗闪长岩矿床。此后,先后发现了辽宁阜新、天津蓟县、浙江四明山、江西信丰县等地20余处麦饭石矿床(点),但仅有少数矿体进行过地质工作,未统计进入国家储量表。截至2013年底,中国共探明麦饭石矿床4个,探明资源储量275×10^4t,但实际上中国麦饭石的储量远远大于该数据。

矿床发现和开发简史 中国对麦饭石的开发利用历史久远,对麦饭石的记载始于唐代文学家、哲学家刘禹锡,此后宋代医学家马嗣明、苏颂均有论述。明代李时珍在《本草纲目》中论述麦饭石"其石大小不等,或如拳,或如鹅卵,或如盏,或如饼,大略如握住一团麦饭""粒点如豆如米,其色黄白""甘温无毒,主治一切痈疽背发"。自《本草纲目》抄本1593年问世至20世纪60年代,麦饭石几乎濒于失传,没人去挖掘麦饭石的药石资源,更无人对麦饭石作过深入的研究。对麦饭石的开发利用在20世纪80年代形成一股热潮,中国地质学家通过找矿发现了内蒙古自治区哲理木盟奈曼旗平顶山的一个小山屯的居民因长期饮用麦饭石矿泉水而长寿,该矿石于1986年3月被国家工商局命名为"中华麦饭石"。此后麦饭石的各种制品逐渐兴盛起来,麦饭石的保健价值被世人所关注。但由于缺乏对麦饭石的药效、保健效能及其机理的系统研究,麦饭石的开发利用也存在一定的争议,其药用和保健价值还有待进一步的生物学和临床研究来证实。截至2013年底，已开发利用麦饭石矿山共计14处，其中小型矿山9处，小矿5处，矿石产量1.55×10^4t。

第二节 分 类

目前中国已发现的麦饭石矿床均为侵入岩或超浅成次火山岩经后期风化蚀变改造而成的风化矿床。根据地质构造环境的不同，麦饭石矿床大致可分为三类。

第一类，次火山岩风化壳型麦饭石矿床。这类矿床是在超浅成次火山侵入期后，富含有益元素的挥发组分富集于封闭程度较高的岩层顶部，经强烈的火山期后的热液蚀变改造和风化而成矿。它与周边相对应的火山岩是同源不同期的产物。这类矿床蚀变强烈，规模巨大，单个矿体面积达1~2 km²，质量稳定，品级优良，开采方便。剖面上可分为三个带：表层0~3 m为松散的砂粒带，遭后期人为的耕种破坏，有一定的污染，又受强烈淋滤，元素损失较多，不宜作为医药和净水之用。中部为强风化蚀变带，外貌呈原岩状态，但结构十分疏松，厚几米至十几米，氧化物和微量元素与原岩相比，略有减少，是质量最好的麦饭石。下部为弱蚀变带，岩性与原岩一致，只是岩石坚硬度稍低于原岩，蚀变矿物大为减少，不能作为药用和净水之用，但可作为养鱼之用。底部原岩带，基本不具麦饭石特性。典型矿床为浙江四明麦饭石矿床。

第二类，侵入岩风化壳型麦饭石矿床。这类矿床是在侵入岩边部或局部节理构造密集带，经后期热液蚀变风化作用形成的麦饭石矿。矿体呈似层状、透镜状的风化-半风化状，具面状蚀变外形，但蚀变强弱不匀，层内常夹有风化较弱的硬块。剖面上分带性不明显，规模小，品级不稳定。典型矿床为福建闽南麦饭石矿床。

第三类，侵入岩脉状风化壳型麦饭石矿床。这类矿床多产于岩脉内断裂节理构造裂隙带，呈期后热液蚀变和风化大脉状、似层状。一般大脉厚度几米至十几米，宽几米，长度几百米至上千米，规模不大，但品级稳定，质量较好。似层状麦饭石矿规模不一，品级变化大。实例如内蒙古奈曼旗、天津蓟县、辽宁阜新麦饭石矿床。

第三节 物理化学性能

物理性能 麦饭石属于石英二长岩岩类，具有斑状结构、块状构造。主要矿物成分有斜长石、钾长石、石英、黑云母、绢云母、角闪石、电气石、磷灰石、金红石、蛭石、绿泥石、绿帘石等。麦饭石具有一些独特性能，如良好溶出性能，其中所含的K、Na、Fe、Mg等在水中有较大的溶出量；具有吸附性能，对重金属具有较强吸附作用；具有较强的生物活性，它含有人体所必需的矿物质和微量元素，如活性成分K、Na、Mg、Fe等很丰富，从而具有保健作用；具有良好的脱色性能及清洁作用，可使一些有色物质颜色全部褪掉。

化学成分 由于麦饭石的原岩类型各不相同，不同的岩石类型其物化性质亦有所不同。麦饭石除含一些常量元素外，还含有多种微量元素。几个典型矿床的化学成分（表48-1），几个典型麦饭石矿床的微量元素成分（表48-2）。

表 48-1 几个典型麦饭石矿床的化学成分（$w_B/\%$）

矿床	SiO_2	TiO_2	Al_2O_3	Fe_2O_3	FeO	MnO	MgO	CaO	Na_2O	K_2O	H_2O	P_2O_5
浙江四明山	70.07	0.34	14.87	1.42	1.27	0.06	0.70	2.14	4.26	3.94	0.29	0.09
内蒙古奈曼旗	59.60	0.78	16.50	2.58	2.35	0.08	1.16	3.05	4.80	3.30	0.83	0.22
天津蓟县	72.24	0.33	13.50	0.82	1.62	0.04	0.71	1.50	3.74	3.71	0.78	0.14
辽宁阜新	65.19	0.54	15.36	2.34	2.01	0.13	1.72	3.88	3.67	3.31	1.11	0.22

表48-2 几个典型麦饭石矿床的微量元素成分（$w_B/10^{-6}$）

矿床	有益微量元素												
	Ga	Ta	Co	Sr	Li	V	Zn	Cu	Mo	Cv	Ni	Nb	La
内蒙古奈曼旗	17.0	5	1.16	450	24	130	80	4.8	2.0	52	4.2	22	38.3
天津蓟县	—	<10	5.70	—	13.7	35.3	50	64.1	—	16	6.2	26.4	—
辽宁阜新	15.52	10	8.50	397	24.3	240	45.8	23.2	0.5	6.5	4.4	12.7	39.9

矿床	有害微量元素			
	As	Cd	Hg	Pb
内蒙古奈曼旗	1.06	—	0.01	20
天津蓟县	<1	<1	<1	40.1
辽宁阜新	2.04	0.05	0.02	14.0

第四节 分 布

从地理位置上来看，中国麦饭石资源分布在20个省市，其中比较著名并已开发应用的有内蒙古奈曼旗、天津蓟县、辽宁阜新、浙江四明山、江西赣南、河南嵩山、吉林长白山、河北灵寿、山东青岛和泰山、陕西户县、台湾台东等。中国麦饭石的储量应相当丰富，但多数未经过勘查，未列入国家储量表中。

从成矿区带上看，中国麦饭石矿主要集中于构造-火山活动带上，如扬子板块与华北板块之间的秦岭造山带，华北板块与西伯利亚板块之间的造山带，阴山-燕山-兴安岭造山带等。

从成矿时代来看，中国麦饭石矿床成矿时代比较晚，多为燕山中晚期和喜马拉雅早期，成矿时间则集中于岩浆期后和次火山热液活动期。

中国麦饭石主要矿产地（表48-3）。

表48-3 中国麦饭石主要矿产地

序号	矿产地名称	探明资源量/10^4 t	规模	开采利用情况
1	吉林通化县长白山麦饭石矿床	19.0	小型	已开采
2	吉林和龙市南坪镇延边长白山麦饭石开发公司麦饭石矿	1.4	小型	已开采
3	汪清县二十五公里麦饭石矿	2.6	小型	未开采
4	江西信丰县石背麦饭石矿区	252.0	中型	已开采

第五节 开发利用和发展趋势

中国麦饭石资源一般在地表有部分出露，但矿石也常埋藏较深，因此在开采过程中，需采用露天开采和坑采结合的方式。中国麦饭石自20世纪80年代经历过一段时间的开发利用热潮并退潮后，目前主要用于制作人工矿泉水、净水、食物、酿造，少量用于药物及化妆品中。当前中国对麦饭石的需求量较少，多数用于出口，原因在于中国在麦饭石开发利用技术上尚不够成熟，配套的相关行业标准也有待制定，这正好保护了各地对珍贵矿产资源。

虽然中国麦饭石资源储量巨大，完全能够满足今后较长一个时期的供求所需，但经过系统的勘探开发的资源极少。深入研究麦饭石性能、拟定麦饭石的相关标准和规范对麦饭石的应用发展，使麦饭石资源在现代医疗保健技术和人类健康方面发挥其积极的作用。

第四十九章　火山灰、火山渣、浮石

第一节　概　　述

定义　火山灰、火山渣、浮石均是火山岩浆喷发时，由于压力的急剧减小，内部气体迅速逸出膨胀而形成的物质。根据喷发物形状、相对密度和大小划分为火山灰、火山渣和浮石。火山灰是一种粒径小于4 mm的火山喷出碎屑物。按粒径可分为粗火山灰（又称火山砂，4～0.7 mm）和细火山灰（<0.7 mm）。火山灰以玻屑为主，质轻多孔，含少量晶屑和岩屑；由于成分差异，有白、灰、浅褐、浅紫等颜色，密度小于1 g/cm³，能浮于水。火山渣是一种粒径为4～32 mm的火山喷出碎屑物，呈玻璃质，渣状外貌，大小不均，形状不规则，通常呈黑、暗褐色，常含气孔，其密度1.3g/cm³左右，不浮于水。浮石，也称浮岩，是一种玻璃质喷出岩，呈玻璃质，气泡状构造，气孔体积占岩石总体积的70%以上，岩块大小比较均匀，通常呈灰白、浅灰、浅褐、黄褐、铁黑，无光泽，全玻璃结构，密度小于1g/cm³，能浮于水（图49-1～图49-3）。

图49-1　火山灰
（来源：维基百科）

图49-2　火山渣
（来源：维基百科）

图49-3　浮石
（来源：维基百科）

用途　火山灰、火山渣和浮石由于具有活性强、质轻多孔等特点，在建材、化工、日化、环保等领域得到广泛应用。第一，在建筑材料行业，用来做混凝土的天然轻骨料制作内外墙板、屋面板、小型空心砌块、大型水泥预制件，可使建筑物具有质轻、防火、隔音、隔热的性能；火山灰因具有较高的活性，水泥生产中用作活性混合材，即将其直接粉碎、磨粉后加入水泥熟料中，可降低生产成本和能耗；以浮石为主要原料经高温熔化，可制成岩棉和岩棉制品，也可作公路路基、城市人行道、堤坝护坡材料、铁路道砟。第二，在化学工业中，磨粉作过滤剂、干燥剂和催化剂，石油化工中的分子筛储酶载体。第三，在磨料、塑料、填料工业中，用作光学玻璃高级磨料、塑料抛光剂、橡胶填料、硬塑料填料。第四，在日化行业，用作化妆品、牙膏、肥皂及其他日用化工品的填料。浮石还可以用作擦澡、磨脚材料，可以有效地去除皮肤上残留的角质层。第五，浮石可以用作服装优质水洗磨料，国内牛仔服水洗厂每年需求量4×10^4t左右。第六，利用浮石的多孔结构进行功能粒子组装，如组装具有光催化性能的二氧化钛颗粒，制成具有吸附、光催化、微生物降解性能的有机污染物降解材料。第七，用作杀虫剂载体、肥料控制剂。第八，浮石是一味中药，有清肺、化痰、软坚散结的功效。

地质工作简况　1927～1942年日本人曾对吉林白头山圆池喷出岩进行过调查研究，发现浮石矿山。1975年吉林省建材非金属地质勘探队首次勘查了吉林安图县圆池浮石矿床，确定了其矿床规模和成因。截至 2013 年底，中国共探明火山灰矿床 4 处，查明资源储量 6996×10^4 t；探明火山渣矿床 7 处，查明资源储量 5140×10^4 t。探明浮石矿床 8 处，查明资源储量 2484×10^4 m³。

开发利用简况 中国火山灰、火山渣和浮石的利用大约经历了两个阶段。第一阶段，20 世纪 70 年代末至 20 世纪末，中国对火山灰、火山渣、浮石的利用大多只用于作建筑材料，主要用作轻骨料、浮石砌块、路基材料，以及水泥掺入料等。除应用于建材外，浮石开始用于牛仔服装的磨料（石磨兰），还可用于研磨、抛光、橡胶、塑料和其他日用化工的填料，并有部分出口。第二阶段，进入 20 世纪以来，浮石在建筑材料行业的用量仍然很大，但应用方向除传统的"骨料"外，逐渐向制造具抗虫蛀、保温、吸音等功能性轻质板材方面发展，此外，在水磨蓝石、化妆品、农药载体、分子筛等领域的应用也大大拓宽。截至 2013 年底，已开发利用火山灰矿山共计 9 处，其中小型矿山 7 处，小矿 2 处，矿石年产量 10.9×10^4 t；火山渣矿山共计 6 处，其中小型矿山 4 处，小矿 2 处，矿石产量 5.24×10^4 t；浮石矿山共计 21 处，其中小型矿山 15 处，小矿 6 处，矿石产量 16.3×10^4 t。

第二节 分 类

火山灰、火山渣和浮石常环绕火山口呈锥形产出，矿床类型有三种。①基性玄武质火山灰浮石矿床，如黑龙江德都五大连池克东二克山火山灰矿床、吉林辉南大椅山火山灰浮石矿床。②中性安山质火山灰浮石矿床，如吉林长白山天池火山灰浮石矿床。③酸性流纹质火山灰浮石矿床，如吉林安图园池、吉林安图双目峰火山灰浮岩矿床。

第三节 物理化学性能

物理性能 火山灰一般为灰白、灰、浅褐、浅紫等颜色，密度小于 1 g/cm³，能漂浮于水面。火山灰除单独出现外常与火山砾、火山集块混杂产出。火山渣通常呈黑、暗褐色，渣状外貌，大小不均，含气孔，气孔常为不规则状、圆形和长圆形，大小由数毫米至数厘米不等，其密度 1.3g/cm³ 左右，不浮于水。浮石通常呈灰白、浅灰、浅褐、黄褐、铁黑色，大小一般较为均匀，含大量的气孔，天然浮石孔隙率为 71.8%～81%。其中，酸性流纹质浮石呈白或者灰白色，玻璃质结构，气孔或泡沫构造，主要由透明火山玻璃组成，可出现长石、石英、黑云母、角闪石雏晶；安山质浮石，岩石呈黄、浅黄色，玻璃质结构，气孔构造，主要由火山玻璃组成，有少量透长石、辉石、黑云母、角闪石微晶；玄武质浮石呈黑色、红褐色，玻璃质结构、玻基斑状结构，气孔构造，质粗糙，可出现辉石、橄榄石、基性斜长石斑晶。

火山灰、火山渣和浮石物理性能（表 49-1），玄武岩质浮石和流纹质浮石性能稍有差异，安山质浮岩性能介于两者之间。

表 49-1 火山灰、火山渣、浮石物理性能

矿石类型	松散容重 kg/m³	颗粒容重 kg/m³	吸水率/%	空隙率/%	孔隙率/%	筒压强度 MPa	导热系数 W/(m·K)
火山灰	≤1.0	—	—	—	—	—	—
火山渣	594	1363	13	46.2	54.4	20.0	3.5
玄武质浮石	540～815	864～1680	10.3～23.2	51.3～56.3	40.7～58.2	0.96～1.70	0.23～0.46
流纹质浮石	240～445	459～650	26.6～64.2	31.7～49.3	71.8～81.0	0.53～1.76	0.23～0.46

化学成分 火山灰、火山渣和浮石的化学成分与相应的熔岩相似，但由于陆源混入物的含量不同，成分常有变化。由于成因不同，玄武岩质、流纹岩质、安山岩质矿物组成和成分有很大差别。浮石化学组成主要为 Si、Al、K、Na 组成的硅酸盐，海浮石，则可能含有 Cl、Mg 等海水中存在的物质。不同矿床的火山灰、火山渣和浮石矿床化学成分（表 49-2）。

表49-2 不同矿床的火山灰、火山渣和浮石矿床化学成分（$w_B/\%$）

矿种	矿产地	SiO_2	Al_2O_3	Fe_2O_3+FeO	MgO	K_2O	Na_2O	CaO
火山灰	黑龙江安宁县（现为安宁市）	45.1	15.56	—	—	1.32		
火山渣	吉林长白山	49.98	17.91	13.36	4.52	—	—	9.00
流纹质浮石	吉林安图园池	69.52	12.02	7.76	0.29	4.01	5.63	0.79
玄武质浮石	黑龙江老黑山	51.82	13.81	15.73	6.66	4.97	3.83	6.09
安山质浮石	吉林天池	63.53	16.03	8.50	0.51	5.46	6.08	1.34

第四节 分　　布

从地理位置来看，中国火山灰、火山渣和浮石矿床分布在内陆和大洋边缘火山活动有关的几个省市，主要集中在黑龙江、吉林两地，此外在辽宁、内蒙古、山西、海南、云南和西藏地区也有少量矿床分布。从成矿区带上来看，火山灰、火山渣和浮石矿床主要集中在环太平洋带和地中海喜马拉雅山带。中国海南、广东、江苏、浙江、辽宁、吉林、黑龙江等地火山属环太平洋带，滇西火山属于地中海－喜马拉雅山带。其中，基性玄武质矿床主要分布于黑龙江省的五大连池、克东、宁安，吉林省辉南大椅山、靖宇、安图，辽宁省宽甸黄椅山，内蒙古自治区察右后旗、乌兰哈达，山西省大同聚乐堡，云南省腾冲及广东省的岭南地区和海南省的石山地区。中性安山质矿床则仅见于吉林长白山天池。酸性流纹质矿床主要分布于吉林安图圆池，双目峰等地。

从成矿时代来看，可利用的火山灰、火山渣和浮石矿床形成时代主要在第四纪，其次为第三纪。

中国火山灰、火山渣和浮石重要矿产地（表49-3），中国火山灰、火山渣和浮石矿床分布见（图49-4）。

表49-3 中国火山灰、火山渣、浮石重要矿产地

序号	矿床类型	矿产地名称	探明资源量/10^4t	规模	开采利用情况
1	火山灰	黑龙江牡丹江马鞍山、崴子山火山灰矿床	3477.0	大型	已开采
2	火山灰	黑龙江宁安县（现为宁安市）鹿道火山灰矿床	373.0	大型	已开采
3	火山灰	黑龙江林口县马鞍山火山灰矿区	4584.0	大型	已开采
4	火山灰	西藏当雄县羊八井瓷土矿床（共生矿产）	2048.0	小型	已停采
5	火山渣	吉林辉南县大椅山火山渣矿床	2994.3	小型	未利用
6	火山渣	吉林辉南县孤山子火山渣矿床东矿段	449.0	小型	未利用
7	火山渣	吉林辉南县董家堡火山渣矿床	629.4	小型	未利用
8	火山渣	吉林省辉南县红旗林场火山渣矿床	113.5	小型	未利用
9	火山渣	吉林省柳河县小腰牌火山渣矿床	403.0	小型	未利用
10	火山渣	吉林靖宇县三林火山渣矿床	340.0	小型	未利用
11	火山渣	吉林靖宇县双山子火山渣矿床	345.0	大型	已开采
12	浮石	吉林和龙市赤峰浮石矿床	358.0	大型	未利用
13	浮石	吉林安图县园池一带浮石矿床	540.0	大型	已停采
14	浮石	吉林白河林业局浮石矿床	29.8	小型	已停采
15	浮石	黑龙江嫩江县科洛乡大椅山浮石矿床	17.5	小型	已开采

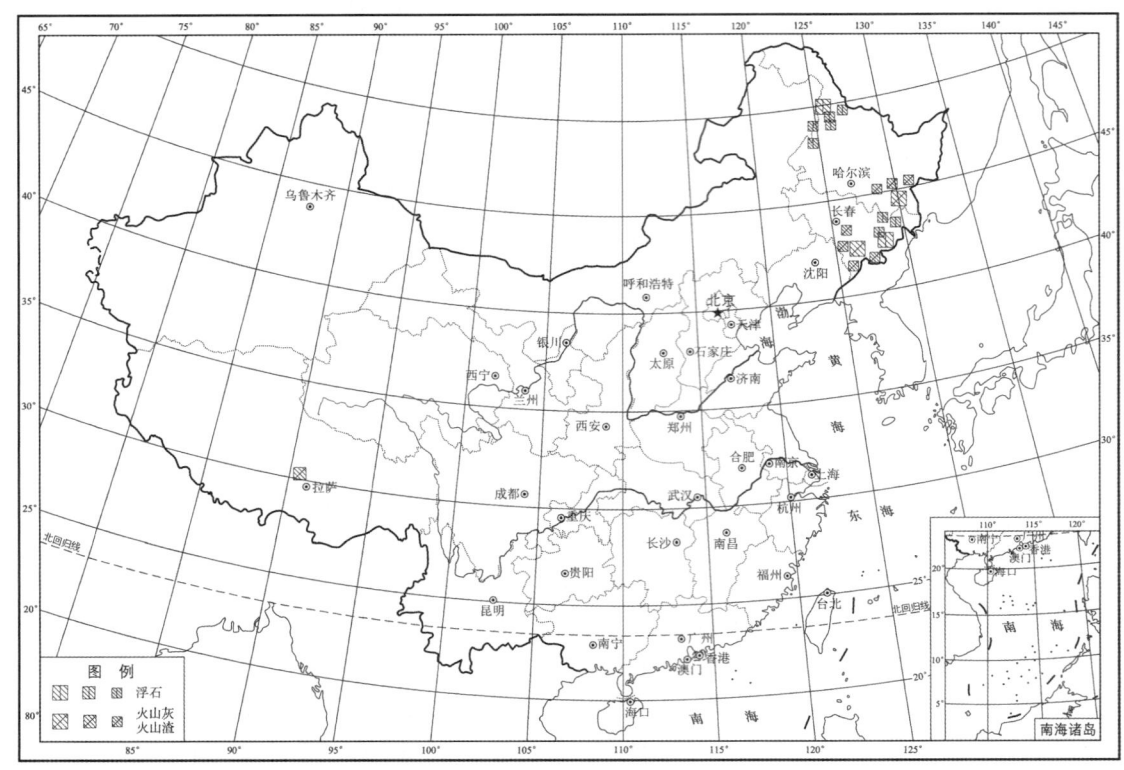

图 49-4 中国火山灰、火山渣和浮石矿床分布

第五节 开发利用和发展趋势

由于火山灰、火山渣和浮石一般出露于地表，根据距离火山口的位置呈现明显的粒度分布，颗粒大的浮石和火山渣离火山口较近，火山灰一般被搬运到离火山口较远的位置。在开采过程中，多采用露天法采矿，矿床或开采地段覆盖层不厚，一般采用人工剥离或用推土机剥离，矿山开采机械化程度不高。

火山灰、火山渣和浮石作为一种天然矿产资源，现处在小规模初级开发利用阶段。由于其具有轻质、高强、节能、保湿、绝热、吸音、无毒和价廉等特点，是一种优良的建筑材料。一些代用品如硅藻土、膨胀珍珠岩、黏土、页岩等材料的综合性能远不如火山灰、火山渣和浮石优良。但中国火山灰、火山渣和浮石等资源相对贫乏，因此，还需要加大对火山灰、火山渣和浮石的找矿力度，寻求更多火山灰、火山渣和浮石矿床资源。由于全世界对节能减排的广泛关注，火山灰等作为在开发过程中不需要烧结转化，不产生有害排放，能源消耗低、产品转化率高的材料，利用其天然活性，不断拓宽其在建材、填料、洗涤、磨料、环保等方面的应用，一定会提高它们的利用价值。

第五十章 霞石正长岩

第一节 概 述

定义 霞石正长岩是一种全晶质侵入岩，属中性碱性岩类，矿物组合中已出现似长石矿物为特征，且以此区别于花岗岩、正长岩。霞石正长岩的矿物组成以碱性长石、似长石、碱性辉石、碱性角闪石、富铁黑云母为主（图50-1）。

图 50-1 霞石正长岩
（来源：维基百科）

用途 霞石正长岩具有高 Al、K、Na 和 SiO_2 不饱和的特点。由于霞石和石英的不共存性，该岩石成为玻璃炉料助熔剂、陶瓷坯体最理想的烧结剂和釉料的玻璃化剂。另外，在铸石、岩棉等工业中也有相同的作用，它能使这些工业降低能耗、提高产品质量。因此，用途十分广泛。

霞石正长岩主要用于玻璃、陶瓷工业中，可以节能，也可代替一部分碱；还用作塑料、橡胶的填料；用于生产高铝水泥和碱金属盐的原料；用于矿棉和玻璃纤维制造；用于放射性核废料处理及作建筑饰面材料。

1）在玻璃工业中，霞石正长岩在玻璃中的应用目前是最多的，其 50%~60% 用于玻璃工业，包括生产容器玻璃、平板玻璃、玻璃纤维、特种玻璃如 TV 管玻璃等。霞石正长岩的氧化铝在玻璃生产中作为玻璃基质的形成剂。霞石正长岩可降低玻璃晶化趋势，起稳定剂作用，从而改进玻璃的耐久性、抗擦伤性、抗弯曲能力、抗破碎强度及抗热震性能，还可改善玻璃料的可加工性，使之适于压延加工。

2）在陶瓷工业中，用霞石正长岩作陶瓷原料，显示出独特的性质。霞石正长岩与钾长石、钠长石有相似的化学作用，甚至比钠长石、钾长石的熔融性能都要强。就相对用量而言，钠长石中 Na_2O 含量为 11.18%，钾长石中 K_2O 含量为 16.19%。而霞石正长岩中（$Na_2O + K_2O$）含量为 19% 左右，（$MgO + CaO$）含量一般为 1%~5%，1 份霞石正长岩中含有的助熔剂量相当于 112 份钾长石、117 份钠长石，因此呈现较强的熔剂效应。此外，霞石正长岩中不含或很少含游离石英，而且高温下能熔解石英使熔液黏度提高，因而制得的产品不易变形、热稳定性好。再者，霞石正长岩中 Al_2O_3 的含量比正长石高，一般在 23% 左右，故成瓷的机械强度有所提高，使坯体烧成时不易坍塌。陶瓷中配入 20%~50% 霞石正长岩，烧成温度可降低 50~100℃。

3）在填料和增补剂方面，霞石正的发展十分迅速。在涂料、塑料和橡胶市场，高附加值长石质矿物的用量还比较低，尽管它已占重要份额。霞石正长岩的物理性质使其可以 2L 的细度充当塑料、涂料和橡胶的填料和增补剂，替代引发矽肺病的氧化硅。在涂料工业，霞石正长岩填料可用于内外墙涂料生产。这种填料不但适于高颜料含量的涂料，也适用于半透明着色剂和清漆。霞石正长岩在涂料和油漆中的有用性能包括：良好的分散性、化学惰性、稳定的pH值，提供良好的涂膜完整性、耐磨性、耐化学磨蚀和粉化（掉色）性能，很高的干燥白度或很低的着色强度，优良的色持久力，在高颜料加入量或低载体需要时具有的低黏度。

4）在橡胶密材剂和黏结剂工业中，霞石正长岩主要用作填料，其功能与涂料和塑料工业中相同。霞石正长岩可用于生产硅橡胶汽车配件、氯丁橡胶垫片和PVA黏结剂。霞石正长岩摩氏硬度 5.15~6.10，且有角形，所以有时作为中等硬度磨料应用。在硅橡胶生产中，磨细霞石正长岩使其具有与氧化硅相同的性质，成本低廉而且白度更高。霞石正长岩还可用作柔性研磨料，它具有棱角状的断口，硬度中等。霞石正长岩的平面解理产生砂棱角尖锐的颗粒，特别适用作除垢粉。

5）在其他工业中，具高含量氧化铝的霞石正长岩早已被认为是与铝土矿竞争的潜在资源。近年来，挪威、意大利、美国和加拿大进行了大量的试验。但是，利用铝土矿生产氧化铝的拜耳法工艺并不适用于霞石正长岩。全世界仅有苏联利用霞石正长岩进行纯氧化铝的商业化生产。霞石正长岩可以少量用于电焊条的焊接助熔剂，还可以用于涂料助熔剂的挤压和黏结。

地质工作简况 1958年，冶金工业部川鄂分局六〇七队通过普查发现坪河超基性－碱性杂岩体，并对岩体进行了踏勘。其后，四川省地质局达县地质队、第四地质队、物探大队及中国科学院地质研究所等单位先后在此开展了地质、矿产勘查和研究工作。1979~1980年，四川省地质局四〇七队在原达县队工作的基础上进一步对矿区开展了普查评价，除地表加密槽探揭露外，深部按100 m线距使用钻探进行了稀疏控制，完成钻探工作量1663 m，并采集和测试各类样品1300余件。通过上述工作，对矿体形态、产状、矿石质量已基本了解，矿区远景已大致查明。根据国土资源部《全国矿产资源储量通报》的资料，中国已探明霞石正长岩矿床6个，查明资源储量2×10^8t左右。

矿床发现和开发简史 霞石正长岩与稀有元素矿床有着密切的联系，中国20世纪50年代至60年代初，曾以寻找稀有元素矿床为目的，对该类岩石做了不少地质工作，并发现一批岩体。到目前为止，共发现14个岩体，分布在云南、四川、广东、安徽、河北、山西、湖北、辽宁、新疆等省区，其中山西的紫金山岩体、辽宁的顾家堡子岩体、云南的个旧岩体规模较大。

中国碱性岩类侵入体分布比较零星，主要属华力西晚期和燕山期。华力西旋回的碱性侵入岩分布于天山、昆仑山及川滇等地区。燕山旋回的碱性岩主要见于辽宁、河北、河南、湖北、云南、四川、安徽等省，山西临县霞石正长岩的同位素年龄为134.8 Ma。此外，西昌地区南部有印支期碱性岩。唐古拉山见碱性岩侵入第三系，为喜山旋回的产物。

第二节 分　类

霞石正长岩矿床有两种成因，一是碱性超基性杂岩体中的霞石正长岩矿床，是岩浆作用形成的碱性超基性杂岩体的晚期产物，分布于地缝合带附近，以四川南江坪河磷霞岩矿床为典型。另一种是碱性杂岩体中的霞石正长岩矿床，也是岩浆作用形成的富碱岩浆成矿，也产于地缝合带附近，以四川会理猫猫沟霞石正长岩矿床为典型。

四川南江坪河磷霞岩矿床分布于四川北部，产于吕梁期超基性碱性岩中，受区域构造的控制。碱性杂岩体长5.9 km，宽0.5~3.5 km，呈北东向分布，倾向北西。超基性碱性杂岩体可分为霓霞岩带相、钛铁霞辉岩相带和磷霞岩相带。磷霞岩矿体在矿区内大小有十多个，呈不规则状、透镜状、固块状，单个岩体长64~245 m，宽2~40 m，延深最大大于160 m。

四川会理猫猫沟霞石正长岩岩体产于攀西裂谷的中部，为南北向的透镜状体，长15 km，平均宽2.3 km，出露面积约35 km²。岩体侵入于二叠系峨眉山玄武岩和奥陶系红石崖组地层中，岩体西、南、东南三面直接围岩为玄武岩，东北面围岩为红石崖砂岩、灰岩、白云质灰岩、大理岩。岩体可分为6个岩相带，岩体核心为闪长岩相，四周分布着角闪霞石正长岩相、富霞石正长岩相、霓霞正长岩相、角闪正长岩相和方钠霓霞正长岩相。

第三节 物理化学性能

物理性能 霞石正长岩一般呈灰色或浅灰色，中-粗粒结构，致密块状集合体，常呈不大的岩体产出。霞石正长岩中霞石的含量一般在10%~40%之间。霞石六方晶系，晶体短柱状，粒状或致密块状集合体，无色或白色，有时淡黄、淡褐色，玻璃光泽，断口油脂光泽，硬度6，密度2.6g/cm^3。

化学成分 霞石正长岩是碱性的长石质深成岩，矿物主要为碱性长石和霞石，次要矿物有碱性角闪石和碱性辉石、霓石、钠闪石、蓝闪石。开发霞石正长岩的目的是选取其中的有用矿物霞石。霞石化学式为$Na_3K[AlSiO_4]_4$。中国部分霞石正长岩原矿化学成分（表50-1）。

表50-1 中国部分霞石正长岩原矿化学成分（w_B/%）

矿床（点）名称	SiO_2	Al_2O_3	Fe_2O_3+FeO	Na_2O	K_2O
四川南江	38.55	29.33	1.85	14.56	4.61
河南安阳	60.51	20.36	1.95	8.96	5.28
云南个旧	52.81	21.96	3.71	7.89	9.12
河北阳原	57.75	20.40	4.07	9.08	5.16
广东佛冈	58.33	18.15	4.89	6.45	5.65
安徽金寨	59.99	19.27	2.59	3.45	9.71

第四节 分 布

中国霞石正长岩体主要分布于吉林桦甸、辽宁凤岭、河北涞源、山西临县、湖北随州、河南安阳、四川南江、宁南、会理、云南禄丰、永平、个旧等地，另外在唐古拉山、广东佛冈、安徽六安、新疆拜城等地亦有零星分布。这些岩体主要分布在一个北东—南西向的狭长地带，它北起吉林，经辽宁、河北、山西、湖北、四川至云南，除新疆和广东的两个岩体不在带内外，其他均在其中。中国霞石正长岩矿产分布（表50-2），中国霞石正长岩矿床分布（图50-2）。

表50-2 中国霞石正长岩矿产分布

序号	矿产地	探明资源量/10^4t	规模	开采利用情况
1	吉林桦甸苏密沟	3294	中型	露天开采
2	河南安阳九龙山	7032.1	大型	—
3	四川南江坪河王家坪	30.4	小型	—
4	四川南江坪河	629.7	中型	露天、地下开采
5	四川会理益门小梁山	28.6	小型	露天开采
6	云南个旧白云山	1606.1	中型	露天开采
7	新疆拜城黑英山	5799	大型	露天开采

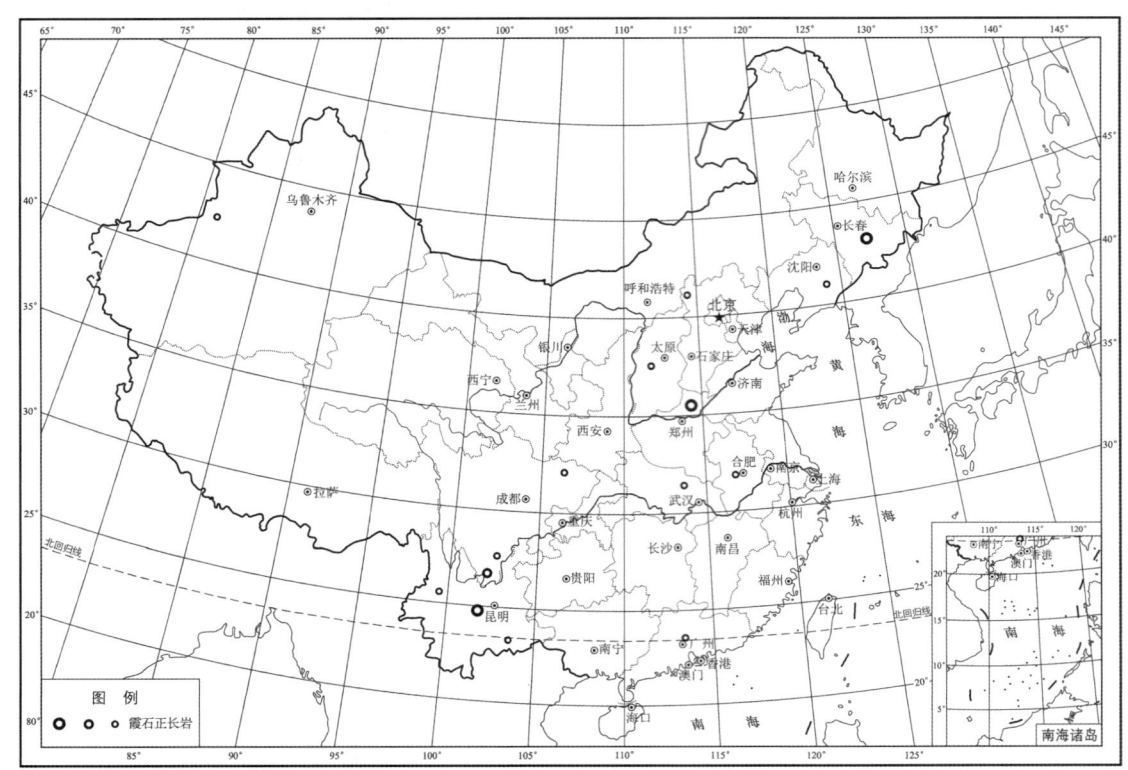

图 50-2 中国霞石正长岩矿床分布

第五节 开发利用和发展趋势

中国霞石正长岩资源缺乏,在已发现的 16 个霞石正长岩岩体中南江已经开发,桦甸曾开发过,个旧、安阳正在进行招商引资。

根据国外霞石正长岩的开采应用经验,$Na_2O/K_2O>2$ 者可能成为优质玻璃原料,亦可用于陶瓷工业;$Na_2O/K_2O \approx 1$ 者玻陶工业皆宜。凡加工作为玻陶原料的霞石正长岩要求霞石含量高于 20%,暗色物质含量尽可能低,要保证采选回收率高于 75%。从这诸因素出发,国内属 $Na_2O/K_2O=2$ 的,有可能加工成为优质玻璃原料的岩体共六个,他们是猫猫沟岩体、宁南岩体、阳原岩体、南江岩体、禄丰岩体和黑英山岩体,总出露面积 44 km²。

霞石正长岩应用领域很广,85% 以上用于玻璃、陶瓷工业,少量用于玻璃纤维。超微细粉可作泡沫橡胶、塑料制品填料,可用于油型、水型、乳剂型涂料中,可作医学上牙科陶瓷以及美术陶瓷、化工陶瓷,还可用于作屋面拉料,保护基底沥青避免阳光直射和风吹雨打而变质,同时防止火灾;霞石正长岩还可做成各种酸碱板材装饰室内,具光亮夺目、耐腐蚀特点。有的国家还用它生产氧化铝、水泥和碱金属碳酸盐。

由于中国长石消耗量大,资源面临着日趋紧缺的局面,要改变当前供需状况,只有走开拓新型节能原料、采用新工艺、提高产品质量、降低成本的道路。霞石正长岩正是这种渴求的新原料。它是中国优势资源,可直接代替长石使用,无须改变工艺设备,为玻、陶企业实现节能、降耗起到十分重要的作用。

第五十一章 花 岗 岩

第一节 概 述

定义 花岗岩是指由岩浆侵入作用形成、以石英（20%~60%）、碱性长石和斜长石为主要矿物组成的酸性侵入岩（图51-1）。

用途 花岗岩常与有色金属、稀有金属、放射性元素等内生金属矿床具有密切的成因联系，而它作为建筑材料所表现出来的优良物理性能和装饰效果，更体现了它的巨大的经济价值。花岗岩不仅用作建筑用饰面材料，艺术装饰品，还应用于作铺路、水利、桥梁、港口堤坝、地面基础等工程的建筑用材料，化工和轻工业用的各种耐酸、耐碱容器材料，以及雕刻材料，天文、地震、航空工业用测量仪器部件等，另外还在生活用具、环境保护等方面得到广泛应用。花岗岩为饰面石材原料重要组成部分，商业名称为花岗石，为天然石材，抛光面的基本色调一般为浅色、红色，少数如含天河石的斜长花岗岩为蓝色（称蓝钻），粗粒钾长花岗岩为淡黄色（称菊花黄）。

图51-1 花岗岩手标本
（来源：维基百科）

需要指出，在商业和建筑业中有一个叫"花岗石"的专业名词，它是指由辉石岩、角闪岩、辉绿岩、玄武岩、安山岩、辉长岩、斜长岩、闪长岩、正长岩、白岗岩、霞石正长岩和混合花岗岩为原料的建筑用的岩浆岩和变质岩板材或块料（图51-2）。

地质工作简况 几千年来中国虽然一直采掘和使用花岗岩，但对花岗岩的地质工作始于近代，开展甚晚。20世纪50年代前，仅章鸿钊在《石雅》中对中国古籍里有关石材的记载作过考证与汇集。20世纪70年代之前有少量地质工作，70年代开始随着金刚石加工工具的普遍使用，使得花岗石采矿行业蓬勃发展，全国各地对花岗岩矿床进行了空前广泛的地质工作。截至2013年底，共探明花岗岩矿床909个，探明花岗岩资源储量 $382512.94 \times 10^4 m^3$。其中建筑用花岗岩矿床318个，资源储量 $123862.54 \times 10^4 m^3$；饰面用花岗岩矿床591个，资源储量 $258650.4 \times 10^4 m^3$（图51-3）。

图51-2 不同的花岗石品种
（来源：维基百科）

图51-3 花岗岩矿山
（来源：维基百科）

开发利用简况　中国花岗岩的开发利用是以石雕、石刻和石工艺品开始的，在山西省怀仁鹅毛口石器制作场遗址、广东南海西樵山、辽宁海城均有利用花岗石的例证。西汉霍去病墓有公元前227年"马踏匈奴"石刻，西安碑林藏有公元前424年石雕马。宋朝（公元960~1279年）开发利用花岗石已很普遍，如福建泉州开元寺塔、泉州洛阳桥、泉州东西双塔均用花岗岩建造。明清以来在宫殿、陵墓、桥梁、园林、王府等建筑中，花岗石已经成为不可缺少的建筑材料。1949年后，花岗岩作为装饰板材工业逐步发展，1963年中国第1颗人造金刚石诞生，为加工花岗岩石材用金刚石工具的大批量生产打下了基础。此后，花岗岩开采、加工以及应用领域全面发展，不断扩大。在花岗石的利用方面，80年代以来全国各大城市新建的宾馆、饭店、写字楼、银行、商场等用花岗石作室内外装饰雨后春笋般地形成一种时尚，并作为装饰板材进入千家万户。1982年花岗石板材年产量仅$3.7 \times 10^4 m^2$，1992年产量花岗石板材$2178.4 \times 10^4 m^2$，2002年产量$5687.9 \times 10^4 m^2$，2012年产量$41321.2 \times 10^4 m^2$。2002~2008年石材业的销售收入年平均增长率在30%以上，2009~2013年年平均增长接近20%。

第二节　分　类

根据用途，中国花岗岩矿床可以分为饰面石材用和一般建筑石料用两种。根据成因，中国花岗岩矿床类型繁多而复杂，但总体上可以分为岩浆型和变质型两大类。岩浆型花岗岩矿床是由高温岩浆侵入地壳的不同部位，经冷凝结晶而成，与围岩呈突变侵入关系，具有较典型高温熔融体冷凝而形成的结构特点。变质型花岗岩矿床或称交代型花岗岩矿床，是产于深变质岩系的花岗岩矿床，花岗岩矿体是原岩在区域变质作用下经强烈的交代作用，岩石在成分、结构、构造上逐渐转变而形成的深变质岩类。

第三节　物理化学性能

物理性能　花岗岩颜色较浅，以灰白色、肉红色者较为常见，磨光和抛光后具有一定的光洁度。具有很高的抗磨性和机械强度，新鲜花岗岩的抗压强度（压缩强度）一般为100~210 MPa，最高可达300 MPa；抗折强度（弯曲强度）一般为9~27 MPa；硬度6~7；密度为2.63~2.75 g/cm^3；孔隙率在1.2%左右；吸水率在0.46%左右。

化学成分　典型花岗岩类岩石化学成分（表51-1）。

表51-1　典型花岗岩类岩石的化学成分（w_B/%）

岩性名称	SiO$_2$	TiO$_2$	Al$_2$O$_3$	Fe$_2$O$_3$	FeO	MnO	MgO	CaO	Na$_2$O	K$_2$O
碱长花岗岩	74.61	0.16	13.05	0.76	0.72	0.05	0.28	0.44	4.21	4.61
正长花岗岩	69.16	0.53	14.76	1.68	1.36	0.07	1.01	1.33	4.61	4.64
二长花岗岩	69.06	0.44	15.26	1.74	1.43	0.07	0.69	1.79	4.41	4.10

第四节　分　布

花岗岩在中国分布很广，从元古宙至新近纪主要构造岩浆期均有产出。主要分布于古板块边缘及其内侧，在东北、内蒙古、新疆、祁连山、秦岭、藏东北-滇西及华南东部沿海广泛发育，以华南花岗岩最为典型。

中国花岗岩矿产资源丰富，在全国各地均有分布，尤其东南地区，大面积裸露各类花岗岩，资源储量巨大。据2013年国土资源部《全国矿产资源储量通报》，全国27个省份均有饰面用花岗岩矿产资源分布，其中以山东、内蒙古、广西、海南、北京、福建、河北等省居多，中国饰面用花岗岩矿产资源储量（表51-2），中国花岗岩矿床分布（图51-1）。中国16个省份均有建筑用花岗岩矿产资源分布，其中以辽宁、广东、海南、山东、安徽等省份为多，中国建筑用花岗岩矿产资源储量（表51-3）。

表51-2 中国饰面用花岗岩矿产资源

省份	矿区数/个	查明资源储量/10^4m^3	省份	矿区数/个	查明资源储量/10^4m^3
北京	4	22211.0	湖北	8	1349.0
河北	4	12796.4	湖南	1	1326.0
山西	5	2204.0	广东	6	1872.0
内蒙古	12	44747.1	广西	20	26408.8
辽宁	4	223.2	海南	16	23737.7
吉林	15	7233.7	四川	26	7491.7
黑龙江	23	5271.1	贵州	2	352.0
江苏	1	22.0	云南	2	143.0
浙江	9	2443.0	西藏	1	1472.0
安徽	5	310.2	新疆	54	16471.8
福建	213	13609.3	陕西	5	1916.0
江西	97	8188.0	甘肃	3	155.0
山东	51	53903.4	青海	3	1806.3
河南	1	936.7			
全国	矿区数共591个，累计查明资源储量258650.4×$10^4 m^3$。				

表51-3 中国建筑用花岗岩矿产资源

省份	矿区数/个	查明资源储量/10^4m^3	省份	矿区数/个	查明资源储量/10^4m^3
北京	1	590.8	江西	3	63.5
河北	2	765.3	山东	1	7303.0
内蒙古	1	2639.0	湖北	1	1545.3
辽宁	271	66307.0	广东	8	19909.2
江苏	1	8.0	海南	5	18487.8
浙江	1	6.0	四川	2	62.5
安徽	9	5477.4	新疆	4	279.9
福建	5	121.2	天津	3	296.7
全国	矿区数共318个，累计查明资源储量123862.5×$10^4 m^3$。				

第五节 开发利用和发展趋势

花岗岩作为饰面石材，应按照《玻璃硅质原料、饰面石材、石膏、温石棉、硅灰石、滑石、石墨矿产地质勘查规范》（DZ/T0207-2002）进行地质工作。花岗岩矿山开采的基本要求和特点，在于从矿体中采出满足一定规格要求且无裂隙的完整块石——荒料。开采中开采工作面的布置，开拓运输方

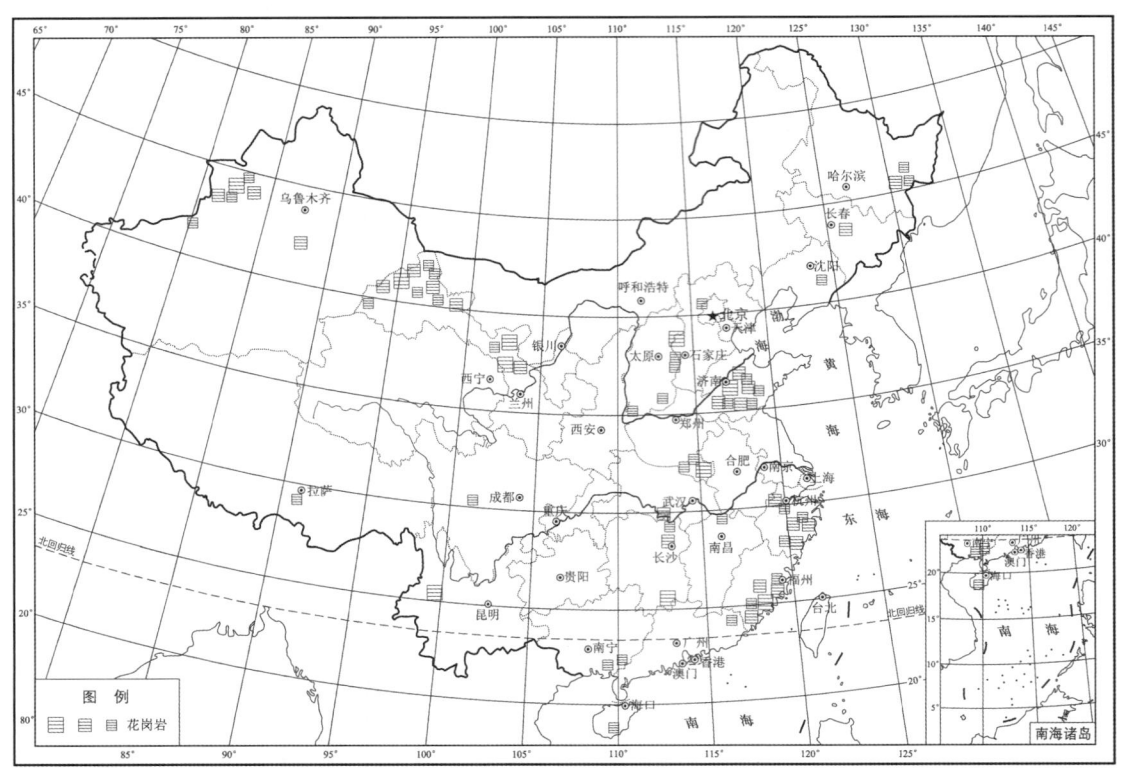

图 51-4 中国花岗岩矿床分布

式的选择，要充分考虑矿体的层理、节理、裂隙，尽量避免它们对开采的不利影响，确保大块荒料的采出。花岗岩矿山要根据资源条件和市场需求情况来选择首采区，确定开采境界，矿山生产规模，在综合分析自然环境、经济技术条件的基础上开展矿山开采。采矿过程可分为开拓运输、剥离和采矿。采矿方法主要有火烧凿岩开采法、人工凿岩串珠锯开采法、金刚石串珠锯全锯切开采法、圆盘锯串珠锯组合法开采法、台架凿岩机串珠锯开采法等。花岗岩板材的基本加工方法是：锯割加工、研磨抛光、切断加工、凿切加工、烧毛加工、辅助加工及检验修补。花岗岩作为建筑石料，其地质勘查目前无行业标准，部分地方（比如浙江省）制定了相关的勘查技术要求可以作为参考。在选择投资开发矿山时要注意矿山应位于铁路或通航河流与海港码头 20～50 km 的范围之内，以确保较低的运输成本；矿山近旁要有适于建厂的工业场地，并需是距城市、风景区、江河和高等级公路较远的地方，开采方法一般是山坡露天开采。

中国石材产业已建成了现代化的石材工业体系，形成了数十个石材工贸基地，已成为亚洲石材加工贸易中心。其中规模较大、颇具特色的花岗石加工贸易中心有：山东莱州（被命名为"中国石材之都"，以莱州芝麻白/G3765/中粒二长花岗岩、莱州樱桃红/G3767/中粗粒黑云花岗岩为代表）、福建水头（被命名为"中国石材城"，以泉州白/G3506/花岗岩、晋江内厝白/G3533/混合二长花岗岩、漳浦红/G3548/黑云钾长花岗岩为代表）、广西岑溪（以岑溪红/G4562/黑云钾长花岗岩为代表）、新疆鄯善（以鄯善红/G6540/钾长花岗岩为代表）、广东云浮（被誉为石材之乡）、河北赞皇（以赞皇红、许亭红为代表）等。

近三十年以来，随着人造金刚石在矿山开采和矿石加工上的广泛应用，花岗岩开发利用取得了飞速发展。近十几年中国建筑业的发展带动了花岗岩的消费增长，年增速度保持在 20% 左右增长，可以预见的是在相当长的时间内，花岗岩的大量开采利用仍将继续。但是，随着国家倡导节约型生产、节约型消费和科学发展，石材行业和建筑石料行业均面临着结构调整、转型升级的关键时期，优质、特色的花岗岩矿产资源将会展现更多的产品优势。

第五十二章 大 理 岩

第一节 概 述

定义 大理岩是一种碳酸盐矿物（方解石、白云石为主）含量大于50%的变质岩石，主要由石灰岩、白云岩等碳酸盐岩经区域变质作用或热接触变质作用所形成。一般具粒状变晶结构和块状构造，有时可具条带状构造。中国云南省大理县（点苍山）是最著名的大理岩产地，大理岩即由此而得名。

注意的是，术语大理岩与大理石完全不是同一概念。大理岩是地质学上的岩石学名称，是变质类岩石的一种。大理石是碳酸盐类沉积岩及有关的变质岩的商品总名称，它们包括可以作为饰面石材原料的石灰岩、泥灰岩、白云岩、大理岩、白云石大理岩、蛇纹石大理岩、镁橄榄石矽卡岩和角岩。

用途 大理岩在工业上的用途主要有以下几个方面。一是在建材工业中含钙高的大理岩可作为石灰和水泥原料；二是在电子工业中可用做电工材料的隔电板，这类大理岩要求绝缘性能好，不能含有杂质，尤其是黄铁矿、磁铁矿等导电杂质，青海共和县吾口大理岩矿矿石即具有电工用电气绝缘材料的性能，可综合利用；三是在建筑工业中广泛应用于建筑物的室内外装饰，即饰面石材用大理石，此类大理岩具有结构致密、质地坚硬、物理化学性能稳定、加工性能好、具有良好的装饰性能等特点；四是在化学工业上可利用大理岩加工成一定粒级的石粉，作为化工、油漆、塑料、橡胶用的填料。

此外，大理岩因其具有物性相对稳定、花色品种多样、易于雕刻等特性，在日常生活中的应用也非常广泛。一是用作艺术装饰品，以石雕、石刻品为主，如石狮、雕龙石柱、华表、浮雕、城市雕刻、室内摆设、艺术作品等，天安门前的华表、故宫内的汉白玉栏杆、人民英雄纪念碑的浮雕等均为大理石雕刻而成；其次还可以制作彩画大理石板，如屏风、挂画、仿古镶石木器家具等。二是用于制作种类繁多的生活用具，常见的有石桌、茶几、卫生间洗台、灯具、花盆等。三是用作墓葬用品，如墓碑、碑座、墓围栏、墓葬石雕、石塔等（图52-1～图52-3）。

图52-1 山东莱州雪花白
（来源：维基百科）

图52-2 辽宁东沟丹东绿
（来源：维基百科）

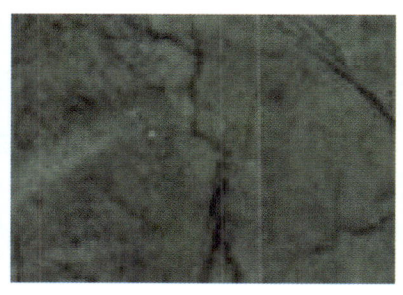

图52-3 大理石制品
（来源：维基百科）

地质工作简况 中国大理岩矿床资源虽然开发年代久远，但过去很长时期内都未被作为独立矿产予以重视，地质工作基础薄弱。中国对大理岩矿床的地质工作基本上始于20世纪70年代，一些著名的大理岩矿床如北京房山大将山、陕西潼关玉石峪、山东莱州黄山后、辽宁丹东二道沟等均是在这段时期开展了不同程度的地质勘探工作；80年代期间随着大理岩矿资源开发利用的加速，大理岩的地质找矿及勘查工作得以进一步加强，获得了大量的地质资料，大理岩矿山的开发逐步科学化；1990年全国矿产储量委员会首次颁布了《饰面石材矿地质勘探暂行规定》，大理岩矿床的地质勘查工作开始走上了规范化的道路。截至2012年底，中国各类大理岩矿区数共计561个。中国大理岩矿床查明资源储量（表52-1）。

表52-1 中国大理岩矿床查明资源储量

类别	矿区数/个	查明资源储量	基础储量
水泥用大理岩	197	$407010.35 \times 10^4 t$	$130847.01 \times 10^4 t$
饰面用大理岩	260	$150018.05 \times 10^4 m^3$	$40829.58 \times 10^4 m^3$
建筑用大理岩	97	$11390.27 \times 10^4 m^3$	$4258.71 \times 10^4 m^3$
玻璃用大理岩	7	$6505.53 \times 10^4 t$	$1512.70 \times 10^4 t$

矿床发现和开发简史 中国是使用大理岩最早和最多的国家之一。早在殷代人们已开始开发并使用大理岩雕刻，殷墟出土石雕中最为精美的大理石虎首人身虎爪形立雕，石质晶莹，雕刻细致，即表现了公元前2000年殷代大理石工艺的发达，是中国现存最早的真正的雕刻艺术品。在中国古籍中，最早记载应用大理岩的是春秋战国时期的《山海经》，其《中山经》有"珉山其下多白珉"，《水经注》有"渠水入华林园，历疏圃南园，中有古玉中，悉有珉玉为之"等记载，这是对大理岩产地及其用途的古老记录。秦朝、汉朝时期已开始将大理岩用于建筑物构件；至隋唐时期，大理岩的应用进入了一个新的时期，石雕盛兴；宋朝及明清时期，大理岩应用更为普遍，石雕工艺品、园林景观及各类建筑物构件大量涌现，如河南巩县（现为巩义市）宋陵的石象、北京的卢沟桥，明代北京天安门的金水桥及华表、故宫雕栏，清朝颐和园及圆明园建筑景观等。到了现代，大理岩仍然以其天然的属性、独特的装饰效果成为最受人们欢迎的建筑物装饰材料，广泛应用于宾馆、银行、酒店、商厦、办公楼、广场等公用设施及很多家庭住宅的装修；石雕等雕刻产品在自古传承的基础上也有了新的发扬光大。同时，随着现代工业的发展，根据大理岩的成分或物性特点，许多不能达到饰面石材块度、色泽要求的大理岩矿床被用于生产水泥原料、化工填料及电器绝缘材料等，其应用领域得以不断扩大。

第二节　分　类

根据成因，大理岩矿床可分为区域变质型和接触变质型两类。①区域变质型大理岩矿床即主要由石灰岩或白云岩等母岩经变质重结晶而形成，大都在变质程度较浅的区域变质带中分布，产出层位主要为震旦系、寒武系及南方的部分志留系、泥盆系及石炭系等；该类矿床一般规模较大，矿体呈层状或似层状稳定产出，岩石结构以细粒或微粒变晶结构为主，厚层-巨厚层块状构造，颜色、花纹较为均一。典型矿床有云南大理县点苍山大理岩矿床、北京房山石窝大理岩矿床、山东莱州黄山后大理岩矿床、湖北黄石铁山大理岩矿床等。②接触变质型大理岩矿床主要是指碳酸盐岩矿层受岩浆侵入的热力或热液影响而产生蚀变作用形成的大理岩矿床。该类矿床一般规模不大，通常分布在接触带附近且受其控制，形态不规则，岩石矿物颗粒较粗，成分复杂，质量变化大。接触变质型大理岩矿床又可细分为矽卡岩化大理岩矿床、蛇纹石大理岩矿床（以黄绿色为主色调，如陕西潼关玉石峪大理岩矿床，品名"香蕉黄"）、镁橄榄石矽卡岩大理岩矿床（以绿色为主，如辽宁东沟二道沟大理岩矿床，品名"丹东绿"）等。

根据用途，大理岩可分为水泥用、饰面用、建筑用和玻璃用等类型。①水泥用大理岩矿床是矿石化学成分满足普通水泥石灰质原料质量要求的大理岩矿床。截至2012年底全国共有此类矿区数197个，在所有大理岩矿区数中占35.1%。该类矿床一般层位稳定，矿体规模较大，岩石结构以细粒或微粒变晶结构为主，中厚层-厚层块状构造，矿石化学成分变化小，质量较稳定。典型矿床如黑龙江嫩江县关鸟河水泥用大理岩矿床，产于奥陶系下统铜山组灰白-青灰色厚层状大理岩中，矿石化学成分CaO 53.66%、MgO 0.33%。②饰面用大理岩矿床是指矿石经加工后的石材产品具有良好的质感，美观庄重、格调高雅、花色繁多、易拼接，被广泛应用于建筑物的室内表面装饰。中国所产饰面大理石产品依其抛光面的基本颜色大致分为白、黄、绿、灰、红、咖啡、黑色七个系列。截至2012年底全国共有此类矿区数197个，在所有大理岩矿区数中占46.3%。云南大理的苍白玉、北京房山的汉白玉、山东莱州的雪花白、辽宁东沟的丹东绿、陕西潼关香蕉黄等均是著名的大理石品种。③建筑用大理岩矿床目前共有矿区数97个，主要用作建筑米石、水磨石骨料、石粉、小饰面板材等。④玻璃用大理岩矿床因矿石质量要求高，故数量相对少，目前中国仅有7个。

第三节　物理化学性能

物理性能　大理岩的矿物成分主要为方解石。岩石结构有细粒、中粒、粗粒、粒状变晶结构等，块状、条带状构造为主。大理岩种类较多，成因类型不同，物化性能也各有差异。对于饰面用大理岩，物化性能直接影响到石材的可装饰性、加工技术性能（锯、切、磨、抛）及使用性能，其评价指标通常为结构、密度、抗压强度、抗折强度、吸水率、肖氏硬度、磨耗量、光泽度、放射性等。中国大理岩的物理性能（表52-2）。

表52-2　中国大理岩的物理性能

产地	岩石名称	商品名称	密度/($g \cdot cm^{-3}$)	抗压/MPa	抗折/MPa	肖氏硬度/(°)	磨耗量/($g \cdot cm^{-2}$)	光泽度/(°)
北京房山	白云石大理岩	汉白玉	2.87	156.4	19.12	42.4	22.5	112.7
山东莱州	白云石大理岩	雪花白	2.82	106.8	7.86	45.4	24.38	113.6
云南大理	白云石大理岩	苍白玉	2.88	136.1	12.28	50.9	24.96	111.5
山东莱阳	蛇纹石大理岩	莱阳绿	2.76	73.44	9.70	44.2	18.95	103.7
河北曲阳	白云石大理岩	雪花	2.88	119.2	11.36	52.8	15.00	115.4
江西铁山	条带状大理岩	秋景	2.78	68.6	16.8	49.8	21.91	111.7
北京昌平	蛇纹石大理岩	金玉	2.80	128.5	29.97	59.2	14.81	90.9

化学成分　大理岩的化学成分主要由CaO、MgO、SiO_2、Al_2O_3、Fe_2O_3、K_2O、Na_2O、MnO、烧失量以及少量TiO_2、P_2O_5等组成。成分含量通常与原岩的矿物环境有密切关系，同时也与变质作用的特点不同有关。例如原岩为较纯石灰岩或白云岩时，其变质后的大理岩成分以CaO、MgO为主，SiO_2含量则相对较少；而在某些经区域变质形成的大理岩中CaO、MgO含量相对偏低而SiO_2含量相对高。中国大理岩的化学成分（表52-3）。

表52-3　中国大理岩的化学成分（w_B/%）

产地	商品名称	SiO_2	Al_2O_3	CaO	MgO	Fe_2O_3	MnO	K_2O	Na_2O	烧失量
北京房山	汉白玉	0.81	0.23	30.77	20.67	0.17	0.01	0.07	0.07	46.13
山东莱州	雪花白	2.48	0.55	33.73	18.34	0.03	0.01	0.01	0.03	43.76
云南大理	苍白玉	0.19	0.15	32.15	20.13	0.04	0.02	0.04	0.09	46.20
河北曲阳	雪花	0.06	0.19	30.98	21.60	0.11	0.01	0.03	0.01	46.64
江西铁山	秋景	7.53	0.87	45.96	3.65	0.94	0.02	1.13	0.16	36.00
北京昌平	金玉	14.94	1.21	44.76	2.67	0.48	0.02	0.46	0.03	35.57

第四节 分 布

中国大理岩矿床成矿时代跨度大，在太古宙大别山群，震旦系，古生代寒武系、奥陶系、泥盆系、石炭系、二叠系，至中生界三叠系均有分布。从地理分布看，绝大部分省、直辖市、自治区均有分布，且较为均衡。

水泥用大理岩矿资源分布在 20 个省及自治区。其中东北三省及内蒙古自治区储量最为集中，约占总量的 60%。主要赋矿层位黑龙江境内为古元古界麻山群和亮子河群、奥陶系铜山组、二叠系玉泉组和交界屯组，辽宁境内为辽河群大石桥组、寒武系、奥陶系，内蒙古境内为古元古界二道洼群。其他地区该类矿体产出时代以寒武纪、奥陶纪、石炭纪、二叠纪、三叠纪为主。中国水泥用大理岩矿床（表 52-4）。

表 52-4 中国水泥用大理岩矿床

序号	矿产地名称	探明资源量/10^4t	规模	开采利用情况
1	甘肃靖远县姜家梁大理岩矿	2513.0	中型	已开采
2	广东宝安县❶横岗大理岩矿区	6570.0	中型	已开采
3	河南光山县云山寨水泥大理岩矿	4384.0	中型	已开采
4	河南南阳县（现为南阳市）蒲山西段水泥大理岩矿	2576.0	中型	已开采
5	黑龙江嫩江县关鸟河水泥用大理岩矿	9677.0	大型	已开采
6	黑龙江伊春市浩良河水泥用大理岩矿	16269.0	大型	已开采
7	黑龙江桦南县老秃顶子水泥用大理岩矿	12678.0	大型	已开采
8	黑龙江林口县大盘道水泥用大理岩矿	14853.0	大型	已开采
9	黑龙江阿城县（现为阿城区）玉泉水泥用大理岩矿	3717.0	中型	—
10	黑龙江阿城县（现为阿城区）新明屯水泥用大理岩矿	9875.0	大型	已开采
11	辽宁凤城区通远堡水泥用大理岩矿	1605	中型	已开采
12	辽宁岫岩县偏岭水泥用大理岩矿	5678.0	中型	—
13	辽宁西丰县白石屯水泥用大理岩矿	1605.0	中型	已开采
14	内蒙古呼和浩特市哈拉沁水泥用大理岩矿	3132.6	中型	已开采
15	山东烟台市大芹子夼水泥用大理岩矿	4003.0	中型	已开采

饰面石材用大理岩矿资源分布在 28 个省、直辖市及自治区。从储量规模看，主要分布在江西、广东、广西、河北、安徽、陕西等地。矿区数辽宁最多共 49 个，但查明资源储量少，全省仅 $0.23 \times 10^8 m^3$。主要赋矿层位广东境内为石炭系石磴子组、泥盆系天子岭组、二叠系，广西境内为泥盆系桂林组、石炭系大塘组、二叠系茅口组，陕西境内为寒武系下统、泥盆系中统，河北境内为太古宇阜平群木厂组，北京境内为中元古界高于庄组和杨庄组、新元古界景儿峪组、蓟县系雾迷山组。饰面石材用大理岩矿主要分布（表 52-5）。

表 52-5 饰面石材用大理岩矿主要分布

序号	矿产地名称	探明资源量/$10^4 m^3$	规模	主要品种	开采利用情况
1	北京密云银冶岭	1367.0	大型	虎皮、汉白玉	未开采
2	北京门头沟鲁家滩	747	中型	山水、芙蓉	已开采
3	北京房山高庄	80.0	小型	优质汉白玉	已开采
4	甘肃漳县殪虎桥	242.0	中型	宝珠红、漳灰	已开采
5	山东莱州黄山后	824.6	中型	云灰、雪花白	已开采

---

❶ 宝安县：广东旧县，为深圳市的前身。

续表

序号	矿产地名称	探明资源量/$10^4 m^3$	规模	主要品种	开采利用情况
6	广东宝安横岗	1537.0	大型	深圳白、雪花白	已开采
7	广东英德张坡	1436.0	大型	次汉白、鱼鳞花	已开采
8	广东英德青坑	1306.0	大型	—	
9	广东连南大麦山	2331.0	大型	影晶白、灰云	
10	广东云浮高峰	233.0	中型		
11	广东阳春白马	675.0	中型	黑色、白色	
12	广东连县（现为连州市）大坑	481.0	中型	白色、灰色	
13	广西钟山光明山	19009.0	大型	—	已开采
14	广西钟山将军山	1098.0	大型		
15	广西武宣县三里	2025.0	大型	红彩云、兰彩云	已开采
16	广西阳朔白沙	724.0	中型		
17	广西德保陇王	680.0	中型	—	
18	广西凭祥凤凰山	394.0	中型	白色	
19	广西灵川石门	214.0	中型	黑色	
20	广西融水大金山	314.0	中型	黑色	
21	广西灵川海洋	235.0	中型	—	
22	广西崇左那隆	232.0	中型	晚霞红	
23	河北曲阳羊平	15056.0	大型	雪花白、汉白玉	已开采
24	湖北鹤峰三叉溪	80.6	小型	红白鹤石、灰白鹤石	已开采
25	江苏宜兴白云洞	1050.0	大型	白奶油、红奶油	已开采
26	江苏赣榆三清阁	2355.0	大型	雪花白、斑灰	已开采
27	江西上高乌老山	1527.0	大型	汉白玉、雪花白	已开采
28	青海共和吾口	1779.0	大型	彩花斑、吾口灰	已开采
29	山西盂县五开掌	6562.0	大型	红斑	已开采
30	山西闻喜下阴	240.4	中型	海浪、银波	已开采
31	陕西留坝青桥铺	2995.0	大型	雪花白	已开采
32	陕西勉县牛头山	1843.0	大型	汉脂奶油黄、汉白玉、稻香黄	已开采
33	陕西潼关玉石峪	228.0	中型	香蕉黄、苹果绿	已开采
34	四川宝兴锅巴岩	524.0 1996.0	中型 大型	蜀白玉 宝兴玉	已开采
35	安徽安庆杨桥	465.0	中型	—	已停采
36	安徽宿松廖河	7916.9	大型	汉白玉、彩云玉	未开采
37	安徽宿松大新屋	2583.8	大型	汉白玉	未开采
38	云南大理点苍山	614.5	中型	苍白玉	已开采
39	云南屏边水塘坡	528.0	中型	屏白玉、瑞云	已开采
40	云南镇雄水井湾	417.0	中型	墨玉	已开采

建筑用大理岩矿床分布在12个省、直辖市及自治区。其中辽宁最多，河南次之，其余在广东、山东、重庆、新疆等地零星分布。玻璃用大理岩矿床分布在黑龙江、江苏、浙江、福建、江西、重庆等6个地区，其中储量集中在黑龙江、江苏两省。

第五节　开发利用和发展趋势

中国大理岩开发利用虽然历史悠久，但20世纪50年代前开采规模不大，60、70年代开采规模也很有限。20世纪80年代后期，中国石材业在建筑房地产行业的强劲带动下，进入了前所未有的快速发展通道。1983年中国石材厂仅100余家，到2000年已发展到近10万家。据统计，2010年中国3000多家规模以上（销售收入500万元以上）石材企业销售收入达到2070亿元，出口创汇达40亿美元，中国真正成为世界名副其实的石材生产、消费、贸易大国。

中国大理岩矿山多出露于地表，基本上都采用露天开采。水泥用大理岩矿山一般采用露天台段式开采；饰面用大理岩矿山根据矿床埋藏的地形条件，绝大部分为山坡露天开采，极少数为凹陷露天开采和地下开采。采矿过程一般分为开拓运输、剥离、采矿三个部分，常用的开拓运输方式有公路开拓单一汽车运输、斜坡卷扬台车开拓运输、桅杆吊配汽车联合开拓运输、缆索起重机开拓运输、溜槽开拓运输等，其方法的选择取决于矿体赋存条件、矿山规模及经济因素；采矿工艺分为分离、顶翻、解体分割、整形、装载、清渣六个步骤，目前较为先进的开采设备有门架式金刚石串珠锯、大孔径液压钻机、桅杆吊、钢丝绳锯石机、液压顶石机等。

中国对大理岩矿床开发利用的布局是不均衡的。中南地区的河南、广东、广西以及华东地区的江西、山东、安徽、福建等省开发利用程度较高；而在中国西南部地区虽赋存有较多优质大理岩矿床，但由于处在边远山区，开采条件欠佳，交通不便导致运输成本过高，短期内还难以规模性开发。开采技术不够科学、先进，也导致资源浪费严重。20世纪80年代开始，中国开始从意大利引进机械化设备开采大理岩矿山，40多年来，虽然开采及加工装备技术水平有了长足的进步，但与"世界石材王国"意大利、美国、德国等国际石材装备强国相比，还有一定的差距。因此，设备落后也造成了很多矿山的荒料利用率较低，产品价值不高，资源浪费，没有做到充分的保护性开发。

第五十三章 板 岩

第一节 概 述

定义 板岩是一种变质岩,是由黏土岩、粉砂岩或中酸性凝灰岩经区域低温动力变质作用而形成的。这种岩石最主要的特征是板状劈理发育,即很容易被劈分成厚度3 mm以上的薄片(图53-1)。

另有"板石"一词,很容易与板岩混淆。板岩和板石是两个完全不同的概念,板岩是一类岩石的名称,而板石是商业名称。板石与大理石、花岗石并列为三大石材品种。板石包括了用板岩做成的石材,也包括了用其他岩石如板状石灰岩、板状砂岩、某些页岩制成的石材。

用途 天然板岩是一种新兴的绿色建材,可加工成板岩蘑菇石、板岩马赛克和青石瓦片等建筑装饰材料,广泛应用于公共建筑、游泳池、宾馆、公园、别墅等室内外墙面、地面。自然花纹美观、色泽鲜艳、表面光滑、厚度均匀、质地坚实的板岩可用于房屋的盖瓦、铺地和台阶贴面板,是良好的建筑装饰材料,也可用做桌面、黑板和墓碑等,意大利用板岩制作的台球桌面闻名于世。另外,结构致密、板理发育的板岩还可用作石砚原料。在缺乏可用黏土的地区,板岩还可作为水泥配料(图53-2)。

图53-1 板岩矿石

(来源:维基百科)

图53-2 板石产品

(来源:维基百科)

地质工作简况 中国板岩矿床的地质工作始于20世纪60年代,70年代末80年代初达到顶峰。在这个时期,由于出口的需要,中国探明了很多板岩矿床来生产板石。在水泥配料缺乏的地区,也用板岩来替代其他黏土质原料。截至2013年底,探明饰面用板岩矿床33个,水泥配料用板岩矿床6个。需要说明的是,实际上正在开发的板岩矿床数量远比这个数字要大。但总的说来,板岩矿床的地质工作程度不高。

矿床发现和开发简史 中国用瓦板石盖房屋面有2000多年的历史,可见中国板岩的开发很早。但大规模开采是在20世纪70年代末,那时为了换取外汇,开始生产瓦板石出口西欧。从那时起,板石商品出口贸易已有40多年的历史了。据统计,2011年中国共有232个企业开采板岩,年采板岩矿石241×10^4 t,工业总产值1.02亿元。有21个企业生产水泥配料用板岩,年开采量87.7$\times10^4$ t,工业总产值1371万元。

第二节 分 类

按颜色分类。板岩含铁的为红色或黄色,含碳质的为黑色或灰色,含钙的遇盐酸会起泡,因此地质上一般以其颜色或杂质成分命名分类，如红色板岩、黑色板岩、碳质板岩、钙质板岩等类型。

按用途分类。板岩可以分为饰面用板岩和水泥配料用板岩两类。商业上，把板岩加工成装饰石材后就称为板石，根据矿石自然颜色，分为青板石、绿板石、黄板石、红板石、灰板石、花板石等。也有按产地分为紫阳板石、巴山板石等。

第三节 物理化学性能

物理性能 板岩是一种具板状构造的浅变质岩，重结晶不明显，镜下可见有泥质和绢云母、绿泥石、硅质，有时见少量的白云母、黑云母、石英等。具变余泥质结构，板状构造。有时在板理面上有少量绢云母、绿泥石等新生矿物，并使板理面略显丝绢光泽。矿物组成随原岩不同而变化，泥质板岩中以高岭石、蒙脱石、水云母等矿物为主，粉砂质板岩及中酸性凝灰质以石英、长石为主。板岩矿床矿物成分见（表53-1）。

表53-1 板岩矿床矿物成分

商品名称	岩石名称	产地	矿物成分	结构	构造
黑板石	板岩	湖北巴东	石英55%、有机质22%、方解石15%、云母5%、长石3%	隐晶质结构	板状构造
	板状千枚岩	江西星子	绢云母65%、石英30%、有机质5%、铁质少量	显微鳞片变晶结构	千枚状构造
绿板石	板状千枚岩	陕西紫阳	绢云母40%、石英20%、方解石38%、有机质铁质少量	显微鳞片变晶结构	千枚状构造
	板状千枚岩	湖北通山	石英80%、绢云母13%、黑云母5%、磁铁矿2%	显微鳞片变晶结构	千枚状构造
红板石	板状千枚岩	北京辛庄	绢云母83%、石英12%、白云母2%、铁质2%、硅灰石少量	显微鳞片变晶结构	千枚状构造
紫板石	板状千枚岩	北京辛庄	绢云母76%、有机质8%、石英15%、绿泥石1%、铁质少量	显微鳞片变晶结构	千枚状构造
银晶板石	板状变粒岩	河南林县	石英60%、白云母12%、磁铁矿3%、斜长石13%、钠长石4%、透闪石5%、绿泥石3%	鳞片变晶结构	定向构造

板岩按其自然颜色可分为淡青色、淡绿色、黑色、红色、黄色等，颗粒一般细小，并且大多数呈定向排列，故其结构较致密，厚度均一，硬度适中，具有较好的抗风化、耐磨损等性能。

化学成分 板岩的化学成分，因岩石种类不同而变化很大。化学成分影响板岩的强度和抗风化能力。SiO_2含量高，板岩的强度高，抗风化能力强；CaO含量高，板岩易风化，强度低；Al_2O_3含量高，强度低。有的公司会对板岩的化学成分如CaO含量提出不高于3%要求。中国板岩制成的板石化学成分（表53-2）。

表53-2 中国板岩制成的板石化学成分（w_B/%）

商品名称	产地	SiO_2	Al_2O_3	Fe_2O_3	CaO	MgO	K_2O	Na_2O	烧失量
黑板石	湖北巴东	69.08	10.36	4.70	4.32	0.60	1.80	2.00	5.06
	江西星子	61.21	18.76	7.34	1.58	1.46	2.94	2.16	3.17
绿板石	陕西紫阳	62.5	12.5	2.5	4.4	—	—	—	—
	湖北通山	58.22	16.42	0.12	3.80	2.71	2.0	1.25	5.21
红板石	北京辛庄	65.72	19.68	3.86	0.58	0.80	2.80	1.30	3.40
紫板石	北京辛庄	60.17	21.26	7.04	0.96	0.72	2.64	2.03	3.43
银晶板石	河南林县	84.64	7.34	2.27	0.75	0.42	3.15	0.20	0.86

第四节 分 布

中国板岩分布十分广泛，除华北平原、东北平原、盆地、沙漠等新生代以来覆盖很厚松散层地区以及大片火山岩分布区外，几乎都有板岩分布。北京地区的二叠系地层中有紫色板岩；在震旦系中不仅有浅灰、灰绿、银灰、灰黑等多种颜色的板岩，而且出露的厚度较大。陕北板岩赋存于三叠系中，北起神木、佳县，经米脂、绥德、靖涧、延川、宜川，转向西南过洛川、黄龙、黄陵到渭北的淳化、旬邑、彬县等县，在中国大地构造中，属于鄂尔多斯地台的一部分。地层平缓、断层少，成矿十分有利。陕南和鄂西北地区的中寒武统到下志留统中有广泛的板岩，是中国板石出口基地。陕南地区西起汉中专区的镇巴，经安康专区的石泉、汉阳、紫阳、岗皋、安康、平利，直至东到镇坪都有板岩分布。湖北也是中国生产板岩的重要产地，鄂西板岩分为两大片，一是产在鄂西长江两岸的古生代—中生代地层中的黑色含碳质钙质板岩、碳质板岩、黑色硅化板岩，主要分布在长阳县、宜昌市、兴山县和神农架林区。另一片是产在十堰地区的竹山、竹溪、房县一带，属于陕南板岩带向东的延伸部分，主要产于寒武系、奥陶系、志留系中。鄂西北板岩以竹溪资源最丰富，竹山县次之，房县较少。该区矿石的矿物成分和化学成分与陕南板岩基本相同。四川东北部与陕西、湖北接壤的地区也有板岩出露。山西省五台、定襄出产紫色、银灰色板石。太行山区的左权县、黎城县、平顺县出产以铺地石板为主的粉红、黑色板石。湖南省的板岩，主要见于奥陶系、寒武系及中上元古界，以湘西北、湘东和湘东北分布最广。中元古界冷家溪群板岩主要分布在湘东、湘东北地区。上元古界板溪群板岩是一套泥质、凝灰质、碳质板岩，多与浅变质碎屑岩互层，主要分布于武陵山区和雪峰山区。上元古界板岩主要分布于湘中湘西地区。寒武系板岩主要分布于湘中一带。奥陶系板岩主要分布于湘中南地区。此外在广西、贵州等省（自治区）也有良好的板岩、千枚岩分布。板岩矿查明资源储量（表53-3），中国板岩矿床分布（图53-3）。

表53-3 板岩矿查明资源储量

用途	省份	矿区数/个	查明资源储量/10^4 t
饰面用板岩	北京	1	1073
	河北	2	3210
	辽宁	2	271
	浙江	3	52
	福建	1	18
	江西	17	1939
	湖北	2	155
	陕西	5	2352
水泥配料用板岩	内蒙古	2	9153
	辽宁	1	54
	吉林	1	168
	青海	1	764
	宁夏	1	1292
全国合计		39	20502

（据国土资源部《全国矿产资源储量通报》，2013）

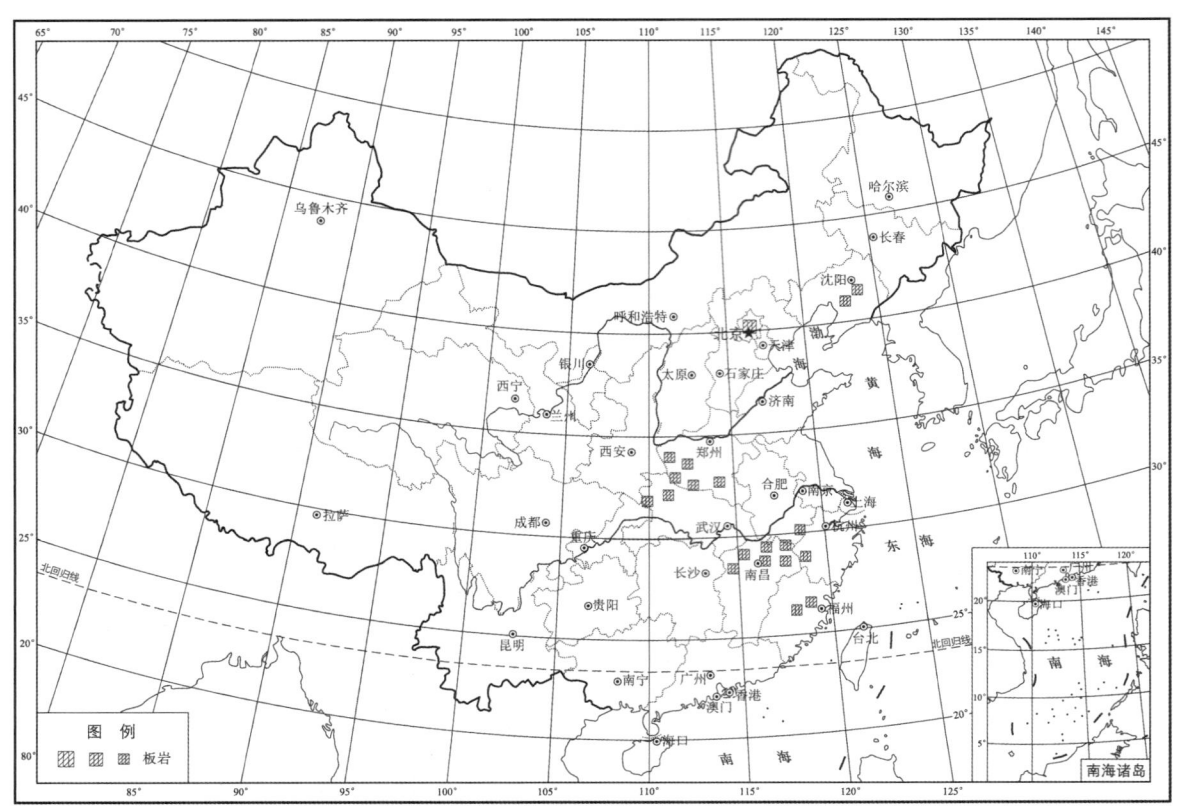

图 53-3 中国板岩矿床分布

第五节 开发利用和发展趋势

2000多年前，陕西紫阳地区就有开发板岩制作瓦板石，做建筑材料的记载。但中国至今也没有板岩矿床的勘探规范发布，实践中板岩矿床勘查以试采为主，不用一般的勘探线、网、开槽挖井和钻探等方法。评价矿床、圈算资源储量的工业指标包括板石品质、成礅率（类似于花岗石的"荒料率"）、毛板率和矿山开采技术条件四个方面。与评价花岗石、大理石首要考虑的因素是花色和成荒率不同，评估板岩资源的首要因素是岩石的可劈分性。也就是要看岩石能否被劈分成厚几毫米并有一定块度且两面较平整而色泽均匀的薄板。如果不能劈分，上述的四个技术指标合格也不能作为板石矿床开采。实际上，评价中全部指标都符合要求才行，只要有一项不合格，矿山就被否决。在评价过程中，要采取矿样分析，主要有标准样、基本样、抗压强度、抗折、耐磨率、小体重、吸水率、岩矿鉴定、化学分析等。

作为板石矿床，中国大部分矿山采用露天山坡式开采。为不使板岩因外力产生裂缝，勘探和开采不能采用爆破手段，也不能像开采花岗石大理石那样用大型机械，而是用凿岩机以手工作业为主。除露天开采外，北京地区还用硐采，平硐或斜井，卷扬机提升。

板石的加工工艺主要有劈分和裁切两个工序，劈分工艺和设备均很简单，只需用锤子、扁平凿和一些小铁楔，手工作业，很容易沿板理把板岩劈分成毛板；裁切就是把毛板加工成一定尺寸的规格板，有时会要求在规格板上钻两个小孔，作固定瓦片用。板石一般不要求磨光，但有时会要求一面磨平。一般的流程是：矿山用手持凿岩机顺裂隙撬开成礅口→将矿山采出的礅石运至带滚道的锯割机稍加修整（垂直片理将其一边或两边切齐，以便于劈分）－运至工场用手工顺片理面打入扁楔，将礅石按要求的厚度劈分成毛板－切边－检验－包装－入库或外运。

作为水泥配料时，板岩的地质工作、开采和运输等都比较简单，详情可参考第28章石灰岩的要求。

截至2013年底止，中国已经开采的饰面板岩矿山199个，其中正在开采的187个，停采的12个。已经开采的板岩矿山（表53-4）。

表53-4 已经开采的板岩矿山

序号	矿山名称	规模	开采方法	年产量/10^4t
1	北京房山周口店饰面板岩	小型	露天开采	1.25
2	北京怀柔辛庄饰面板岩	中型	露天开采	停采
3	辽宁本溪馨云饰面板岩	小型	露天开采	0.26
4	辽宁本溪平山饰面板岩	小型	露天开采	1.0
5	辽宁本溪南芬饰面板岩	小型	露天开采	3.0
6	浙江常山青石饰面板岩	小型	露天开采	5.0
7	浙江常山德良饰面板岩	小型	露天开采	5.0
8	浙江常山金清饰面板岩	小型	露天开采	2.5
9	浙江常山和尚弄饰面板岩	小型	露天开采	2.0
10	浙江常山超越饰面板岩	小型	露天开采	5.0
11	浙江常山志诚饰面板岩	小型	露天开采	2.0
12	浙江常山金磊饰面板岩	小型	露天开采	5.0
13	浙江开化富龙饰面板岩	小型	露天开采	2.5
14	浙江江山大陈饰面板岩	小型	露天开采	2.0
15	浙江江山白虎山饰面板岩	小型	露天开采	2.0
16	浙江江山仓坞饰面板岩	小型	露天开采	2.0
17	福建尤溪洋中饰面板岩	小型	露天开采	2.0
18	江西武宁油窄山饰面板岩	小型	露天开采	5.0
19	江西武宁富林饰面板岩	小型	露天开采	不清
20	江西武宁绿源饰面板岩	小型	露天开采	不清
21	江西武宁枫枝坳饰面板岩	小型	露天开采	不清
22	江西星子玉泉山饰面板岩（含6个矿山）	小型	露天开采	停采
23	江西星子落岭山饰面板岩（含2个矿山）	小型	露天开采	不清
24	江西星子横塘饰面板岩（含3个矿山）	小型	露天开采	停采
25	江西星子熊家岭饰面板岩	小型	露天开采	1.0
26	江西星子华林饰面板岩（含6个矿山）	小型	露天开采	5.0
27	江西星子联盟大凹饰面板岩	小型	露天开采	1.0
28	江西星子东升大凹饰面板岩	小型	露天开采	2.0
29	江西玉山童坊饰面板岩	小型	露天开采	停采
30	江西玉山江南饰面板岩	小型	露天开采	0.15
31	江西婺源江湾饰面板岩	小型	露天开采	不清
32	江西鄱阳枧田饰面板岩	小型	露天开采	不清
33	河南卢氏王家沟饰面板岩	小型	露天开采	不清
34	河南确山三里河饰面板岩（含134个矿山）	小型	露天开采	—
35	河南淅川闫沟饰面板岩（含17个矿山）	小型	露天开采	不清
36	湖北竹溪瓦房沟饰面板岩	小型	露天开采	停采
37	湖北竹山庙沟饰面板岩	小型	露天开采	停采

板岩质地均匀、坚硬、抗风化能力强，价格低廉。随着绿色建材、绿色建筑的理念不断深入人心，人们逐渐认识到人造建筑材料不如天然材料自然、美观、舒适。特别在流行的复古风中，更加偏爱天然装饰材料。板石的自然板面呈丝绢光泽，不产生眩光，在某些场合比抛光石材装饰效果还好。别墅和修复古建筑都需要大量的板石。因此，板石越来越受到国内外用户的青睐，发展前景看好。

至于做水泥配料、陶粒等用途时只在缺常用的主要资源的地区才有价值，发展前景一般。

第五十四章 白　　垩

第一节 概　　述

定义　白垩也叫白垩土，主要由粒径小于 5 μm，一般为 2~5 μm 的颗石藻、钙球等浮游的微体化石组成，方解石含量一般在 99% 以上，通常还含有石英、黏土矿物和氢氧化铁矿物等杂质。含有杂质时，方解石含量降低。受成岩后期影响，还会有白云石等矿物生成，此时，方解石含量进一步降低。

用途　质量纯净的白垩主要用于填料，是基于白垩固有的高分散性、特殊的表面性质，白色，纯种白垩中不存在那些在填充加工技术过程中显得有害的矿物杂质，可用于橡胶、造纸、油漆、涂料、制糖工业中。不同功能的填料，其技术要求也不同，用于油漆、涂料的白垩需满足以下要求：白度 90 以上，$CaCO_3 > 98.5\%$，可溶性盐 $< 0.5\%$，吸收水分 $< 0.2\%$。用于橡胶工业的白垩要满足以下要求：湿度 $< 0.2\%$，$(CaCO_3 + MgCO_3) > 98.5\%$，$(Fe_2O_3 + Al_2O_3) < 0.8\%$，$FeO < 0.3\%$，含砂量 $< 0.03\%$。用于制糖工业的白垩要满足以下要求：$CaCO_3 > 96\%$，$MgCO_3 < 1.0\%$，$(Fe_2O_3 + Al_2O_3) < 1.0\%$，$(K_2O + Na_2O) < 0.25\%$，$H_2O < 15.0\%$。质量稍差些的白垩可用作水泥原料。一般 $CaO > 46\%$，$MgO < 3\%$ 即可，由于中国现在没有发现大规模的白垩矿床，还没有用作水泥原料的例子。白垩还可在铸造工业中作为铸型用辅助材料。其作用是涂在竖立在砂模中的冷铸模（冷凝装置）上，以防其凝上水珠。其技术要求是：$CaCO_3 > 95\%$，不溶残渣 $< 2.0\%$。细度小于 200 目。

地质工作简况　中国有关白垩矿床的地质找矿工作虽然已经很久，但发现的白垩矿床还不多，矿床规模也不大。因此，国家也没有正规的白垩矿床地质勘查规范。现有的地质工作只是参照一般的地质工作程序来做。

矿床发现和开发简史　由于没有像样的白垩矿床发现，因此，现有的文献也没有记载这种矿床的发现过程。不过，最近有报道，湖北襄阳地区发现了白垩土，据有关的简单资料分析，这种白垩由方解石、白云石、凹凸棒石、蒙脱石等组成，白度很好，但成分复杂，不是纯净的白垩土。据传储量有 $1.5 \times 10^8 t$ 之巨，如属实，则是国内发现的规模最大的白垩土矿床了。

第二节 分　　类

地质上把白垩分为白色纯白垩、泥灰质白垩和似白垩石灰岩三种。白色纯白垩是一种疏松、易黏附、孔隙细小的白色岩石；其特征是很纯净，$CaCO_3$ 的含量可高达 99%，因此，当白垩与其他表面接触时会在其表面留下擦痕。泥灰质白垩为浅灰色，含有黏土成分。似白垩石灰岩是由白垩本身转变为石灰岩的过渡类型，白色，结晶明显，以胶结牢固为特点。

工业上把白垩分为白垩块、白垩粉两种。白垩块是在采场中采出后未经加工的大块状白垩，用于烧石灰或不需要粉状白垩的情况。白垩粉在运输中易损失，而块状白垩方便于长途运输。白垩粉是经过粉碎加工的白垩产品。

第三节 物理化学性能

物理性能　白垩外观常见为黄白色及乳白色，密度为 $2.65 \sim 2.70 g/cm^3$，分解温度 925℃，莫氏硬度小于1。

白垩最重要的加工技术性质包括颜色、分散性、质点形态、粉碎性、吸水性和化学稳定性。白垩的颜色较多，纯白垩为白色，含有铁氧化物时呈浅黄色，含有黏土时呈浅灰色，工业用白垩要求白度为 75~90。白垩具有高度的天然分散性，形成这种高分散性的原因还不清楚。白垩的颗粒质点形态主要是针状或浑圆状，估计是方解石微小颗粒在水中反复冲刷的结果。白垩的这种强烈的分散性，低硬度和针状或浑圆质点形态都使它具有特殊的黏附（书写）性质，这一点是与其他碳酸盐岩不同的地方。由于白垩为一种碳酸盐，可与各种酸类起反应，故使它有可能成为制造化学药品的原料、中和剂等。白垩的吸水率不超过 0.3%，可用于要求水分含量低的产品（如橡胶）作填料。易粉碎性是白垩的一大特点，这是由于白垩的胶结程度较差的缘故。

化学成分 中国新乡白垩土的化学成分（w_B）：CaO 55.13%、MgO 0.25%、Al_2O_3 0.19%、Fe_2O_3 0.05%、烧失量 43.58%。

第四节 分 布

白垩矿床产出的时代比较新，山东临朐白垩矿床产于第三系❶山旺组中，河南新乡白垩矿床产于第三系中。四川射洪县武东乡梅花山也有产出。矿体呈层状，似层状，与泥灰岩呈上下层关系；延伸可达百余米或更大；矿石质量较好，方解石含量在 99% 以上，是纯正的白垩土矿。白垩土粒度是与泥晶石灰岩相近，但成因截然不同，泥晶石灰岩是化学或生物化学作用的结果，而白垩则是纯生物成因的。有人认为，四川射洪县武东乡梅花山的白垩土属残坡积矿床，值得商榷，因为碳酸钙物质在坡积过程中不可能保存下来。

与白垩在中国不发育的情况不同的是，白垩在欧洲却广泛分布。在欧洲，白垩矿产于白垩系中，俄罗斯、白俄罗斯、乌克兰、法国、英国、爱尔兰、瑞士等国均有产出，质量优良，储量巨大，厚度可达 100~200 m。矿床底板一般为泥灰岩，顶板为蛋白土。白垩土方解石含量大于 96%，粒度大小为 0.001~0.002 mm，颗粒呈浑圆状。

第五节 开发利用和发展趋势

白垩土的地质工作比较简单，可按照一般地质工作程序即可。在野外工作中主要要查明矿层长度、厚度，矿石的结构和构造特征。在室内要查明质量情况如化学成分包括氧化钙、不溶于盐酸中的残渣、氧化铝、氧化铁等，另外，要查明白垩的粉刷性质如遮盖力和油容量等。

白垩土的开采照例是露天开采，常常采用爆破工作。大块状白垩用于烧石灰，小块的即粉碎成白垩粉。有的白垩经过浮选可用作橡胶和塑料的填料。

白垩土由于具有高分散性和圆形的颗粒状态，用作填料具有十分明显的优势，特别是在橡胶和塑料行业中前景广阔，在农药、肥料的载体方面也有发展的余地。今后应该加强白垩矿床的找矿和开发工作。

---

❶ 现为新近系和古近系。

第五十五章 页 岩

第一节 概 述

定义 页岩是以胶体细分散的黏土矿物为主形成的沉积岩（图55-1）。是由弱固结的黏土经过中等程度的后生作用（压固、脱水、重结晶作用）形成较强固结的、成分较复杂且具书页状或薄片状层理的黏土岩，是与未成岩的疏松的黏土相对应的一种岩石（图55-2）。

图55-1 页岩标本
（来源：维基百科）

图55-2 页岩层状结构
（来源：维基百科）

用途 页岩是一种替代型、新型的墙体用工业原料，因其在产品制造过程中，性能稳定，塑性指标适宜，成型性能良好，烧结范围较宽，制品强度较高，被认为是生产烧结砖不可多得的节能型原料。近些年来，在中国墙改政策的推动下，有关砖瓦企业逐步扩大原料品种，由沿袭使用了数千年的传统黏土原料开始改用以页岩为主要原料生产砖瓦。

地质工作简况 中国页岩的地质勘探工作始于20世纪60年代，当时由于城市高层楼群的兴建，国内外都在大力发展陶粒生产及其资源调查工作，到20世纪80年代北京地区先后发现了门头沟区木城涧陶粒页岩矿和门头沟灰峪陶粒页岩矿，为发展陶粒工业提供了重要的后备基地，但在2000年以前中国进行过勘探的页岩矿山仍然较少。直到2000年以后，随着房地产产业对墙体材料的需求和国家政策的不断推动，一大批页岩矿床被发现并进行了详细的勘探，如河北、天津、吉林等地的一大批大型矿床都是在这个阶段发现的。根据页岩的成因可以预测我国页岩资源十分丰富，随着需求的不断增加，将会有更多的矿床被发现并进行勘探。截至2013年底，中国共探明页岩矿区459个，其中水泥配料用页岩矿区111个，资源储量 $118934.33\times10^4m^3$；砖瓦用页岩矿区313个，资源储量 $83962.4\times10^4m^3$；建筑用页岩矿区9个，资源储量 $795.42\times10^4m^3$；陶粒页岩矿区36个，资源储量 66508.03×10^4t。

开发利用简况 页岩被中国的砖瓦、水泥、陶粒等工业部门所利用大约是在20世纪60年代，当时主要是为了满足城市建设的需求而陆续开展了一些找矿工作，并进行了少量的开采和加工。进入到21世纪以来，随着国民经济的发展，以黏土为材料制砖带来大量的社会问题，因此页岩开始取代黏土成为生产空心砖、多孔砖的主力材料，截至2013年底，已开发利用砖瓦用页岩矿山共计7164处，其中大型矿山13处，中型矿山458处，小型矿山4327处，小矿2366处，矿石产量 14905.24×10^4t，砖瓦用页岩也成为页岩最重要的用途。此外,已开发利用建筑用页岩矿山共计892处,其中中型矿山35处,小型矿山547处,小矿310处,矿石产量$2147.59 \times 10^4 t$;已开发利用水泥配料用页岩矿山共计183处,其中大型矿山7处,中型矿山18处,小型矿山96处,小矿62处,矿石产量$1245.21 \times 10^4 t$;已开发利用陶粒用页岩矿山共计31处,其中大型矿山1处,中型矿山6处,小型矿山21处,小矿3处,矿石产量$29.59 \times 10^4 t$。

第二节 分 类

页岩矿床类型主要为沉积型,根据其成岩矿物的不同可以分为:水云母(伊利石)砖用页岩、蒙脱石-水云母(伊利石)砖用页岩、水云母(伊利石)-蒙脱石砖用页岩、蒙脱石-高岭石砖用页岩四类,因成岩矿物不同矿层的颜色和性质略有差异。

按照用途页岩可以分为砖瓦用页岩、建筑用页岩、水泥配料用页岩和陶粒用页岩四类。

第三节 物化性能

物理性能 页岩表面光泽暗淡,其颜色多变,含有机质的呈灰黑、黑色,含铁的呈褐红、棕红等色,还有黄色、绿色等多种颜色。页岩通常结构致密,但硬度低,页岩的硬度一般为普氏硬度系数1.5~3,结构比较致密的,其普氏硬度系数可以达到4~5,有的硬质页岩的硬度更高。页岩的颗粒组成与它的自然颗粒级和成岩原因有关,颗粒组成变化的波动幅度较大,从而影响页岩的其他性能;根据形成岩石时沉积情况的不同,页岩的塑性指数范围在5~23,有的页岩的塑性指数甚至超出了这一范围,故有的页岩实际上是不能作为烧结砖的原料的。页岩原料的干燥敏感性通常用干燥敏感性系数来衡量,它的范围一般在0.4~1.6之间,对于有些塑性非常高的页岩来说,它的干燥敏感性系数可能更高。页岩的干燥线收缩率,根据其种类不同也有很大的变化,其变化范围在2.5%~10%。页岩对K^+、Na^+、Ca^+、Mg^+等的吸附和交换能力,其强弱与矿物成分有关,一般蒙脱石页岩交换吸附的能力最强,水云母、伊利石页岩中等,高岭石页岩最弱。页岩不透水,往往成为不透水层或隔水层。

化学成分 页岩的化学成分决定于其矿物组成和吸附离子如K^+、Na^+、Ca^{2+}、Mg^{2+},化学成分含量的变化大小主要是由矿床的形成条件和沉积环境所决定。页岩的产地和成因不同,其化学组成或含量变化很大。页岩的主要的化学成分(w_B):SiO_2、Al_2O_3、Fe_2O_3、H_2O等,其次是少量的TiO_2、CaO、MgO、K_2O、Na_2O、SO_3、P_2O_5、TiO_2、MnO等。中国典型页岩矿床的化学成分(表55-1)。

表55-1 中国典型页岩矿床的化学成分($w_B/\%$)

产地	SiO_2	Al_2O_3	Fe_2O_3	CaO	MgO	K_2O	Na_2O	SO_3	P_2O_5	TiO_2	MnO	LOI
北京门头沟	63.81	17.10	7.59	0.75	1.48	3.67	0.26	0.81	—			5.96
北京房山	59.01	14.97	4.81	5.21	1.46	—	—	0.19				6.22
广西河池	60.79	19.14	7.93	0.88	0.96	1.62	0.12	0.07	0.74		0.13	7.66
辽宁抚顺	49.40	16.33	7.08	5.01	4.07	—	—	0.73				—

第四节 分 布

从地理分布上来看,中国已探明的页岩矿区共计469处,广泛分布于北京、天津、吉林、黑龙江、安徽、湖南、广西等23个省市区。其中水泥配料用页岩主要分布在辽宁、北京、天津、安徽、广西、云南、新疆等地,其他地区如江西、浙江、山东、河北、内蒙古、广东等地也有分布;砖瓦用页岩在新疆大量分布，约占全国的53%，其他如辽宁、天津、河北、北京、贵州等地分布较多，其他地区分布较少；陶粒用页岩在吉林分布最多，约占全国的46%，湖南、黑龙江较多，河北、陕西、北京、福建一般，新疆、重庆很少；另外，中国建筑用页岩总量不多，主要分布在河北、辽宁、四川、重庆等地，其中河北约占51%。

从成矿时代来看，页岩产出于不同的地质时代，其中，适用于新型墙体材料烧结砖用页岩，集中产于蓟县系、青白口系、二叠系、三叠系、侏罗系和白垩系。中国页岩重要矿产地（表55-2），中国页岩矿床分布（图55-3）。

表55-2 中国页岩重要矿产地

用途	序号	矿产地名称	探明资源量/10^4t	规模	开采利用情况
陶粒用页岩	1	黑龙江宾永丰陶粒用板岩矿床	6374	大型	未开采
	2	吉林农安八里营子陶粒页岩矿床	2214	大型	未开采
	3	吉林农安花园陶粒页岩矿床	2208	大型	未开采
	4	吉林农安永安矿区陶粒页岩矿床	2140	大型	未开采
	5	吉林农安韩家粉坊陶粒页岩矿床	2182.1	大型	未开采
	6	吉林农安徐家排陶粒页岩矿床	4829.2	大型	未开采
	7	吉林德惠皓塬陶粒页岩有限责任公司矿床	2213.5	大型	未开采
	8	吉林二道沟陶粒页岩矿床	2616.9	大型	未开采
	9	吉林前郭哈拉毛都镇烟窝堡沟陶粒页岩矿床	2465	大型	未开采
	10	吉林长岭永久镇柳蒿泉子陶粒页岩矿床	4083	大型	未开采
	11	河北鹿泉牛山陶粒页岩矿床	4012	大型	未开采
	12	湖南桃江县舞凤山页岩矿床	10768	大型	未开采
	13	陕西西乡峰坦陶粒粉砂质页岩矿床	4958.7	大型	未开采
砖瓦用页岩	14	北京房山青龙湖砖瓦用页岩矿床	3259	大型	未开采
	15	天津蓟县下营镇串岭沟砖瓦用页岩矿床	6330.4	大型	未开采
	16	天津蓟县白涧镇庄果峪砖瓦用页岩矿床	2929.9	大型	未开采
	17	天津市蓟县白涧镇庄果峪北砖瓦用页岩矿床	6840.2	大型	未开采
	18	河北井径南王庄制砖用紫色页岩矿床	2199	大型	未开采
	19	河北涿鹿长疃-郝家坡村制砖用页岩矿床	3571.7	大型	未开采
	20	新疆库尔勒市苏克塔格能厄肯页岩矿床	44800	大型	未开采
水泥配料用页岩	21	北京丰台大灰厂乡郎坡顶水泥配料用页岩矿床	1727	中型	已开采
	22	安徽省铜陵市棕叶山水泥配料用（页岩）砂岩矿床	8327.1	大型	未开采
	23	安徽省铜陵县小冲砂页岩矿床	6298	大型	未开采
	24	广西平果县果化页岩矿床	6963	大型	未开采

第五节 开发利用和发展趋势

由于页岩一般出露于地表，因此多采用露天法采矿。目前，已开采利用的页岩矿山较多，砖瓦用页岩、建筑用页岩均形成较大规模，2013年砖瓦用页岩矿石产量达到1.5×10^8t。此外，陶粒用页岩和水泥配料用页岩也有一定的开采量。

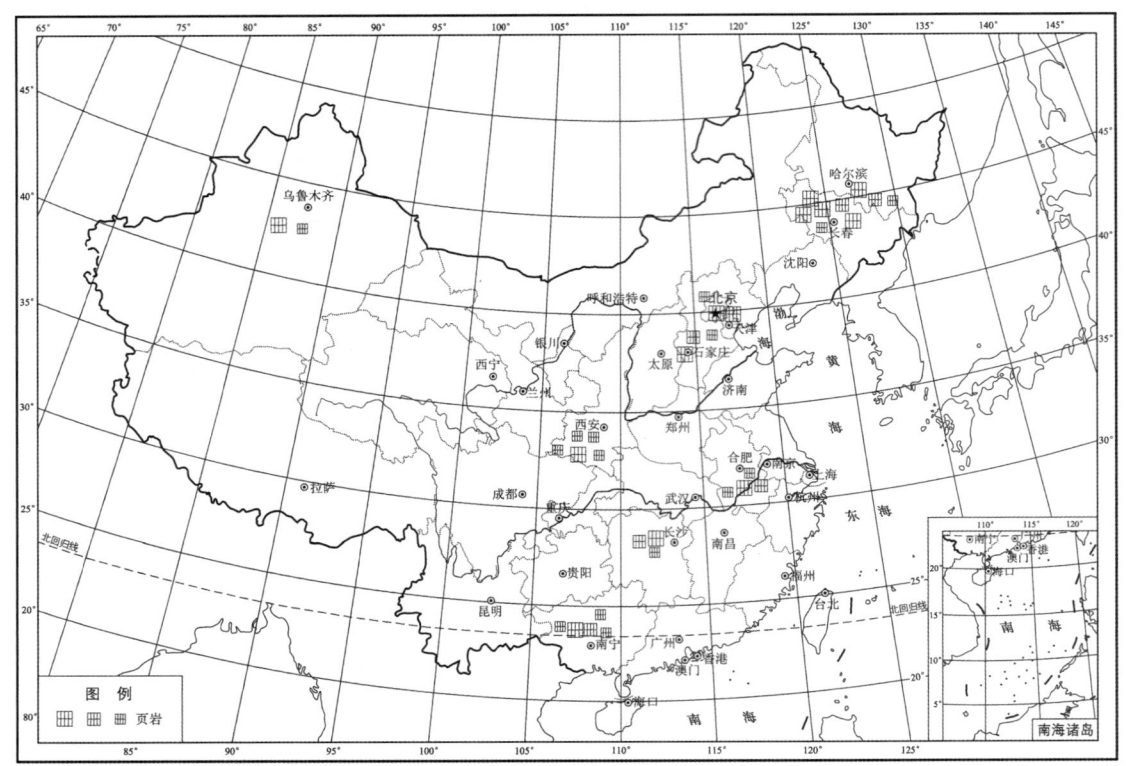

图 55-3 中国页岩矿床分布

近十年以来，采用页岩制砖的技术已经成为国家提倡发展的建筑节能材料产业，页岩烧结空心砖、烧结多孔砖是以页岩、煤矸石等为主要原材料，经细碎、陈化、混合搅拌、挤压成型、高温焙烧而成。产品具有能耗低、强度高、保温、隔热、隔音、外观规则、可砌清水墙和中高层建筑等特点，适用于建筑工程中非承重的内、外墙体砌筑。未来在政策导向和市场需求增加情况下，且高档内外墙装饰砖、地砖、清水墙砖正逐渐推向市场，页岩砖的市场占有率将进一步扩大。

第五十六章 橄 榄 岩

第一节 概 述

定义 橄榄岩是一种呈橄榄绿色、富含镁的硅酸盐岩石,主要矿物成分是橄榄石和辉石,次要矿物有角闪石、黑云母等,偶见斜长石,不含石英,无长石或长石含量甚少(<10%)有时含少量铬铁矿、磁铁矿、钛铁矿或磁黄铁矿。主要由超基性和基性岩浆岩形成,在地表极易风化成蛇纹岩(图56-1)。

图56-1 橄榄岩

(来源:维基百科)

用途 橄榄岩主要用于制钙镁磷肥,还可以作为提取镁化合物和泻盐的原料。在冶金工业中用作耐火材料及冶金熔剂;可提取氧化镁,也可用于锰钢、碳钢以及有色金属铸造的型砂。其副产品多孔二氧化硅可用于造纸、酿造、污水净化。此外,橄榄岩还可用作高强绝缘陶瓷和高温涂料以及微晶玻璃的原料,作研磨用的无毒害性喷砂;因其堆积密度高,在石油钻井用泥浆中作重介质;还可以作天然气管的外罩。透明的橄榄石可做低档宝玉石。

地质工作简况 中国橄榄岩矿床的地质工作始于20世纪50年代初。20世纪50年代后,中国冶金部地质所与东北地质分局一〇四队、西峡县地质队等先后对河北、河南地区橄榄岩矿展开调查,发现了一批具有重要意义的橄榄岩矿床,如河北省承德高寺台、河南西峡洋淇沟、陕西商南松树沟、西藏普兰、湖北宜昌、内蒙古索伦山、新疆哈密星星峡、宁夏小松山等地的橄榄岩矿床。截至2013年底,共探明耐火用橄榄岩矿床3处,查明资源储量1.87×10^8t;化肥用橄榄岩矿床2处,查明资源储量1.13×10^8t;建筑用橄榄岩矿床1处,查明资源储量285×10^4m³。

矿床发现和开发简史 1943年11月,日本人待场勇、太田良平曾对河北承德高寺台村橄榄岩进行过调查,编写了《承德县头沟村钒钛磁铁矿床及高寺台村橄榄岩调查概报》,是中国境内发现最早的橄榄岩矿床。1957年,冶金部研究所与东北地质局一〇四队对该矿床进行了详查地质工作,1960年12月由苏贵麟等提交了《河北省承德市高寺台前沟蛇纹岩矿区详查报告》,证实了该矿床的存在。1957年西北冶金地质公司第三地质队在河南西峡西坪和陕西商南王家庄一带寻找镍矿时发现了西峡洋淇沟镁橄榄砂矿,直到1976年,村办企业才开始开采黑绿色及黑色致密块状蛇纹石化橄榄岩,80年代中期后,开始开采粗粒橄榄岩,年产数百吨,做耐火材料用。截至2013年底,中国共有18个橄榄岩矿山在开采,其中耐火用6处、化肥用1处、建筑用11处,年开采总量为62.36×10^4t。

第二节 分　　类

橄榄岩矿床按照其用途可划分为三类：耐火用橄榄岩矿床、化肥用橄榄岩矿床、建筑用橄榄岩矿床。其中耐火用橄榄岩耐火度高达1760℃，是不经煅烧就可以直接利用的耐火材料；化肥用橄榄岩主要用于制造钙镁磷肥；建筑用橄榄岩主要用于建筑石材方面。

橄榄岩属于超基性侵入岩。按镁橄榄石的含量，可分为纯橄榄岩、橄榄岩和其他橄榄岩。由90%以上镁橄榄石、贵橄榄石组成的称为纯橄榄岩。由40%~90%镁橄榄石组成的称为橄榄岩，根据其他矿物种类及含量又可进一步划分为斜方辉石橄榄岩、单斜辉石橄榄岩、二辉橄榄岩、角闪橄榄岩。洋淇沟镁橄榄岩矿床是一个典型的超基性岩型矿床，该矿床位于陕西西峡豫边村，赋存于洋淇沟超基性岩体中。该岩体跨豫、陕两省，在河南省境内长7 km，平均宽约1.1 km，面积7.5 km²。洋淇沟超基性岩体中纯橄榄岩占岩体面积的85%，以细粒纯橄榄岩为主，中粗粒橄榄岩为次。中粗粒纯橄榄岩呈透镜状产出，有20余个透镜体，透镜体长200~800 m，宽50~100 m。蛇纹石化橄榄岩可做钙镁磷肥原料，中粗粒纯橄榄岩可做钙镁磷肥和耐火原料。另外，黑绿色和黑色致密块状蚀变细粒纯橄榄岩可做玉料使用。

第三节　物理化学性能

物理性能　橄榄岩为全晶质自形或他形粒状结构，致密块状构造，质纯的橄榄岩熔点高达1910℃。颜色为橄榄绿至黄绿色，玻璃光泽。莫氏硬度6.5~7，贝壳状断口，抗拉强度很高，并抗碱。堆积密度为1.5~2g/cm³，矿石密度3.17g/cm³，耐火度1690~1760℃，矿石吸水率为2.6%左右。

化学成分　橄榄岩在化学成分上以$w(SiO_2)$<45%、贫碱、富镁铁为特征，中国主要橄榄岩矿床化学成分（表56-1）。

表56-1　中国主要橄榄岩矿床的化学成分（$w_B/\%$）

矿床（点）名称	MgO	SiO₂	Fe₂O₃	FeO	Al₂O₃	CaO	Na₂O	K₂O
河北高寺台	42.65	33.10	5.28	2.10	0.80	0.60	0.02	0.02
陕西商南	44.28	39.57	8.97	8.97	1.58	0.49	0.89	0.05
宁夏小松山	26.41	40.32	8.01	4.47	3.65	7.01	0.50	0.03
甘肃大道尔吉	38.84	34.29	6.09	2.95	1.02	0.35	0.09	0.04

第四节　分　　布

通常情况下，橄榄岩、辉长岩、席状基性岩墙和基性熔岩以及海相沉积物自下而上构成蛇绿岩套，而不是单独产出。中国内蒙古、河北、河南、陕西、宁夏、甘肃等省及自治区均有橄榄岩矿床发现，橄榄岩产区主要分布在几大著名的造山带蛇绿岩中，如中亚带的内蒙古索伦山、祁连-秦岭带的甘肃大道尔吉、陕西商南松树沟地区；雅鲁藏布带的西藏罗布莎地区等。其中，耐火用橄榄岩主要分布在河北、河南等省，山东也有探明储量；化肥用橄榄岩主要分布在河南、湖北等省；建筑用橄榄岩主要分布在内蒙古自治区。中国橄榄岩矿产地（表56-2），中国橄榄岩矿床（点）分布（图56-2）。

表 56-2　中国橄榄岩矿产地

序号	矿产地名称	探明资源量/10^4t	规模	用途	开采利用情况
1	河北承德高寺台前沟化肥用蛇纹岩矿	11215.2	中型	耐火用	露天开采
2	山东日照后水沟蛇纹岩矿	142.0	小型	耐火用	露天开采
3	河南西峡豫边橄榄岩矿区	296.1	小型	耐火用	露天开采
4	河南西峡洋淇沟橄榄岩矿区	7430.8	小型	耐火用	露天开采
5	河南西峡县陈阳坪云母矿	57	小型	耐火用	露天开采
6	河南西峡县豫边橄榄岩矿区	7393.1	小型	化肥用	露天开采
7	内蒙古通辽吐尔言山建筑石材矿	$514 \times 10^4 m^3$	小型	建筑用	露天开采

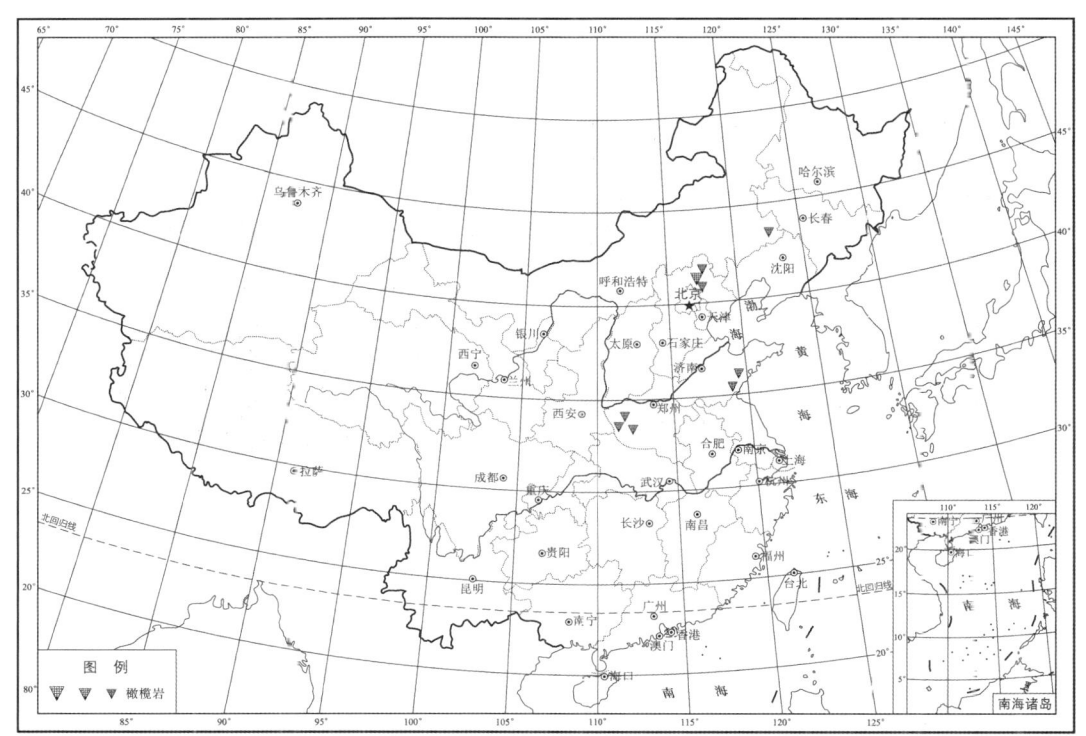

图 56-2　中国橄榄岩矿床（点）分布

第五节　开发利用和发展趋势

中国已经开发的橄榄岩矿区主要有河北高寺台前沟蛇纹岩及橄榄岩矿、湖北宜昌镁橄榄石矿、河南西峡县洋淇沟橄榄岩矿和内蒙古索伦山矿，这些矿区橄榄岩储量丰富，开采规模较大。因为原生橄榄石采选成本高，大多采用综合开发方式。

近年发现，当 CO_2 接触到橄榄岩时，就会转化为固体矿物，而且这种自然发生的过程可被人工加快 100 万倍，其所产出的矿物在地下能永久的储存 20 多亿吨的 CO_2（人类活动每年约排放 $300 \times 10^8 tCO_2$）。目前已经启动了橄榄岩的碳储存进程，即在橄榄岩上钻孔，然后注入收集到的作了加压处理的 CO_2 热水。这样，就可以吸收 CO_2 以帮助缓解全球变暖的环境问题。

由于橄榄岩大多与铬铁矿伴生，中国铬铁矿比较少，因此橄榄岩也和铬铁矿一起成了找矿勘探的重点。20 世纪 80 年代后，中国经济的快速发展使橄榄岩工业应用突飞猛进，橄榄岩的开采量逐年递增，达到较高的水平。虽然橄榄岩基本用途比如耐火材料、钙镁磷肥料的需求相对稳定，但橄榄岩在新用途上的进一步拓展，会使橄榄岩用量不断增长。

第五十七章 辉 石 岩

第一节 概 述

定义 辉石岩是超镁铁岩浆岩的一种,SiO_2 含量 < 45%,主要由辉石组成,其辉石含量为 90% ~ 100%,含少量橄榄石、角闪石、黑云母、铬铁矿、磁铁矿、钛铁矿,深色,粒状结构,易蚀变为纤维状蛇纹石(图57-1)。

图 57 – 1 辉石岩
(来源:维基百科)

用途 辉石岩是一种常用的黑色花岗石类石材,作为建筑物的内外装饰来材料使用;还可制碑石及石雕石刻品,环境保护、化工、轻工、机械和精密仪器、农业等用的石制品等。

地质工作简况 目前中国辉石岩矿床在新疆、内蒙古、山东、江西都有发现,20 世纪 90 年代至 21 世纪初,新疆地勘局、内蒙古第三地质大队先后发现了哈密市黄山南、宁城县朝阳沟等辉石岩石材矿区,并提交了详查报告。截至 2013 年,中国共有建筑用辉石岩矿区 4 处,饰面石材用辉石岩矿区 3 处。

矿床发现和开发简史 辉石岩是一种黑色花岗石石材,是人类最早发现和利用的天然岩石之一。中国对花岗岩的开发利用可以追溯到新石器时代,在山西省怀仁鹅毛口石器制作场遗址,有遗迹表明当时人们已在河谷谷坡上开采裸露的花岗岩来制作石器。在广东南海西樵山也有这类发现。随着国家建设发展速度的加快,中国花岗石类石材的需求也不断加大。辉石岩石材在建筑和饰面石材领域逐步受到重视,新开发了大量的石材品种,如安徽岳西黑豹,云南华坪黑,河北易县的 G1136 等,G1136 岩石名称为紫苏辉石岩。

第二节 分 类

根据用途,一般把辉石岩矿床分为建筑用和饰面用辉石岩矿床两类。建筑用辉石岩一般用来做建筑石雕、整形石料等,饰面用辉石岩主要用作室内外墙面、地面、台面的装饰板材。

第三节 物理化学性能

物理性能 普通辉石晶体属单斜晶系的单链状结构硅酸盐矿物,短柱状,横断面近八边体,集合体常为粒状、放射状或块状。绿黑至黑色，条痕无色至浅灰绿色，玻璃光泽（风化面光泽暗淡），近乎不透明。两组柱面中等解理，相交近直角（87°或93°）。摩氏硬度 5~6，密度 3.23~3.52g/cm³。

化学成分 普通辉石的化学成分为 $(Ca,Na)(Mg,Fe,Al,Ti)[(Si,Al)_2O_6]$，在普通辉石中 Al 代 Si 数量稍大，多数超过 5%，有人认为 Al 代 Si 可达 1/8~1/2。此外，还存在 Ti^{4+} 和 Fe^{3+} 代替 Si^{4+}。普通辉石次要成分有 Ti、Na、Cr、Ni、Mn 等。Ti 一般含量不高，钛辉石通常含 TiO_2 在 3%~5%，有的高达 8.97%。

第四节 分　　布

中国的辉石岩主要分布在新疆、内蒙古、山东、江西、湖南等省及自治区，单纯的辉石岩石材矿区很少，大多跟辉绿岩、辉长岩等共同构成一个矿床。建筑用辉石岩矿区数 4 个，查明储量 $818.01 \times 10^4 m^3$；饰面用辉石岩矿区数 3 个，查明储量 $141.06 \times 10^4 m^3$。中国辉石岩矿产分布（表 57-1），中国辉石岩矿床（点）分布（图 57-2）。

表 57-1　中国辉石岩矿产分布

序号	矿产地名称	探明资源量/$10^4 m^3$	规模	开采利用情况
1	内蒙古宁城朝阳沟辉石岩矿床	64.0	小型	露天开采
2	山东日照马家村辉石岩矿床	330.6	小型	未利用
3	江西上高同塘辉石岩矿床	24.1	小型	未利用
4	湖南城步巡头辉石岩矿床	88.0	小型	未利用
5	新疆哈密黄山南辉石岩矿床	67.0	小型	未利用
6	新疆乌苏库尔萨依辉石岩矿床	121.1	小型	露天开采
7	新疆青河城北辉石岩矿床 2 号矿体	170.0	小型	露天开采
8	新疆青河城北辉石岩矿床 3 号矿体	210.0	小型	露天开采

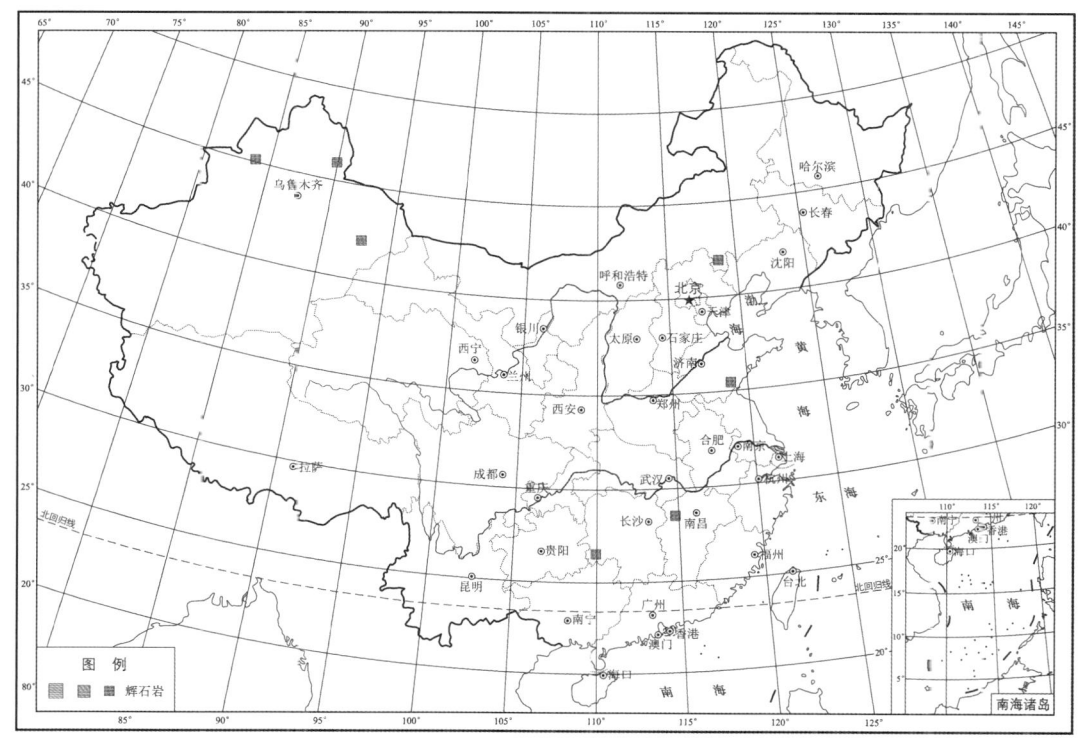

图 57-2　中国辉石岩矿床（点）分布

第五节 开发利用和发展趋势

辉石岩石材矿床是花岗石石材黑色系列中的一重要品种，一般采用露天开采的方式。矿山开采基本要求在于从矿体中采出满足一定规格要求且无裂隙的完整石块——荒料。荒料的质量与技术要求应满足行业标准《JC/T204-2001 天然花岗石荒料》和国家标准《GB6566-2001 建筑材料放射性核素限量》的规定，且实际荒料率一般要求大于30%。因此，开采工作面的布置和推进方向，以及与之相联系的开拓运输方式，要充分地考虑矿体的节理裂隙，最大限度地避免其对开采的不利影响。开采的基本工序为分离、分割、整形三个步骤。分离工艺是开采中的主要工艺，根据使用设备和形成分离面的机理主要有劈裂分离、凿岩爆破分离、锯切分离、火焰切割分离及联合分离等五类。分割时一般需要将分离下来的条石进行翻倒，翻到后进行分割，分离工艺的许多方法也用于分割，如钻眼楔子、金刚石串珠锯等，但具体操作参数和方法不同。整形工艺是在分割后对不符合规格的荒料进行整形，常用的工艺有手锤打钎法或使用整形机。采出的荒料进行锯板。成材率应≥25%，且板材质量满足相应的国家标准规定。此外，矿山应基本裸露，周边有堆渣场所，没有厚于影响采矿利润的夹层，采矿不致影响周边环境。据中国国土资源部资料，2013年共有12个辉石岩矿山在开采，其中建筑用辉石岩矿山10个，饰面用辉石岩2个，年矿石开采量11.85×10^4t。

随着中国社会经济的不断发展，建筑以及饰面用石材的需求不断增加，辉石岩石材的应用范围也越来越广，产品分类越来越细，由原来的简单使用粗糙石料逐步转变为使用精加工产品。石材产品用途的多样化，使得辉石岩石材不仅仅用在普通的基础建设上，还通过深入处理用在抛光装饰板、石雕、石刻品、碑材等领域。

目前中国花岗石类石材总体储量很高，其中不乏大量优质石材。不过作为黑色花岗石石材的一种，可开发利用的辉石岩探明储量并不是很多，地质勘查和开发工作还有待于进一步深入发展，另外，高质量辉石岩石材产品的数量有限，产品质量也有提高的余地。伴随着中国经济建设的迅速发展，整个石材市场的需求会始终保持在比较高的程度。今后辉石岩石材的开采也必将会保持在一个良好的状态上，辉石岩的用量能够持续增长，大量的开采利用还将继续下去。

第五十八章 辉 长 岩

第一节 概 述

定义 辉长岩是一种岩浆岩，主要由含量基本相等的单斜辉石和斜长石组成，此外尚有角闪石、橄榄石、黑云母等成分。辉长岩颜色为灰黑色，中粒至粗粒结构（图58-1，图58-2）。辉长岩由深部地壳或上地幔的玄武质岩浆经侵入作用形成，广泛分布于地壳中。

用途 辉长岩的主要用途是作为饰面石材，商品名称也叫花岗石，因辉长岩的颜色为黑色，所以属黑色系列花岗石。为了生产、销售、使用、流通的方便，国家对饰面石材有统一编号，1999年国家质检总局曾颁布了《天然石材统一编号》的国家标准，其中辉长岩的品种"济南青"编号为G3701（图58-3）、"丰镇黑"的编号为G1510、"太白青"的编号为G1405。

图58-1 辉长岩手标本	图58-2 辉长岩野外产状	图58-3 产品：济南青
（来源：维基百科）	（来源：维基百科）	（来源：维基百科）

辉长岩作为一种花岗石石材，由于其颜色纯黑、装饰特性好和化学物理特性强，为市场广泛追捧，因此是一种高档装饰石材。辉长岩还可作为建筑石雕，可做高级建筑及仿古建筑的柱、柱基、栏杆、须弥座、台阶等；经抛光制成抛光饰板可以做高级建筑、公用建筑室内外墙面、地面、楼梯踏步、台阶、踢脚板、窗台、门框的装饰贴面；还作为生活用具，可以制作石桌、石凳、茶几、卫生间洗台、壁炉、文具、烟具、灯具、花瓶、花盆等；作为艺术装饰品，制成石狮、石像兰、雕龙石柱及室内摆设；作为墓葬用品，可以制成墓碑、碑座、墓栏、烛台、香炉、供桌、石塔；在机械、精密仪器方面，可以制作天文、地震、航空工业用测量仪器部件，如精密花岗石平台、平尺、角尺、平行规和测量仪座。辉长岩还可用作建筑石料和道砟石。

地质工作简况 中国对辉长岩等花岗石石材矿山的正规地质工作开展很晚，始于20世纪80年代。截至2013年底，共查明饰面辉长岩矿床28个，查明资源储量$5633×10^4$t。实际上，中国在开采的矿山数要大于这个数字。中国饰面用辉长岩矿产储量（表58-1）。

矿床开发简况 中国开发使用辉长岩的时间很早，但真正大规模开发还是在改革开放之后。由于出口的需要，辉长岩作为一种高档石材被首先开发，如著名品牌"济南青"就是辉长岩制成的花岗石产品。截至2013年底，共有13家企业生产饰面用辉长岩，年产量$5.67×10^4$t。共有25家企业生产建筑用辉长岩，年产量$95×10^4$t。

表 58-1　中国饰面用辉长岩矿产储量

序号	地区	矿区数/个	查明资源储量/$10^4 m^3$
1	全国	28	5633.51
2	北京	1	247.00
3	辽宁	3	1292.05
4	吉林	2	1886.00
5	黑龙江	1	254.00
6	安徽	1	218.27
7	福建	3	1.00
8	江西	3	141.25
9	山东	4	902.15
10	湖南	1	88.00
11	海南	2	431.20
12	陕西	2	20.00
13	新疆	5	152.59

第二节　分　　类

按浅色矿物斜长石和深色矿物辉石、橄榄石三者的相对百分含量，可将辉长岩分为浅色辉长岩（色率10~35）、辉长岩（色率35~60）和深色辉长岩（色率65~90）。按次要矿物的种属可命名为橄榄辉长岩、角闪辉长岩、正长石辉长岩、石英辉长岩和铁辉长岩（富含钛铁矿、磁铁矿）。辉长岩是基性侵入岩中分布最广的一种岩石，具中-粗粒结构。典型辉长岩具辉长结构。主要矿物成分为基性斜长石和单斜辉石（异剥辉石、透辉石及普通辉石），次要矿物有橄榄石、斜方辉石、棕色普通角闪石以及黑云母，有的则含少量的钾长石和石英。暗色矿物和浅色矿物含量近于相等。前者略偏高，因此颜色为深色。通常为块状构造，大范围可见条带状构造，韵律层构造，在时可见流纹状构造。与辉长岩很相似的辉绿岩常呈岩床、岩墙、岩脉和岩席，也呈岩颈或岩株充填于玄武岩火山口中。辉绿岩的上述产状，是它区别于辉长岩和玄武岩的主要标志。大规模的辉绿岩侵入体，如众多的辉绿岩岩床或厚300~400m的辉绿岩板状地质体，往往出现于上覆盖层为中等厚度（约2000~3000m）的条件下，其原因是岩浆易于顺层或沿裂隙贯入。

用途上，辉绿岩是上等建筑石料和铸石原料。其中辉长岩在建筑业上最主要的用途是作饰面用石材（商品名称也叫花岗石），还可以用作建筑石料和道砟。

第三节　物理化学性能

物理性能　辉长岩体积密度2.8~3.1g/cm^3，孔隙度很小，吸水率0.08%，抗压强度一般200~280MPa，抗折强度25~40MPa，粗粒者较低，耐久性很高，结构构造均匀，有时具美丽的花纹图案，磨光后极富装饰性，因而常用作高档饰面石材。

化学成分　辉长岩的化学成分w_B：主要包括SiO_2、Al_2O_3、Fe_2O_3、MgO、CaO、Na_2O、烧失量等。辉长岩化学成分（表58-2）。

表58-2 辉长岩化学成分（w_B/%）

矿床名称	SiO_2	Al_2O_3	Fe_2O_3	CaO	MgO	Na_2O	烧失量
山东济南华山（济南青）	49.6	16.83	9.3	10.48	9.19	3.06	0.05
内蒙古丰镇（丰镇黑）	51.44	12.79	16.3	8.1	3.7	1.61	0.6
河北阜平（阜平黑）	49.66	12.58	16.7	8.75	4.14	3.80	0.75
山西灵丘（太白青）	68.1	15.13	1.02	5.25	0.69	2.94	2.18
山西浑源	53.96	12.92	14.43	6.24	3.00	3.94	0.02
山西大同	51.36	12.14	16.44	7.06	3.32	3.05	0.36
北京昌平上庄	45.96	15.11	—	—	—	—	—

第四节 分 布

辉长岩矿床分布总的说来比较分散，主要分布在中国东部地区。黑龙江、吉林、辽宁、北京、河北、内蒙古、山西、山东、安徽、浙江、福建、江西、海南、河南、陕西、新疆等地均有辉长岩矿床产出。质量最好、规模最大的辉长岩矿床主要分布在长江以北地区。山东"济南青"、内蒙古"丰镇黑"、河北"阜平黑"、山西"太白青"等品种均是中国著名的黑色花岗石系列产品。华北板块北缘，沿内蒙古丰镇，经山西大同、浑源到河北阜平，分布着一条北西—南东走向带状的吕梁晚期和晋宁晚期侵入的辉长岩、辉长辉绿岩脉群。该脉群总长250 km，宽约50 km。其中赋存有规模较大的辉长岩、辉长辉绿岩黑色花岗石石材矿床。其矿石质地坚硬、庄重美观，装饰性极好，深受国内国际市场的欢迎。辉长岩规模大小悬殊，小者几或几十千米，出现于各个地质时期，大者可达几百平方千米，如驰名中外的山东"济南青"辉长岩即属此类。岩石新鲜面为暗灰色、黑灰色。辉长、辉绿结构，块状构造为主。辉长岩类在花岗石材中享有非常重要的地位。黑色花岗石多由这类岩石组成，其中不乏名贵稀有品种。辉长岩作为装饰石材，要求未经蚀变或蚀变很微弱，颜色无变化，保持纯黑发青或绿黑色，岩石新鲜坚硬，矿物分布均匀，结构致密均匀。这种岩石形成时代较新，受地质构造变动少，节理裂隙不发育，开采可得大块荒料。在形成时代上，以燕山期、喜马拉雅期为佳。辉长岩矿床分布（表58-3），中国辉长岩矿床分布（图58-4）。

表58-3 辉长岩矿床分布

序号	矿床名称	资源储量/$10^4 m^3$	规模	成荒率/%	开采情况
1	北京昌平上庄辉长岩石材矿床	248.0	中型	24.5	停采
2	河北阜平辉长辉绿岩石材矿床	30.0	小型	20.0	露天开采
3	山西灵丘辉长辉绿岩石材矿床	120.0	小型	27.0	露天开采
4	内蒙古丰镇辉长岩石材矿床	300.0	中型	23.0	露天开采
5	辽宁岫岩闪长岩石材矿床	227.4	中型	—	露天开采
6	辽宁大连花儿山辉长岩石材矿床	1027.0	大型	—	露天开采
7	辽宁大连花建辉长岩石材矿床	47.3	小型	—	露天开采
8	吉林敦化马鹿沟辉长岩石材矿床	914.0	中型	40.96	未开采
9	吉林敦化蛤蟆沟辉长岩石材矿床	972.0	中型	44.52	未开采
10	黑龙江鸡东8510农场辉长岩石材矿床	254.0	中型	—	未开采
11	安徽岳西头陀辉长岩石材矿床（含8个矿山）	223.4	中型	22.35	露天开采
12	福建平潭澳前辉长岩石材矿床	1.0	小型	—	停采
13	福建南靖斗米辉长岩石材矿床	0.6	小型	—	露天开采
14	福建华安黄良辉长岩石材矿床	0.7	小型	—	露天开采

续表

序号	矿床名称	资源储量/$10^4 m^3$	规模	成荒率/%	开采情况
15	福建武平辉长岩石材矿床	3.5	小型	—	露天开采
16	江西贵溪冷水采辉长岩石材矿床	118.5	小型	25.0	露天开采
17	江西德兴长蓬辉长岩石材矿床	18.8	小型	20.0	露天开采
18	山东济南华山辉长岩石材矿床	598.1	中型	—	露天开采
19	山东章丘普集辉长岩石材矿床	43.0	小型	47.0	露天开采
20	山东沂南张庄辉长岩石材矿床	81.5	小型	—	露天开采
21	山东沂南上峪辉长岩石材矿床	13.2	小型	—	露天开采
22	山东沂南上峪西辉长岩石材矿床	401.0	中型	29.5	露天开采
23	河南桐柏大河辉长岩石材矿床	28.9	小型	—	停采
24	海南三亚大圆辉长岩石材矿床	380.9	中型	32.0	停采
25	海南三亚马岭辉长岩石材矿床	682.0	中型	25.0	正在基建
26	陕西长安孟家沟辉长岩石材矿床	8.0	小型	21.8	未开采
27	陕西镇平留角槽辉长岩石材矿床	12.0	小型	20.0	未开采
28	新疆哈密黑沟辉长岩石材矿床	112.4	中型	27.0	露天开采
29	新疆哈密裤子山辉长岩石材矿床	29.9	小型	23.8	露天开采
30	新疆福海金塔斯辉长岩石材矿床	6.2	小型	16.5	露天开采
31	新疆青河强悍沟辉长岩石材矿床	1.8	小型	—	露天开采
32	新疆青河阿尕什辉长岩石材矿床	—	小型	—	露天开采
33	新疆乌苏库尔萨辉长岩建筑石料矿床	156.8	小型	—	露天开采
34	新疆乌苏库尔萨辉长岩道砟石矿床	0.2	小型	—	露天开采

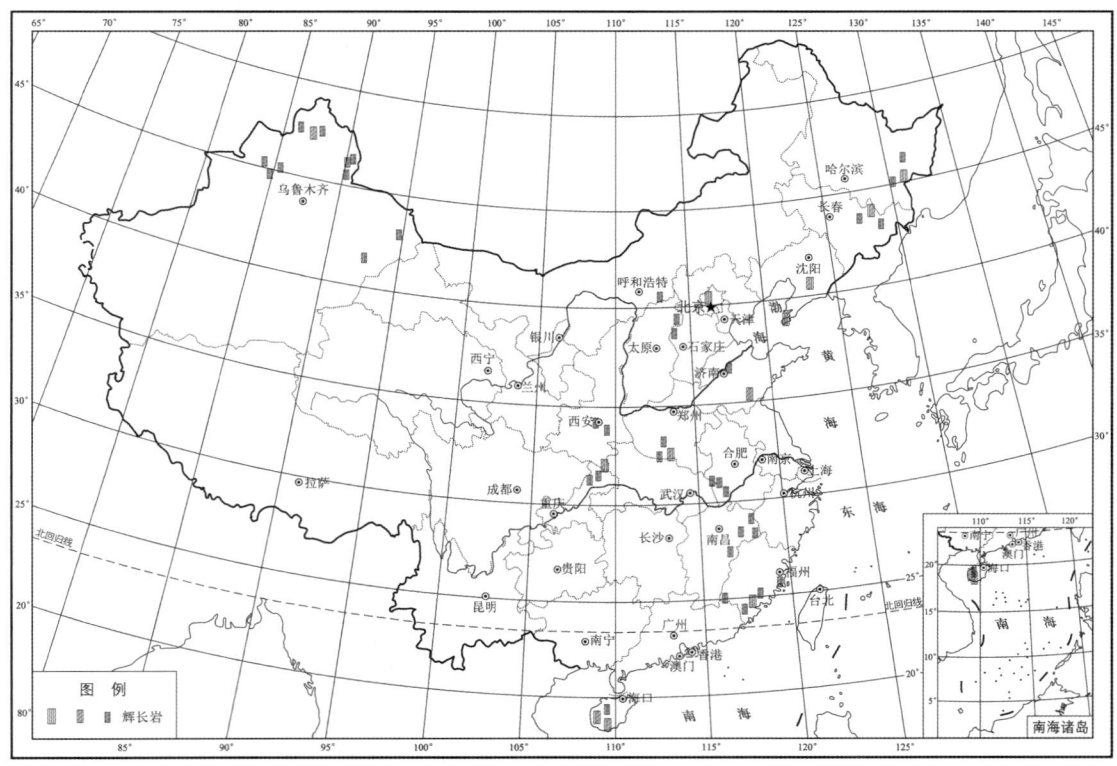

图 58-4 中国辉长岩矿床分布

第五节 开发利用和发展趋势

中国辉长岩分布不少，主要用于建筑装饰，辉长岩矿床的地质勘探工作方法和程序均可参考花岗岩的要求，开采方法、开采装备和加工工艺也类似，不再赘述。

中国辉长岩矿床的开发已经有30多年历史，全盛时期有数百家企业开采，年采荒料约 $5 \times 10^4 m^3$，少量就近加工，大部分出口到中国香港、日本、韩国及欧美等地。部分小荒料加工制成小型石材制品（如小墓碑石）。近年来，由于环境保护的制约，开采量开始下降。按国土资源部的统计，2013年的辉长岩产量已经降至约 $2 \times 10^4 m^3$ 左右。国营、集体、个人及中外合资企业等多种形式的矿山也不超过50家。

山东济南华山辉长岩矿床是饰面辉长岩的典型矿床。矿床位于济南市东北华山一带。辉长岩体在燕山期侵入到奥陶系石灰岩中，地表露头北有鹊山、西有药山、粟山、匡山、东有卧牛山、光光顶、驴山，南有翅山、砚池山，岩体呈北东向延伸，长27 km、宽10 km，岩体总面积270 km²。辉长岩体节理十分发育，因此，荒料的块度不大。辉长岩的外貌特征具有明显的球状风化和柱状节理。岩石呈暗灰色和黑灰色，矿物成分以斜长石为主，其次为单斜辉石、橄榄石、黑云母以及少量磁铁矿、角闪石和磷灰石。矿石化学成分 w_B：SiO_2 48.58%、Al_2O_3 14.80%、Fe_2O_3 1.39%、MgO 14.54%、CaO 8.8%、Na_2O 2.1%。矿石抗压强度257.0 MPa、抗折强度36.7 MPa、肖氏硬度19.8、密度3.07g/cm³。该矿床所产辉长岩商品名称"济南青"，外贸出口编号"301"，属黑色系列高档装饰板材，可用于装饰板材、精密测量仪器用平台。

内蒙古丰镇白塔沟辉长岩矿床也很著名。单个脉体长几百米至数千米，宽一般数米至几十米，可采脉体常成群出现。脉体产状陡立，延伸方向300°~340°。矿石主要矿物为斜长石、辉石，化学成分（w_B）：SiO_2 49.66%~53.56%、Al_2O_3 12.14%~12.96%、Fe_2O_3 14.43%~16.7%、MgO 3.0%~4.14%、CaO 6.24%~8.75%、Na_2O 3.5%~3.9%。矿石抗压强度200~290 MPa、抗折强度29~40 MPa、密度3.0g/cm³。可采矿体理论荒料率一般大于30%，实际开采荒料率10%~30%。其中丰镇、大同地区的荒料块度小，一般在1 m³左右，容易开采；浑源地区荒料率和块度均较大，最大荒料率可达36%，荒料块度最大达几十立方米。

辉长岩饰面石材产品色泽美丽高贵，很适合于建筑物的美化装饰，同时还具有高强度、高硬度、耐腐蚀、耐候性都很强，加上使用寿命长，应用范围广，越来越受到人们的推崇。随着时间的推移，辉长岩资源的日益减少，辉长岩这种高档石材会显得更加珍贵。

第五十九章　安山岩、安山玢岩

第一节　概　　述

定义　安山岩属中性喷出岩，与闪长岩成分相当。因广泛分布于美洲的安第斯山而得名。颜色为深灰色、灰色、灰褐色、红褐色、灰绿色。常具斑状结构，斑晶主要为斜长石及角闪石，基质由微晶斜长石和玻璃质组成。块状构造、气孔和杏仁状构造。矿物成分主要有角闪石、斜长石，常见黑云母、辉石，少见橄榄石或石英（图 59-1，图 59-2）。安山岩的次生岩石称为安山玢岩。安山岩在受到次生变化时，斜长石往往变成绿泥石、绿帘石、高岭石，失去光泽，颜色变绿。

图 59-1　安山岩标本　　　　　　　　　　　图 59-2　安山岩野外产状
（来源：维基百科）　　　　　　　　　　　　（来源：维基百科）

用途　安山岩可以用作建筑材料，可以用来配置沥青混合料用于公路建设，也可以用作建筑石料。安山玢岩可以用于制作水泥的混合材料。部分安山岩是饰面石材的优质矿产和工艺美术雕刻原料，如石材"延吉黑（安山岩）"等。

地质工作简况　安山岩的地质工作开展得比较少，主要围绕着建筑用、饰面用石材、水泥混合材等用途展开工作。截至 2013 年底，共探明水泥混合材安山岩矿床 2 处，查明资源量 2086×10^4 t，建筑用安山岩 67 处，查明资源量 $9464 \times 10^4 \mathrm{m}^3$，饰面用安山岩 1 处，查明资源储量 $3.9 \times 10^4 \mathrm{m}^3$。

开发利用简况　安山岩类矿床的开采规模大中小型矿山都有。建筑用安山岩有 708 个矿山在开采，其中大型矿山 196 个、中型矿山 38 个、小型矿山 320 个、小矿 154 个，年开采量约 9134×10^4 t；饰面用安山岩有 3 个矿山在开采，其中中型 1 个、小型 1 个、小矿 1 个，年开采量不详。

第二节　分　　类

根据安山岩的用途，可以将安山岩分为建筑用安山岩、饰面用安山岩和安山玢岩、水泥混合材料用安山玢岩等三种类型。安山岩主要用作建筑石料，建筑用安山岩分布面积广、储量大、价格低，方便就地取材。安山岩作为沥青混合料，应用于铺路；安山岩砌筑钢厂的冷轧厂酸洗槽，性能优于花岗岩和国外引进石材。部分安山岩类块体完整，颜色美丽，切割打磨之后可作为饰面石材，如吉林延吉的安山岩（商品名称"延吉黑"）石材矿床。安山玢岩中含有较多的活性 SiO_2 和 Al_2O_3，用于水泥工业，作为天然的水泥混合材料。在水泥常温加水时，水泥熟料中游离的氧化钙水化形成 $Ca(OH)_2$，与活性的 SiO_2、Al_2O_3 生成含水硅酸二钙（$CaO \cdot SiO \cdot nH_2O$）和含铝酸二钙（$CaO \cdot Al_2O_3 \cdot nH_2O$），生成物是具有胶凝性的稳定化合物。在水泥加工中加入这些活性混合材料，可以增产节能、调节水泥标号、增加水泥品种、改善水泥性能。

第三节 物理化学性能

物理性能 安山岩及安山玢岩质地坚硬，莫氏硬度为5.5~6；抗压强度高、耐酸度高、抗腐蚀；但其表面多孔粗糙、吸水率高、破碎后棱角多、难压实，在应用中也有部分局限性。不过现在已有途径解决这些问题。

化学成分 SiO_2为53%~66%，Al_2O_3含量超过16%，K_2O+Na_2O的含量超过4%，且Na_2O含量高于K_2O。安山岩类化学成分（表59-1）。

表59-1 安山岩类化学成分（w_B/%）

	SiO_2	TiO_2	Al_2O_3	Fe_3O_2	FeO	MgO	CaO	Na_2O	K_2O
1775个样品平均值	58.17	0.8	17.26	3.07	4.17	3.23	6.93	3.21	1.61
北京地区	56.46	1.07	16.84	5.74	1.91	3.29	5.03	4.36	3.01
福建地区	60.74	0.84	16.82	2.54	3.81	2.14	5.16	4.04	2.44

（据邱家骧，1985）

第四节 分 布

中国的安山岩从元古宙到新生代均有出现，中生代地壳活动频繁，分布较多。安山岩的分布面积广泛，华北、秦岭、长江中下游地区以及东部的陆相盆地中均有出现，有时候也与其他中性岩、基性岩共生。

安山岩虽然分布广泛，目前可供开采的矿床并不是非常多。根据《2013年全国矿产资源储量通报》和《2012年全国矿产资源储量通报》，建筑用安山岩全国有矿区67个，其中辽宁达到62个，其他零星分布在吉林、安徽和新疆等省或自治区，2012年通报的河南10处矿区到2013年已经不再出现；饰面用安山岩分布较少，2012年全国仅有两个矿区，分别在福建和河南，到2013年，仅剩下福建1个矿区；水泥混合材用安山玢岩也仅在福建、广西两省各有一个矿区，安山岩类矿区分布情况见（表59-2）。

表59-2 安山岩类矿区分布情况

类别	地区	矿区数/个	资源量	查明资源储量	矿石单位
水泥混合材用安山玢岩	全国	2	1229.00	2086.00	10^4t
	福建	1	1229.00	1229.00	10^4t
	广西	1	—	857.00	10^4t
建筑用安山岩	全国	67	1699.08	9464.70	10^4m³
	辽宁	62	1636.81	7265.80	10^4m³
	吉林	1	—	2003.33	10^4m³
	安徽	2	2.20	135.50	10^4m³
	新疆	2	60.07	60.07	10^4m³
饰面用安山岩	全国	1	3.89	3.89	10^4m³
	福建	1	3.89	3.89	10^4m³

第五节 开发利用和发展趋势

广西白马岭安山玢岩矿床，位于玉林市城隍镇。矿体呈盖状，厚 20~40 m，矿石为粗面安山玢岩，浅灰色或灰杂紫色，由斑晶和基质组成。斑晶成分为长石，约占 25%，其余为基质。矿石含量（w_B）：SiO_2 66.81%~70.03%，Al_2O_3 18.02%~19.03%，Fe_2O_3 3.90%~4.55%，CaO 0.32%~0.50%，MgO 0.07%~1.21%。主要用作水泥混合材料，详查探明储量为一中型矿床。

安山岩类在中国分布广、储量大，就地取材方便，但目前对其开发程度不够，饰面用安山岩矿床和水泥混合材用安山玢岩矿床在全国仅各有寥寥几处，若加大工作力度，可能会发现更多矿床。安山岩因其质地坚硬等特点，在过去限制了其应用，现在，随着技术的不断提高，其局限性正被逐步克服，加上中国经济的快速发展，资源需求不断加大，资源短缺日益严重，安山岩类是一个很好的替代品。因此，在未来的生产中，安山岩会得到越来越多的重视，推测其矿床数量会不断增加，储量会逐步增长，其功能将得到更广泛的应用。

第六十章 闪长岩、闪长玢岩

第一节 概 述

定义 闪长岩为中性侵入岩的代表性岩石，呈灰色、灰白色或灰绿色，等粒结构、半自形中细粒结构，块状构造。矿物成分主要为角闪石和斜长石，也可见黑云母、辉石、钾长石和石英（图60-1）。闪长玢岩也属闪长岩类，成分和闪长岩大致相同，只不过闪长玢岩为浅成岩，闪长岩为深成岩。由于闪长玢岩在地壳中形成的位置较浅，周围温度相对地壳深部较低，冷却速度较快，导致结晶颗粒较大的斜长石或角闪石颗粒等散布在颗粒较小的斜长石和角闪石中，形成独特的斑状结构（图60-2）。

图60-1 闪长岩标本
（来源：维基百科）

图60-2 闪长玢岩标本
（来源：维基百科）

用途 闪长岩类可用作建筑材料，如建筑物的地基，高速公路的铺路材料，烧制空心砖，作为建筑物的内外装饰材料和墓碑石。闪长玢岩一般作为水泥混合材料。

地质工作简况 闪长岩的地质工作主要围绕着水泥混合材、建筑用条石和饰面用石材等用途展开工作。由于价格便宜，不宜长途运输，故找矿工作只能在最终用户的附近进行。截至2013年底，查明水泥混合材闪长岩矿床1处，建筑用闪长岩11处，饰面材料用闪长岩14处，查明资源储量$3434 \times 10^4 m^3$。

开发利用简况 闪长岩类矿床的开采规模大中小型矿山都有。建筑用闪长岩有334个矿山在开采，其中大型矿山6个、中型矿山14个、小型矿山148个、小矿112个，年开采量约$2200 \times 10^4 t$；饰面用闪长岩有44个矿山在开采，其中大型1个、中型1个、小型27个、小矿15个，年开采量$11 \times 10^4 t$。

第二节 分 类

根据闪长岩类的用途，可将其分为建筑用、饰面用和水泥混合材用等三类闪长岩矿床。①建筑用闪长岩矿床用作铺路材料应用广泛，作为沥青路面材料时，按照JTG F40-2004公路沥青路面施工技术规范沥青路面抗滑表层用粗集料的技术要求，粗集料应洁净、干燥、无风化、无杂质、表面粗糙，并具有足够的强度和耐磨性等，一般需要未风化的闪长岩。也有运用闪长岩强风化矿石带做高层建筑的天然地基的，高岭土化闪长岩可用以烧制空心砖。②饰面用闪长岩矿床，除了需要其矿石抗压强度、抗折强度、耐磨度、吸水率、放射性等指标达到国家对石材的要求外，还需具有在打磨抛光之后，具有颜色好、光泽度强、外观别致、断裂裂隙少，能成为较大块的石材，方便切割、易运输、装饰性强等特点。由于对闪长岩的要求较高，因此矿床相对较少。部分闪长岩还可以作为墓碑石料。湖北宜昌的"三峡青",山东泰安的"泰山青"和四川宝兴的"孔雀绿"等,均为闪长岩石料。③水泥混合材用闪长玢岩为天然的铝硅酸盐,含有较多的 SiO_2 和 Al_2O_3,可与水泥中的 $Ca(OH)_2$ 反应,生成较多的凝聚物质,因此,可以用作水泥的混合材料。

第三节 物理化学性能

物理性能 闪长岩类质地坚硬,硬度可达 210 MPa;抗压能力较强,平均抗压强度可达 100~200 MPa;抗弯、抗剪、抗冻性能较好;抗风化能力强,耐温性能好,并具有吸水率低、孔隙度小等特点。

化学成分 闪长岩类的化学成分(w_B):SiO_2 为 53%~66% 外,Al_2O_3 为 15%,FeO、Fe_2O_3 和 CaO 分别为 6%~8%,K_2O 和 Na_2O 平均为 5%~6%,MgO 约为 5%。

第四节 分 布

闪长岩类矿床主要形成于中生代,成矿岩体多沿断裂侵入,分布面积相对较小,主要产出于长江中下游区域、太行山东侧以及山东中西部。闪长岩常形成独立的岩体,如山东中生代的闪长岩体;也有不少与酸性、基性等岩体共生,成为杂岩体的一部分。闪长玢岩常形成岩脉,或在闪长岩体的边部产出。闪长岩和闪长玢岩常常在同一区域出现。宁芜地区的辉长闪长玢岩向深部可过渡为以辉长闪长岩为主的岩体,其边部常出现辉长闪长玢岩的相带。也有多种岩体共生的情况,如吉林桦甸市金沙乡半拉瓢闪长岩矿床所产的饰面石材矿体为黑云母闪长岩,赋存在金沙石英闪长岩岩体中,二者为渐变过渡关系,没有明显的界线区分。在矿区的西部有花岗岩脉出露,在南部有闪长玢岩出露。

根据《2013年全国矿产资源储量通报》和《中国国土资源年鉴2013》,目前已发现的建筑用闪长岩矿区共有 11 个,其中辽宁达到 9 个,山东和新疆各 1 个;饰面用闪长岩矿区有 14 个,其中吉林 4 个,福建 3 个,浙江 2 个,北京、辽宁、内蒙古、黑龙江和新疆各 1 个;水泥混合材用闪长玢岩矿区仅在江苏有 1 个矿区。闪长岩类矿区情况(表 60-1)。

表 60-1 闪长岩类矿区情况

类别	地区	矿区数/个	查明资源储量	矿石单位
水泥混合材用闪长玢岩	全国	1	22.00	10^4 t
	江苏	1	22.00	10^4 t
建筑用闪长岩	全国	11	547.96	10^4 t cm^3
	辽宁	9	431.82	10^4 t cm^3
	山东	1	109.49	10^4 t cm^3
	新疆	1	6.65	10^4 t cm^3
饰面用闪长岩	全国	14	2864.50	10^4 t cm^3
	北京	1	637.00	10^4 t cm^3
	内蒙古	1	55.39	10^4 t cm^3
	辽宁	1	83.38	10^4 t cm^3
	吉林	4	575.29	10^4 t cm^3
	黑龙江	1	382.03	10^4 t cm^3
	浙江	2	285.93	10^4 t cm^3
	福建	3	811.08	10^4 t cm^3
	新疆	1	34.40	10^4 t cm^3

第五节 开发利用和发展趋势

闪长岩矿床的开发利用方法与花岗岩矿床类似，具体可参阅花岗岩一章。以北京市昌平县（现为昌平区）下庄乡饰面用闪长岩矿床为例，矿床距昌平县城直线距离20 km，矿区通公路，距大秦线下庄站直线距离3 km。北京市地质调查所对本区进行地质工作，并于1986年11月提交《北京市昌平区新开沟矿区"黑白花"石材矿详细普查地质报告》，批准表面储量 A+B+C 级 $362 \times 10^4 \text{m}^3$，D级 $275 \times 10^4 \text{m}^3$，为小型矿床。石材为灰黑色中细粒致密状闪长岩（黑白花），理论或荒率78.43%，吸水率0.22 kg/cm^2，抗压强度96.15 kg/cm^2，抗折强度362.5 kg/cm^2，矿石色调均匀柔和，光泽度强，质量稳定，结构致密，硬度适中，物理机械性能优越，具有良好的加工性能，面裂隙率0.13 条/cm^2，线裂隙率0.67 条/m。该矿床从1989年开始开采，到1992年1月停采，实际生产能力为0.1万 cm^3/a。

中国的闪长岩类分布面积较小，可用闪长岩类矿床较少，目前能用作水泥混合材料的矿床全国仅有一处。闪长岩类的饰面石材矿床相对也较少，需要进一步的勘探开发。

第六十一章 凝 灰 岩

第一节 概 述

定义 凝灰岩是由喷出地表，颗粒比较细的火山喷发熔岩碎屑（火山灰）形成的岩石。在火山固态及液态喷出物中，火山碎屑的量最多、分布最广，可以随风漂移、在距离火山口较远的地方，下落地表或水体中堆积或沉积。它们常呈灰、黄、白等颜色，经压实固结而成凝灰岩（图61-1，图61-2）。

图61-1 凝灰岩标本
（来源：维基百科）

图61-2 凝灰岩野外产状
（来源：维基百科）

凝灰岩在颜色和形态上有点像混凝土，主要由粒径小于2 mm的晶屑、岩屑及玻屑组成，分选很差，填隙物是更细的火山微尘，按火山碎屑物的物态可以进一步细分为：晶屑凝灰岩、玻屑凝灰岩、岩屑凝灰岩及混合型凝灰岩。

用途 凝灰岩开采容易、加工简便。主要用于建筑材料，混凝土天然轻质骨料如作外墙板、楼板、屋面板、屋面保温层、隔热层等，广泛应用于各种建筑。凝灰岩因具有较高的活性，粉磨后具有较高的硅酸率、铝氧率和一定的水硬性，也可作为水泥原料（水泥混合材）。粉磨后还可用作过滤剂、干燥剂、催化剂和石油化工中的分子筛储酶载体。另外，凝灰岩还可作为杀虫剂载体、肥料控制剂等。由于凝灰岩富铝、钾，可用来制作钾肥，也可作玻璃原料，以代替纯碱，还可在陶瓷工业中釉料、卫生陶瓷原料。

凝灰岩的新用途不断被发现，应用范围不断拓宽，如抛光、美容、洗涤、填料（化妆用品、装饰板、隔声油漆、膨松油漆）等特殊用途的产品在工业上的需求量不断增长。

地质工作简况 凝灰岩在中国沿海地区广泛分布，岩石类型繁多、成分复杂、成因各异、其用途甚广。总体上开展的地质勘查工作较少，自20世纪80年代以来，对中国火山凝灰岩矿床开展资源地质工作，并获得了一定储量，资源主要分布在黑龙江、西藏、广西、浙江等省及自治区（表61-1）。根据2013年不完全统计，中国火山凝灰岩矿床探明储量的有11处，主要产于黑龙江（3处）、广西（3处）、西藏（1处）和浙江（4处），火山凝灰岩矿床查明资源储量15588×10^6 t。

开发利用简况 凝灰岩在中国沿海地区有广泛的分布，岩石类型繁多、成分复杂、成因各异、其用途甚广。但在以前没有当作资源进行利用，因此，投入的地质工作比较有限。目前，随着矿产资源减少，开发利用的对象开始指向凝灰岩，随着对凝灰岩新用途的不断被发现，其地质工作的投入也在不断加大。

表 61-1　中国火山凝灰岩矿床查明资源储量

省份	矿区数/个	矿石资源储量/10^6 t
黑龙江	3	4948
西藏	1	2048
广西	3	5771
浙江	4	2821
全国	11	15588

以浙江缙云凝灰岩地质勘查工作为例，在浙江缙云对凝灰岩的开采利用有着悠久的历史，早在宋朝已发现可作石材之用，曾进行少量开采用于制造石桥、石柱、石碑、铺路、建牌坊、祠堂等，至今所见这些古建筑依然存在，完整无损。1949 年后，当地群众就地取材用作建房材料。1982 年为了支持地方发展"五小"工业，改变山区贫穷落后面貌，浙江省第七地质大队开始对缙云凝灰岩进行踏勘调查工作，至 1985 年对缙云仙都、岩腰、外堰三个主要集中分布区开展了普查-详查地质工作，查明了凝灰岩层的规模、形态和产状，研究了凝灰岩的物质组成、物化性能，估算工业储量 $27139 \times 10^4 m^3$，远景储量 $14434 \times 10^4 m^3$。火山凝灰岩矿床在中国分布不均，露天开采，加工方法及其简单，现有火山凝灰岩矿山企业多数为个体中小企业。

第二节　分　类

中国凝灰岩的形成与陆缘和大陆边缘岛屿的侏罗纪以来中心式火山喷发活动有关，矿床主要集中分布在板块俯冲带内侧及深大断裂上，是一种分布较为广泛的细粒火山碎屑岩，它是由火山爆发时抛入空中的火山物质经较长距离搬运，散落于盆地，再经压结和水化学胶结固结成岩。

根据凝灰岩的成因和物质组成，大致分为基性和中酸性两类，主要用于建筑材料、水泥混合材和混凝土轻质骨料。

凝灰岩矿床主要分布在中国东南沿海火山岩分布区。比较典型的矿床有浙江缙云火山凝灰岩矿床，面积 106 km^2，产于晚白垩世断陷盆地，主要分布在仙都、外堰、岩腰三个块段内，岩性主要为上白垩统塘上组中部的流纹质含砾玻屑凝灰岩，岩石具玻屑凝灰结构，层状-块状构造，呈厚-巨厚层状，缓倾斜产出，单层厚 10~44.17 m，出露较全地段总厚达 250 m 左右。矿床已开发利用，初步查明工业储量 $27139 \times 10^4 m^3$，远景储量 $14434 \times 10^4 m^3$。

第三节　物理化学性能

物理性能　中国凝灰岩具有下列的一些物理化学特性：

1) 化学活性。与火山灰质材料、粉煤灰等的化学活性相类似。将凝灰岩磨细成粉，与石灰或石灰与石膏混合后，在常温下发生化学作用，生成具有凝胶性的水化物。具化学活性的混合材料往往是在低温和压力骤然释放条件下形成的固体非晶态物质。在常温下这些非晶态物质不稳定，极易向熵增加的方向转化，显示出化学活性。

2) 多孔性。凝灰岩的孔隙度主要由粒内和粒间两类孔隙组成。前者主要取决于火山碎屑自身的性质、颗粒形状、大小及其堆积方式、粒径均一度、岩石的压结和蚀变程度等因素，在承受一定压力的自然状态下，颗粒的刚性程度越高、形状越复杂、粒度宽度越窄、粒径越均一、堆积越松散、压结程度越低，粒间孔隙度就越大；而后者主要有两种成因，一种为火山气孔，属原生孔隙，而另一种为淋滤孔，属后生孔隙。原生火山气孔形态较为规则，多呈空心球状、椭球状、弧面状、盘状及圆窝状等结构形态；而受淋滤作用形成的孔隙，以不规则柱状和颗粒表面的蜂窝状、网格状孔隙居多，部分为侵蚀凹坑。凝灰岩孔隙的大小、分布特征、比表面积以及其孔隙率、吸水率、导热系数是当前亟待研究的问题。

3）膨胀性。与珍珠岩相似，酸性的凝灰岩玻璃质在高温瞬时灼烧下体积膨胀数倍至几十倍。其膨胀主要是由于玻璃质中的结合水，在高温时气化，使玻璃质膨胀所致。决定膨胀倍数 K（V_2/V_1）的因素主要是有效含水量和适宜的加工粒度。参考珍珠岩实验研究结果，最佳膨胀效果的有效含水量一般为 2%～4%，加工粒度待工业用途所需膨胀倍数而定，一般为 -4 目到 +100 目为宜。由于不同酸性凝灰岩具有不同的结合水和玻璃质含量，故开发应用其膨胀特性时，应选择适宜的原料，方能获得最佳效果。

4）复矿性。在自然界中，由于凝灰岩的不稳定性，使其容易发生蚀变，在水介质中，经水解脱玻，向沸石类、蒙脱石类矿物或高岭土、埃洛石类矿物转化。部分蚀变的凝灰岩往往包含有一种或几种这类蚀变矿物；如果岩层发生整体蚀变则会形成具工业意义的矿产，如中国东南沿海的含叶蜡石凝灰岩建造，华北板块北缘及东南沿海的含膨润土凝灰岩建造等。一些凝灰岩在沉积成岩过程中伴生一些外来矿物质（包括有机质），如碳质凝灰岩等，这就决定了凝灰岩是一种天然的矿物复合质原料。

化学成分 凝灰岩具有高硅（一般 >70%）、富铝（>13%）、丰碱（钾、钠一般 >5%）和低铁（全铁一般 <3.8%）的特点，此外它还具有多种有益的微量元素和稀土元素，如对水稻增产有利的 Mo、Zn、B 等，对作矿物饲料添加剂的有益元素 Cu、Mg、Zn 等。

第四节 分 布

中国凝灰岩主要分布于东部，尤其是作为环太平洋火山带的一部分的东南沿海地区的中生代火山岩带中。火山凝灰岩矿床的形成与侏罗纪、白垩纪、古近纪、新近纪、第四纪的中心式喷发火山活动分布相关。火山凝灰岩矿床从北起黑龙江、南至海南岛的火山区都有分布，以北方地区为多，质量较好，喷发年代较新。按岩性将火山凝灰岩矿床分为基性、中-酸性二类。中国凝灰岩以酸性凝灰岩最为典型，多以流纹质和流纹英安质为主，属钙碱性系列火山岩。基性玄武质火山凝灰岩矿床有黑龙江五大连池、克东大克山、吉林辉南大椅山和安图二道白河。中酸性火山凝灰岩矿床有河南信阳上天梯、浙江缙云和深圳葵涌。

第五节 开发利用和发展趋势

凝灰岩是一种分布较为广泛的细粒火山碎屑岩。碎屑主要成分为岩屑、晶屑、玻屑和火山尘，其碎屑粒径一般小于 2.0 mm。它是由火山爆发时抛入空中的火山物质经长距离的搬运，散落于盆地，再经压结和水化学胶结固结成岩而成。目前，对凝灰岩的研究还比较薄弱，凝灰岩的开发应用在中国尚未引起足够重视，迄今还未形成产业。丰富的凝灰岩资源如能得到开发应用，它将成为一种新型和重要的非金属矿产资源。

根据不完全统计，在黑龙江、广西、西藏和浙江等省或自治区，火山凝灰岩矿床探明储量的有 11 处，查明资源储量 155.88×10^8 t。中国对凝灰岩的开发利用还处在初级阶段，除了小部分作为水泥混合材和混凝土轻质骨料外，主要还是作为建筑石料开采利用，已开发利用的矿山数量和年开采量还没有比较详细和准确的数据。比较著名的矿山有河南上天梯和浙江缙云矿山。河南上天梯非金属矿是一个由珍珠岩、膨润土、沸石和凝灰岩半生产出大型矿床，其总储量达 8 亿多吨，号称"亚洲第一矿"。浙江缙云凝灰岩矿分布面积达 106 km²，出露较全的地段总厚度达 250 m，已探明建筑石料用凝灰岩达 4.2×10^8 m³，凝灰岩的开发利用已经为当地带来了显著的经济效益和社会效益，仅缙云县境内分散的开采矿山就有 36 个，年开采量数十万立方米，开采的石料主要用作建筑材料。据了解，

若以 $10^4 m^3$ 凝灰岩作为建材盖房，相当于节约了 600 万块砖，可减少占用土地 6.8 亩，节约煤 112 t，可见其经济价值的可观。

中国对于凝灰岩的开发利用研究，尚处在初级阶段。当前对凝灰岩的开发研究，主要集中在利用其化学成分、化学活性、多孔性等物化特性方面。今后凝灰岩将会在建材、农业、精细化工、食品、环保等行业和领域大有作为。中国凝灰岩层常和与其有成因关系的沸石、膨润土、高岭土等蚀变矿床呈互层状产出，在开采这些蚀变矿产的同时，如能回收或开采与其相伴生的凝灰岩，则无论是从经济还是从资源可持续利用的角度考虑，都很重要。

第六十二章 粗 面 岩

第一节 概 述

定义 成分相当于正长岩,SiO_2 含量 53%～66%,为中性喷出岩的常见类型。$K_2O + Na_2O$ 的含量较高,总含量可达 8%～12%,$3.3 \leq \sigma \leq 9$,属中性岩类碱性系列。颜色较浅,常为浅灰、灰绿、灰黄、肉红色,具有斑状结构,斑晶主要为透长石、正长石、钠长石,常见块状构造、气孔构造(图 62-1,图 62-2)。

图 62-1 粗面岩标本　　　　　　　　　　　　图 62-2 粗面岩野外产状
(来源:维基百科)　　　　　　　　　　　　　　(来源:维基百科)

用途 粗面岩可作为建筑石材、耐酸耐碱铸石材料、陶瓷材料。粗面岩可以生产水泥,副产品的含钾物质可以直接作为肥料或经再加工提取可溶性钾盐,制作钾肥。

地质工作简况 中国对粗面岩的地质工作做得不多,目前只有用作生产水泥配料时才开展正规的地质工作,没有查到作其他用途的粗面岩的相关勘查资料记载。因此,在国家储量表上也只有 2 个矿床有储量数据。

开发利用简况 中国的粗面岩分布面积相对较小,用途也不广,因此开发利用的也相对较少,到目前为止,只有 16 个矿山开采,其中 2 个是开采水泥配料,14 个开采铸石材料。

第二节 分 类

由于该类岩石 $3.3 \leq \sigma \leq 9$,为钙碱性和过碱性之间的岩石,可根据 CaO 含量将其进一步分为钙碱性粗面岩和碱性粗面岩。当 CaO > 3.5% 时为钙碱性粗面岩,当 CaO < 3.5% 时为碱性粗面岩。钙碱性粗面岩断面常有粗糙感,其名字粗面岩(trachyte)即来源于希腊语 trachys,为"粗糙"之意。主要由碱性长石和少量铁镁矿物组成。碱性长石主要为高温透长石,或为正长石、斜长石,斑状结构。碱性粗面岩以含有碱性暗色矿物为特征,主要由碱性长石组成,很少出现斜长石。中国吉林省的长白山天池发育有碱性粗面岩,并有多个不同的种类。

第三节 物理化学性能

物理性能 粗面岩的主要矿物为碱性长石,如透长石、正长石等,暗色矿物含量较少,密度

$2.57\sim2.80\ g/cm^3$。具有较好的抗压性，抗压强度为$60\sim100\ MPa$，可作为建筑石材；具有耐酸碱腐蚀的特征，可用于制作耐酸耐碱材料。富钾的粗面岩可利用其所含的钾元素制作钾肥，但成本较高，尚未大规模投入生产。粗面岩常有高岭土化，也可以作为陶瓷原料。

化学成分 粗面岩的化学成分中，SiO_2含量为$53\%\sim66\%$；K_2O+Na_2O的含量较高，总含量可达$8\%\sim12\%$；还有少量FeO、Fe_2O_3、MgO和CaO。

第四节 分 布

粗面岩多为中生代的产物，由于其岩浆黏度大，流动性不强，分布面积较小，多形成规模较小的熔岩流，也可见岩钟或岩颈。中国粗面岩出露的地区主要有吉林的长白山天池地区、广东、辽西、河北张家口、北京西山、宁芜盆地和庐枞地区。据李维亚（1988）资料，中国四川宝兴黄店子的富钾粗面岩，矿物成分单纯，钾长石含量超过95%，不含斜长石。氧化钾含量最高达14.53%，分布范围广，走向延伸约40 km，厚$350\sim435\ m$。这是目前国内外已知含氧化钾最高的粗面岩之一，其氧化钾含量已达含钾岩石作为钾肥原料的富矿标准。富钾粗面岩的产出地区还有湖北的鄂城、大冶和宁芜地区（图62-3）。

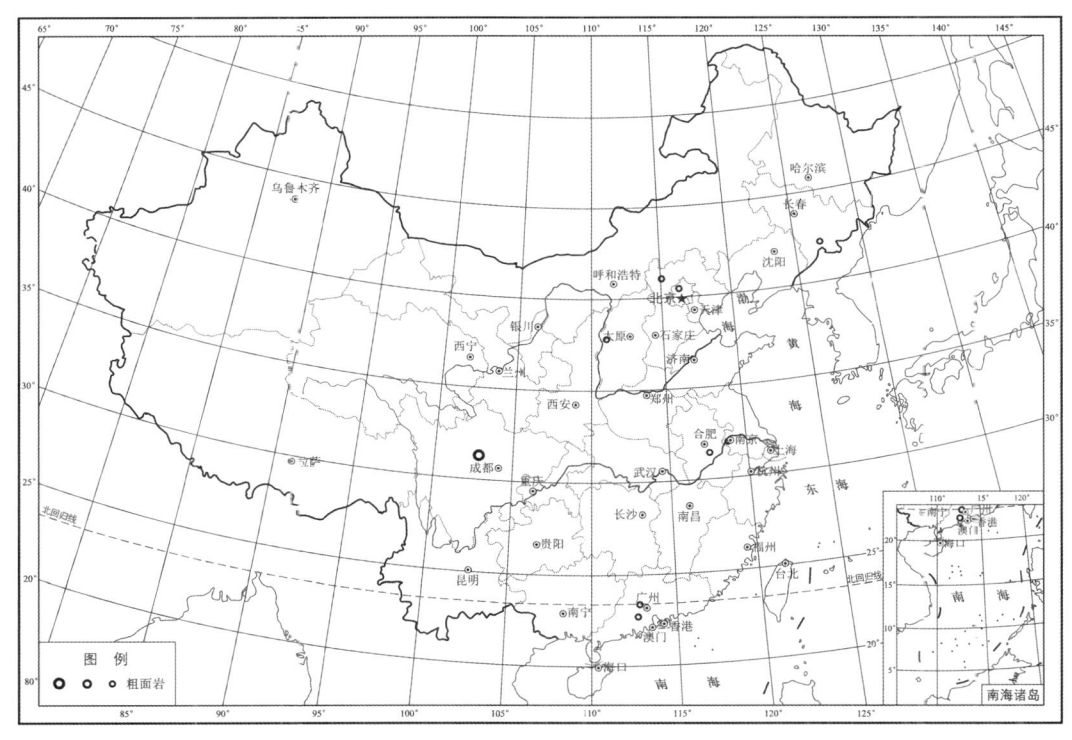

图62-3 中国粗面岩矿床分布

根据《2013年全国矿产资源储量通报》，中国的粗面岩矿区较少，主要用于水泥生产，中国的水泥用粗面岩矿区仅在广东有2处矿区。水泥用粗面岩矿区情况（表62-2）。

表62-2 水泥用粗面岩矿区情况

地区	矿区数/个	基础储量		资源量/10^4t	查明资源储量/10^4t
			储量		
全国	2	445.00	356.00	598.00	1043.00
广东	2	445.00	356.00	598.00	1043.00

第五节 开发利用和发展趋势

粗面岩在中国分布面积相对较小，储量相对较少，开发利用的也相对较少。全国仅广东省有两处矿区，且主要用作水泥生产。因此，需一方面要寻找新的粗面岩矿产资源，增加其储量；另一方面也要积极开发粗面岩的多种用途，尤其是更高科技的用途，使有限的资源得到充分的利用。

第六十三章 黄 土

第一节 概 述

定义 黄土是第四纪时期，在干旱及半干旱气候条件下形成的黄色、灰黄色或棕黄色的粉砂质土状堆积物，主要由 0.05~0.005 mm 的粉尘颗粒（含量>50%）和碳酸钙（含量>10%）组成。黄土的主要组成矿物为石英、长石、方解石，三者可占碎屑矿物含量的 80%~90%，以石英含量最高。其次为云母、石膏和其他矿物。中国的黄土分布广泛，主要分布在西北、华北等地，以黄土高原最为发育。

用途 黄土分布面积约占中国国土面积的 6%。黄土主要用途有：一是用于水泥配料，很多矿区都是因为水泥厂的需要而开采的；二是作为建筑材料，在西北地区，很多农家院的院墙都是黄土夯实修建的，土坝、土石坝、堤坝、路基、涵洞、古城墙、居民院墙和边坡等也都是黄土填筑而成，其中最著名的当属窑洞；三是烧制砖瓦，黄土可以生产空心砖、多孔砖等新型墙体材料，具有良好的发展前景；四是烧制陶瓷，中华祖先就曾利用黄土烧制出很多陶器，红陶、灰陶、彩陶等种类颇多。众所周知的陕西西安秦始皇陵兵马俑就是用黄土烧制的。黄土资源，配以其他辅料，可烧制出新型陶瓷。也可利用普通黄土及花岗石渣、河砂等原料生产出彩釉墙地砖。部分黄土还可以作为颜料，用于建筑粉刷、家具着色和油漆原料等。

第二节 分 类

根据成因，可分为原生黄土矿床和次生黄土矿床。原生黄土矿床以风力为搬运营力的黄色粉砂沉积而成；次生黄土矿床是以其他营力搬运的黄色粉砂沉积而成的。中国原生黄土和次生黄土比较（表 63-1）。

表 63-1 中国原生黄土和次生黄土比较

特征	原生黄土	次生黄土
分布与产状	成厚层连续分布，掩覆在低分水岭、山坡、丘陵、剥蚀面、凹地和高阶地上，常与基岩不整合接触	成带状或片状与星散状不连续分布，堆积洪积扇前缘，低阶地与冲积平原之上（偶尔在山坡分水岭也有小面积分布），常与松散沉积物接触，并相互过渡
地形与古地形	常为塬、梁等其他地形，大多数为波浪状起伏不平，现代地形受下伏地形影响较大，其起伏常与下伏古地形起伏吻合	常为山前洪积平原、冲积平原或现代阶地，一般现代地形平坦，受下伏古地形影响较小，常不互相吻合
厚度	一般为数米到二百米左右	一般为数米至十余米，更厚者少见
颜色	以灰黄、棕黄色为主，区域变化不大，同一剖面上、下也变化不明显	灰白、灰黄、红黄、棕黄等色，色调不均匀，区域变化大，同一剖面上、下变化明显
构造	无层理，经常夹有埋藏土及石灰质结核，柱状节理发育，常成陡壁几近直立	常有层理，很少夹埋藏土，柱状节理不发育，不易形成陡壁
组织结构	一般疏松，很容易粉碎，肉眼观察下很均匀，具大孔隙很多	一般较为坚硬，不易粉碎，肉眼观察下不均匀，常有微层理和其他包裹体，大孔隙少

续表

特征	原生黄土	次生黄土
均匀性	全层自上而下均匀一致，不含砂、砾石夹层（靠近沙漠除外），颗粒、矿物、化学成分在大面积内都相当类似，无显著差异	全层自上而下不均匀，常夹砂、砾石夹层，颗粒、矿物、化学成分在大面积内不均匀，变化显著
颗粒粒径	以粉土（0.05~0.005 mm）为主，含量常大于50%，大于0.25 mm和小于0.005 mm的颗粒含量不大，粒度分选较好	粉土（0.05~0.005 mm）含量少，常小于50%，但大于0.25 mm颗粒有时含量很大，小于0.005 mm颗粒有时含量很高，粒度分选性不好
岩相变化	远离沙漠颗粒逐渐变细，Al_2O_3、Fe_2O_3含量逐渐增加	远离山区颗粒变细，矿物、化学成分有显著变化
矿物成分	以石英、长石为主，含有大量不稳定矿物。风化较弱，大面积内类似，与附近山地或下伏基岩联系不大	也以石英、长石为主，但不稳定矿物成分含量少，一般都风化强烈，与附近基岩有联系，向分水岭和河源有规律变化
沉陷性	沉陷性大，易产生陷穴和潜蚀	沉陷性小，不易产生陷穴，不易发生潜蚀
成因	风成	洪积、坡积、残积、冲击和其他成因

（据刘东生等，1965）

第三节 物理化学性能

物理性能 典型的黄土为黄色或棕黄色，由尘土和粉沙细粒组成，质地均一，易成粉末，在长期的实践和研究中，把黄土的主要特性归结为五个方面：

1）多孔性。典型的黄土孔隙度较高，主要是因为组成黄土的粉状颗粒之间结合得很不紧密，通常形成各种肉眼可见的孔隙和孔洞，因此也有人把黄土称为大孔土。黄土状岩石的孔隙度相对较低。

2）垂直节理发育。典型黄土和黄土状岩石具有特殊而常见的特征就是垂直节理普遍发育，通常形成壮观的黄土景观：土林。

3）层理不明显。黄土的层理不明显，甚至无层理，因此有学者认为黄土是风成的，比如很多学者认为黄土高原就是"风吹来的高原"。

4）具有沉陷性。黄土通常具有独特的沉陷性，这可能跟黄土的多孔性、粉末性有关。由于黄土具有多孔性，结构不够致密，容易垮塌、压实，导致沉陷；由于黄土的粉末性，粉末颗粒间结合不够紧密，当土层遇水时，在重力作用下容易引起变形和沉陷。

5）透水性较强。通常情况下，黄土的多孔性和垂直解理的发育，使其在垂直方向上透水性较强，水平方向上则较差。若黄土经过沉陷，或中间夹有土壤层、黄土结核层时，透水性较弱，甚至不透水。相对而言，黄土状岩石的透水性较差。

化学成分 黄土的化学组分中，SiO_2、Al_2O_3、碱金属、钙镁碳酸盐类的含量相对较高，但不同时代、不同地区以及不同地层的黄土，由于所处的地质环境和气候条件不同，化学成分也有一些差异。一般情况下，中国黄土的化学成分（w_B）大致如下：SiO_2 50%、Al_2O 8%~15%、CaO 10%、Fe_2O_3 4%~5%、MgO 2%~3%、K_2O 2%，有机组分1%。

第四节 分 布

中国黄土分布在北纬30°~49°，以34°~39°最为发育，总面积约$63\times10^4 km^2$。分布特点是：分布范围广、连续覆盖、地层发育完整、厚度大。在我国西北和黄河中游一带形成的黄土高原，面积达$44\times10^4 km^2$，其中黄河中游地区厚层黄土的连续覆盖面积约$27.3\times10^4 km^2$。黄土遍布于我国甘肃、陕西、山西大部分地区以及河南、山东、宁夏、辽宁、青海、新疆、内蒙古等部分地区，在这些地区也多形成黄土矿床,根据《2013年全国矿产资源储量通报》,水泥配料用黄土矿区在全国有39个,其中甘肃达到12处,陕西10处,山东4处,江苏、青海各3处,吉林、新疆各2处,湖北、广东和云南各有1处。水泥配料用黄土矿（表63-2）。

表63-2 水泥配料用黄土矿

地区	矿区数/个	查明资源储量/10^4t
全国	39	30609.48
吉林	2	430.00
江苏	3	1659.00
山东	4	1391.00
湖北	1	69.00
广东	1	1011.00
云南	1	45.00
陕西	10	14362.53
甘肃	12	8406.84
青海	3	1824.11
新疆	2	1611.00

根据《中国矿床发现史》,中国部分地区的黄土矿床特征如下表。黄土的厚度变化一般自数米至数十米,黄土高原黄土厚度可达百余米,最厚达400余米。地层层序完整,大多专家都认为黄土为第四纪的产物,且从更新世早期到全新世都有沉积。中国主要的黄土矿区（表63-3）,中国黄土矿床分布（图63-1）。

表63-3 中国主要的黄土矿区

省份	矿区地名称	黄土/黄黏土 储量/10^4t	矿床特征
陕西	千阳县安沟	水泥用黄土2567	均为第四纪沉积,更新统为区内主要含矿层。矿层厚度从西向东,由15 m变厚为大于50 m。矿层稳定,无地下水,便于露天开采
	耀州区五台山	水泥用黄土5764	
	耀州区桃曲坡	水泥用黄土1894	
	耀州区药王山	水泥用黄土697	
	铜川市库当沟	水泥用黄土515	
甘肃	永登县大地沟	水泥用黄土,年产量17	勘探控制南北长约1500 m,东西宽约55~888 m,平均厚28.1 m
	平凉市鸭儿沟	水泥用黄土1539	矿层长1000 m,宽312~412 m,厚27.7 m
	武当县李家门	水泥用黄土1486	矿体呈层状,长996 m,宽200~684 m,厚1~81 m
广东	蕉岭县路亭黄土	黄土1011	赋存在第四纪残积冲积层,矿体南北分布、长4500 m,宽300~1000 m,厚2.5~4.4 m
黑龙江	嫩江县双山黄黏土矿	黄黏土125,水泥配料用黏土1761	矿体南北向分布,矿层产状近水平,黏土矿体自上而下由4个矿体组成
	讷河市老莱青山嘴子黄黏土矿	颜料黄土170,水泥用黏土485	黏土矿由高岭石、蒙脱石、伊利石等组成。黄黏土粒度细,平均粒度0.002 mm

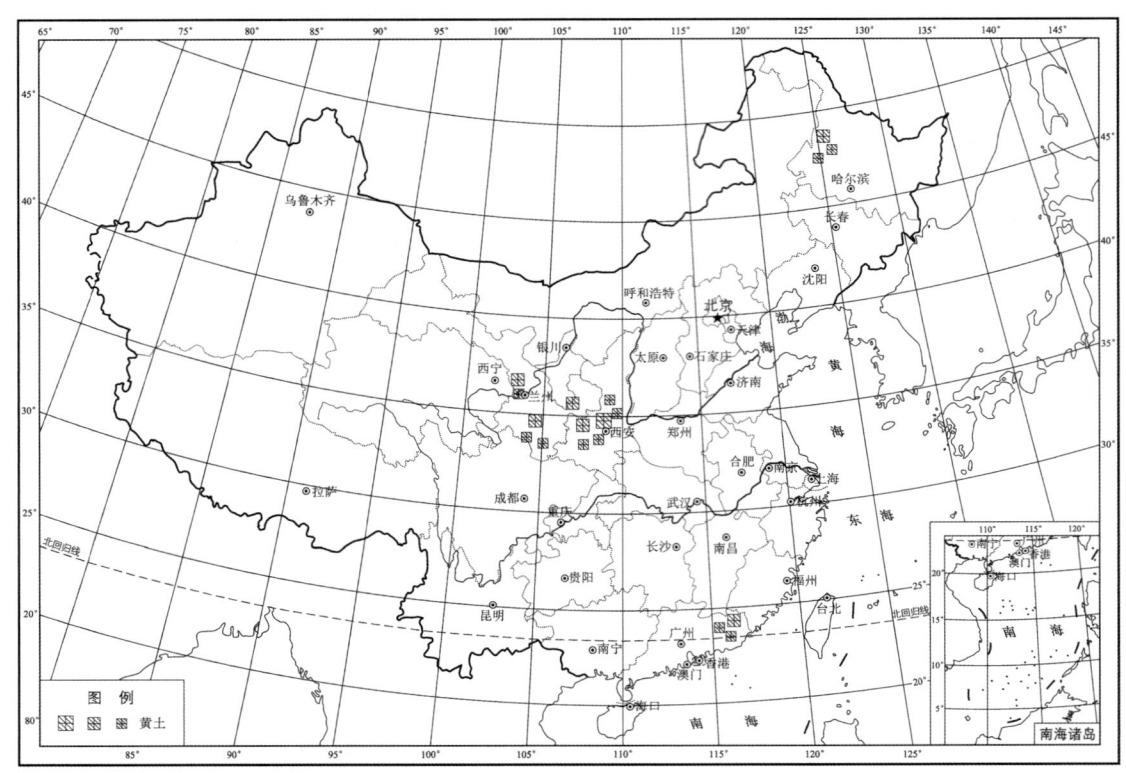

图 63-1 中国黄土矿床分布

第五节 开发利用和发展趋势

中国古代很早就开始利用黄土资源。今宝鸡市龙泉巷的北首岭遗址和岐山县京当乡的双庵遗址，均为新石器时代遗址，距今约有七千年的历史。其中出土的红陶、灰陶、彩陶等残片，就是用黄土烧制的。到秦代的秦始皇陵兵马俑，更是利用黄土资源烧制陶器的典范。后来在张家口发现的"磁炮"陶器，为黄土加入熔剂原料烧制，也已有千年的历史。中国黄土矿床从 1949 年前就有发现，如黑龙江讷河县（现为讷河市）老莱黄黏土矿区。据讷河县志记载，山东掖县商人张泰承在 1928 年夏天开采黄黏土，以该矿为原料可替代外国原料，但开采情况不详。1945 年后成立老莱地板黄工厂，将黄黏土加工成粉，主要用于建筑粉刷、日用陶瓷、建筑陶瓷和木器家具配色着色、油漆原料等，还出口日本数千吨。

1949 年以后，大规模建设对水泥的需求剧增，修建了很多大型水泥厂。为了满足水泥厂的生产需求，其配料黄土急需开发。因此，很多地区开始对黄土矿进行勘探开发，探明发现了一系列的黄土矿床。陕西是黄土较为发育的地区，陕北、渭北黄土广布，其中渭北黄土矿产地较为典型。该矿产地处于陕西中部的渭河以北，黄龙山以西，将军山、嵯峨山至陇山以东地区，东西长约 200 km，南北宽约 30 km。为了满足水泥生产的需要，开始对渭北地区的黄土矿床进行勘探。最初是从耀县（现为耀州区）药王山开始的，当时探明储量 697×10^4 t。后来，随着水泥厂的增多，逐渐发现了一系列新矿床，主要有千阳县安沟、耀县五台山大型矿床、耀县桃曲坡、药王山、铜川市库当沟中型矿床。该区矿床以风积型为主，黄土具有分布广，厚度大的特点，作为水泥配料矿山，临近水泥灰岩矿，方便开发利用。已开发的水泥配料矿山的黄土均为第四纪时期形成。黄土呈黄色、淡黄色，矿层厚度从西向东，由 15 m 变厚为大于 50 m。矿石矿物成分主要有石英、方解石、长石、钙质结核及黏土矿物等；含 SiO_2 53.81% ~ 57.13%，Al_2O_3 11.85% ~ 12.78%，Fe_2O_3 4.6% ~ 4.99%，$K_2O + Na_2O$ 3.68% ~

3.98%。均为露天开采。

中国的黄土发育良好，且又典型，蕴藏着丰富的黄土资源。当前，黄土大多作为水泥配料。根据宝鸡市建材砖瓦技术办会做得调查《烧制砖瓦可以做到不毁田》中"黄土高原黄土储量可供全国烧制砖瓦万年以上""陇西黄土储量可供全省烧制砖瓦使用十万年以上"，因此，可以利用黄土来烧制砖瓦，为了更好地利用黄土，可以烧制空心砖，使有限的资源得到更充分的利用。

发育好的黄土资源还可以作为地质景观。比如西藏的扎达土林，发育良好，形态各异，蔚为壮观，让人叹为观止。

第六十四章 片 麻 岩

第一节 概 述

定义 片麻岩是由酸性或中性岩浆岩、沉积岩经区域变质作用形成的具明显片麻状构造的变质岩，主要由长石、石英、云母等组成，其中长石、石英含量大于50%，且长石多于石英（图64-1）。

图64-1 片麻岩原矿

（来源：维基百科）

用途 可做建筑石材、铺路原料，也有将片麻岩用作水泥辅助性胶凝材料的。

地质工作简况 1949年前基本上没有开展正规的地质工作，20世纪90年代后才开展了一些地质工作。

矿床发现和开发简史 1981年中国安徽西南部发现了产于黑云母斜长片麻岩中的红宝石；1990年，中国水厂铁矿投资兴建了道砟生产线，将围岩中的角闪斜长片麻岩、含铁石英岩、混合质花岗岩变质岩，经过粗、中、细三段破碎，两次五层筛分，用作16~60 mm铁路道砟。

第二节 分 类

按原岩种类可以将片麻岩分为富铝片麻岩、斜长片麻岩、碱性长石片麻岩、钙质片麻岩等四类。富铝片麻岩由富铝的黏土质岩石经中高级变质形成，主要由石英、酸性斜长石、钾长石和黑云母组成，常含矽线石、蓝晶石、石榴子石、堇青石等富铝变质矿物。当二氧化硅不足时，可出现刚玉，富碳时可出现石墨。斜长片麻岩由中、基性火山岩及火山质硬砂岩经变质形成，主要由斜长石、石英及绿泥石、云母、角闪石等组成，可含少量辉石、石榴子石等矿物。常见有黑云斜长片麻岩、角闪斜长片麻岩等。碱性长石片麻岩由酸性火山岩及长石砂岩经变质形成，主要由钾长石、酸性斜长石、石英及少量黑云母角闪石等组成。钙质片麻岩由钙质页岩及部分中、基性火山岩、凝灰岩经变质形成，主要由斜长石、石英、云母、角闪石、透辉石、阳起石等组成，可含方解石、白云石、方柱石、钙铝榴石等矿物。

按用途可将片麻岩分为建筑用片麻岩矿床、饰面用片麻岩矿床和道砟用片麻岩矿床。

第三节 物理化学性能

物理性能 片麻岩的颜色较杂,有黑色、红色、灰色、紫红色等,密度 2.75 g/cm³、抗压强度 181.6 MPa,抗折强度 16.8 MPa,硬度 7.0、吸水性小、耐酸碱、抗风化,光泽度可达 90 度。

化学成分 片麻岩的化学成分(w_B):SiO_2 55.38%~79.01%,Al_2O_3 10.49%~20.09%,Fe_2O_3 0.14%~3.86%,FeO 0.09%~6.04%,MgO 0.01%~4.83%,$Na_2O + K_2O$ 6.20%~9.15%,CaO 0.08%~7.39%。

第四节 分　　布

片麻岩是一种古老的变质岩,在前寒武纪结晶基底和显生宙的造山带,以及华北陆台等地均有分布。中国片麻岩主要矿产地(表64-1),中国片麻岩矿床分布(图64-1)。

表64-1　中国片麻岩主要矿产地

序号	矿产地名称	探明资源量/$10^4 m^3$	规模	开采利用情况
1	辽宁康平洪利片麻岩矿床	177.3	小型	已开采
2	辽宁沈阳宏宇片麻岩矿床	19.3	小型	已开采
3	辽宁法库建安片麻岩矿床	7.9	小型	未开采
4	辽宁沈阳佳友片麻岩矿床	22.8	小型	已停采
5	安徽潜山仙人寨片麻岩矿床	287.8	中型	未开采
6	福建明溪石鬼坑片麻岩矿床	145.5	小型	已开采
7	福建延平西马片麻岩矿床	24.8	小型	已停采
8	河南鲁山观音寺片麻岩矿床	48.8	小型	未开采
9	河南舞钢建筑用片麻岩矿床	2.1	小型	未开采
10	河南灵宝片麻岩矿床	9.6	小型	未开采
11	河南确山三里河片麻岩矿床	29.0	小型	已开采
12	河南泌阳象河片麻岩矿床	81.5	小型	已停采
13	海南乐东红五黏土岩片麻岩矿	336.7	中型	未开采
14	陕西华县白蜡峪片麻岩矿床	1096.0	中型	未开采
15	陕西华县石榴沟片麻岩矿床	4885.0	中型	未开采
16	陕西华县莲花寺片麻岩矿床	4889.8	中型	已开采
17	新疆青河城北辉绿岩片麻岩矿床	216.8	小型	已开采

第五节　开发利用和发展趋势

片麻岩主要用作饰面板材建筑石料、铁路道砟。截至2013年底,中国有368个矿山在开采片麻岩矿床,其中大型9个,中型19个,小型212个,小矿133个,年开采量961×10^4t。片麻岩由于其物理特性及化学结构,目前用途主要集中在建材领域。国内尽管也有将片麻岩用作水泥辅助性胶凝材料的相关研究,但更多集中于矿物本身成分的研究,所以短期内其应用还将局限于传统领域。

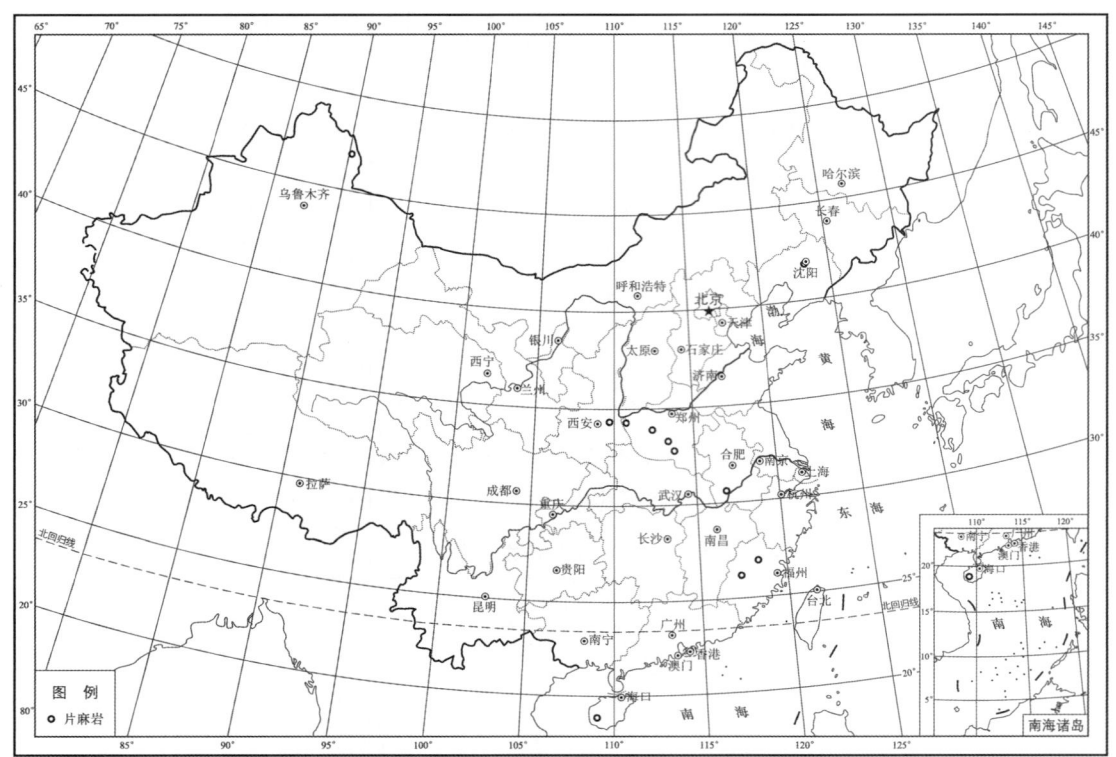

图 64-2 中国片麻岩矿床分布

第六十五章　天然油石

第一节　概　　述

定义　天然油石是一种颗粒致密的石英岩，矿物成分主要为石英，其次为绢云母、锆石、金红石、电气石，磷灰石（图65-1）。

用途　天然油石是机械工业中加工精密零件不可缺少的精细研磨材料之一，广泛用于倒砂压光和直接研磨各种高精度、高光洁度的块规、刃具、刀具，抛光钟表摆轴及零件、仪表轴尖、硬合金笔尖、高级绘图仪器以及精密机械零件等。此外，河南新密助泉寺密玉和油石属同一个矿体，成分、结构相同。

图65-1　天然油石
（来源：维基百科）

地质工作简况　中国天然油石资源匮乏，20世纪60年代以前作为机械精密零件加工研磨材料的天然油石全部依靠进口。为打破油石依赖进口的局面，1963年通过地质找矿、比对研究在密县助泉寺出产密玉的石英岩矿体中发现了可以作为天然油石的矿体，其质量可与国际驰名的阿肯色天然油石媲美。随后，1964年在河北丰润发现了天然油石矿区，1965年在昌平县（现为昌平区）发现了昌平万娘坟天然油石矿床和泰陵天然油石矿床。1965年后，在天然油石的找矿上至今无新的发现。截至2013年底，中国共发现天然油石矿区4个，查明资源储量225.2×10^4t。

矿床发现和开发简史　中国最早发现的天然油石矿是1963年从产密玉的河南密县助泉寺石英岩矿体中圈出的，该矿层赋存于下元古界庙坡山组中，为变质细粒石英岩层。该石英岩质地细腻，远在商代就作为玉石开采，据《山海经》记载："大騩之山，其阴多铁、多美玉、多青垩"指的就是密县助泉寺密玉矿区一带，《黄帝内经》有"黄帝密山探玉"的记载，也是指这一带。1963年河南省地质局在寻找天然油石矿的过程中，发现密县天然油石质量优良。随后迅速建立了密县油石厂，其产品畅销20多个省、市、自治区，并出口日本等国。1989年该矿曾停采，2005年继续开采，以后为了保护生态环境，2008年9月停止开采至今。截至2013年底，中国只有一个小矿在开采，开采量不详。

第二节　分　　类

天然油石按成矿作用可以分为区域变质型和沉积型两种。区域变质型矿床的原岩是比较纯净的浅海相石英粉砂岩、石英细砂岩，后经区域变质作用，形成致密的细粒石英岩，质优的致密石英岩构成天然油石。这种矿床的规模相对较大，如河南密县助泉寺天然油石矿。沉积型矿床实际上是古代的碳酸盐岩沉积过程中胶体二氧化硅析出沉积而成，一般称之为燧石条带，如北京昌平万娘坟天然油石矿。

第三节 物理化学性能

物理性能 天然油石与一般石英岩有基本相似的物理性质。矿石多呈乳白色,并有灰黑色、浅绿色、翠绿色,少量呈粉红色。天然油石的石英颗粒粒径一般在 0.05~0.005 mm 之间,呈等轴状多边形粒状分布,直线紧密镶嵌。矿石一般为油脂或玻璃光泽,不透明、透明或者半透明,硬度为 7,密度为 2.65~2.70g/cm^3,光泽度、亮度、抛光性均佳。工业上要求天然油石中 w(SiO$_2$) >97%,石英颗粒细小,颗粒形态呈等轴状多角形,岩石组织结构致密均匀,硬度大,磨损小(研磨时本身脱落量少),研磨部件的光洁度 4 划(VVVV4-10 级),对部件的磨损率 1 mg/min。

化学成分 天然油石化学成分主要为 SiO$_2$,含量可达到 98%~99%,Al$_2$O$_3$、Fe$_2$O$_3$、K$_2$O、Na$_2$O、CaO、TiO$_2$ 等含量极少。化学性质稳定,除氢氟酸外,不溶于任何酸,但能溶于碱性溶液中。

第四节 分 布

中国天然油石资源极少,到目前为止已发现的矿区仅有 4 处,分布在北京、河南和河北三省或市。河南密县助泉寺天然油石产于变质岩石中,矿层共有 6 层,其中第三层为主矿层,主矿层长 1670 m,宽 900 m,厚 2~2.5 m。该矿床矿石的化学成分(w_B):SiO$_2$ 98%~99%,Al$_2$O$_3$ 0.31%~0.67%,Fe$_2$O$_3$、K$_2$O、Na$_2$O、CaO、TiO$_2$ 等含量极少;矿物成分以石英为主,次为微量绢云母、锆石、金红石、电气石和磷灰石,个别矿石中含有长石、钾长石、磁铁矿和角闪石。矿石结构中石英颗粒较细,呈等轴状、多边形粒状分布,颗粒之间多呈直线接触,紧密镶嵌。矿石多呈乳白色,并有浅绿色、翠绿色,少量呈粉红色。透明-半透明,光泽度、亮度和抛光性均佳。北京昌平万娘坟天然油石矿床赋存于长城系高于庄组四段燧石条带(团块)白云岩中,共四层矿,矿体呈层状、似层状或透镜状产出。主矿体长 1300 m,厚 0.57~1.45 m,延深 200 m 以上。矿石类型为白云质燧石岩与燧石岩。矿石主要成分(w_B):SiO$_2$ 47.16%~83.67%,Al$_2$O$_3$ 0.2%~0.4%,Fe$_2$O$_3$ 0.2%~0.62%,CaO 12.71%~3.50%,MgO 9.19%~3.13%。矿石技术性能:磨削率 0.00075~0.00325 克/百分钟,浸油率 0.00195g/cm^3,可研光洁度 VVVV10 级以上,粒度均匀,棱角锋利,磨削性好。中国天然油石主要矿产地(表 65-1),中国天然油石矿床(点)分布图(65-1)。

表 65-1 中国天然油石主要矿产地

序号	矿产地名称	探明资源量/10^{4}t	规模	开采利用情况
1	北京昌平万娘坟天然油石矿	50.8	中型	已停采
2	北京昌平泰陵天然油石矿	4.5	小型	未开采
3	河北丰润火石营天然油石矿	124.8	大型	已开采
4	河南密县助泉寺天然油石矿	72.0	中型	已开采

第五节 开发利用和发展趋势

天然油石矿床根据埋藏深度可以采用露天开采和地下开采两种方法。开采一般采用剥离-穿孔-爆破-采装-运输-深加工的工艺流程。中国只探明 4 个天然油石矿床,20 世纪 60 年代后才开始开采,到 2014 年底,天然油石矿床已经基本停止开采,只有 1 个小矿在开采少量的矿石。停采的主要原因是人造油石的出现,替代了天然油石。近年来,随着人造超硬磨料金刚石、刚玉、立方氮化硼等材料的发展,人造油石在磨削效率、磨削质量等方面的优势逐渐显现,其应用领域逐渐扩大,从而逐渐取代了天然油石在工业研磨和精密研磨行业的应用。天然油石目前主要应用于人工研磨,如刀具的研磨、玉石材料的研磨抛光。

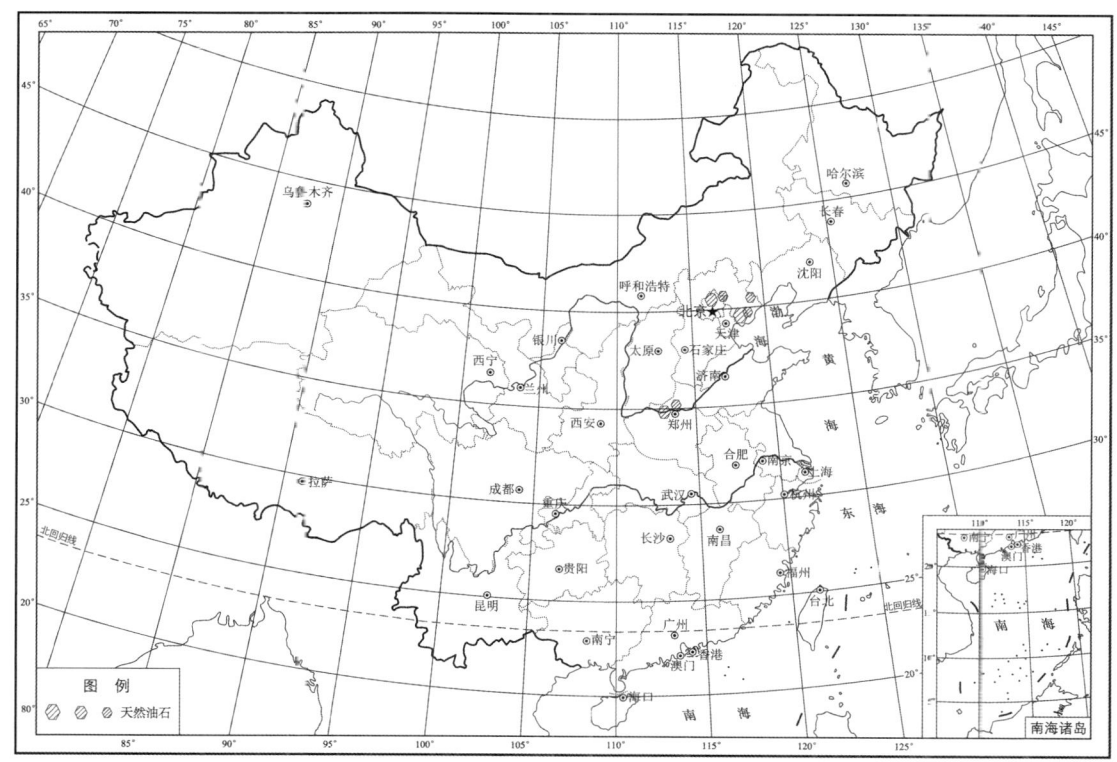

图 65-2 中国天然油石矿床分布

天然油石的应用领域虽然逐渐被人造油石取代，但其依然是刀具爱好者、文物爱好者钟爱的研磨工具，并加工成各种形状，具有很强的观赏价值。此外，天然油石尤其玉质化的矿石本身也可以作为艺术品收藏，河南助泉寺的密玉更是凭借质地、颜色等天然优点进入中国四大名玉的行列。

第六十六章 其他非金属矿

第一节 颜料矿物

定义 颜料矿物包括黄土和赭土。黄土又名浓黄土和黄黏土，亦称含针铁矿贝得石黏土。黄黏土中含铁矿物一般为针铁矿晶体，其化学组分主要是 α-羟基氧化铁（α-FeO(OH)），从矿物学上看，是颜色纯净、结构松软的褐铁矿变体，并含有大量的黏土、白垩，有的还存在三氧化二铁、四氧化三铁或氧化锰等多种杂质。它在氧化条件下，能够随着温度的升高，颜色从杏黄色变到深黄色、棕黄色甚至棕红色，且冷却后颜色不还原。它是可作为天然颜料的特殊黏土矿种，在国内外极为罕见，是黑龙江省特有的矿产资源。

赭土又称天然铁红，也是一种不可多得的天然矿物染料。

用途 黄黏土随着温度的升高，颜色会发生有序变化，因而在化工、建材行业中成为一种理想的天然矿物颜料。在制陶工业上作彩色陶瓷，如在釉面砖胚体中加入10%，烧成后胚体显红色；在釉面砖的釉料中加入10%~15%，不同的温度下显示不同深度的黄颜色；在地板砖中加入17%~18%，产品呈暗红色，色调纯正。在制漆工业中作油漆填料，经捣浆、超细、浓缩、干燥、改性等几道工序制成320目细粉，制成地板黄油漆（包括酚醛地板漆和脂酸调和漆）。应用于涂料中，能够增强涂料的黏结力，且涂料干燥快、耐水性能好、不掉粉、不褪色，涂层具表面光洁、色彩鲜艳等优点。黄黏土在合成颜料中也广泛应用，如用黄黏土、方解石等作为主要原料，经过粉碎、加入化学试剂、合成反应、水洗、过滤、烘干、研磨等工序，人工合成新型无毒无机颜料。合成颜料无毒、价廉、耐水、耐候、耐光、耐化学品性及分散性好，通过在油漆、塑料、制革、饰面砖、橡胶等领域的应用，不仅可以部分或全部取代铅铬黄、镉黄等价高颜料，且彻底解决了对人体的危害。另外，还可用于绒布的染料，木器家具的表面着色等。

地质工作简况 根据2013年《全国矿产资源储量通报》，中国共有颜料矿物（黄土）矿矿产地2处，分别为老莱黄黏土矿和双山黄黏土矿，均位于黑龙江省，共查明矿石资源量192×10^4t。老来黄黏土矿自1926年始就有开采史，但从未做过地质工作。至1980年6月至11月，原黑龙江省地质局地质四队进行了详细普查工作，并于1981年4月提交了《黑龙江讷河县老莱黄（灰）黏土矿地质详查报告》，提交可利用颜料用黄土170×10^4t。勘查期间及之后，北京大学地质系、中科院地质所、黑龙江省地质局相继开展了科研工作，认为区域岩相古地理对成矿非常有利，共发现矿点近20处，远景资源储量可观。双山黄黏土矿在1945年之前为地质工作空白区，1957年小兴安岭地质队在伊拉哈一带进行过地质填图和找矿工作，1959年原黑龙江省地质局地质四队编写了《双山黏土矿地质工作总结》。1982年10月至12月，原黑龙江省地质局地质四队进行了详查，并于同年编写了《嫩江县双山黏土矿详细普查地质报告》，经黑龙江省地质局审查通过，批准可利用颜料黄土矿125×10^4t，水泥配料用黏土1761×10^4t。

赭土矿床在中国仅发现一个，位于湖北清江，是充填在下古生界石灰岩岩溶洞穴中的红色土，其中含有小于3μm的结晶Fe_2O_3 60%~70%。

物理化学性能 黄黏土中黏土矿物成分以蒙脱石为主，其次为高岭石、伊利石，少量伊利石-蒙脱石混层矿物。其中针铁矿含量占20%~30%。碎屑矿物含量甚少，约占0.1%，以石英、长石、针铁矿团块为主，其次有软锰矿、硬锰矿、钛铁矿、白钛石、金红石、石榴子石、绿帘石和黄铁矿等。据黑龙江省地质科学研究所对老莱黄黏土矿的粒度分析结果，矿石粒度组成微细，绝大部分小于

0.053 mm，其中小于 0.002 mm 部分占 70% 以上，平均粒径在 0.002~0.0024 mm 之间。分选系数为 1.27~1.62，分选性好。矿石具有良好的细腻感和悬浮性能。黏土中含少量碎屑物质（石英、长石、针铁矿团块等），其最大粒径可达 2 mm 左右，虽然其含量甚微，但作为化工颜料直接利用是不允许的，必须进行细磨加工。黄黏土矿随温度升高，颜色变深，100℃为杏黄色，200℃为深黄色，300℃为棕黄色，400~800℃为朱红色，800℃以上为棕红色。从不同温度区间颜色变化看，300℃以下属黄色色阶，随着温度升高，黏土中吸着水被不断排除，颜色逐渐变深。400℃后颜色由黄色突变为红色，其转变机理，结合差热分析曲线判断，显然系针铁矿排出了结构水变成了赤铁矿的结果。红色由 400℃一直延续到 800℃基本无变化，温度变化范围较宽，为加温变色特性的应用，提供了有利条件。900℃以上颜色变得深暗，与 Fe_3O_4（磁铁矿）分子的形成有关。pH 值为 5.63~7.1，显偏酸性。老莱黄（灰）黏土矿化学成分变化不大，有益组分 Fe_2O_3 含量 13.98%~27.29%，一般大于 16%。

资源分布情况 黄黏土矿主要分布于黑龙江省松嫩平原的北端，在嫩江－富裕－北安三角形第三纪[1]内陆湖盘的西北侧，齐齐哈尔至嫩江铁路沿线北段讷河至嫩江铁路线两侧，总体呈北东向展布，形成一条长约 30 km、宽 10~20 km、面积为 500~1000 km^2 的成矿带。黄黏土矿赋存于上第三系孙吴组中，一般见矿两层。上层质量好，厚度稳定，分布面积大；下层矿厚度不稳定，分布面积有限，土色淡，杂质多。

开发利用简况 黄黏土开发应用较早，可能为我国开采使用最早的黄色颜料。早在《禹贡》上已有记载。黄黏土最先在绘画中应用，如甘肃天水麦积山石窟北魏和北周的壁画中均发现有使用。在槐黄、藤黄等植物黄色颜料相继出现之后，黄黏土的使用逐渐减少。但据考证，古代画家因对颜色多有偏爱喜用之癖，使用黄黏土者仍不乏其人。老莱黄黏土矿在新中国成立前由当地群众露天土法开采，生产黄土粉，做颜料和涂料。1969~1979 年，地方企业生产、加工黄土粉，除满足当地需要外，还销往长春、沈阳、大连、天津及青岛等地，同时开始向日本出口，年供货 0.6~1×10^4 t，日本商人收到矿石后，将大包装（每包 50kg）改为小包装，然后转口销往其他国家。黑龙江五金矿产进出口公司在 1980~1983 年补偿贸易期间，共发往日本黄黏土粉（块）3965 t。1984 年，老莱黄黏土粉被评为黑龙江省优质产品。20 世纪 90 年代，由老莱陶瓷厂开采，为黑龙江省内唯一开采的黄黏土矿山，年生产能力 3000~4000t，大部分销往省外和出口，销售平均价格为 500 元/t。双山黄黏土矿是当地居民发现的，自 1958 年以来被地方开采，多用作钻探泥浆土，部分作为涂料销售给齐齐哈尔化工公司，至 60 年代基本停止开采。

湖北清江赭土矿厂自清代就有开采，是不可多得的矿物染料。

第二节 角 闪 岩

定义 角闪岩又名斜长角闪岩，是一种超铁镁岩，由中－粗粒普通角闪石和斜长石组成。

用途 角闪岩在工业上可以用作铸石的附加原料，耐磨、耐腐蚀、硬度大。少数用做铺路碎石料。某些具有板状页理的角闪岩可沿叶理劈开作石板使用。在纺织工业、水泥工业、石棉纸、过滤剂、电木和绝缘材料工业中也有应用。具有一定块度的角闪岩（如江西新余的"晶墨玉"）是一种饰面石材，商品属于黑色花岗石系列中的低档产品。

地质工作简况 地质工作开展较晚并且也不多。截至 2013 年底，发现角闪岩矿床 13 处，探明资源量 1556×$10^4 m^3$。

物理化学性能 角闪岩呈绿色、墨绿色，条痕浅灰绿色，玻璃光泽，近乎不透明，以明显的纵横杂乱的花岗纤维变晶（粒状）结构和层状、透镜状构造为特征，主要由角闪石、斜长石组成细柱状、纤维状集合体。莫氏硬度 5~6，密度 3.1~3.4 g/cm^3。化学成分主要（w_B）：SiO_2 37.9%

---

[1] 第三纪现已改为新近纪和古近纪。

~53.47%，Al_2O_3 1.98%~14.56%，Fe_2O_3 0.43%~9.20%，FeO 3.02%~12.39%，MgO 7.02%~25.09，CaO 7.24%~15.70%。

资源分布情况 中国角闪岩矿产分布情况（表66-1和图66-1）。

表66-1 中国角闪岩矿产分布

序号	矿产地名称	探明资源量/$10^4 m^3$	规模	开采利用情况
1	北京密云白河涧"京墨玉"饰面用角闪岩矿	200	中型	露天开采
2	河北平山杨木桥龟板玉矿	119	小型	停采矿区
3	河北卢龙建筑用角闪岩	895	中型	组合台阶采矿法
4	福建永安西洋镇林田村大江角岩	4	小型	露天开采
5	福建永安内炉村黄村洋饰面砾岩	23	小型	露天开采
6	福建永安饰面用砾岩	20	小型	露天开采
7	福建南靖狮乌坪华安玉矿	1.5	小型	—
8	福建德安铺里叶花岗石矿区	0.6	小型	露天开采
9	山东宁阳黑山头饰面用角闪岩矿区	174	中型	露天开采
10	山东沂水王家山角闪岩矿	3.3	小型	露天开采
11	山东平邑白彦镇枣犁东岭角闪岩矿	15	小型	露天开采
12	山东临沂白彦镇程家庄角闪岩矿	101	中型	露天开采
13	河南信阳师河毛家寨采石厂	0.5	小型	露天开采

开发利用简况 据国土资源部统计，截至2013年底，共有48个矿山在开采角闪岩矿床，其中建筑用的有43个，饰面用的有5个，都是中小型矿山，年开采饰面用角闪岩$8.2 \times 10^4 t$，建筑用角闪岩$126 \times 10^4 t$。

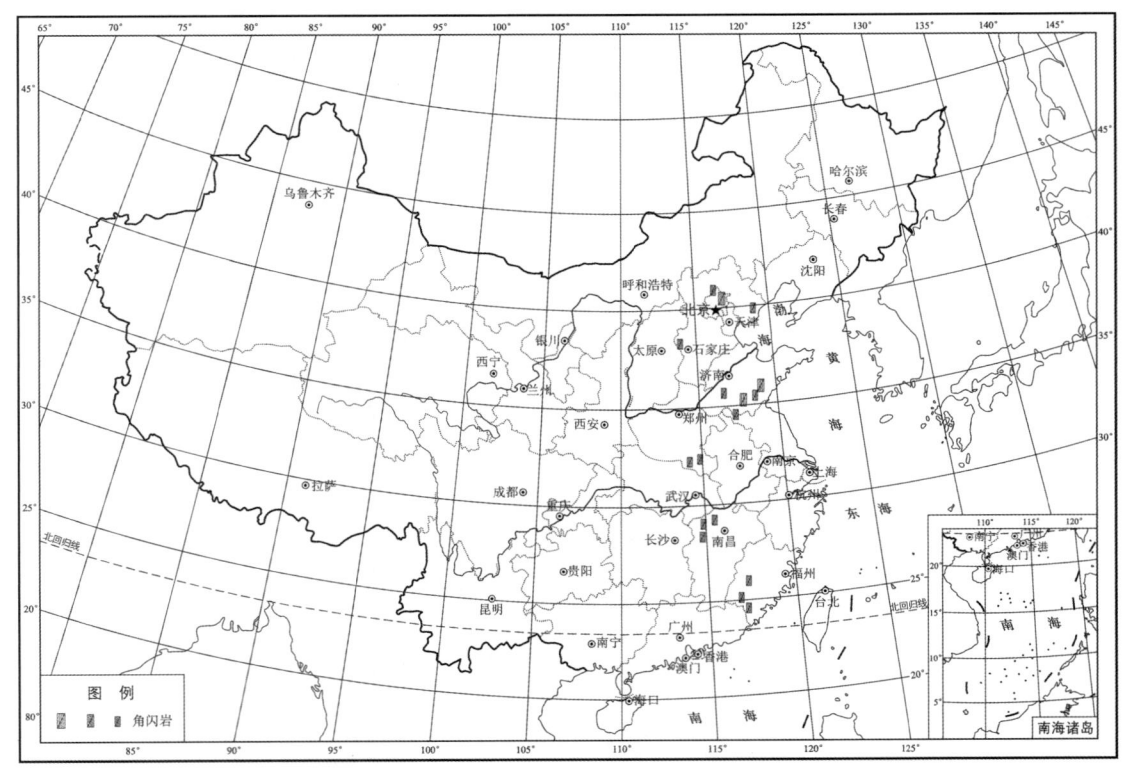

图66-1 中国角闪岩矿床分布

第三节　正　长　岩

定义　正长岩是指主要由碱性长石（正长石、微斜长石、条纹长石）组成的一种中性深成岩。一般为浅灰、灰白或玫瑰红色。岩石中暗色矿物约占20%，浅色物质含量很高，不含或含极少量的石英。长石中碱性长石约占70%以上。块状构造，半自形等粒状结构。

用途　正长岩破碎后选出长石砂可作陶瓷原料，其功能、用途及其工业指标与钾长石基本相同。正长岩也是一种饰面石材，商品属于花岗石系列，其中色佳者可达高档品种，如四川攀西的攀西蓝即为霓石石英正长岩。富钾的正长岩可做钾肥原料。正长岩还可做建筑石材及铺路的路基石。

地质工作简况　正长岩的地质找矿勘探工作开展较晚，主要针对饰面用正长岩矿床开展工作，截至2013年底，中国储量表上仅记载了2个矿床，查明资源储量$926\times10^4 m^3$。实际上，现在开采的矿山有很多都没有做过正规的地质工作。

物理化学性能　正长岩的主要矿物为钾长石、钠长石、石英，含量一般大于90%，次要矿物有霓石、黑（金）云母、白云母、重晶石、萤石、方解石、绿帘石等，含量一般在8%左右，副矿物常见的有磁铁矿、赤铁矿、黄铁矿、方铅矿、磷灰石、石榴子石、锆石、金红石以及稀土矿物，含量一般小于3%。斑状、半自形粒状、伟晶结构，块状、斑杂状构造。正长岩的化学成分等点是SiO_2含量相当于中性岩的含量，Fe_2O_3、FeO的含量通常在2%~4%，CaO和MgO的含量较低，一般为1%~2%左右。Na_2O为5%~10%，K_2O占4%~6%。当碱质成分达10%时，为碱质饱和的碱性岩，即正长岩-粗面岩类；当碱质含量远超于10%时，称为碱质过饱和的碱性岩类，即霞石正长岩-响岩类。

资源分布情况　正长岩常和花岗岩、闪长岩及碱性岩伴生。一般都形成较小的岩体，如岩盖、岩盆、岩株、岩脉或不规则岩体，侵位于岩浆活动晚期，常与其他岩体伴生。如河南桐柏的正长岩和二长岩往往呈小岩体伴生于花岗岩体旁边，山西临县紫金山二长岩是该环状碱性杂岩体的边缘相，霓辉正长岩也是该岩体的一部分。在胶东半岛，正长岩系列岩体主要见于石岛杂岩体的东部，此外在半岛东端的龙须岛也有小面积出露。辽东地区的赛马-柏林川正长岩-霞石正长岩杂岩体无论从时代上还是从成因上都与石岛正长岩侵入体有联系。石岛杂岩体分布于荣成县境内，岩体侵位于胶东群中，总面积约260 m^2。岩体范围内出现了两个岩石系列，较早侵位的是正长岩系列，主要分布于东部的甲子山至斥山一带，分布面积约90 km^2。较晚侵位的是黑云母花岗岩系列，主要分布于杂岩体西部的石岛一带。在岩体西部的花岗岩系列岩体中，经常见到正长岩类的大小不等的捕虏体，说明在这些地方原先是有正长岩分布的。石岛区的甲子山岩体是正长岩系列的典型代表。

开发利用简况　目前，有12个矿山在开采正长岩，其中饰面用的有2个矿山，年开采量$0.32\times10^4 t$，建筑用的有10个矿山，年开采量$14\times10^4 t$。

第四节　砂石集料

定义　砂石集料主要由砂与卵石组成，砂是粒径为0.05~4.75 mm之间的矿物或岩石碎粒，卵石是一种直径大于4.75 mm，在一定程度上被磨圆了的岩石或矿物碎块。磨圆度高的称卵石；磨圆度差的称砾石。

用途　主要用作混凝土和砂浆的骨料，部分可用于制灰砂砖以及与石灰、黏土按比例配合成三合土。

地质工作简况　砂石集料的地质工作主要是随着基本建设的开展而展开的，北京市是在1956年开始对砂石集料开展地质工作的，其他省市也随之开始正规的地质工作。20世纪80年代，北京建材地质总队采用遥感技术进行砂石集料找矿，其成果获得国家科技进步二等奖。

物理化学性能　砂石集料最重要的物化性能要求是颗粒级配。由于自然界里的砂和卵石粗细混杂在一起，不可能用某一粒径来反映它的粗细，因此，采用细度模数这个概念来表示砂的粗细程度，它是用砂的筛分析试验结果计算测定的。详情可参阅相关规范。

资源分布情况 砂石集料分布很广，在海滨、湖泊和河流中均有分布。

开发利用简况 砂石集料是中国开采量最大的非金属矿产，据中国砂石协会统计，2013年的开采量为 120×10^8 t。巨量的开采，对生态破坏很大，因而也是中国最早禁止出口的矿种，国家规定，自2005年5月开始，禁止砂石出口。在缺乏砂和卵石的地区，可以人工破碎某些抗压强度大和抗腐蚀的岩石，利用它们的碎石作集料，或综合利用某些矿山的废石作集料。2010年后，很多地方已禁止开采天然砂石而转向使用人工破碎的集料，使用人工破碎集料是今后的大趋势。

第五节　蛇　纹　岩

定义 蛇纹岩是一种主要由蛇纹石组成的变质岩，系由橄榄岩经中低温热液交代作用或中低级区域变质作用，使原岩中的橄榄石和辉石发生蛇纹石化而成，因外观花纹像蛇皮，故名蛇纹岩。蛇纹岩是一种重要的建筑装饰材料和工艺雕刻材料，著名品种有大花绿、丹东绿、岫岩玉等。其中，岫岩玉也是我国传统的玉石品种。

用途 蛇纹岩类矿物由于具有耐热、抗腐蚀、耐磨、隔热、隔声、较好的工艺特性及伴生有益组分，因而应用前景广阔，目前主要用于以下几个方面。一是农业肥料，蛇纹石与磷灰石或磷块岩一起煅烧，可制成钙镁磷肥。蛇纹岩粉是一种含多种矿物的复合肥料，亦有一定肥效，特别是用于玉米、薯类、豆类以及块根、块茎类作物，效果较好。二是耐火材料，蛇纹（石）岩与MgO混合，可制成蛇纹石砖。如唐山钢铁厂用蛇纹石制成蛇纹石焦炉砖，重庆、太原等钢厂用蛇纹石制成镁橄榄石砖，作为碱性耐火材料，效果很好。三是医药工业中，蛇纹石可作为制造泻利盐的原料。四是蛇纹石是高镁矿物，其中含镁较高的，可以提炼金属镁；含钴、镍较高的蛇纹岩中，还可提炼钴和镍。五是蛇纹岩具有特有的墨绿色，质地细腻，可加工性好，是良好的建筑装饰材料。六是鲜艳透明、半透明、质地致密坚硬的蛇纹岩可作为玉石工艺品原料；中国蛇纹岩玉已有十余种，辽宁的岫岩玉载誉国内外。

地质工作简况 中国蛇纹岩矿产资源丰富，质地良好，分布广泛。据国土资源部《全国矿产资源储量通报》显示，中国化肥用蛇纹岩主要矿产地有江苏省东海县行沟、江西省弋阳樟树墩、河南省信阳卧虎、陕西省宁强县黑木林、略阳县煎茶岭及勉县安子山等。饰面用蛇纹岩矿床主要矿产地有湖北、甘肃和青海等三处。熔剂用蛇纹岩矿床主要产于江苏、安徽共有矿产地四处。

物理化学性能 蛇纹石是一种层状硅酸盐矿物，是由一层硅氧四面体与一层氢氧镁八面体结合成的双层结构。其化学式为 $Mg_6[Si_4O_{10}](OH)_8$，其中含 MgO 43.6%，SiO_2 43.3%，H_2O 13.1%，有时混入少量的 FeO、Fe_2O_3、NiO 等成分。一般为隐晶质块状，常呈暗绿、黄绿至黑绿色，颜色不均匀，颜色的深浅由磁铁矿等金属矿物的含量和粒度而定；风化后颜色变浅，可变为灰白色土状。硬度 2.5~4，相对密度 2.5~2.62 g/cm³，有较好的热稳定性和化学稳定性。

资源分布情况 蛇纹岩矿床按用途分为两类，一是蛇纹玉矿床的特种岩体；二是蛇纹岩大理石矿床。辽宁岫岩玉和"丹东绿"是上述两类矿床的代表。此两类矿床的成因一般认为是在区域变质作用过程中富 SiO_2 的热液交代高镁碳酸盐矿物而成。矿体的直接围岩是蛇纹岩。矿体呈透镜状、扁豆状、似层状，产状和围岩一致，长几百至几千米，延深几十至几百米，厚几米，形成时代为古生代、震旦纪。矿体呈水平波状起伏，适宜露天开采。此类矿床在辽宁的宽甸、凤城、丹东和海城都有分布。

中国超基性岩体较多，蛇纹岩成矿主要与超基性岩的分布有关，受构造及岩石类型的控制。蛇纹岩矿床是橄榄岩受蚀变的产物，所以橄榄岩矿床和蛇纹岩矿床的成矿母岩是一致的，只是蛇纹岩由岩浆期后热液交代所致，形成于热液蚀变期。根据构造特点和成矿岩石类型，中国蛇纹岩资料可分为两大成矿区域。以东经105°为界，西部成矿区以产富镁质和富镁铁质蛇纹岩为成矿特征；东部则是以铁质、钙镁铁质蛇纹岩为主的成矿区域。超基性岩体的分布特点，基本表明了蛇纹岩矿床，具有成带成群分布的特征。一般而言，超基性岩的分布区，即是蛇纹岩的成矿远景区。

开发利用简况 目前中国蛇纹岩的开发利用尚处于初级阶段，开发利用水平低。大多数矿山主要是靠出售原矿和粗加工产品，价值较低。截至2013年底，共有94个蛇纹石矿床在开采，其中，饰面用的63个，开采量18×10^4t；熔剂用的10个，开采量80×10^4t；化肥用的21个，开采量4.7×10^4t。

第六节 红 土

定义 在极湿热气候条件下，母岩经强烈氧化和脱水作用形成的致密黏土状的铁铝质黏土。一般呈棕红色，矿物成分主要有高岭石、多水高岭石和伊利石，还有铝土矿、褐铁矿、针铁矿、方解石、白云母、长石和石英。

用途 红土可以直接用作筑坝材料和各类建筑物的地基，乃至机场的地基，比如昆明新机场的地基。红土加入适量的水泥、砂等可以制作免烧的农用水泥红土砖。掺入一定比例的硅酸盐水泥，制备成水泥红土，可以用于稳固地基、防渗衬垫、加固边坡和路面。红土还可以烧制建筑用砖、陶瓷砖、陶瓷等。烧制建筑用砖时，加入水泥可大大提高砖的强度。一般情况下，红土大都用于生产外墙砖坯体，随着陶瓷生产工业的发展，红土也可以成为良好的施釉陶瓷砖（墙砖、地砖、仿古砖）和艺术瓷（各种紫砂壶、陶艺）的原料。红土与透辉石、石英或铁矿废渣尾矿粉等按一定比例掺和还可生产釉面砖。

分类 红土的母岩有碳酸盐岩、玄武岩、花岗岩、粉砂岩和黏土岩等。母岩不同，所形成红土的化学成分和矿物成分会有差异。

物理化学性能 红土中黏粒含量一般均大于40%~50%，属黏土，密度$2.4\sim3.2$g/cm^3。孔隙比大、压缩性低、强度高，可塑性较高，并具有遇水不崩解的特性，呈现出较强的稳定性。化学成分中Al_2O_3、Fe_2O_3含量较高，SiO_2含量较低。可用作水泥工业的黏土质原料。在高温、多雨的酸性环境中，红土中含有大量带正电荷的铁、铝氢氧化物胶体，与带负电荷的黏土颗粒牢牢地胶结在一起，形成牢固的团粒。

分布 红土在陆地表面上的分布仅次于黄土，主要分布于长江以南的低山丘陵区，华北、西北等地往往与黄土同时出现。江西、湖南、湖北、福建等省红土分布较多，除此之外，还有云南、广东、贵州、四川、浙江、安徽、江苏等。根据《2013年全国矿产资源储量通报》，中国红土矿床主要为水泥配料用红土矿床，全国矿区有17个，其中山东7处、安徽4处、海南和甘肃各2处、福建和新疆各1处。

开发利用和发展趋势 红土也曾被广泛应用于中国的建筑陶瓷，也曾是佛山地区的彩釉地砖、外墙条砖及部分釉面砖的主要原料。由于其储量大、取材方便、价格便宜及生产条件较低等，在20世纪80年代末曾风靡一时，后来由于生产厂家增多，产品雷同，恶性竞争中部分厂家将坯体改白，为了自身利益，宣称红坯为陶质，是低档产品，白坯才是瓷质产品，导致红坯陶瓷一度滞销，大部分工厂转向白坯陶瓷。中国具有得天独厚的红土资源：①价格低廉，分布区域广，取材方便，开采成本低；②矿源充足，储量大，成分稳定，利于规模开发、生产；③硬度较低、易于破碎；④烧制温度低，能在较低的温度下烧结，使显微结构更加致密、合理。甚至有些地区的红土资源比意大利的材质更优，更适合做陶瓷。然而这些红土资源都没有得到很好的利用，红坯陶瓷的市场失守，使其生产设备、生产技术及配套都严重落后，中国的红土资源也开始闲置。

西班牙和意大利是世界上知名的陶瓷强国，一直致力于红土陶瓷的开发，无论是在硬件设备还是技术、人才方面都经历了长期、大量的投入，技术上处于世界领先地位，也诞生了一批世界级的品牌。国外市场并不根据胚体的颜色判断陶瓷产品好坏，而是更注重艺术和工艺的设计。如果我们能改进生产设备和生产技术，培养专业的人才队伍，生产出一流的红胚产品，不仅在经济方面，还从合理利用资源、保护环境的可持续发展角度而言，红土资源都具有很大的发展前景。

第七节 几种非金属矿简介

一、泥炭

泥炭是高等植物残体在沼泽中经过生物化学作用而形成的一种松软有机质堆积物,除含腐殖酸、沥青质外,还有许多未分解的树枝、树叶和草类残体,水分含量50%~80%,多呈褐、黑褐色,块状,风化后易破碎,密度为$0.7~1.05g/cm^3$。泥炭的用途有:在建材工业中用来制纤维板、轻质保温砖和保温瓦;在农牧业中用作土壤改良剂、肥料、饲料添加剂、制植物生长激素、杀虫剂和除草剂;在化学工业中用作提取腐殖酸、泥炭蜡、甲醇、丙酮和酚的原料,制颜料和染料,提取酒精、水解糖溶液和蛋白质;在环境保护业中用以作污水的净化和脱色剂;在陶瓷工业中用其腐殖酸做原料的添加剂以提高塑性和成型率;在钻探工业中因其热稳定性和带砂能力好,用作泥浆调整剂。中国泥炭的开采情况不详。

二、硅化木

硅化木是由树干被掩埋经地质作用后,树干的原来成分为SiO_2所交代而成。外形仍具树干状态,成分已变为石英、玉髓或蛋白石。琥珀、煤精和硅化木都是石化了的植物的某些组成部分。它们都可以作为工艺雕刻材料。琥珀可以入(中)药。因天然树脂中常黏有昆虫,这些被黏住的昆虫常包含在琥珀中被保存下来,因而包有昆虫的琥珀就有古生物学研究价值,并且是名贵的玉石。另外,琥珀与硅化木本身都是很好的陈列品和摆饰。

三、磷霞岩

磷霞岩是一种碱性岩石,矿物成分为霞石占70%~90%,霓石占10%~30%,含少量磁铁矿、钛铁矿和磷灰石,化学成分与霞石正长岩近似。磷霞岩用于玻璃工业,但需要经过选矿以除去其中所含杂质矿物,如磷铁矿等。由于其钾钠含量高,因而与霞石正长岩一样,可以节碱和节能,因而也是一种很好的玻璃原料和节能矿物。

四、松脂岩和黑曜岩

松脂岩、黑曜岩与珍珠岩一样,也是火山喷发的酸性熔岩经急速冷却而成的玻璃质岩石,常与珍珠岩共生。三者的区别主要是水的含量,其中松脂岩含水量最高达6%~10%,珍珠岩次之,为2%~6%,黑曜岩含水量最低,不大于2%。松脂岩与珍珠岩一样有膨胀性,但膨胀倍数没有珍珠岩高,而黑曜岩基本上不能作为膨胀珍珠岩的原料,但可以作为工艺雕刻材料。目前,松脂岩没有开采,黑曜岩有3个矿山在开采,但开采量不详。

五、细晶岩

细晶岩又称为长英岩,是一种酸性浅色脉岩,矿物成分为碱性长石和石英,几乎不含深色矿物,颜色是灰白、浅黄或浅肉红色,细晶结构,块状构造。细晶岩岩脉的风化和半风化岩石,是中国早期(约公元10世纪~11世纪)使用的单一制瓷原料,现在仍有人作为陶瓷配料使用。目前矿床开采情况不详。

六、角岩

角岩是一种变质岩,由泥岩、粉砂岩、岩浆岩和火山碎屑岩经中高温接触变质而成。矿物主要有长石、石英、角闪石、辉石等,深黑色,质地坚硬,可以用作饰面石材,在安徽、内蒙古、湖南等地有产出。目前矿床开采情况不详。

参考文献及资料

广西壮族自治区地方志编纂委员会. 1992. 广西通志——地质矿产志[M]. 南宁：广西人民出版社.
国土资源部. 2003. 中国主要矿产资源可供性论证报告.
国土资源部矿产资源储量司, 国土资源部信息中心. 2013. 2012年全国矿产资源储量通报, 内部资料.
国土资源部矿产资源储量司, 国土资源部信息中心. 2014. 2013年全国矿产资源储量通报, 内部资料.
国土资源部信息中心. 2003. 全国矿产资源储量通报[M].
江苏省地矿局第二地质大队. 1989. 江苏溧阳小梅岭方解石矿开发利用条件与生长消费状况[J]. 江苏地质, (4).
全国矿产储量委员会办公室. 1987. 矿产工要求参考手册[M]. 北京：地质出版社.
浙江省地质矿产局情报室, 浙江科技情报研究所. 1984. 天然沸石文集(内部交流)[M].
中国建筑材料工业地质勘查中心. 2004. 建材-非金属矿产地质工作指南[M].
中华人民共和国国土资源部. 2012. 中国国土资源年鉴[M].
中华人民共和国国土资源部. 2013. 中国国土资源年鉴[M].
《非金属矿工业手册》编辑委员会. 1992. 非金属矿工业手册(上册)[M]. 北京：冶金工业出版社.
《非金属矿工业手册》编辑委员会. 1992. 非金属矿工业手册(下册)[M]. 北京：冶金工业出版社.
《矿产资源工业要求手册》编委会. 2014. 矿产资源工业要求手册(2014年修订本)[M]. 北京：地质出版社.
《全国硅藻土资源潜力评价》内部参考, 2013.
《中国矿床发现史. 安徽卷》编委委员会. 1996. 中国矿床发现史安徽卷[M]. 北京：地质出版社.
《中国矿床发现史. 北京卷》编委员会. 1996. 中国矿床发现史北京卷[M]. 北京：地质出版社.
《中国矿床发现史. 福建卷》编委员会. 1996. 中国矿床发现史福建卷[M]. 北京：地质出版社.
《中国矿床发现史. 甘肃卷》编委员会. 1996. 中国矿床发现史甘肃卷[M]. 北京：地质出版社.
《中国矿床发现史. 广东卷》编委员会. 1996. 中国矿床发现史广东卷[M]. 北京：地质出版社.
《中国矿床发现史. 广西卷》编委员会. 1996. 中国矿床发现史广西卷[M]. 北京：地质出版社.
《中国矿床发现史. 海南卷》编委员会. 1996. 中国矿床发现史海南卷[M]. 北京：地质出版社.
《中国矿床发现史. 河北卷》编委员会. 1996. 中国矿床发现史河北卷[M]. 北京：地质出版社.
《中国矿床发现史. 河南卷》编委员会. 1996. 中国矿床发现史河南卷[M]. 北京：地质出版社.
《中国矿床发现史. 黑龙江卷》编委委员会. 1996. 中国矿床发现史黑龙江卷[M]. 北京：地质出版社.
《中国矿床发现史. 湖北卷》编委员会. 1996. 中国矿床发现史湖北卷[M]. 北京：地质出版社.
《中国矿床发现史. 湖南卷》编委员会. 1996. 中国矿床发现史湖南卷[M]. 北京：地质出版社.
《中国矿床发现史. 吉林卷》编委员会. 1996. 中国矿床发现史吉林卷[M]. 北京：地质出版社.
《中国矿床发现史. 江苏卷》编委员会. 1996. 中国矿床发现史江苏卷[M]. 北京：地质出版社.
《中国矿床发现史. 江西卷》编委员会. 1996. 中国矿床发现史江西卷[M]. 北京：地质出版社.
《中国矿床发现史. 辽宁卷》编委员会. 1996. 中国矿床发现史辽宁卷[M]. 北京：地质出版社.
《中国矿床发现史. 内蒙古卷》编委委员会. 1996. 中国矿床发现史内蒙古卷[M]. 北京：地质出版社.
《中国矿床发现史. 宁夏卷》编委员会. 1996. 中国矿床发现史宁夏卷[M]. 北京：地质出版社.
《中国矿床发现史. 青海卷》编委员会. 1996. 中国矿床发现史青海卷[M]. 北京：地质出版社.
《中国矿床发现史. 山东卷》编委员会. 1996. 中国矿床发现史山东卷[M]. 北京：地质出版社.
《中国矿床发现史. 山西卷》编委员会. 1996. 中国矿床发现史山西卷[M]. 北京：地质出版社.
《中国矿床发现史. 陕西卷》编委员会. 1996. 中国矿床发现史陕西卷[M]. 北京：地质出版社.
《中国矿床发现史. 四川卷》编委员会. 1996. 中国矿床发现史四川卷[M]. 北京：地质出版社.
《中国矿床发现史. 西藏卷》编委员会. 1996. 中国矿床发现史西藏卷[M]. 北京：地质出版社.
《中国矿床发现史. 新疆卷》编委员会. 1996. 中国矿床发现史新疆卷[M]. 北京：地质出版社.
《中国矿床发现史. 云南卷》编委员会. 1996. 中国矿床发现史云南卷[M]. 北京：地质出版社.
《中国矿床发现史. 浙江卷》编委员会. 1996. 中国矿床发现史浙江卷[M]. 北京：地质出版社.
白峰, 罗飞等. 2007. 一种新兴宝玉石材料——苏纪石的宝石矿物学研究[J]. 中国非金属矿工业导刊, (2).
包永年. 1983. 略论熔结凝灰岩的成因[J]. 中国区域地质, (3).
包永年. 1986. 浙江熔结凝灰岩的特征[J]. 中国区域地质, (3).
鲍正湘, 王德生, 包觉敏, 等. 2001. 湘西卡棚黑滑石矿床地质特征及开发应用[J]. 中国非金属矿工业导刊, (1).
鲍正湘, 万榕江, 包觉敏, 等. 2001. 湘西麻园洞炼镁用白云岩矿及其开发利用[J]. 中国非金属矿工业导刊, (4).
曹建劲, 吴起俊, 蔡昌瑛. 1997. 分界粉石英矿床地质特征及成因初探[J]. 中山大学学报(自然科学版), S1(36).
曹南萍. 2013. 电气石陶瓷制备中相关问题探讨[J]. 中国非金属矿工业导刊, (2).

曹晓生. 2001. 皖南青阳-贵池-东至一带优质方解石地质特征及开发前景[J]. 中国非金属矿工业导刊, (5).
常志强. 2011. 湖南辰溪高岭土矿地质特征及找矿前景分析[J]. 中国非金属矿工业导刊, (增刊).
陈宝元, 景向阳. 1989. 四川渠县农乐杂卤石矿的发现、鉴别机器测试配算[J]. 建材地质, (44).
陈从喜, 鲁安怀. 2002. 天然矿物治理污染物研究进展与展望[J]. 中国非金属矿工业导刊, (5).
陈桂荣, 谢富康. 2011. 南京石膏矿地质特征及成因分析[J]. 中国非金属矿工业导刊, (1).
陈国安. 2001. 陕西丹凤石榴石选矿工艺流程及深加工试验研究[J]. 中国非金属矿工业导刊, (5).
陈健, 杨尽, 肖晓林, 等. 2003. 四川彭州牛坪蛇纹岩矿床特征[J]. 中国非金属矿工业导刊, (1).
陈军元. 2011. 白山市黑沟白云岩矿床地质特征[J]. 中国非金属矿工业导刊, (增刊).
陈南春, 余有金. 2002. 红辉沸石作为聚丙烯添加剂的初步研究[J]. 中国非金属矿工业导刊, (2).
陈平, 朱振峰. 2001. 利用陕西宝鸡透辉岩研制内墙砖[J]. 陶瓷学报, (4).
陈霆. 2013. 宽甸石材资源特征及开发建议[J]. 中国非金属矿工业导刊, (增刊).
陈希廉. 2009. 我国非金属矿开发的现状及今后发展方向的建议——以沸石和膨润土为例[R]. 北京科技大学.
陈雄祝. 2001. 池窑玻纤用叶腊石均化微粉加工[J]. 中国非金属矿工业导刊, (4).
陈志斌, 李明, 等. 2013. 东京陵石膏矿地质特征及成因浅析[J]. 中国非金属矿工业导刊, (增刊).
陈祖荣. 1985. 福建某地石英绢云母岩地质特征及其在工业上的应用[J]. 建材地质, (3).
成功, 邱献引. 2013. 中国萤石矿床地质特征与成因综述[J]. 中国非金属矿工业导刊, (5).
迟洪纪, 李秀章, 倪振平, 等. 2003. 山东蓝晶石类矿床找矿前景[J]. 中国非金属矿工业导刊, (3).
褚强, 李海庆. 2011. 试论江苏省石灰岩矿产业的转型与发展[J]. 中国非金属矿工业导刊, (4).
传秀云. 2013. 天然石墨矿物与储能材料[J]. 中国非金属矿工业导刊, (3).
崔生宏. 1989. 浙江渡船头伊利石矿简介[J]. 建材地质, (1).
崔学奇, 等. 2000. 膨润土的性能及其应用[J]. 中国非金属矿工业导刊, (2).
崔越昭, 戎培康, 章少华, 等. 2008. 中国非金属矿业[M]. 北京: 地质出版社.
戴修本. 2006. 我国滑石产业现状及发展前景[J]. 中国非金属矿工业导刊, 55(39).
邓峰, 王朝晖, 周世全, 等. 2013. 信阳上天梯一带珍珠岩地质特征[J]. 中国非金属矿工业导刊, (4).
邓贵标. 2013. 贵州罗甸玉成矿地质特征与品质评述[J]. 中国非金属矿工业导刊, (3).
邓会娟, 高鹏鑫, 孔令湖, 等. 2013. 湖南长界橄榄石矿床地质特征及开发利用[J]. 中国非金属矿工业导刊, (4).
狄永浩, 戴瑞. 2011. 郑水林蛇纹石资源综合利用研究进展[J]. 中国非金属矿工业导刊, (2).
丁浩, 许霞, 崔淑凤, 等. 2001. 从纳米技术的角度发展和提升非金属矿深加工产业[J]. 中国非金属矿工业导刊, 24(6).
丁庆荣, 周昌栋, 唐运伟, 等. 2008. 宜昌闪长岩制备SMA及其性能研究[J]. 国外建材科技, 29(1).
丁仲礼, 刘东生. 1989. 中国黄土研究新进展(一)黄土地层[J]. 第四纪研究, (1).
董发勤. 1991. 我国水镁石矿产资源的找矿方向[J]. 建材地质, (6).
董维平, 毛飞, 范永源, 等. 2007. 富蕴县五彩湾矿区沸石矿床地质特征及其经济地质[J]. 中国非金属矿工业导刊, (4).
杜杰, 乐兴文, 范永源, 等. 2011. 合浦地区高铁低品级高岭土资源特点及其开发利用[J]. 中国非金属矿工业导刊, (6).
杜鹏. 2013. 浅谈花岗岩在建筑中的应用[J]. 中国非金属矿工业导刊, (增刊).
杜玉成, 黄坤良. 2001. 空心微珠为基核的纳米隐形材料的制备研究[J]. 中国非金属矿工业导刊, (6).
樊文军. 2011. 新疆硅质原料资源分布及其地质特征[J]. 中国非金属矿工业导刊, (增刊).
范存善. 2000. 沸石在轻质保温建材中的应用[J]. 中国非金属矿工业导刊, (3).
范永源, 董维平. 2007. 卡拉麦里山火山岩建造与膨润土、沸石矿的成矿关系[J]. 中国非金属矿工业导刊, (5).
方建国, 于阳辉. 2007. 会宁凹凸棒石干燥剂制备的试验研究[J]. 中国非金属矿工业导刊, (1).
方同明, 李莉, 刘鸿, 等. 2013. 北京西湖蔷薇辉石矿床地质特征及意义[J]. 中国非金属矿工业导刊, (增刊).
冯惠敏. 1988. 我国寒武纪石膏矿床特征及其成矿规律研究[J]. 建材地质, (6).
冯绍平, 黄岚, 任丽, 等. 2011. 伊川半坡煤系高岭土矿床地质特征及找矿方向[J]. 中国非金属矿工业导刊, (4).
扶伟. 2013. 福建湖上矿区水泥用石灰岩矿资源储量评价[J]. 中国非金属矿工业导刊, (2).
付茂英. 2001. 邢台石榴子石矿床特征及开发前景[J]. 中国非金属矿工业导刊, (4).
付茂英. 2013. 碎云母矿勘查评价中相关问题的探讨[J]. 中国非金属矿工业导刊, (6).
付猛, 张国朝. 2013. 吉林省松花石勘查与开发利用现状[J]. 中国非金属矿工业导刊, (增刊).
高程珍, 孔江淮, 关立军. 2004. 阁山玄武岩矿床简介[J]. 中国非金属矿工业导刊, (4).
高德云, 汤永奎. 2001. 江苏盱眙凹棒石黏土资源开发现状与发展对策[J]. 中国非金属矿工业导刊, (1).
高华星. 2013. 扎鲁特旗罕山叶蜡石矿地质特征及找矿方向[J]. 中国非金属矿工业导刊, (增刊).
高树学, 刘东. 2007. 饰面石材矿产地质工作指南[J]. 建材—非金属矿产地质工作指南续集.
葛筠, 韩世珍. 1989. 麦饭石的历史渊源和国内外研究现状[J]. 建材地质, (6).
古亮楷. 2001. 大埔东部花岗石石材成矿带地质特征及开发应用[J]. 中国非金属矿工业导刊, (6).

顾绶林. 1992. 地学辞典[M]. 石家庄：河北教育出版社.

管俊芳, 毛益林, 高惠民, 等. 2007. 贵州贵定粉石英矿的特征及应用前景[J]. 中国非金属矿工业导刊, (4).

郭力. 2004. 电气石——多功能环保健康新材料[J]. 中国非金属矿工业导刊, (5).

郭秀瑞, 任建梅, 李宝智. 2002. 硅藻土作为抗菌剂载体的研究[J]. 中国非金属矿工业导刊, (2).

过成伟. 2011. 东海县蛭石矿床地质特征及开发利用前景[J]. 中国非金属矿工业导刊, (增刊).

韩晓军. 2013. 互助陶粒板岩烧胀性能试验研究[J]. 中国非金属矿工业导刊, (1).

韩勇奇. 2004. 我国石膏矿业开发利用现状、问题与对策[J]. 中国非金属矿工业导刊, (2).

何保罗, 郁建国. 2004. 凹凸棒黏土矿物是一种绿色环保材料[J]. 中国非金属矿工业导刊, (5).

何金祥. 2003. 我国非金属矿产业前景展望[J]. 建材工业信息, (3).

何树伦, 姜文斌, 等. 2013. 大方县某纤维状坡缕石矿床地质特征及外围找矿方向[J]. 中国非金属矿工业导刊, (增刊).

贺明生, 游玮. 2013. 江西省硅灰石资源可供性分析及发展战略[J]. 中国非金属矿工业导刊, (5).

洪亮. 2011. 海拉尔区哈北山石灰岩矿床地质特征及开发利用前景[J]. 中国非金属矿工业导刊, (增刊).

洪亮. 2011. 内蒙古西乌珠穆沁旗超基性岩的基本特征及分布变化规律[J]. 中国非金属矿工业导刊, (增刊).

胡大千, 朱建喜. 2002. 辽宁清原膨胀蛭石及其有机改性研究[J]. 中国非金属矿工业导刊, (1).

胡发社, 罗淑湘, 等. 2001. 新型无机抗菌剂载体——天然纳米坡缕石显微表观结构研究[J]. 中国非金属矿工业导刊, (5).

胡起生, 彭万俊. 2002. 湖北襄樊(市)地区非金属矿产资源和开发利用[J]. 中国非金属矿工业导刊, (5).

胡兴旺, 刘吉, 李忠水, 等. 2011. 浑江九队白云岩矿床地质特征[J]. 中国非金属矿工业导刊, (增刊).

胡艳海, 周晓磊. 2007. 辽源市灯塔乡膨润土开发利用实验研究[J]. 中国非金属矿工业导刊, (6).

胡兆扬, 于延棠, 徐立铨, 等. 1991. 非金属矿工业手册[M]. 北京：冶金工业出版社.

湖北建筑工业学院选矿教研室. 1978. 石棉选矿[M]. 北京：中国建筑工业出版社.

黄定文, 戴天凤. 2013. 闽清水井下矿区陶瓷用绢英岩矿地质特征及成因[J]. 中国非金属矿工业导刊, (3).

黄时胜, 叶龙贵. 2013. 曹溪矿区超大型优质灰岩矿地质特征及成因[J]. 中国非金属矿工业导刊, (增刊).

黄时胜. 2013. 古塘矿区千枚岩矿床地质特征及开发利用[J]. 中国非金属矿工业导刊, (增刊).

黄文竞, 刘首宽. 1987. 红柱石矽线石的研究与发展动向(摘要)[J]. 建材地质, (2).

黄文竞. 1987. 蓝晶石矿产品的供需与发展前景(摘要)[J]. 建材地质, (2).

黄宣镇, 陈宝元. 1990. 农乐杂卤石矿的农业肥效试验[J]. 建材地质, (47).

黄宣镇, 陈宝元. 1991. 农乐杂卤石矿床形成和保存条件[J]. 建材地质, (52).

黄宣镇. 1994. 四川省花岗岩非金属矿床含矿建造[J]. 建材地质, (3).

黄宣镇. 2001. 中国超基性岩型石棉矿床地质特征[J]. 中国非金属矿工业导刊, (4).

黄宣镇. 2002. 中国碳酸盐岩型石棉矿床地质特征[J]. 中国非金属矿工业导刊, (1).

黄宗理, 张良弼. 2005. 地球科学大辞典——应用学科卷[M]. 北京：地质出版社.

黄宗理, 张良弼. 2006. 地球科学大辞典——基础学科卷[M]. 北京：地质出版社.

姬广庆. 2012. 西部黄土资源丰富地区烧结墙材的主导产品[J]. 砖瓦, 3.

季桂娟, 张培萍, 姜桂兰. 2013. 膨润土加工与应用(第二版)[M]. 北京：化学工业出版社.

贾凤梅, 陈俊涛, 黄鹏. 2006. 硅藻土的加工与应用现状[J]. 中国非金属矿工业导刊, 55(55).

贾岫庄. 2006. 滑石市场新动向及其发展趋势[J]. 中国非金属矿工业导刊, 58(54).

姜晓谦, 马鸿文, 李歌, 等. 2011. 白云岩型滑石矿的化学提纯及性能表征[J]. 中国非金属矿工业导刊, (6).

解立发, 继梅, 等. 2013. 山市大阳岔石膏矿床地质特征及找矿标志[J]. 中国非金属矿工业导刊, (4).

解立发, 吴彦岭. 1993. 吉林沸石资源[J]. 建材地质, (3).

金凤英, 朱玉玲, 康凯. 2006. 伊利石矿床成因类型及应用[J]. 吉林地质, (3).

居桂龙, 冯学知. 2011. 新沂南部玻璃用石英砂矿地质特征及成矿条件[J]. 中国非金属矿工业导刊, (4).

康艳霞, 刘钦甫, 程宏民, 等. 2013. 我国累托石的分布及其应用现状[J]. 中国非金属矿工业导刊, (1).

孔令昌. 1987. 甘肃金塔四道红山滑石矿床地质特征及其成因[J]. 建材地质, (1).

孔令伟, 郭爱国. 2001. 典型红黏土的基本特性与微观结构特征[J]. 岩石力学与工程学报, 20(A01).

孔庆友, 张天贞, 于学峰, 等. 2006. 山东矿床[M]. 济南：山东科学技术出版社.

孔宪清. 2004. 辽宁朝阳沸石资源概况[J]. 中国非金属矿工业导刊, (3).

孔祥福, 张洁, 祁万成. 2011. 柴达木盆地周边石灰岩矿特征及与盐湖资源的综合利用[J]. 中国非金属矿工业导刊, 增刊.

郎亚琴. 2011. 法库县高家沟瓷土矿床地质特征及成因探讨[J]. 中国非金属矿工业导刊, (2).

李宝银, 等. 1992. 非金属矿工业手册(上册)[M]. 北京：冶金工业出版社.

李宝中, 杜素芳, 刘发荣, 等. 2013. 右玉县西窑头水泥石灰岩矿地质特征及找矿方向[J]. 中国非金属矿工业导刊, (2).

李斌山, 高月梅, 丁子建. 2011. 易县二铺-邢家庄瓷土矿地质特征及成矿条件[J]. 中国非金属矿工业导刊, (增刊).

李登科. 2001. 燕山地区水泥灰岩[J]. 中国非金属矿工业导刊, (2).

李赋, 张振江. 1993. 老莱黄-灰黏土矿地质特征及其应用研究[J]. 北京: 非金属矿, (6).

李国豪, 等. 1999. 中国土木建筑百科辞典·建筑结构[M]. 中国建筑工业出版社.

李汉旺, 夏振保. 2005. 利用高岭土化闪长岩烧制空心砖[J]. 砖瓦, (7): 29~30.

李勍, 李青山. 2007. 玄武岩连续纤维的特征与应用[J]. 中国非金属矿工业导刊, (4).

李民兴, 齐新国. 1991. 朝阳湾叶蜡石矿地质特征[J]. 建材地质, (2).

李明琴, 税哲夫. 2002. 黔西南某冰洲石矿床地质特征及矿石的采选方法[J]. 中国非金属矿工业导刊, (2).

李芃. 2006. 辽宁省桓仁地区滑石矿床地质特征[J]. 中国非金属矿工业导刊, 57(60).

李芃. 2011. 辽宁宽甸南部水镁石矿床地质特征[J]. 中国非金属矿工业导刊, (6).

李维亚. 1988. 西川宝兴县黄店子地区富钾粗面岩类的岩石特征. 现代地质, (4).

李晓敏, 寇晓威. 2000. 伊利石: 一种前景广阔的新型黏土矿物材料[J]. 世界地质, 19(4).

李意. 1996. 山西临县紫金山含钾岩石开发利用建议[J]. 华北地质矿产杂志, (04).

李驭亚. 1987. 中国的碳酸盐型滑石矿床[J]. 建材地质, (2).

李志文. 2011. 桓仁地区钾长石矿床地质特征及开发应用[J]. 中国非金属矿工业导刊, (3).

李忠水, 刘小楼, 吴彦岭. 2013a. 我国硅藻土矿新应用及资源保障对策[J]. 中国非金属矿工业导刊, (5).

李忠水. 2013b. 永吉县北大湖饰面闪长岩矿床地质特征[J]. 中国非金属矿工业导刊, (6).

李钟模. 2004. 我国蛇纹岩矿资源及开发利用现状[J]. 化工矿物与加工, 33(12).

廖经慧, 杜高翔, 郭伟娟, 等. 2011. 硅藻土作为橡胶补强填料的应用研究[J]. 中国非金属矿工业导刊, (2).

林义华. 2013. 福建花岗石矿产资源特征及开发利用简介[J]. 中国非金属矿工业导刊, 增刊.

林宗元. 1989. 试论红土的工程分类[J]. 岩土工程学报, (1).

刘安. 2010. 闪长岩集料在沥青路面上面层结构中的应用[J]. 山西建筑, 36(4).

刘长安, 贾育春. 2008. 烧制砖瓦可以做到不毁田——论我国黄土高原地区烧结制砖的资源利用与占地[J]. 砖瓦, 3.

刘大清. 1993. 四川宝兴县华西大理石矿地质特征[J]. 建材地质, (6).

刘东生, 安芷生. 1984. 洛川北韩寨黄土磁性地层学的初步研究[J]. 地球化学, (2).

刘东生, 等. 1965. 中国的黄土堆积[M]. 北京: 科学出版社.

刘东生. 1985. 黄土与环境[M]. 北京: 科学出版社.

刘发荣, 杨凤辰, 刘立军, 等. 2001. 南坡方解石、白云石矿地质特征及其开发利用评价[J]. 中国非金属矿工业导刊, (3).

刘发荣. 2005. 新型墙体材料用页岩资源岩石矿物一般特征及开发利用前景[J]. 非金属矿导刊.

刘福生, 彭同江, 张宝述, 等. 2004. 我国工业蛭石矿床地质特征及其成因类型探讨[J]. 中国非金属矿工业导刊, (3).

刘鸿权. 2002. 中国蓝晶石类矿物发展及市场机遇[J]. 中国非金属矿工业导刊, (6).

刘吉, 孙立岩, 等. 2013. 临江市五道沟硅藻土矿床地质特征及成因浅析[J]. 中国非金属矿工业导刊, (增刊).

刘克斌, 刘世臣, 于桂梅. 1989. 长白山浮岩的综合利用[J]. 吉林地质, (2).

刘小楼. 2002. 磐石市西错草硅灰石矿床地质特征及成因初探[J]. 中国非金属矿工业导刊, (6).

刘学丰. 1994. 利用普通黄土生产彩色釉面墙地砖[J]. 建材工业信息, (12): 8.

刘燕, 卢党军. 2001. 三汪村瓷石矿地质特征及加工利用[J]. 中国非金属矿工业导刊, (1).

刘永华, 李明, 等. 2013. 我国石膏矿床赋存规律及成因模式研究[J]. 中国非金属矿工业导刊, (增刊).

刘永华, 李明. 2013. 辽东碳酸盐岩建造中岫岩玉矿特征分析[J]. 中国非金属矿工业导刊, (增刊).

刘振敏. 2002. 中国伊利石黏土矿概述[J]. 化工矿产地质, 24(1).

刘志勇, 傅东. 2013. 山西某金云母矿床特征及综合利用研究[J]. 中国非金属矿工业导刊, (6).

陆赵情, 张美云. 2006. 膨润土在造纸工业中的应用与开发前景[J]. 中国非金属矿工业导刊, 56(3).

路凤香, 桑隆康. 2002. 岩石学[M]. 北京: 地质出版社.

吕惠进, 卢建平. 2005. 浙江省叶蜡石资源及其开发利用[J]. 矿业研究与开发, 25(5).

吕一波. 2001. 钾长石深加工及综合利用[J]. 中国非金属矿工业导刊, (4).

罗勇. 1990. 我国温石棉矿床中的高品位特征[J]. 建材地质, (2).

马东元. 1993. 黑龙江东宁县神洞叶蜡石矿地质特征[J]. 建材地质, (6).

马鸿文, 等. 工业矿物与岩石[M]. 北京: 地质出版社, 2001.

马金龙. 1999. 硅石与粉石英及硅石矿石类型[J]. 中国非金属矿工业导刊, (2).

马凯, 李芃. 1994. 清原县蛭石矿地质简介[J]. 建材地质, (4).

马文智, 马进海, 李富龙. 2013. 格尔木地区昆仑玉地质特征及找矿前景分析[J]. 中国非金属矿工业导刊, (增刊).

马晓军, 王锡荣, 陈彦文. 2002. 红柳沟温石棉矿床地质特征[J]. 中国非金属矿工业导刊, (4).

马雪, 马玉胜. 2011. 吉林省松花石质量特征及开发利用价值[J]. 中国非金属矿工业导刊, (5).

马玉胜, 马雪. 2011a. 吉林省安绿玉宝石矿物学特征及其质量评述[J]. 中国非金属矿工业导刊, (增刊).

马玉胜, 马雪, 杨雷. 2011b. 长白—临江地区硅藻土矿床特征及成因浅析[J]. 中国非金属矿工业导刊, (增刊).

梅钧. 2011. 清水河县石灰岩地质特征及开发利用[J]. 中国非金属矿工业导刊, (3).
门三贵, 付茂英, 刘燕, 等. 2007. 曲阳县东庄碎云母矿床地质特征及开发利用前景[J]. 中国非金属矿工业导刊, (4).
孟庆余, 黄大喜, 朱祖煌, 等. 2009. 改善安山岩沥青混合料压实与水稳定性能研究[J]. 建材世界, 30(6).
莫伟, 马少健, 农魏魏, 等. 2007. 膨润土资源开发利用现状及应用研究进展[J]. 中国非金属矿工业导刊, (4).
木士春. 2000. 凝灰岩开发利用初步研究[J]. 非金属矿, 23(2).
倪贵金. 1992. 吉林萤石矿的地质特征[J]. 建材地质, (2).
宁建军. 2001. 深圳葵涌火山尘凝灰岩矿床构造控矿[J]. 中国非金属矿工业导刊, (2).
牛莉, 孔宪清. 2006. 朝阳某膨润土矿资源状况及开发利用研究[J]. 中国非金属矿工业导刊, 57(56).
潘建强, 虞振声. 1991. 浙江泰顺龟湖叶蜡石矿物学特征及其应用研究[J]. 建材地质, (1).
潘兆橹主编. 1993. 晶体学及矿物学(上册)[M]. 北京: 地质出版社.
庞仙笛, 王健, 吴兴涛, 等. 2011. 吉林省松花石矿床地质特征及成因分析[J]. 中国非金属矿工业导刊, (增刊).
彭大明. 2002. 东秦岭萤石资源特征[J]. 中国非金属矿工业导刊, (1).
蒲完东. 2011. 红土资源在陶瓷生产领域应用前景概况[J]. 陶城报.
祁祖安. 2007. 湟源县石英岩资源特征及开发建议[J]. 中国非金属矿工业导刊, (5).
秦广超, 崔啸宇, 陈反, 等. 2013. 浅析重质碳酸钙产业发展及其粉体装备技术升级[J]. 中国非金属矿工业导刊, (6).
秦麟卿, 吴伯麟. 2001. 透辉石在陶瓷工业中的应用[J]. 陶瓷工程, (2).
邱家骧. 1985. 岩浆岩石学[M]. 北京: 地质出版社.
权正钰. 1990. 透辉石、透闪石矿床成矿条件及找矿方向[J]. 湖南地质, (2).
任东风, 彭善志. 2007. 石英砂资源综合开发利用方案实例[J]. 中国非金属矿工业导刊, (1).
任凤和. 2001. 大兴安岭呼中区氧化铁矿床地质特征及找矿标志[J]. 中国非金属矿工业导刊, (5).
任佳丽, 文松霖, 张家发, 等. 2008. 碎石桩处理深厚红黏土地基的试验研究[J]. 土工基础, 22(6).
尚敏, 王清, 樊祜传. 2003. 闪长岩强风化带做高层建筑天然地基的可行性研究[J]. 岩土力学(增刊), 24(10).
邵江民. 2013. 新疆博格达山北麓石灰岩资源特征及其适用性[J]. 中国非金属矿工业导刊, (2).
邵厥年, 陶维屏. 2010. 矿产资源工业要求手册[M]. 北京: 地质出版社.
盛科元, 张友鹏. 2004. 湖北省累托石黏土矿开发利用前景浅析[J]. 中国非金属矿工业导刊, (5).
施惠生, 袁玲. 2002. 高岭土应用研究的新进展[J]. 中国非金属矿工业导刊, (6).
石同雪, 孟顺祥, 付茂英. 1991. 东水泉石墨矿床地质特征及成因[J]. 建材地质, (6).
水火. 2007. 铁法前峪地区闪长岩地质特征[J]. 石材, (8).
司志胜. 1997. 用红土与铁矿废渣尾矿粉生产釉面砖[J]. 山西建材, (4).
宋宝祥. 2001. 蛟河伊利石精制造纸涂料级颜料及应用研究[J]. 中国非金属矿工业导刊, (5).
宋叔和, 等. 1994. 中国矿床(下册)[M]. 北京: 地质出版社.
苏桂军, 任凭. 2013. 回顾中国石材产业三十年间所作的规划[J]. 2013年厦门中国石材协会成立30周年文集. 11.
苏旭亮. 2013. 胶东西部石墨矿地质特征及资源量预测[J]. 中国非金属矿工业导刊, (6).
苏迎春. 2007. 宁阳县茂公山长石矿床地质特征及综合利用前景[J]. 中国非金属矿工业导刊, (3).
孙金彪, 张文选. 1992. 湖北某地透闪石地质特征及应用研究[J]. 建材地质, (4).
孙立岩, 李忠水, 刘吉, 等. 2013. 吉林省橄榄石矿床地质特征及成因预测[J]. 中国非金属矿工业导刊, (3).
孙向东, 黄玉文. 1990. 黑龙江西部地区石英砂矿床地质特征及综合利用[J]. 建材地质, (5).
孙向东, 王家昌. 1994. 黑龙江矽线石矿床地质特征及工业利用[J]. 建材地质, (5).
孙向东. 1995. 老莱、双山黏土矿床地质特征简述及开发利用[J]. 建材地质, (5).
谭均. 2013. 赞皇杂岩中菅等管花岗岩体建筑石材矿特征(续)[J]. 中国非金属矿工业导刊, (2).
谭罗荣, 孔令伟. 2001. 某类红黏土的基本特性与微观结构模型[J]. 岩土工程学报, 23(4).
唐世昌. 1988. 浙南某地绢云母矿床简要特征[J]. 建材地质, (5).
陶维屏, 孙祁, 等. 1984. 中国高岭土矿床地质学[M]. 上海: 上海科学技术出版社.
陶维屏. 1994. 中国非金属矿床的研究进展与前沿问题[J]. 地学前缘, (4).
陶维屏等主编. 1994. 中国非金属矿床成矿地质图(1:500000)说明书[M]. 北京: 地质出版社.
陶维屏, 高锡芬, 孙祁, 等. 1994. 中国非金属矿床成矿系列[M]. 北京: 地质出版社.
陶维屏. 1995. 非金属矿资源问题[J]. 中国建材, (11).
陶维屏. 1996. 关于超大型矿床的研究问题[J]. 建材地质, (3).
陶维屏, 苏德辰. 2002. 中国非金属矿产资源及其利用与开发[M]. 北京: 地震出版社.
陶维屏. 1984. 中国工业矿物和岩石[M]. 北京: 地质出版社.
田敏. 1999. 伊利石的研究和开发现状[J]. 中国非金属矿工业导刊, 5.
田煦, 周开灿, 文化川. 1989. 非金属矿地质学[M]. 武汉: 武汉工业大学出版社.

童庆,樊霆等. 2013. 玄武岩特征及熔融析晶性能研究[J]. 中国非金属矿工业导刊,(6).
万扑. 2002. 我国温石棉-蛇纹石工业及其结构调整与发展[J]. 中国非金属矿工业导刊,(5).
万朴. 2002. 非金属矿工业科技进步论[J]. 中国非金属矿工业导刊,(3).
汪镜亮. 1996. 蛭石的应用及前景[J]. 矿产综合利用, 3.
汪力. 2002. 我国钛白粉工业发展趋势[J]. 中国非金属矿工业导刊,(3).
汪灵. 1994. 中国叶蜡石矿石类型研究[J]. 建材地质,(6).
汪灵. 2006. 中国叶蜡石矿及其应用简介[J]. 地质与勘探, 25(3).
汪仁勇. 1988. 中国蓝石棉的矿床类型及找矿方向[J]. 中国地质科学院宜昌地质矿产研究所所刊, 13.
汪仁勇. 1991. 透辉石在陶瓷上的作用和成瓷机理[J]. 建材地质,(3).
王成,张彬,夏小华,等. 2013. 光伏低铁石英砂厂建厂条件初探[J]. 中国非金属矿工业导刊,(5).
王光华,董发勤. 2007. 电气石的功能属性及应用[J]. 中国非金属矿工业导刊,(5).
王怀宇. 2011. 石榴子石生产消费与国际贸易[J]. 中国非金属矿工业导刊,(6).
王辉,任云生,牛军平,等. 2010. 吉林四平三家子钨矿床闪长玢岩脉与钨矿化关系探讨[J]. 世界地质, 29(4).
王家昌,李富波,孔江淮,等. 2001. 黑龙江省陶粒原料矿床地质特征及开发利用[J]. 中国非金属矿工业导刊,(4).
王家昌,张家英,朱艳. 2013. 我国石墨成矿特征及找矿标志[J]. 中国非金属矿工业导刊,(3).
王建忠,奈曼. 2011. 旗青龙山石灰岩矿地质特征及成因分析[J]. 中国非金属矿工业导刊,(增刊).
王健,吴兴涛. 2011. 白山市硅藻土矿产资源形势分析[J]. 中国非金属矿工业导刊,(增刊).
王克勤,李明凯. 1992. 豫西南、苏北地区片岩-石英岩型蓝晶石矿床成矿作用研究[J]. 建材地质,(4).
王克勤. 1988. 山东南墅石墨矿床地质特征及矿床成因的新认识[J]. 建材地质,(6).
王念功. 1998. 优质墓石原料——闽北脉状闪长岩[J]. 资源介绍,(9):25
王宁,申克,郑永平,等. 2011. 微晶石墨制备各向同性石墨的研究[J]. 中国非金属矿工业导刊,(2).
王濮,潘兆橹,翁玲宝,等. 1982. 系统矿物学(上册)[M]. 北京:地质出版社.
王齐政,曹冠勤,赵占元. 1995. 一种新型水泥活性混合材料—蚀变安山岩[J]. 河北地质学院学报, 18(3).
王清来,田昌进. 2010. 某种凝灰岩的内在特性研究[J]. 采矿技术. 10(3).
王清廉,王宗乾. 1987. 陕西商县韩子坪一带透闪石矿床简介[J]. 建材地质,(4).
王文校. 2002. 海南儋州光村石英砂矿床特征及开发利用前景[J]. 中国非金属矿工业导刊,(5).
王文学,常宝臣,王拴庄. 2006. 河北省非金属矿产资源[M]. 北京:地质出版社.
王修忠,陈军元,刘小楼. 2011. 白山市遥林滑石矿床特征及深部矿体预测[J]. 中国非金属矿工业导刊,(增刊).
王亚莉. 1991. 新疆某含磷透辉岩的综合利用试验[J]. 矿产综合利用,(4).
王永华,刘文荣. 1984. 矿物学[M]. 北京:地质出版社.
王永光,胡文寿,梁燕萍. 2001. 西安市天然陶粒黏土矿及开发利用[J]. 中国非金属矿工业导刊,(3).
王永焱,林在贯. 1990. 中国黄土和结构特征及物理力学性质[M]. 北京:科学出版社.
王兆敏. 2006. 中国菱镁矿现状与发展趋势[J]. 中国非金属矿工业导刊, 57(6).
王振军,沙爱民. 矿渣粉稳定黄土强度试验及机理分析[J]. 公路, 4(14).
王振亮,鲁瑞君,林天亮,等. 2013. 浅析中国萤石矿分布特征及其成矿规律[J]. 中国非金属矿工业导刊,(5).
王志刚,吴正伟,等. 2007. 岳沟石榴石矿床地质特征[J]. 中国非金属矿工业导刊,(6).
魏尊莉,李金洪,廖远东. 2006. 我国板岩的市场现状及质量评析[J]. 石材,(9).
吴春林,张立上. 1992. 辽阳县西榆透辉石矿床地质特征及工业利用[J]. 建材地质,(3).
吴翠芝,王志刚. 2011. 石榴子石含矿率测试方法探讨[J]. 中国非金属矿工业导刊,(3).
吴培水,王永光,张晓龙. 2013. 高铝三石在我国基础新材料产业中的应用与展望[J]. 中国非金属矿工业导刊,(4).
吴照洋,刘新海,王力,等. 2011. 江西粉石英选矿提纯技术研究[J]. 中国非金属矿工业导刊,(4).
伍湘秋,殷彤. 2006. 石膏行业当前的形式与科学发展的客观要求[J]. 中国非金属矿工业导刊, 55(14).
肖承煌. 2000. 铜岭白云岩地质特征及工业意义[J]. 中国非金属矿工业导刊,(3).
肖松. 2003. 河南隐山蓝晶石晶体化学特征的探讨[J]. 中国非金属矿工业导刊,(2).
谢朝永,韩江伟,巴燕,等. 2011. 河南省栾川县脉石英矿特征及找矿远景[J]. 化工矿产地质, 33(3).
谢健忠. 2002. 萍乡高岭岩超细粉碎研究[J]. 中国非金属矿工业导刊,(2).
徐传云,等. 2001. 叶蜡石开发利用[M]. 武汉:中国地质大学出版社.
徐翠云. 2001. 淮阴玄武岩资源开发现状与发展对策[J]. 中国非金属矿工业导刊,(6).
徐凤林,徐传林. 2007. 浙江省叶蜡石开发利用发展方向[J]. 中国非金属矿工业导刊,(5).
徐军,汪仪培. 1991. 鄞县鹿山珍珠岩矿理化特征[J]. 建材地质,(2).
徐立铨. 1989. 我国石膏工业现状和发展对策[J]. 非金属矿,(6).
徐立铨,秦定惠,等. 1999. 《非金属矿行业指南》[M]. 北京:中国建材工业出版社.

徐少康,邓小林.2011.代县碾子沟金红石矿床金红石特征[J].中国非金属矿工业导刊,(5).
徐少康,夏学惠,闫飞,等.2011.浙江八面山新型萤石矿床成矿温度[J].中国非金属矿工业导刊,(2).
徐少康.2011.方城县柏树岗金红石矿床^{40}Ar-^{39}Ar法年龄及其地质意义[J].中国非金属矿工业导刊,(6).
许红亮,刘钦甫,张锐,等.2002.煤系高岭土表面改性及在橡胶中的应用[J].中国非金属矿工业导刊,(5).
许其亮.2013.浅谈中国石材业发展的宽松环境[J].2013年厦门中国石材协会成立30周年文集.
许树成.2000.硅藻土开发应用与特征研究[J].阜阳师范学院学报(自然科学版),17(3).
许仲华,罗勇.1989.我国温石棉矿床产出构造环境及成因分类探讨[J].建材地质,(4).
薛万文,晏萍,宋顺昌.2007.青海省非金属矿产成矿规律与找矿潜力分析[J].中国非金属矿工业导刊,(4).
杨长惠.1991.安山岩在酸洗槽的应用[J].腐蚀科学与防护技术,3(3).
杨春蓉,李珍,杨密纯.2002.硅灰石微粉碎长径比保护的初步研究[J].中国非金属矿工业导刊,(6).
杨海明,高学渊.2011.甘肃省建材非金属矿产资源勘查开发现状及其发展方向[J].中国非金属矿工业导刊,(5).
杨海明,高学渊.2011.漳县马路里红柱石矿业权规划设置与整合方案[J].中国非金属矿工业导刊,(1).
杨怀辉,李松晓,耿怡智,等.2007.焦作市白云岩资源特征及开发利用简介[J].中国非金属矿工业导刊,(3).
杨金明,张盛江,冯欲晓,等.2001.云南建材非金属矿产资源特点及开发利用[J].中国非金属矿工业导刊,(5).
杨时元,孙受天.1991.新疆榆树沟地开石矿床地质及其开发利用[J].建材地质,(1).
杨雅秀.1984.黏土矿物及矿物相分析方法简介[M].地质研究所.
杨雅秀,等.1994.中国黏土矿物[M].北京:地质出版社.
杨宇祥,陈荣三,戴安邦.1996.国产硅藻土结构的研究[J].化学学报,(54).
姚立,吴正伟,等.2013.龙安金红石矿床地质特征及成因探讨[J].中国非金属矿工业导刊,(增刊).
姚文博.1991.大同紫色页岩矿床地质特征[J].建材地质,(5).
尹慧,强颖怀.2011.凹凸棒土/丁腈橡胶纳米复合材料性能研究[J].中国非金属矿工业导刊,(4).
印长俊,马石城.2004.水泥红土的力学性能试验研究[J].湘潭大学自然科学学报,26(2).
于炳松,赵志丹,苏尚国.2012.岩石学[M].北京:地质出版社.
于德福.2003.论我国非金属矿工业的发展[J].中国非金属矿工业导刊,(3).
于瀚.1994.我国黏土矿物作颜料开发利用的新进展[J].建材工业信息,(19).
于家明,焦保权,刘福祥,等.2007.桦甸市半拉瓢饰面用闪长岩矿床地质特征及开发前景[J].吉林地质,25(1).
于瑞金.2000.芝坊滑石矿床地质特征及成因探讨[J].中国非金属矿工业导刊,(3).
于永琪.2006.我国硅质原料资源开发利用的现状暨发展趋势[J].中国非金属矿工业导刊,(增刊).
余仕军.2011.乐平地区石英砂砾岩矿床地质特征及开发利用[J].中国非金属矿工业导刊,(6).
余志伟.2001.江西滑石成矿条件及成因分析[J].中国非金属矿工业导刊,(1).
余志伟,漆小鹏,胡晓萍,等.2002.西部粉石英矿开发利用研究[J].中国非金属矿工业导刊,(3).
余祖球.2001.月山瓷石特征与开拓设计[J].中国非金属矿工业导刊,(6).
袁继祖,包申旭.2004.我国脉石英的加工利用情况及前景展望[J].矿冶工程.
袁军英,吴先冰.2007.赤城县龙关一带石墨矿床地质特征[J].中国非金属矿工业导刊,(4).
袁慰顺.2011.膨润土的成因类型与应用方向关系探讨[J].中国非金属矿工业导刊,(5).
詹建华.2011.宁国膨润土提纯及钠化改性研究[J].中国非金属矿工业导刊,(1).
战颉.2000.透辉石岩的分类及其应用领域[J].河北陶瓷,(3).
张德成,席志芳,丁铸,等.1998.闪长岩作水泥混合材的研究[J].吉林建材,(1).
张凤桐,赵亦纯.1990.吉林浮石资源及其工业利用[J].建材地质,(2).
张根林.1987.开发甘肃省红柱石资源之初见(摘要)[J].建材地质,(2).
张贵文,薛曙斌.2013.天镇县红土窑凹凸棒石黏土矿床地质特征以及找矿标志[J].中国非金属矿工业导刊,(增刊).
张洁,蒋耀祯,孔祥福.2011.青海巴勒木特尔石墨矿地质特征及其开发利用[J].中国非金属矿工业导刊,(增刊).
张俊波,杜圣贤,边荣春.2007.浅谈泰安市矿产资源开发利用与保护战略[J].中国非金属矿工业导刊,(2).
张清平,田成胜.2011.湖北三岔垭石墨矿地质特征及成因分析[J].中国非金属矿工业导刊,(增刊).
张清平,张世林,郑婉玲.2011.三合店钾长石矿地质特征及找矿前景[J].中国非金属矿工业导刊,(5).
张盛江,杨金明.2002.云南石材资源特征及开发刍议[J].中国非金属矿工业导刊,(5).
张盛江,段云涛,贾昆湖,等.2011.昌宁县卡斯凹硅藻土矿床地质特征及开发应用前景[J].中国非金属矿工业导刊,(2).
张文寿.2011.将乐县龙池砚石的品质研究[J].中国非金属矿工业导刊,(增刊).
张银波.1999.河南西峡金红石矿床成矿模式[J].中国非金属矿工业导刊,(2).
张英勇,李光明,范文学.2007.山东省陶瓷用钠长石矿特征及勘查方法探讨[J].中国非金属矿工业导刊,(2).
张子才,杨秀琦,刘源骏.1989.中国蓝石棉成矿地质特征[J].湖北地质,(2).
张宗祜.2003.中国黄土[M].石家庄:河北教育出版社.

张宗可，徐石头，任五行，等. 2013. 宜阳县石门水泥灰岩矿床地质特征及成因分析[J]. 中国非金属矿工业导刊，(6).
章少华，李常有. 2003. 若干非金属矿资源可供性分析[J]. 中国非金属矿工业导刊，(2).
章少华，王禄田，张巍. 1993. 东秦岭地区纤维状海泡石矿床成矿地质条件的初步分析[J]. 建材地质，(2).
章少华. 1986. 我国水泥石灰岩矿床的几个特点[J]. 建材地质，(4).
章少华. 2003. 非金属矿找矿的若干哲学思维[J]. 中国非金属矿工业导刊，(6).
赵东甫，冯本智. 1986. 非金属矿床[M]. 北京：地质出版社.
赵连强，汪昌秀，胡泽峰. 2004. 累托石作为天然美容保健财力啊的开发应用研究[J]. 中国非金属矿工业导刊，(6).
赵敏波. 2001. 宜春高岭土深加工技术的探讨[J]. 中国非金属矿工业导刊，(6).
赵先平，衣德学. 1994. 仕沟重晶石矿床地质特征及成因探讨[J]. 建材地质，(4).
赵想安，张洁，蒋耀祯. 2013. 青海水洞峡陶粒板岩矿石性能及开发利用[J]. 中国非金属矿工业导刊，(4).
赵秀德，井喜贵. 1987. 蓝晶石组矿物的应用前景(摘要)[J]. 建材地质，(2).
郑爱云，赵军伟，王虎. 2004. 我国叶蜡石开发技术研究现状及应用前景[J]. 矿产保护与利用，(4).
郑南来，黄维新. 1993. 福建将乐透闪石矿床地质特征及其在陶瓷工业上的应用[J]. 建材地质，(2).
郑淑琴，任勐，张建策，等. 2013. 改性海泡石的特性及其对重金属离子的吸附研究[J]. 中国非金属矿工业导刊，(2).
郑水林，冯欲晓，刘贵忠. 2001. 中国煤系煅烧高岭土加工利用现状与发展[J]. 中国非金属矿工业导刊，(5).
郑水林，佟福林. 2002. 中国超细重质碳酸钙生产现状与发展趋势[J]. 中国非金属矿工业导刊，(1).
郑水林. 2002. 非金属矿物材料的加工与应用[J]. 中国非金属矿工业导刊，(4).
郑婉玲. 2011. 湖北银山寨蛇纹岩矿床特征及其开发利用[J]. 中国非金属矿工业导刊，(6).
郑延力，樊素兰主编. 1992. 非金属矿产开发应用指南[M]. 西安：陕西科学技术出版社.
钟华邦. 1990. 溧阳珍珠岩矿床的成因探讨[J]. 建材地质，(4).
周波，王常明，匡少华，等. 2009. 辽宁阜朝高速公路路基黄土的工程地质性质[J]. 世界地质，28(1).
周桂华，王文利. 1999. 中国石棉工业现状与发展前景[J]. 中国非金属矿工业导刊，(5).
周加桂，兰天佑. 1992. 福清东仔叶蜡石矿床成矿地球化学特征研究[J]. 建材地质，(3).
周加桂. 1994. 福清东仔叶蜡石矿床成矿机理及成矿模式[J]. 建材地质，(6).
周开灿. 1988. 我国硅藻土矿地质特征[J]. 建材地质，(2).
朱朝良，安燕，杨国忠. 2007. 柏木峡陶粒板岩矿床地质特征及其开发利用[J]. 中国非金属矿工业导刊，(6).
朱朝良. 2007. 刍议青海省特种非金属矿产资源找矿方向[J]. 中国非金属矿工业导刊，(5).
朱继存，李双应，任升莲. 2002. 我国两种不同类型蛇纹岩矿床特征及岩石类型[J]. 石材，(1).
朱继存. 1994. 安徽定远县方解石矿床[J]. 建材地质，(3).
朱继存. 2000. 安徽省石灰岩矿床大地构造特征的分析和讨论[J]. 中国非金属矿工业导刊，(6).
朱继存. 2000. 蛇纹石的物质成分特征和利用[J]. 石材，(12).
朱训等. 1999. 中国矿情(第三卷：非金属矿产)[M]. 北京：科学出版社.
朱瀛波，张翼，张小伟，等. 2006. 我国石膏工业技术现状及发展前景[J]. 中国非金属矿工业导刊，55(32).
朱自尊，范良明，梁婉雪，等. 1986. 我国几种石棉矿物研究[J]. 矿物岩石，(4).
庄石云，朱刚强. 2013. 湖南高岭土资源与开发利用现状[J]. 中国非金属矿工业导刊，(增刊).
宗培新. 2013. 陶瓷工业用钾长石应用技术及产业前景[J]. 中国非金属矿工业导刊，(6).
邹赣生，黄冬保，贺明生. 2011. 吉安县矿产资源开发利用中的问题与对策[J]. 中国非金属矿工业导刊，(6).

参 考 图 片

图片排版说明：图片按照正文中的章节排列，例如：图片下标图 3-2，即表明是第三章第 2 张图片。图片主要来源于网络，谨对图片摄影者表示感谢。

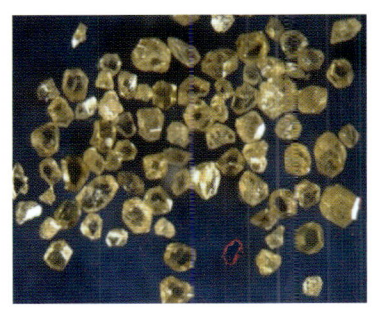

图 2-1 金刚石
（来源：维基百科）

图 3-1 石墨
（来源：维基百科）

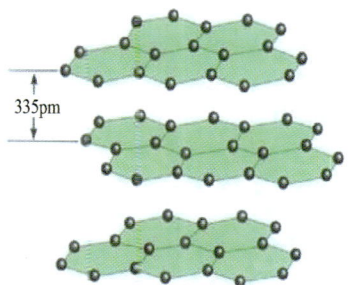

图 3-2 层状石墨晶体结构示意图
（来源：维基百科）

图 4-1 水晶
（来源：维基百科）

图 5-1 块状水镁石
（来源：维基百科）

图 5-2 纤维状水镁石
（来源：维基百科）

图 5-3 水镁石纤维
（来源：维基百科）

图 6-1 金红石晶体
（来源：维基百科）

图 6-2 金红石晶体形态
（来源：维基百科）

323

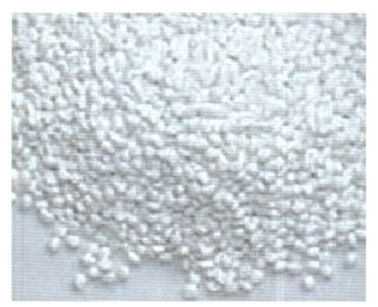

图6-3 金红石砂矿
（来源：维基百科）

图6-4 水晶中的毛发状金红石
（来源：维基百科）

图7-1 红柱石
（来源：维基百科）

图7-2 矽线石
（来源：维基百科）

图7-3 蓝晶石
（来源：维基百科）

图8-1 锂辉石
（来源：维基百科）

图8-2 锂云母
（来源：维基百科）

图9-1 刚玉晶体
（来源：维基百科）

图10-1 石榴子石
（来源：维基百科）

图10-3 邢台石榴子石矿石
（来源：维基百科）

图10-4 邢台石榴子石矿采场
（来源：维基百科）

图11-1 滑石矿石
（来源：维基百科）

图12-3 滑石露天采矿场
（来源：维基百科）

图12-1 硅灰石
（来源：维基百科）

图12-2 硅灰石电镜照片
（来源：维基百科）

图12-4 硅灰石堆场
（来源：维基百科）

图13-1 白云母
（来源：维基百科）

图13-2 白云母
（来源：维基百科）

图14-1 金云母
（来源：维基百科）

图14-2 金云母
（来源：维基百科）

图16-1 横纤维石棉
（来源：维基百科）

图16-2 纵纤维石棉
（来源：维基百科）

图16-3 石棉纤维
（来源：维基百科）

图 18-1 膨胀蛭石
（来源：维基百科）

图 18-2 蛭石粉
（来源：维基百科）

图 18-3 大片蛭石
（来源：维基百科）

图 19-1 钾长石
（来源：维基百科）

图 19-2 钾长石矿山
（来源：维基百科）

图 19-3 钠长石矿山
（来源：维基百科）

图 20-1 天然锆石
（来源：维基百科）

图 20-2 锆石制品
（来源：维基百科）

图 20-3 锆石制品
（来源：维基百科）

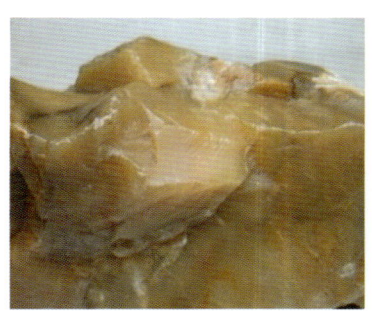

图 21-1 叶蜡石原石
（来源：维基百科）

图 21-2 叶蜡石工艺品
（来源：维基百科）

图 22-1 透辉石矿标本
（来源：维基百科）

图 22-2 透辉石矿
（来源：维基百科）

图 22-3 透辉石晶体
（来源：维基百科）

图 23-1 透闪石手标本
（来源：维基百科）

图 23-2 放射状透闪石晶体
（来源：维基百科）

图 23-3 透闪石玉
（来源：维基百科）

图 24-1 中国沸石矿床分布
（来源：维基百科）

图 24-2 沸石
（来源：维基百科）

图 25-1 方解石
（来源：维基百科）

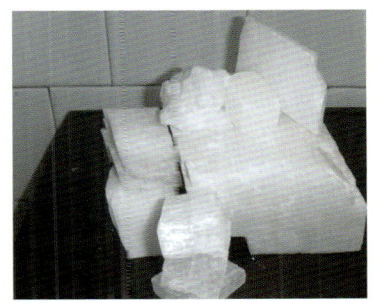

图 25-3 方解石
（来源：维基百科）

图 26-1 镁电气石
（来源：维基百科）

图 26-2 黑电气石
（来源：维基百科）

图 26-3 电气石
（来源：维基百科）

图 28-1　石灰岩矿石
（来源：维基百科）

图 28-2　水泥石灰岩矿山
（来源：维基百科）

图 28-3　石灰岩形成的喀斯特地貌
（来源：维基百科）

图 29-1　泥灰岩标本
（来源：维基百科）

图 29-2　泥灰岩野外产状
（来源：维基百科）

图 30-1　白云岩
（来源：维基百科）

图 31-1　石膏矿
（来源：维基百科）

图 31-2　纤维石膏
（来源：维基百科）

图 31-3　透明石膏
（来源：维基百科）

图 32-1　杂卤石
（来源：维基百科）

图 33-1　石英砂
（来源：维基百科）

图 33-2　石英砂岩
（来源：维基百科）

图 33-3 石英岩
（来源：维基百科）

图 34-1 脉石英
（来源：维基百科）

图 35-1 粉石英
（来源：维基百科）

图 36-1 硅藻土
（来源：维基百科）

图 37-1 高岭土
（来源：维基百科）

图 37-2 高岭土
（来源：维基百科）

图 37-3 高岭土
（来源：维基百科）

图 38-1 土状海泡石
（来源：维基百科）

图 38-2 纤维状海泡石
（来源：维基百科）

图 39-1 伊利石
（来源：维基百科）

图 39-2 伊利石
（来源：维基百科）

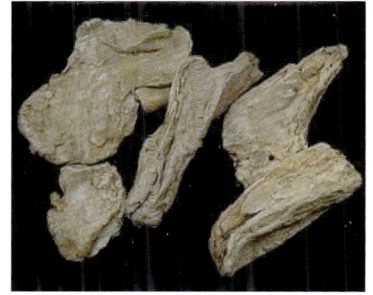

图 40-1 累托石黏土
（来源：维基百科）

图41-1 膨润土矿床
（来源：维基百科）

图41-2 肉红色的膨润土
（来源：维基百科）

图41-3 灰白色的膨润土
（来源：维基百科）

图42-1 纤维状凹凸棒石
（来源：维基百科）

图42-2 凹凸棒石黏土
（来源：维基百科）

图43-1 耐火黏土
（来源：维基百科）

图43-2 高铝黏土
（来源：维基百科）

图44-1 砖瓦黏土
（来源：维基百科）

图44-2 人造陶粒
（来源：维基百科）

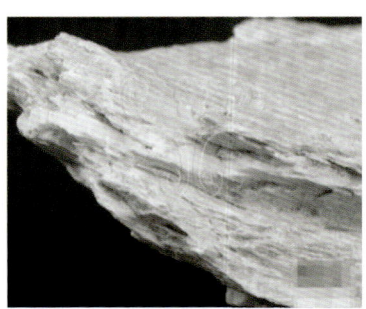
图45-1 绢英岩
（来源：维基百科）

图45-2 绢英岩的野外产状
（来源：维基百科）

图46-1 气孔状玄武岩
（来源：维基百科）

图46-2 杏仁状玄武岩
（来源：维基百科）

图47-1 珍珠岩原矿
（来源：维基百科）

图47-2 膨胀珍珠岩
（来源：维基百科）

图48-1 麦饭石
（来源：维基百科）

图49-1 火山灰
（来源：维基百科）

图49-2 火山渣
（来源：维基百科）

图49-3 浮石
（来源：维基百科）

图50-1 霞石正长岩
（来源：维基百科）

图50-1 霞石正长岩
（来源：维基百科）

图51-1 花岗岩手标本
（来源：维基百科）

图51-2 不同的花岗石品种
（来源：维基百科）

图51-3 花岗岩矿山
（来源：维基百科）

图52-1 山东莱州雪花白
（来源：维基百科）

图52-2 辽宁东沟丹东绿
（来源：维基百科）

图52-3 大理石制品
（来源：维基百科）

图53-1 板岩矿石
（来源：维基百科）

图53-2 板石产品
（来源：维基百科）

图55-1 页岩标本
（来源：维基百科）

图55-2 页岩层状结构
（来源：维基百科）

图56-1 橄榄岩
（来源：维基百科）

图56-1 橄榄岩
（来源：维基百科）

图57-1 辉石岩
（来源：维基百科）

图58-1 辉长岩手标本
（来源：维基百科）

图58-2 辉长岩野外产状
（来源：维基百科）

图58-3 产品：济南青
（来源：维基百科）

图59-1 安山岩标本
（来源：维基百科）

图59-2 安山岩野外产状
（来源：维基百科）

图60-1 闪长岩标本
（来源：维基百科）

图60-2 闪长玢岩标本
（来源：维基百科）

图61-1 凝灰岩标本
（来源：维基百科）

图61-2 凝灰岩野外产状
（来源：维基百科）

图62-1 粗面岩标本
（来源：维基百科）

图62-2 粗面岩野外产状
（来源：维基百科）

图64-1 片麻岩原矿
（来源：维基百科）

图65-1 天然油石
（来源：维基百科）